研究&方法

Fuzzy Multi-Criteria Decision Making For Evaluation Method

模糊多準則評估法及統計

· 張紹勳 著 ·

五南圖書出版公司 印行

序

進行策略規劃、評估/評鑑、教育行政或政策方面的研究，有時會遇到如何選擇出最佳的方案、怎麼去建立適當的評定指標權重等問題，簡單的做法是直接歸納或兼用簡單的統計量數 (如平均數)，去整合專家們提出的方案順序評定值和指標權重值，此法雖稱簡便，但是卻無法有效消除因評定者刻意偏見、評定者間嚴重歧見等問題，而影響到整體評定結果的客觀和穩定。對於這種多準則評估的問題，學者已研創出採取計量取向，運用成對比較 (paired comparison) 方式，以整合出客觀的最佳結論，如 AHP 或 ANP 分析法，已廣被應用在教育行政、企管及決策科學等各個領域。

從事社會科學研究或管理者，鮮少有人，跨領域引入工科、理科的規劃、群體決策、評估／評鑑方法及技術，一般人見到像 Fuzzy 理論、多準則規劃法這類數學，多數人都視為畏途。本書的撰寫，旨在結合這些方法及統計分析，讓人們能跨領域學到不同領域的優點，來增進自己研究方法的功力。為達此學習目標，本書旨在整合三者：理論 (e.g. 準則、指標、fuzzy theory、規劃法)、方法 (如 multi-criteria decision making、問卷指標篩選 Delphi 法) 及統計 (演算法及電腦軟體)，並輔以實例計算，讓讀者能從中領悟體會出評估/評鑑法的奧妙，解除心理的緊箍咒。

由於本書首重理論、方法與統計的結合，輔以實例介紹，故從第 0 章規劃法；第 1 章各種評估／評鑑法 (SAW 演算法、AHP 法、腦力激盪法、詮釋結構模式 (ISM)、TOPSIS 法、ELECTRE 法、ANP 法) 介紹起；第 2 章介紹 fuzzy theory 的運算；第 3 章建構及篩選指標法 Delphi；第 4 章將傳統 AHP 與模糊 AHP／ANP 分析法做對照比較；第 5 章決策實驗室分析法 (DEMATE)；第 6 章網路分析法 (ANP)。以上多準則決策評估方法，除可單獨做研究外，亦可彼此混合搭配使用，例如，先進行 ISM 再使用 ANP 分析、先用傳統 AHP 或 Fuzzy AHP 分析法再進行 TOPSIS 分析、或先使用 Delphi 法分析再進行 AHP／ANP 分析。詳閱本書之介紹，進行此類研究方法時，將能得心應手，有效得出最佳研究結果。

張紹勳 謹識

Contents

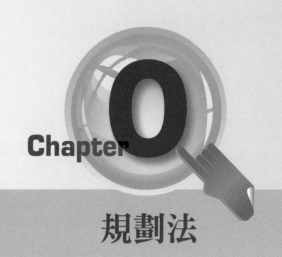

Chapter 0

規劃法

現在社會是一個「問題複合體」的結構，這些問題又由一些交互影響的因素 (或稱指標) 所組成，包括有形的與無形的、質的與量的。過去，系統方法的發展在社會與行為科學上已大量探討，使得複雜的問題能夠簡化，同時建立其階層結構。對於決策者而言，階層結構有助於對事物的了解，但真正在面臨「選擇」時，必須依據某些準則進行方案評估，以決定其優先順位，然後找出適當的方案。層級分析法 (AHP)，及 Delphi 法就是在這樣的背景下所發展出來的一套理論，提供在經濟、社會及管理科學等領域，去處理複雜的決策問題。

日常生活常遇到的決策問題，多如牛毛。諸如，供應商評選、課程設計規劃、學校評鑑、租屋決策、汽車營業據點區位選擇、某行業經營之成功關鍵因素、山區道路邊坡生態工法之評估、信用卡審核之評估準則…等，都需要規劃方法 (AHP 或 fuzzy AHP)、評估／評鑑方法 (Delphi 或 Fuzzy Delphi) 及評估工具 (隨書附贈 CD 有 AHP 軟體 Expert Choice 或 ChoiceMaker 軟體、ANP 軟體 super decision、作者自行開發 Excel 軟體之實作範例)。

為搭配後面章節的主題 (fuzzy、fuzzy Delphi、fuzzy AHP)，本章節將分：規劃、評估、評鑑三大節，每一節先介紹相關理論及方法之後，後面章節再介紹其實務應用的方法及情境。

0.1 規劃的概念

規劃是「多準則決策之評估 (評鑑) 模式」建構的前哨站。故 (1) 規劃評估；(2) 評估 (評鑑) 模式的建構法 (ISM 法、fuzzy Delphi、fuzzy AHP 法或 ANP 法、

DEMATEL 法)；(3) 多準則評估法 (如 SAW 演算法、AHP 法、腦力激盪法、詮釋結構模式、TOPSIS 法、ELECTRE 法) 的終極目的，就是作「決策規劃」。

規劃 (planning) 是管理過程中重要的一環，更是組織、用人、領導、控制等其他管理功能的依據，故規劃作業對組織之運作深具重要性，任何管理工作或程序，皆是有計畫的活動。俗語說：「凡事豫則立，不豫則廢」，為了在變化迅速且動盪不安的環境中求生存與發展，組織也應對其未來詳加規劃，以使其運作免於遭受所未預期的干擾與危機。

0.1.1 規劃的意涵

我們常聽到：生涯規劃、策略性規劃、職涯規劃、理財規劃、建築物室內規劃、政策規劃、教育規劃…。規劃乃是「透過組織目標的設定，擬定達成目標的策略，並依策略建立周延的計畫架構，用以整合和協調組織活動。」經過規劃，組織及其成員必須明確地知道該做什麼，以及該怎麼做，並產生具體的執行計畫。然而企業所處的環境是動態的，在不確定環境下進行規劃並不容易，而且具體的計畫方案也常在執行面遭逢困難。

由上面敘述可知，規劃包括：

1. 目的 (ends)：該做什麼 (what is to be done)。
2. 手段 (means)：該怎麼做 (how it is to be done)。

「計畫 (plan)」是「規劃」所產生的具體行動方案。規劃是動態思考過程，而計畫則是靜態性的書面結果，二者的比較如表 0-1。

表 0-1 規劃與計畫的比較表

規劃 (planning)	計畫 (plan)
1. 一種程序、過程，對未來行動方案進行選擇的過程	1. 選定的行動方案
2. 思考過程	2. 具體行動方案 (書面結果)
3. 因	3. 果
4. 議	4. 決
5. 動態	5. 靜態

一、不確定環境下的規劃

企業所處的環境是動態的，技術、社會、政治和法律都不斷的在變，而且常常是劇變，社會組織的生存與成功不能靠運氣，所以，管理必須謹慎地規劃。

1. 規劃的理由

管理者從事規劃，旨在：

(1) 提供組織努力的方向。
(2) 降低組織面對環境變動時的不確定性，「不確定性」意涵三種特性：灰性 (Grey)、模糊性 (Fuzzy)、朦朧性 (Hazy)。
(3) 減少重複以及浪費的活動。
(4) 建立控制的目標與標準。

決策和評估／評鑑最佳方案首重於如何挑選評估準則，以生活「規劃」例子來說：

Step 1. 假設某一天下雨機率很高，故要決策一個雨具。
Step 2. 對策集：(1) 穿雨衣、(2) 打雨傘、(3) 戴斗笠。
Step 3. 決策者對「對策」之考量〔評估〕要素包括：(1) 輕便？(2) 耐久？(3) 舒適？(4) 美觀？
Step 4. 構成「決策方案集」，即「準則-方案」的串聯：(1) (下雨，穿雨衣) (2) (下雨，打雨傘) (3) (下雨，戴斗笠)。
針對每一方案按考量要素來獲得信息。得一決策矩陣 A (或 $[a_{ij}]_{mn}$) 如下：

考量準則	準則 1：輕便	準則 2：耐久	準則 3：舒適	準則 4：美觀
方案 1：穿雨衣	a_{11}	a_{12}	a_{13}	a_{14}
方案 2：打雨傘	a_{21}	a_{22}	a_{23}	a_{24}
方案 3：戴斗笠	a_{31}	a_{32}	a_{33}	a_{34}

Step 5. 決策：選擇三方案中使得「決策者」心中「最滿意」者。即「準則-方案」串聯法。此例子，可用本書介紹的多準則決策法，包括：

SAW 演算法、(fuzzy) AHP 法、腦力激盪法、TOPSIS 法、ELECTRE 法、ANP 法來求解。

2. 規劃的重要性

往昔文獻均獲得一致性的結論，規劃能改善組織績效：

(1) 正式規劃可得到正向的財務報酬。
(2) 規劃過程和執行計畫的品質對績效的影響大於計畫的規模。
(3) 管理者會採取權變計畫 (contingency plans) 來增加彈性。
(4) 規劃系統或策略架構，是不會扼殺創意和洞察力的。

概括來說，規劃對組織的重要性包括 (Dessler，2000)：

(1) 提供指引方向。
(2) 提供統一的架構。
(3) 有助於顯示未來的機會與威脅。例如 Drucker 曾說過：當計畫無法全面消除長期性決策的風險時，它有助於確認潛在的機會與威脅，也至少降低了風險。
(4) 有助於控制工作的進行。
(5) 可以避免片斷的決策。

二、規劃程序

規劃程序，不同學者有不同的說法，不論是何種規劃，其精神、步驟皆基於下表所列八大步驟 (許士軍，1988)。而 Dessler (2000) 認為規劃只有表 0-3 四個程序。

表 0-2 規劃八大程序 (許士軍，1988)

策略規劃	**步驟 1** 界定經營使命 (business mission)：說明企業在社會中應盡之責任與欲達成之目標。經營使命常由企業發展歷史及經營者理念所形成。
	步驟 2 設定目標：依企業使命，設定企業在一定期間內，希望達到之境界或進度。
	步驟 3 環境偵測：企業應檢測其所處的基本環境和直接環境，並根據可能情況發展假設，以為規劃之依據。此為分析企業所面臨的 OT (Opportunity & Threat)。
	步驟 4 本身所有資源之評估：企業須對本身所能掌握或擁有的資源加以評估，了解是否符合環境需要。此為分析企業本身之 SW (Strength & Weakness)。
	(以上兩步驟合稱「SWOT」分析，為企業整體個案分析之工具。)
作業規劃	**步驟 5** 發展可行方案：根據步驟 3 和步驟 4 評估的結果，發展可行的方案。常見的統計法，包括：AHP 法、ANP 法、DEMATE L 法。
	步驟 6 選定方案 (決策)：對各種方案加以詳細評估，再擇一為執行方案。
	步驟 7 實施該項計畫：組織、領導。
	步驟 8 評估、修正：屬於控制功能。亦可說是收集執行結果之資料，以為再規劃之基礎。

表 0-3 Dessler (2000) 規劃四大程序

策略規劃	**步驟 1** 建立預測及規劃的前提：計畫應該建立在何種基本假設之上？
	步驟 2 定義特定的目標：在選定的市場中，企業想達成的確切目標為何？
行為規劃	**步驟 3** 發展可行方案：根據基本假設，那些可行方案能使企業達成目標？
	步驟 4 決定一個行動方案：最佳方案是那一個？

「策略規劃」的目的是協助企業了解環境變遷的趨勢，掌握機會，逃避威脅，整合內部資源，發揮企業的競爭優勢，彌補經營劣勢，有效達成企業目標。

(1) 首先是自我評估，尋找比較出優劣勢，檢視過去的策略，分析掌握的資源以及企業的成本、品質、品牌、效率、規模、技術…等之優勢。
(2) 而後再確定目標，其次是偵測環境 (包括整體環境、產業環境及競爭環境) 找出環境的機會與威脅。
(3) 最後提出策略構想，且必需考慮是否與企業經營的目標吻合。

概括來說，決策「準則-方案」串聯的分析，可分為圖 0-1 所示四個階段。

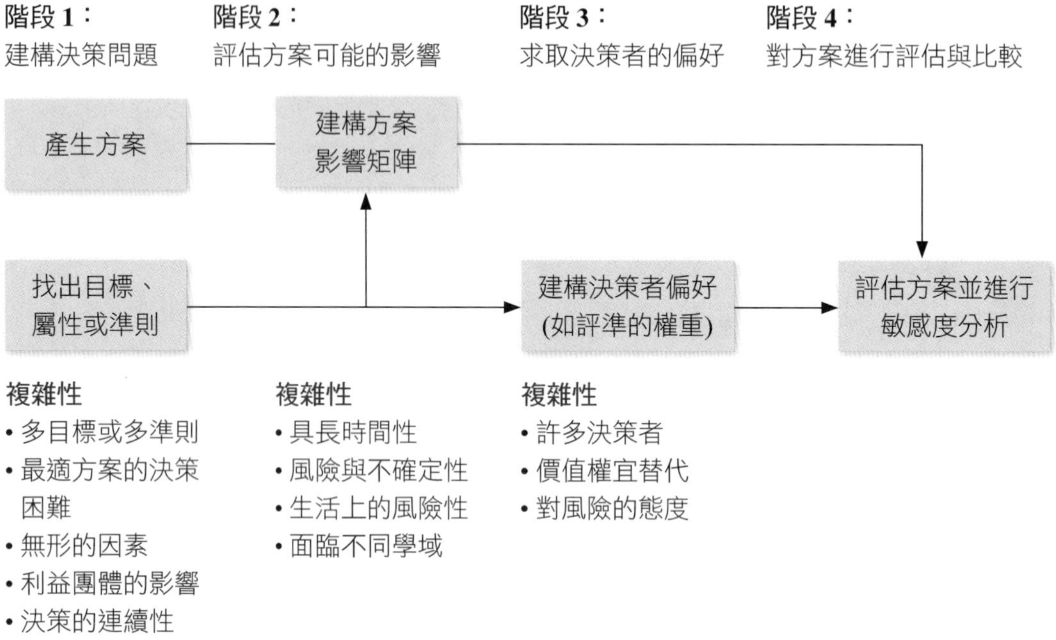

圖 0-1 決策階段及其內容與複雜性

三、系統方法之種類

1. 依職位高低來分類

Kast & Rosenzweig (1979) 依據主管職位高低，將規劃分成三個層次 (level)：

(1) 策略規劃 (strategic plan) 又稱「戰略規劃」：戰略分為多種層次，傳統的戰略指軍事戰略，就是戰爭的前置規劃、軍事行動的詳細計畫，武力

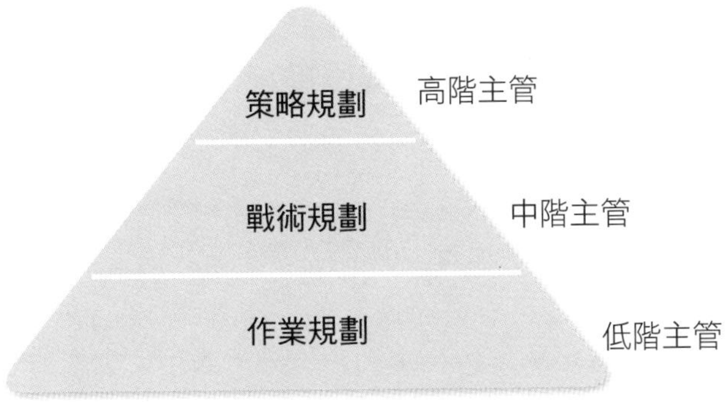

圖 0-2 規劃的層次

的運動與處置等等，大體來說戰略指的是具有「總體性」的規劃，也就是說戰術與戰略有著小方向與大方向的差異。由高階主管制定之階段性年度工作計畫，它係面對環境所制定的企業使命及方向。

策略規劃是一種過程，最終目的是要找出策略，好的策略需有好的組織相配合，才可達到目標或給公司帶來預期的利潤，策略無法達成需檢討其原因，是策略與部門政策或部門組織之聯結關係出了問題，還是沒有宣導，宣導沒有共識。因此策略規劃並不能保證成功，先有策略才有行動，最大的好處是知道「為什麼」行動成功，你就可以確定這樣的策略，可能是正確而有用的，如此可以有效累積經驗，萬一行動失敗，則可以有系統地去追查那一個環節做了錯誤的判斷，而累積教訓。

每個企業或事業部皆有其生命週期，從初生期、介紹期至成長期，如對產品而言，屬領導性品牌，應迅速建立進入障礙或快速擴大市場佔有率 (建立障礙即是競爭武器－屬抽象) 例如：自動化，老闆個人對市場敏銳反應，員工向心力，生產效率，特殊領域或低成本、差異性、專門化…等，至成熟期時，應以各種促銷手法維持市場或進行更精緻的市場區隔，到最後的衰退期時，即需考慮是否退出。

所有的策略規劃，考慮的因素甚多，但最重要的是把策略化成行動，訂出行動的時間及預算，最後再訂出目標，做對的事情比把事情做對來得重要，因此事先謀略，將是致勝的最大原因。

(2) 戰術規劃 (functional plan)：戰術係取得小規模勝利或實現小規模優化的技術；戰略係如何使用戰爭手段以達成戰爭目的的學問。中階主管負責戰術規劃 (部門性質)。他接受高階主管之命令，並將之細分給基層主管。

(3) 作業規劃 (operational plan)：所謂「能夠立即產生具體成果的事務」的「作業企劃」就是可以付諸實施的工作計畫，它係執行中階主管所交代的任務，為實際作業程序 (實作性質)。例如，人力資源發展的作業企劃，就是人力資源管理中的人事行政相關作業，如何訂立工作規章與表單流程，及其在諸多人力資源管理中的優先順序，它也是來自於人力資源發展中長期策略規劃的運用。

「策略規劃」與「戰術規劃」兩者的比較如下表：

表 0-4 「策略規劃」與「戰術規劃」的比較表

	策略／戰略規劃 (Strategic plans)	戰術規劃 (Tactical plans)
功能	適用於全組織，設立組織的整體目標和組織在環境中的定位	詳細界定如何達成整體目標
時間	五年以上	實現策略，故以月、週、天為單位
例子	例 1：Levi's 男士牛仔工作褲→轉攻女性和小孩→再移轉至流行服飾、鞋子及汽車椅套。	
	例 2：Motorola 放棄消費性產品市場，專攻工業產品 (例如汽車電話、衛星導航系統)。	例如：Motorola 行銷部門要界定市場區隔，如何有效個人化行銷。

概括來說，「策略規劃」與「作業規劃」兩者的比較如下表：

表 0-5 「策略規劃」與「作業規劃」的比較表

	策略規劃	作業規劃
目　的	將策略規劃的內容做全面性及詳細的中期規劃，旨在決定一企業之基本目的、企業基本政策和使命，以及經營過程當中使用及處分資源之準則。因此經由策略規劃，企業可以確定其發展方向和營業活動範圍。其乃由高階主管所制定，涵蓋的時間幅度較長。	作業規劃屬短期規劃。旨在將中期規劃再劃分更小的設計內容，以符合執行上需要。內容以各部門或人員的實際工作為主，涵蓋的時間範圍較窄。其中包括做什麼？怎麼做？由誰來做？何時做？……等內容。
層　次	高	低
時　間	長	短
範　圍	廣	廣或窄
從屬關係	目標之形成	達成之手段
特　性	方向性的：專注但不鎖定特定的目標或行動計畫。	特殊性的：清楚地界定目標，沒有任何誤解的空間。
使用頻率	單一用途：因應特定情況或特殊需要而定的計畫。	常置性用途：可重複利用的行動方針或指導。

2. 依範圍 (scope)來分類：

(1) 整體規劃：由高階主管執行。故範圍最廣、層次最高。

(2) 部門規劃：由中階主管執行。

(3) 專案規劃：由各階層主管執行。故範圍最窄。

圖 0-3 規劃範圍的分類

0.1.2 群體決策之方法

在現實生活中，決策往往不是由一個人所進行的，而是由一整個群體一起進行決策。群體決策的優點為集思廣益、能有更完整的資訊與知識、決策結果易為群體所接受、以及增加決策結果正當性之優點，但也有著較花費時間、決策結果無清楚之責任劃分、少數壟斷、從眾的壓力、群體迷思等缺點。即使如此，在決策問題日益複雜化的當下，以結合眾人的意見、各領域的專家的想法所做出的群體決策，才能有效解決這些複雜的決策問題。

群體決策大多是由專案團隊、任務團隊、委員會、或其他類似的團體，以面對面討論或是會議的方式來完成決策。一般的群體決策，除了以最直接的面對面溝通、討論的方式，來達到共識外，更有許多學者發展了各種不同的群體決策方法，使群體決策在進行時能更加的有效率，以下為幾種常見的群體決策方法。

一、腦力激盪法

腦力激盪法 (brain storming) 是由 Osborn (1942) 在其著作《How to think up》一書中所提出，其強調的是藉由眾人的提案互相激盪，以產生大量提案為目標的過程。在會議中主持人為一個極重要的角色，他要能引導每位決策者的發言，又要能控制場面，在會議中，是禁止對他人的發言進行批評，以避免壓抑了創意。腦力激盪法在實行時有四個原則要注意：(1) 不批評他人構想；(2) 意見或是提案越多越好；(3) 可以重覆自己之構想，再加上自己之創意；(4) 歡迎異想天開、天馬行空的想法。

二、名義團體技術

名義團體技術 (nominal group technique) 的精神是強調獨立思考與獨立判斷的一種決策過程。在決策會議中，不鼓勵各決策者間的互動、討論。因此，團體只是「名義」上存在，實際上是強調各決策者的決策是獨立進行，每個決策者能在具有充足、獨立的環境以及時間下思考，避免受到群體討論的影響，最後再將各決策者的決策彙總而成。其進行步驟為：

(1) 每位決策者將對問題的意見與看法以書面的方式單獨記下。

(2) 每位決策者依序發表自己的意見，但禁止討論。

(3) 待每個決策者都發表過意見後，再進行討論，以確保每位決策者的意見都得以充分的發表。

(4) 每位決策者私下以書面的方式對問題的意見進行投票，最後得票數最高的，即為決議。

三、Delphi 法

德菲法 (Delphi technique) 是由美國著名智庫藍德公司 (Rand Corporate) 所提出一的種匿名性質的群體決策方法，其強調的精神是讓每位決策者能在討論之中能充分知道別人的意見，但又不會知道是誰提出的意見，以避免少數壟斷或是權威人士的壟斷。本書第三章有 Delphi 詳細講解，其進行步驟為：

(1) 組成決策工作小組，將決策問題與意見加以蒐集成資訊，以郵寄方式寄給各地的決策。

(2) 每位決策者根據自己對問題判斷，寫下自己支持的意見，或是修正意見，再回寄給工作小組。

(3) 工作小組彙整各決策者意見形成資料，再寄出。

(4) 各決策再依據此新的資料，再次對意見投票或修正。

(5) 重覆步驟 (3) 與 (4)，直到達成決議。

四、共識排名法

共識排名法 (consensus ranking method) 為 Cook and Seiford (1978) 所提出的群體決策方法。其方法主要在探討如何使對於多個方案有不同排名的多個決策者達成最後的共識方案排名。在進行時，每位決策者要能對於各個方案先進行排名，其允許方案排名相同的情形出現。接下來利用距離函數來進行數學規劃，其目標為求得多個決策者對於方案排名的排法之中，認知差距最小的排法，即為最後群體所達到的共識排名。

五、AHP 法

決策人員在進行決策活動時，由於影響決策問題的評估準則難以架構化，或評估準則間具有量化 (quantitative) 與質化 (qualitative) 的不同特性，使決策者往往無法取得充分的資訊進行決策。

AHP (層級分析法) 逐漸成為一項解決各種決策問題的工具方法，其應用的範圍相當廣泛，特別是預測、評估、判斷、規劃事務、資源分配、工程計畫及投資組合等方面均具甚佳之成效，Saaty (1980) 歸類已應用於下列十三種決策問題：

(1) 決定優先順序 (Setting Priorities)。各準則的優先順序亦可利用 DEMATEL來解。
(2) 產生可行方案 (Generating a Set of Alternatives)。
(3) 選擇最佳方案 (Choosing the Best Policy Alternative)。
(4) 決定需要條件 (Determining Requirements)。
(5) 根據成本效益分析制定決策 (Making Decision Using Benefits and costs)。
(6) 資源分配 (Allocating Resources)。
(7) 「預測結果-風險」評估 (Predicting Outcomes-Risk Assessment)。
(8) 衡量績效 (Measuring Performance)。
(9) 系統設計 (Designing a System)。
(10) 確保系統穩定性 (Ensuring System Stability)。
(11) 最適化 (Optimizing)。
(12) 規劃 (Planning)。
(13) 衝突解決 (Conflict Resolution)。

有關 AHP、fuzzy AHP 的計算，請詳見第四章介紹。將 AHP 融入 fuzzy 理論，就新產生 fuzzy AHP。自從 Buckley (1985) 將 Saaty 之 AHP 法之成對比較值加以模糊化，以順序尺度取代數字比率來表示兩兩要素間相對重要程度，以解決成對比較值過於主觀、不精確、模糊等缺失。其作法為要求決策者以梯形模糊數，轉換專家意見並將之形成模糊正倒值矩陣，再利用幾何平均數方法與層級串聯，求出每一模糊矩陣之模糊權重與各替代方案模糊權重值。Buckley 的模糊層級分析法所使用的梯形模糊數表示權重值的方式，在計算上較為複雜。

概括來說，Buckley 所提出的 fuzzy AHP 法的分析步驟，依序為：(1) 建立層級架構；(2) 設計專家問卷；(3) 建立模糊正倒值矩陣；(4) 群體整合；(5) 計算正倒值矩陣的模糊權重；(6) 解模糊化；(7) 正規化 (權重值轉為 0~1 之間)；(8) 層級串聯 (「構面-準則」、「準則-方案」串聯)。

六、Borda 法

波達計數法 (Borda count method) 為一個廣為人知的群體決策方法，根據

Goddard (1983) 的研究，波達計數法為每個決策者對方案進行完全順序排序 (complete ordinal ranking) 後，對每個排序中的方案進行成對比較，計算每個方案的優越次數，然後得到每個方案的總優越次數，以總優越次數的高低得到最後的排名結果。

波達計數法除了上述計算方法外，也可令決策者對於每個方案排序中的第一名給予某個分數、第二名再給予某個較小分數，依此類推，最後計算各方案的總分排名。由於波達計數法的原理簡單、計算容易，所以時至今日仍為各國以及各個團體所使用，例如吉里巴思共和國的選舉制度、美國職棒大聯盟票選最有價值球員獎等等…。

Jensen (1986) 認為最常見的群體排序方法為波達計數法以及最小變異法 (minimum-variance，MV)，他並提出了三個新的排序方法，平均排名法 (mean of ranks，MR)、平均向量法 (mean of eigenvectors，MV)、幾合平均矩陣向量法 (geometric-mean matrix eigenvector，GM)，最後以成對比較法以及特徵值分析 (eigenvalue analysis) 來驗證各種排序法的矛盾性。

上述的各種群體決策主要都是透過會議、或是面對面討論的方式來進行群體決策，亦或是以先將各人對方案的排序完成後，再進行整合。然而，這樣的群體決策方法不但花費時間甚多，所得到的共識也無法充份反應決策者對方案的偏好。此外，這些群體決策方法往往也伴隨著許多矛盾 (paradox)，Nurmi and Meskanen (2000) 整理了群體決策裡常常會出現的許多投票矛盾現象，如康達特投票矛盾 (Condorcet's voting paradox)、波達矛盾 (Borda's paradox)、奧思土可基矛盾 (Ostrogorski's paradox)、安思康背矛盾 (Anscombe's paradox) 等等…，因此唯有透過客觀的多準則決策方法，配合適當的群體偏好整合模式，所得到的方案排序，才能達到有效率、每位決策者都滿意的群體決策結果。

七、多屬性決策法

多屬性決策至今已有超過數十種的的方法、工具已被發展出來，也廣為被各個領域、學者所使用。其中，較熱門的分析技術，包括：簡單加權法、線性指派法、層級分析法 (AHP)、ELECTRE 法 (Elimination et Choice Translating Reality Method)、TOPSIS 法 (Technique for Order Preference by Similarity to Ideal Solution Method)、網路分析法 (Analytic Network Process，ANP)。這些決策技術之演算法，將分別在後面章節中來介紹。

0.1.3 Delphi 法

「研究方法」書中，常見的量表設計技術，有五大類，包括：Likert 量表、Thurstone 量表、語意差異量表 (semantic differential scale)、Guttman 量表、配對比較量表 (scale of paired comparison)。其中，前四種量表之指標的篩選，不外乎以建構效度 (收斂效度、區別效度)、信度來篩選並建構該量表的指標，或利用第三章 fuzzy Delphi 來篩選評估指標。有關前四種量表之概念及統計，請見作者張紹勳在台中滄海書局出版的《研究方法》、《SPSS 初統分析》、《SPSS 高統分析》、《SPSS 多變量統計分析》。而第五種量表「配對比較量表」就是 AHP 法的核心概念。

Delphi 法為一種專家意見調查法，起源於美國藍德公司 (Rand Company) 於二次大戰後，邀請國防及軍事的專家，共同討論關於美國在二次大戰中的戰事議題，此討論方式後來被廣泛的定義在依賴專家之專業經驗，以及具有專業價值的判斷所帶來的共識，並為許多的學術研究機構所採用。

Delphi 的基本假定如下：

(1) 團體的判斷優於個人的判斷。
(2) 運用學者專家的專業知識判斷或預測事件的發展趨勢。
(3) 專家所聚集的有效資訊將比其他團體所提供的資訊更具有正確性。
(4) 匿名的作業方式可使參與者克服擾亂正確資訊的發生。
(5) 團體的壓力可使參與者意見趨於整合。

一、Delphi 的遞迴性共識決

Delphi 的主要目的是透過匿名化之群體判定的方式，以有系統的、反覆性的調查，獲取專家的群體共識，尋求一致性的意見。Delphi 是可集思廣益與兼顧專家獨立判斷特質的方法，因此已被廣泛運用於科技預測、方案規劃、公共政策分析、創新的教育制度以及其它領域方面。

Delphi 法具有下列特性：

(1) 匿名性 (anonymity)：Delphi 法實施的過程中並不讓受訪的專家們有交換意見的機會，因此可以避免「權威者」的壓力干擾，可自由的表示意見。

(2) 操控的回饋性 (controlled feedback)：受訪專家在每回中均會被告知上一回問卷裡「自己」和其他受訪專家的統計資料 (平均數、中位數等)，受訪專家參考這些回饋資料後，再審慎進一步的評判。

(3) 意見反芻 (iteration)：在來回數次之問卷過程中，專家對各項問題均能反覆地思考及修改其意見，直到受訪專家們對所有的問題反應均趨向一致為止。

(4) 群組反應統計 (statistical group rcsponse)：問卷回收後，統計群組意見，以作為專家們意見集中程度的指標。

儘管 Delphi 法有上述幾項特性，但仍然無可避免的受到一些因素的限制，包括：

(1) Delphi 法必須仰賴專家的直覺知識，研究結果容易受專家本身主觀判斷的干擾。

(2) Delphi 法的施行過程由施測者統籌主持，因此可能會受到施測者的干擾。

(3) Delphi 法施測相當耗時，不易控制進度，專家意見難免會出現前後矛盾的地方。

(4) Delphi 法的最後結論大多較為籠統，無法只是詳細規劃與具體細節，因此僅能做為訂立策略時的方向指導與參考 (Listone & Turoff，1975)。

針對這缺點，近來學者才提出 fuzzy Delphi 來改進。概括來說，Delphi 法是用來「篩選」指標／準則很好的方法。有關 Delphi 的理論與實例，請參見第三章的詳細說明。

二、Delphi 的指構建構及篩選

例如，以「學前特教教師專業評鑑準則」來說 (鐘梅菁等人，2009)，其建構程序有三步驟：

(一) 文獻探討及專家審查來建構評鑑準則之構面

經由 15 篇文獻分析、3 名專家審查等方式，所歸納「學前特教教師」相關專業知能與評鑑內涵，可分為：課程規劃、班級經營、資源運用、親師合作、專業成長、專業倫理等六構面，19 項評鑑指標。如表 0-6 所示。

表 0-6 特教教師與學前教師專業知能與評鑑準則之文獻分析

準則	特教教師										學前教師				
	Stronge & Tucker (2003)	Kontos &Diamond (1997)	Valentine (1992)	Churchill (1992)	Hill. (1982)	Moya & Gay (1982)	林惠芬 (1982)	鐘梅菁 (2001)	刑敏華 (1999)	江明曄 (1997)	黃麗君 (2004)	National Board for Professional Teaching Standards (2006)	Stronge & Tucker (2003)	Hoot, et al. (1993)	Hatfield (1981)
1.課程規劃															
具有教育專業知能			●			●		●			●		●		
設計個別化教育計畫	●	●	●	●	●			●		●					
執行個別化教育計畫	●	●	●	●	●			●		●					
符合幼兒身心發展與個別差異		●		●				●	●		●	●		●	●
提供個別化教學			●	●	●										
提供不同的教材教法				●	●			●		●	●	●		●	●
能激發並繼續學生活動與興趣				●					●			●	●		
個別評量瞭解個別需求	●			●	●			●	●			●	●	●	
實施多元評量	●			●					●	●		●	●	●	
評估教育安置是否適當				●					●	●					
規畫合宜的學習環境		●	●	●					●		●	●		●	●
2.班級經營															
具有班級經營技巧			●	●			●			●		●	●		
保持良好師生互動		●	●		●			●	●	●	●		●	●	●
具有幼兒行為輔導能力					●		●	●		●	●			●	●
具有緊急應變能力								●			●				●

表 0-6 特教教師與學前教師專業知能與評鑑準則之文獻分析 (續)

準則	特教教師										學前教師				
	Stronge & Tucker (2003)	Kontos &Diamond (1997)	Valentine (1992)	Churchill (1992)	Hill. (1982)	Moya & Gay (1982)	林惠芬 (1982)	鐘梅菁 (2001)	刑敏華 (1999)	江明曄 (1997)	黃麗君 (2004)	National Board for Professional Teaching Standards (2006)	Stronge & Tucker (2003)	Hoot, et al. (1993)	Hatfield (1981)
3.資源運用															
與專業人員合作提供幼兒相關療育	●	●	●				●	●		●			●		
熟悉可以運用的人力							●	●		●	●				
熟悉可運用的科技輔具								●		●					
4.親師合作															
和家長保持良好溝通	●	●		●	●		●		●		●	●		●	●
與家長維持信任關係	●	●	●	●	●		●	●		●	●	●		●	●
提供家長教養資訊／諮詢	●						●	●	●	●	●	●	●	●	
邀請家長參與 IEP					●			●		●					
邀請家長參與學校活動								●	●			●		●	
5.專業成長															
具備教學省思能力	●						●			●	●	●	●		●
參與專業進修活動／組織	●		●		●	●	●		●	●	●		●	●	
6.專業倫理															
具教學熱忱與敬業精神	●		●	●	●		●	●			●			●	●
與同仁維持有效溝通合作	●	●		●	●	●		●		●	●			●	●

註：●代表相關文獻資料提及教師專業知能或評鑑準則之項目。

(二) 主觀建立評鑑準則之題庫

專家審查問卷係為提升其內容效度，委請專家審查包含：書面審查、會議審查。首先，針對上述文獻分析、焦點團體訪談結果所建構的問卷初稿，邀請五位學前特教專家提供評鑑指標、檢核重點之書面意見，再將彙整的資料提於專家審查會議，會議中邀請 12 位專家學者。會後再請 6 位學前特教教師進行問卷預試，瞭解問卷可行性並做修正。

最後，形成正式問卷內容如下：第一部份基本資料；第二部份為教師專業評鑑指標重要程度之意見；第三部份為教師專業評鑑指標檢核重點重要程度、可行程度之意見。問卷內容包含 27 個指標，94 個檢核重點。

(三)「篩選」評鑑準則

有二種「篩選」準則的方法：(1) 用 Delphi 或 fuzzy Delphi 群體決策來篩選指標 (見後面章節的介紹)；(2) 利用多回合執行因素分析所呈現的收斂效度及區別效度，即篩除相關係數在 0.50 之指標 (見作者另一本書《SPSS for Windows 高統分析》)。

假設「學前特教教師專業評鑑指標重要程度」27 個指標，經上述「篩選」機制後，即可整理出下表 (表 0-7) 所示的內容。

由於本評鑑指標重要程度部分採五點量尺方式選答，由 1 到 5 分正向記分，填答之中間值為 3 分【(5＋4＋3＋2＋1) / 5＝3】。整體而言，評鑑指標重要程度總平均數 (4.45) 高於填答的中間值，可見受試者對評鑑指標重要性有一定程度以上的認同。全體受試者對於評鑑指標重要程度的看法，超過總平均數者 (M＝4.55) 共有 15 項，低於總平均數者 (M＝4.55)，共有 12 項。

有鑑於評鑑指標的平均數 (M＝4.55) 偏高，且受試者勾選的意見集中「非常重要」，所以研究者選取評鑑指標重要程度超過總平均數，且勾選「非常重要」的百分比超過百分之五十者，作為評鑑指標保留之依據，合計保留 24 項。而未能符合此一標準者有 3 項，依序為教學經營領域中「12-1. 參與教學研究與創新」，及專業合作領域中「11-1. 配合各處室執行相關工作」、「11-2. 與學校各處室溝通協調」。

表 0-7 學前特教教師專業評鑑指標之重要程度分析

評鑑準則	第一回合 Mean／Mode	第二回合 Mean／Mode	第三回合 Mean	第 n 回合 取捨
A. 課程設計				
1-1. 瞭解特殊教育相關法令規章			4.43	取
1-2. 掌握特殊學生的身心特質			4.84	取
2-1. 掌握特教課程的理念與架構			4.62	取
2-2. 設計特教課程的能力			4.67	取
3-1. 實施多元化的學習評量			4.59	取
3-2. 善用學習評量結果			4.54	取
B. 個別化教學				
4-1. 編擬個別化教育計畫 (IEP)			4.62	取
4-2. 執行個別化教育計畫 (IEP)			4.64	取
7-1. 訂定個別化轉銜服務計畫 (ITP)			4.37	取
7-2. 執行個別化轉銜服務計畫 (ITP)			4.37	取
C. 教學經營				
5-1. 運用合宜的教學方法			4.73	取
5-2. 有效運用教學資源			4.64	取
5-3. 進行教學省思			4.60	取
6-1. 營造適當的學習情境			4.64	取
6-2. 建立有助於特殊學生學習的班級常規			4.66	取
6-3. 營造良好的互動氣氛			4.62	取
6-4. 落實特殊學生個案輔導工作			4.54	取
12-1. 參與教學研究與創新			4.38	取
12-2. 參與教師進修			7.34	取
D. 專業合作				
8-1. 樂於與其他教師溝通合作			4.39	取
8-2. 與其他教師分享專業經驗			4.52	取
9-1. 建立專業資源網絡			4.40	取

表 0-7 學前特教教師專業評鑑指標之重要程度分析 (續)

	第一回合	第二回合	第三回合	第 n 回合
評鑑準則	Mean／Mode	Mean／Mode	Mean	取捨
9-2. 發揮專業資源的功能			4.45	取
10-1. 與特殊學生家長維持良好互動			4.76	取
10-2. 提供特殊學生家長療育資源			4.69	取
11-1. 配合各處室執行相關工作			4.23	取
11-2. 學前特教教師專業評鑑指標之重要程度分析			4.17	取

註：重要程度超過總平均數 4.55 的評鑑指標，才「取」，反之則「捨」

0.1.4 AHP 規劃法

美國匹茲堡大學教授 Saaty 於 1971 年提出層級分析法 (AHP)，將複雜的問題系統化，由不同的層面給予層級分解，並透過量化的判斷，覓得脈絡後加以綜合評估，以提供決策者選擇適當方案的充分資訊，同時減少決策錯誤的風險。其理論假定包括：

1. 一個系統可被分解成許多種類 (Classes) 或成分 (Components)，並形成像網路的層級結構。
2. 層級結構中，每一層級的要素均假設具獨立性 (Independence)。
3. 每一層級的要素可以用上一層級內某些或所有要素作為準則 (criterion)，進行評估。
4. 進行比較評估時，可將絕對數值尺度轉換成比例尺度 (Ratio Scale)。
5. 成對比較 (Pairwise Comparison) 後，可使用正倒值矩陣 (Positive Reciprocal Matrix) 處理。
6. 偏好關係滿足遞移性 (Transitivity)。不僅優劣關係滿足遞移性，同時強度關係也滿足。即專家在「配對比較量表」填答各準則重要性時，若評估選擇「準則 A > 2B」，且「準則 B > 3C」，那麼他勢必要填答「準則 A > 6C」才合理，否則填答「準則 A < 6C」就不合理。

7. 完全具遞移性不容易，因此容許不具遞移性的存在，但需測試其一致性 (Consistency) 的程度。
8. 要素的優勢程度，經由加權法則 (Weighting Principle) 而求得。
9. 任何要素只要出現在階層結構中，不論其優勢程度是如何小，均被認為與整個評估結構有關，而並非檢核階層結構的獨立性。

在生活周遭，我們常遇到的決策問題，包括：學生推薦入學的權重、建構校長候選人的領導能力指標 (準則權重)、女性購買名牌包的決策評估、投資人購買股票的選股決策、男性購車以考慮準則該買何種車子、工地 (或河川流域) 規劃、策略聯盟之伙伴選擇、營業據點的選擇、戰鬥機選購的決策、課程規劃、校務評鑑、組織競爭力的評估……等，以上這些多準則決策評估，都將在本書中介紹其理論、方法及技術的整合。

一、準則的意涵

準則 (criterion) 一詞有許多種不同的用法，如：判斷 (to judge)、區分 (to separate)、決定 (to decide) 的意思，意指「一種標準，以供做決定或判斷的基礎」。

準則亦是指標 (indicator) 的一種形式，從經濟、社會及教育指標的討論，指標的定義乃具有以下之成份：

(1) 指標所處理的是現象中可測量的構念 (construct)。
(2) 指標要能反映出現象的重要層面，其選定應依據理論做引導，有了理論依據，指標方能對現象做進一步的、有系統的解釋。
(3) 指標是一種統計量數，為了便於測量做數學的運算，可透過操作型定義的過程，將理論的品質轉化為實證可測量的意義。
(4) 指標所測量的是對現象提供一個描述，並不進行深入之價值判斷，即指標具有中性之屬性，為便於作價值判斷，須以某些效標為參照點或標準。

二、AHP 問題：「求職選擇」

(一) 目的：求職，即「準則-方案」串聯。
(二) 考量準則：C1. 高起薪、C2. 公司所在地之居住品質、C3. 工作興趣、

C4. 公司與住家之距離。

假設，決策者已對四種考量準則之權重，設定為 W1＝0.5115，W2＝0.0986，W3＝0.2433，W4＝0.1466，同時決策者又對目前求職之三個公司 (A，B，C) 針對四種考量分別之權重 (喜好程度)，如下表。

表 0-8 三個選擇方案 vs. 喜好程度

方案＼準則	C1. 高起薪	C2. 近公司之居住品質	C3. 工作興趣	C4. 離家距離
A 公司	0.571	0.159	0.088	0.082
B 公司	0.286	0.252	0.669	0.315
C 公司	0.143	0.589	0.243	0.603

因此決策者可利用以上之相對評估數據構成一 3×4 之矩陣，乘上考量之權重向量 W，所得綜合績效為：

A 公司＝0.5115×0.571＋0.0986 0.159＋0.2433×0.088＋0.1466×0.082＝0.3415

B 公司＝0.5115×0.285＋0.0986 0.252＋0.2433×0.669＋0.1466×0.315＝0.3799

C 公司＝0.5115×0.143＋0.0986 0.589＋0.2433×0.243＋0.1466×0.603＝0.2786

最後，得到「B 公司」的綜合績效最高 0.3799，也是人們挑選的第一志願。

三、AHP「方案-準則」的串聯

(1) 利用分層分式來分析各方案與準則之間的相互關係， 以此種模式來模擬決策問題。

(2) 建立每一準則單獨考量時，方案與方案間之兩兩比較矩陣，其評估數據是按評估標度來決定。(以 A 為主與 B 作比較，其中數據 1、3、5、7、9 代表重要之程度，而 2、4、6、8 是介於其中介數據)。

(3) 以「AW＝λW」公式，求出個各方案之評估矩陣之最大之特徵值 λ_{max}，及其相關的特徵向量 W，而該特徵向量即某準則下，方案評估之相對權重向量 W。

(4) 每一最大特徵值 λ_{max} 必需經過「一致性檢驗」其採用的「一致性

比值」(Consistency Ratio) R.C. 之公式為：C.R.＝C.I.／R.I.，其中，

$C.I.=\dfrac{\lambda_{max}-n}{n-1}$，$n$ 為樣本數目，原則上 C.R. 必須小於 0.10。

(5) 再利用方案評估矩陣之每一準則最大特徵向量作為評估權重矩陣之行向量，構成一權重 (方案) 矩陣。

(6) 同理，可求出準則間之相互權重，稱之為 W＝(W1，W2，…，Wn)。A W 即為決策之權重向量。

(7) 利用向量中元素之大小排序即可作決策。

假設利用以上計算步驟，透過 N 名專家來填答「配對比較量表」(scale of paired comparison) 意見所求得「選購滿意之車」之層級架圖的權重，如圖 0-4。請問，該選那一種車較佳呢？假設某理性的消費者，其購車三個準則的權重，係依專家們的建議，為 W^t＝[0.295, 0.209, 0.495]，則這三種可選方案的車種之複權重為：

BMW 車：0.295×0.103＋0.209×0.665＋0.495×0.532＝0.433

TOYOTA 車：0.295×0.174＋0.209×0.231＋0.495×0.366＝0.281

PORSCHE 車：0.295×0.723＋0.209×0.104＋0.495×0.102＝0.286

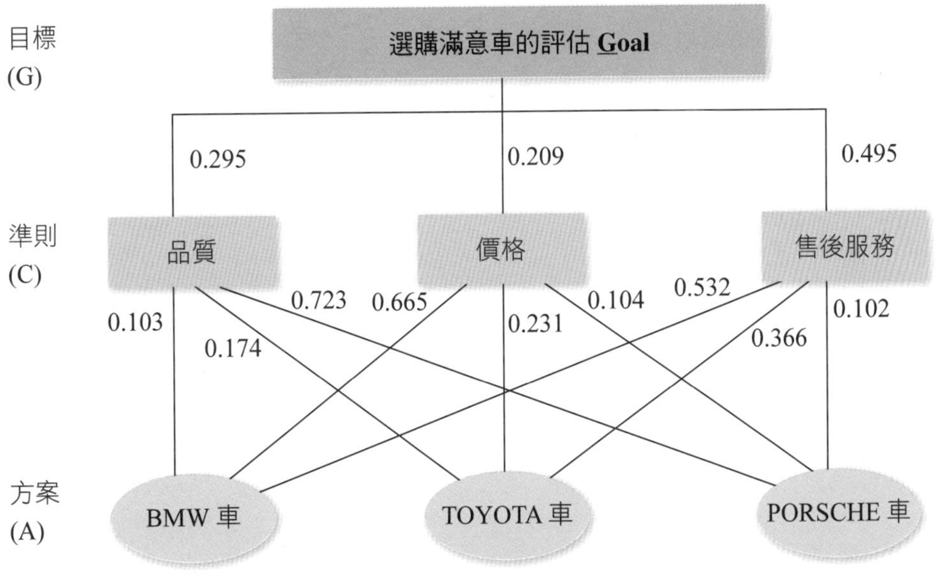

圖 0-4 選購滿意的車

由上面結果，複權重最大值為 0.433，即 BMW 車是 N 名專家所共識的最佳車種。

相對地，若考慮每位消費者，因為月薪不同，且局限於購買預算額度的不同，決策者亦可「主觀」調整自定權重 W^t 的比例大小。

有關 AHP 的理論與權重 W^t 的計算、「準則-方案」串聯法則、甚至延伸至 fuzzy AHP 的計算，請參考第四章的詳細說明。

至於，AHP／Fuzzy AHP 法的優點，除了在於蒐集資料所需時間少且方便性佳，準確性高並且能使用於多種決策分析上，坊間亦有 AHP 分析軟體，包括：Expert Choice (圖 0-5)(程式檔存在 CD「ch01 AHP 用 ChoiceMaker 分析之範例/00

圖 0-5 ChoiceMaker 軟體之操作畫面

律師事務所關鍵成功因素 .ahp」) 或 ChoiceMaker 軟體、本書自行開發 Excel 之分析實例。換句話說，Fuzzy AHP 改良了傳統 AHP 法在應用上的缺失不外乎比例尺度應用上限制、不精確、模糊等問題。

0.1.5 策略規劃

策略管理的運用範圍極為廣泛，其精神理念大從國家的政治、財經、國防、外交的方向擬定，小至教育機構、企業個體、公司行號、財團法人的業務組織的發展評估，更微者用於個人的人生規劃的利基分析；在今日各方競爭激烈且講求效率管理的環境中，策略管理實謂無所不在，無時不用。

不論是願景、目標或是年度計畫，企業都必須擬定中長期計畫與策略，並進一步具體落實。尤其對中高階主管來說，策略規劃更是最基本的核心能力。

策略規劃的核心概念主要可以從兩大方向來理解，一為策略規劃的基本意涵，另一項為策略規劃的過程模式 (或模式)。

一、策略規劃的意涵

何謂策略 (strategy)？策略一詞最早起源於希臘文「strategos」軍事用語，意指統御的藝術，即統帥運用的謀略或戰略，使自己的軍隊能在對我方有利的情況下迎擊敵人，目的在贏取勝利。意即「策略」係引導企業尋找到最佳的盈利模式，打造企業核心技術能力。但它是具有衝擊力的震撼，也是一個制勝的行動要領。只是那些看清未來發展趨勢、培養獨特價值觀及打造核心價值技術競爭力的企業，才能勝人一籌做到企業常青。

對企業而言，策略就是「組織或企業運用它所擁有的資源與技術，在最有利的情況下達成目標的一種科學與藝術」。即策略是整合運用資源的藝術，包含有形的與無形的 (概括企業形象、熱忱) 資源、懂得將他人獨有的長才加以運用，以及運用未來的資源。策略是「重點之選擇」，策略規劃的運用，就是思考如何透過策略規劃的正確過程與模式，應用 SWOT 的矩陣分析以建立可行的功能性管理發展策略，再從各可行策略中之重要性考量優先順序，並選擇重要性與可行性高者，再應用特性要因分析法找出工作計畫項目，展延為功能性管理發展的年度工作計畫。

經營策略為管理者為達到公司既定目標所採用之行動方向準則，也是公司推動營運的基本方針。因此，經營策略是企業經營管理的首要工作，主要的內涵包括了：「決定公司經營的範疇」、「決定如何經營才可獲利」、「或如何經營才可全身而退」，「是否具有存活能力」等。企業經營者為瞭解其策略目標是否正確，因其攸關企業經營成敗故可謂不可不慎。每家公司企業都在進行同步兩種策略流程就其程序而言，包括兩大階段：「策略規劃」- 計劃型策略 (Deliberate Strategy) 與「策略執行」- 須含應變流程策略 (Emergent Stragegy) 在內。

(一) 策略規劃：涉及分析公司所面臨的內、外在環境，並依此決定適當的策略行動方案，所以其必須包含確定：

1. 成功事業各項重要細節與管理計劃策略之所有細節。
2. 必須讓所有組織成員都知道完整策略，齊心協力共同為達目標而努力。

(二) 策略執行：包括應變其組織結構的調整因應，及其他為順利推動策略行動方案所進行的相關業務，以期追求在最適當的環境下推動正確之策略方案。

二、策略之理論學派

「競爭優勢」的來源包括成本、品質、反應速度及創新，至於競爭優勢能維持多久，則取決於模仿障礙的高度，競爭者的潛能和產業環境的變化速度。

常見傳統策略的選擇方法，有表 0-9 所列三種。

表 0-9 傳統策略 (陳宏昇，2002)

	Hill 和 Jones	Boar	Porter
一、策略形成	組織使命與目標。外部環境分析 (總體、產業)。內部環境分析 (組織資源與能力)。	情勢分析 (內外環境)。結論歸納，定位的決定 (找出策略性資訊)。	五力分析。企業價值鏈分析。產業價值鏈分析。
二、策略選擇	依 SWOT 分析擬定最適方案。方案型態分為功能性、事業部、全球化與總體策略四種。	決定營運範圍與定位。策略目標的擬定。策略行動的設計。	創造獨特有價值的位置低成本、差異化與集中。
三、策略執行	組織架構，監控系統的設計。策略方案、組織結構、監控系統配合衝突與改變的管理。	行動方案、計畫、目標監控系統的設計。	營運效益。競爭優勢來自於整合所有活動綜效 (synergy)

常見的策略理論有四個學派：Porter 定位學派、資源基礎學派、系統決策模式、權變學派：

1. Porter 定位學派 (positioning school)

「策略規劃」在組織的發展，起初只是將組織舊有的單一年度預算工作延伸，成為以五年為期的未來趨勢預測 (Ansoff，1980)。1990 年以前，「策略」是以「外部分析」為導向，意即以分析組織外在環境的機會與威脅為主要考量，為企業產品尋求最佳市場定位。其分析有三類型：(1) 產品定位；(2) 產品組合定位；(3) 競爭定位。這些分析的類型為企業尋求較佳的市場與產品定位策略，決定企業是否要進入、再投資或收成與退出某一事業。但是此策略鮮少考慮內部資源條件，如何取得、培養、整合、部署與發揮資源特色，創造競爭優勢，以利企業永續經營的長期目標。

2. 資源基礎學派

以往策略管理的思維重心放在產業結構與競爭位置的觀點，著重在企業外部的環境分析，偵測機會與威脅，然後分析企業本身的優、劣勢，以建構企業的策略。

然而企業外在的因素變動越迅速的情境之下，由於環境的複雜多變、科技持續地演進、及顧客需求偏好的易變，外部導向觀點無法提供策略形成的基礎；而公司內部擁有的資源及能力提供公司策略的基本方向，且是公司利潤的主要來源，藉由組織內部資源與能力的累積及培養，形成長期且持續性的競爭優勢，因此資源及能力可作為公司長期策略基礎與策略性思考的重點。它由「外在環境」分析導向轉為「內部分析」，關注企業內部資源優勢與劣勢為主。

由 Grant (1991) 提出「資源-專長-競爭-策略」資源基礎分析模式，可知企業「核心競爭力」(Core Competence) 與「核心專長」(Core Capailities) 的培育與發展必須建構在「核心資源」的辨識與組合，以產生「資源優勢」(resource advantage)。「資源優勢」係指 Barney (1991) 所談的資源稀少性、不可移動性、持久性等資源優勢。企業核心資源 (涵蓋資產與能力)，因其具有互補性、稀少性、不可交易性、無法模仿性、有限的替代性、適切性、持久性等特性，使它們與策略性產業因素相重疊，因而產生資源優勢。

簡單的說，「資源基礎理論」強調企業應累積不可替代的策略性資

源 (Strategic resource)，以支持所採取的策略，進而建立可維持的競爭優勢 (Sustainable competitive advantage)。即藉由組織內部資源與能力的累積及培養，可以形成長期且持續性的競爭優勢，因此，資源及能力可作為公司長期策略基礎與策略性思考的重點。

資源基礎學派所關心的策略焦點是企業內擁有那些異質性？這些資源如何運用與組合？什麼資源形成企業的持續競爭優勢？異質性資源又是如何而來？企業持續性競爭的獲得，係由於目前與潛在的競爭者無法模仿的資源與專長，此種資源與專長可以有效的形成產業的進入障礙與隔絕機制 (Rumelt，1984)。

進入障礙 (Threat of new entrants) 的要素，包括：產品差異、規模經濟、取得原料的便利性、資金需求、轉換成本等因素，決定新競爭者進入某一產業的難易程度；而進入與退出障礙高低將會影響市場的吸引力。

策略性資源與智慧資本之關聯性

資源及能力為公司長期策略的基礎，而且組織的內部資源及能力提供了公司策略的基本方向，透過資源及能力的取得與應用可為公司獲利能力的根本。因此，資源及能力可作為公司長期策略基礎與策略性思考的重點。

資源分為資產與能力兩大類。其中資產為廠商所擁有或可控制的要素存量，分為有形資產及無形資產兩種，而能力係是廠商配置資源的能力，可分為個人能力及組織能力。策略性資源分類，如表 0-10 策略性資源分類 (吳思華，2001)。

表 0-10　策略性資源與智慧資本之關聯表

資產	有形	實體資產	土地廠房、機器設備
		金融資產	現金、有價證券
	無形	品牌／商譽、智慧財產權 (商標、專利、著作權、已登記註冊之設計)、執照、契約／正式網路、資料庫等。	
能力	個人	專業技術能力 管理能力 人際網路	
	組織	業務運作能力 技術創新與商品化能力 組織文化 組織記憶與學習	

策略性資源的定義：認為凡是造成競爭優勢，並使競爭者無法輕易模仿的有形或無形資產 (品牌／商譽)，或是在企業每個獨特的競爭優勢的資源 (包含核心能力、及核心流程) 作為後盾，有極為重要的地位者均稱之。

此外，這些策略性資源多數具有專屬、模糊、與獨特的性質。策略性資源中，無形資產及能力與智慧資本關聯性相當高。

智慧資本由於無法具體、完整地被描繪，且研究範疇甚廣，因而學者們對智慧資本有不同之定義，進而對智慧資本之組成要素也持不同之觀點。儘管各家定義不同，但智慧資本均與「知識」、「經驗」、「能力」、「智慧」、及「創新」有極大的關係，它具有不折舊性，且具有創造價值極大化之作用。智慧資本之整體概念圖，其構成要素包括：人力資本、關係資本、結構資本，如圖 0-6 所示 (Johnson，1999)：

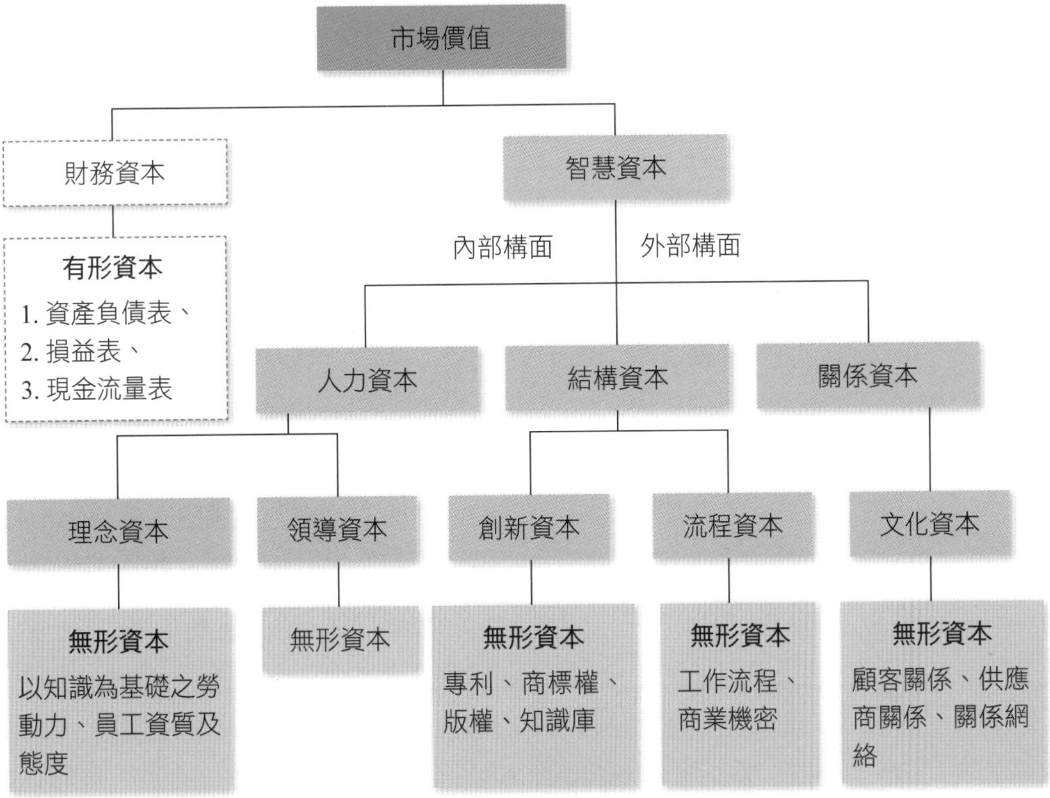

圖 0-6 智慧資本之整體概念圖

(1) 人力資本之指標：know-how、教育、系列訓練課程、職業證照、工作上相關的知識、職業評估、心理評估 (員工思想能力、員工間的相互學習、員工心聲的傳達、員工盡責程度)、工作上相關的能力、企業活力、創新與反應能力、團隊成員合作程度、組織內部關係。

(2) (顧客) 關係資本之指標：品牌、顧客、顧客滿意度、顧客忠誠、顧客需求的估價、解決問題所減少的時間、公司名稱、存貨管理、通路、企業合作、授權、經銷權協議 (Franchise agreement)。

(3) (組織) 結構資本之指標：智慧財產、專利權、創意的執行、創意發展的支持、版權、商標、商業機密 (Trade secrets)、服務標章 (service marks)、基礎結構資產、管理哲學 (Management philosophy)、公司文化 (Corporare culture)、企業效率性、管理流程 (Management processes)、資訊技術系統 (Information technology systems)、網路系統 (Networking systems)、財務關係。

至於智慧資本指標是一種釐清智慧資本觀念的好方法，其能將選出的指標 (indicator) 乘以適當之權數，然後轉換成指數 (index)，並觀察此指數之消長情形，進而洞悉智慧資本之變化情況。智慧資本的衡量指標可分「質」與「量」兩類，如圖 0-7 所示 (Sullivan，1998)。

3. Steiner 系統決策模式

「策略規劃」發展至八〇年代，不僅充分考量「內外環境趨勢」而已，而且要發展「組織未來方向與結合組織的使命目標」。故策略規劃概念，已趨向於整合性以及重視組織策略性思考、規劃過程系絡 (context)。誠如 Steiner (1979) 所言，策略規劃乃是組織管理的重要骨架 (backbone)，強調規劃過程 (process) 連續性和重視組織策略形成 (strategy formulate)。故策略規劃具有下列四個特性 (如圖 0-8)：

(1) 具未來導向的決策 (futurity of current decision)：有系統思考組織未來所面臨的機會 (opportunities) 和威脅 (threats)，並統整相關資訊決定組織未來的方向和主要執行策略。

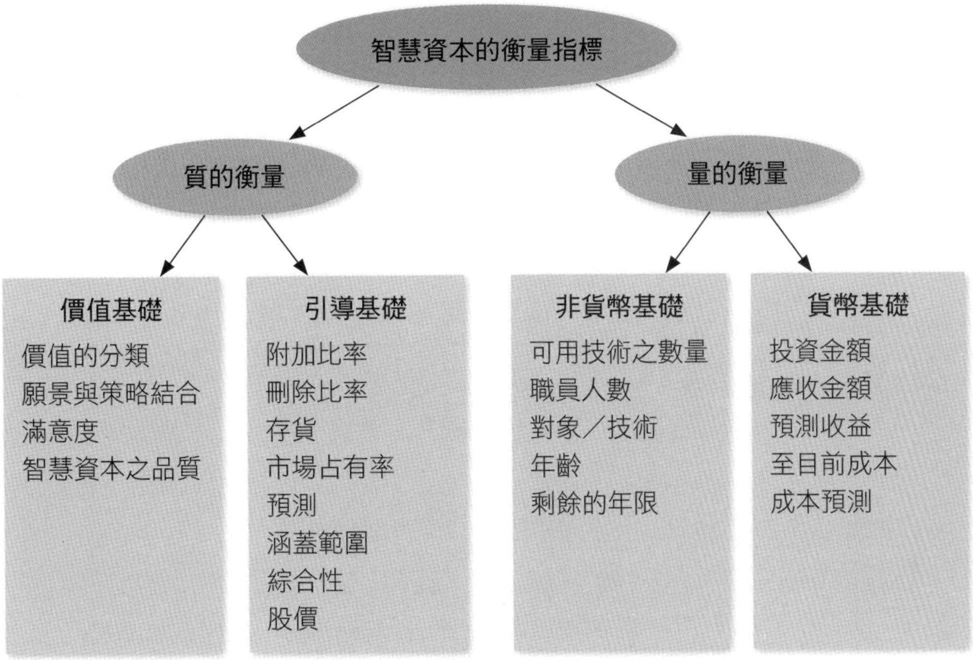

圖 **0-7** 智慧資本的衡量指標

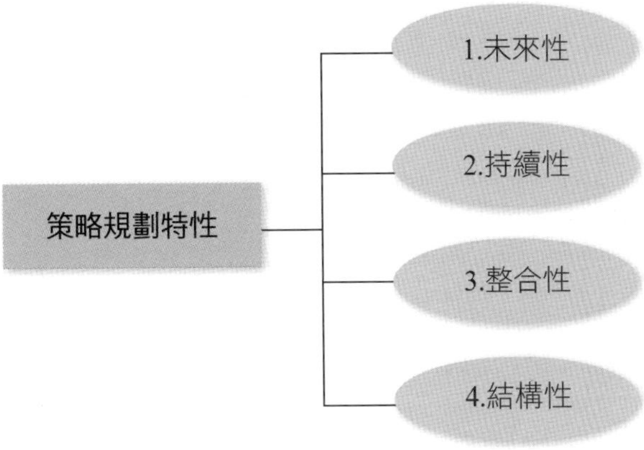

圖 **0-8** 策略規劃之特性

(2) 持續連結的過程 (process)：策略規劃係一有系統的持續過程，從組織目標設定、界定主要策略到發展細部的計畫，均以目標成果為一致導向，每一過程環環相扣。

(3) 哲學性思考和行動 (philosophy)：策略規劃為一思考性的過程和深思未來行動，並將每一部分做整合。

(4) 具結構性 (structure)：策略規劃為一具結構性的架構，它將組織策略規劃、中長程計畫、當年度預算計畫，做一有效的連結。

4. 權變學派 (contingency school)

權變學派認為組織面對動態複雜的環境，不能閉門造車，必須「知己知彼」與「有所制宜」，以掌握環境的變化趨勢，從而調整組織策略、結構、人力、作業方式與產品、競合關係等，甚至主動創造優勢環境。

故權變學派認為，「組織的結構」深受組織所在的環境及所取得的技術有非常重要的關係。以環境為例，外在環境間的交互關係會形成不同的組織情況，如下表：

表 0-11　組織與環境間的關係 (Hasenfeld，1983)

穩定性 同質性	穩定的環境	變動的環境
同質的環境	1. 較少功能單位 2. 標準化的規則	1. 有限的差異 2. 去中央化的決策
異質的環境	1. 多樣化的功能單位 2. 標準化的規則	1. 高度的差異 2. 去中央化的決策

權變學派對於問題的處理方式，主要是先分析問題，其次為逐一列明問題出現時的各種相關情境，再依所處情境研擬可行的行動方案。因此，並無一套放諸四海皆準的管理理論，惟有綜合了解各種理論，審慎辨明情境，才能採取適當行動，使組織有效的運作。這種著重全面性 (holistic)、組織體系的獨特性、次體系間的關係，以及因應環境變遷的彈性等特性，讓權變模式適合於運用處理問題複雜且多變的組織機構。

三、策略管理程序

策略管理的過程即是策略管理者決定目標，進行策略選擇及執行、評估與控制的過程。策略管理過程常包括幾個重要的互動要素：(1) 釐清組織的功能、目標與哲學；(2) 認識組織面對的內在與外在環境情境；(3) 評估組織的優、缺、機會點和弱點 (SWOT 分析)；(4) 規劃具體目標；(5) 形成適當的行動策略。

概括來說，不論是那一種策略管理模式，都包含了分析與診斷、選擇、執行、評估與控制四個階段，如下圖：

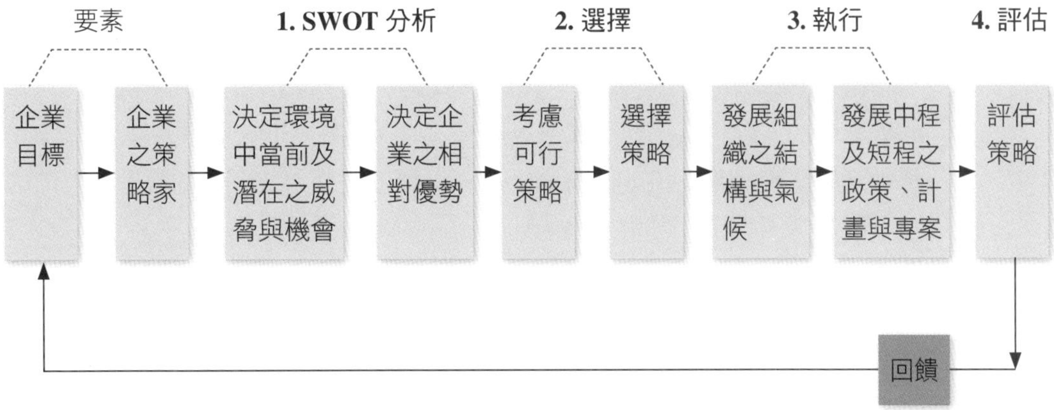

圖 0-9 策略性管理的程序 (Glueck，1976)

1. **分析與診斷**：(1) 分析外部競爭環境以找出機會 (Opportunities) 和威脅 (Threats)；(2) 分析內部運作環境，以找出優勢 (Strength) 和劣勢 (Weakness)。
2. **選擇**：此指發展可用以解決問題的策略性方案，並評估其優劣而選擇適合的方案。選擇須是建立在組織的優點上，並且能改進其缺點，以能於外在的機會中取得優勢，必能應付外在的威脅。
3. **策略執行 (strategy implementation)**：指將選定的策略方案付諸行動，策略的執行包括資源組織結構的配合，及制定原則性的政策來加以管理。
4. **評估與控制**：此指評估策略的執行是否確實達成目標，並透過回饋系統來加以控制。

總之，策略規劃的程序可歸納成下列幾項：

1. 界定組織使命 (Business Mission)：組織使命用以界定它的目標及讓員工知道「我們經營管理的基本性質是什麼」，並且組織使命的界定亦會使管理者謹慎地去界定他的工作或服務的範圍。
2. 建立目標。
3. 分析資源。
4. 分析組織資源 (SW)：界定組織運作管理系統中各部門的能力，當組織所表現優異的內在資源，稱為組織的強勢 (Strengths)，這些強勢代表組織競爭優勢的獨特技巧或資源，它可使組織員工有效率，提高組織目標績效。在另一方面有那些是組織所缺乏，或是組織表現不佳的活動，則稱為組織的劣勢 (Weakness)。分析常見的環境主包括三大環境因素 (Glueck，1976)：
   (A) 一般環境因素：例如政府的限制、消費者之壓力、經濟的變動、人口的變動等因素。
   (B) 供應商環境：例如原料供應、原料價格、原料來源、技術的突破等因素。
   (C) 市場方面的因素：例如新產品、市場需求、消費者偏好、新加入者的競爭等因素。
5. 預測。
6. 評估外在環境 (OT)：評估外部環境中有那些組織可以開發的機會 (Opportunities)，以及所面臨的威脅 (Threats) 是那些？不同的組織有其特定發展目標及所擁有的資源不相同。同樣的環境，對某一組織也許是機會，對另一個組織卻可能是威脅，因此究竟是機會或是威脅端視其所掌控的資源。
7. 找出策略。
8. 評估策略。可用方法包括：SAW 法、AHP 法、腦力激盪法、詮釋結構模式 (Interpretive Structural Modeling)、TOPSIS 法、ELECTRE 法、ANP 法。
9. 選定策略。由以上多準則評估方法，「準則-方案」串聯法所求得之最大綜合績效，即為最佳決擇方案。
10. 執行策略：事實上，能夠讓企業從眾多競爭者中真正脫穎而出的，是「如何執行」：他們建立了一個有效的組織，來執行既定策略，實現其遠大的理想。

四、策略分析主要概念

策略規劃可視為一個連續的過程，上述分析程序對應的概念如下：

1.界定企業使命：

(1) Aaker (1984) 特別強調使命的陳述，最好採取動態 (dynamic) 的形式，以免落入拘謹模式，限制企業往後之成長。Ansoff (1965) 曾提出產品／市場成長矩陣，艾克則另加入第三空間成長因子予以補充說明。

(2) 在產品／市場成長矩陣中，企業可由現行產品／市場中作滲透工作或朝新產品、新市場發展；而成長的有效工具包括：往新的生產或配銷層級整合、發展新技術或取得特有能力、資產，形成持續競爭優勢。

2. 界定企業目標：

Peter Drucker (1985) 認企業應在 key result area 設立如下之八大目標：

(1) 市場地位。

(2) 創新。

(3) 獲利能力。

(4) 生產力及貢獻價值。

(5) 物質資源與財源。

(6) 經理人之成長和績效。

(7) 員工之態度和績效。

(8) 社會責任。

3. 分析外部經營環境：

(1) 顧客分析：區隔、購買動機、未滿足之需要。

(2) 競爭對手分析：對手的認定、績效、目標、策略文化、成本。

(3) 產業分析：產品生命週期 (production life cycle，PLC)、吸引力、規模、進入障礙，此為五力分析的概念。

(4) 環境分析：科技、政府、人口、經濟、文化，此為鑽石理論的概念。

4. 分析內部經營能力：找出優勢、劣勢

(1) 能力分析構面，包括：行銷、R&D、生產和作業、人力資源、財務、組織結構、資管部門的能力分析。即企業之功能加上補助性功能。

(2) 亦可用「價值鏈」的內容來說明：

價值 (Value)，意指企業所創造的營收價值。企業營運最終目標是創造價值以滿足顧客的需要，才能為股東及員工謀求最佳化的價值。如果企業能有效利用公司能力，在夠短的時間內，比其競爭對手更能將價值傳達給顧客，該公司應該就算是擁有卓越的策略。「價值鏈」本身包括下列兩個活動：

(A) 支援活動：(I) 公司基礎結構；(II) 人管部門；(III) R&D 部；(IV) 採購。

(B) 基本活動：(I) 投入資源後勤作業；(II) 生產作業；(III) 產出後勤；(IV) 行銷；(V) 服務。

5. 競爭優勢 (competitive advantage)：

「競爭優勢」是指企業在產業中相對於競爭者所擁有之獨特且優越之競爭地位。策略之成敗端看競爭優勢的維持和建立。誠如 Aaker (1989) 所說，競爭優勢及投資性策略均是兩大核心策略。

Aaker (1989) 認為事業策略有兩個重點，即競爭方式 (the way to compete) 與競爭場合 (where you compete)，而締造廠商長期競爭優勢與績效的基礎卻是存在公司內部的「資產」與「能力」。換言之，廠商競爭方式與場合之選擇是必須與公司資產和能力相配合，才能產生較佳的競爭績效。其將資產與能力的管理分為三個步驟：首先，辨識攸關的資產與技能，顧客的消費動機和較高附加價值的產品，以及流動性障礙；其次，在攸關市場上，選擇支持策略的資源及能力，建立持續性的競爭優勢；最後，發展及實行計畫，以發展、提高及保護資產和技能。Aaker 的資源基礎策略邏輯如圖 0-10。

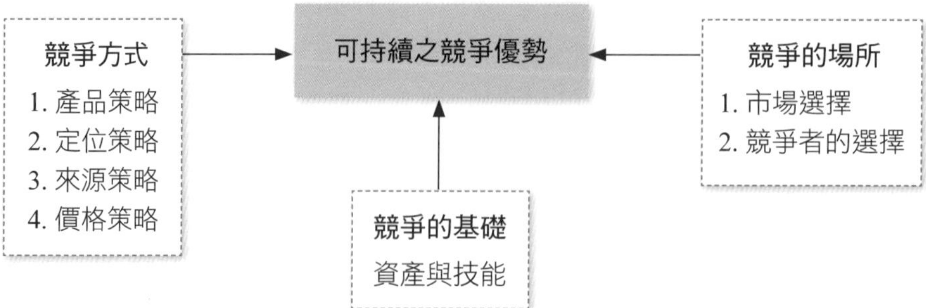

圖 0-10 獲得可競爭優勢之來源 (Aaker，1989)

概括來說，Aaker 資源基礎理論，旨在透過內部省視的能力辨識企業的資源，分析外部環境了解資源缺口，結合企業策略發展創造、發展與保持企業資源，經由動態的選擇與調整過程，使企業資源成為有獨特性、不可移動性、稀少性、不可替代性、難以模仿與有價值性，並產生持久性競爭優勢，為企業帶來利潤或稱為經濟租。因此，資源基礎理論所探討的對象是企業的「資源」，在幫助企業成為異質性 (heterogeneity) 與有競爭能力的組織個體的過程與資源特質。

五、策略規劃的分析工具

常見策略規劃的分析工具，包括：(1) BCG mode、(2) 五力分析、(3) SWOT 分析、(4) 平衡計分卡…。以上這些分析的「要素／準則」，都可再搭配：詮釋結構模式、AHP、ANP、TOPSIS…等評估法，幫決策者以量化「準則-方案」串聯法，找到最佳的方案。

(一) BCG mode

BCG 矩陣是波士頓顧問群 (Boston Consulting Group，BCG) 所發展出來一種能將所有策略性事業單位，根據「成長與佔有率」矩陣來分類，X 軸為相對市場佔有率 (如下圖)，用以衡量公司在市場上的強度，中點通常定在 0.5，也就是說市場佔有率為市場領導者的一半。Y 軸為市場成長率，用以衡量市場的吸引力，範圍從－20% 到＋20%，中點是 0。以上所使用之數值範圍可以隨不同組織的特

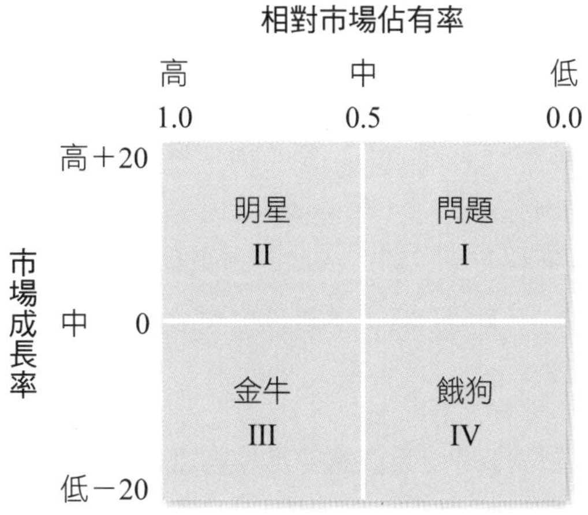

圖 0-11 BCG 矩陣 (David，1998)

殊情況而改變 (David，1998)。根據以上指標分隔成長率與佔有率矩陣後可得四種類型的策略性事業單位。

BCG (Boston Consulting Group) 模式，將經驗曲線的概念，擴展成為一項頗為具體的投資組合模式，首先應就企業機構各事業單位的市場了解其成長率，惟有了解市場成長率，才能比較各市場相對價值的最重要特性。此外，還必須掌握各事業單位的市場佔有率，惟有了解市場佔有率，才能顯示各事業單位之市場實力的最重要特性，故成長率和佔有率兩者為決定事業單位所佔「定位」的指標。

易言之，「成長與佔有率模式」係用以確認組織之中，那些事業單位是組織資源的取得來源，那些事業單位是組織資源的耗用單位。

1. 明星事業 (star)：「明星」落在模式左上方區間的企業單位，它在高成長的市場中享有高市場佔有率，需要大量資金來維持高成長，以維持該單位的優勢地位，但也相對會帶來大量現金。
2. 金牛事業 (cash cow)：「金牛」落在模式左下方區間的企業單位，是處在高競爭性的地位，在低成長性的市場擁有較高市場佔有率，可以為企業帶來大量現金以資助其他企業單位但只需要少量資金。
3. 問題事業 (question mark)：「問題」落在模式右上方區間的企業單位，類似令人頭疼的小孩。它需要大量的資金以維持成長的本錢，但又無法像「明星」或「金牛」帶來現金，因為他們正努力爭取市場佔有率。「問題」之所以頭疼是因為日後市場成熟後，有可能成為「明星」；但也有可能成為「餓狗」。此類事業是較高的風險，前途雖然看好，但潛在困難亦多。當局必須慎重過濾何者值得投資促其轉變為明星事業，或將其緊縮與淘汰。
4. 餓狗 (dog)：苟延殘喘事業，「餓狗」落在模式右下方區間的企業單位，類似敗家子，是一個現金陷阱。在低成長的市場中沒有太明顯的市場佔有率，獲利微薄甚至無獲利。所以對於這些問題企業單位，都應該受到嚴密監督，以免成為「餓狗」。BCG 模式建議資金應該從「餓狗」中抽離，例如出售或清算。

BCG 矩陣最大的用處是使人注意組織中各部門的現金流量、投資特徵與需求。組織中各部門會隨著時間改變：「餓狗」會變成「問號」，「問號」會變成「明星」，「明星」會變成「金牛」，「金牛」會變成「餓狗」，這是一個逆時鐘的過程，比較不會有順時鐘的方向變化。組織要盡量促使所有的部門都變成「明星」，前途才會看好。

在實務的運作上，常會把事業部門視為企業內某一產品線，來檢視各產品線所落在之位置，以作為策略選擇之依據。甚至會將 BCG 矩陣中 X、Y 軸之定義做調整，以擴大其使用與解釋範圍。

A.BCG 之缺點

BCG Model 有幾個缺點 (Porter，1980)：

(1) 為了利用這模式，我們必須先事先界定市場，但這通常需要大量的分析工具才能完成。但 BCG Model 並未提供任何分析工具。

(2) BCG Model 假設市場佔有率是產生現金的一種指標，而市場佔有率的成長也是現金需求的一種指標，然而事實上利潤與現金需求所依賴的並不僅僅是市場佔有率而已。

(3) 策略制定流程 BCG Model 對於特定企業的策略決定上過於簡化，並不能提供經理人明確的指引作用。

B.BCG 之策略涵義

此模式在 1980 年代已較難應用在實際產業上，因為目前「成長顯著」的產業已鮮少出現，故模式中「明星」及「問題」兩類的事業已很難發現。而且，市場佔有率與獲利率係有高度相關 (高度共線性)，因此，管理者可採策略，可簡化成下列兩類：

(1) 對於「金牛」的事業，應盡量減少投資，並盡可能多加收割，且使用所得的現金來投資「明星」事業；針對「問題」事業，則只須保留少數能成為「明星」者，其餘則應出售。

(2) 針對「餓狗」類的事業，則只要一有機會，便應盡早出售，且出售所得的現金，則用以投資部分「問題」以求其之高速成長。

(二) 產業結構分析 (五力分析)

企業之環境可細分為總體環境、產業環境與競爭環境。外在環境之評估分析，係在於了解環境中潛在的威脅與機會，使得企業能隨時因應不同環境衝擊與機會的展現，藉由調整策略來達到企業永續生存與發展的目的。

由策略規劃觀念模式 (如 Aaker，1988；Glueck，1976) 可知，策略規劃絕不能閉門造車，而必須考慮到外在環境的結構與變化。在所有外在環境的層面中，產業結構是最重要的一環，以下介紹五力分析模式。

Porter (1980) 在「競爭策略」一書提出五力分析，他認為競爭策略是企業為了取得產業中較佳的地位所採取的攻擊或防禦活動。因此認為策略本質是必須瞭解企業內部與外部環境之間的關係，然後再從複雜的競爭環境中評估其影響程度，研擬正確的競爭策略，以確保其競爭優勢。這五種競爭作用力是決定一間企業競爭優勢的重要因素，影響企業獲利及整個產業競爭環境。五力分析架構如圖 0-12 所示 (Porter，1980)，可協助分析產業與預測未來走向，其說明如下：

1. 新進入者的威脅 (threat of new entrants)：

產業的新進入者打破了原有的競爭態勢，進而威脅到現有的競爭者。新進入者帶來額外的生產產能，除非產品需求呈現增加的狀態，否則增加的產品只會使售價降低，結果使得產業中所有企業的銷貨收入與報酬減少。新進入者經常因為擁有重要的資源，而積極爭取大額的市場佔有率，結果迫使現有競爭者不得不更講求經營的效果與效率以因應，同時也要學習如何與新進入者競爭。企業欲進入產業必須考慮兩項因素：(1) 進入障礙 (barries to entry)，及 (2) 現有企業可能的反應。進入一個產業，多少是有些障礙的，

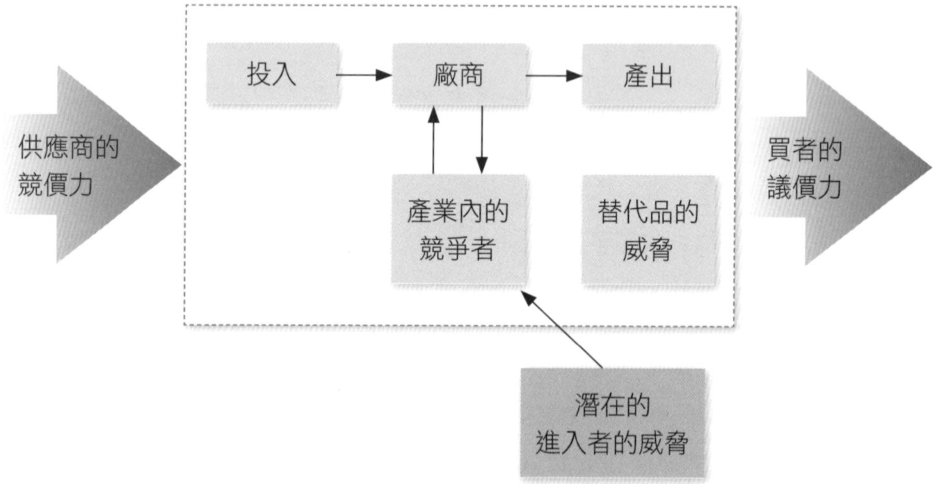

圖 0-12 產業結構的元素 (Porter，1980)

有的產業需要大量的資本，有些產業需要專門的技術，並不是隨便就可以進入的。

實際上，產業特性可能包含與規模有關的因素，如規模經濟、產品差異、資金需求、轉換成本及取得銷售通路等，也包含了與規模無關的成本不利因素，如獨家產品技術、取得原料之優惠便利、有利地點的先佔、政府的補貼、學習或經驗曲線及政府的政策等。

2. 替代品威脅 (threat of substitutes)：

替代品 (substitute products) 是指能夠完成相似或相同功能，且能夠使顧客獲得相似的滿足，但是卻具有不同特質的產品或服務。一般而言，替代品的威脅出現在顧客面對低價產品時，改用的轉換成本很低，或能夠具有與原來產品相同或有更好的品質與效能時。為了降低替代品的吸引力，企業只有努力改造產品，使之具有差異性，與更能滿足顧客特定的需求。從某一角度來看，替代品的價格事實上就是產品價格的一個上限，如果原來產品的價格太高，消費者就會採用替代品。

產業內的所有公司都和替代品產業在競爭，而替代品決定了本產業的價格的上限，無法任意收費，如替代品的價位越迷人，則產業獲利上限越會受到影響。

3. 購買者的議價能力 (bargaining power of buyers)：

為了降低自己的成本，購買者會為了買到較高品質、較多服務與較低價格的產品而討價還價。由於購買者的行動，使產業中各個企業燃起競爭戰火。

當購買者的議價能力甚強時，生產廠商迫於市場的爭取，需降價求售，自然購買者的議價力量，亦是影響產業競爭強度的重要因素。購買者的議價能力，除了購買數量以外，對產品知悉程度，成本的高低及自身的向後整合，都是主要的影響因素。

購買者和生產者的抗爭，表現在迫使生產者降價，爭取較好的品質或更多的服務，並造成業者彼此的競爭。相對的購買力量是受到整個產業的一些情況特徵及採購量之相對重要性而定。其中，產業特性上包括產品佔買者成本及採購總量的重要比例、產品的差別性、轉換成本、買者向後整合或業者向前整合的可能性、相對資訊對稱性、替代品的存在與否等。

4. 供應商的議價能力 (bargaining power of suppliers)：

供應商提高價格與降低產品的品質足以影響產業中企業的競爭力。企業如果不能修正成本結構以降低增高的進貨成本，便可能因為供應商的行動而減少獲利的空間。

供應商可藉由提高價格或降低產品與勞務的品質，來對一個產業的成員施加議價力量，如果該產業的業者無法跟著調整售價來吸收上升的成本，強大的供應商就會因此剝蝕該產業的利潤。因此供應商的議價能力，亦影響該產業的競爭能力。影響供應商相對力量之產業特性與前述購買力量之影響因素類似。

5. 產業內的競爭者 (intensity of rivalry)：

產業中，現存競爭者之間的對抗，影響該產業的獨佔力最大。在大多數產業中，其中一家的競爭行動，常會引發其他家廠商的報復行動。廠商家數的多寡，是影響競爭強度的基本要素。競爭者的同質性，產品戰略價值，以及退出障礙的高低都會影響同業間的對抗強度。

在不同的產業中，企業彼此競爭以獲得競爭優勢與賺得平均以上的報酬，現有廠商對抗的強度會有很大的差異，而造成這些差異的產業因素包括競爭強度高、產業成長的緩慢、產業中固定或儲存成本高、缺少差異性或轉換成本、產能必須大量增加、競爭者多元化、產業具有重大的策略價值、高退出障礙等。

Porter 提出的五種競爭力除了決定產業的競爭態勢，也決定著該產業的獲利能力，透過五力分析除可了解目前產業之結構外，也可以分析企業本身在目前產業環境地位的優劣勢，以擬訂適當的競爭策略。圖 0-13 為 Porter 的五力分析架構圖及相關影響因素。

(三) Porter 價值鏈模式

Porter 認為競爭優勢無法以「將整個企業視為一體」的角度來理解。競爭優勢應源自於企業內部的產品設計、生產、行銷、運輸、支援作業等多項獨立活動。因此，Porter (1985) 在《競爭優勢》一書中提出「價值鏈」(value chain) 的觀念，作為分析企業競爭優勢與建構競爭策略的分析工具。Porter 認為企業的競爭優勢源自於「它能為客戶創造的價值」，並且此一價值高於其創造成本，而

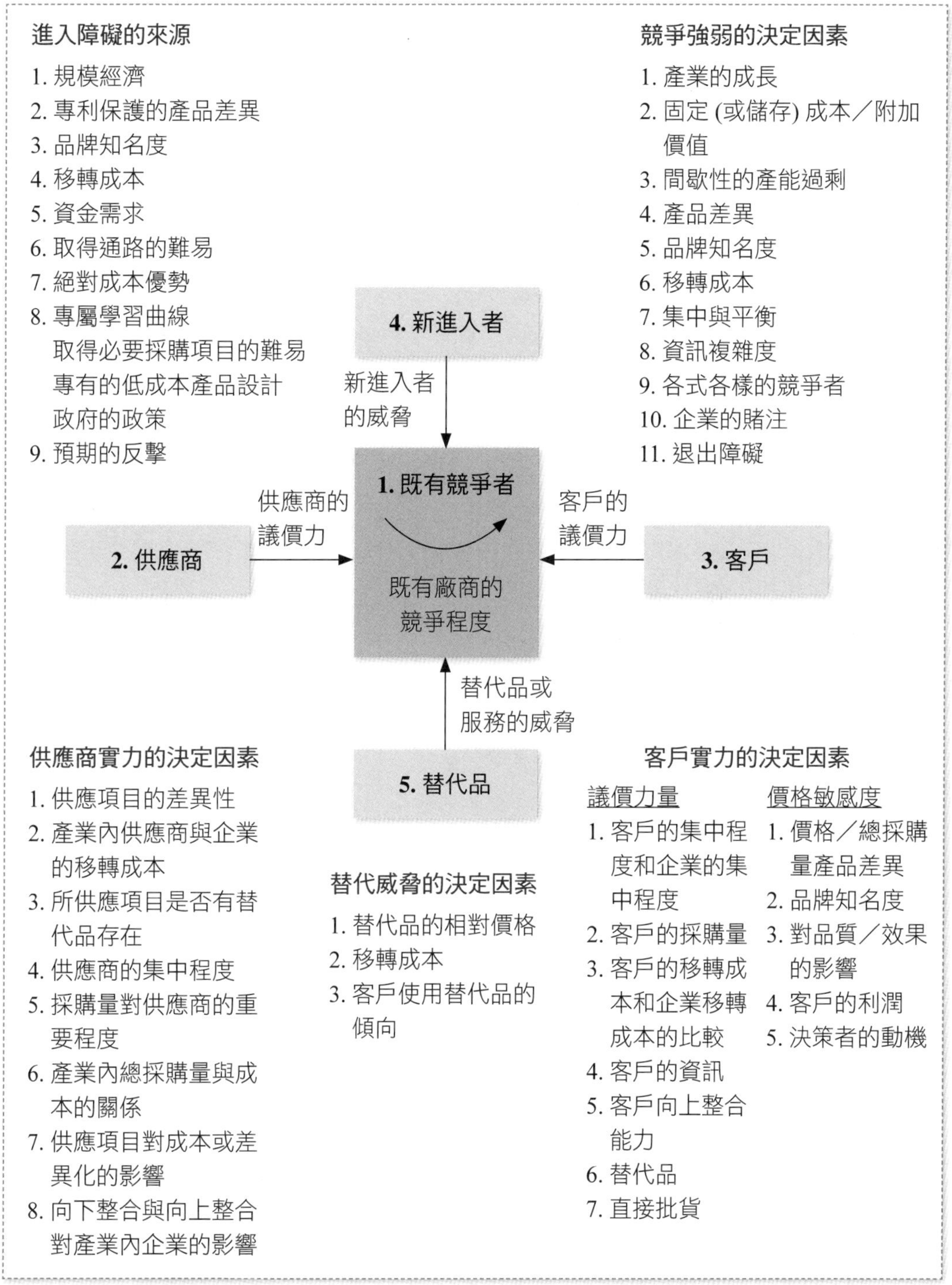

進入障礙的來源
1. 規模經濟
2. 專利保護的產品差異
3. 品牌知名度
4. 移轉成本
5. 資金需求
6. 取得通路的難易
7. 絕對成本優勢
8. 專屬學習曲線
取得必要採購項目的難易
專有的低成本產品設計
政府的政策
9. 預期的反擊
競爭強弱的決定因素
1. 產業的成長
2. 固定 (或儲存) 成本／附加價值
3. 間歇性的產能過剩
4. 產品差異
5. 品牌知名度
6. 移轉成本
7. 集中與平衡
8. 資訊複雜度
9. 各式各樣的競爭者
10. 企業的賭注
11. 退出障礙
4. 新進入者
新進入者的威脅
1. 既有競爭者
既有廠商的競爭程度
供應商的議價力
2. 供應商
客戶的議價力
3. 客戶
替代品或服務的威脅
5. 替代品
供應商實力的決定因素
1. 供應項目的差異性
2. 產業內供應商與企業的移轉成本
3. 所供應項目是否有替代品存在
4. 供應商的集中程度
5. 採購量對供應商的重要程度
6. 產業內總採購量與成本的關係
7. 供應項目對成本或差異化的影響
8. 向下整合與向上整合對產業內企業的影響
替代威脅的決定因素
1. 替代品的相對價格
2. 移轉成本
3. 客戶使用替代品的傾向
客戶實力的決定因素
議價力量
1. 客戶的集中程度和企業的集中程度
2. 客戶的採購量
3. 客戶的移轉成本和企業移轉成本的比較
4. 客戶的資訊
5. 客戶向上整合能力
6. 替代品
7. 直接批貨
價格敏感度
1. 價格／總採購量產品差異
2. 品牌知名度
3. 對品質／效果的影響
4. 客戶的利潤
5. 決策者的動機

圖 0-13 Porter 的五力分析架構圖及相關影響因素

表 0-12 五力分析之影響因素說明

	影響因素之說明
進入障礙的來源	1. 規模經濟：指某一產品在期間內絕對數量增加時單位成本下降的現象。
	2. 產品差異：根基於公司其過去之產品特色而建立出的品牌認同度。
	3. 品牌：認同品牌贏得顧客忠誠度。
	4. 轉換成本：從一家供應商更換到另一家所需的額外成本。
	5. 投入資本：資本過高，資金運用的風險就愈大。
	6. 通路掌握：假若新加入者必先取得配銷通路才能進入產業，則因通路早被產業既有公司攻佔，新公司難以進入。
	7. 成本優勢：原有公司因某些原因造成難以仿效之成本優勢。
	8. 學習曲線：成本隨經驗增加改善良率因而降低成本。
	9. 政策法規：包含執照數目、設限、管制……。
	10. 預期報復：初期進入產業，對於原有市場的既有公司所採取的各項抵制甚至攻擊的活動需要預先做好準備。
產業競爭	1. 產業成長：成長過慢會加劇市場佔有率的競爭。
	2. 成本：固定成本過大迫使企業需填滿產能，提前上演價格戰。
	3. 產能過剩：提前上演價格戰。
	4. 產品差異：差異愈大則愈不易引起激烈競爭。
	5. 品牌：顧客忠誠度的維持及公司形象的塑造。
	6. 轉換成本：差異太小則易因價格或服務的選擇而喪失既有市場。
	7. 產品集中度：產品過度集中造成的供需失調。
	9. 資訊複雜度：資訊科技帶來的資訊處理優勢。
	10. 競爭者差異：各個競爭者目標不同故產業規則不易制定，各個競爭者策略不同，也不易解讀彼此意圖。
	11. 公司股本：公司股本增加則公司易於嘗試各項競爭遊戲。
替代障礙	1. 替代品價格效能比：價格效能比愈高，愈有早期使用的消費者使用，可迅速進入成長的週期。
	2. 轉換成本：從舊產品更換到另一新產品所需付出的額外成本是否值得？
	3. 顧客習性：新產品是否夠便利及易學。

表 0-12 五力分析之影響因素說明 (續)

	影響因素之說明
顧客議價能力的起因	1. 買家多寡：買家愈少，議價能力愈強，減少產業利潤。
	2. 購買量：購買量愈多，議價能力愈強，減少產業利潤。
	3. 轉換成本：差異太小則易因價格或服務品質而選擇另一家供應。
	4. 產業向後整合能力：能力愈強，愈清楚成本結構，不易提高價格。
	5. 價格敏感性：價格的高低會嚴重影響客戶對產品需要的程度，則不易提高價格。
	6. 品質敏感性：客戶的需求深受產業的產品品質影響，則較不關心價格。
	7. 效能敏感性：客戶的需求深受產業的產品效能影響，則較不關心價格。
	8. 顧客利潤：客戶獲利愈高愈不關心價格。
	9. 買主購買動機：買主為了本身企業的特性，必須購買產品時，較易提高價格。
供應商議價能力	1. 供應產品差異程度：差異程度較高時，不易降低採購價格。
	2. 轉換成本：因某種技術或行銷原因無法替換時，不易降低採購價格。
	3. 多家供應商：供應商愈少，愈不易降低採購價格。
	4. 供應能力：供應量不足時，不易降低採購價格。
	5. 成本影響：供應商本身的製造成本過高時，不易降低採購價格。
	6. 差異影響：供應商產品有獨特用途時，不易降低採購價格。
	7. 產業向前整合能力：供應商向前整合時，不易降低採購價格。

「價值」也就是客戶願意付出的價格。優異的價值則來自於「以較低的價格，提供和競爭者相當的效益，或提供足以抵消其價差的獨特效益」。企業的所有活動，都可被歸納到價值鏈裡的價值活動，價值活動可進一步分為「主要活動」和「輔助活動」兩大類。主要活動也就是那些涉及產品實體的生產、銷售、運輸及售後服務等方面的活動。輔助活動則是藉由採購、技術、人力資源及各式整體功能的提供，來支援主要活動、並互相支援。

由 Porter 認為企業的經營活動可分幾個階段，而每個階段對最後產品都有些許貢獻，即理論中所稱的「價值鏈」。而企業和外部的組織機構，則構成一更大的價值鏈，企業端賴這些價值的創造而賴以生存。企業依賴這些價值的增加達成與外部環境資源互換之目的，同時經由價值鏈之分析，可以找出企業之成功關鍵因素。

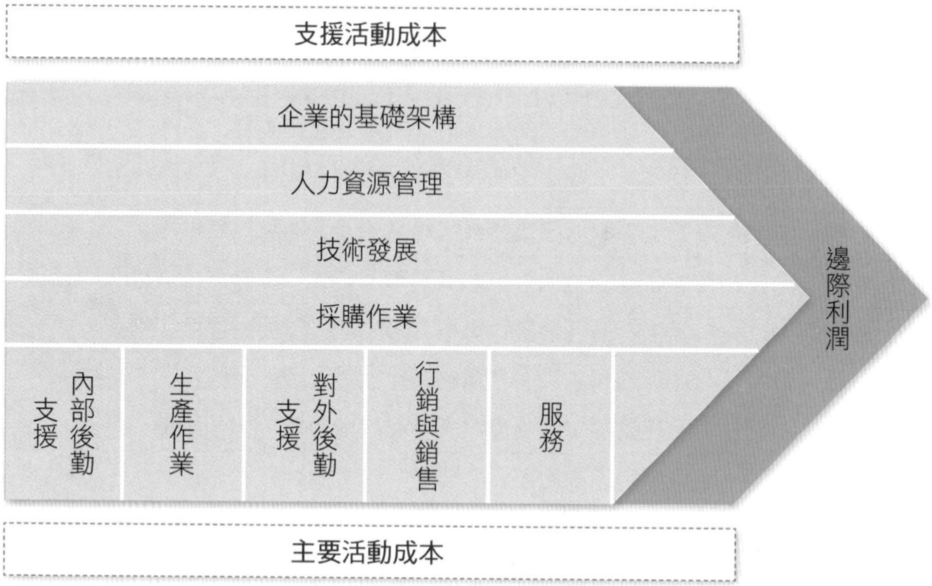

圖 0-14 Porter 價值鏈模式

在價值鏈中將企業創造價值的活動分為兩部分：主要活動 (primary activities) 與支援活動 (support activities)：

1. 主要活動 (primary activities)
   (1) 內部後勤支援 (inbound logistics)：這類活動與接收、儲存、採購項目有關。如物料處理、倉儲、庫存控制、車輛調度、退貨等。
   (2) 生產作業 (operation)：這類活動與原料轉化為最終產品有關。如機械加工、包裝、裝配、設備維修測試等。
   (3) 對外後勤支援 (outbound logistics)：這類活動與產品收集、儲存、將實體產品運送給客戶有關。如成品倉儲、物料處理送貨車輛調度、訂貨作業進度安排。
   (4) 行銷與銷售 (market & sales)：這類活動與提供客戶產品及吸引客戶購買產品有關。如廣告、促銷、業務員、報價、促銷通路等。
   (5) 服務 (service)：這類活動與提供服務以增進產品附加價值有關。如安裝、維護、訓練、零件供應等。

2. 支援活動 (support activities)

支援活動可分為數個價值活動，而其分法則視產業而定：

(1) 採購 (procurement)：如原料、零配件、機械、設備和其他消耗品等購買方式，將強烈影響到採購項目的成本與品質，以及接受或使用這些採購項目的活動價值，與供應商的互動。

(2) 技術發展 (technology development)：大多數企業所運用的技術範圍也很廣泛，從文件準備、運送產品到產品本身的研發技術全部包含在內。技術發展對所有產業競爭優勢都很重要，甚至是成功關鍵因素。

(3) 人力資源管理 (human resource management)：人力資源管理包含人員的招募、雇用、培訓、發展和員工福利等活動。由於在工作技能、工作動機以及雇用與培訓等角色，故與任何企業皆有不可分的關係。

(4) 企業的基礎架構 (firm infrastructure)：企業的基礎架構包括很多活動，例如一般管理、企劃、財務、會計、法務、品質活動、政府關係等，是企業競爭優勢來源。

(四) SWOT 分析

SWOT 分析包括了五大分析類別：外在總體環境分析、產業分析、消費者分析、競爭者分析及自我分析。所謂「策略規劃」是指在規劃時必須加入策略性判斷，乃是指企業應能對環境做 SWOT (Strength、Weakness、Opportunity、Threat) 分析。強調企業必須對其所面對的總體環境 (經濟、社會、政治、政府法令) 及直接環境 (供應商、顧客、競爭者、通路成員) 加以分析，並辨識「外部環境」可能存在的機會與威脅 (OT)，配合企業本身的「內部環境」優劣勢 (SW)，來發展適當的策略。

1. 優勢 (Strength)：所謂的優勢是指與競爭者相較之下，市場需求的資源優勢，當它給予企業在市場一個相對優勢時，它算是一個特殊的能力，優勢可以藉由資源及企業有效的能力來提升。
2. 劣勢 (Weakness)：所謂的劣勢是指與競爭者相比較，企業的資源能力限制或不足。
3. 機會 (Opportunity)：所謂機會是意味著企業在所處環境中的定位及最適合的位置，產業趨勢是機會的來源之一，另外市場區隔、競爭的改變、管理的情境、科技的改變及供應商的關係和消費者的改變等項目都會為企業帶來機會。

4. 威脅 (Threat)：所謂威脅是指有害於企業目前所處的位置，例如新競爭者的進步，市場成長緩慢，供應商或消費者的議價能力增加，科技的改變，新的或修正的法規等項目的檢視，均是對企業的威脅。

由於「外部環境」變遷會促使產業特性發生改變，產業特性的變遷亦會使組織產生新的機會和威脅，並產生一組新的成功關鍵因素，再配合組織本身資源的特性加以分析及評估，以提供組織制定、執行、控制策略方案計畫之依據。

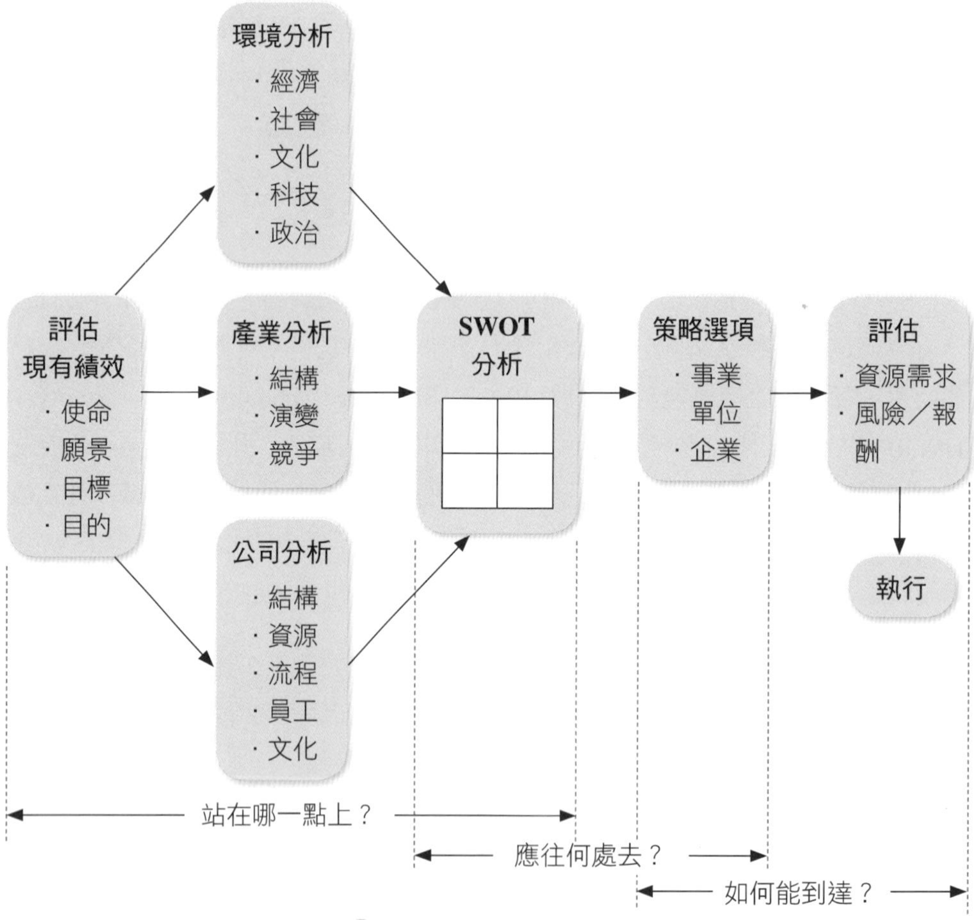

圖 0-15 策略制定流程

在「內部環境」分析中，主要依財務、製造生產、組織與管理、市場行銷、人力資源、技術研發創新等各方面加以評估，並與主要競爭者比較，進而找出自己的優勢和劣勢；然後對外在環境，包括經濟社會、文化、產業技術與政府政策等各方面加以分析，找出機會和威脅，進而以最大之優勢和機會、及最小之劣勢和威脅，以界定出自己之位置，而決定應採取何種策略。

(A) SWOT 四組策略取向

SWOT 分析基本上是探討對於「競爭環境的認知程度」。因此依照組織內、外環境兩主軸所形成的四組策略取向，如表 0-13 (SWOT 矩陣)，其特質如下：

1. 結合優勢與機會之策略 (SO 策略)

SO 策略旨在於分析組織本身具有的資源優勢，再掌握外在環境的有利機會，構成組織有利「利基」的經營策略。此策略是最佳且最積極的策略，即是環境與組織恰能徹底配合，形成組織的最好經營策略的來源。

2. 發揮優勢避免威脅之策略 (ST 策略)

ST 策略旨在利用組織內部資源所具有的優勢，並積極克服外在環境的威脅。亦即組織於面臨威脅時，能夠利用本身的優勢來加以克服，亦即使優勢發揮到最大效果，將威脅降至最小的策略。

表 0-13 SWOT 矩陣 (Weihrich，1982)

內部因素 / 外部因素	優勢 (S)	劣勢 (W)
機會 (O)	SO 策略：Max-Max SO1 SO2 SO3	WO 策略：Min-Max WO1 WO2 WO3
威脅 (T)	ST 策略：Max-Min ST1 ST2 ST3	WT 策略：Min-Min WT1 WT2 WT3

3. 改善劣勢掌握機會之策略 (WO 策略)

WO 策略之運用，在於充分利用外在環境的機會並設法克服組織本身資源之劣勢，正是所謂的「因勢利導」策略。

4. 改善劣勢避免威脅之策略 (WT 策略)

WT 策略主要目的在於將組織之外在環境威脅及內部資源的劣勢減到最輕，以達成組織發展之目標。

(B) SWOT 分析、資源基礎模式與競爭優勢環境模式之關係

Barney (1991) 進一步將 SWOT 分析歸納為兩個思想主流，如圖 0-16 所示：

1. 競爭優勢環境模式：

強調外在環境的分析對企業競爭力的影響，以競爭策略獲得優勢，例如 Porter (1980) 提出五力分析架構，用以解釋企業所面對的產業環境狀況，在市場上除了競爭者外，消費者、潛在進入者及替代性產品皆為競爭力的威脅來源，所以企業需了解各種機會與威脅才能制訂適當的策略，此研究的觀點有二項基本假設：

(1) 在同一產業或策略群組中，廠商所能控制的策略與所掌握的相關資料來源大致相同。

(2) 掌握企業中異質性資源，可是因異質性資產可以在要素市場買賣，所以資產會因取得性與移動性，很快在企業內消失，這就表示資源不再具有

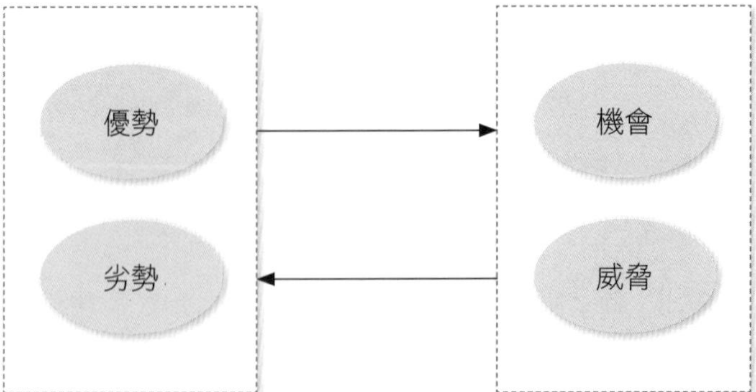

圖 0-16 SWOT 分析、資源基礎模式與競爭優勢環境模式之關係圖 (Barney，1991)

獨特性和專屬性。

2. 資源基礎模式：

對企業內部優劣勢做分析，強調組織能力的培養與強化。此觀點基於外界環境的詭譎多變，企業對外在分析困難與難以掌握，而認為對企業內部資源與能力的分析，更適合做為企業定位與發展的基礎，此研究的觀點假設如下：

(1) 在同一產業或策略群組中，企業可能掌握異質性資源。

(2) 資產無法在廠商之間完全移動，因此異質性資源能長久存在。

(C) 運用 SWOT 分析之原則

為使分析成果具策略價值與意義，在運用 SWOT 分析時，應注意以下幾點原則 (Barney，1991)：

1. 集中焦點：使用 SWOT 分析時不能漫無目標，必須將注意力集中於特定問題，排除其他不相關的因素，將觀察重點集中於特定的目標或範圍，分析的結果才能符合實際。
2. 重視團隊力量：SWOT 分析著重於團隊的合作與良好的溝通，在參與的過程中，靠團隊集體的腦力激盪尋求關鍵成功因素，使關鍵成功因素與策略相互結合。
3. 以顧客為導向：使用 SWOT 分析評估組織內部資源與能力時，必須站在顧客的立場，亦即組織必須就顧客所關心的項目與需求的服務，仔細評估本身在此方面資源與能力所具備之優勢、劣勢，這將有助於組織瞭解本身資源與能力的真正優勢所在，以滿足顧客需求，以擬定更符合組織最大利益的策略。
4. 環境分析：SWOT 分析必須探討外部環境的機會與威脅，其目的是為瞭解外界對組織的吸引力所在。探討的觸角要廣，要深，方能因應外在環境變遷而擬定適當策略。
5. 產生策略：當分析組織之優勢、劣勢、機會、威脅後，即可完成 SWOT 分析圖，再依其研擬多種可行策略。

(五) 平衡計分卡

哈佛商學院 Kaplan (1990) 提出以平衡計分卡 (balanced scorecard，SC)，來評估公司全方位績效：「平衡計分卡是以公司整體目標在產生長期經濟價值為觀念的出發點；因此，短期財務性指標的衡量，只作為長期績效的補充要素，其最終目的仍在於長期獲利能力之持續改善」。

平衡計分卡提供了知識、技術以及員工需要的系統 (學習與成長) 來創建正確的策略能量與效率 (內部程序)，以傳送特定的價值到市場 (顧客)，且最終將導致高股東價值 (財務)，其基本模式如圖 0-17 所示。

平衡計分卡提供一個從四個不同的構面，瞭解價值創造之策略性架構：

1. 財務構面：從股東觀點，看待有關「成長、獲利力和風險」的策略。財務目標是一切計分卡構面目標與衡量的最終結果。計分卡選擇的每一個衡量，都

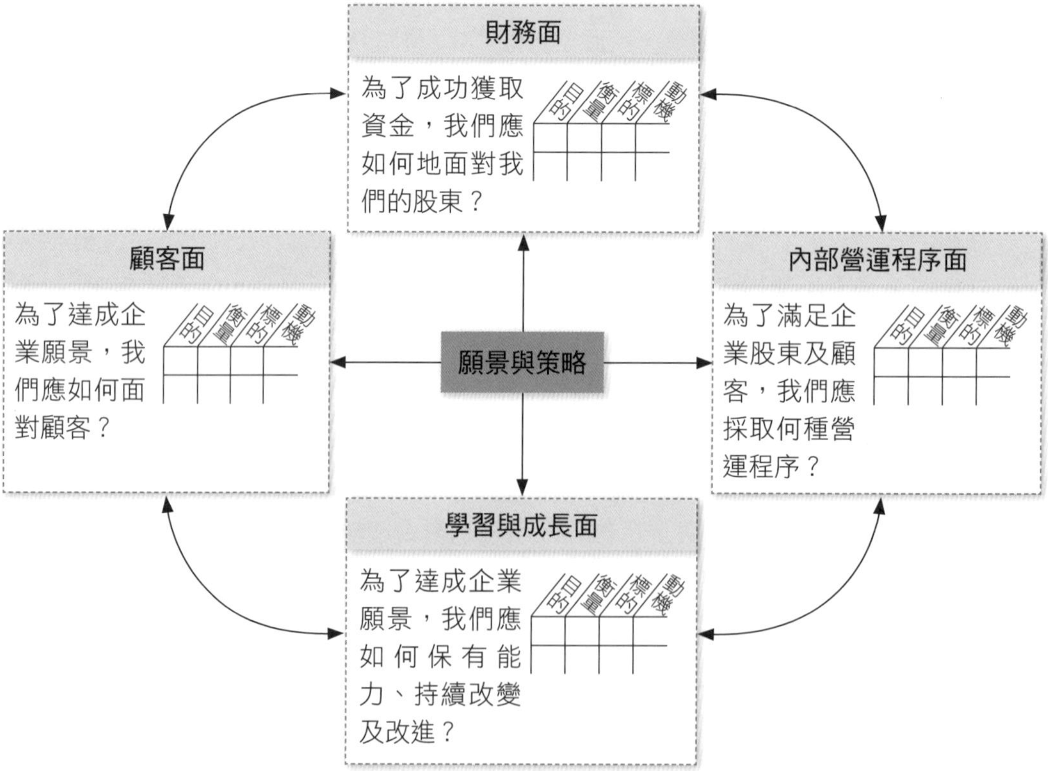

圖 0-17 平衡計分卡之架構圖 (Kaplan & Norton，1996)

應該是一個環環相扣的因果關係鏈中的一環，終極目標為改善財務績效。對大部分企業而言，增加營收、改善成本、提高生產力、加強資產利用、降低風險這些財務主題，是連繫計分卡四個構面的必要環扣。

2. **顧客構面**：從顧客觀點，看待有關「創造價值和差異化」的策略。在顧客構面中，企業確立自己希望競逐的顧客和市場區隔，這些區隔代表了公司財務目標的營收來源。顧客構面使企業能夠以目標顧客和市場區隔為方向，調整自己核心顧客的成果衡量：滿意度、忠誠度、延續率、爭取率、獲利率。它也協助企業明確辨別並衡量自己希望帶給目標顧客和市場區隔的價值計劃，而價值計劃是核心顧客成果衡量的動因與領先指標。
3. **內部程序構面**：對於各項可創造顧客和股東滿意度之企業流程，決定其策略性之優先次序。大多數企業目前使用的績效衡量系統，重點在於改進既有的營運流程，而且必須在這些流程上表現卓越。銀行業經理人在建立平衡計分卡的時候，先界定一個完整的內部流程價值鏈。價值鏈的起端是創新流程，即辨別目前和未來顧客的需求，並發展新的解決方案來滿足這些需求；接下來是營運流程，即提供既有的產品和服務給既有的顧客；價值鏈的尾端是售後服務，即在銷售之後提供服務給顧客，增加顧客從公司的產品和服務中獲得價值。
4. **學習與成長構面**：決定可創造支援組織變革、創新和成長的文化之優先次序。組織的學習與成長，代表為加強員工、系統和組織流程的能力而做投資，然而這種投資，在傳統財務會計模式下做為期間費用，於是削減這方面的投資就變成製造短期遞增利潤的一條捷徑。而平衡計分卡則強調投資於未來的重要性，如果企業希望達到長期財務成長目標，就必須投資於它們的基礎架構–人、系統和程序。

概括來說，企業以平衡計分卡達到組織之綜效的做法，如表 0-14 所示。

表 0-14 平衡計分卡達到組織綜效之做法

綜效來源	策略性事業單位型態	公司層級之平衡計分卡重點	釋例
1. 資金配置之最適化	彼此間業務無關聯，互相獨立	• 現金流量 • 營運資本之效率 • 投資報酬率 • 其他的股東價值衡量法	FMC 統籌旗下各營運單位之資源運用，使內部資金之運用有效率，進而使集團之目標得以達成。
2. 成長與風險之平衡	各策略性事業單位之環境和經營等風險呈反向變動。	• 風險指數	例如有些集團同時經營內外銷事業。
3. 交叉銷售，共享客戶，面對相同之價值主張	策略性事業單位間共享相同之客戶，或面對相同之顧客主張	• 交叉銷售 • 轉撥計價 • 客戶資訊分享 • 全面性的解決方案 (一站購足)	Citibank (大型金融集團) 提供顧客一系列之金融服務，節省銀行與客戶雙方之成本。 Johnson & Johnson 提供與健康照護有關的產品和服務給顧客。
4. 創造顧客焦點	各地區的策略性事業單位面對不同的顧客型態，但整個區域層級之單位的目標是使顧客滿意和維持與顧客的關係。	• 顧客滿意度 • 顧客維持率	Mobil 公司建立國家層級的共同策略，可對顧客和經銷商傳達一致性的訊息。
5. 共用相同之流程，俾產生規模經濟	策略性事業單位擁有共同之服務需求	• 支援性服務成本之分攤 • 強調流程之效率和效果	The Limited (珠寶零售商) 有一個獨立的不動產部門，負責統管旗下其他事業部門的不動產事宜；另有一個管理與工廠間關係之獨立部門。
6. 整合價值鏈	策略性事業單位間具有垂直整合之關係	• 生命週期成本 • 製程時間長短 • 穩定之供料及通路 • 整合性服務所創造的收益比重 • 創造整合性能力 • 發展系統整合者的組織文化	Halliburton 公司之 Brown&Root 能源服務部門：在船舶建造業之上下游整合。 Chalotte 市政府之各種主題委員會。 華盛頓州政府整合民間保育鮭魚組織。 保險業者對目標客戶組成專案小組 (內含多個部門)。

表 0-14 平衡計分卡達到組織綜效之做法 (續)

綜效來源	策略性事業單位型態	公司層級之平衡計分卡重點	釋例
7. 最佳實務分享，或共用核心專長 8. 核心能力之發展	策略性事業單位共用一核心技術，利用同一技術創造不同之收入來源，同時不斷強化核心能力。	• 核心技術分享給有需要之策略性事業單位的效率和效果 • 利用核心技術開發新產品的情況 • 核心能力的進步情況	本田之引擎技術共享於汽車、機車、除草機等；NEC 之微晶片技術應用於家電、電腦和電信業。

0.1.6 學校行銷規劃

「行銷」(marketing) 是指透過交易過程，來滿足人類需求的活動，換句話說，是將「理念」、「財貨」、「服務」的「產生」、「定價」、「促銷」與「分配」的規劃到執行的過程，並有效運用定價、溝通、分配等手段，經由創造、提供、交換有價值的產品，滿足其需求，達成個人與組織的目的的社會的管理的過程 (Kotler，1991)。

以「學校行銷策略」來說，基於學校是非營利組織，學校行銷的內涵應包括下列五個層面：

1. **完整的運作過程**：學校要具備分析、規劃、執行、控制、評估等行銷系統運作過程。
2. **周詳的計畫**：界定組織使命、進行內、外部環境與資源 SWOT 分析。
3. **確實可行的行銷組合**：針對親、師、生擬訂行銷策略組合，讓社區大眾與學校家長瞭解辦學理念。
4. **創造滿意與資源價值交換**：讓學生、教師、家長滿意，學校獲取更多外界資源。
5. **達成教育目標**：滿足親、師、生需求及達成學校目標的使命。

學校行銷的觀念雖來自於企業界的商業行銷，但是學校屬於非營利事業，是以服務人群、成就他人為主要的事業。換言之，學校行銷就是教育機構行銷，屬於《行銷學》中的非營利行銷的一部分。非營利行銷可分為服務行銷、人物行銷、地方行銷、理念行銷與組織行銷等五大類別。而學校行銷又屬於服務行銷的一種，主要有下列特色：1. 多重的公眾；2. 多重的目標；3. 產品為無形的服務而非有形的財貨；4. 需要接受大眾的監督。

由上述敘述可見，學校服務行銷並非單一的理念，其中涉及許多概念的結合，包括除了對外部的顧客，如校友、家長、社區民眾及教育主管機關等，從事「外部行銷」(external marketing)；也要對內部提供服務的人員，如教職員工學生等進行「內部行銷」(internal marketing)；不僅如此而已，還包括內部員工與外部顧客接觸互動行為的「互動行銷」(interactive marketing)。也就是說，學校行銷主要包括「內部行銷」、「外部行銷」及「互動行銷」，透過學校、教職員工、學生、家長及社區公眾的行銷運作，成為「學校行銷的金三角」。

一、學校內部行銷策略

「內部行銷」應該雇用最好的員工及留住優秀的員工，所以公司先將服務提供給員工，使員工能把工作做好，並且將產品行銷給員工，讓員工瞭解產品，認同並接受產品。如此，員工才能展現高品質的服務態度將產品行銷給顧客，並與顧客產生良好的互動。

綜合各學者意見，學校實施內部行銷的策略有以下幾項，茲分述如下：

1. 在人才方面：配合學校特色發展需要，遴聘優秀有專長教師，重視、關切、激發善用教師創意，落實績效獎賞，提升教育附加價值。
2. 在環境方面：提供優質教學情境，重視團隊運作品質管理，行政服務師生家長導向，營造溫馨校園文化。

二、學校外部行銷策略

學校外部行銷係指學校針對外面顧客所從事的一般性行銷工作，學生、家長、校友與社區人士等人員是學校的外部顧客。學校「外部行銷」包括產品管理、廣告推銷、價格定位及通路規劃等策略，以下分別以行銷 6P 組合之產品、推廣、價格、人員、方案及通路策略，闡述如下 (張素蓮，2009)：

(一) 產品策略 (Product)

行銷的首要條件，就是要讓顧客覺得產品值得購買。學校「產品策略」為提供學生的教育與服務，例如：學生的成就表現、教學與課程的內容特色、行政的服務品質及學校的名聲形象等。

(二) 推廣策略 (Promotion)

推廣策略係指學校為宣傳學校辦學績效，所進行的廣告、人員銷售、促銷宣傳，或公共關係針對潛在顧客進行其服務與利益的溝通說服活動。如上學校網路、運用平面及電子媒體發佈新聞稿或專題報導、刊登廣告、發宣傳單、張貼海報、辦理活動、赴各地演講等。

(三) 價格策略 (Price)

教育上所談的顧客成本指學生得到教育服務所需付出的費用，教育價格除了學費、交通、餐飲、書籍等金錢費用外，價格策略運用在學校行銷管理，指學費、雜費的訂定。

(四) 通路策略 (Place)

在行銷學上的「配銷通路」係指行銷者與目標消費者相遇的途徑。包括服務的地理位置、涵蓋區域、接近性、配銷管理與配銷範圍，亦即產品如何分配傳送的方式，給予消費者最大的便利性與利用性。

(五) 人員策略 (People)

「人員策略」之對象包括主要顧客及潛在顧客：1. 主要顧客：主要客源學生、行政人員的服務態度和接觸印象、教師教學及班級經能力之提升；2. 潛在顧客：家長及媒體、政治人物、上級指導、人員及社會公眾等。藉由人員的行銷，爭取學校內部及外部人員的支持與認同。除了行政人員的行政服務熱誠以外，教師的專業知識、表達能力、教學經驗、敬業與教學熱誠，都是相當重要的考量。

(六) 方案策略 (Position)

方案策略係指學校為滿足學生需求、學校永續經營，所提供的教育活動與服務。包括活動計畫、目標設定、實施類別、辦理方式、另含括服務及影響方案的所有可能因素。如舉辦校慶運動會、親師座談會、新生家長座談會、教師晨會、才藝發表會等。

三、學校互動行銷策略

學校互動行銷指的是學校的教職員工生，藉由處理或接觸家長及外界人士互動的過程中，經由人際關係而產生的行銷作為。教育人員必須運用互動行銷的技巧，有效的傳達其專業知能，使家長及外界人士能感受到服務的品質，學校獲得信賴，贏得口碑。

0.1.7 教育政策規劃

教育的問題往往與整個環境裡的經濟、文化、社會、心理、政治和法律等因素有密切關係，而教育政策也影響並牽動其他的社會系統。學校系統內部的因素，如教育人員；社會心理因素，如教師和行政人員的態度、信仰；學校組織的安排，學生的類型等等，這些教育政策制定中的主要因素，有時也許比外在因素來的有影響力 (張鈿富，1995)。因此，在規劃教育政策時，必須從教育的環境評估著手，教育問題除了與學校系統外社會環境中的經濟、文化、社會、心理、政治和法律等有關係外，與學校系統內的相關因素亦有密切關係。然而，在這些影響教育政策的因素中，又以少數學校內外在的教育變遷因素對學校的影響最為深遠。

例如，當前德國師資培育政策與改革方案，主要包括：師資培育制度的改革、學生遴選方式和輔導措施的改革、師資培育課程內涵的改革和師資培育認證制度的建立等四項。

一、教育政策規劃之意義

教育政策 (educational policy) 係指主管教育行政機關，為配合國家與社會發展的需要，解決或滿足社會大眾的需求，根據國內外情勢，經過決策過程，提出的法令、計畫、方案等，以作為推動的準則或依據。教育政策乃政府對教育事務所採取或決定之單獨或系列的相關宣示、目標與指向。

所謂「政策規劃」係指政策問題形成之後，為解決問題，採取科學方法，廣泛蒐集資訊，提出因應之具體替選方案、法案、配套措施以及執行措施，並產出未來合法化、執行及評估的施行計畫之動態過程。

綜觀上述，「教育政策規劃」係指「教育政策問題形成之後，為解決問題，採取科學方法，廣泛蒐集資訊，提出因應之具體替選方案、法案、配套措施以及執行措施，並產出未來合法化、執行及評估計畫之動態過程。」

二、教育政策分析之 AHP 法及 ANP 法

進行教育行政或政策方面的研究，有時會遇到如何選擇出最佳的方案、怎麼去建立適當的評定指標權重等問題，簡單方法是直接歸納或兼用簡單的統計量數(如平均數)，去整合專家們提出的方案順序評定值和指標權重值，此雖稱簡便，但是卻無法有效消除因評定者刻意偏見 (如評分懸殊)、評定者間嚴重歧見等問題，而影響到整體評定結果的客觀和穩定。對於這種多準則評估的問題，論者已創研出多種採取計量取向，運用成對比較 (paired comparison) 方式，以整合出客觀的最佳結論，其中層級分析法 (Analytic Hierarchy Process，AHP) 已被國內外教育、公共行政、企業管理及其他領域論者廣泛採用，而後續發展的網路分析法 (Analytic Net workProcess，ANP)，其分析功能和可應用層面更優於前者，但對國內教育行政研究仍屬方興未艾。

AHP 和 ANP 是結合專家主觀看法和客觀量化分析的技術，皆由 University of Pittsburgh 的 Saaty 教授提出，AHP 是 ANP 的特例，目前兩者的理論和分析方法已臻完備，並有 Expert Choice 軟體和 Super Decisions 分析軟體及網站可供使用和查詢。AHP 在國內教育領域的應用，多用於建構政策／制度、課程、教學、機構、人員、器物和事務等方面的評鑑指標 (如課務編排、教科書評選、學校績效等)、確定人員和理論要素的指標權重體系及選擇最佳的方案，另外亦見結合德懷術 (Delphi technique)、SWOT、模糊理論 (fuzzy theory)、灰色理論 (grey theory)、DACUM 法 (Developing A CurriculUM，DACUM)、資料包絡法 (Data Envelopment Analysis，DEA)、內容分析法 (contentanalysis) 等技術的做法。

三、政策論據產生之方式

政策論據產生之方式即規劃人員將政策相關資訊轉變為具體政主張的特定方式，目前至少有六種方式將資訊轉為政策主張，此六種方式所採的論據形式不同，立論的重點也不同，但從現象到結論的推理過程，卻是一致的 (林水波、張世賢，1991)。

(1) 權威的方式：係以權威為基礎，即提出政策主張者，具某種成就地位或歸屬地位，只要他們做事實的報告或發表意見，證實其資訊的可信度，

資訊便具權威性。

(2) 直覺的方式：係以洞識為基礎，即根據規劃者的內在心理狀態，以他們對事務的洞識、判斷與睿智，作為提出政策主張的根據。

(3) 分析的方式：係以經過分析而得的結果為基礎。換言之，分析人員以分析方法或分析規則的效度來提出政策主張。例如使用預測分析、系統分析、可行性分析、有效性分析等方法，所分析的結果，作為提出政策主張的根據。

(4) 解釋的方式：係以政策的因果關係為基礎。換言之，分析人員從政策相關資訊中，分析其因果關係，由因果推理的結果取得論據，再據以提出政策主張。

(5) 實用的方式：係從政策關係的當事人、相似個案或類似政策中取得的論據為基礎。也就是說，人們的目標、價值、意向可產生一鼓激勵力量，促成政策之提出；政策具有相似性或類似性，規劃時可互為說明，便成為政策主張的有利根據。

(6) 價值評斷的方式：係以倫理或道德為基礎。透過評論政策的對錯、好壞及其產生的結果，提出政策主張。

四、教育政策規劃的準則

決策的準則 (criteria) 是用來比較不同方案的特定觀點 (point of view)、衡量規則或標準，也是一個衡量偏好的模式 (a model preference)。

政策規劃準則 (policy formulation criteria) 係指規劃者為對某一政策作一全盤、仔細的考量，並求得圓滿解決問題、抉擇合宜之備選方案，所依據的思考原則與考量指標，可分為以下四種。

1. 需求性準則：指政策本身的必要性，規劃者對越是需要解決的公共問題，越是需要深入全盤的瞭解，才不至因急切而倉促完成，包括：(1) 標的人口對政策的需求與期望；(2) 對於政策之需求程度應有一定的理解；(3) 區分各種政策需求來源；(4) 瞭解政策需求性受到哪些外在因素的影響；(5) 注意此需求是否符合教育之目的。
2. 可行性準則：指政策可以被有效執行的可能性，一項政策如果被執行的可能性不高，則規劃此一政策便失去了意義，故在規劃期間，規劃者需注意政策執行的可能性，包括：法令上、經濟上、技術上及方法上的可行性。

3. 合理性準則：指政策規劃過程中的一切是否合理的問題，亦即在規劃過程中的邏輯合理程度，包括：(1) 規劃者間的理性溝通過程；(2) 政策本身的一致性；(3) 政策內涵的清晰性及明確性；(4) 政策與待解決的公共問題間的關係；(5)合理解決可能引起的爭議。
4. 有效性準則：即關於如何使政策得以有效執行的問題。其特點在於目標與手段的明確、及不斷進行評估以符應人們的期望與需求，包括：(1) 政策任務目標的確定；(2) 行政機關的權責分明；(3) 工作任務的具體明確；(4) 評鑑標準的確立。

五、教育政策規劃的模式

模式係將我們周遭複雜的事務化成簡單的架構或表徵，是一種抽象或實物的體系，呈現體系要素之間彼此的關係，以協助我們了解並掌握事務的現象。

教育政策規劃常用的模式可分為四大類共 22 種模式：

(一) 以目標為導向，包含：理性模式、滿意模式、漸進模式、綜合掃描模式、發展規劃模式、經濟選擇模式、倫理選擇模式及證據基礎模式；
(二) 以參與者為導向，包含：制度主義模式 (機關模式)、菁英模式、公民參與模式及團體模式；
(三) 以情境為導向，包含：政治模式、垃圾桶模式、博奕模式、直覺模式及虛擬模式；
(四) 以歷程為導向，包含：連續模式、系絡模式、權變模式、互動模式、交換模式等四大類型。

雖然這些模式並非皆以教育政策規劃為核心來發展，但這些模式仍可作為教育政策規劃時之參考與借鏡。

六、教育政策規劃的步驟

(一) 規劃前準備階段：包含 (1) 健全規劃組織；(2) 蒐集有關資料；(3) 確定規劃所需時程。
(二) 規劃前期作業階段：包含 (1) 問題與議題分析；(2) 決定目標與願景；(3) 評量標的團體需求；(4) 陳述目的建立指標。

(三) 替選方案階段：包含 (1) 建立政策的證據基礎；(2) 設計各種替選方案；(3) 初步篩選替選方案；(4) 公開各替選方案之資訊。

(四) 政策方案決策階段：包含(1)評估各種替選方案之後果；(2) 建立政策方案選項的論據；(3) 進行政策論證；(4) 決策最佳可行方案。

(五) 細部規劃階段：包含 (1) 規劃經費分配；(2) 規劃人力配置；(3) 規劃執行措施；(4) 規劃政策期程；(5) 規劃配套措施；(6) 規劃評估措施。

(六) 提出執行計畫階段：包含 (1) 提出政策報告書與執行計畫；(2) 形成共識並經首長認可。

(七) 政策試行與評估階段：包含 (1) 決定試行對象與範圍；(2) 蒐集各項試行結果之資料；(3) 評估試行成效。

(八) 回饋：回饋並非單獨的一個階段，而是包含在各階段中，即各階段只要發現任何問題，皆應進行回饋，以使整個政策規劃過程更為完善可行。

(九) 利害關係人：利害關係人也非單獨的一個階段，也是包含在各階段中。即規劃者在規劃的各個階段，皆應參酌利害關係人提供之意見來進行規劃，以利未來政策之合法化與執行。

七、政策範例：德國師資培育政策與改革方案

德國師資培育制度的起源相當早，而且法令制度相當完善。因此，成為歐美先進國家紛紛效法的對象。十九世紀以來的德國師資培育制度的發展，最初由類似手工技巧教學實用技術之培養，轉而為 1920 年代強調教師人格陶冶的教育學院之設立。1960 年代以降，各級學校師資統一於大學培育之要求成為普遍趨勢。到 1999 年之後大學設立「師資培育中心」和引進兩個階段學位制度到師資培育中。

在師資培育制度的改革方面，德國大學正逐漸將師資培育處改為師資培育中心，而且引進學士／碩士學位制度。

在學生遴選方式與輔導措施的改革方面，德國大學採用多元的方式來遴選學生，而且建立完整的輔導網絡來進行學生的輔導，比較能夠滿足不同學生的需求。

在師資培育課程內涵的改革方面，德國制定師資培育標準，明訂教育科學、教學專門學科和學科教學法的標準，進行師資培育課程內涵的改革。

在師資培育認證制度的建立方面，德國通過立法授權「德國學程認證基金會」，按照一般大學學程認證標準和師資培育標準，進行師資培育學程的認證。這些師資培育政策改革方案具有許多優點，師資培育制度的改革可以培育不同種類的師資，滿足不同階段和不同類科教師的需求，讓教師保持年輕化，減少地方因為教師學歷提高人事費用的支出。遴選輔導方式的改革可以選到適合擔任教師的學生，提供師資培育中心學生完整的輔導措施，解決學生遭遇到的問題，提高師資培育的效果。師資培育標準的提出可以作為課程內涵改革的依據，培養合適的學校教師，提升師資培育的水準。師資培育認可制度的建立可以獎優汰劣，建全師資培育的機構，提高師資培育的素質。這些德國師資培育的政策改革方案相當值得我國師資培育作為參考。

但是德國師資培育政策改革方案也有一些缺失，無法完全移植到臺灣來。所以，我國在借鏡德國師資培育政策改革方案的經驗時，也應該考慮到國家、社會、制度、文化等方面的差異，進行適當的轉化，才能得到最佳的效果。

0.1.8 課程規劃

往昔多數學者係採「質化」課程規劃法，殊實可惜，因此，本書改用「量化」的課程規劃方法，包括：詮釋結構模式 (ISM)、Delphi ／fuzzy Delphi、AHP ／fuzzy AHP、ANP 法…等。以上這些課程規劃法，都有一共同的前哨分析，就是規劃「準則 (criteria)」如何建立，因此，以因以下章節將聚焦在課程「評估準則」的系統化分析。

近來台灣以教育鬆綁 (deregulation) 作為教改之主軸。具體反映於教育現場的政策，一部份是學校權力結構的改變，另一部份則是課程與教學的革新。在「課程」部份，各級學校之課程，皆顯現了課程鬆綁之現象。例如分別於 2001、2002 學年度在國小、國中推動的九年一貫課程，留有百分之二十的彈性課程給學校作規劃；2002 年頒佈之《綜合高中課程綱要》，有 60% 是校訂課程；2005 年公布之職業學校群科課程暫行綱要，因應不同群科之性質，亦留有 42.7%-54.7% 之比例作為校訂課程之研擬 (教育部，2005)。反觀普通高中，除在課程文件名稱，與國民中小學及其他類型之後期中等學校一樣，以「課程綱要」取代「課程標準」一詞，具有「課程鬆綁」之宣示性意義外，這一波的課程綱要修訂內容，實質上，仍有許多教材綱要之規範，留給學校發展課程之空間仍小。

課程的含意相當多元，包含的層面也相當廣泛。課程是學科、是教材、是教學過程、也可以涵蓋目標、計畫、實踐及成果等。換句話說，課程是學生、學校、教師和教育主管單位之間的互動結果，亦即有計畫的、有目標的及有意圖的學習經驗；透過明確的、有系統的、有順序的科目或學科計畫，以獲致知識 (knowledge)、理解 (understandings)、技能 (skills)、態度 (attitudes)、鑑賞 (appreciation) 及價值判斷 (value judgement) 等結果的學習過程。

課程設計 (curriculum design) 是先確立教學目標，再進行課程內容的選擇，組織課程相關之元素，利用循序漸進的教學策略與教學評鑑，以達到預定的教學目標，是屬於靜態的規劃層面。

課程研究是利用研究方法，處理由課程計畫、活動所引起的結果或問題，透過有系統的資料分析，以正規報告形式描述結果，強調以發展通則、原則和理論為主要目的。課程發展包含了「設計」與「發展」兩個概念，前者是將課程目標與結構詳細規劃與說明；後者則是將設計轉化為特殊產物的過程。

課程規劃或稱課程發展 (Curriculum Development)、活動設計 (Programming)。課程規劃雖然有相同的名稱，每個學者專家也有不同的解釋，但其核心仍離不開規劃、執行與評鑑等要素，每個要素間環環相扣，成一整體性的系統。

「課程規劃」是從計畫的角度，進行課程改革方案的發展與課程設計的工作，指課程計畫人員根據社會文化價值、學科知識與學生興趣，針對課程目標、內容、方法、活動與評鑑等因素，所進行的一系列選擇、組織、安排之規劃 (Elliott，1998)

課程規劃的內涵包括課程目標與課程內容，茲分述如下：

1. 課程目標

課程規劃者可由教育、社會、職業、生理、心理等相關層面考慮學習者的需求與興趣，規劃出適當的課程目標。因此，在設定課程目標時，宜朝向創造思考能力的培養，並使學習者參與設計及評估之過程。同時尚須考慮學習者的個別需求、教育設施、社區特色，並注意整體國家的教育政策，以期透過統整的課程或活動，發揮個體的潛能。

例如，日本文部科學省 (2009) 高等學校技職課程改革、教育政策，其課程修訂之重點：1. 培育「生活力」；2. 培育基礎知識、技能、思考力、判斷力與表現力；3. 訂定職業養成基本學分數；4. 提升學習意願並培養良好學習習慣；5. 充實體育、道德教育，豐富身、心靈健康；並特別注意均衡、生活力、學習意願、言語活動的構念，需融入各學群的課程中。

課程修訂係因應職場需求與貼近人民生活訴求，除增加職場能力、生涯觀念外，亦增強語言活動、數理、傳統文化、道德教育、體驗活動、外語教育、就業科目之改善。

從日本改革過程與內容可以發現，日本高等學校技職教育因改革後而更有特色，並不會因改革而往普通教育傾斜，反而越凸顯產業技術人才培育的重點，就業情形也因此不會因經濟而下降。透過日本「年輕人自立挑戰計畫」架構可知，日本教育強調職場體驗與企業實習外，更重視「生活力」培養。

2. 課程內容

以高中教育從菁英教育走向大眾教育來說，反映於高中之教育目標也當有所轉變。課程是達成教育目標之重要手段，歷年來高中課程之演變是否符應其定位之轉化，可從課程標準加以檢視。

當課程目標確之後，為達此目標，必須要選擇適當的課程內容。在課程內容的選擇上，有以下之考慮 (黃政傑，1995)：

(1) 學習者必須獲得經驗，以便有機會去演練該課程內涵所示的行為。
(2) 所提供的課程內容必須使學生在實務上能夠運用。
(3) 課程內容所期望的反應應是在學習者能所及的範圍內。
(4) 相同的目標應透過多元的內容來達成。
(5) 相同的內容會有¤£同的學習效果與結果。

因此，課程內容要能符合該科學習的基本知識、技能與態度等。

一、課程規劃之途徑、要項

課程規劃有 Tyler 的「目標模式」(objectives model)。Stenhouse 的「歷程模式」(process model) 還有 Lawton 的「文化分析途徑」(cultural analysis approach) 等。

課程規劃的要項：包括理念、課程目標、課程內容、課程實施、課程評鑑等。課程規劃是根據課程準則、要項，將課程要素妥善加以設計，安置排列、組織，以增進學習效果。

二、課程規劃之步驟

常見的課程規劃流程包含：計畫、設計、發展、實施與評鑑等五個階段。茲就每個階段及其步驟項目分述如下 (黃政傑 1995)：

1. 計畫階段：計畫階段的主要任務在擬定教育或訓練工作計畫，做為課程規劃設計之依據。本階段的規劃可分為五個步驟：草擬工作計畫、成立組織、評估需求、評估影響因素與確立工作計畫。
2. 設計階段：設計階段的主要任務在於根據前一階段的工作計畫，設計課程方案與課程實施方案。
3. 發展階段：發展階段的主要任務在於根據前一階段的設計課程方案與課程實施方案，發展教學內容與活動。其步驟包括：研訂教學大綱、編選教材、發展教學活動、教學媒體與評量工具、及試用、評鑑與修正。
4. 實施階段：評鑑階段的主要任務在準備並執行教學活動。其步驟為：實施前準備、實施教學、及進行教學評鑑。
5. 評鑑階段：評鑑階段的重點在於總結性評鑑，以瞭解課程方案總體成效與優缺點。評鑑結果將可回饋到前面四個階段，做為修正或改進計畫、設計、發展與實施課程方案之參考。此外，各階段本身在發展的過程中亦需進行行程性評鑑，以瞭解階段發展的情形。

例如，數位課程設計，其步驟可分為分析、設計、發展、執行、評估和其他面，並且透過專家 Delphi 法，得知數位課程設計的重要影響因素如下所示：

(1) 課程資源方面，要考慮課程設計所需投入的時間，並且在挑選參與人員時，需考慮相關背景能力。
(2) 學習者特質方面，考慮學習者的先備知識和電腦操作能力。
(3) 課程目標方面，課程目標要清楚、明確地制定出來，而且要符合學習者的需求，以提高學習者的學習興趣。
(4) 課程內容方面，需考慮內容的正確性與實用性，避免傳遞錯誤的知識。
(5) 教材製作方面，需建立教材製作的標準和教材製作軟、硬體設備使用的方便性。

(6) 使用者介面方面，需注意介面是否容易操作，並且簡單易懂。

(7) 課程設備方面，需提供穩定的教學平台和足夠的頻寬來傳輸教材。

(8) 線上課程功能方面，需提供學習者解決問題的管道與互動的機制。

(9) 課程評鑑方面，需注重公平性與合理性，以及評鑑的方式。

(10) 推動制度方面，要獲得企業高階主管的支持，並提供激勵因素來促進學習者學習。

(11) 教學者配套制度方面，適時關心學習者的狀況，並培養自身的專業能力。

三、課程統整

課程統整分述其重要性、推動的原則、推動的方法及如何進行課程統整教學。

1. 課程統整的重要性

知識經濟時代，社會快速變遷，過去的知識，已經無法教育現今的學生去適應、發展未來的世界。大眾渴望社會變遷中的學習，不只侷限在知識本身的範圍，更重要的是要讓學生明白，這些知識和生活中有什麼關係？讓學生有能力解決個人及社會的問題。

課程統整包含經驗統整、社會統整、知識統整、課程設計統整。統整的過程應以學童中心課程為主，並以學童的興趣、經驗和發展作為引導及組織的依據。鼓勵學童從觀察、試驗等活動中學習，藉由師生協同合作計劃的活動，從真實活動中出發以學習概念及技能。

2. 推動課程統整的原則

以「領域」取代「學科」教學；再到教與學的統整。要學生接受「統整課程」前，老師先以「協同教學」統整。統整應跨時、空，時間從「過去」到「現代」再邁向「未來」；空間從「學生」、「家庭」、「學校」、「社會」、「國家」到「世界」。

3. 推動課程統整的方法

成立「學校課程發展委員會」及「學習領域課程發展小組」，定期研發、推動、執行、評鑑、改進、獎勵、發表。帶領老師自行編寫教材；鼓勵老師行動研究與發表。

4. 如何進行課程統整教學

先由通用名詞作「概念的統整」，再課與課結合統整為「大單元教學」；擴大到跨科的統整即是「聯絡教學」；發展到各科的統整「領域教學」。「主題教學」可以學生有興趣的課題、時節、慶典、或社會議題作主題統整教學。最廣可擴展「綜合活動」如校慶活動、畢業系列發表等。

四、課程評鑑

評鑑是指個人或團體對某一事件、人物或歷程的價值判斷 (Posner，1995) 有系統的評估某一對象的價值或優缺點，藉以提供改進的方向與積極回饋的複雜工作。

課程評鑑旨在判斷課程領域之應用、優劣價值，判斷教學材料、教學活動、及相關經驗價值，幫助教育政策決定者、學校教育行政人員、學校教師、家長及社會之了解、促成合理決策，以提升課程及教學之品質。

課程評鑑係採多元化方式實施，兼重形成性及總結性評鑑。包括目標、結果、歷程、測驗等為依據。尤應重視「真實評鑑」(authentic evaluation)(歐用生 1996)。

「真實評鑑」是一種用來評鑑影響教師安排學生學習特定學習任務的方法，評鑑焦點放在實務生活世界的「真實任務工作」，引導教師協助學生思考與解決實際生活問題，並協助學生在實際生活世界中統整所學到的知識技能，確保學生獲得真正了解。

「真實評鑑」主要包括紙筆工作 (paper–and-pencil)、表演 (performance)、作品集 (folios)。「紙筆工作」包括書面問題與書面作業回答。提供真實機會讓學生利用知識技能，重視實際生活世界之真實學習任務。「表演」包括各種不同媒體與書面文字之呈現或表演；包括視覺、聽覺與動作展現，需要學生群體合作。「作品集」是學生的各種創作歷程與工作成果集，包括學生的成就紀 ，含早期構思草稿、過程、反省與檢討、所遭遇的困難及失敗原因之檢討。

舉例來說，中小學海洋教育的課程架構，現行的初稿架構如表 0-15，若我們要進行課程的評鑑，則可用 Delphi or Fuzzy Delphi 法來求解各個「教學單元」要素 (評估準則) 的權重，即可「篩選」出重要的教學單元。

表 0-15 中小學海洋教育的架構表

主題軸	細類	教學單元	以 Delphi 或 Fuzzy Delphi 求權重	取捨該權重
A 海洋休閒	A1 水域休閒	………	?	取 ?
	A2 海洋生態旅遊	………	?	取 ?
B 海洋社會	B1 海洋經濟活動	………	?	捨 ?
	B2 海洋法政	………	?	捨 ?
C 海洋文化	C1 海洋歷史	………	?	取 ?
	C2 海洋文學	………	?	捨 ?
	C3 海洋藝術	………	?	取 ?
	C4 海洋民俗信仰與祭典	………	?	取 ?
D 海洋科學	D1 海洋物理與化學	………	?	取 ?
	D2 海洋地理地質	………	?	取 ?
	D3 海洋氣象	………	?	取 ?
	D4 海洋應用科學	………	?	取 ?
E 海洋資源	E1 海洋食品	………	?	取 ?
	E2 生物資源	………	?	取 ?
	E3 非生物資源	………	?	取 ?
	E4 環境保護與生態保育	………	?	取 ?

表 0-16 中小學海洋教育課程綱要主題軸與具體目標

主題軸	主題內容	教育領域	課程發展具體目標
1. 認識與省思海洋	海洋資源 海洋生態	認知	1-1-1 能認識不同地區的海洋資源 (生物資源、非生物資源等)，及省思海洋資源出現的相關問題。 1-1-2 能認識不同型態的海洋生態 (內部生態、沿岸生態、海洋氣候等)，及省思海洋生態出現的相關問題。
		情意	1-2-1 能表達海洋資源與生態遭受破壞的內心感受。 1-2-2 能欣賞和表達海洋生態之美。
		行動	1-3-1 能探究海洋科學相關議題，培養對海洋的邏輯思維能力。 1-3-2 能參與及檢討保護海洋資源、維護海洋生態之相關活動。

表 0-16 中小學海洋教育課程綱要主題軸與具體目標 (續)

主題軸	主題內容	教育領域	課程發展具體目標
2. 開發與保護海洋	海洋法政 海洋開發	認知	2-1-1 能了解海洋法政 (海洋政令、海權、海防等) 的相關內涵及臺灣所面臨的相關問題。 2-1-2 能認識不同面向的海洋開發 (能源利用、漁業利用、航運利用、休閒利用等) 情形，及了解開發與保育的關係。
		情意	2-2-1 能省察自己的海洋倫理觀，樂於讓自己的觀念更符合時代潮流。 2-2-2 能關懷海洋，並樂於接觸海洋保育相關訊息與活動。
		行動	2-3-1 能參與相關海洋開發之活動，並從中建立與海洋適切互動的行為。 2-3-2 能在生活中向他人提供海洋相關訊息，及表達自己的海洋價值觀。
3. 理解與欣賞海洋	海洋文化 海洋文藝	認知	3-1-1 能理解不同海洋文化 (海洋開發歷史、古蹟古物、習俗信仰等)的形成及其意義。 3-1-2 能接觸中西海洋文藝 (海洋文學、海洋藝術等) 作品及理解其創作歷程。 3-1-3 能理解海洋文化及海洋文藝中所蘊含的保育相關理念。
		情意	3-2-1 能感悟海洋精神，用以啟發生活、豐富生命意義。 3-2-2 能透過美感教學來開展對海洋的想像與情感表達。
		行動	3-3-1 能參與海洋文化活動，並省思海洋文化與海洋保育的相關問題。 3-3-2 能欣賞海洋文藝作品或進行海洋文藝創作，用以提升生活品質。

Chapter 1

評估評鑑法

1.1 評估

人類的日常生活，其實都是一連串的決策過程。所謂決策是從許多替代方案 (alternative) 或行動途徑 (course of action) 中，依據幾個準則 (criteria)，選擇一個或數個最佳方案或行動。而決策和評估／評鑑 (evaluation) 最佳方案首重於如何挑選評估準則。

評估的目的有許多原因，主要是評估者欲對所實行之方案瞭解其執行程度與結果，並對未來之問題尋求解決方法，因此是以理性之角度而言是藉由資料的整理及分析，以對方案的可行性及執行之成果與其影響等問題尋求解答。

評估是一種相對性比較工作，在參考評估理論的系統分析架構中，一個有系統的評估必須包含有可能之替選方案、與替選方案相關之可能結果、每個結果發生之或然率、判別的準則以及評估之運算規則等評估資料，如此方可建立一套整體之評估系統。

進行評估時須設定某些依據以衡量政策是否達成既定目標以及是否產生預期影響等，此些準則即表示為標準。

在日常生活中，常需「決策」那件事值不值得做或如何做。圖 1-1 即是應用決策分析於電子產業之股票投資選擇。若用 AHP 法或 fuzzy AHP 法，我們即可輕鬆得到「最佳」投資方案。假設，以 fuzzy AHP 法求解股市中電子股的決擇，最後再對「準則層-方案層」串聯所得的三角模糊數做排序，那麼我們即可能獲得的結果是：「通訊網路」類股是電子股中最佳的選擇，其次依序為：IC 類、PCB 類、Notebook 類、軟體類、被動元件、光電類、主機板類、CD-R&DVD 類。

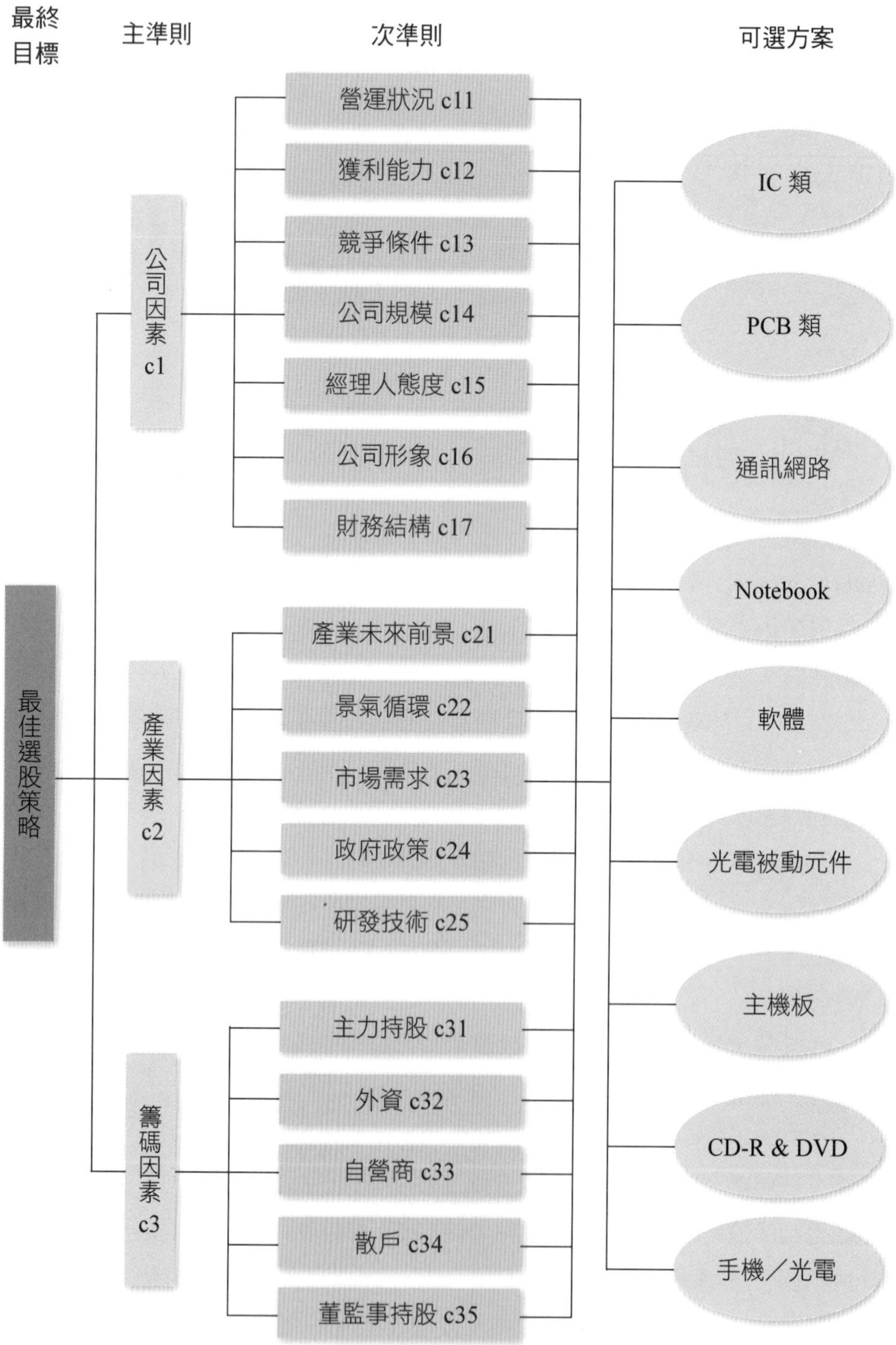

圖 1-1 典型層級架構圖 (電子股的選擇)

1.1.1 多準則決策之評估法

決策問題一直是許多學者專家們努力研究之課題，過去的研究只針對單準則型態的問題，在現今變動快速的環境下，決策者面對的決策問題是複雜多變的，往往面對的決策問題並不是運用單一準則就可以解決，而是要將同一個決策問題所屬的多種評估準則都納入考量，並依此做出最適當的決策。也因此，多準則決策方法 (Multiple Criteria Decision Making；MCDM) 成為現今常被決策者使用的方法之一。

多準則決策 (Multiple Criteria Decision Making，MCDM) 方法是指人們作決策時，在有限資源及有多個目標需滿足 (有多個評估準則需考慮) 的情形下，利用數學規劃法以評估方案優劣順序，來尋求最佳的行動方案之分析方法。多準則決策方法可幫助決策者在數個可行方案中，根據每一方案各個屬性的特徵，從可行的方案之中，將每個方案做一優劣排序，並評估和選擇符合一決策者理想的方案。

多準則決策方法又可以分成兩大類，一種是根據數學規劃式，用以解決連續型的評選問題，來找出最佳的方案，稱為多目標決策法 (Multiple objective decision making；MODM)，另一種是依方案間的各個屬性做出評估，讓可行方案產生優劣順序，以幫助決策者找出最理想的方案，稱為多屬性決策法 (Multiple Attribute Decision Making；MADM)。若以「方案」及「屬性」當衡定標準，則單一屬性屬單目標決策；多類屬性則屬多目標決策。

多目標／屬性決策分析乃是近年來發展頗為迅速之評估技術。在多個目標／屬性之評估方案中，當目標／屬性間相互衝突，難以權衡何種方案為最佳時，常需使用多目標／屬性決策分析的技術，加以分析比較，找出最佳方案。

多屬性決策至今已有超過數十種的的方法、工具已被發展出來，也廣為被各個領域、學者所使用。其中，較熱門的分析技術，包括：簡單加權法、線性指派法、層級分析法 (AHP)、ELECTRE 法 (Elimination et Choice Translating Reality Method)、TOPSIS 法 (Technique for Order Preference by Similarity to Ideal Solution Method)、ANP 法，這些決策方法之比較如表 1-1。每一種分析方法皆具有下列三點共同特性：

表 1-1 多準則評估方法之優劣

方法	評估原理	決策過程	優點	缺點
簡單加權法 (SAW) (屬於量化準則評估法)	最大效用法	將每個替選方案m 的得點以各評估值 n 與其相對權重 w 乘積之和來表示。得到各替選方案的分數後，即可比較方案的優劣。	決策過程簡單，方便使用。	對於權重值的敏感度較高，且其加權平均的意義不大。
資料包絡分析法 (data envelopment analysis; DEA)	相對效率	以「相對效率」來評估可行方案，即在相同投入下，產出為最大的方案為最佳方案；或是找出在相同產出下，投入最小的方案即為最佳方案。	近來 DEA 常常與其他的工具結合，以發展成一套新決策工具。如 DEA 為基底，而其中的投入產出項是根據平衡計分卡來求得，發展出一個新的評估模式用來評估研發製造部門的產品。	
AHP (屬於量化準則評估法)	最大效用法	係簡單加權法的延伸。將關心的問題利用層級化的方式展開，每個層級的項目各自獨立，由下而上求算各層的相對權重而加以綜合，選擇權重值最高的方案為決策的最適方案。	權重求得後用一致性檢定，較有理論基礎。且架構模式簡單，決策者容易表達其偏好，又可確定偏好是否一致，為決策領域中最常被使用的方法之一。	在兩兩比較的過程中，若評比次數多，易使得決策者產生混淆，難獲得滿意的評估結果。
線性指派法	最能滿足一致性測量	以匈牙利法為主軸的運算模式，故評估的準則必須與計畫的數目相同才能進行，能同時考量所有評估準則的訊息。	根據各評估準則及其等級加以區分，達到線性化互補。	若無適當的指派方案時則無法使用。

表 1-1 多準則評估方法之優劣 (續)

方法	評估原理	決策過程	優點	缺點
ELECTRE (屬於質化與量化準則評估法的中間法)	最能滿足一致性測量	分別建立滿意指標與不滿意指標，構建偏好優勢關係圖，並在決策者訂定的偏好門檻值下找出核心解，若依然未能做出決策，則重新調整門檻值，此為 ELECTRE I 的原型，之後的型態均以此為主軸作為改良。	在方案數較多且評估準則較少時，才能發揮其效用，且具有不易掌握決策者偏好的缺點。	有時無法排列方案之優先順序，且門檻值不易決定。
TOPSIS (屬於量化準則評估法)	與理想解有最大關係和接近性	以歐基理德距離建立理想解與負理想解的距離，採用相對接近度來作為計畫優劣的排序。 「距離理想解越近並距離負理想解越遠為最佳方案」的概念，具有產出／投入最大化的意涵。	利用距離的原理來表達各替選方案與理想解的距離，得到的結果穩定性高較不受權重分配所影響	僅能使用於量化準則，未能考慮質化準則。
ANP (網絡分析法)	最大效用法	係 AHP 的延伸。將關心的問題利用層級化的問題延伸至「網絡式」層級結構，每個層級的準則不必個自獨立，由下而上求算各層的相對權重而加以綜合，選擇權重值最高的方案為最佳者。	已有 Super Decision 軟體來處理超級矩陣之複雜運算。	人較難精確地描述 ANP 架構。

1. 分析前皆須決策者提供明確的決策資料 (decision data)。
2. 分析後皆提供決策者各方案的優先順序。
3. 應用「準則-方案」串聯法則，求出最佳方案。

近年來有許多結合 AHP 法與 TOPSIS 法的研究，應用於績效評估上。甚至，使用 AHP 及決策樹分析來量化風險管理的問題。例如，有人用多準則決策中的 AHP 法與 TOPSIS 法，來建構協助住戶選購住宅櫥櫃系統的決策支援模式。整個系統概念為包含「前置作業」，藉由 AHP 法的系統化概念，將住戶在購買櫥櫃時的評估要素建立層級化的架構；「輸入介面」，藉由成對比較問卷與方案評比問卷之設計，再經由住戶填寫進行資料輸入；「運算模組」，以 AHP 法求取各評估要素之相對權重，再由 TOPSIS 法評估各個櫥櫃替代方案的得分排序。最後輸出最佳方案之解答作為住戶決策之參考。

1.1.2 多準則決策評估：「準則-方案」串聯法

方案評估 (Evaluation) 之內涵，主要對於評估之目的以及評估之標準、指標與技術等層面作一評估理論之瞭解。其評估是為對於一特定事物做有系統的評價與判定，在評估之定義中，所謂「評」係指為批評一工作的優缺點；「估」則係為測定一工作的具體績效。

所謂「評估」係指一個設定的系統在某種環境條件下，對於影響因子的反應狀況以數值或程度表示來檢測系統反應的機制，以判定其價值、性質或品質，且不同於評判 (Judgment) 的權威性觀點，評估是以比較工具性的中立觀點進行。因此評估必須是為重視客觀的方法與過程。

「評估的方法」可稱為是一種系統化且具高度複雜之價值分析的判斷程序。其中價值分析則很難轉化為理性數據，尤其涉及價值判斷之決策過程則為更無法運用科學之方法進行，因此方案評估必須經由定性及定量二方面組合達成。然因方案之內容及複雜程度不同，在此若欲達到評估的目的，則應對不同類型之方案，建立不同之評估模式，以因應實際之需求；而不同之評估模式，應有其適應之評估方法。

故此評估方法通常可分為「準則評估法」、「經濟性評估法」及「群體評估法」等三類。其中，

(1) **準則評估法**係為預先設定數個評估項目 (準則) 及評估判斷之尺度，根據各個評估項目之各個評估尺度，依直覺或相互比較以來判定等級，且依各個評估項目所得之分數總計順序或者以圖形表示各評估項目之評分情形，以作為判定等級之依據。準則評估法又分為定性及定量之評估，其中定性是指須仰賴豐富專業知識之專家，以作為價值判定以來提供意見，其定量則指為運用客觀的科學方法以來計算分析並做系統化之整合。

(2) **經濟性評估法**係以經濟之立場加以考量評估，以支出收益之效益比例來決定專業價值，由此可知經濟性評估法包含有支出與收益二項重要之考量重點。

(3) **群體評估法**係為邀集相關人員，如學者專家、企業主管及相關人員等，以客觀公正之態度，運用討論之方式從不同角度來評估方案，群體評估法包含有專家組成評估委員會、Delphi 法及層級分析法等。因此，在選擇評估方法之前，應對各種評估方法之適用性及有效性加以評估考量，以作為評估之參考依據。

多準則決策問題之基本構成通常包括有：(一) 方案 (alternative) 即待評選之計畫內容，通常為多個方案共同進行評估比較；(二) 評估準則 (criteria) 即用來評估方案表現的具體項目，其須具有多樣、明確及完整的特性，同時係由目標體系之系統化方法建制而成；(三) 準則權重 (weight) 即用來描述各準則之間的相對重要程度；(四) 評估得點 (evaluation score) 即用來說明各個方案在各個準則上的表現水準；(五) 方案綜合績效 (performance) 即用來描述各個方案的整體表現水準，可據以進行方案之優劣順序等五個項目。

本書將介紹的多準則「方案」評估方法，包括：SAW 法、AHP 法、腦力激盪法、詮釋結構模式 (Interpretive Structural Modeling)、TOPSIS 法、ELECTRE 法、ANP 法。這些方法都有一共同目標，就是以「準則-方案」串聯法，求得那個方案之綜合績效是最大，那個方案就是最佳決策。

一、SAW 演算法

簡單加權法 (Simple Additive Weighting, SAW) 為多屬性決策方法中，最常被使用的方法。簡單加權法的計算方法為決策者對每一個方案的每一個屬性決定評估分數後，再與對應的屬性權重相乘後，得到一個屬性分數。最後再將方案中每個屬性分數相加，即為其方案的最終分數，並依此排序。此法有著理論基礎簡單明瞭、計算容易的優點，所以廣為被使用。SAW 演算法如下：

假設，有 m 個遴選方案，n 個評估項目 (準則)

Step1. 將決策問題轉換成矩陣 A

其多準則決策矩陣 A，為呈現各方案間的優劣順序關係：

$$A = [a_{ij}]_{m\times n} = \begin{bmatrix} a_{11} & a_{12} & \cdots & a_{1n} \\ a_{21} & a_{22} & \cdots & a_{2n} \\ \vdots & \vdots & \ddots & \vdots \\ a_{m1} & a_{m1} & \cdots & a_{mn} \end{bmatrix}$$

例如，

在四種戰鬥機型中，以六種評估準則 (飛行速度、戰鬥距離、最大載重、價格、可靠度、操控能力) 轉換為區間 R 度後之決策矩陣表示如下：

$$A_{m\times n} = \begin{bmatrix} 2.0 & 1500 & 20000 & 5.5 & 5 & 9 \\ 2.5 & 2700 & 18000 & 6.5 & 3 & 5 \\ 1.8 & 2000 & 21000 & 4.5 & 7 & 7 \\ 2.2 & 1800 & 20000 & 5.0 & 5 & 5 \end{bmatrix}$$

Step2. 矩陣 A 的正規化 (數據轉成 0~1 之間)

情況 1：當準則為效益評準時 (正向題)

$$r_{ij} = \frac{a_{ij}}{a_j^*}, j = 1,2,3,\cdots,n$$

其中，$a_j^* = \max_i \{a_{ij}\}$，n 為評估準則個數。

情況 2：當準則為成本評準時 (反向題)

$$r_{ij} = 1 - \frac{a_{ij}}{a_j^*}, j = 1,2,3,\cdots,n$$

在本例 4 種戰鬥機型 6 種評估準則中，第 4 準則是「成本」，故：

$$r_{i4} = 1 - \frac{a_{i4}}{a_4^*}, j = 1,2,3,\cdots,n$$

$$R_{m\times n} = \left[r_{ij}\right]_{m\times n} = \begin{bmatrix} 0.80 & 0.56 & 0.95 & 0.82 & 0.71 & 1.0 \\ 1.0 & 1.0 & 0.86 & 0.69 & 0.43 & 0.56 \\ 0.72 & 0.74 & 1.0 & 1.0 & 1.0 & 0.78 \\ 0.88 & 0.67 & 0.95 & 0.90 & 0.70 & 0.36 \end{bmatrix}$$

此 R 矩陣對應之 AHP 示意圖，如圖 1-19 所示。

Step3. 最佳的替選方案

$$Y^* = \left\{ Y_i \middle| \max \left\{ \frac{\sum_{j=1}^{n} w_j \times r_{ij}}{\sum_{j=1}^{n} w_j} \right\} \right\}$$

其中，r_{ij} 標準化後評估值

$$\sum_{j=1}^{n} w_j = 1$$

假設本例子，決策者指派之準則權重 W＝(0.2, 0.1, 0.1, 0.1, 0.2, 0.3)，則加權後之替選方案得點如下：

$$Y_1 = \sum_{j=1}^{6} w_j \times r_{1j} = 0.853$$

$$Y_2 = \sum_{j=1}^{6} w_j \times r_{2j} = 0.709$$

$$Y_3 = \sum_{j=1}^{6} w_j \times r_{3j} = 0.852$$

$$Y_4 = \sum_{j=1}^{6} w_j \times r_{4j} = 0.738$$

得最佳方案排序為 (Y_3, Y_1, Y_4, Y_2)，因「方案 1」綜合績效最高故為最佳決策。

此外，準則權重 W 值要多少才合理，有二種方式：

1. 專家可「主觀」指定權重 W＝$[w_1, w_2, w_3, \cdots, w_n]$
2. 亦可「客觀」採標準差 ($w_j = \frac{\sigma_j}{\sum_{i=1}^{m} \sigma_{ij}}, j = 1, 2, \cdots, m$) 方式獲得。

二、AHP 法

多準則決策是一多重準則之決策活動，須評估之準則項目眾多，通常是公司內部高階層主管或是設計師個人的主觀意識判斷或是個人審美觀選擇，缺乏客觀依據及系統性分析方法來輔助判斷，且同時評估多重準則時不易判斷，易產生誤差。

當決策者面臨選擇適當方案時，階層結構有助於對事物的瞭解，考量階層中各因子間的相對重要性，繼而根據這些因子進行各替代方案的評估，比較各方案的優勢順位 (Priority) 做出最符合現實考量的抉擇。AHP 即在這樣的概念下發展出的一套理論，提供在經濟、社會及管理科學等領域中，系統性處理複雜的決策問題。AHP 法在計算各準則間之重要性時，其結果必須通過一致性檢定，使其具有理論基礎並趨向客觀。

在離散的 MCDM 問題中，Korhonen 等人 (1992) 將問題以下列五種方式歸類：(1) 方案多或少；(2) 準則多或少；(3) 準則之值確知或不確定；(4) 方案為已知或未知；(5) 準則描述清楚或不清楚。其中，當方案少 (例如少於 10)、準則多

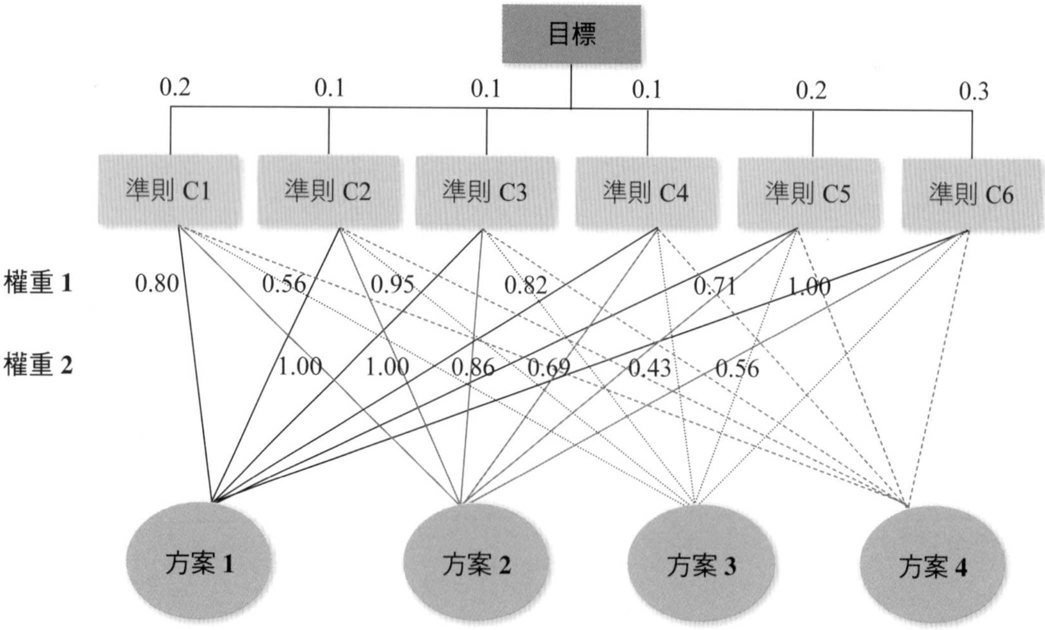

圖 1-2 SAW 範例對應之 AHP 圖

且明確描述的情況時，常被應用來解決的方法則是 Saaty 博士在 1971 年所提出之層級分析法 (analytic hierarchy process，AHP)。然而，當評估準則無法清楚描述時，可使用兩兩相比較的方法，並利用圖形來表示決策方案的優先順序，此種問題類型的解決方法以 ELECTRE 最為人所熟知。

AHP 為一有效的多準則決策方法 (圖 1-3)，其理論簡單、操作容易、簡單評比，並且具實用性，能擷取多數專家與決策者的意見，可將複雜的決策問題簡化，並採用兩兩相比的評估方式讓決策者進行評估比較時更容易進行，並建立具有相關影響關係的階層結構，可獲得準則之相對權重數值。

概括來說，層級分析法的步驟可分為三個階段：(1) 建構層級；(2) 建立成對比較矩陣；(3) 一致性檢定。其中，層級的建構可分為「由下而上」與「由上而下」，當替代方案比目標更易於了解時，使用由下而上方式，此時替代方案有助於確認目標；反之，當目標比替代方案更易於了解時，則使用由上而下方式。通常以由上而下方式是較為明確、簡單的方式。

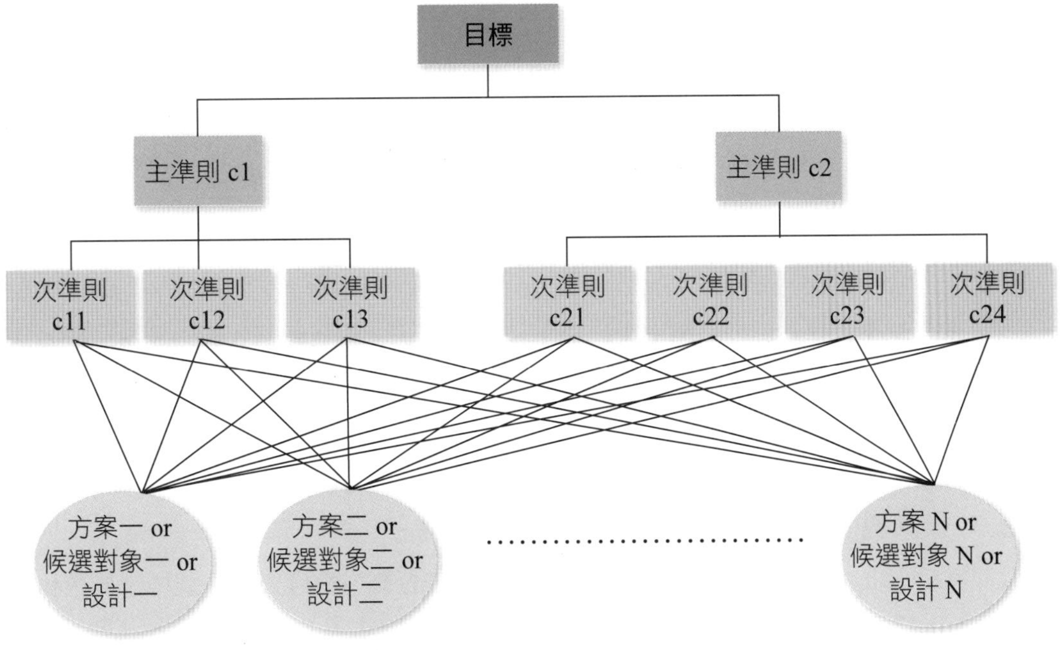

圖 1-3 AHP 決策模式層級圖

建構層級結構的方法有很多種，如：腦力激盪法 (Brain-storming)、詮釋結構模式 (Interpretive Structural Modeling，ISM)、階層結構分析法 (Hierarchical Structural Analysis，HSA)、結構模式化群體法 (Group Method of Structural Modeling，GMSM)、以及 PATTERN 法 (Planning Assistance Through Technical Evaluation of Relevance Number)、決策實驗計估法 (Decision Making Trial and Evaluation Laboratory; DEMATEL) 等。這些方法利用 0-1 整數之二元關係 (binary relation)，將複雜的問題予以系統化、層級化。

(一) AHP 應用領域

由於層級分析法理論清晰簡單，操作方法容易，並能同時容納多位專家與決策者的竟見，因此，廣為學術界和實務界所使用，其應用的範圍相當廣泛，Saaty (1980) 即整理歸類出層級分析法適用於下列十三種決策問題：(1) 決定優先順序 (Setting Priorities)；(2) 產生可行方案 (Generating a Set of Alternatives)；(3) 選擇最佳方案 (Choosing the Best Policy Alternative)；(4) 決定需要條件 (Determining Requirements)；(5) 根據成本效益分析制定決策 (Making Decision Using Benefits and costs)；(6) 資源分配 (Allocating Resources)；(7) 預測結果一風險評估 (Predicting Outcomes-Risk Assessment)；(8)衡量績效 (Measuring Performance)；(9) 系統設計 (Designing a System)；(10) 確保系統穩定性 (Ensuring System Stability)；(11) 最適化 (Optimizing)；(12) 規劃 (Planning)；(13) 衝突解決 (Conflict Resolution)。

迄今，AHP 法／fuzzy AHP 法應用領域很廣，包括：

1. 教育／行政：以多準則來建構校務評鑑模式、教師教學效能之評鑑、校長領導能力之指標建構、學生推薦入學之評估準則、社區取向的藝術教育課程設計策略因子。
2. 人管：高階管理才能評鑑模式、傑出獨立發明人新產品開發關鍵成功因素、建構流通業管理人員之遴選工具。
3. 土木／建築：岩體之分類、建設公司住宅企劃方案優先順序選擇、最有利標之選商決策與標價審查模式。
4. 財經：不動產證券化估價技術、台股選擇之多準則決策。
5. 企管：食品業的行銷資源最適化配置模式、國際會議選址評估模式。

6. **決策科學**：汽車營業據點之選擇、策略聯盟夥伴的選擇、科技專案評選的多準則決策、風力發電潛能評估。
7. **工業管理**：使用者中心的電玩角色設計、最佳產品設計方案之決策分析模式。
8. **行銷**：產品開發關鍵因素之評估模式、台灣出版業書系發展之關鍵成功因素。
9. **資訊管理**：企業電子化策略方案評選、養護機構服務品質改善、拍賣網站服務品質。

(二) AHP 範例

下面範例，將以 Huizingh & Vrolijk (1995) 所舉的範例來說明 AHP 法的分析步驟。

階段 1：列出選擇方案 (List alternatives)

此階段的目標是列出所有的方案。範例為資訊系統的專案的選擇，因此階段 1 需列出所有可能的資訊系統。

階段 2：定義門檻標準 (Define threshold level)

此階段為定義門檻標準，做為選擇進一步分析方案的最低標準。

階段 3：決定可接受的選擇方案 (Determine acceptable alternatives)

由階段 2 所設定之門檻標準篩選階段 1 所列出的所有可能方案，範例中假設決定可接受的專案為 A、B 和 C 符合門檻標準。

階段 4：訂定準則 (Define criteria)

此階段所定義的準則將用來評價選擇哪一個方案 (專案)。範例中設定三個準則分別為：投資報酬率 (Return On Investment，ROI)、風險 (Risk) 和策略重要性 (Strategic importance)。AHP 法允許準則分解為許多個次準則 (sub-criteria)，例如投資報酬率實際上可能有回收期 (Pay-back period)、淨現值 (Net present value) 等等的次準則。

階段 5：發展決策層級 (Develop decision hierarchy)

定義選擇方案和準則後，此階段將架構決策的層級關係。AHP 法中，最少要有三個層級，分別為目標 (Goal)、準則 (Criteria) 及選擇方案 (Alternatives)。這些元素以樹狀結構表現，以階層方式展現決策問題並作為比較的基礎。階層架構如圖 1-4。

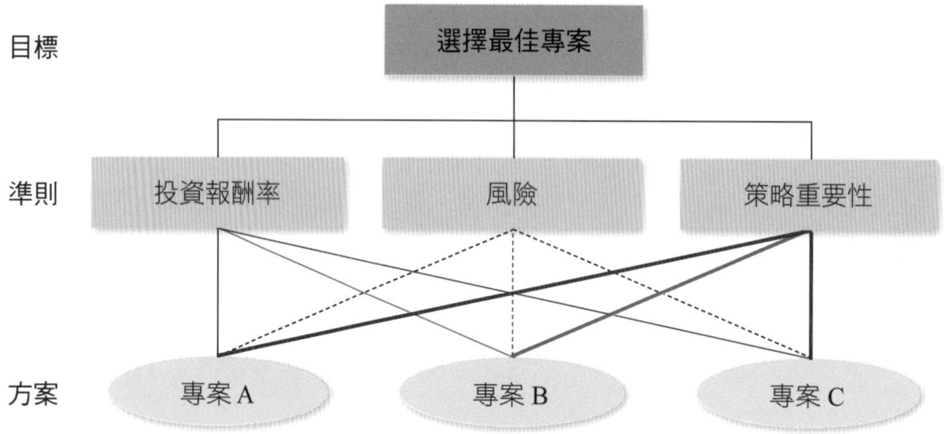

圖 1-4　專案選擇決策階層圖

階段 6：選擇方案成對比對 (Compare alternatives pair wise)

AHP 法中成對比對的目的是用來計算每一個方案在某一個準則下的相對優勢 (Relative priority)。例如，在投資報酬率 (ROI) 這個準則下，A 方案的投資報酬率比 B 方案好多少？Saaty 建議評價尺度由 1～9 表示強度由相等到極強，將每一個方案進行兩兩比對後形成一個由特徵向量所組成的成對比較矩陣。

特徵向量就是在各準則下每一個選擇方案之權重。範例中，在投資報酬率 (ROI) 的準則下各方案之評價矩陣兩兩方案比對的結果如表 1-2。表中在投資報酬率的準則下，專案 A 比專案 B 強 2 倍，同時專案 A 也比專案 C 強 8 倍，以此類推。

表 1-2　在投資報酬率的準則下各方案之成對比較矩陣

ROI	專案A	專案 B	專案 C
專案 A	1	2	8
專案 B	1／2	1	6
專案 C	1／8	1／6	1
總和	13／8	19／6	15

上表所得到的結果，可進一步計算一致性比率值 (Consistency Ratio，C.R.)，判斷決策者進行成對比對時是否具一致性。一致性比率由一致性指標 (Consistency Index，C.I) 及隨機性指標 (Random Index，R.I.) 的比率求得 $C.R=\frac{C.I}{R.I}$；當 $C.R\leq 0.1$ 時，表示成對比較矩陣具有讓人滿意的一致性，若判斷結果具不一致性時應及時修正。其中，一致性指標 $C.I=\frac{\lambda_{max}-n}{n-1}$，$\lambda_{max}$ 為最大特徵值，n 為階層數目而隨機性指標值如下表 1-3。

表 1-3 隨機指標表

階層	1	2	3	4	5	6	7	8	9	10	11
R.I.	0	0	0.58	0.9	1.12	1.24	1.32	1.41	1.45	1.49	1.51

再依 Saaty 所提公式 $A_1W=\lambda W$ 之左式為 $A_1W=W'$，其中 A_1 為成對比較矩陣，W 為行向量平均後標準化矩陣。

$$W=\begin{bmatrix}\frac{1}{3}(\frac{1}{1+2+8}+\frac{2}{1/2+1+6}+\frac{8}{1/8+1/6+1})\\ \frac{1}{3}(\frac{1/2}{1+2+8}+\frac{1}{1/2+1+6}+\frac{6}{1/8+1/6+1})\\ \frac{1}{3}(\frac{1/8}{1+2+8}+\frac{1/6}{1/2+1+6}+\frac{1}{1/8+1/6+1})\end{bmatrix}=\begin{bmatrix}2.1837\\1.6079\\0.2693\end{bmatrix}$$

$$A_1W=\begin{bmatrix}1&2&8\\1/2&1&6\\1/8&1/6&1\end{bmatrix}\times\begin{bmatrix}2.1837\\1.6079\\0.2693\end{bmatrix}=\begin{bmatrix}7.5536\\4.3153\\0.8102\end{bmatrix}=W'$$

$A_1W=\lambda W$ (或 $W'=\lambda W$)

$$\lambda=\frac{W'}{W}=\begin{bmatrix}7.5536\\4.3153\\0.8102\end{bmatrix}\div\begin{bmatrix}2.1837\\1.6079\\0.2693\end{bmatrix}=\begin{bmatrix}3.3683\\2.6838\\3.0085\end{bmatrix}$$

$$\lambda_{max}=\frac{1}{3}(3.3683+2.6838+3.0085)=3.02$$

$$C.I=\frac{\lambda_{max}-n}{n-1}=\frac{3.02-3}{3-1}=0.01$$

由上表 1-3 得 n＝3 時，$R.I.=0.58$，$C.R=\dfrac{C.I}{R.I}=\dfrac{0.01}{0.58}=0.0172\leq 0.01$，符合一致性。

將表 1-2 中所形成的成對比較矩陣進行正規化 (Normalize)，也就是說把該專案的每一行都除上它的總和，如專案 A 那一行除上總和 13／8。結果如表 1-4。

表 1-4 標準化後的成對比較矩陣

ROI (行總和)	專案 A (13／8)	專案 B (19／6)	專案 C (15)
專案 A	8／13	12／19	8／15
專案 B	4／13	6／19	6／15
專案 C	1／13	1／19	1／15
總和	1	1	1

接著計算在投資報酬率 (ROI) 的準則下各方案的相對優勢，結果如表 1-5。

表 1-5 投資報酬率 ROI 的準則下各專案的相對優勢 (權重)

ROI	專案 A	專案 B	專案 C	列平均
專案 A	$\dfrac{8/13+12/19+8/15}{3}$			＝0.593
專案 B	$\dfrac{4/13+6/19+6/15}{3}$			＝0.341
專案 C	$\dfrac{1/13+1/19+1/15}{3}$			＝0.066
總和				1.000

依上述方法可求得在投資報酬率、風險及策略重要度三個準則下各方案的相對優勢 (亦即特徵向量或權重)。結果如表 1-6。

表 1-6 專案 A、B、C 在三個準則下的相對優勢

相對優勢	投資報酬率	風險	策略重要度
專案 A	0.593	0.123	0.087
專案 B	0.341	0.320	0.274
專案 C	0.066	0.557	0.639
行總和	1	1	1

階段 7：準則成對比對 (Compare criteria pairwise)

此階段針對每一個準則進行成對比對求取準則之間的相對重要度，計算的方式與上一階段相同。最後計算出各準則的相對權重 (優先順序) 如下表 1-7：

表 1-7 三個準則之間的相對權重 W (即優先順序)

準則	權重
投資報酬率 (ROI)	0.548
風險 (Risk)	0.211
策略重要度	0.241
總和	1.000

階段 8：計算所有選擇方案的優先順序 (Calculate the overall priorities for the alternatives)

依階段 6 各個準則下之選擇方案權重；及階段 7 各個準則之間的相對權重，計算每一個方案的整體權重。

專案 A：$0.593\times0.548+0.123\times0.211+0.087\times0.241=0.372$

專案 B：$0.341\times0.548+0.320\times0.211+0.274\times0.241=0.3204$

專案 C：$0.066\times0.548+0.557\times0.211+0.639\times0.241=0.3077$

由 AHP 分析顯示專案 A 為最高權重，故應最優先考量用它。

(三) AHP 與其它評估法混用

在實務的決策模式之建構上，AHP 亦可與其它多準則方法「混合」一齊使用。例如，先用 AHP 法找出各準則的權重，再以 TOPSIS 法評估各替代方案 (例如，住宅櫥櫃的選擇) 的得分排名，最後求得「最佳方案」決策支援模式。

三、腦力激盪法

腦力激盪法 (Brainstorming)，簡稱「BS 法」，是由 Osborn 於 1953 年出版的《應用想像力》(applies Imagination)一書中提到集體討論與開發創意的技術。腦力激盪法定義為，「每個人運用自己的腦力，做創造性的思考，以產生某一特定問題的解決方案」。意即，腦力激盪的與會成員，在一個特定的主題下，透過集體思考的方式，相互激盪發生連鎖效應，產出大量不同想法，再以量取質，尋求最佳的解決方案。

腦力激盪法被視為有效的創意思考技能，是因為它強調從潛意識「跳出」想法，跳脫固有習慣性的思維模式，從不同的立場和角度看待問題，並以多重且不尋常的方式建立事物間的聯結，進而激發出嶄新與截然不同的新想法。

腦力激盪法是一種在短時間內輕鬆且有效率地獲取大量創意構想的思考方法，因此逐漸廣為教育界及企業界應用。

(一) 腦力激盪法的原則

在腦力激盪會議進行中，每位與會成員都必須嚴謹遵守以下四大基本原則，才能使集思過程順利進行，並產生大量想法 (Osborn, 1953)。

1. 摒絕批評主義 (Judicial judgment is ruled out)

在腦力激盪會議進行時，禁止批評他人或自己的想法，亦不能面露嘲笑或鄙視的神情，用意在於確保參與者的創意及發揮空間不會受到負面意見的壓抑，而造成腦力激盪效果的降低。

2. 歡迎自由聯想 (〝Free-wheeling〞 is welcomed)

不論是否實際、是否可行，乃至於天馬行空的想像在此都可以盡情的揮灑。想法不論好壞都可以在稍後的修改後讓它變得實際可行，因此在創造想法時不需要有任何的限制及保留。

3. 點子愈多愈好 (Quantity is wanted)

腦力激盪法需要大量想法的累積，以求量為先，再以量生質。此時，不須在意想法的好壞或可行性，與會成員盡可能的挖空心思，踴躍的提出大量的點子。主意的產出愈多，能得到最佳方案或有用想法的可能性就愈高。

4. 構想之組合與改進 (Combination and improvement are sought)

腦力激盪會議是個創意相互交流的會議，除了提出自己的想法之外，每位與會成員都會被鼓勵結合、延伸並改良他人的想法。利用他人提出的點子為跳板，以互搭便車似的向外擴張，使點子的發展範圍更寬廣。

(二) 腦力激盪法的實施方式

一般來說，最常見的腦力激盪會議是將所有與會成員集合在同一個房間，以面對面討論的方式進行，實施步驟如下：

1. 選擇及說明主題
2. 說明必須遵守的規則
3. 組織並激發會議的氣氛
4. 主持討論會議
5. 記錄與會成員所有的想法與點子
6. 共同制訂標準並評估，選取最佳想法

四、詮釋結構模式 (ISM)

(一) ISM 簡介

在進行研究如複雜問題、發展計劃、管理組織、系統工作，以及各式不同種類的眾人事務時，通常需要而且有時必須將其合成為「階層」(hierarchies) 的形式。要將要素 (elements) 排列成階層的過程中，人們經常是以「直觀」(intuitively) 的方式處理之。

雖不須強制束縛自己，但是卻已在無意之中遺失掉某些能簡單地發展出階層排列的重要項目，或者導致無法發展出詳盡的層級形式 (Warfield，1973a)，因為當項目個數較多或項目間的關係較為複雜時，要直接徒手畫出腦中存在的教材要素項目結構圖並不是一件容易的事，不但難以看出其高低層次關係，且要素間之關係的連線會變得十分複雜而不易閱讀理解；另外，若要素超過 20 個以上時，則利用電腦等快速運算工具來幫助人們思考 (佐藤隆博等人，1999)，則其乃扮演了「輔助認知 (cognitive aid)」及「提昇效率 (performance amplifier)」的重要角色。

例如，互動管理 (IM) 用於產生元素 (也就是在 IM 會議中參與者的意見) 的方法，包括了想法撰述 (ideawriting)、名義群體技術法 (Nominal Group Techique, NGT) 與 Delphi 法等幾種較常使用的方法。決定元素間關係的方法則以詮釋結構模式法 (Interpretive Structural Modeling，ISM) 為主。ISM 除了可單獨使用外，也可與 NGT 程序結合為增強 NGT (enhanced NGT) 程序。在增強 NGT 中省略典型 NGT 中產生最後排序表決的部分，而以 ISM 的因果關係表決取代。因此，IM 的程序綜合了觀念產生(idea generating) 及觀念建構 (idea structuring) 兩個部份，並分別適用不同的方法。

我們常見的結構圖，如圖 1-5 所示三種：環路圖、層級圖、回饋圖。

環路圖

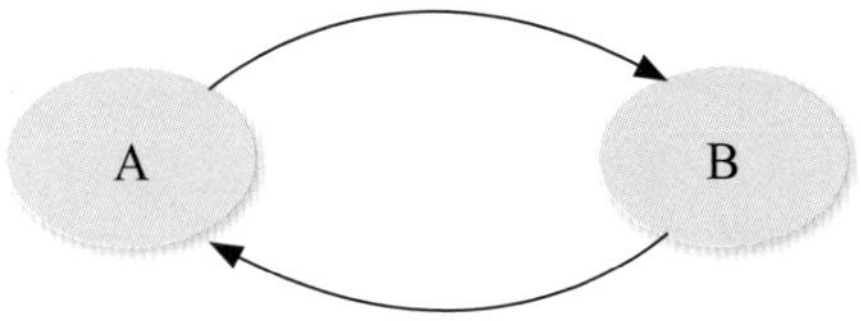

層級圖

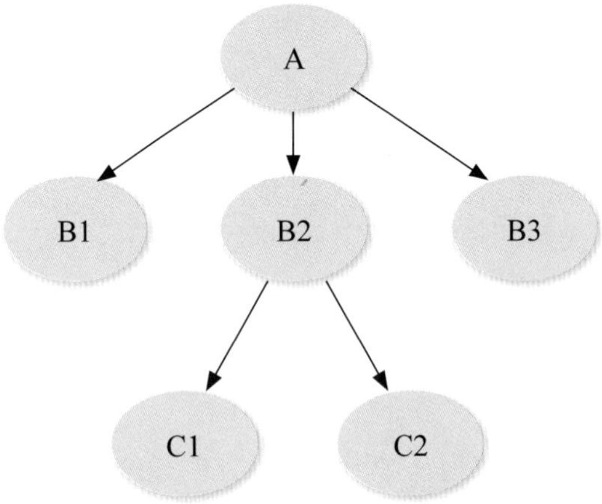

回饋圖

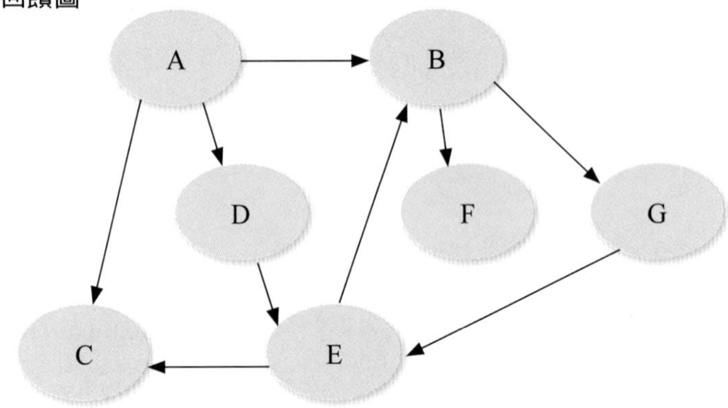

圖 1-5 三種結構圖

(二) ISM 程序

詮釋結構模式 (Interpretive Structure Modeling，ISM)，屬圖論 (Graph Theory) 之一支，最早由 Warfield (1979) 提出，原是社會系統工學 (Social System Engineering) 之一種構造模型法 (Structure Modeling)，植基於離散數學和圖形理論，再結合行為科學、數學概念、團體決策 (group discussion) 及電腦輔助等領域，亦考慮到學習的歷程，透過二元矩陣 (binary matrices) 的矩陣乘法運算，呈現出一個系統內全部元素間的關連性，並可藉由電腦 (Excel) 來執行連續的矩陣乘法運算，最後產生一個完整的多層結構化階層 (multilevel structural hierarchy)，稱為「地圖 (map)」(Warfield，1973)。此法以圖表而非文字方式敘述解析、架構及說明整體工作，能讓從事該項工作的成員易於瞭解工作內容、工作重點及工作程序 (學習路徑)。

ISM 程序是以二元矩陣 (binary matrix) 與有向圖 (digraph，directed graph) 間的對應機制為基礎。程序的基本觀念是「元素集合」與「遞移關係」。元素集合是指某些情勢的內容，諸如人、目標、變數、趨勢和活動。內容關係則是對所提出的問題，元素間具有重要性關係的可能陳述。不同類型的元素集合與關係會組成不同的結構 (Hwang and Lin，1987)。

這些系統結構可以用矩陣或有向圖表示。在二元矩陣的表現方式，矩陣的垂直指標集合與水平指標集合元素相同，元素 i 與元素 j 的關係若存在，則於 i 列和 j 行交叉處用 1 來表示。在有向圖的表現方式，元素就是有向圖的頂點，兩個元素之間的關係就以邊來表示。

下圖係詮釋結構模式施行流程，是始於個人或團體的「心智模式 (mental model)」，也就是先經過人為的思考後，其結果 (即系統內全部元素) 之間具有特定前後 (因果) 關係者，須將其全部嵌入一個正方的二元矩陣 (square binary matrix) 中，藉助數學計算其分析過程。這個結構必須再與先前的心智模式比較，收集「差異處」再重新做出另一個新矩陣模式，產生另一個多層級模式與詮釋結構模式，如此同樣的步驟週而復始，直至和心智模式完全吻合沒有差異，才停止迴圈的流程，最後進入「文件化」步驟結束這個程式。當一個系統之複雜度隨結構性增加而提高時，詮釋結構模式的實施程式就顯得很需要了 (Warfield，1974)。

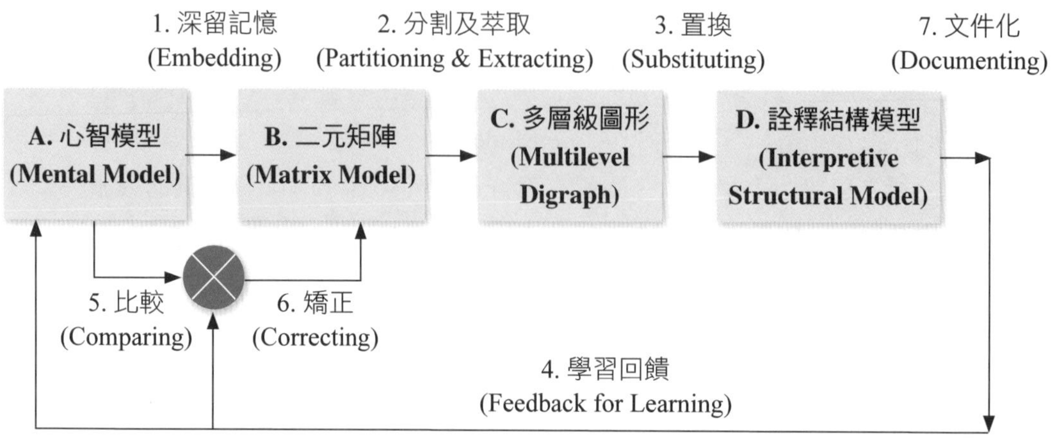

圖 1-6 ISM 施行流程

(三) ISM 應用領域

詮釋結構模式法 (Interpretive Structural Modeling，ISM) 是互動管理 (Interactive Management，IM) 的主要結構方法，具有將不同類型的元素與關係組成結構的特質，因此可以釐清複雜的事態。互動管理 (Interactive Management，IM; Warfield and Cárdenas，1994) 是一種針對複雜事務所開創的管理系統，其目的係在組織中運用，以克服超越一般型態的問題，真正解決爭端或事態。在國外已經累積了相當多的案例，在企業管理方面，多使用於設計、製造與品管問題的解決；在公共事務方面，則廣泛應用於農業、漁業、醫學、原住民、教育、生態保育、都市規劃，以及軍事管理等議題。其特色在於活動分三階段進行、角色區分為操作者與參與者、操作成果為有形的詮釋結構模式 (interpretive structural model)，以及採用可使多數參與者交流互動的多元方法等。

此外，ISM 應用在其它範圍亦很廣，例如 Wilson (1969) 回顧過去文獻，曾列出超過一百多篇有關層級系統 (hierarchical systems) 其跨多領域之參考文獻，從建築到動物學等都有例子；而美國則運用在聯邦政府、地方性的、州立的、以及區域性的公共政策等，日本也應用在系統設計上、市場行銷、以及計畫制定上。ISM 在教育領域上應用亦很多，例如澳洲許多的公私立中小學校，就運用 ISM 方法對在職教師訓練以改進教學工作 (Warfield，1979)；1978 年佐藤隆博即應用 ISM 法在複雜的學習計畫之構造階層圖，並證明可適用於目標分析與教材的開發上，故是將Gagne 的學習階層理論之教學設計技巧予以具體化的表現。1979 年發表「ISM しこよる學習要素の階層的構造の決定」論文，文中介紹 ISM 法的學習要素層級結構的決定程序。1987 年出版專書介紹「構造學習法」(佐藤隆博，1987)，廣受日本中小學使用，以及在 1991 年發表「構造化教材設計」(Structured Text Design)，為「構造學習法」注入實踐研究精神。吳信義 (1999) 將 ISM 分析法應用在學習「基本電學」科目，以建立職業科目設計教材之模式，並電腦化以協助與減輕教師從事課程設計上之負擔。

ISM 亦可與 ANP 一齊分階段使用，例如：農產物流中心選擇，先藉由詮釋結構模式來確認決策準則間的相依關係及回饋性；隨後執行農產物流中心選擇之分析網路程序決策架構的步驟，最後再求出選擇農產物流中心的關鍵決策因素。

(四) 詮釋結構模式之分析步驟

詮釋結構模式法 (Interpretive Structural Modeling，ISM)，係為美國 Battelle 紀念研究所於西元 1970 年所發展的，常用以處理某些事情具有交互影響作用時的情形。

有鑑於我們周遭常遇到的問題，其構成的事件數量往往非常多，通常肉眼便不易分出其要素的層級關係，此時妥善運用 ISM 演算法來分析，藉由決策群體合作的、有組織的系統化方法來促成每個人 (個體) 多樣化觀點的整合，是不錯的方法。

常先 ISM 演算法有二種類型：(1) 鄰接矩陣 A 推至「可到達矩陣 M」；(2) 由 SSIM 推至「可到達矩陣 M」。其中，鄰接矩陣 A 推至「可到達矩陣 M」之分析步驟說明如下 (Warfield，1974)。接著下個章節先介紹這種算法的應用實例，之後，再介紹「由 SSIM 推至可到達矩陣 M」方法：

步驟 1. 建立要素之間的關聯圖或鄰接矩陣 (adjacency matrix)

關聯圖，即網路結構之箭線圖 (arrow diagram) 樣式，用以代表兩兩要素間的先後關係，像圖 1-24 關聯圖中「圓形」記號即代表「要素／計畫」，亦即網路結構圖中的節點 (node) 或事件 (event)。建好「要素間」關係之後，接著便以「0 或 1」二元整數之型態來建立 m 個事件數乘以 m 個事件數的「鄰接矩陣 A」。其二元關連的原則為：當出現「$s_i \rightarrow s_j$」的情形時，即代表「事件 s_i 完成之後，事件 s_j 走一步路就到達 (開始進行)」，並將此對應情形，在鄰接矩陣 A 內，設

$a_{ij}=1$。

步驟 2. 可到達矩陣 M 的計算

假設我們以「5W1H 法」來進行某議題之分析、或利用專家所界定某結構化教學設計之要素，並將這些要素間之彼此關係以「鄰接矩陣 A」二元 (0 或 1) 來表達。接著，令 B＝A＋I，其中，I 為單位矩陣 (Identity matrix)，並遞迴性將 B 矩陣自乘：

$B^2=B^1\times B$ (走二步路就到達的節點)，$B^3=B^2\times B$ (走三步路就到達)⋯，直到收斂 $B^n=B^{n+1}$ 為止 (走 n 步路就到達)。

則，「可到達矩陣」$M=(A+I)^n=B^n$

即 $B^{n-1}<B^n=B^{n+1}$ 時，B^n 或 B^{n+1} 稱「可到達矩陣 M」。

二元矩陣的乘法，其「布林 (Boolean) 代數運算法」如下：

0＋0＝0	0×0＝0
0＋1＝1	0×1＝0
1＋0＝1	1×0＝0
1＋1＝1	1×1＝1

步驟 3. 切割「可到達矩陣 M」

利用上述所計算出的「可到達矩陣 M」為依據，將各事件分層。

表 1-8 各事件分層

Element A_i	Reachability set $R(A_i)$	Antecedent set $M(A_i)$	Intersection $R(A_i)\cap M(A_i)$
相鄰矩陣 A 的元素	M 矩陣中，橫的各項目其和縱向項目交集值為 1 者抽出。	M 矩陣中，縱的各項目其和橫向項目交集值為 1 者抽出。	為 $R(A_i)$ 與 $M(A_i)$ 交集

倘若出現 $R(A_i)=R(A_i)\cap M(A_i)$ 的情形時，則表示可先剔除事件 A_i，即代表事件 A_i 在全部事件中應排列為最後執行的事件，如此類推以找出所有參與事件之先後執行之關係。

步驟 4. 建立要素之間的層級關聯圖

在切割了可到達矩陣之後，可以找出各事件之先後執行之關係，再由此關係重新建立一經過系統結構化方法所得到之層級關係圖。

例如，圖 1-7 ISM 之關係圖具有 A1~A5 五個要素，它代表這些要素 (計劃 or 教學單元) 之間的層級結構，也代表 ISM 解的「最終解答」，其中這五項事件／計劃的箭頭方向，意味著此結構化問題的執行路徑。

此 ISM 概念圖對應的「可到達矩陣 M」，如下表 1-9 所示。其中，「可到達矩陣 M」(reachability matrix) 係由「要素因果關係所代表之鄰接矩陣 A」自我連乘直到收斂為止。

最終所求得之可到達矩陣 M 為：

$$R(A) = M_{5\times 5} = \begin{bmatrix} 0 & 0 & 0 & 0 & 0 \\ 1 & 0 & 1 & 1 & 0 \\ 0 & 0 & 0 & 1 & 0 \\ 0 & 0 & 1 & 0 & 1 \\ 1 & 0 & 0 & 0 & 0 \end{bmatrix}$$

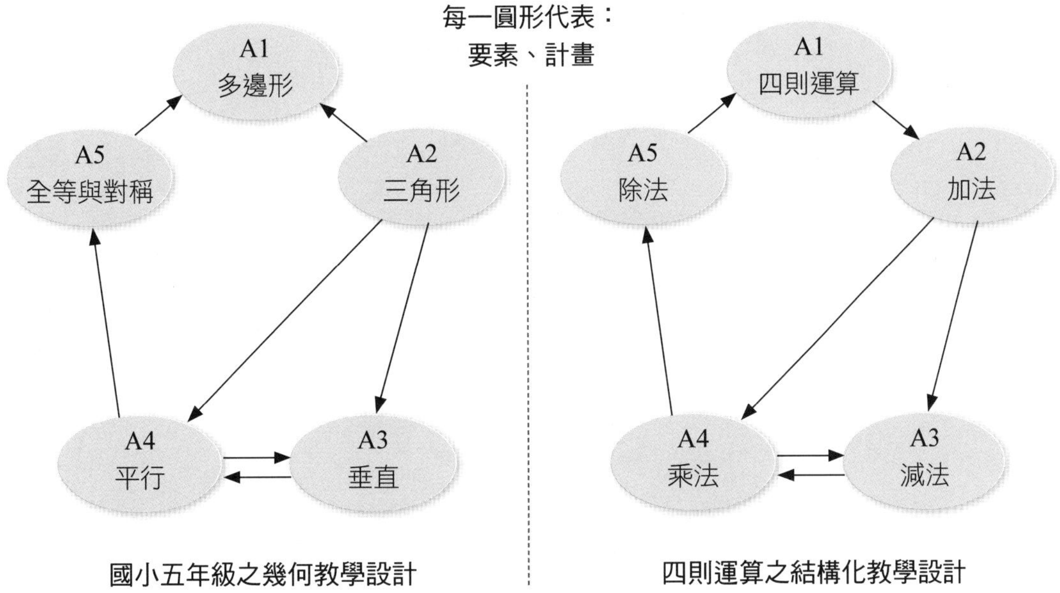

圖 1-7 ISM 之關聯圖 (結構化問題之最終解)

表 1-9 可到達矩陣 M (結構化問題最終解之二元關係)

前事件＼後事件	A1	A2	A3	A4	A5
A1	0	0	0	0	0
A2	1	0	1	1	0
A3	0	0	0	1	0
A4	0	0	1	0	1
A5	1	0	0	0	0

步驟 5. 繪製 ISM 圖

ISM 分析法，即從原始資料矩陣 A，經過運算，求得 R 矩陣為止。以 A1 至 A5 概念元素為例 (Sato，1987)，而這五元素之間的關係，以原始資料矩陣 A 表示如下：

$$A = \begin{bmatrix} 0 & 0 & 0 & 0 & 0 \\ 0 & 0 & 1 & 1 & 0 \\ 1 & 0 & 0 & 1 & 0 \\ 0 & 0 & 1 & 0 & 1 \\ 1 & 0 & 0 & 0 & 0 \end{bmatrix}$$

而經過傳遞閉包運算後，則相對應的可到達矩陣 R(A) 或稱 M 矩陣為：

$$R(A) = M = \begin{bmatrix} 1 & 0 & 0 & 0 & 0 \\ 1 & 1 & 1 & 1 & 1 \\ 1 & 0 & 1 & 1 & 1 \\ 1 & 0 & 1 & 1 & 1 \\ 1 & 0 & 0 & 0 & 1 \end{bmatrix}$$

為便於繪製 ISM 圖，將矩陣整理如下：

A_k	$R(A_k)$					$M(A_k)$ 為 $R(A_k)$ 轉置					$R(A_k) \cap M(A_k)$				
A_1	A_1	0	0	0	0	A_1	A_2	A_3	A_4	A_5	A_1	0	0	0	0
A_2	A_1	A_2	A_3	A_4	A_5	0	A_2	0	0	0	0	A_2	0	0	0
A_3	A_1	0	A_3	A_4	A_5	0	A_2	A_3	A_4	0	0	0	A_3	A_4	0
A_4	A_1	0	A_3	A_4	A_5	0	A_2	A_3	A_4	0	0	0	A_3	A_4	0
A_5	A_1	0	0	0	A_5	0	A_2	A_3	A_4	A_5	0	0	0	0	A_5

上矩陣意義為：

(1) $R(A_k)$：是 A 的可到達矩陣 R ，在可到達矩陣中，若元素為 1，則填上表示被指向的元素代號；在可到達矩陣中，若元素為 0，則保持為 0。

(2) $M(A_k)$：矩陣的意義，是從 $R(A_k)$ 而來的，$M(A_k)$ 的每一列，表示指向該元素的所有其它元素。

(3) $R(A_k) \cap M(A_k)$：是 $R(A_k)$ 和 $M(A_k)$ 兩矩陣的交集，兩矩陣相對應位置若同時存在該元素，則填上該元素；否則填上 0。

而繪製圖 1 ISM 圖的方法步驟為：

【步驟一】針對 $R(A_k)$ 和 $R(A_k) \cap M(A_k)$ 的每一列，找出列相等的元素。在上表中，先找到相對應的第 1 列 A_1，則在 $R(A_k)$、$R(A_k) \cap M(A_k)$ 中 A_1 所在的行 (column) 與列 (row) 全部刪除，刪除後的列與行則不再比較和尋找。

【步驟二】以相同方法再找到第 5 列 A_5，以此類推，重覆步驟一再得到 A_3、A_4 一組元素和 A_2 元素。

【步驟三】將找到的元素依序列出高低層次，並參照矩陣 A 中的元素關係，劃上箭頭，完成如圖 1-8 所示，而在此圖中 A_3、A_4 為同階層元素。

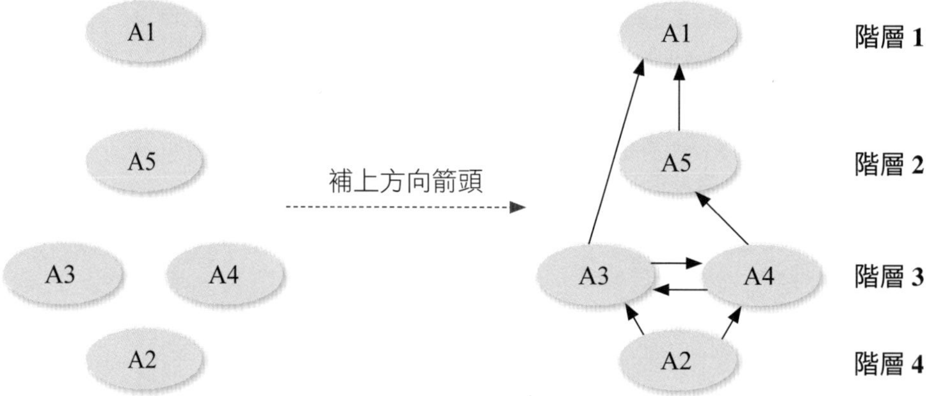

圖 1-8 繪製 ISM 圖

小結

總之，ISM 只能找出「要素／計劃」的層級結構 (路徑 & 方向)，若我們還要求得「要素／計劃」間之路徑的關係強度，則可再用第四章的 ANP 來求解答。本章為了使大家徹底了解 ISM 的分析過程，因此，將在以下章節再介紹二個實例：(1) 詮釋結構模式應用在網路化訓練之問題 (先以 5W1H 抽出問題點，再 ISM 找層級結構圖)，(2) 群集課程之結構化教學設計 (先以專家界定教學目標之要素，再 ISM 找層級結構圖)。

(五) ISM 實例 1：詮釋結構模式應用在網路化訓練之問題

在所附 CD 片「ch01 ISM 實例之 Excel 計算」中第一個 Excel 程式，係以蔡秉燁等 (2010) 結構性比較 WBT和傳統 (集中式) 訓練之優劣勢分析為例，當企業決定實施網路化教育訓練 WBT (Web-Based Training on Enterprises) 前，可先運用 5W1H 法與詮釋結構模式做要素間之結構分析，以找出網路化訓練與傳統訓練兩者優劣勢的結構性比較，並將 ISM 分析結論當做未來 WBT 教學改進的方向。

有鑑於 ISM 分析法係在客觀科學數學運算公式下，其分析更具科學性。概括而言，ISM 的步驟如下：

Step 1：5W1H 法分析

欲分析網路化教育訓練與傳統集中式教育訓練之差異，首先須抽出問題的特徵點，例如用腦力激盪 (brain storming)、川喜田二郎 (Kawakita Jiro) 的 KJ 法 (就是利用卡片做分類的方法) 等方法，不論採用何種方式，皆應有理論為根據。本例子先以 5W1H 法來進行該議題之分析，此法乃利用字或圖加以清楚敘述問題或是發現事實，以找到收集資料的方向，或得到某一挑戰的各種訊息。依照這種準則進行思考，除了不會發生遺漏錯失外，且能在較系統、全面化不同角度下進行廣泛地思考，如此既能做到全面 (macro) 且正確地分析，也能逐一檢核是否有掛漏掉重要的地方 (永井正武，1989，1996)。

Step 1-1：抽出問題點

首先分析 What：(1)學員人數：在教室內的教育訓練 (以下用「傳統式」表示)，有上課人數限制，不足額時因基於成本考量無法開課；人數亦無法超過教室可容納量、教師負荷量等限定；但網路化教育訓練 (以下用“WBT”表示) 則無此限制。(2) 上課地點：傳統式上課地點大多須選在固定、較大型訓練場所 (如總公司集訓或特定訓練中心)，離工作現場遠須請假上課；而 WBT 則無此限定，可於工作現場直接上網學習，不需浪費路途奔波。(3) 檢定應考對策：職業訓練中，以能獲取「技術檢定合格證書」是追求進步的世界潮流一致共同努力方向，但員工應如何利用極少卻珍貴的職餘閒暇，來進修專門知能以提高生產力，早已是企業及員工共同的願望。在傳統式訓練大多採用集中方式下，是以教授講義內容及工廠實習等方式進行；而 WBT 則利用網路化教材來提供應考對策。

Where：(4) 對實習的理解：傳統式提供實習機會及場所，較易使學員理解實際狀況；而 WBT 則無法提供實習機會，故較不易理解實務。(5) 等級和水準的配合：傳統式課程及教材內容等級可實施能力分班，教師更可針對班級個別學員的需求及程度施教；而 WBT 因目前網路化教材內容 (content) 缺乏，分級課程較少，故無法使學員充分理解教材。(6) 教材內容：傳統式因書面教材較豐富且容易製作，目前較為充實；而 WBT 則因網路化教材較少，故有不足情況。

When：(7) 立即回答：傳統式教師可隨時且立即回答學員疑惑，而 WBT 則呈現事先製作的課程，對學員問題有時雖可透過 E-mail 等方式解答，但欠時效性。(8) 學習歷程資料庫化：傳統式受訓之學員書面資料須再以人工輸入電腦建檔，但 WBT 則可直接經由線上報名而轉入資料庫中建立檔案，這其中亦包含學員上課報名哪些班別 (等級)、有關其學習能力相關訊息、已具備的學力測驗通過紀錄等等資訊。

Who：(9) 師生及同儕間討論：傳統式可進行師生或同儕間的討論和經驗分享，而 WBT 則較難做到這點。(10) 講師：傳統式訓練每班須在上課時備有至少一名講師在現場授課，而 WBT 則可事先錄製講師上課情形，放在網路上播放，故上課時不必有講師在現場亦可進行訓練。

How：(11) 受訓理解度：傳統式的講師在現場上課，可以直接回答學員的問題，觀察學員的理解及反應程度，能夠立即調整上課方式及內容程度；而 WBT 則無法做到此點。

Why：(12) 上課時間表 (schedule) 變更彈性：傳統式課程表一旦確定要變更不易，經常是「牽一髮而動全身」的複雜 (如牽涉到教室、講師等調配)；而 WBT 則較具彈性。(13) 開課日期：傳統式日程固定，而 WBT 則較具彈性。(14) 人員集中：傳統式受訓地點雖離工作現場遠，但可將人員集中受訓，而 WBT 則無法做到此點。

茲將上述 5W1H 整理結果如表 1-10 所示，於最右欄列出「差異特徵點」(如學員人數、上課地點、檢定應考對策等等)，總計共 14 項差異特徵要素。

Step 1-2：對問題的強弱度做分析

接著再針對所抽出之現狀問題項目群做強弱度順序「排序」(sorting) 之。例如差異特徵為「學員人數」，現行 WBT 是最強優勢，故其強弱代表符號為「>>」；而在「上課地點」之比較上，現行 WBT 之優勢為普通，所以其強弱符號為「>」。在此，茲將 14 項 WBT 優劣勢分析綜整如表 1-11。

Step 2：階層分析 (詮釋結構模式分析)

5W1H 法找出 14 項強弱勢比較差異點後，接著要利用詮釋結構模式 (Interpretive Structure Model) 來分析這 14 項要素項目，彼此間「兩兩」相互比較是否有「因果關係」存在，然後再運用 ISM 數學運算方式，以求得 ISM 層級結構分析圖 (永井正武，2001)。

表 1-10 以 5W1H 法分析現行網路化訓練及傳統訓練兩者之間的差異

	差異特徵點	現行的網路化教育訓練	傳統的集中式教育訓練
What	學員人數	無限定	必須固定之限制
	上課地點	可在工作現場實行 (節省路程)	集中式教育 (固定場所)
	檢定應考對策	充實	不足
Where	能否提供實習以獲致理解	無法實習	可以實習
	課程等級和學員水準配合	難配合	可由藉分班分級方式以求配合
	教材內容	不足	充實
When	能否立即回答學員問題	不能	可以
	學習歷程可資料庫化程度	容易	較困難
Who	師生及同儕間討論	無法討論	可以討論
	講師	不需要	必要 (有講師不足的現象)
How	受訓理解度	內容不易使學員理解	隨時可再補充說明，較易於理解
Why	日程表變更	能彈性因應	無法因應
	開課日程	可在任何時點開課	日程表已固定開課日
	可否做職場集訓	無法在職場內集合受訓	可，但從職場到受訓點遠

表 1-11 WBT 強弱 (SW) 分析表

	差異特徵點	現行 Web 教育訓練	強弱	傳統教育訓練
1	學員人數	無固定學員數	>>	有固定學員數
2	開課日程	可在任何時點開課	>>	開課日程已固定
3	講師	不需要	>>	必需 (尚不足)
4	上課地點	可以在工作現場實行	>	集中教育 (固定場所)
5	檢定應考對策	充實	>	不足
6	上課時間表	能彈性因應時間表的變更	>	無法因應時間表的變更
7	學習歷程資料庫化	容易	>	困難
8	教材充實與否	不足	<	充實
9	訓練理解度	不易理解	<	可隨時說明，使理解更容易
10	師生及同儕間討論	無法討論	<	可以討論
11	訓練環境	分散，無法一起集合受訓者	<	集中，但從職場離受訓地點遠
12	等級和水準配合度	不配合	<<	較配合
13	回答學員問題	不能立即	<<	可以立即
14	藉由實習以理解內容	不能實習	<<	可以實習

Step 2-1：要素因果關係表

首先將 14 個項目兩兩相互比較是否存有因果關連性，若有關連者畫「○」；若無關連者則以「空白」表示，完成一矩陣 A。例如「學員人數」(編號 1 者) 和其他 (除本身以外) 13 個項目比對和它有因果關係者，結果得到「有彈性的日程表」(編號 6 者) 和它有因果關係，所以畫記「○」，其他無關連者空白示之。整個比較結果如表 1-12 示之。

表 1-12 WBT 要素因果關係表

學員編號	結果 原因	1	2	3	4	5	6	7	8	9	10	11	12	13	14
1	學員人數不拘						○								
2	開課日期彈性	○					○								
3	不需講師	○	○		○		○		○						
4	上課地點不限	○	○				○					○			
5	檢定應考對策			○						○					
6	課程表有彈性														
7	學習歷程可資料庫化												○		
8	教材不足			○		○				○					○
9	受訓不易理解度										○		○		
10	師生同儕間無法討論												○		○
11	無法集中學員共同訓練									○	○				○
12	課程等級和學員水準不符														
13	無法立即回答問題									○					○
14	無法實習									○	○		○		

Step 2-2：要素因果關係表轉化為鄰接矩陣 (adjacent matrix)

將上述之要素因果關係分析表轉化為數學表現型式：即具有二元矩陣 (binary matrix) 性質的鄰接矩陣，以符號「A 矩陣」表示之：

$$A=\begin{bmatrix}0&0&0&0&0&1&0&0&0&0&0&0&0&0\\1&0&0&0&0&1&0&0&0&0&0&0&0&0\\1&1&0&1&0&1&0&1&0&0&0&0&0&0\\1&1&0&0&0&1&0&0&0&0&1&0&0&0\\0&0&1&0&0&0&0&0&1&0&0&0&0&0\\0&0&0&0&0&0&0&0&0&0&0&0&0&0\\0&0&0&0&0&0&0&0&0&0&0&1&0&0\\0&0&1&0&1&0&0&0&1&0&0&0&0&1\\0&0&0&0&0&0&0&0&0&1&0&1&0&0\\0&0&0&0&0&0&0&0&0&0&0&0&0&1\\0&0&0&0&0&0&0&0&1&1&0&0&0&1\\0&0&0&0&0&0&0&0&0&0&0&0&0&0\\0&0&0&0&0&0&0&0&1&0&0&0&0&1\\0&0&0&0&0&0&0&0&1&1&0&1&0&0\end{bmatrix}=[S_{ij}],\ (i=1,2,......,n;\ j=1,\ 2,\ ......,n)$$

其中 $s_i\bar{R}s_j=0$

$s_iRs_j=1$

且 $s_i\bar{R}s_j=s_iRs_j=0$, 若 $s_i=s_j$

鄰接矩陣轉為可到達矩陣 (reachable matrix)

在此乃運用圖形理論 (Warfield，1974)，將上面的鄰接矩陣 A 加上單位矩陣 I，變為「含有自己的因果關係矩陣」，以 B 示之，然後再以布林代數運算法將 B 轉化為「可到達矩陣」，以 M 表示之。

【可到達矩陣之計算】

$B\neq B^2\neq\cdots\neq B^{n-1}=B^n$

可到達矩陣：M＝B^n

M 矩陣之運算如下：先令 $B=A+I$

$$
=\begin{bmatrix}
0&0&0&0&0&1&0&0&0&0&0&0&0&0\\
1&0&0&0&0&1&0&0&0&0&0&0&0&0\\
1&1&0&1&0&1&0&1&0&0&0&0&0&0\\
1&1&0&0&0&1&0&0&0&0&1&0&0&0\\
0&0&1&0&0&0&0&0&1&0&0&0&0&0\\
0&0&0&0&0&0&0&0&0&0&0&0&0&0\\
0&0&0&0&0&0&0&0&0&0&0&1&0&0\\
0&0&1&0&1&0&0&0&1&0&0&0&0&1\\
0&0&0&0&0&0&0&0&0&1&0&1&0&0\\
0&0&0&0&0&0&0&0&0&0&0&0&0&1\\
0&0&0&0&0&0&0&0&1&1&0&0&0&1\\
0&0&0&0&0&0&0&0&0&0&0&0&0&0\\
0&0&0&0&0&0&0&0&1&0&0&0&0&1\\
0&0&0&0&0&0&0&0&1&1&0&1&0&0
\end{bmatrix}
+\begin{bmatrix}
1&0&0&0&0&0&0&0&0&0&0&0&0&0\\
0&1&0&0&0&0&0&0&0&0&0&0&0&0\\
0&0&1&0&0&0&0&0&0&0&0&0&0&0\\
0&0&0&1&0&0&0&0&0&0&0&0&0&0\\
0&0&0&0&1&0&0&0&0&0&0&0&0&0\\
0&0&0&0&0&1&0&0&0&0&0&0&0&0\\
0&0&0&0&0&0&1&0&0&0&0&0&0&0\\
0&0&0&0&0&0&0&1&0&0&0&0&0&0\\
0&0&0&0&0&0&0&0&1&0&0&0&0&0\\
0&0&0&0&0&0&0&0&0&1&0&0&0&0\\
0&0&0&0&0&0&0&0&0&0&1&0&0&0\\
0&0&0&0&0&0&0&0&0&0&0&1&0&0\\
0&0&0&0&0&0&0&0&0&0&0&0&1&0\\
0&0&0&0&0&0&0&0&0&0&0&0&0&1
\end{bmatrix}=
$$

$$
\begin{bmatrix}
1&0&0&0&0&1&0&0&0&0&0&0&0&0\\
1&1&0&0&0&1&0&0&0&0&0&0&0&0\\
1&1&1&1&0&1&0&1&0&0&0&0&0&0\\
1&1&0&1&0&1&0&0&0&0&1&0&0&0\\
0&0&1&0&1&0&0&0&1&0&0&0&0&0\\
0&0&0&0&0&1&0&0&0&0&0&0&0&0\\
0&0&0&0&0&0&1&0&0&0&0&1&0&0\\
0&0&1&0&1&0&0&1&1&0&0&0&0&1\\
0&0&0&0&0&0&0&0&1&1&0&0&0&0\\
0&0&0&0&0&0&0&0&0&1&0&0&0&1\\
0&0&0&0&0&0&0&0&1&1&1&0&0&1\\
0&0&0&0&0&0&0&0&0&0&0&1&0&0\\
0&0&0&0&0&0&0&0&1&0&0&0&1&1\\
0&0&0&0&0&0&0&0&1&1&0&1&0&1
\end{bmatrix}
$$

運算得至 $B^5 = B^4 \times B = \begin{bmatrix} 1 & 0 & 0 & 0 & 0 & 1 & 0 & 0 & 0 & 0 & 0 & 0 & 0 & 0 \\ 1 & 1 & 0 & 0 & 0 & 1 & 0 & 0 & 0 & 0 & 0 & 0 & 0 & 0 \\ 1 & 1 & 1 & 1 & 1 & 1 & 0 & 1 & 1 & 1 & 1 & 1 & 0 & 1 \\ 1 & 1 & 0 & 1 & 0 & 1 & 0 & 0 & 1 & 1 & 1 & 1 & 0 & 1 \\ 1 & 1 & 1 & 1 & 1 & 1 & 0 & 1 & 1 & 1 & 1 & 1 & 0 & 1 \\ 0 & 0 & 0 & 0 & 0 & 1 & 0 & 0 & 0 & 0 & 0 & 0 & 0 & 0 \\ 0 & 0 & 0 & 0 & 0 & 0 & 1 & 0 & 0 & 0 & 0 & 1 & 0 & 0 \\ 1 & 1 & 1 & 1 & 1 & 1 & 0 & 1 & 1 & 1 & 1 & 1 & 0 & 1 \\ 0 & 0 & 0 & 0 & 0 & 0 & 0 & 0 & 1 & 1 & 0 & 1 & 0 & 1 \\ 0 & 0 & 0 & 0 & 0 & 0 & 0 & 0 & 1 & 1 & 0 & 1 & 0 & 1 \\ 0 & 0 & 0 & 0 & 0 & 0 & 0 & 0 & 1 & 1 & 1 & 1 & 0 & 1 \\ 0 & 0 & 0 & 0 & 0 & 0 & 0 & 0 & 0 & 0 & 0 & 1 & 0 & 0 \\ 0 & 0 & 0 & 0 & 0 & 0 & 0 & 0 & 1 & 1 & 0 & 1 & 1 & 1 \\ 0 & 0 & 0 & 0 & 0 & 0 & 0 & 0 & 1 & 1 & 0 & 1 & 0 & 1 \end{bmatrix} = M$ (可到達矩陣)

Step 2-3：可到達矩陣再轉化為階層矩陣 **(hierarchical matrix)**

(1) 定義

s_i 為要素項目的號碼，$s_i = 1$，2，⋯，n。

$R(s_i)$ 為可達集合 (Reachability set)：橫的各項目其和縱向項目交集值為 1 者抽出。

$A(s_i)$ 為先行集合 (Antecedent set)：縱的各項目其和橫向項目交集值為 1 者抽出。

$R(s_i) \cap A(s_i)$ 為上述兩集合之交集。

(2) 分析

可到達矩陣 M 和階層的作法，包含「可達集合 R」及「先行集合 A」關係之階層分析，結果列於表 1-3。

表 1-13 可達集合與先行集合的關係

	s_i	可達集合 $R(s_i)$	先行集合 $A(s_i)$	$R(s_i) \cap A(s_i)$
階層 1 T	1	1 **6**	1 2 3 4 5 8	1
	2	1 2 6	2 3 4 5 8	2
	3	1 2 3 4 5 6 8 9 10 11 12 14	3 5 8	3 5 8
	4	1 2 4 6 9 10 11 12 14	3 4 5 8	4
	5	1 2 3 4 5 6 8 9 10 11 12 14	3 5 8	3 5 8
	[6]	**6**	1 2 3 4 5 6 8	**6**
	7	7 12	7	7
	8	1 2 3 4 5 6 8 9 10 11 12 14	3 5 8	3 5 8
	9	9 10 12 14	3 4 5 8 9 10 11 13 14	9 10 14
	10	9 10 12 14	3 4 5 8 9 10 11 13 14	9 10 14
	11	9 10 11 12 14	3 4 5 8 11	11
	⑫	**12**	3 4 5 7 8 9 10 11 12 13 14	**12**
	13	9 10 12 13 14	13	13
	14	9 10 12 14	3 4 5 8 9 10 11 13 14	9 10 14
階層 2 T′	[1]	1	1 2 3 4 5 8	1
	2	1 2	2 3 4 5 8	2
	3	1 2 3 4 5 8 9 10 11 14	3 5 8	3 5 8
	4	1 2 4 9 10 11 14	3 4 5 8	4
	5	1 2 3 4 5 8 9 10 11 14	3 5 8	3 5 8
	[7]	**7**	7	**7**
	8	1 2 3 4 5 8 9 10 11 14	3 5 8	3 5 8
	[9]	**9** 10 14	3 4 5 8 9 10 11 13 14	**9** 10 14
	[10]	9 **10** 14	3 4 5 8 9 10 11 13 14	9 **10** 14
	11	9 10 11 14	3 4 5 8 11	11
	13	9 10 13 14	13	13
	⑭	9 10 **14**	3 4 5 8 9 10 11 13 14	9 10 **14**
階層 3 T″	[2]	**2**	2 3 4 5 8	**2**
	3	2 3 4 5 8 11	3 5 8	3 5 8
	4	2 4 11	3 4 5 8	4
	5	2 3 4 5 8 11	3 5 8	3 5 8
	8	2 3 4 5 8 11	3 5 8	3 5 8
	⑪	**11**	3 4 5 8 11	**11**
	⑬	**13**	13	**13**

📍 表 1-13　可達集合與先行集合的關係 (續)

	s_i	可達集合 $R(s_i)$	先行集合 $A(s_i)$	$R(s_i) \cap A(s_i)$
階層 4 T‴	3	3 5 8	3 5 8	3 5 8
	4	**4**	3 4 5 8	**4**
	5	3 4 5 8	3 5 8	3 5 8
	8	3 4 5 8	3 5 8	3 5 8
階層 5 T‴′	☐	**3** 5 8	3 5 8	**3** 5 8
	☐	3 **5** 8	3 5 8	3 **5** 8
	☐	3 5 **8**	3 5 8	3 5 **8**

圖 1-9　以 ISM 結構分析 WBT 優劣因果圖 (初始矩陣為主)

階層一　S1　6 能彈性因應日程表變更　　W1　12 等級和水準無法配合

階層二　1 學員人數不限　　9 受訓理解不易　　S3　7 學習歷程可資料庫化
　　　　W2 10 師生及同儕間無法討論
　　　　W3 14 不能實習以獲致理解

階層三　2 開課日程　　11 無法集訓　　13 無法立即回答問題

階層四　S2　4 受訓不限地點

階層五　3 不需講師　　5 檢定的應考對策充實　　8 教材不足

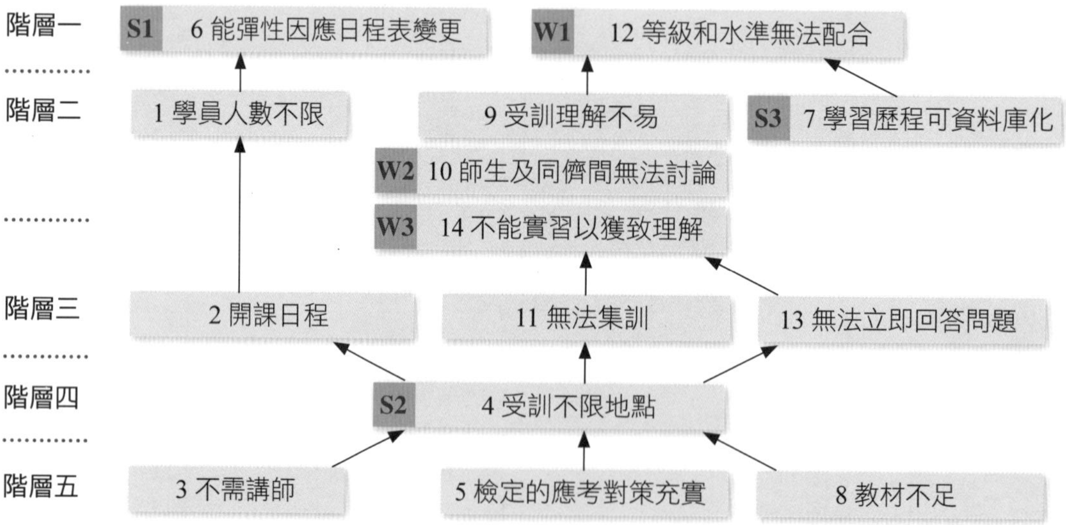

Step 2-4：將階層矩陣轉化成為 ISM 結構分析圖

在上面表中各階層內找出滿足 $R(s_i) \cap A(s_i) = R(s_i)$ 的元素，若首先找到 s_i，則在 $R(s_i)$ 中 s_i 所在行全部刪掉，做為該層所分析出的要素項目；並以此類推至各階層。例如階層 1 內，s_i 被找到的號碼為 6 和 12，分別為「彈性的上課時間表」及「等級和水準的配合度」，則表示此兩項目為整個結構的最上層 (即總結果)；而下一層 (階層 2) 是上層 (階層 1) 去掉 6 和 12 要素後所得到新矩陣，依相同方法找出 1、7、9、14 要素，表示其為造成上階層中 6 及 12 元素的原因，即「固定學員人數」、「學習歷程的資料庫化」、「受訓理解度」、「師生及同儕間之討論」和「能否實習以獲致理解」等要素是造成「能彈性因應日程素變更」及「等級和水準的配合度」之原因。整體結果如圖 1-9 所示，圖中，符號「S」代表優勢；符號「W」代表劣勢，顯示 WBT 共有三個劣勢。

(六) ISM 實例 2：詮釋結構模式應用在結構化教學設計

「在結構化教學設計」就可利用 ISM 法來分析。所謂結構化教學設計 (Instructional Structural Design，ISD) 源於學習階層與概念構圖理論，探究學科內容知識及其結構表現，精確決定全部「學習項目」彼此之關聯，產生構造化教材，由教學者根據構造化教材實施教學，直至學習者能將知識予以理解與組織結構的教學設計方式，是謂結構化教學設計。ISD 實施步驟分為四項：(1) 明確細分學習單元中的學習目標 (教材要素)。(2) 透過 ISM 擬出學習單元知識結構。(3) 根據學習單元知識結構撰寫教案、準備教材教具及規劃學後評量。(4)學習者能自身理解與組織知識。

「教學設計 (Instructional Design) 是對於意圖達到的目的及特定教學目標所產生訊息和活動的傳遞過程」。對於眾多的教學設計理論均論及三項共通處 (Smith & Ragan，1999)，包括分析、策略與評量，在進入討論「結構化教學設計」之前，先探討教學設計應有的基礎與內涵：

1. 分析：包含學習內容分析、學習者分析與學習任務分析。瞭解教學標的物、學習者的個別特質、學習風格及其它需求。
2. 策略：包括組織、傳送、管理及產出課程。設計教學流程，並安排適當教具、選擇媒體，以求教學效果。

3. 評量：涵蓋形成性及總結性教學評量。用以瞭解是否達到教學目標，並依據評量結果修正教學設計。

上述共通處，實為系統化的過程，藉由「分析」係指分析學習者、教學內容與教學任務。「策略」係運用組織、傳送、管理及產出，設計教學流程，並安排適當教具、選擇媒體，以求教學效果。而「評量」係以現場教學老師及治療師的角度針對學習者無法通過學習的情境探討，並歸因所欠缺之能力。希冀評量結果能對教學流程有所修正。

舉例來說，彭淑珍 (2004) 曾以詮釋結構模式規劃高職智能障礙學生職業教育群集課程，其 ISM 分析步驟如下「CD 片中『ch01 ISM 實例之 Excel 計算』」：

Step 1：利用專家來界定課程的要素

使用「詮釋結構模式」進行結構化教學設計，須先行界定「課程目標」的要素歸納，並對每一要素先行定義。例如 ，結構化教學設計的工作，我們找 8 名專家團隊來參與，共同確認「洗車」及「廁所清潔」群集課程的內容定義。先從特殊教育學校高中職教育階段智能障礙類課程綱要的角度列出「洗車」及「廁所清潔」群集課程結構圖 (表 1-14)。

表 1-14 「洗車」及「廁所清潔」群集課程綱要結構圖

次領域	綱目	細目	備註
工作知識	工作環境	工作區域	使用「詮釋結構模式」做課程規劃
	工作安全	安全守則、意外處理	
工作技能	基本職業技能	體能、運算、溝通	
	專精職業技能	洗車工作、廁所清潔工作	
工作態度	工作紀律	於結構化課程產出後，單獨列入各章課程	
	工作習慣		

根據上表，並按專家團隊共同討論意見，先行定義各課程要素的內容 (表 1-15) 及以難易程度將課程要素排序 (表 1-16)。

表 1-15 「洗車」及「廁所清潔」群集課程要素分類及定義

「洗車」及「廁所清潔」群集課程要素初分		
共通要素	「洗車」工作專業要素	「廁所清潔」工作專業要素
1. 工作環境	10. 車體 (外) 情況	18. 垃圾處理
2. 安全守則	11. 車內清潔	19. 便斗 (盆) 清潔
3. 意外處理	12. 車窗玻璃清潔	20. 地面清潔
4. 體力負擔	13. 車體擦乾	21. 洗手台清潔
5. 運算能力	14. 車體介紹	22. 玻璃鏡面清潔
6. 溝通能力	15. 上蠟	23. 廁所配備
7. 器具準備	16. 推光	24. 瓷磚牆面清潔
8. 器具歸位	17. 場地回復	
9. 工作程序		

課程要素內容定義	
1. 工作環境	(1) 工作所在地 (2) 各電源開關及水閥處 (3) 工具及工具間配置
2. 安全守則	(1) 工作標誌 (2) 工作配備 (防水背心、手套、口罩等) (3) 工廠 (職場) 規則 (4) 各項化學藥劑初階識別與安全介紹
3 .意外處理	(1) 求助方式 (人、電話…) (2) 不慎沾染化學藥劑的處理 (3) 割刺傷處理
4. 體力負擔	(1) 足夠持久立 (久站 2 小時以上) (2) 足夠肌耐力 (推、拉等動作) (3) 足夠柔軟度
5. 運算能力	(1) 計算數量 (計次、擦 n 次、拖 n 次…) (2) 計算時間 (如廁所每 n 小時要清潔乙次) (3) 收現金或收兌換券
6. 溝通能力	(1) 與客人 (使用者) 間的應對 (2) 表達工具、用品的需求

表 1-15 「洗車」及「廁所清潔」群集課程要素分類及定義 (續)

課程要素內容定義	
7. 器具準備	(1) 工作車 (工作間) 的佈置 (2) 各種原料的補充及器具補充
8. 器具歸位	(1) 確定各項器具已清洗及水電開關已關閉 (2) 器具已歸定位，能使隔日工作順利進行
9. 工作程序	(1) 利用「工作分析」，先將工作分序 (2) 每日工作流程
10. 車體 (外) 清潔	(1) 手工洗車順序 (2) 擦洗的部位及方式
11. 車內清潔	(1) 腳踏墊與地毯清潔 (2) 座椅清潔 (含車內物品歸位) (3) 儀表板清潔
12. 車窗玻璃清潔	(1) 以玻璃刮刀清潔擋風玻璃 (2) 以抹布清潔車窗玻璃及擋風玻璃
13. 車體擦乾	(1) 毛巾的抓握方式及擦車的順序 (2) 多餘水漬的發現 (震動及噴槍噴出) 與清除 (3) 與人合作擦車 (分區塊擦車及拉水方式擦車)
14. 車體介紹	(1) 車輛進行內外清潔時，可供清潔的部位 (2) 在清潔時，每個部位應特別注意的方式或禁忌。
15. 上蠟	(1) 手工上蠟
16. 推光	(1) 推蠟毛巾的選用 (2) 推蠟的部位及方式
17. 場地回復	(1)可移動機具的回復 (2) 地面保持「乾爽」(刮水板及兩支拖把的使用)
18. 垃圾處理	(1) 垃圾分類 (2) 換裝垃圾袋及垃圾桶清潔
19. 便斗 (盆) 清潔	(1) 便斗 (盆) 刷洗方式 (擦洗及抹布擦拭) (2) 馬桶蓋最後位置 (包含前置動作~擦) (3) 水箱的擦拭
20. 地面清潔	(1) 掃地的工具及正確做法 (2) 拖地的工具及正確做法

表 1-15 「洗車」及「廁所清潔」群集課程要素分類及定義 (續)

課程要素內容定義	
21. 洗手台清潔	(1) 洗手盆清潔方式 (含水籠頭) (2) 檯面清潔方式 (3) 全面保持沒有水漬
22. 玻璃境面清潔	(1) 抹布的清潔 (2) 玻璃清潔 (含玻璃及窗框) (3) 化妝鏡清潔
23. 廁所配備	(1) 廁所內必備空間介紹 (2) 必備空間內所應特別注意的清潔方式
24. 瓷磚牆面清潔	(1) 以菜瓜布擦洗 (2) 以濕抹布擦淨

表 1-16 「洗車」及「廁所清潔」群集課程要素難易排序

「洗車」及「廁所清潔」群集課程要素難易排序			
1. 體力負擔	7. 器具歸位	13. 垃圾處理	19. 車內清潔
2. 工作環境	8. 地面清潔	14. 瓷磚牆面清潔	20. 場地回復
3. 安全守則	9. 廁所配備	15. 洗手台清潔	21. 運算能力
4. 意外處理	10. 車體介紹	16. 便斗 (盆) 清潔	22. 推光
5. 工作程序	11. 車窗玻璃清潔	17. 車體 (外) 清潔	23. 上蠟
6. 器具準備	12. 玻璃鏡面清潔	18. 車體擦乾	24. 溝通能力

Step 2：課程要素之間的關係

根據「洗車」及「廁所清潔」群集課程要素的定義，研究者與專家團隊將群集課程的 24 個要素以難易程度排序：排序在前者，表示經由專家團隊判定為較易學習者；稱為「前要素 (predecessor element)」。排序在後者，表示須有一定基礎後，才可進行學習；稱為「後要素 (successor element)」。再將前要素與後要素，根據命題「沒有學會前要素，則後要素學不好」，兩兩思考其間的關聯性，即考慮課程要素間的「基礎－進階」(由前到後) 關係；確定學習的順序是從前要素導向後要素。

並製作「要素因果關係表」。「要素因果關係表」係將全部課程要素表列為矩陣，由研究者與專家成員根據命題「沒有學會前要素，則後要素學不好」，共同逐一討論兩兩要素間是否存在如「命題」所示之關係。若決定前要素為後要素的基礎；後要素為前要素的進階學習，則在兩要素交集之空格畫記為「1」，若無，則以空白表示。如本例：前要素 1「體力負擔」與後要素 6「器具準備」、7「器具歸位」、8「地面清潔」、9「場地回復」之交集格中畫記「1」。以此概念完成全部課程要素關聯所表現之「要素因果關係表」(表 1-17)。

Step 3：找出結構化教學流程

為找出「結構化教學流程」，可用上表所示「鄰接矩陣 $A_{24\times 24}$」

(1) 令 $B_{24\times 24}=A_{24\times 24}+I_{24\times 24}$

(2) 接著，矩陣 B 連續自乘，至到求得「可到達矩陣 $M_{24\times 24}$」為止。

(3) 「可到達矩陣 M」再轉化為階層矩陣。可到達矩陣 M 和階層的作法，包含「可達集合 $R(s_i)$」及「先行集合 $A(s_i)$」關係之階層分析 (表 1-13)。

(4) 將階層矩陣轉化成為 ISM 結構分析圖，如圖 1-11 所示「學習路徑及學習階層圖」。

表 1-17 「洗車」及「廁所清潔」群集課程要素因果關係表 (鄰接矩陣 $A_{24\times24}$)

後要素 \ 前要素	1	2	3	4	5	6	7	8	9	10	11	12	13	14	15	16	17	18	19	20	21	22	23	24
1 體力負擔						1	1	1	1			1	1	1	1	1	1	1	1	1		1	1	
2 工作環境			1	1	1	1	1		1	1														
3 安全守則				1		1	1	1	1	1	1	1	1		1	1	1	1	1	1			1	
4 意外處理																								
5 工作程序						1	1												1	1				1
6 器具準備							1	1	1			1	1	1	1	1	1	1	1	1		1	1	
7 器具歸位								1				1	1		1	1	1	1	1	1		1	1	
8 地面清潔									1											1				
9 場地回復												1	1		1	1				1				
10 廁所配備													1	1	1	1	1							
11 車體介紹												1	1					1	1	1		1	1	
12 車窗玻璃清潔													1					1	1			1	1	
13 玻璃鏡面清潔																				1				
14 垃圾處理																				1				
15 瓷磚牆面清潔																1	1							
16 洗手台清潔																	1							
17 便斗盆清潔																								
18 車體擦乾																			1	1		1	1	
19 車體外清潔																								
20 車內清潔																								
21 運算能力																						1	1	
22 推光蠟																							1	
23 上蠟																								
24 溝通能力																								

表 1-18 【洗車及廁所清潔】群集課程學習階層選擇表

階層	s_i 事件	$R(s_i)$ 可到達事件集合數	$A(s_i)$ 前事件集合數	$R(s_i)\cap A(s_i)$ 交集
	1	1, 6, 7, 8, 9, 12, 13, 14, 15, 16, 17, 18, 19, 20, 22, 23,	1	1
	2	2, 3, 4, 5, 6, 7, 8, 9, 10, 11, 12, 13, 14, 15, 16, 17, 18, 19, 20, 22, 23, 24	2	2
	3	3, 4, 6, 7, 8, 9, 10, 11, 12, 13, 14, 15, 16, 17, 18, 19, 20, 22, 23,	2, 3	3
	4	**4**,	2, 3, 4	4
	5	5, 6, 7, 8, 9, 12, 13, 14, 15, 16, 17, 18, 19, 20, 22, 23, 24	2, 5,	5
	6	6, 7, 8, 9, 12, 13, 14, 15, 16, 17, 18, 19, 20, 22, 23	1, 2, 3, 5, 6	6
	7	7, 8, 9, 12, 13, 15, 16, 17, 18, 19, 20, 22, 23	1, 2, 3, 5, 6, 7	7
	8	8, 9, 12, 13, 15, 16, 17, 18, 19, 20, 22, 23	1, 2, 3, 5, 6, 7, 8	8
	9	9, 12, 13, 15, 16, 17, 18, 19, 20, 22, 23	1, 2, 3, 5, 6, 7, 8, 9	9
	10	10, 13, 14, 15, 16, 17, 19,	2, 3, 10	10
	11	11, 12, 13, 18, 19, 20, 22, 23,	2, 3, 11	11
	12	12, 13, 18, 19, 20, 22, 23,	1, 2, 3, 5, 6, 7, 8, 9, 11, 12	12
1	13	13, 19	1, 2, 3, 5, 6, 7, 8, 9, 10, 11, 12, 13	13
	14	14, 19,	1, 2, 3, 5, 6, 10, 14	14
	15	15, 16, 17	1, 2, 3, 5, 6, 7, 8, 9, 10, 15	15
	16	16, 17	1, 2, 3, 5, 6, 7, 8, 9, 10, 15, 16	16
	17	**17**	1, 2, 3, 5, 6, 7, 8, 9, 10, 15, 16, 17	17
	18	18, 19, 20, 22, 23,	1, 2, 3, 5, 6, 7, 8, 9, 11, 12, 18	18
	19	**19**	1, 2, 3, 5, 6, 7, 8, 9, 10, 11, 12, 13, 14, 18, 19	19
	20	**20**	1, 2, 3, 5, 6, 7, 8, 9, 11, 12, 18, 20	20
	21	21, 22, 23	21	21
	22	22, 23	1, 2, 3, 5, 6, 7, 8, 9, 11, 12, 18, 21, 22	22
	23	**23**	1, 2, 3, 5, 6, 7, 8, 9, 11, 12, 18, 21, 22, 23,	23
	24	**24**	2, 5, 24	24

註 1：由【交集】中可看出每變數皆相互獨立，無遞迴效果，故不需要再羅列【前事件集合數】此資料。
註 2：由初始矩陣資料來判斷，即可知變數間兩兩獨立，其類似 AHP 的矩陣。

表 1-18 【洗車及廁所清潔】群集課程學習階層選擇表 (續)

階層	s_i 事件	事件集合數
2	1	1, 6, 7, 8, 9, 12, 13, 14, 15, 16, 18, 22
	2	2, 3, 5, 6, 7, 8, 9, 10, 11, 12, 13, 14, 15, 16, 18, 22
	3	3, 6, 7, 8, 9, 10, 11, 12, 13, 14, 15, 16, 18, 22
	5	5, 6, 7, 8, 9, 12, 13, 14, 15, 16, 18, 22
	6	6, 7, 8, 9, 12, 13, 14, 15, 16, 18, 22
	7	7, 8, 9, 12, 13, 15, 16, 18, 22
	8	8, 9, 12, 13, 15, 16, 18, 22
	9	9, 12, 13, 15, 16, 18, 22
	10	10, 13, 14, 15, 16
	11	11, 12, 13, 18, 22
	12	12, 13, 18, 22
	13	**13**
	14	**14**
	15	15, 16
	16	**16**
	18	18, 22
	21	21, 22
	22	**22**
3	1	1, 6, 7, 8, 9, 12, 15, 18
	2	2, 3, 5, 6, 7, 8, 9, 10, 11, 12, 15, 18
	3	3, 6, 7, 8, 9, 10, 11, 12, 15, 18
	5	5, 6, 7, 8, 9, 12, 15, 18
	6	6, 7, 8, 9, 12, 15, 18
	7	7, 8, 9, 12, 15, 18
	8	8, 9, 12, 15, 18
	9	9, 12, 15, 18
	10	10, 15
	11	11, 12, 18
	12	12, 18
	15	**15**
	18	**18**
	21	**21**

表 1-18 【洗車及廁所清潔】群集課程學習階層選擇表 (續)

階層	s_i 事件	事件集合數
4	1	1, 6, 7, 8, 9, 12
	2	2, 3, 5, 6, 7, 8, 9, 10, 11, 12
	3	3, 6, 7, 8, 9, 10, 11, 12
	5	5, 6, 7, 8, 9, 12
	6	6, 7, 8, 9, 12
	7	7, 8, 9, 12
	8	8, 9, 12
	9	9, 12
	10	**10**
	11	11, 12
	12	**12**
5	1	1, 6, 7, 8, 9
	2	2, 3, 5, 6, 7, 8, 9, 11
	3	3, 6, 7, 8, 9, 11
	5	5, 6, 7, 8, 9
	6	6, 7, 8, 9
	7	7, 8, 9
	8	8, 9
	9	**9**
	11	**11**
6	1	1 , 6, 7, 8
	2	2, 3, 5, 6, 7, 8
	3	3, 6, 7, 8
	5	5, 6, 7, 8
	6	6, 7, 8
	7	7, 8
	8	**8**
7	1	1, 6, 7
	2	2, 3, 5, 6, 7
	3	3, 6, 7
	5	5, 6, 7
	6	6, 7
	7	**7**

表 1-18 【洗車及廁所清潔】群集課程學習階層選擇表 (續)

階層	s_i 事件	事件集合數
8	1	1, 6
	2	2, 3, 5, 6
	3	3, 6
	5	5, 6
	[6]	**6**
9	[1]	**1**
	2	2, 3, 5
	3	**3**
	[5]	**5**
10	[2]	**2**

以上 ISM 矩陣為基礎的運算，除了用手算外，亦可運用電腦軟體 Microsoft Excel 應用程式 (見附贈 CD) 中的 Visual Basic for Application 語言所自行編寫的巨集 (macro) 程式，研究者只需在工作表中輸入「行列矩陣」的資料，由程式執行運算，即可輸出具有階層性、方向性、系統化、整齊排列又易於閱讀的結構化層級構造圖 (蔡秉燁，鍾靜蓉，2003)。

圖 1-10 所示具體化為學習路徑及學習階層圖中，單向箭頭表示學習的路徑；箭頭方向表示學習行為發生的方向。在圖中的右側列出 10 個學習階層，表示橫向每個階層中的要素均學習完畢後，才可進入下個學習階層其他要素的學習。

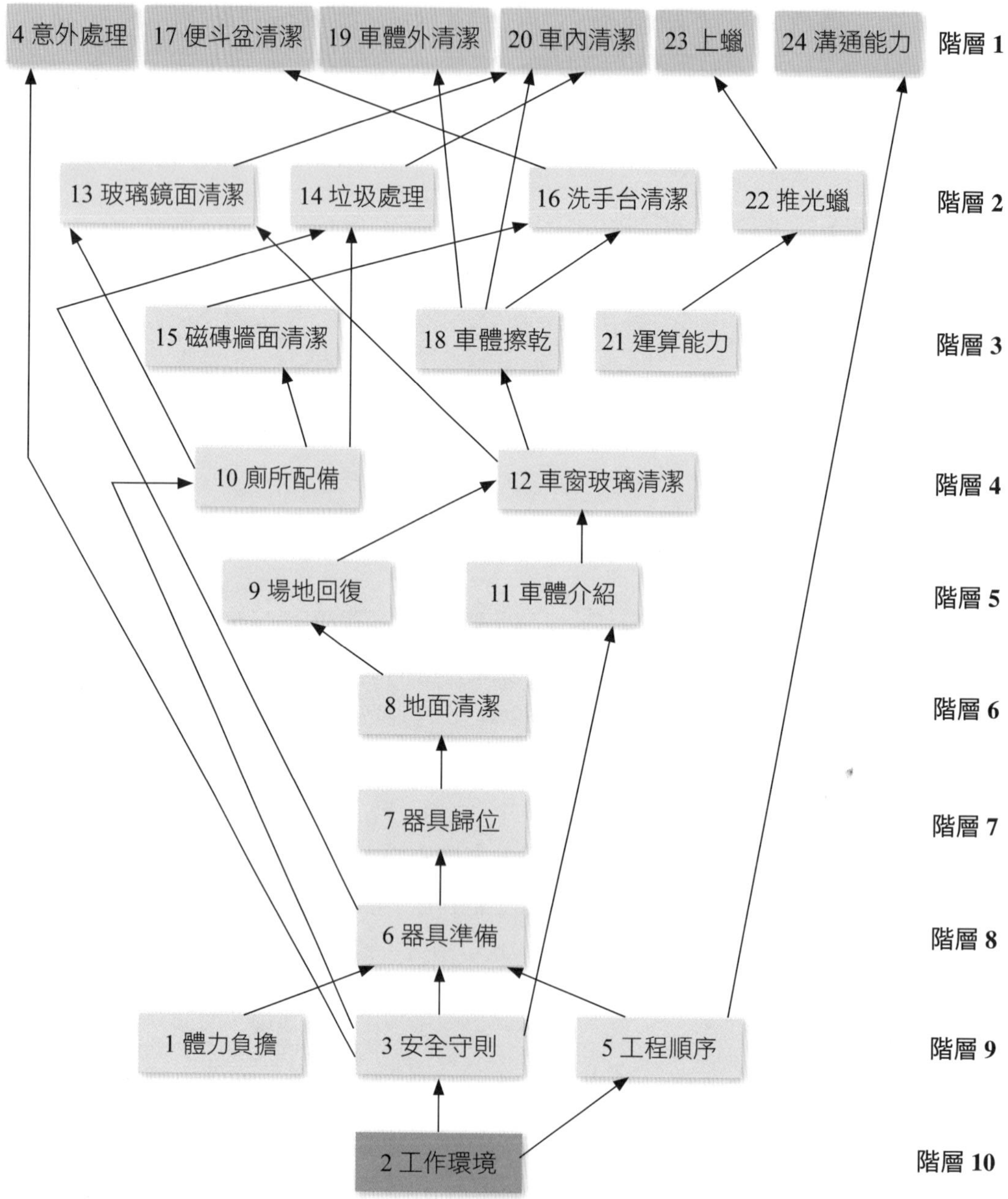

圖 1-10 「洗車」及「廁所清潔」課程之學習路徑及學習階層圖 (初始矩陣為主)

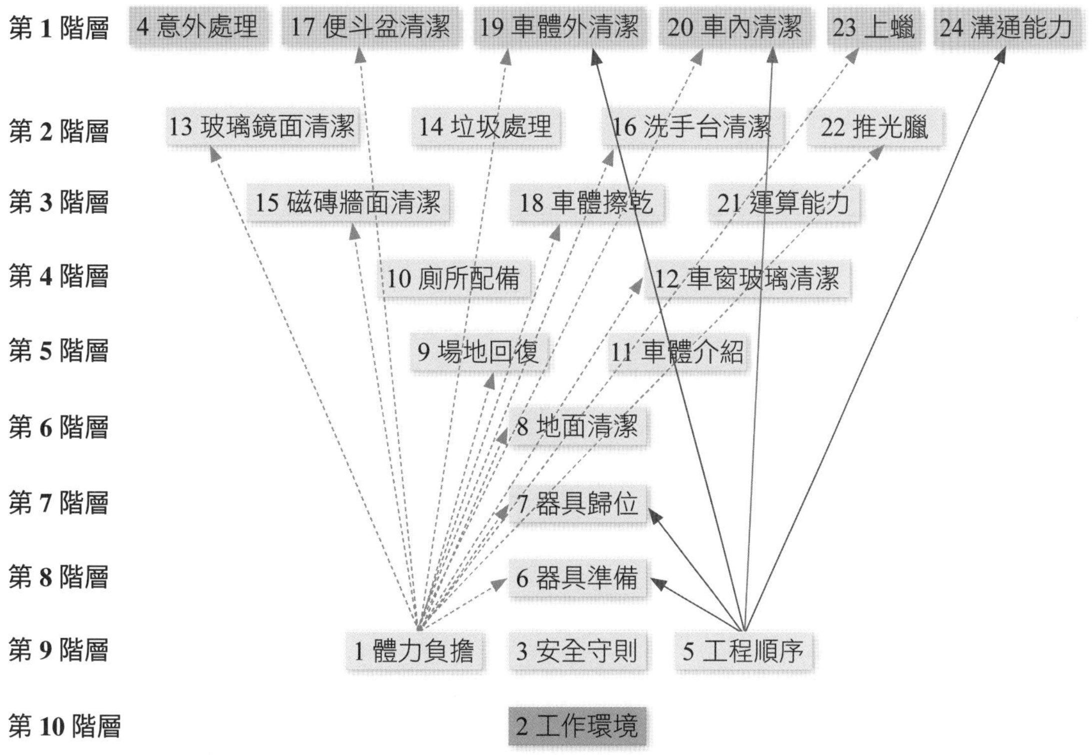

圖 1-11 「洗車」及「廁所清潔」課程之學習路徑及學習階層圖 (收斂矩陣為主)

Step 4：結果討論

經由課程內容的定義，再透過詮釋結構模式的程式運算，最後得出「洗車」及「廁所清潔」群集課程的學習階層及學習路徑圖。至此，能給予任教「洗車」及「廁所清潔」群集課程的老師作為教學規劃的方向及藍圖。教學者若依據學習路徑進行教學，則可根據學習路徑、學習階層及課程單元內容，指出學習者無法達成學習的癥結點。

(七) ISM 實例 3：高雄地方發展策略之增強結構

Step 1：數據來源與背景 (Excel 程式在 CD「ch01 ISM 實例之 Excel 計算」)

加入 WTO 後的高雄地方發展策略之 IM 會議，是由國立中山大學公共事務管理研究所汪明生教授於 2003年策劃舉行，該次會議成果採用增強結構呈現 (汪明生，2006；張寧，2007)。增強結構之元素是行動方案，其關係是增強，亦即當其中一個方案完成，將會增加其他行動方案的價值。因此，增強結構適於呈現策略間的關係。

由於 IM 會議需要進行幕僚作業，通常必須分兩次進行。本文以本次會議的數據重構詮釋結構模式，在應用型態方面選擇以策略構成之增強結構，在圖形方面則希望呈現回饋圖。唯本案例在第二次會議中最後修改完成之結果為層級圖，本文因此捨最終成果而採取第一次兩兩表決之數據，繪製未進行修改前之增強結構。為便於與修改後之增強結構進行比較，且顧及文字通暢，關於策略的文字表述仍依修改後之內容。換言之，策略間之增強關係是第一次會議之資料，前 10 名策略之文字內容則為第二次會議修改後之資料。

Step 2：前 10 名策略

IM 參與者票選的前 10 名發展策略，依票數高低排序如下：

1. 加入國際刑警組織，推動兩岸簽訂刑事司法互助協議。
2. 強化高雄雙港功能，發展為南台灣旅遊網絡節點。
3. 放寬大陸地區人民來台灣觀光，以高雄小港機場為優先。
4. 提振住宅產業發展整體經濟之策略。
5. 推動市港合一，爭取設立自由貿易港區。
6. 促進高雄產業成為工業工程發展中心，推動多功能經貿園區。
7. 加強基礎建設，振興產業增加高雄市人口。
8. 開放外資以 BOT 方式投資公共建設。
9. 輔導中小企業，使其活化再生。
10. 提昇公務人員素質與服務，設立單一窗口。

Step 3：兩兩表決結果

以 IM 參與者過半數之同意，表決元素間是否有使增強關係，結果如下表所示。

表 1-19 兩兩表決結果表

1→2	3－4	1－6	1－7	6→7	5↔8	3－9	8－9	5←10
1↔3	1→5	2－6	2－7	1→8	6－8	4←9	1－10	6←10
2↔3	2↔5	3－6	3－7	2↔8	7－8	5－9	2←10	7－10
1－4	3↔5	4←6	4↔7	3→8	1－9	6←9	3←10	8－10
2→4	4←5	5↔6	5→7	4－8	2－9	7－9	4－10	9←10

註：「→」或「←」表示端點端的元素使箭頭端的元素明顯增強，「－」表示兩元素間無明顯關係，「↔」表示兩元素互為因果。

Step 4：轉為二元矩陣

將表 1-19 所呈現的關係轉為二元矩陣之「鄰接矩陣 $A_{10\times 10}$」

(1) 令 $B_{10\times 10}=A_{10\times 10}+I_{10\times 10}$，B 矩陣代入本書所附 CD 之 ISM 的 EXCEL 程式。

(2) 接著，籍由 EXCEL 矩陣 B 連續自乘，至到求得「可到達矩陣 $M_{10\times 10}$」為止。

$$A_{10\times 10}=\begin{bmatrix}1&1&1&0&1&0&0&1&0&0\\0&0&1&1&1&0&0&1&0&0\\1&1&0&0&1&0&0&1&0&0\\0&0&0&0&0&0&1&0&0&0\\0&1&1&1&0&1&1&1&0&0\\0&0&0&1&1&0&1&0&0&0\\0&0&0&1&0&0&0&0&0&0\\0&1&0&0&1&0&0&0&0&0\\0&0&0&1&0&1&0&0&0&0\\0&1&1&0&1&1&0&0&1&0\end{bmatrix}$$

$$M2_{10\times10}=\begin{bmatrix}1&1&1&1&1&1&1&1&0&0\\1&1&1&1&1&1&1&1&0&0\\1&1&1&1&1&1&1&1&0&0\\0&0&0&1&0&0&1&0&0&0\\1&1&1&1&1&1&1&1&0&0\\1&1&1&1&1&1&1&1&0&0\\0&0&0&1&0&0&1&0&0&0\\1&1&1&1&1&1&1&1&0&0\\1&1&1&1&1&1&1&1&1&0\\1&1&1&1&1&1&1&1&1&1\end{bmatrix}$$

Step 5：確認第一層元素

層級圖中的每個頂點都會處於某一層，已如前述。在有向圖的一條漫步中，所有可及於頂點 A 的頂點所形成的集合，稱為先導集合；所有頂點 A 可及的頂點所形成的集合，稱為後續集合。本例中的 10 個元素，其先導集合與後續集合如表 1-20 所示。

後續集合與交集完全相同的元素代表這個元素只被其他元素影響，而不影響其他元素，將後續集合與交集完全相同的元素抽出，列為第一層。在本例中，後

表 1-20 確認第一層元素表

元素	先導集合	後續集合	交集
1	1, 2, 3, 5, 6, 8, 9, 10	1, 2, 3, 4, 5, 6, 7, 8	1, 2, 3, 5, 6, 8
2	1, 2, 3, 5, 6, 8, 9, 10	1, 2, 3, 4, 5, 6, 7, 8	1, 2, 3, 5, 6, 8
3	1, 2, 3, 5, 6, 8, 9, 10	1, 2, 3, 4, 5, 6, 7, 8	1, 2, 3, 5, 6, 8
4	1, 2, 3, **4**, 5, 6, **7**, 8, 9, 10	**4, 7**	**4, 7**
5	1, 2, 3, 5, 6, 8, 9, 10	1, 2, 3, 4, 5, 6, 7, 8	1, 2, 3, 5, 6, 8
6	1, 2, 3, 5, 6, 8, 9, 10	1, 2, 3, 4, 5, 6, 7, 8	1, 2, 3, 5, 6, 8
7	1, 2, 3, **4**, 5, 6, **7**, 8, 9, 10	**4, 7**	**4, 7**
8	1, 2, 3, 5, 6, 8, 9, 10	1, 2, 3, 4, 5, 6, 7, 8	1, 2, 3, 5, 6, 8
9	9, 10	1, 2, 3, 4, 5, 6, 7, 8, 9	9
10	10	1, 2, 3, 4, 5, 6, 7, 8, 9, 10	10

續集合與交集完全相同的元素有 4 與 7，比較特別的是這兩個元素出現在同一個交集欄內。換言之，元素 4，7 同時存在於先導與後續集合，表示元素 4 與 7 互為因果，會形成一個環路。在進一步處理之前，用一個代理元素代表環路即可。

將第一層元素 4，7 抽出，也就是將表 1-20 中或可到達矩陣 M 中與 4，7 有關的行與列均刪除。抽取第一層後，所餘既非空集合，則繼續確認及抽取第二層元素。

Step 6：確認第二層元素

在抽取第一層元素後，所餘的元素的先導集合與後續集合如表表 1-21 所示。將後續集合與交集完全相同的元素抽出，列為第二層。在確認第二層元素時，又再出現元素 1，2，3，5，6，8 形成一個環路的情形。因此在本例中，元素 4，7 形成一個環路，位在第一層，元素 1，2，3，5，6，8 形成另一個環路，位在第二層。將元素 1，2，3，5，6，8 抽出後，繼續確認第三層。

表 1-21 確認第二層元素表

元素	先導集合	後續集合	交集
1	**1, 2, 3, 5, 6, 8**, 9, 10	**1, 2, 3, 5, 6, 8**	**1, 2, 3, 5, 6, 8**
2	**1, 2, 3, 5, 6, 8**, 9, 10	**1, 2, 3, 5, 6, 8**	**1, 2, 3, 5, 6, 8**
3	**1, 2, 3, 5, 6, 8**, 9, 10	**1, 2, 3, 5, 6, 8**	**1, 2, 3, 5, 6, 8**
5	**1, 2, 3, 5, 6, 8**, 9, 10	**1, 2, 3, 5, 6, 8**	**1, 2, 3, 5, 6, 8**
6	**1, 2, 3, 5, 6, 8**, 9, 10	**1, 2, 3, 5, 6, 8**	**1, 2, 3, 5, 6, 8**
8	**1, 2, 3, 5, 6, 8**, 9, 10	**1, 2, 3, 5, 6, 8**	**1, 2, 3, 5, 6, 8**
9	9, 10	1, 2, 3, 5, 6, 8, 9	9
10	10	1, 2, 3, 5, 6, 8, 9, 10	10

Step 7：確認第三層元素

繼續依前述相同步驟確認第三層元素為 9，僅餘元素 10 列為第四層 (表 1-22)。

表 1-22 確認第三層元素表

元素	先導集合	後續集合	交集
9	**9**, 10	**9**	**9**
10	10	9, 10	10

以上是找出層級的過程，層級圖的鄰接矩陣可以依層次分區塊 (block)，形成有序的區塊矩陣。由於元素 4，7 形成一個環路，元素 1，2，3，5，6，8 形成另一個環路。

Step 8：有序的區塊矩陣

以上是找出層級的過程，層級圖的鄰接矩陣可以依層次分區塊 (block)，形成有序的區塊矩陣。由於元素 4，7 形成一個環路，元素 1，2，3，5，6，8 形成另一個環路，這兩個環路分別用代理元素 4 及 1 代表，被代理的其他元素暫省略，俟繪製回饋圖時再將環路重新置入。依照分層重新劃分矩陣 M2 為有序的區塊矩陣 M3，每一個區塊就是回饋圖或層級圖的一層。

$$M3_{4\times 4} = \begin{array}{c} \\ 4 \\ 1 \\ 9 \\ 10 \end{array}\begin{array}{c} \begin{array}{cccc} 4 & 1 & 9 & 10 \end{array} \\ \begin{bmatrix} 0 & 0 & 0 & 0 \\ 1 & 0 & 0 & 0 \\ 0 & 1 & 0 & 0 \\ 0 & 0 & 1 & 0 \end{bmatrix} \end{array}$$

在矩陣 M3 同一行裡面只保留最上一層的因果關係 (用 1 表示)，同一區塊裡的因果關係均保留，因為在同一區塊代表在同一層，不能互相取代。下層的因果關係則因骨架化被上層取代，不保留因果關係 (用 0 表示)。在本例中，並沒有不屬於同一環路而分在同一區塊的元素。

Step 9：轉為分層骨架圖

由矩陣 M3 就可以建構出一個由上而下分層的四層級圖，每一個「1」都代表一條有向邊，如果在之前有因構成環路而備暫時省略的元素，必須將其恢復 (圖 1-12)。當結構牽涉時間順序時，使用階段骨架圖 (staged digraph map) 較能夠顯現出解決的步驟，使用階段骨架圖時，結構的排列通常由左至右。由於本例的

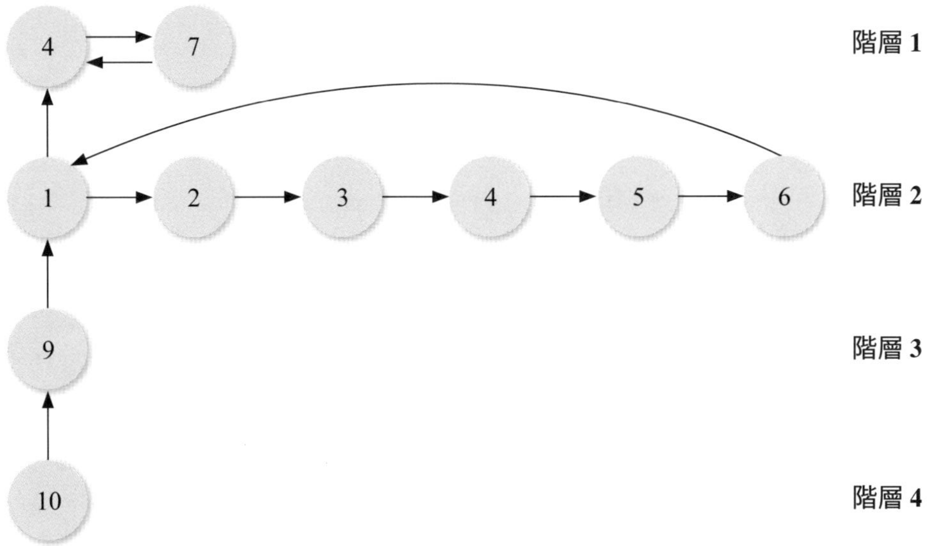

圖 1-12 分層骨架圖

詮釋結構模式同樣是以由左至右的階段呈現 (圖 1-12)，因此轉為階段骨架圖的部份，爰予省略。分層骨架圖或階段骨架圖完成時，最好檢查一下路徑與表決的結果是否相符，避免遺漏。

Step 10：對環路的修改

在本圖中有 6 個元素形成一個環路的情形，為增加圖形解釋的能力必須進行修改。修改原適於在完成的詮釋結構模式進行，本文為說明處理環路的方法，故逕行在分層骨架圖上處理。修改可能有三種方式而產生不同的結果：其一為賦予權重，形成環路門檻結構 (cycle threshold map)；其二為增減元素或邊以保留環路；其三為修剪環路，將環路破壞成為層級結構 (Warfiel，1997)。本文擬採取強度的門檻值以形成環路門檻結構，這個方法必須從權重賦予 (weighted embedding) 開始。

由於在環路中的每一個元素彼此都有關聯，但關聯的強度也許不同，因此可以賦予不同的權重值 (Warfiel，1997)。矩陣 M4 中的元素為 1，2，3，5，6，8 (即極大環路集合)，權重值範圍由 1 到 10。權重值原應由參與者賦予，唯受限於以次級資料為資訊來源，因此元素彼此間權重值的是由本文自行賦予。

$$M4=\begin{array}{c} \\ 1\\2\\3\\5\\6\\8\end{array}\begin{array}{c}\begin{array}{cccccc}1&2&3&5&6&8\end{array}\\ \begin{bmatrix}-&2&1&1&1&1\\1&-&9&2&2&1\\2&9&-&3&3&2\\3&3&2&-&10&7\\3&2&1&8&-&8\\4&1&1&6&8&-\end{bmatrix}\end{array}$$

以權重值 5 以上為門檻，大於或等於 5 的項改為 1，小於 5 的項改為 0，得到門檻矩陣 M5

$$M5=\begin{array}{c} \\ 1\\2\\3\\5\\6\\8\end{array}\begin{array}{c}\begin{array}{cccccc}1&2&3&5&6&8\end{array}\\ \begin{bmatrix}0&0&0&0&0&0\\0&0&1&0&0&0\\0&1&0&0&0&0\\0&0&0&0&1&1\\0&0&0&1&0&1\\0&0&0&1&1&0\end{bmatrix}\end{array}$$

再轉為可及矩陣 M6

$$M6=\begin{array}{c} \\ 1\\2\\3\\5\\6\\8\end{array}\begin{array}{c}\begin{array}{cccccc}1&2&3&5&6&8\end{array}\\ \begin{bmatrix}1&0&0&0&0&0\\0&1&1&0&0&0\\0&1&1&0&0&0\\0&0&0&1&1&1\\0&0&0&1&1&1\\0&0&0&1&1&1\end{bmatrix}\end{array}$$

將權重值 5 為門檻的可及矩陣轉為環路門檻圖，即如圖 1-13 所示。不過在此有另一個問題，因為雖然是以環路門檻圖作為修改的希望結果，但是事實上已經將原來的環路破壞了，成為環路修剪 (cycle clipping) 的結果，原屬同一環路的元素已被分成三塊。因此被分離出來的元素，應以新元素的姿態連結到層級結構中，唯因欠缺相關數據，且置於同一層級符合參與者的原始構想，因此本文仍將

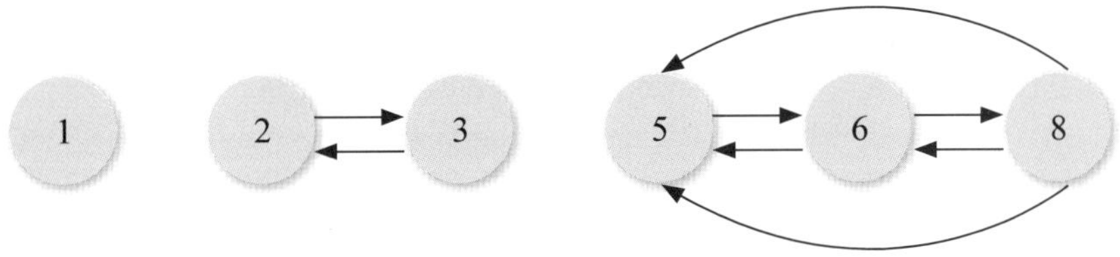

圖 1-13 環路門檻圖

其一併列在原屬層級 (即第二層)。

Step 11：轉為增強結構圖

本例將分層骨架圖逕轉為以階段式的圖形呈現的增強結構圖 (圖 1-14)，以真正的元素內容也就是「策略」取代數字。由於已達到本案例呈現增強結構與回饋圖圖形之目的，本文不再列出實際案例操作修改後之層級圖。

(八) ISM 與 ANP 的混合

Thakkar 等人 (2007) 為一間印度食品公司建立平衡計分卡 (Balanced Score Card; BSC) 時，認為整合詮釋結構模式 (ISM) 和網路分析法 (ANP) 是有效且合理的，有下列幾點原因：

1. 兩者皆以策略義涵的角度為出發點，都是策略層級的分析方法。
2. ISM 提供一個推論的流程，以系統性的邏輯來確認因果關係。
3. ISM 明確地定義系統內要素的順序 (order)、方向等複雜關係。
4. ANP 是多屬性決策的方法，依據專家的知識、經驗和觀感建構而成。即使所求的結果不是最佳解 (optimal solution)，但由於包含了無形的策略因素，對決策制定是非常有參考價值的，也容納了準則間的相依關係。
5. 此兩個方法能整合質性與量化的準則，提供了一個選擇和衡量的平台，而不只依靠一種模式來制定決策。
6. 合併詮釋結構模式與網路分析法，是因為詮釋結構模式能滿足網路分析法的輸入需求 (也就是確認相依關係的功能)，使得結果更可靠。

經由上述的說明，可知 ISM 只能在變數間納入相依關係的順序和方向，但無法給予變數優先權重。因此，我們可先用 ISM 的此項功能來彌補 ANP 在確立

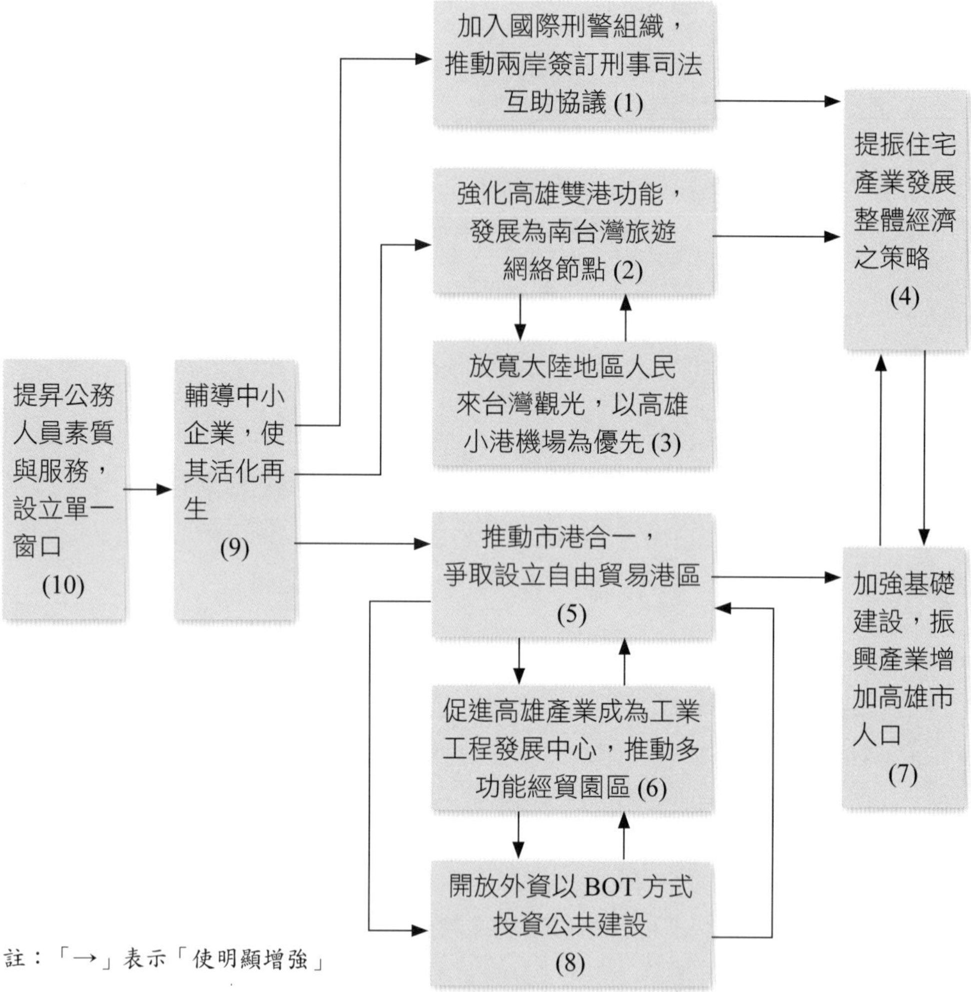

圖 1-14 高雄發展策略的增強結構圖

相依關係的模糊性。而 ANP 亦改善了 ISM 無法給予變數優先權重的缺點，如此，混合 ISM 與 ANP 可能增加研究的嚴謹性。

舉例來說，吳成仁 (2004) 依行政院農委會於民國 93 年修訂「輔導農產物流中心設立評審規定之標準」為主架構，以模糊層級分析法分析出農產物流中心立地條件，但尚未考慮準則間可能隱含相互依存的關係。接著，劉昭宜 (2008) 改從中央政府輔導設置農產物流中心的觀點來評審，混合 ISM 及 ANP 法，求解在選擇農產物流中心時，應該注重的要素 (如下圖 1-15)。其中，ANP 法在選擇的

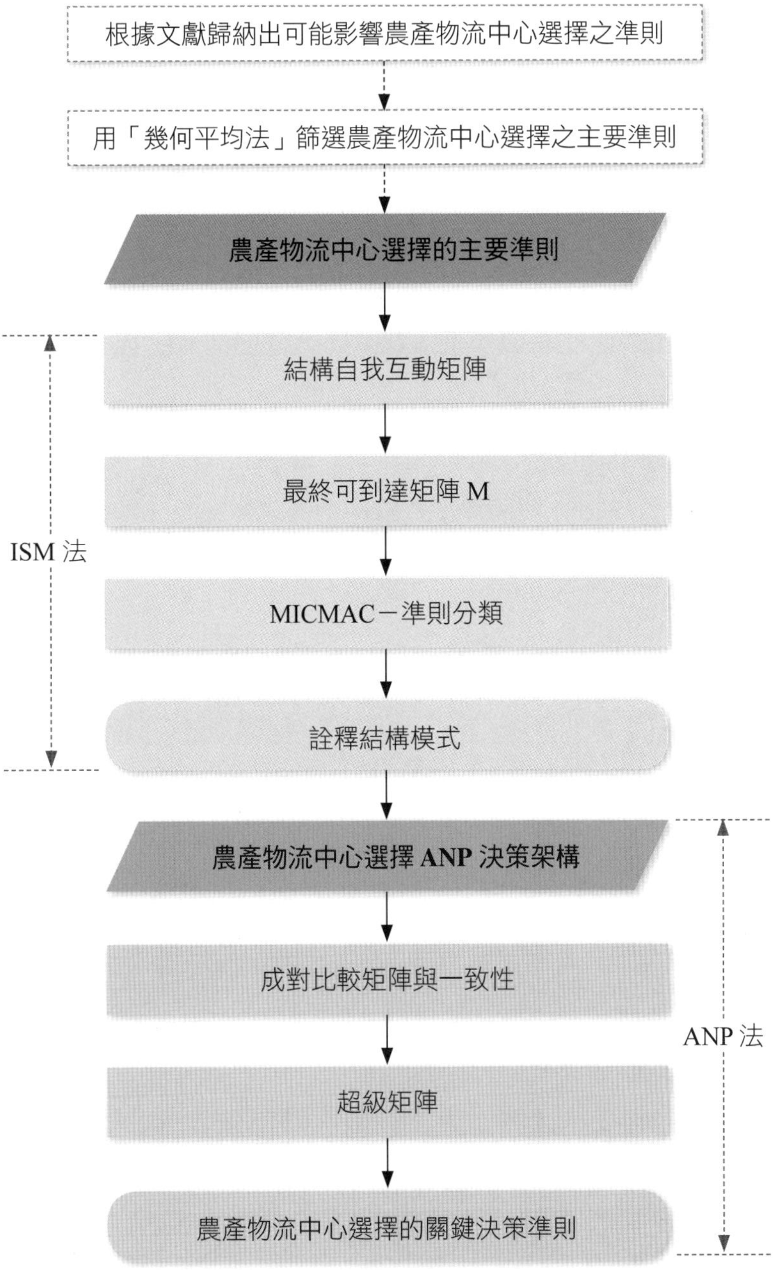

圖 1-15 混合 ISM 及 ANP 法來分析農產物流中心選擇模式之流程

過程中有效地結合質性與量化的準則，且鬆綁了 AHP 法階層式架構的假設，允許準則間是互相影響的；而 ISM 以系統性的方法來確認決策架構中「準則間」相互影響的關係，彌補了 ANP 法在該階段的模糊性。此一整合模式，可協助政府相關單位做一全面性且客觀的考量，選擇最適合的農產物流中心。

(五) ISM 另一種演算法：由SSIM 推至「可到達矩陣 M」

詮釋結構模式另一種演算法，它不需從「鄰接矩陣 (A＋I)」連續性矩陣自乘，其分析步驟改變如下 (Jharkharia & Shankar，2004; Ravi，et al.，2005)：

Step 1：定義問題相關的變數：可利用調查或團體問題解決的技術 (group problem solving technique)。

例如，劉昭宜 (2008) 曾將農產物流中心的選擇來說，其選擇準則如下表 1-23。

表 1-23 農產物流中心選擇之主要決策構面及準則

決策構面	決策準則
I. 經營團隊理念及能力	1. 經營者的創新性
	2. 銷售通路的能力
	3. 生產流程規劃的能力
	4. 策略規劃與整體定位
	5. 人員的培育計畫與教育訓練
II. 資訊科技的運用	6. 市場情報的回饋
	7. 資訊科技的創新
	8. 作業資訊化的建構
	9. 顧客回應系統的建立
III. 設備規劃與產品特性	10. 流通加工設備
	11. 預冷、冷藏設備
	12. 農產量的規模經濟
	13. 供貨來源的穩定性
IV. 企業外在環境	14. 土地擴充性
	15. 地方政府策略支持
	16. 主要交通設施臨近程度

Step 2：確立變數間的關係：此關係代表某變數是否會領先指引 (lead) 另一變數。

下表 1-24，係委請專家在考量農產物流中心選擇時，請就 16 項決策準則，是否存在著相互依存及回饋關係進行評估，請以打「v」註記。接著，劉昭宜(2008)再親自將它轉成 SSIM。

表 1-24 農產物流中心選擇 16 準則之相互依存

準則 j／準則 i	1	2	3	4	5	6	7	8	9	10	11	12	13	14	15	16
1. 經營者的創新性																
2. 銷售通路的能力																
3. 生產流程規劃的能力																
4. 策略規劃與整體定位																
5. 人員的培育計畫與教育訓練																
6. 市場情報的回饋																
7. 資訊科技的創新																
8. 作業資訊化的建構																
9. 顧客回應系統的建立																
10. 流通加工設備																
11. 預冷、冷藏設備																
12. 農產量的規模經濟																
13. 供貨來源的穩定性																
14. 土地擴充性																
15. 地方政府策略支持																
16. 主要交通設施臨近程度																

Step 3：發展結構自我互動矩陣 (Structural Self-Interaction Matrix; SSIM)：以顯示系統內變數間的成對關係。詮釋結構模式建議，可用腦力激盪 (brain storming)、名義群體技術 (nominal group technique) 等管理技巧來取得專家的觀點。

在此步驟會詢問每個變數間是否存在關係或關係方向為何。有四個符號來表示兩個變數間 (i，j) 的關係：

V = 變數 i 會影響 (achieve) 變數 j；

A = 變數 j 會影響變數i；

X = 變數 i，j 兩者互相影響；

O = 變數 i，j 兩者無相關。

Step 4：由結構自我互動矩陣中推到達矩陣 M (Reachability Matrix)：也就是將四種符號轉換成 0、1 二元變數。其轉換規則如下說明：

表 1-25 農產物流中心選擇 16 準則之結構我互動矩陣

準則 i ＼ 準則 j	16	15	14	13	12	11	10	8	9	7	6	5	4	3	2	1
1. 經營者的創新性	A	V	O	O	O	O	O	X	O	O	X	V	A	O	O	O
2. 銷售通路的能力	V	O	V	V	X	O	O	O	A	O	O	O	O	V	O	
3. 生產流程規劃的能力	O	V	O	A	O	O	O	X	O	O	V	O	V	O		
4. 策略規劃與整體定位	O	X	O	O	O	O	O	O	O	O	O	O	O			
5. 人員的培育計畫與教育訓練	O	V	O	O	O	O	O	V	O	O	V	O				
6. 市場情報的回饋	O	O	O	O	O	O	O	X	O	O	O					
7. 資訊科技的創新	O	V	V	V	V	O	O	O	V	O						
8. 作業資訊化的建構	O	O	O	O	O	O	O	O	O							
9. 顧客回應系統的建立	O	O	O	O	O	O	O	O								
10. 流通加工設備	O	V	V	X	X	A	O									
11. 預冷、冷藏設備	O	O	O	O	A	O										
12. 農產量的規模經濟	A	O	O	A	O											
13. 供貨來源的穩定性	O	O	O	O												
14. 土地擴充性	V	X	O													
15. 地方政府策略支持	A	O														
16. 主要交通設施臨近程度	O															

◆若變數 (i，j) 在 SSIM 的關係是 V，在可到達矩陣中將 (i，j) 輸入為 1，而 (j，i) 為 0。

◆若變數 (i，j) 在 SSIM 的關係是 A，在可到達矩陣中將 (i，j) 輸入為 0，而 (j，i) 為 1。

◆若變數 (i，j) 在 SSIM 的關係是 X，在可到達矩陣中將 (i，j) 輸入為 1，而 (j，i) 也是 1。

◆若變數 (i，j) 在 SSIM 的關係是 O，在可到達矩陣中將 (i，j) 輸入為 0，而 (j，i) 也是 0。

表 1-26 農產物流中心選擇之最初可到達矩陣

準則 j / 準則 i	1	2	3	4	5	6	7	8	9	10	11	12	13	14	15	16
1. 經營者的創新性	1	0	0	0	1	1	0	0	1	0	0	0	0	0	1	0
2. 銷售通路的能力	0	1	1	0	0	0	0	0	0	0	0	1	1	1	0	1
3. 生產流程規劃的能力	0	0	1	1	0	1	0	0	1	0	0	0	0	0	1	0
4. 策略規劃與整體定位	1	0	0	1	0	0	0	0	0	0	0	0	0	0	1	0
5. 人員的培育計畫與教育訓練	0	0	0	0	1	1	0	0	1	0	0	0	0	0	1	0
6. 市場情報的回饋	1	0	0	0	0	1	0	0	1	0	0	0	0	0	0	0
7. 資訊科技的創新	0	0	0	0	0	0	1	1	0	0	0	1	1	1	1	0
8. 作業資訊化的建構	0	1	0	0	0	0	0	1	0	0	0	0	0	0	0	0
9. 顧客回應系統的建立	1	0	1	0	0	1	0	0	1	0	0	0	0	0	0	0
10. 流通加工設備	0	0	0	0	0	0	0	0	0	1	0	1	1	1	1	0
11. 預冷、冷藏設備	0	0	0	0	0	0	0	0	0	1	1	0	0	0	0	0
12. 農產量的規模經濟	0	1	0	0	0	0	0	0	0	1	1	1	0	0	0	0
13. 供貨來源的穩定性	0	0	1	0	0	0	0	0	0	1	0	1	1	0	0	0
14. 土地擴充性	0	0	0	0	0	0	0	0	0	0	0	0	0	1	1	1
15. 地方政府策略支持	0	0	0	1	0	0	0	0	0	0	0	0	0	1	1	0
16. 主要交通設施臨近程度	1	0	0	0	0	0	0	0	0	0	0	1	0	0	1	1

表 1-27 農產物流中心選擇之最終可到達矩陣

準則 i ＼ 準則 j	1	2	3	4	5	6	7	8	9	10	11	12	13	14	15	16	趨動力
1. 經營者的創新性	1	0	0	0	1	1	0	0	1	0	0	0	0	0	1	0	5
2. 銷售通路的能力	0	1	1	0	0	1^{*}	0	0	1^{*}	0	0	1	1	1	1^{*}	1	9
3. 生產流程規劃的能力	0	0	1	1	0	1	0	0	1	0	0	0	0	0	1	0	5
4. 策略規劃與整體定位	1	0	0	1	0	0	1^{*}	1^{*}	0	0	0	0	0	0	1	0	5
5. 人員的培育計畫與教育訓練	0	0	0	0	1	1	0	0	1	0	0	0	0	0	1	0	4
6. 市場情報的回饋	1	0	0	0	0	1	0	0	1	0	0	0	0	0	0	0	3
7. 資訊科技的創新	0	0	0	0	0	0	1	1	0	0	0	1	1	1	1	1^{*}	7
8. 作業資訊化的建構	0	1	0	0	0	0	0	1	0	0	0	0	0	0	0	0	2
9. 顧客回應系統的建立	1	0	1	0	0	1	0	0	1	0	0	0	0	0	0	0	4
10. 流通加工設備	0	0	0	0	0	0	0	0	0	1	0	1	1	1	1	1^{*}	6
11. 預冷、冷藏設備	0	0	0	0	0	0	0	0	0	1	1	1^{*}	1^{*}	1^{*}	1^{*}	1^{*}	7
12. 農產量的規模經濟	0	1	0	0	0	0	0	0	0	1	1	1	0	0	0	0	4
13. 供貨來源的穩定性	0	0	1	0	0	0	0	0	0	1	0	1	1	0	0	0	4
14. 土地擴充性	0	0	0	0	0	0	0	0	0	0	0	0	0	1	1	1	3
15. 地方政府策略支持	0	0	0	1	0	0	0	0	0	0	0	0	0	1	1	0	3
16. 主要交通設施臨近程度	1	0	0	0	0	0	0	0	0	0	0	1	0	0	1	1	4
依賴力度	5	3	4	3	2	6	2	3	6	4	2	7	5	6	11	6	

註：「1^{*}」ISM 軟體計算之遞移性

在完成 0，1 二元變數的轉換後，再確認矩陣內變數間的遞移性 (transitivity)，即可完成最終可到達矩陣 (final reachability matrix)。關係的遞移性是詮釋結構模式最重要的基本假設，意指如果要素 A 與 B 相關，而 B 和 C 相關，則 A 及 C 必定相關聯。

在「最終可到達矩陣」中，也將顯示各要素的趨動力量 (Driver Power) 和依賴力度 (Dependence)。變數的趨動力量和相依性將被應用在 MICMAC (Matrice d'Impacts Croises – Multiplication Appliqnce a un Classement)「分析-準則」分類中，變數會被歸類在四大群組中：自主 (autonomous)、依賴 (dependent)、關聯 (linkage) 以及趨動／獨立 (driver independent) 等四大群組。其中，「自主群組 (cluster)」是指低趨動力及低依賴性的變數，這些變數跟其他系統內的變數是相對較無關聯的，他們可能只與其他變數有少許的聯結，但不明顯；「依賴群組」的變數是低趨動力但有高依賴性；第三個群組是「關聯群組」，其變數特性是高趨動力、高依賴性，由於任何改變都會影響其他變數，也會回饋 (feedback) 到變數本身，所以這是最不穩定的變數；最後一個群組是「趨動群組」，此群組的變數有高趨動力但低依賴性的特徵。

Step 5：將可到達矩陣劃分成不同的層級 (levels)。

Step 6：根據可到達矩陣內的關係，修改可遞性聯結曲線 (transitive links)。

Step 7：依照要素間關係、層級的陳述，建置 ISM 模式圖。

應用最終可到達矩陣，確立各個準則之間的相依關係及回饋性後，經過 ISM 軟體所展示的階層 (level) 表單，可畫出詮釋結構模式圖 (如圖 1-16)。

在 ISM 模式中，位於較高層級的準則是容易受其他準則影響的，如 (6) 市場情報的回饋、(9) 顧客回應系統的建立、(12) 農產量的規模經濟以及 (15) 地方政府策略支持等，也是在 MICMAC 分析中，歸類在第 II 象限，具有高依賴性、低趨動力的特性。

而居於 ISM 模式底層的準則是應該多加注意的，因為此類準則容易影響其他準則，在 MICMAC 析中是屬於第 IV 象限，有較大的趨動力度與較低的依賴性，像 (2) 銷售通路的能力、(7) 資訊科技的創新、(10) 流通加工設備、(11) 預冷冷藏設備等準則。

ISM 模式最大的優勢就是能描繪出複雜議題的架構，利用圖形 (graphics) 和文字詳細地找出型態 (pattern)，並且可從圖形中了解所有要素間的階層 (Level)、順序和相互關係複雜的方向，形成一廣泛、具理解力的系統模式。在 ISM 的概念中，底層的要素是主要的趨動者，藉由底層要素的改善，才能增進中階層的準則，然後幫助高層級的準則執行成功。

接著，將上述 ISM 模式圖，簡化成下圖之 ANP 圖，它即可用 Super Decision 軟體進行第二階段 ANP 分析，這 16 個準則之兩兩比較的問卷格式，長得跟 AHP

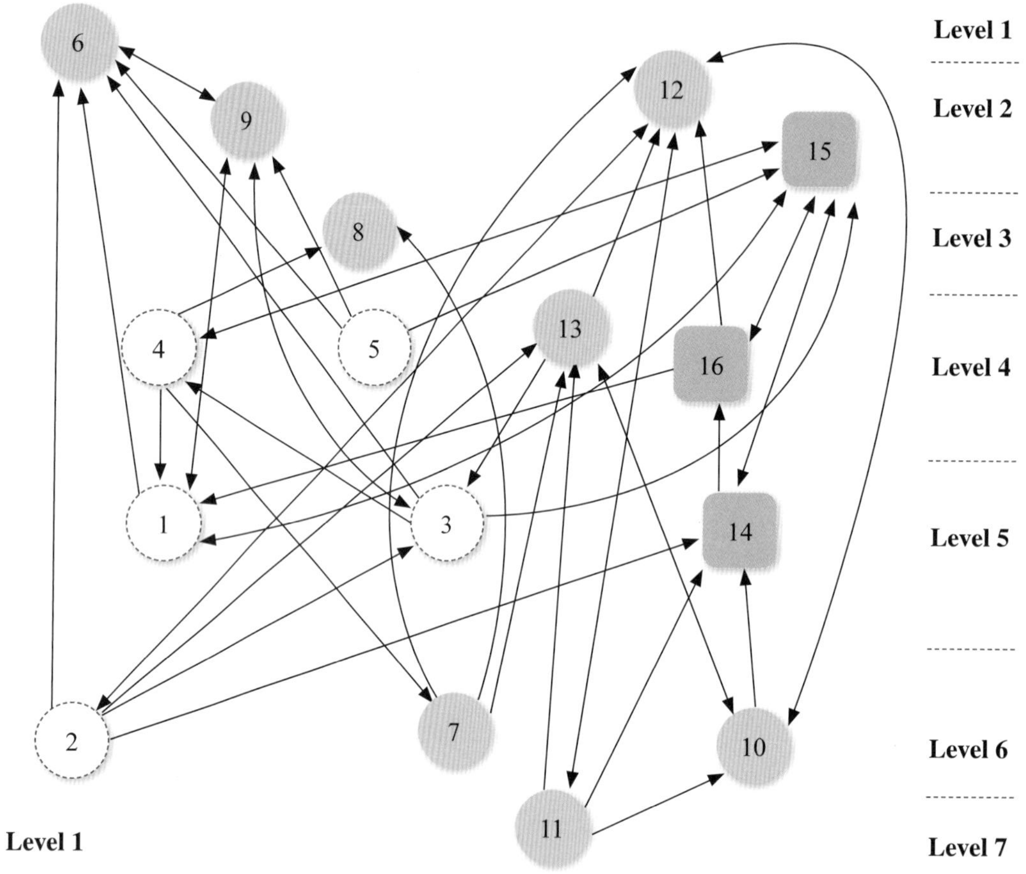

圖 1-16 農產物流中心選擇 16 準則之 ISM 模式圖

成對比較量類似，但問卷的「主詞」與 AHP 量表不同 (如表 1-28)。

在分析 ISM 模式，以確認各項準則間的關係後，可發現 ISM 內，準則間有錯綜複雜的相互響關聯，因此第二階段可採取 ANP 為決策模型，來探討代表農產物流中心選擇各項決策準則重要性的權重。

Step 8：重新檢查 ISM 模式是否有不一致的情形發生，並做必要的修改。

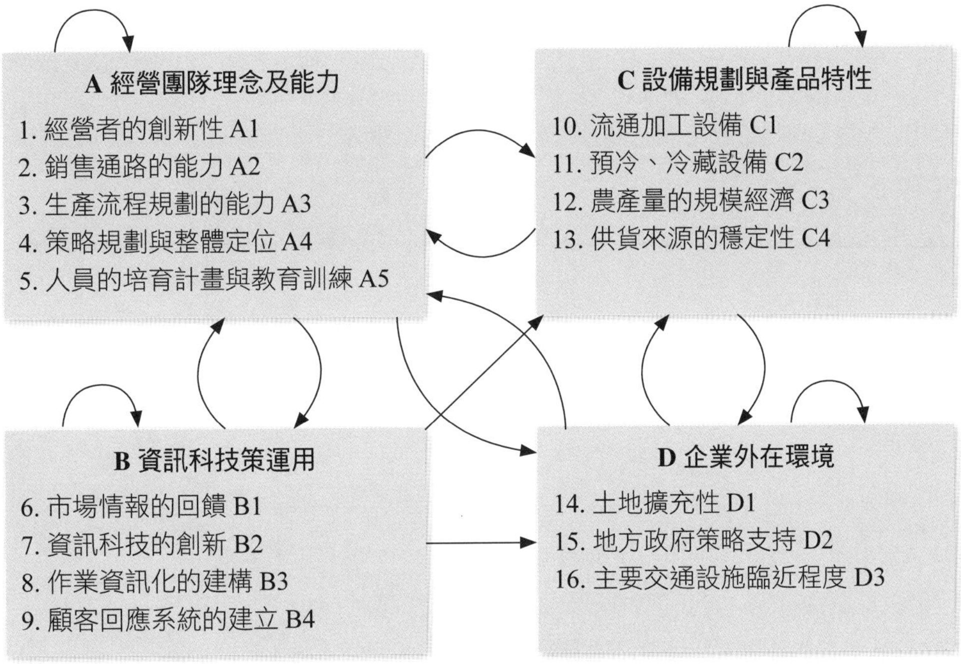

圖 1-17 農產物流中心決策之 ANP 圖

表 1-28 農產物流中心決策之 ANP 問卷內容

一、主準則評比

(一) 以「**經營團隊理念及能力 A**」構面為主要考量下，
請評估「經營團隊理念及能力 A」、「資訊科技的運用 B」、「設備規劃與產品特性 C」、「企業外在環境 D」影響「**經營團隊理念及能力 A**」的相對重要性程度為何。

成對比較值 / 項目	絕對重要	極重要	頗重要	稍重要	相等	稍不重要	頗不重要	極不重要	絕對不重要	成對比較值 / 項目
	9：1	7：1	5：1	3：1	1：1	1：3	1：5	1：7	1：9	
經營團隊理念及能力 A										資訊科技的運用 B
經營團隊理念及能力 A										設備規劃與產品特性 C

成對比較值 / 項目	絕對重要 9：1	極重要 7：1	頗重要 5：1	稍重要 3：1	相等 1：1	稍不重要 1：3	頗不重要 1：5	極不重要 1：7	絕對不重要 1：9	成對比較值 / 項目
經營團隊理念及能力 A										企業外在環境 D
資訊科技的運用 B										設備規劃與產品特性 C
資訊科技的運用 B										企業外在環境 D
設備規劃與產品特性 C										企業外在環境 D

(二) 以「**資訊科技的運用 B**」構面為主要考量下，
請評估「經營團隊理念及能力 A」、「資訊科技的運用 B」、「設備規劃與產品特性 C」、「企業外在環境 D」影響「資訊科技的運用 B」的相對重要性程度為何。

成對比較值 / 項目	絕對重要 9：1	極重要 7：1	頗重要 5：1	稍重要 3：1	相等 1：1	稍不重要 1：3	頗不重要 1：5	極不重要 1：7	絕對不重要 1：9	成對比較值 / 項目
經營團隊理念及能力 A										資訊科技的運用 B
經營團隊理念及能力 A										設備規劃與產品特性 C
經營團隊理念及能力 A										企業外在環境 D
資訊科技的運用 B										設備規劃與產品特性 C
資訊科技的運用 B										企業外在環境 D

成對比較值	絕對重要	極重要	頗重要	稍重要	相等	稍不重要	頗不重要	極不重要	絕對不重要	成對比較值
項目	9：1	7：1	5：1	3：1	1：1	1：3	1：5	1：7	1：9	項目
設備規劃與產品特性 C										企業外在環境 D

(三) 以「**設備規劃與產品特性 C**」構面為主要考量下，
請評估「經營團隊理念及能力 A」、「資訊科技的運用 B」、「設備規劃與產品特性 C」、「企業外在環境 D」影響「設備規劃與產品特性 C」的相對重要性程度為何。

成對比較值	絕對重要	極重要	頗重要	稍重要	相等	稍不重要	頗不重要	極不重要	絕對不重要	成對比較值
項目	9：1	7：1	5：1	3：1	1：1	1：3	1：5	1：7	1：9	項目
經營團隊理念及能力 A										設備規劃與產品特性 C
經營團隊理念及能力 A										企業外在環境 D
設備規劃與產品特性 C										企業外在環境 D

(四) 以「**企業外在環境 D**」構面為主要考量下，
請評估「經營團隊理念及能力 A」、「資訊科技的運用 B」、「設備規劃與產品特性 C」、「企業外在環境 D」影響「企業外在環境 D」的相對重要性程度為何。

成對比較值	絕對重要	極重要	頗重要	稍重要	相等	稍不重要	頗不重要	極不重要	絕對不重要	成對比較值
項目	9：1	7：1	5：1	3：1	1：1	1：3	1：5	1：7	1：9	項目
經營團隊理念及能力 A										設備規劃與產品特性 C

成對比較值 項目	絕對重要	極重要	頗重要	稍重要	相等	稍不重要	頗不重要	極不重要	絕對不重要	成對比較值 項目
	9:1	7:1	5:1	3:1	1:1	1:3	1:5	1:7	1:9	
經營團隊理念及能力 A										企業外在環境 D
設備規劃與產品特性 C										企業外在環境 D

二、次準則評比

(一) 以「**1 經營者的創新性 A1**」準則為主要考量下，
請評估「6 市場情報的回饋 B1」、「9 顧客回應系統的建立 B4」影響「1 經營者的創新性 A1」的相對重要性程度為何。

成對比較值 項目	絕對重要	極重要	頗重要	稍重要	相等	稍不重要	頗不重要	極不重要	絕對不重要	成對比較值 項目
	9:1	7:1	5:1	3:1	1:1	1:3	1:5	1:7	1:9	
6 市場情報的回饋 B1										9 顧客回應系統的建立 B4

(二) 以「**2. 銷售通路的能力 A2**」準則為主要考量下，
請評估「6 市場情報的回饋 B1」、「9 顧客回應系統的建立 B4」、「12 農產量的規模經濟 C3」、「13 供貨來源的穩定性 C4」、「14 土地擴充性 D1」、「15 地方政府策略支持 D2」、「16 主要交通設施臨近程度 D3」影響「**2 銷售通路的能力 A2**」的相對重要性程度為何。

成對比較值 項目	絕對重要 9：1	極重要 7：1	頗重要 5：1	稍重要 3：1	相等 1：1	稍不重要 1：3	頗不重要 1：5	極不重要 1：7	絕對不重要 1：9	成對比較值 項目
6 市場情報的回饋 B1										9 顧客回應系統的建立 B4
12 農產量的規模經濟 C3										13 供貨來源的穩定性 C4
14 土地擴充性 D1										15 地方政府策略支持 D2
14 土地擴充性 D1										16 主要交通設施臨近程度 D3
15 地方政府策略支持 D2										16 主要交通設施臨近程度 D3

(三) 以「**3. 生產流程規劃的能力 A3**」準則為主要考量下，
請評估「6 市場情報的回饋 B1」、「9 顧客回應系統的建立 B4」影響「**3 生產流程規劃的能力 A3**」的相對重要性程度為何。

成對比較值 項目	絕對重要 9：1	極重要 7：1	頗重要 5：1	稍重要 3：1	相等 1：1	稍不重要 1：3	頗不重要 1：5	極不重要 1：7	絕對不重要 1：9	成對比較值 項目
6 市場情報的回饋 B1										9 顧客回應系統的建立 B4

⋮
⋮

(十三) 以「**13. 供貨來源的穩定性 C4**」準則為主要考量下，
請評估「10 流通加工設備 C1」、「12 農產量的規模經濟 C3」影響「**13 供貨來源的穩定性 C4**」的相對重要性程度為何。

成對比較值 / 項目	絕對重要	極重要	頗重要	稍重要	相等	稍不重要	頗不重要	極不重要	絕對不重要	成對比較值 / 項目
	9：1	**7：1**	**5：1**	**3：1**	**1：1**	**1：3**	**1：5**	**1：7**	**1：9**	
10 流通加工設備 C1										12 農產量的規模經濟 C3

(十四) 以「**14. 土地擴充性 D1**」準則為主要考量下，
請評估「15 地方政府策略支持 D2」、「16 主要交通設施臨近程度 D3」影響「**14 土地擴充性 D1**」的相對重要性程度為何。

成對比較值 / 項目	絕對重要	極重要	頗重要	稍重要	相等	稍不重要	頗不重要	極不重要	絕對不重要	成對比較值 / 項目
	9：1	**7：1**	**5：1**	**3：1**	**1：1**	**1：3**	**1：5**	**1：7**	**1：9**	
15 地方政府策略支持 D2										16 主要交通設施臨近程度 D3

五、TOPSIS 法

在真實世界的管理問題，許多的專案通常是多準則的決策 (multi-criteria decision making，MCDM)，而且這些方案彼此間常是互斥、非量化的條件，此時，多目標決策方法就是用來處理真實世界中，在非同一尺度且彼此互斥的條件 (準則) 下，而且沒有一個方案都能滿足所有條件 (準則) 使其成為最佳解，在這種清況，利用專家意見排序之「類似度求理想解之順序偏好法」(Technique for Order Preference by Similarity to Ideal Solution，TOPSIS)，就特別適合用於處理該類問題。

TOPSIS 法是由 Yoon 和 Hwang 於 1981 年發展出來的一種多準則評估方法。TOPSIS 旨在對不同的評估「方案」進行排序，用以導出這些候選方案的順序。基本觀念乃在於先界定理想解 (Ideal Solution) 與負理想解 (Negative Ideal Solution)。所謂理想解是各替選方案效益面準則值最大、成本面準則值最小者；反之，負理想解是各替選方案效益面準則值最小、成本面準則值最大者；在選擇方案時，便以距離理想解最近、而距負理想解最遠的方案為最佳方案。

TOPSIS 法首先利用幾何平均的計算來整合多人之意見，其基本觀念，可用圖 1-18 說明，在圖中用二個評估準則 (C1 與 C2) 解釋， S 表示 n 個計畫所構成的樣本空間，N 表示負理想解，P 表示理想解。當 A_1 計畫與 A_2 計畫比較時，因 A_2 計較至理想解 P 的的距離較 A_1 近 ($dP_2 < dP_1$)，同時，A_2 計較至負理想解 N 的的距離較 A_1 遠 ($dN_2 > dN_1$)，因此，A_2 計畫較 A_1 計畫好。

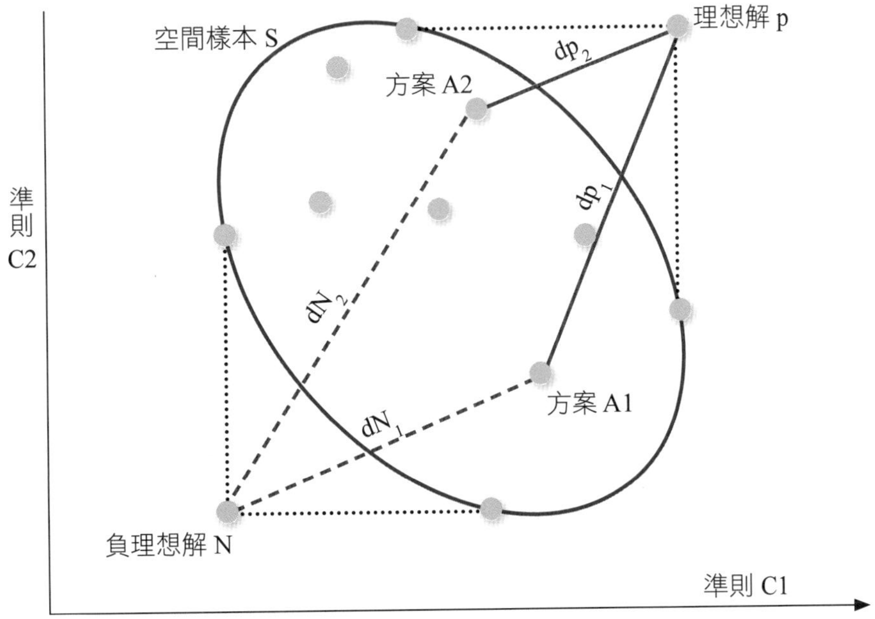

圖 1-18 TOPSIS 空間概念圖

TOPSIS 演算法

Step 1. 將決策問題轉換成矩陣 **A**

假設，一決策問題有 m 個遴選方案，n 個評估項目 (準則)，其多準則決策矩陣 A 呈現各方案間的優劣順序關係：

$$A=[A_{ij}]_{mn}=\begin{bmatrix} a_{11} & a_{12} & \cdots & a_{1n} \\ a_{21} & a_{22} & \cdots & a_{2n} \\ \vdots & \vdots & \ddots & \vdots \\ a_{m1} & a_{m1} & \cdots & a_{mn} \end{bmatrix}$$

例如，在 4 種戰鬥機型中，以 6 種評估準則 (飛行速度、戰鬥距離、最大載重、價格、可靠度、為操控能力) 轉換為區間尺度後之決策矩陣表示如下：

$$A_{m\times n}=\begin{bmatrix} 2.0 & 1500 & 20000 & 5.5 & 5 & 9 \\ 2.5 & 2700 & 18000 & 6.5 & 3 & 5 \\ 1.8 & 2000 & 21000 & 4.5 & 7 & 7 \\ 2.2 & 1800 & 20000 & 5.0 & 5 & 5 \end{bmatrix}$$

Step 2. 將原始矩陣**A** 正規化 (數據轉成 **0~1** 之間)

情況 1：當準則為效益指標時 (正向題)

$$r_{ij}=\frac{a_{ij}}{\sqrt{\sum_{i=1}^{m} a_{ij}^2}}$$

r_{ij}：正規化之準則值 (介於 0~1 之間)

代入上式，求得 6 種準則之正規化為：

$$R_{m\times n}=\left[r_{ij}\right]_{m\times n}=\begin{bmatrix} 0.467 & 0.366 & 0.506 & 0.506 & 0.481 & 0.671 \\ 0.584 & 0.659 & 0.455 & 0.598 & 0.289 & 0.373 \\ 0.420 & 0.488 & 0.531 & 0.414 & 0.674 & 0.522 \\ 0.514 & 0.439 & 0.506 & 0.460 & 0.481 & 0.373 \end{bmatrix}$$

Step 3. 決定權重

專家可「主觀」指定權重 W＝[w1, w2, w3, …, wn]，亦可「客觀」採標準差 ($w_j = \frac{\sigma_j}{\sum_{i=1}^{m}\sigma_{ij}}, j = 1,2,\cdots,m$) 方式獲得。

Step4. 建立加權重後之決策矩陣 V

$$V_{ij} = w_j \times r_{ij}, j = 1,2,\cdots,n$$

其中 $\sum_{j=1}^{n} w_j = 1$，w_j 為第 j 準則的權重

假設本例，決策者之準則偏好權重為 W＝(w_1, w_2, w_3, w_4, w_5, w_6)＝(0.2, 0.1, 0.1, 0.1, 0.2, 0.3)。故加權後標準化矩陣 V 為：

$$V_{ij} = w_j \times r_{ij} = \begin{bmatrix} 0.093 & 0.037 & 0.056 & 0.051 & 0.096 & 0.201 \\ 0.117 & 0.066 & 0.046 & 0.060 & 0.058 & 0.111 \\ 0.084 & 0.049 & 0.053 & 0.041 & 0.135 & 0.157 \\ 0.103 & 0.044 & 0.051 & 0.046 & 0.096 & 0.112 \end{bmatrix}$$

此 V 矩陣對應之 AHP 示意圖，如圖 1-36 所示。

Step 5. 求出理想解 V^* 與負理想解 V^-

$$A^* \equiv \left\{\left(\max_i V_{ij} \,|\, j \in J\right) \text{或} \left(\min_i V_{ij} \,|\, j \in J'\right)\right\} i = 1,2,\cdots,m$$
$$= \left\{V_1^*, V_2^*, \cdots, V_i^*, \cdots, V_n^*\right\}$$
$$A^- \equiv \left\{\left(\min_i V_{ij} \,|\, j \in J\right) \text{或} \left(\max_i V_{ij} \,|\, j \in J'\right)\right\} i = 1,2,\cdots,m$$
$$= \left\{V_1^-, V_2^-, \cdots, V_i^-, \cdots, V_n^-\right\}$$

在本例 4 種戰鬥機型 6 種評估準則中，由於第 4 準則是「成本」，故取 min：

$$A^* \equiv \left(\max_i v_{i1}, \max_i v_{i2}, \max_i v_{i3}, \min_i v_{i4}, \max_i v_{i5}, \max_i v_{i6},\right)$$
$$= (0.117, 0.066, 0.053, 0.041, 0.135, 0.201)$$
$$A^- \equiv \left(\min_i v_{i1}, \min_i v_{i2}, \min_i v_{i3}, \max_i v_{i4}, \min_i v_{i5}, \min_i v_{i6},\right)$$
$$= (0.084, 0.037, 0.046, 0.060, 0.058, 0.112)$$

Step 6. 計算出分離測度 S_i^*, S_i^-

$$S_i^* = \sqrt{\sum_{j=1}^{n}(V_{ij} - V_i^*)^2}$$
$$S_i^- = \sqrt{\sum_{j=1}^{n}(V_{ij} - V_i^-)^2}$$

代入上列公式，求得本例：

$$S_1^* = 0.055, S_2^* = 0.120, S_3^* = 0.058, S_4^* = 0.101$$
$$S_1^- = 0.099, S_2^- = 0.044, S_3^- = 0.092, S_4^- = 0.046$$

Step 7. 計算出對理想解之相對接近度

$$C_i^* = \frac{S_i^-}{S_i^+ + S_i^-}$$ 距負理想解最遠的方案為最佳方案

故 $C_1^* = \dfrac{S_1^-}{S_1^+ + S_1^-} = 0.643, C_2^* = 0.268, C_3^* = 0.613, C_4^* = 0.312$

Step 8. 按計算出之 C_i^* 大小排序，選出最佳者

依各評估樣本之相對接近度 C_i^* 值大小排序，將呈現的相對優劣次序。$0 < C_i^* < 1$， C_i^* 值越接近 1，表示該評估樣本距離正理想解越近；亦表示在現有評估準則之下，相對於其他評估樣本，該評估樣本為最佳評估樣本。

本例子根據 C_i^* 之大小排定方案之優劣順序為 (Y_1, Y_3, Y_4, Y_2)，所以「方案 1」是最佳決策。

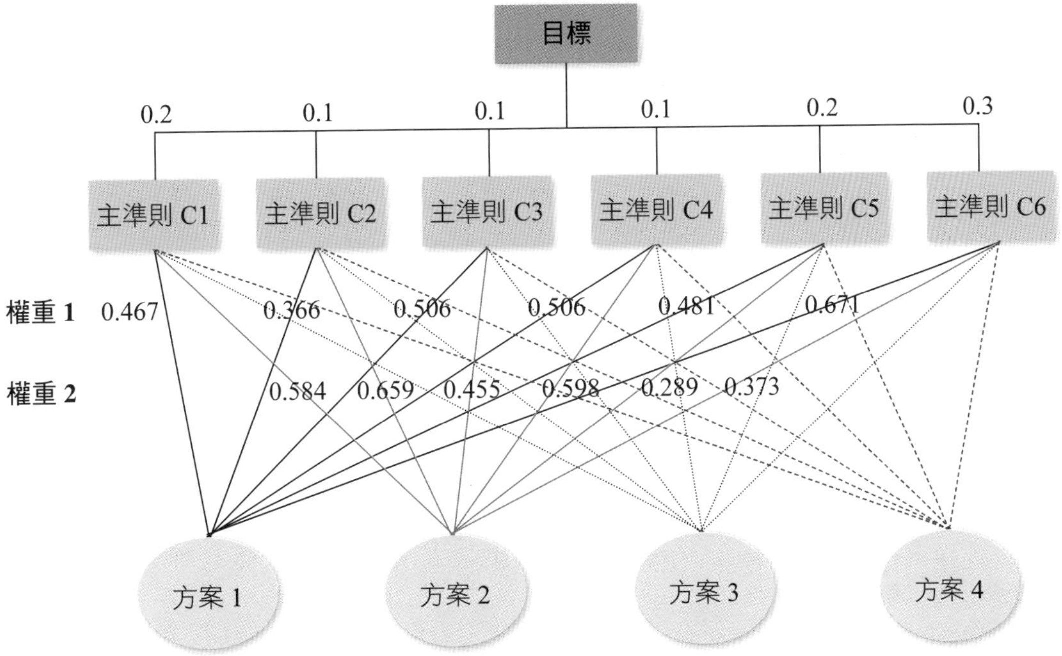

圖 1-19 TOPSIS 範例對應之 AHP 圖

六、Fuzzy TOPSIS 演算法

假設有一針對四家航空的企業績效評估模式，係採混合 AHP 法 (計算各準則的權重) 和 fuzzy TOPSIS (計算四方案之航空公司的績效) 二種方法，其主要分析步驟包括：(1) 先定義績效評估的準則有五個：C_1 風險 (負向題)，C_2 品質 (正向題)，C_3 效益 (正向題)，C_4 效率 (正向題) 和 C_5 職業滿意度 (正向題)。(2) 再使用 AHP 法計算五準則的權重。(3) 最後，由 fuzzy TOPSIS 計算五方案之航空公司的績效並排名。此績效評估模式的概念圖如圖 1-20。

Step 1：將決策問題轉換為矩陣

在真實世界中普遍存在著模糊現象，而模糊理論乃是以處理概念模糊不確定的事物所發展的一門學問，其基本精神是模糊性現象存在的事實，並將其量化為電腦可以處理的訊息。本例子係將 TOPSIS 用來處理模糊的資訊。

現假設一個決策問題有 m 個替代方案，分別為 $A_1, A_2, \cdots, A_m$，評估屬性共有 n 個，分別為 $C_1, C_2, \cdots, C_n$，決策者針對每個替代方案逐一在各評估準則上評

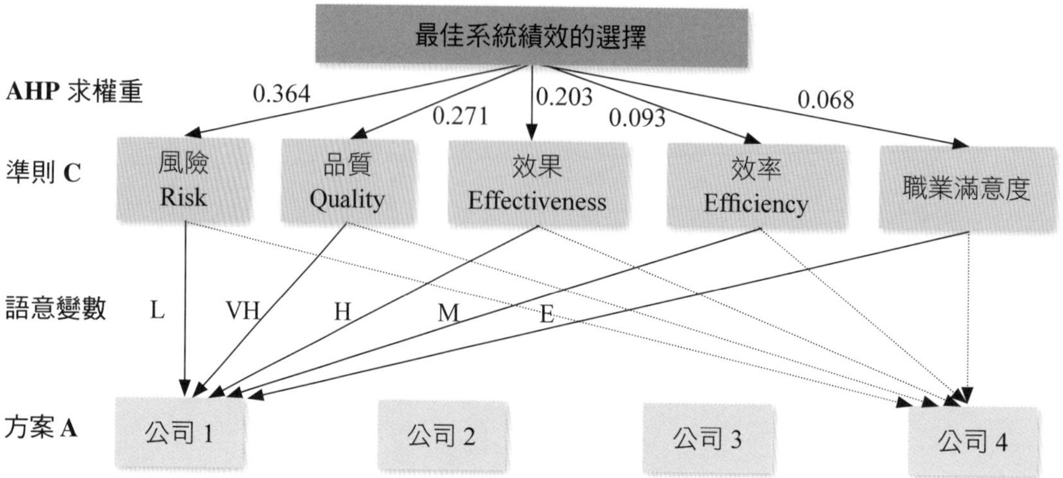

圖 1-20 問題的階層性

分，評分分數以三角模糊數表示之，其中原始決策矩陣 X 如下所示，

$$\tilde{A}_{m\times n}=\begin{bmatrix}\tilde{a}_{11} & \tilde{a}_{12} & \cdots & \tilde{a}_{1n}\\ \tilde{a}_{21} & \tilde{a}_{22} & \cdots & \tilde{a}_{2n}\\ \vdots & \vdots & \ddots & \vdots\\ \tilde{a}_{m1} & \tilde{a}_{m2} & \cdots & \tilde{a}_{mn}\end{bmatrix}$$

假設 N 名家對這四家方案之公司五個績效，採「共識決」，其績效評分如下表：

表 1-29 四家公司在五準則的績效值矩陣 $\tilde{A}_{m\times n}$

	C_1 風險 (負向題)	C_2 品質 (正向題)	C_3 效益 (正向題)	C_4 效率 (正向題)	C_5 職業滿意度 (正向)
A_1	(0.6, 0.8, 1)	(0.6, 0.8, 1)	(0.4, 0.6, 0.8)	(0.2, 0.4, 0.6)	(0.8, 1, 1)
A_2	(0.4, 0.6, 0.8)	(0.6, 0.8, 1)	(0.4, 0.6, 0.8)	(0.8, 1, 1)	(0.2, 0.4, 0.6)
A_3	(0.8, 1, 1)	(0.4, 0.6, 0.8)	(0.6, 0.8, 1)	(0.2, 0.4, 0.6)	(0, 0.2, 0.4)
A_4	(0.2, 0.4, 0.6)	(0.4, 0.6, 0.8)	(0.4, 0.6, 0.8)	(0.6, 0.8, 1)	(0.4, 0.6, 0.8)
A^* 正理想解	$A_1^*=(0, 0, 0)$	$A_2^*=(1, 1, 1)$	$A_3^*=(1, 1, 1)$	$A_4^*=(1, 1, 1)$	$A_5^*=(1, 1, 1)$
A^- 負理想解	$A_1^-=(1, 1, 1)$	$A_2^-=(0, 0, 0)$	$A_3^-=(0, 0, 0)$	$A_4^-=(0, 0, 0)$	$A_5^-=(0, 0, 0)$

即

$$\tilde{A}_{m\times n}=\begin{bmatrix}(0.6,0.8,1) & (0.6,0.8,1) & (0.4,0.6,0.8) & (0.2,0.4,0.6) & (0.8,1,1)\\(0.4,0.6,0.8) & (0.6,0.8,1) & (0.4,0.6,0.8) & (0.8,1,1) & (0.2,0.4,0.6)\\(0.8,1,1) & (0.4,0.6,0.8) & (0.6,0.8,1) & (0,0.2,0.4) & (0,0.2,0.4)\\(0.2,0.4,0.6) & (0.4,0.6,0.8) & (0.4,0.6,0.8) & (0.6,0.8,1) & (0.4,0.6,0.8)\end{bmatrix}$$

值得特別注意的是，此處所用的三角模糊數是利用下表之語意 (linguistic) 變數值「很低 VL」、「低 L」、「中 M」、「高 H」、「很高 VH」、「極佳 E」等六種方式，由評選委員依據其專業素養及實務經驗進行判斷，即在 0~1 的尺度中主觀認定各語意變數的範圍，亦即以三角模糊數來表示各語意變數 (如下圖)。

表 1-30 語意變數值與三角模糊數之對應關係

Linguistic values	Fuzzy numbers (Min, Avg, Max)
Very Low (VL)	(0, 0, 0.2)
Low (L)	(0, 0.2, 0.4)
Medium (M)	(0.2, 0.4, 0.6)
High (H)	(0.4, 0.6, 0.8)
Very High (VH)	(0.6, 0.8, 1)
Excellent (E)	(0.8, 1, 1)

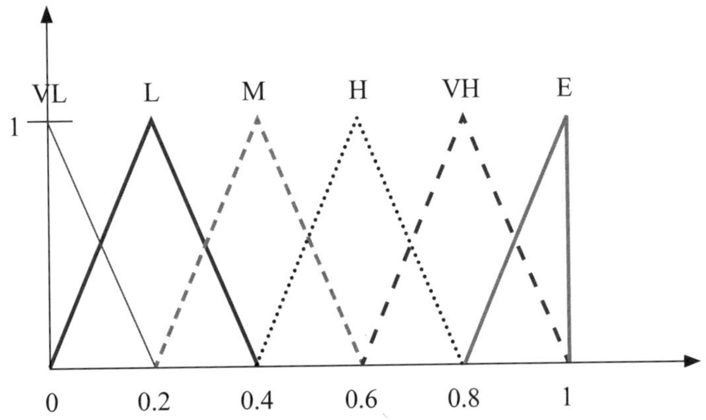

圖 1-21 三角模糊數示意圖

Step 2：設定每個評估準則的模糊權重

評估準則的權重同樣也是以傳統實數表示之，$W=[w_1, w_2, \cdots, w_n]$。

W 值可由專家「主觀」指定，亦可「客觀」採傳統 AHP 法 (或用 Rough-AHP 法) 來求得。假設本例，決策者之準則偏好權重為 $W=(w_1, w_2, w_3, w_4, w_5)=$ [0.364, 0.271, 0.203, 0.093, 0.068]。故加權後標準化矩陣 V 為：

$$V_{ij}=w_j \times \tilde{A}=[0.364, 0.271, 0.203, 0.093, 0.068]\times$$

$$\begin{bmatrix} (0.6,0.8,1) & (0.6,0.8,1) & (0.4,0.6,0.8) & (0.2,0.4,0.6) & (0.8,1,1) \\ (0.4,0.6,0.8) & (0.6,0.8,1) & (0.4,0.6,0.8) & (0.8,1,1) & (0.2,0.4,0.6) \\ (0.8,1,1) & (0.4,0.6,0.8) & (0.6,0.8,1) & (0,0.2,0.4) & (0,0.2,0.4) \\ (0.2,0.4,0.6) & (0.4,0.6,0.8) & (0.4,0.6,0.8) & (0.6,0.8,1) & (0.4,0.6,0.8) \end{bmatrix}=$$

$$\begin{bmatrix} (0.218,0.291,0.364) & (0.163,0.217,0.271) & (0.081,0.122,0.162) & (0.019,0.037,0.056) & (0.054,0..68,0.068) \\ (0.146,0.218,0.291) & (0.163,0.217,0.271) & (0.081,0.122,0.162) & (0.074,0.093,0.093) & (0.014,0.027,0.041) \\ (0.291,0.364,0.364) & (0.108,0.163,0.217) & (0.122,0.162,0.203) & (0.000,0.019,0.137) & (0000,0.014,0.027) \\ (0.073,0.146,0.218) & (0.108,0.163,0.217) & (0.081,0.122,0.162) & (0.056,0.074,0.093) & (0.027,0.041,0.054) \end{bmatrix}$$

Step 3：設定各評估準則的模糊正理想值與負理想值

本例共五個準則，第一個「風險」是負向題，其餘四個為正向題。因此

$\tilde{A}^+=(\tilde{v}_1^+,\cdots,\tilde{v}_n^+)$,　其中　$j=1,2,\cdots,n$

$\tilde{v}_j^+=(a_j^+,b_j^+,c_j^+)$ 為第 j 個評估準則的 fuzzy 正理想值。

$\tilde{A}^+=(\tilde{v}_1^+,\cdots,\tilde{v}_n^+)=[(0,0,0), (1,1,1), (1,1,1), (1,1,1), (1,1,1)]$

$\tilde{A}^-=(\tilde{v}_1^-,\cdots,\tilde{v}_n^-)$,　其中　$j=1,2,\cdots n$

$\tilde{v}_j^-=(a_j^-,b_j^-,c_j^-)$ 為第 j 個評估準則的 fuzzy 負理想值。

$\tilde{A}^-=(\tilde{v}_1^-,\cdots,\tilde{v}_n^-)=[(1,1,1), (0,0,0), (0,0,0), (0,0,0), (0,0,0)]$

Step 4：分別計算各方案與正理想值、負理想值之間的距離

1. 方案與正理想值的距離

傳統二維平面座標上，任意兩點 (x_1,y_1) 與 (x_2,y_2) 的歐幾里得距離 $D=\sqrt{(x_1-x_2)^2+(y_1-y_2)^2}$，若將這公式之概念衍伸到 Fuzzy TOPSIS 時，即可算出任意兩個模糊數 (L_1,M_1,U_1) 與 (L_2,M_2,U_2) 的歐幾里得距離 $D=\sqrt{\dfrac{(L_1-L_2)^2+(M_2-M_2)^2+(U_1-U_2)^2}{3}}$。若將此模糊距離公式，套到下列

之正理想解之距離，即是：

$$D_i^+ = \sum_{j=1}^{n} D\left(\tilde{v}_{ij}, \tilde{v}_j^+\right),\ i = 1, \cdots, m.$$

D_i^+ 為方案 i 各評估準則 $j\ (j = 1, 2, ..., n)$ 之模糊得分 $\tilde{v}_{ij} = (v_{ij}, \gamma_{ij}, \lambda_{ij})$ 與相對評估準則模糊正理想值 $\tilde{v}_j^+ == (a_j^+, b_j^+, c_j^+)$ 之距離，其中距離之公式如下：

$$D^+\left(\tilde{v}_{ij}, \tilde{v}_j^+\right) = \sqrt{1/3\left(\left(a_j^+ - v_{ij}\right)^2 + \left(b_j^+ - \gamma_{ij}\right)^2 + \left(c_j^+ - \lambda_{ij}\right)^2\right)}$$

因此

$$\begin{aligned} D_1^+ = & \sqrt{1/3\left[(0-0.218)^2 + (0-0.291)^2 + (0-0.364)^2\right]} \\ & + \sqrt{1/3\left[(1-0.163)^2 + (1-0.217)^2 + (1-0.271)^2\right]} \\ & + \sqrt{1/3\left[(1-0.081)^2 + (1-0.122)^2 + (1-0.162)^2\right]} \\ & + \sqrt{1/3\left[(1-0.019)^2 + (1-0.037)^2 + (1-0.056)^2\right]} \\ & + \sqrt{1/3\left[(1-0.054)^2 + (1-0.068)^2 + (1-0.068)^2\right]} = 3.86 \end{aligned}$$

2. 方案與負理想值的距離

$$D_i^- = \sum_{j=1}^{n} D\left(\tilde{v}_{ij}, \tilde{v}_j^-\right),\ i = 1, \cdots, m.$$

D_i^- 為方案 i 各評估準則 $j\ (j = 1, 2, ..., n)$ 之模糊得分 $\tilde{v}_{ij} = (v_{ij}, \gamma_{ij}, \lambda_{ij})$，與相對評估準則模糊負理想值 $\tilde{v}_{ij}^- = (a_j^-, b_j^-, c_j^-)$ 之距離，其中距離之公式如下所示：

$$D^-\left(\tilde{v}_{ij}, \tilde{v}_{ij}^-\right) = \sqrt{1/3\left(\left(v_{ij}\right)^2 + \left(v_{ij} - \gamma_{ij}\right)^2 + \left(v_{ij} + \lambda_{ij}\right)^2\right)}\ \text{或}$$

$$D^-\left(\tilde{v}_{ij}, \tilde{v}_j^-\right) = \sqrt{1/3\left(\left(a_j^- - v_{ij}\right)^2 + \left(b_j^- - \gamma_{ij}\right)^2 + \left(c_j^- - \lambda_{ij}\right)^2\right)}$$

因此

$$D_1^- = \sqrt{1/3\left[(1-0.218)^2+(1-0.291)^2+(1-0.364)^2\right]}$$
$$+\sqrt{1/3\left[(0-0.163)^2+(0-0.217)^2+(0-0.271)^2\right]}$$
$$+\sqrt{1/3\left[(0-0.081)^2+(0-0.122)^2+(0-0.162)^2\right]}$$
$$+\sqrt{1/3\left[(0-0.019)^2+(0-0.037)^2+(0-0.056)^2\right]}$$
$$+\sqrt{1/3\left[(0-0.054)^2+(0-0.068)^2+(0-0.068)^2\right]}=1.163$$

Step 5：計算出對理想解之相對接近度

根據上面 D^+ 與 D^- 公式，依序再計算出 $D_2^+\ D_3^+\ D_4^+\ D_2^-\ D_3^-\ D_4^-$ 的值，接著將它們代入下列 $CC_j=\dfrac{D_j^-}{D_j^++D_j^-}$ 公式，即可求得四個方案的績效得分，最後將各方案的正理想解的距離 D^+、負理想解的距離 D^-，及績效值 CC 整理成下表，結果顯示：這四家公司績效大小排名，依序為 4，2，1，3。顯示，公司 4 最具競爭力。

表 1-31 Fuzzy TOPSIS「準則-方案」串聯之分析結果

方案 (公司)	D_j^+	D_j^-	CC_j
A_1	**3.860**	**1.163**	**0.232**
A_2	3.776	1.248	0.248
A_3	3.986	1.037	0.206
A_4	3.760	1.269	0.252

七、ELECTRE 法

多準則決策方法是一項理論概念，通常須藉由如權重法、ELECTRE 等運算模式實施，而每個方法所適用的問題種類也不盡相同，因此決策者在選擇多準則決策方法時必須考慮到所應用問題的特性。

ELECTRE (Elimination et Choice Translating Reality) 選擇法最早在 1966 年由 Benayoun 所提出，用來評估多準則決策問題的優勢關係評估法 (outranking method)，是在多目標離散 (discrete) 問題中之偏好關係無遞移性 (transitive) 的情

況下求解。此法先建立決策者的偏好關係 (preference relation)，也就是優勢關係 (outranking relation)；再利用此優勢關係之概念，建立一致性矩陣與非一致性矩陣，來得到方案間的相互關係。最後以成對比較以及各方案間的優劣關係，來得到最佳方案。

在多準則決策方法當中，ELECTRE 被視為最好的多準則決策方法之一，因為它的邏輯簡單及計算方法容易，並能利用所獲得資訊轉換成決策矩陣，供進一步的運算，但是 ELECTRE 法的缺點則是過於決斷的門檻值設定，導致無法將所有可行方案予以呈現，甚至不能確保選出一個最佳的方案。

例如，有關「資訊系統之評估」，假如準則及方案並不多時，AHP 是可考慮的方法之一，但如果方案太多時則易造成評選人員混淆，使得一致性指標偏高。使用 AHP 時，決策者必須針對所挑選之準則，對任意兩方案，例如 A 與 B，清楚的說明 A 與 B 何者較好以及好多少？然而決策者常難以清楚的指出到底好多少 (也就是評估準則常無法清楚且詳細之描述)。例如對資料庫連結能力的評估，若 A 系統支援多品牌資料庫，B 系統則僅支援單一資料庫，則在此準則方面可以確定 A 優於 B，但常無法明確的說出 A 比 B 好的程度 (例如好 3 倍)。因此，在此情況下 AHP 便不適用，取而代之的常是 ELECTRE 方法。

ELECTRE I 是一種定性的多準則決策方法，其基本概念為若某一方案具有多數的準則優於其他方案且沒有任何準則低於不可接受之門檻程度，則該方案優於其他方案。該方法中有三個重要的概念：一致性 (concordance)、非一致性 (discordance) 與門檻值 (threshold values)。其中，任兩個方案間 (例如方案 i 與 j) 的滿意程度是由某些賦予權重之準則來衡量。在這些準則上，若方案 i 比方案 j 好 (以 $i>j$ 表示) 或一樣好 (以 $i=j$ 表示)，則其「一致性」(以 $c(i, j)$ 表示) 計算公式如下：

$$c(i,j)=\frac{(\text{所有 } i>j \text{ 之準則最大差距})+0.5\times(\text{所有 } i=j \text{ 之準則的權重加總})}{\text{所有準則的權重加總}}$$

另外，「非一致性」之衡量是由每個準則在兩兩比較時，找出準則中方案 j 比 i 好且差距值最大者，最大差距值乘以該準則之權重後再除以該項準則之級距範圍，即可得非一致性 (以 $d(i, j)$ 表示)。其計算公式如下：

$$d(i,j)=\frac{(\text{所有 } j>i \text{ 之準則最大差距})\times(\text{準則的權重})}{\text{準則的級距範圍}}$$

門檻值以 (p, q) 表示，其中 p 與 q 分別表示滿意與不滿意之門檻，兩者之值均介於 0 與 1 間。Subramanian 與 Gershon 認為應用 ELECTRE I 方法，p 與 q 值之決定常用嘗試錯誤的方式，且僅當 p 值為 0.7 至 0.5 與 q 值為0.3 至 0.2 時才能有效的導出方案兩兩比較之結果。通常，一般研究係將 p 與 q 值分別設定為 0.5 與 0.3。

(一) ELECTRE 版本之比較

ELECTRE 法是處理多屬性決策問題的一種分析方法，決策過程中，決策者必須將一些定性資料予以量化，再依據主觀的評比找出各方案間的優劣關係，以排出方案的順序。是故，決策者必須提供數值型決策參數，例如方案的評比 (Ratings) 與屬性的權重 (Weights)。這種方式常令決策者感到困擾，因為決策者常無法找出適當的數值來代替此類之決策參數；然而決策者卻通常能夠用比較明確的語意描述方式表達之，此視為語意化決策參數。但這些語意化決策參數又容易造成意義認定上之模糊性。自從 Zadeh 於 1965 年提出模糊理論之後，許多學者也開始嘗試以模糊理論的新酒灌進許多決策方法的舊瓶中。他們利用模糊集合來表示語意化決策參數，繼之以找出最佳方案。此類利用模糊集合取代語意參數的決策方法統稱為「語意化決策方法」。

ELECTRE 方法之選擇法發展至今，已有許多改良的選擇法被發展出來，如 ELECTRE II、ELECTRE III、ELECTRE IV。這些版本的差異在其優劣順序之評估方法，其中 ELECTRE II 比 ELECTRE I 多加了一致性指標 (Concordance Index) 與非一致性指標 (Discordance Index)，來表示極端優勢關係，並依此強勢排序與弱勢排序後，可得到方案的最後排序 (Roy，1991)。ELECTRE III 基於決策具有「不確定性」，因此引進二元 (0 或 1) 模糊理論 (Fuzzy Theory) 來表示優勢關係，並建立門檻函數，使方法更能符合實際情況。ELECTRE III 方法之理論基礎雖然相當嚴謹但處理方法卻較複雜，ELECTRE IV 方法簡化 ELECTRE III 處理過程，且基於權重難以客觀衡量，因此未利用權重處理排序工作。

ELECTRE 可應用領域，包括：(1) 河川規劃：ELECTRE I、ELECTRE II 可用來規劃某流域中的 N 座水庫的決策問題，假設水庫的評估準則，包括：灌溉、發電、給水、環境品質、防洪與工程成本，則可先以 ELECTRE I 進行方案篩選、ELECTRE II 來求方案排序較佳。(2) 室內空氣的改善：可利用多評估準則

表 1-32 ELECTRE 四種版本之特性比較

ELECTRE	I	II	III	IV
評估準則分類	真實準則 (True Criteria)	真實準則 (True Criteria)	虛擬準則 (Pseudo Criteria)	虛擬準則 (Pseudo Criteria)
所需偏好資訊	· 權重 · 一致性 · 非一致性	· 權重 · 一致性 · 非一致性	· fuzzy 權重 · 偏好門檻函數 · 無差異門檻函數 · 否定門檻函數 · 判別函數	· 偏好門檻函數 · 無差異門檻函數 · 否定門檻函數 · 判別函數
問題型態	求核心解	方案排序	方案排序	方案排序
排序關係	求核心解	方案排序	方案排序	方案排序
最後資訊	核心解	部分順序*	部分順序*	部分順序*

註：*方案排序可有相同之順序

法 ELECTRE，來分析室內環境之空氣品質。空氣的好壞準則，包括：溫度舒適性、聽覺舒適性與室內空氣分佈狀況，由於舒適性無法以一般法規訂定標準，因此以 ELECTRE II 進行分析，以定義室內空氣品質狀況。

(二) ELECTRE II 演算法

原始的 ELECTRE I 方法是用於果斷性的決策，因此用於評估時容易因過於嚴謹的限制，使得篩選結果量稀少或甚至於沒有候選方案。加上，實務研究上，通常挑選的實施對象均為已通過基本篩選的可行解，因此為符合研究的情境需要，我們較常採用了 ELECTRE II 方法，其演算法 (agorithm) 如下：

假設，有一 m 個遴選方案 (決擇)，n 個評估項目 (準則)，其多準則決策矩陣 A，為呈現各方案間的優劣順序關係：

$$A=[a_{ij}]_{m\times n}=\begin{bmatrix} a_{11} & a_{12} & \cdots & a_{1n} \\ a_{21} & a_{22} & \cdots & a_{2n} \\ \vdots & \vdots & \ddots & \vdots \\ a_{m1} & a_{m1} & \cdots & a_{mn} \end{bmatrix}$$

例如，若一個網路訂票流程包括：信用卡扣款、訂位、及產生門票等的網路服務流程，假設有三個流程組合方案都可以完成這項工作，下表分別列出三種方案的各項之評估品質的數據，其中，價格及執行時間兩者是反向題。

評估項目 / 方案	價格 price	執行時間 duration	有效度 availability	可靠度 raliability	商譽 reputation
方案 1	185	512	0.6	0.613	4.6
方案 2	275	440	0.8	0.756	8.2
方案 3	324	970	0.7	0.712	6.3

$$A=[a_{ij}]_{m\times n}=\begin{bmatrix}185 & 512 & 0.6 & 0.613 & 4.6\\ 275 & 440 & 0.8 & 0.756 & 8.2\\ 324 & 970 & 0.7 & 0.712 & 6.3\end{bmatrix}$$

Step 1：計算正規化決策矩陣，將 Q 矩陣的行向量加以正規化可以得到一個正規化矩陣 A'。

$$A'=[r_{ij}]_{m\times n},\quad r_{ij}=\frac{A_{ij}}{\sqrt{\sum_{i=1}^{m}A_{ij}^2}}$$

$$A'_{m\times n}=\begin{bmatrix}0.40 & 0.43 & 0.49 & 0.51 & 0.41\\ 0.59 & 0.37 & 0.66 & 0.62 & 0.72\\ 0.70 & 0.82 & 0.57 & 0.59 & 0.56\end{bmatrix}$$

，若將「反向題」再轉換，可得：

$$A'_{m\times n}=\begin{bmatrix}0.60 & 0.57 & 0.49 & 0.51 & 0.41\\ 0.41 & 0.63 & 0.66 & 0.62 & 0.72\\ 0.30 & 0.18 & 0.57 & 0.59 & 0.56\end{bmatrix}$$

Step 2：為計算權重正規化的決策矩陣，須針對每一項目 (準則) 設定一權重，形成一個權重矩陣 (W)。

$$W = [w_{ij}]_{n\times1} = \begin{bmatrix} w_1 \\ w_2 \\ \vdots \\ w_n \end{bmatrix}_{n\times1}$$

假設自設 W 為

$$W_{n\times n} = \begin{bmatrix} 0.1 \\ 0.2 \\ 0.3 \\ 0.3 \\ 0.1 \end{bmatrix}_{5\times1}$$

藉由正規化矩陣 A' 與權重矩陣 W 相乘 (V＝A' W)，可以得到權重正規化矩陣

$$V = [v_{ij}]_{m\times n} = A'_{m\times n} \times W_{n\times1}$$

$$V_{m\times n} = \begin{bmatrix} 0.060 & 0.114 & 0.147 & 0.153 & 0.041 \\ 0.041 & 0.126 & 0.198 & 0.186 & 0.072 \\ 0.030 & 0.036 & 0.171 & 0.177 & 0.056 \end{bmatrix}$$

Step 3：確定一致性 (concordance) 與非一致性 (discordance) 集合，對權重正規化矩陣 V 中的任兩個不同 row i 與 j 進 column 比對。如果第 k column 中第 i row 的 v 值比第 j row 的 v 值偏好程度高，則元素 k 歸類於一致性集合 C_{ij}，否則就歸類為非一致性集合 D_{ij}。在這裡必須考慮屬性的性質，若屬性為成本性質的話 (反向題)，則 v 值越低偏好程度越高；反之，v 值越高偏好程度越高 (大部份的情況)。關於一致性集合 C_{ij} 與非一致性集合 D_{ij} 可用下列的運算式表示：

$$C_{ij} = \{k \mid V_{ik} \ge V_{jk}\}, D_{ij} = \{k \mid V_{ik} < V_{jk}\}$$

即，確定一致性與非一致性集合。經運算後可以得到以下的一致性與非一致性集合：

$C_{12} = \{1\}, D_{12} = \{2,3,4,5\}$
$C_{13} = \{1,2\}, D_{13} = \{3,4,5\}$
$C_{21} = \{2,3,4,5\}, D_{21} = \{1\}$
$C_{23} = \{1,2,3,4,5\}, D_{23} = \{\phi\}$
$C_{31} = \{3,4,5\}, D_{31} = \{1,2\}$
$C_{32} = \{\phi\}, D_{32} = \{1,2,3,4,5\}$

Step 4：將每個一致性集合中各元素所代表的屬性的權重加總，可形成一致性矩陣 C

$$C = \left[c_{ij}\right]_{m\times m}, \quad c_{ij} = \frac{\sum_{k\in C_{ij}} w_k}{\sum_{k=1}^{n} w_k}$$

以下面運算式為例，經權重加總運算後以此類推，可以得到一致性矩陣 C。

$$c_{12} = \frac{\sum_{k\in C_{12}} w_k}{\sum_{k=1}^{5} w_k} = \frac{w_1}{w_1 + w_2 + w_3 + w_4 + w_5} = \frac{0.1}{0.1+0.2+0.3+0.3+0.1} = 0.1$$

$$c_{13} = \frac{\sum_{k\in C_{13}} w_k}{\sum_{k=1}^{5} w_k} = \frac{w_1 + w_2}{w_1 + w_2 + w_3 + w_4 + w_5} = \frac{0.1+0.2}{0.1+0.2+0.3+0.3+0.1} = 0.3$$

$$c_{23} = \frac{\sum_{k\in C_{23}} w_k}{\sum_{k=1}^{5} w_k} = \frac{w_1 + w_2 + w_3 + w_4 + w_5}{w_1 + w_2 + w_3 + w_4 + w_5} = 1$$

$$C = \left[c_{ij}\right]_{m\times m} = \begin{bmatrix} - & 0.1 & 0.3 \\ 0.9 & - & 1 \\ 0.7 & 0 & - \end{bmatrix}$$

Step 5：為求得非一致性矩陣，我們利用下列式子運算，其中 S 為所有項目 (準則) 之集合 S＝{1, 2, ⋯, n}

$$d_{ij}=\frac{\max\limits_{k\in D_{ij}}\{|v_{tk}-v_{jk}|\}}{\max\limits_{k\in S}\{|v_{tk}-v_{jk}|\}}$$

故非一致性矩陣 D，可改寫成如下：

$$D=\left[d_{ij}\right]_{m\times m}$$

即求得非一致性矩陣。以下面運算式為例，經運算後獲得到非一致性矩陣 D：

$$d_{13}=\frac{\max\limits_{k\in D_{13}}\{|v_{1k}-v_{3k}|\}}{\max\limits_{k\in S}\{|v_{1k}-v_{3k}|\}}=\frac{\max\{0.024,.024,0.015\}}{\max\{0.030,0.078,0.024,0.024,0.015\}}=\frac{0.024}{0.078}=0.31$$

$$D_{m\times m}=\begin{bmatrix} - & 1 & 0.31 \\ 0.37 & - & 1 \\ 1 & 1 & - \end{bmatrix}$$

Step 6：為求得修正的非一致性矩陣，我們以 d_{ij} 的逆向互補值 $(d_{ij}^{'})$ 來修正，新定義的修正型非一致性矩陣的推導運算如下

$$D'=\left[d_{ij}^{'}\right]_{m\times m},\quad d_{ij}^{'}=1-d_{ij}$$

$$D'_{m\times m}=1-\begin{bmatrix} - & 1 & 0.31 \\ 0.37 & - & 1 \\ 1 & 1 & - \end{bmatrix}=\begin{bmatrix} - & 0 & 0.69 \\ 0.63 & - & 0 \\ 0 & 0 & - \end{bmatrix}$$

Step 7：為呈現元素值越大的方案，其偏好的程度也越高，我們須將一致性集合中各元素 (c_{ij}) 與修正的非一致性矩陣合併計算求得乘積，以獲得修正型的合計矩陣 (Y) 如下

$$Y=\left[y_{ij}\right]_{m\times m},\quad y_{ij}=c_{ij}\times d_{ij}^{'}$$

$$Y_{m\times m}=c_{ij}\times d_{ij}^{'}=\begin{bmatrix} - & 0 & 0.207 \\ 0.567 & - & 0 \\ 0 & 0 & - \end{bmatrix}$$

Step 8：從前面修正型合計矩陣中，求出各行的最大值 y_j，其目的是求得修正型合計優勢矩陣

$$y_j = \max\{y_{ij} \,|\, i = 1,2,3,\cdots,m\},\ j = 1,2,\cdots,m$$

為了確保可以選出最佳的方案，必須將所獲得的 m 個 y_j 由小到大依序排列：$y_1, y_2, \cdots, y_m$。我們將門檻值 $\bar{y}$ 設在最小的 y_1 和次小的 y_2 之間。低於此門檻則將其 y_{ij} 值改為 0，否則改為 1，根據以上的修正便可得到修正型合計優勢矩陣的通式：

$$E' = [e'_{ij}],\quad \begin{cases} e'_{ij} = 1, y_{ij} \ge \bar{y} \\ e'_{ij} = 0, y_{ij} < \bar{y} \end{cases}$$

即求得修正型合計的優勢矩陣。每行最大值可經由計算獲得，例如 y_1＝0.567, y_2＝0, y_3＝0.207。為了求得最多的強弱關係，我們將門檻值定在 0 與 0.207 之間。大於門檻值設定為 1，小於門檻值設定為 0，因此可以得到修正型合計優勢矩陣 E'

$$E' = \begin{bmatrix} - & 0 & 1 \\ 1 & - & 0 \\ 0 & 0 & - \end{bmatrix}$$

Step 9：最後，我們整理及清除較不偏好的方案，從修正型合計優勢矩陣 E' 中，找出 e'_{ij}＝1，即方案 i 優於方案 j，可把方案 j 消去，並將其表示改成 $y_i \rightarrow y_j$。

即消去較不偏好的方案。接續步驟八所求得的修正型合計優勢矩陣，可以得知 e_{21}＝1，e_{13}＝1。因此得到 $A_2 \rightarrow A_1$，$A_1 \rightarrow A_3$ 的強弱關係，或整合呈現如下圖。由圖中的關係可以推得方案 是最佳的流程組合，並且可以排列三方案的優劣順序為方案 A_2 最佳，方案 A_1 次之，方案 A_3 最差。

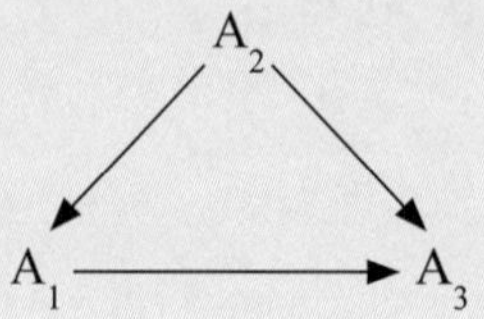

經由以上的九個步驟，得到各流程組合方案之間的強弱關係，因此可以排列出所有方案的優劣順序。假設實施對象皆為可行的組合方案，因此依順序所取得之組合即為最佳的工作流程方案。

八、ANP 法

自從 Saaty1971 年提出層級分析法 (Analytic Hierarchy Process；AHP) 其主要應用在不確定 (Uncertainty) 情況下及具有多個評估準則之決策問題上，其功能在使決策者處理複雜、龐大的問題時，能將錯綜複雜的評估問題建立層級架構來分析，並利用兩兩比較的方法，讓決策者在多個評估準則中作權衡，在經過分析後，就能為所有評估準則 (Certeria) 建立一個優先順序 (Priority) 的排列，以作出最適決策，達到決策的目的。

然因現實生活中的問題常存在相依 (dependence) 或回饋 (feedback) 關係，因此 Saaty (1996) 再提出具有相依與回饋概念的 AHP 法，此即網路層級分析法 (Analytic Network Process，ANP)，而傳統 AHP 法可視為 ANP 法中的一個特例。

ANP 法係由 AHP 延伸而來，但它可容許決策階層架構，各個層級中各準則有交互關係，也就是備選方案也會影響各準則權重的決定，稱之為 systems with feedback。ANP 可解決 AHP 對於各個 node 中，各個元素彼此之間必須為獨立的基本限制，所以 AHP 可以視為 ANP 的一個特例。但是迄今 ANP 並沒有像 AHP 一樣有那麼多論文討論其應用實例，至今已有分析軟體 Super Decision，儘管此技術非常成熟，但它要在準則以及備選方案都明確的情況下才能進行。有關 ANP 法的計算，請見第四章介紹。

1.1.3 專案管理之資訊系統的評估

以營建業而言，隨著工程的日趨複雜，一個工程專案所要面對的資訊已非傳統管理方式所能負擔，加上政府大力推動產業電子化，在法規面或執行面上都會要求工程專案運用資訊系統來做專案管理，使工程專案的資訊能夠更有效率的應用，進而達到管理的目的。

尤其在為工程專案管理者為專案導入工程專案管理資訊系統前，建立資訊系統 (IS) 的使用前的評估步驟，包含：建構評估向度與指標、調查個案系統的表現程度，最後透過正在實行的專案作為案例，以實證評估模式，並建議該案例最適合的管理資訊系統 (MIS)。

一、專案管理之流程及領域

根據美國 PMI 的 PMBOK 觀點，專案管理知識體系綜合整理出執行專案的五大流程與九大知識領域。五大流程敘述如下：

1. 起始程序 (Initiating Processes)：開始進行一個專案或進入另一個階段。
2. 計劃程序 (Planning Processes)：設計並保有一份可執行的計畫。
3. 執行程序 (Executing Processes)：結合人力及其他資源，共同履行預定的計畫。
4. 控制程序 (Controlling Processes)：藉監督及修正，確保專案目標可如期達成。
5. 結案程序 (Closing Processes)：一個專案或階段的結果已被正式接受，並結束。

而九大專案管理知識領域包含：

1. 專案整合管理 (Project Integration Management)。
2. 專案範疇管理 (Project Scope Management)。
3. 專案時程管理 (Project Time Management)。
4. 專案成本管理 (Project Cost Management)。
5. 專案品質管理 (Project Quality Management)。
6. 專案人力資源管理 (Project Human Resource Management)。
7. 專案溝通管理 (Project Communications Management)。
8. 專案風險管理 (Project Risk Management)。
9. 專案採購管理 (Project Procurement Management)。

二、工程專案管理之資訊系統

雖然營建業是勞力密集的傳統產業，勞力密集的主因來自於龐大的專業分工，同時也產生很多介面溝通上的問題，因此使得工程專案所面臨的資訊也相對地龐大、資料型態也相對顯得複雜，這樣的傳統產業本質上反而更需要倚賴資訊科技來解決這類的問題。

舉凡過去不論是管理資訊系統 (MIS)、專案管理軟體 (PMS)、或者是內部資料庫的設計，這些目的都在解決結構化的問題或結構化的資訊，工程專案所面對的卻是非結構化的文件、圖片、多媒體檔案…等，因此在解決非結構問題上面通常效用有限，一個工程專案的管理人幾乎會耗費三分之一以上的工作時間在處理會議、公文往返上，相對地也產生龐大文件，也因此整合性的專案管理資訊系統不僅僅要具備傳統管理資訊系統處理結構化文件的功能，更要能建立一套處理非結構化文件的機制。也因此本節將針對傳統已使用的專案管理軟體、管理資訊系統以及目前相關工程專案管理資訊系統的文獻作一系列的探討。

(一) 專案管理軟體

目前所發展的專案管理軟體多半是針對專案管理中的專案時間管理所開發出來的套裝軟體，可廣泛地運用於協助時程的發展。這些軟體的共通點可以自動進行數學分析法和資源撫平的處理，因此可允許在眾時程方案中做快速的考量，運用甘特圖 (Gantt Charts)、要徑法 (Critical Path Method，CPM)、及計劃評核術 (Program Evaluation and Review Technique，PERT) 來計算期程提供決策前判斷依據，以達到專案時間管理。

以國內為例，商用專案管理軟體中使用率最高以 Microsoft Project 的 78%，大幅領先排名第二的 P3 (Primavera Project Planner) 60%，以美國為例，市面上可接受的專案管理軟體遠比台灣多，調查結果顯示依舊是以 MS Project 的 48.8%、而 P3 的 13.8% 居次，另外在滿意度調查上則是以 Scitor 開發的 Project Scheduler 最高，P3 則居次 (林敬涵，1994)。

(二) 管理資訊系統

系統意味著一群交互關聯、具有相同目標元件所組成的集合體。在過程中接受輸入 (Input)、開始處理 (Process)，並產出輸出 (Output)，並為了要掌握轉換過程，加入了回饋 (Feedback) 與控制 (Control)；而資訊系統便是將系統的主要元件由人、硬體、軟體、通訊網路和資訊資源這五項取而代之，組織內的相關人員透過電腦硬體與軟體輸入或產出資訊資源，透過通訊網路及時傳達資訊，藉由回饋、控制了解資訊系統的績效，並加以改正。

(三) 整合性工程專案管理資訊系統

整合性的工程專案管理資訊系統便是強調將非結構性文件納進同一套管理資訊系統中管理，非結構性文件相關議題近年來不斷受到重視，並漸漸發展成一套「知識管理」的領域，使得這些非結構化資訊不再只是雜亂無章的「資訊」，透過資訊科技的應用可以從這些資訊中擷取出所謂的「知識」，因此對於以工程專案管理為主的管理資訊系統，對於非結構化資訊的處理反而成為相關業者在開發時所必須面對的議題。

三、資訊系統評估模式之建構

(一) 工程專案管理資訊系統之評估步驟

1. 評估目標之確定

本研究係針對潛在使用者應用工程專案管理資訊系統之使用前評估，首先透過文獻與專家訪談瞭解工程專案管理資訊系統的特性及專案工程的資訊化需求，歸納出評估範圍及達成目標的評估項目。

2. 評估指標之建立

決定影響使用者決策的評估指標，結合專案管理所達成的目標方向與資訊化所能提供的功能，訂定出工程專案管理資訊系統的評估範圍及達成專案管理目標的評估項目，並整理出具代表性的評估指標。

3. 評分方式之建立

透過專家問卷以及深入訪談建立個案系統在各個評估指標所表現出來的績效程度，依照李克特尺度區分為五等分。

4. 評估模式之建立

由於受限於系統軟體的績效指標無法透過客觀使用者做同一準則面的比較，因此評估模式會將控制變數放在使用者的權重評估指標，並利用問卷調查與專家訪談建立指標權重，主要由評估指標之間的相對重要性來決定，因此如何以主觀性給予權重或由客觀性腦力激盪給予權重，是非常重要的；最後透過使用者權重評估指標與系統軟體的績效指標互相交集，得出系統適用值。

5. 評估結果之應用

最後結果便是本研究的目的，透過數值化的分析建議潛在使用者應用分數最高的資訊系統，亦可綜合分析比較個別使用者對工程管理資訊系統的需求差異，提供潛在使用者瞭解本研究所提供的個案系統的功能表現；系統開發業者亦可針對使用者需求作為系統開發的依據。

6. 評估內容之檢驗

針對最後結果所得到的建議值，必須要透過主觀性調整或客觀性腦力激盪的建議，並將這些調整與建議彙總整理，回饋到評估制度以適當修正，使整個評估制度更臻完善，檢驗的重點如以下幾點所示：

評估目的為何？評估範圍為何？評估項目為何？評估指標信度與效度？如何分析評估結果？評估結論與決策間的實質效用？

(二) 評估指標初擬

以林敬涵 (1994) PMIS 為例，其資訊系統功能構面的指標是由 PCM 應辦事項所轉化而來，指標轉化的邏輯是根據應辦事項可否歸納九大管理體系以及可資訊化的程度為參考依據，若跟指標屬於「PCM 組織因素」，也就是無法歸類在九大管理體系中，則該項指標與以刪除；此外依照可資訊化程度判斷原則如下：若顯示為「難」，則會在具體評估指標敘述文句上做調整，調整的方式可分為：

(1) 拆解指標敘述架構到可資訊化的敘述文句；
(2) 直接調整敘述架構；
(3) 敘述架構過於模糊籠統則加註說明。

若經由上述調整方式後仍難以資訊化則該項指標將予以刪除，指標篩選與分析之相關分析過程與分類方式如表 1-33 所示：

表 1-33 功能向度評估指標綜合分析整理

項目	具體評估指標	依專案管理分類	可資訊化程度		
			易	難	不可
1	定時召開諮詢顧問會議	A7 溝通管理	●		
2	各工作介面之協調及整合	A1 整合管理	●		
3	工程變更文件處理及建議	A2 範疇管理	●		
4	專案管理廠商對工程專案管理了解程度	PCM 組織因素			●
⋮	⋮	⋮			
58	契約簽訂之時程控管	A3 時程管理	●		

(三) 個案系統之對象選定

系統個案 A，為工程專案管理資訊系統 (PMIS)，係國內某工程顧問公司，採委外開發所開發的工程專案管理資訊系統，系統報價出其成本約 200 萬，後期成本由於受限於案例數量不多無法估計。個案系統技術架構採用 Microsoft 平台技術架構，主要開發程式語言應用 Microsoft ASP.Net 架構，資料庫系統亦是使用 Microsoft SQL Server。

個案 B 系統係由國內某工程顧問公司自行研發而成，被分類為工程專案管理資訊系統 (PMIS)，由於是以工程專案為導向設計，因此也提供套裝軟體的服務。個案系統已陸續提供該工程顧問公司八個專案使用，主要模組功能包含專案基本設定、最新資訊提報、工程簡報、會議管理、文件往來、契約管理、圖說管理、進度管理、預算管理、品質管理、送審文件管理、日報管理、估驗計價管理等十三個模組。系統成本是初期建置與後期為護一併算入約 520 萬。

個案 C 是屬專案管理軟體 (PMS)，國內營建業大多應用此軟體做時程與資源規劃，個案軟體是由美國 Primavera 公司所研發的工程專案管理軟體，針對專案時程管理作設計，同時進行成本分析，在輸入各工項的工期、開工時間、工項間邏輯關係等基本數據後，透過時程控制、資源調度及資源撫平得出合理的施工進度，並配合實際施工中進行動態跟蹤，適時更新進度。合法授權的系統建置成本約 100 多萬。

四、評估模式之建立

表 1-34 評估模式初步整理 (林敬涵，1994)

		小項	權重得分	具體評估指標	系統表現程度指數		
					系統 A	系統 B	系統 C
功能性構面	A 需求	A1~A9		各工作介面之協調及整合			
				規劃階段文件、圖説之審查			
	B 整合	B1~B2		系統化模組介面			
				客製化彈性			
非功能性構面	C 成本	D1~D2		系統軟硬體建置成本			
				初期導入成本			
				系統軟硬體維護成本			
	D 後續服務	E1~E3		軟體供應商技術能力			
				軟體供應商服務能力			
				軟體後續更新與研發			
				軟體相關教育訓練			
各系統對使用者的效用值					A 總分	B 總分	C 總分

五、調查方法

為建立個案系統的表現指標資料庫與潛在使用者的權重指標資料庫，林敬涵 (1994) 分別針對「個案系統的表現程度」與專案「潛在使用者」對指標的重視程度做調查。個案系統選定兩個 PMIS 系統與一個傳統 PMS，潛在使用者則以台灣大學正在執行的工程專案為主要操作對象，藉由訪談相關專案關係人與深入調查專案關係人對於評估指標的重視程度。

問卷調查分析方法採 Ishikawa (1993) 等學者所提出的模糊德菲法，應用上使用幾何平均數作為決策群體來篩選評估指標的依據，避免極端值的影響，以收統計上不偏之效果，使準則的選取效果更佳。

而其運用之原理是累積次數分配與模糊積分的觀念，將專家意見整合成模糊數，並以幾何平均數作為群體決策篩選評估準則之依據，避免極端值的影響，以

表 1-35 專家隸屬模糊函數圖 (林敬涵，1994)

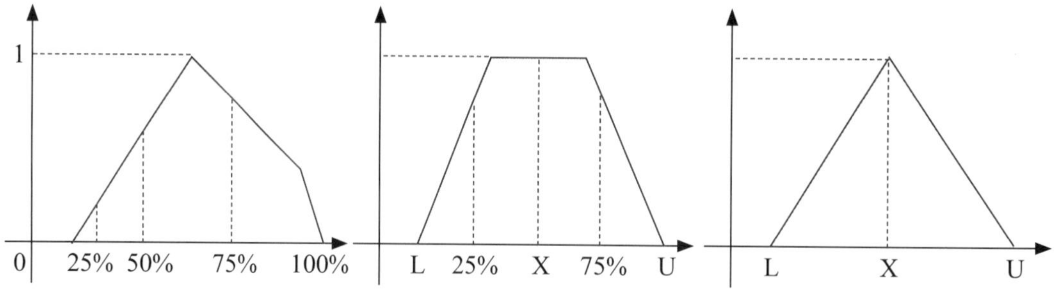

專家共識 Pice wise 模糊函數圖　專家共識梯形模糊函數圖　專家共識三角模糊函數圖

使評估因子的選取效果更佳。由於本研究受限於使用工程專案管理資訊系統的相關專家人數少，將利用模糊德菲法的理論為基礎，而三角模糊函數相對於其他模糊函數較能適用在受訪人數少的情況下，因此本研究採用三角模糊函數來涵蓋專家全體之意見，並採用幾何平均檢定指標的一致性。

六、綜合分析

將第四章所初擬的評估指標透過專家問卷的操作得到各系統相對應各個指標的表現程度指數，並歸納為表 1-36 所示：

表 1-36 評估模式之綜合分析結果 (林敬涵，1994)

構面	向度	小項	權重	具體評估指標	系統表現程度指數		
					系統 A	系統 B	系統 C
功能構面	A 需求向度	A1 專案整合管理	?	各工作介面之協調及整合	7.82	5.17	2.10
			?	規劃階段文件、圖説之審查	6.55	4.67	1.52
			?	設計階段文件、圖説之審查	7.64	5.00	1.52
			?	施工階段文件、圖説之審查	7.09	4.83	1.52
			?	結算資料之複核	5.82	4.67	1.76
		A2 專案範疇管理	?	工程變更文件處理及建議	7.45	4.67	1.90
			?	團隊工作權責劃分編擬	5.55	4.50	2.48
			?	多專案模式	7.36	4.50	3.19

表 1-36 評估模式之綜合分析結果 (林敬涵，1994) (續)

構面	向度	小項	權重	具體評估指標	系統表現程度指數		
					系統 A	系統 B	系統 C
		A3 專案時程管理	?	專案進度之預測及編擬	5.55	5.17	8.48
			?	工程進度之掌控及執行	6.09	5.33	8.48
			?	工程資源需求之評估	4.91	4.83	7.76
			?	設計進度之協調與管理	6.73	5.67	6.19
			?	工程分標發包及工期規劃時程建議	4.36	5.33	6.19
			?	施工進度查核分析及督導	7.27	5.67	7.24
		A4 專案成本管理	?	成本分析與預算擬定	6.36	4.67	7.10
			?	價值工程之建議	3.00	4.17	6.24
			?	成本控制	4.82	4.33	6.29
			?	施工估驗計價之稽核	6.82	4.83	5.67
		A5 專案品質管理	?	建立品質保證與控制計畫	7.00	4.83	2.29
			?	設計、規範與圖樣品質審查	7.45	4.50	2.00
			?	施工品質管理	7.36	4.50	2.10
			?	建立作業程序以檢討補正	6.45	4.33	2.86
		A6 專案人力資源管理	?	各項專業及維護人員掌控能力	4.73	4.83	2.81
		A7 專案溝通管理	?	諮詢顧問會議平台	7.18	6.83	2.10
			?	會議管理	7.82	7.17	1.95
			?	文件檔案管理	8.27	7.17	2.10
			?	契約爭議處理	7.55	6.67	1.71
			?	即時影像溝通	3.00	4.67	1.52
		A8 專案風險管理	?	瞭解風險之承擔能力	4.00	4.17	1.67
			?	索賠案件評估	3.00	4.17	1.43

表 1-36 評估模式之綜合分析結果 (林敬涵，1994) (續)

構面	向度	小項	權重	具體評估指標	系統表現程度指數		
					系統 A	系統 B	系統 C
		A9 專案採購管理	?	招標文件之審查與評比	3.73	5.33	1.38
			?	施工之發包作業管理	4.73	5.33	1.38
			?	採購發包階段費用計價作業與價格合理性之審核	5.00	5.17	1.71
功能性構面	B 整合向度	B1 擴充彈性	?	系統化模組介面	7.82	6.33	2.57
			?	客製化彈性	7.82	5.83	2.62
		B2 整合能力	?	與現有專案管理軟體整合程度	6.91	6.00	2.38
			?	多重專案的整合能力	7.09	5.83	2.19
			?	與其它資訊系統相容且相互操作	7.64	5.83	2.05
非功能性	C 成本	D1 期初成本	?	系統軟硬體建置成本	6.27	5.33	4.86
			?	初期導入成本	5.91	5.33	4.67
		D2 維護成本	?	系統軟硬體維護成本	6.73	4.83	6.05
			?	諮詢及顧問服務成本	6.27	4.83	5.76
	D 後續服務	E1 供應商服務水準	?	軟體供應商技術能力	8.09	4.67	7.33
			?	軟體供應商服務能力	8.00	4.67	7.14
		E2 產品更新研發	?	軟體後續更新與研發	7.73	4.83	7.00
		E3 教育訓練	?	軟體相關教育訓練	7.82	4.67	6.90
各系統表現程度總平均值					6.43	5.17	3.83

1.1.4 公司績效之評估

「績效評估」，在本質上，係屬管理活動中之「控制」(control) 功能。績效評估有助於企業有效的運用資源及控制策略執行的成果，其評估結果可代表過去資源運用是否有效，及其策略執行的情況，提供重要的訊息給管理階層，分析策略執行的效益及未來決策參考之依據。這種功能同時具有消極與積極意義。在消極方面，係指了解規劃之執行進度與狀況，如有差異到一定之程度時，即應採取修正對策。在積極方面，則希望藉由績效評估制度之建立，能夠在事前或活動進行中，對於行動者之決策與行為產生影響或導引作用。績效評估之所以能產生上述積極作用，主要在於兩個因素；一為績效評估標準，另一為激勵手段之利用；前者賦予努力之方向或標的，後者賦予動機或力量。

組織的績效不單只有財務面的部份，也應包含非財務面的部份，透過全方面的觀察企業績效，以衡量企業是否有效的運用資源及控制策略執行的成果。

一、公司績效之財務指標

公司績效常見的財務指標，包括：資產報酬率、股東報酬率、營業利益率、每股盈餘、淨利率、Tobin's Q…等績效衡量指標。在問卷中，常看到的「公司財務績效」操作型定義，包括：(1) 近三年的獲利率 (稅後損益／銷貨淨額) 成長的趨勢。(2) 近三年的顧客滿意度。(3) 近三年的技術與商情掌握程度成長的趨勢。(4) 近三年的創新程度成長的趨勢。

(1) 資產報酬率 (ROA)

資產報酬率即在衡量公司資產是否充分利用。資產報酬率在衡量公司的營運使整體資產的報酬運用效率狀況；比率越高，表示公司的營運使整體資產的報酬運用效率越高。

資產投資報酬率是以本期純益加稅後利息費用，除以全年度平均資產總額，用以測度總資產之獲利能力。

資產報酬率 (ROA)＝[稅後淨利＋利息支出 (1-25%)]／平均總資產

(2) Tobin's Q

Tobin's Q 為 1981 年諾貝爾經濟學獎得主托賓 (James Tobin) 所提出

的觀念，Tobin's Q 的定義為公司的市值 (market value) 除以資產重置成本 (replacement cost)，資產重置成本反映的是資產現在購買所需付出的價值。因此當 Tobin's Q 值愈高，代表公司所創造的無形資產或未來成長的機會愈大，使得市場給予公司的評價 (公司市值) 相對資產的重置成本增加，亦即可定義為公司價值愈高。

但台灣缺少公信力的機構提供重置成本資訊。故改以資產帳面價值來代替重置成本，也就是採用權益市價加負債帳面價值，除以資產帳面價值來衡量 Tobin's Q。

Tobin's Q＝(權益市價＋負債帳面價值)／資產帳面價值

(3) 每股盈餘 (EPS)

係指公司之普通股每股在一會計年度中所賺得之盈餘，亦即等於公司盈餘除以其發行股數，代表每一普通股所獲得的盈餘，為用來評估公司獲利能力的重要指標。

每股盈餘 (EPS)＝稅後淨利／加權平均股數

二、績效評估模式之建立

通則來說，多數人績效評估指標的建構，係先透過文獻探討及專家會議來建初步的評估指標，再經「篩選」技術 (如 Delphi，Factor analysis) 來過濾不重要的評估準則，最後再找出各準則的權重比例。

(一) 建立初步評估指標

首先由文獻蒐集整理，將學者使用財務比率頻率較高之指標，當作初步評估指標 (表 1-37)，共計選取 25 個財務比率。

(二) 制定問卷及專家訪談

用上表中之 25 個財務比率為準則，設計出公司財務績效評估指標問卷，此 Delphi 問卷分別寄發給各上市上櫃公司，或由各公司之專業人士來評選這些財務指標之重要性，即可篩選出足以做為評估上市上櫃營建公司之財務比率。

表 1-37 初擬績效評估指標

評估構面	財務比率	計算公式
獲利能力	稅後淨利率 (純益率)	稅後淨利／營業收入淨額
	資產報酬率	(稅後淨利＋利息支出*(1－稅率))／平均資產總額
	稅後淨值報酬率	稅後淨利／平均淨值
	營業利益	佔實收資本比營業利益／實收資本額
	稅前淨利	佔實收資本比稅前淨利／實收資本額
	每股盈餘	(稅後淨利－特別股股利)／加權平均已發行股數
	營業毛利率	營業毛利／營業收入淨額
	營業利益率	營業利益／營業收入淨額
成長能力	淨值成長率	(本期淨值－前期淨值)／前期淨值
	稅後淨利成長率	(本期稅後淨利－前期稅後淨利)／前期稅後淨利
	營收成長率	(本期營收淨額－前期營收淨額)／前期營收淨額
	總資產成長率	(本期總資產－前期總期產)／前期總資產
	稅後淨利率 (純益率)	稅後淨利／營業收入淨額
	總資產報酬成長率	(EBDIT*－前期 EBDIT*)／期初總資產
財務結構	自有資本比率	淨值／資產總額
	負債比 (＝1－自有資本比)	負債總額／資產總額
	長期資金佔固定資產比	(淨值＋長期負債)／固定資產
	借款依存度	長短期借款／淨值
償債能力	流動比	流動資產／流動負債
	速動比	速動資產／流動負債
	利息保障倍數	稅前息前純益／(利息支出＋資本化利息)
經營能力	存貨周轉率	營業成本／平均存貨
	應收帳款周轉率	營業收入淨額／平均應收款項
	總資產周轉率	營業收入淨額／平均資產總額
	固定資產周轉率	營業收入淨額／平均固定資產
	淨值周轉率	營業收入淨額／平均淨值

*稅前息前折舊前淨利

(三) 篩選指標

將經由問卷所獲得之資料，利用 fuzzy Delphi 法來進行評估指標之篩選，Delphi 其篩選方式說明，可詳讀第三章的說明。

(四) 評估指標 (準則) 的權重

經篩選過的指標，再應用層級分析法 (AHP) 或 Fuzzy AHP 來評估績效指標及其相互間之權重，以計算出評估準則間相互依存之關係及比重，即可求得各評估準則之優先順序權重，並建立一套績效評估之層級架構。

1.1.5 國家競爭力之評估

國家競爭力是指一個指涉「國家政府政策能力與企業實力結合，共同創造優勢發展系絡，以達經濟永續成長系絡的能力」。在國際上，瑞士洛桑國際管理學院 (International Institute of Management Development，IMD)、世界經濟論壇 (World Economics Forum，WEF)、英國經濟學人中心 (Economist Intelligence Unit，EIU)、世界銀行的「治理與反貪專案」(Governance and Anti-Corruption，GAC) 以及「環境永續指數」(Environmental Sustainable Index，ESI) 等評比機制，歷年來都實施國家競爭力、永續發展或是公共治理品質的評比。其中，又以 IMD、WEF 的競爭力評比結果最令國際矚目。早在 1979 年，IMD 就與 WEF 合作，持續進行全球競爭力評比計畫 (the Global Competitiveness Program，GCP)，當時是以《國際競爭力年報》的名義發布評比報告。從 1996 年起，兩個機構由於對國家競爭力的理念不同，而分別出版各自的全球競爭力評析，WEF 將競爭力定義為「一個國家達到高經濟成長及高平均國民所得之能力」，強調國家經濟成長的前景；IMD 認為競爭力是「一個國家能創造附加價值的能力」，著重在國家創造及累積財富的能力，也就是將「資產轉換成財富之過程所展現的能力」。IMD 的評比結果在每年大約 5 月間發布，而 WEF 的報告通常在 9 月、10 月間發布。

《國際競爭力年報》(World Competitiveness Yearbook，WCY) 是瑞士洛桑國際管理學院 (International Management Development， IMD) 發佈的關於主要國家和地區全球競爭力的年度研究報告，自 1979 年開始每年出版一次，被公認為是研究國家和地區競爭力的最好的一手資料。

IMD 指標涵蓋的面相當廣，最初的 IMD 評估指標體系分為國內經濟、國際化程度、政府效率、金融體系、基礎設施建設、企業管理、科技實力和國民素質 8 大類及 224 個子項，2001 年有了較大的改動，調整為經濟表現、政府效能、企業效能和基礎設施四大類共 314 個子項。其中每一個因素又包括 5 個二級要素 (sub-factor)，以概括國家競爭力的不同方面 (見表 1-38)。二級要素下面是具體的指標層 (criteria)，部分二級要素與指標層之間還分為若干類目 (categories)。每個二級要素包括的指標個數可以有所不同，指標的具體內容在每年的報告中也有所微調。

世界經濟論壇 (World Economic Forum，WEF) 自 1979 年起開始發佈全球競爭力報告，2005 年起 WEF 發展了另一個新的全球競爭力指標 (Global Competitiveness Index，GCI)，藉由總體與個體經濟的基礎，將一國之競爭力定義為「在永續的基礎上，能夠持續性的達成高經濟成長的能力」，此指標乃是由

表 1-38 IMD 國家競爭力評比指標

2010 年 IMD 國家競爭力因素 (Competitiveness Factors)				
一級指標	經濟表現 (Economic Performance)	政府效能 (Government Efficiency)	企業效能 (Business Efficient)	基礎設施 (Infrastructure)
二級指標	國內經濟 (Domestic Economy)	公共財政 (Public Finance)	生產力和效率 (Productivity)	基本的基礎設施 (Basic Infrastructure)
	國際貿易 (International Trade)	財政政策 (Fiscal Policy)	勞動力市場 (Labor Market)	技術基礎設施 (Technological Infrastructure)
	國際投資 (International Investment)	法規體制 (Institutional Framework)	金融 (Finance)	科學基礎設施 (Scientific Infrastructure)
	就業 (Employment)	企業法規 (Business Legislation)	經營管理 (Management Practices)	健康與環境 (Health and Environment)
	價格 (Prices)	社會架構 (Societal Framework)	態度和價值觀 (Attitudes and Values)	教育 (Education)

哥倫比亞大學的 Xavier Sala-i-Martin 教授依 Michael Porter 國家競爭力分析的概念與 WEF 共同合作編製。2009 年 WEF 全球競爭力指標共包括基本需要、效率增強及創新因素等 3 大類，12 個中項、110 個指標，依照各國經濟發展的程度分成要素導向、效率導向以及創新導向 3 個階段，給予不同評比的權重 (表 1-39)。

與 IMD 的全球競爭力評比稍有不同的是，IMD 的評比中有三分之二的指標為統計指標，三分之一為問卷指標，而 WEF 全球競爭力指標問卷指標的比重較高，約有七成的指標屬於問卷調查資料 (在調查當年的 2 至 3 月間，對在台灣的國內與跨國企業的領袖或經理人進行問卷調查)，三成屬於統計指標 (大多使用前二年間的資料)。12 個中項指標，構成 WEF 為競爭力的 12 根支柱 (pillars)。WEF 將所有受評比的國家，依據人均所得所構成的國家發展不同階段而劃分為五組，每組在 3 大類指標的權重都不相同，頗為複雜，經過最終的加權計分後，發布「全球競爭力排名」。

表 1-39 WEF 全球競爭力評比指標

2009 年 WEF 全球競爭力指標 (Global Competitiveness Index，GCI)			
一級指標	基本需要 (Basic requirements)	效率增強 (Efficiency enhancers)	創新因素 (Innovation and sophistication factors)
二級指標	體制 (Institutions)	高等教育與訓練 (higher education and training)	企業成熟度 (Business sophistication)
	基礎建設 (Infrastructure)	商品市場效率 (Goods market efficiency)	創新 (Innovation)
	總體經濟穩定度 (Macroeconomic stability)	勞動市場效率 (Labor market efficiency)	
	健康與初等教育 (Health and primary education)	金融市場成熟度 (Financial market sophistication)	
		技術準備度 (Technological readiness)	
		市場規模 (Market size)	

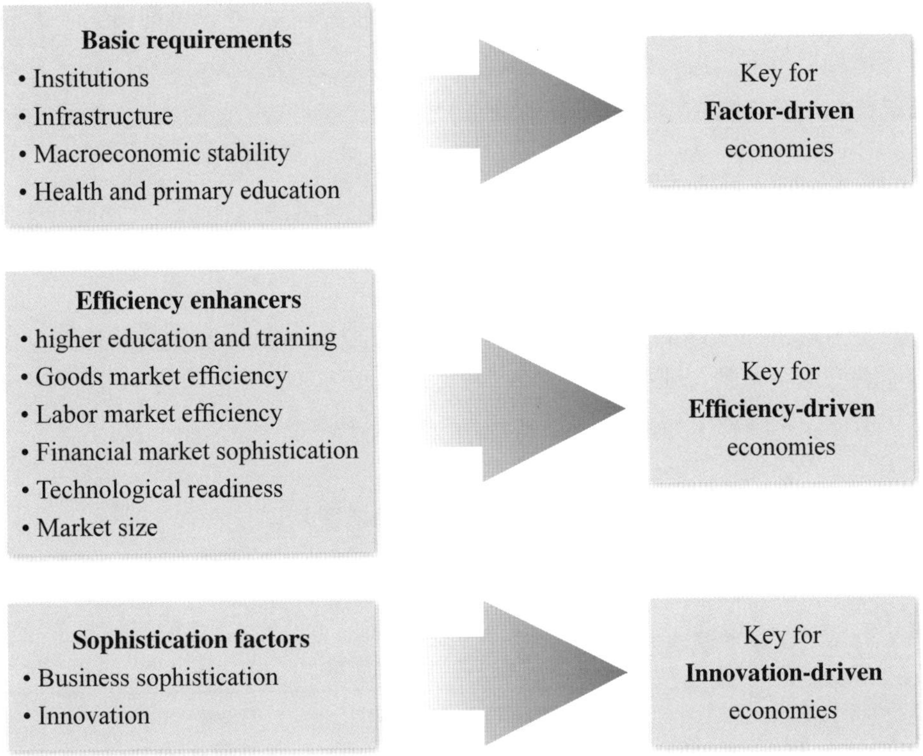

資料來源：World Economic Forum (2008)，The Global Competitiveness Report 2008-2009，p7

圖 1-22 WEF 國家競爭力的 12 根支柱

例如，在 2009 年，國家競爭力共有 133 個國家受評，共 56 個國家處於經濟發展的第一階段，40 個國家處於經濟發展的第二階段，37 個國家處於經濟發展的第三階段，而我國今年晉升於第三階段，也就是進入「創新導向的階段」；亞洲經濟體中，日本、香港韓國、新加坡以及台灣皆屬「創新導向」的經濟體 (Innovation-driven economies)；中國、馬來西亞以及泰國屬於「效率導向」的經濟體 (Efficiency-driven economies)，其他國家則為「要素導向」(Factor-driven economies) 的經濟體。

雖然 WEF 和 IMD 所設計的指標項目略有不同，但均以「政府職能」作為首要指標，顯示提昇行政機關的效率和行政人員的素質具有關鍵性的地位，其次，在國家競爭力的概念中，需要注意「資源」與「過程機制」的關係，某些國家擁有豐富的資產，如土地、人口、自然資源，然而競爭力並未具備優勢。而如日本、新加坡等國，由於轉化資產至競爭力的能力「過程機制」具有優勢，在資源匱乏情況下，仍具有強大之國家競爭力。

1.1.6 組織競爭力之評估

一、企業競爭力指標

企業競爭力的高低是和對手比較的結果透過市場機制來表現，競爭力的持續性需仰賴企業的各種要素資源及組織管理運作等，因此經由表 1-40 之指標內涵，可以對企業競爭力進行分析、比較和評價 (小企業貿發通訊，2010)：

表 1-40 企業競爭力指標內涵

構面	指標向度	指標細目
直接競爭力	營銷績效	(1) 銷售指標　(2) 市場態勢 (3) 銷售利潤指標　(4)企業形象
	營銷能力及效率	(1) 產品競爭力　(2) 價格競爭力 (3) 分銷能力　(4) 促銷能力 (5) 採購能力　(6) 營銷財務能力
競爭支撐力	經營優勢	(1) 成本優勢　(2) 差異優勢 (3) 成本或差異優勢
	技術優勢	(1) 研究與開發　(2) 技術創新 (3) 技術條件　(4) 技術合作
	資產實力	(1) 資產總量　(2) 資產質量 (3) 資產結構
	人力資源	(1) 人力資源質量　(2) 人力資源成本與效率 (3) 員工的精神狀態

資料來源：小企業貿發通訊 (2004)。企業競爭力的評價及指標。http://www.cioworld.net/cgi-new/violethtml/6/2004-02-11/20040211151538.html

企業要了解自己的競爭力狀況，一般可以透過和本身的前期指標作比較，和主要的競爭對手指標比較以及用相同行業的平均指標數進行比較。

二、學校競爭力指標建構的方法

「國際經濟合作發展組織」(Organization for Economic Cooperation and Development，OECD) 從 2000年開始，每隔三年執行一次「國際學生評量計畫」(Program for International Student Assessment，PISA)，評量的項目為「閱讀的能力」、「數學的能力」、「科學的能力」與「解決問題的能力」(UNESCO &OECD，2000)。因為 PISA 是檢視各國教育體制及未來人才競爭力的重要指標，所以受到世界各國重視。

學校競爭力指標是指提供學校競爭力優劣情形的統計數量，用以說明學校的背景、運用教育資源、實施教育過程以及教育成效狀況及其發展變化，能夠對學校的品質、效能與滿意度作測量。

競爭力指標建構的方法，首先藉由訪談 N 所優質學校校長，收集有關學校競爭力資料來統整歸納初步建構「私立中學學校競爭力指標體系調查問卷」；接著，再以國內具中等教育專長之學者與專家、學校人員、教育行政人員與家長人員，組成 Delphi 專家成員進行二次調查問卷，來討論與修正私立中學學校競爭力指標之架構體系。最後，採用 AHP 調查問卷，來建構私立中學學校競爭力指標之權重體系。

此外，「學校競爭力指標」另一種算法，係採 CIPP 之模式，以背景、輸入、過程及成果四大領域之內容呈現。

三、學校競爭力指標的篩選

常見係以 Delphi 法或 fuzzy Delphi 法來「篩選」競爭力指標。例如，中學學校競爭力的指標可分三大構面：「標竿支援功能」、「標竿學校運作」與「標竿學校效能」，其中又細分為 9 個學校競爭力層面與 28 個學校競爭力項目：

(一) 標竿支援功能

1. 人力資源：包括，師資素養、職員素質、學生程度、家長參與，以及學區特性。
2. 財力資源：包括，經費投入，以及經費支出。
3. 物力資源：包括，學校建築、學校設備，以及學校環境。

(二) 標竿學校運作

1. 校長領導：包括，行政領導、教學領導，以及課程領導。
2. 標竿流程：包括，校務計劃、學校特性分析、資源整合，以及組織學習。
3. 行政運作：包括，董事會組織、溝通協調，以及學校文化。

(三) 標竿學校效能

1. 學生品質：包括，學生考試成績、學生基本學力，以及學生品格。
2. 教師效能：包括，專業發展、教學表現，以及服務奉獻。
3. 行政效能：包括，學校績效，以及學校滿意度。

至於 Delphi 法或 fuzzy Delphi 法的理論及實務算法，可參見後面章節的說明。

四、組織競爭力指標的權重

組織競爭力指標的權重的演算法，可參考後面章節之 AHP 或 fuzzy AHP。

1.1.7 供應商挑選之評估準則

物料或產品能適時、適量、適質及以合理價格供應，對企業而言非常重要，因此，供應鏈的功能就更為企業所重視。供應鏈的源頭是供應商，換句話說，供應商的良窳，不僅影響到整個供應鏈的運作，也關係著企業的成敗。是故，現代商場上的競爭即為供應鏈對供應鏈的競爭。而這種競爭型態，也改變了供應者與購買者的關係。過去，供應商與製造商之間因雙方議價立場的不同，而處於對立狀態，製造商多賺利潤，相對地，即意謂供應商增加損失。但近年來隨著 JIT (just in time) 採購、物流等管理觀念的普及，二者之關係已逐漸變為團結合作、共存共榮的合夥關係。

一個良好的供應鏈是由許多良好的廠商互相配合而組成的，其中又以提供材料或服務的供應商與企業最密切。良好的供應商管理除了能實質提高公司收益外，最大的優點在於效率之提昇及供應鏈間資訊的快速傳遞，使得企業運作順暢。有效的供應商管理，不僅可獲得外包服務之支援，更可建立一套良好的供應商評選工具。

供應商之評估與選擇模式已有相當多的文獻加以探討，茲摘取重要評估模式分述如下：

1. 分類法：此法是將品質、成本、交貨速度等分為好、普通、不好三種等級，對各供應商在各評估準則之表現，分別以 (+)、(○) 或 (−) 標記，供應商中獲得 (+) 標記最多者為得分最高，此方法主觀但簡單，容易使用。惟 Youssef 等人 (1996) 認為：應將上式三種評估因子，依其不同重要度給予不同權重，再予以加總，得分最高者為者為最好的供應商，此方法較客觀實用。
2. 成本比例法：Timmerman (1986) 認為考慮各供應商產品在品質、交期與服務等成本，計算其佔採購物項成本之比例，然後加總到採購成本中，總成本最低者才是最佳選擇，惟建立此等成本會計系統不易，是其缺點。
3. 成本為基礎之評估模式：Monczka and Trecha (1988) 以為採購成本只是供應商物料成本之一部分，正確的做法應考慮總成本，因而提出供應商績效指標 (supplier performance index，SPI) 及服務評比(service factor rating，SFR) 之評估模式。
4. 加權點數評估法：此法是考量供應商在各項評估準則之權重，加總後作為優劣之準則，惟 Thompson (1990) 指出此模式在評估時，評估項目及權重必須先定義清楚，由於此方法應用雖然簡單，惟權重的指定太主觀是其缺點。
5. 供應商剖面分析法：在權重訂定方法上，此分析法以蒙地卡羅模擬技術代替人為主觀之判斷，此法為加權點數評估法之改良。
6. 尺度分析法：尺度分析法是採系列之一對一比較法，每次僅評估比較兩家供應商之優劣。Youssef 等人 (1996) 指出：此評估方法有當評估值 DA＝1 時，供應商間之優劣無法抉擇及供應商較多時，評估費時且繁雜兩項缺點。
7. 田口損失函數評估法：Pi 和 Low (2003) 應用田口損失函數之方法，將供應商在各項評估準則之績效表現，先轉化為品質損失，然後計算其總損失值，以執行供應商之評估與選擇。

供應商之選擇與評估為企業運作中極重要之一環，該評估過程的主要目的為選出最佳的供應商，而非找出價格最低、技術最成熟或是最短配送時間的供應商 (Swift，1995)。其評估準則受產業別、競爭環境變遷、決策者之主觀認知等因素影響下，造成評估準則種類繁多。

供應商評估準則之實例

以林冠佑 (2006)「烏魚子加工業者之供應商評估準則研究」來說，其評估準則之選擇，第一步就是從過去文獻整理出指標，例如，Cebi and Bayraktar (2003) 將評估準則分為商業準則、關係準則、技術準則、物流準則等四種構面；而 Kahraman et al. (2003) 將評估準則分為供應商準則、產品準則、成本準則、服務績效準則。因此綜合上述二位學者的說法，就可將供應商評估準則分七構面，包括：供應商準則 c1、產品準則 c2、服務績效準則 c3、商業準則 c4、關係準則 c5、技術準則 c6、物流準則 c7 共七類。

接下來決定各準則構面下之「次準則」，以做為評選應商之初步評估準則。表 1-41 係參考過去文獻中所使用之評估準則，歸納出七個構面下之次準則。

表 1-41 供應商評估之次準則

構面	次準則	文獻來源
供應商準則 c1	供應商位置	Kahraman et al. (2003)，Simpson et al. (2002)
	品管過程	Kahraman et al. (2003), Simpson et al. (2002)
產品準則 c2	包裝	Kahraman et al. (2003), Weber et al. (1991)
	產品品質	Kahraman et al. (2003), Kannan and Tan (2002), Muralidharan et al. (2002),
	購買單價	Kahraman et al.(2003), Muralidharan et al. (2002)
服務績效準則 c3	售後服務	Kahraman et al.(2003), Muralidharan et al. (2002)
	專業程度	Kahraman et al. (2003), Mummalaneni et al. (1996)
	服務反應時間	Muralidharan et al. (2002)
	退貨流程	Simpson et al. (2002)
商業準則 c4	聲譽	Cebi and Bayraktar (2003), Choi and Hartley (1996)
	保證力	Simpson et al. (2002), Swift (1995)，Dickson (1966)
	財務能力	Cebi and Bayraktar (2003), Kahraman et al. (2003)
	組織規模	Kannan and Tan (2002), Simpson et al. (2002)

表 1-41 供應商評估之次準則 (續)

構面	次準則	文獻來源
關係準則 c5	過去績效	Cebi and Bayraktar (2003), Kannan and Tan (2002)
	溝通管道	Cebi and Bayraktar (2003), Kannan and Tan (2002)
	長期關係	Sarkis and Talluri (2002), Mummalaneni et al. (1996)
	分享資訊	Kannan and Tan (2002), Simpson et al. (2002)
技術準則 c6	滿足訂單需求	Cebi and Bayraktar (2003), Muralidharan et al. (2002)
	問題解決能力	Liu and Hai (2005), Cebi and Bayraktar (2003)
	設備與產能	Muralidharan et al. (2002), Lee et al.(2001)
	技術支援	Simpson et al. (2002), Dickson(1966)
物流準則 c7	準時配送	Chan and Chan (2004), Cebi and Bayraktar (2003), Chan (2003)
	配送前置時間短	Chan (2003), Muralidharan et al. (2002), Verma and Pullman (1998)
	貨物運送損壞程度	Cebi and Bayraktar (2003)
	緊急配送能力	Chan (2003), Korpela et al. (2001), Yahya and Kingsman (1999)
	訂單更動	Muralidharan et al. (2002), Sarkis and Talluri (2002)
	配送可靠度	Chan and Chan (2004), Korpela et al. (2001)
	運送費用	Kulak and Kahraman (2005), Kahraman et al. (2003)

資料來源：林冠佑 (2006)「烏魚子加工業者之供應商評估準則研究」

概括來說，人們最重視的供應商評估有四個準則：產品品質、交期準確度、價格高低及服務好壞。此四種評估準則屬性並不相同：

(1) 在產品品質方面：製造商最希望的是，供應商之交貨品質 100% 為良品，沒有不良品之情況發生。然而，當供應商之品質不良率達到某一準則 x% 時，將為最高可忍受範圍，因而當供應商交貨之品質績效為 y% (y < x) 不良時，吾人可設定其品質之相對評估值為 y/x，此時評估值愈小愈好。

(2) 交期準確度方面：當供應商延遲交貨時，可能造成停工待料、緊急調用、加班生產等而造成損失；當供應商提早交貨時則可能造成生產廠家資金積壓、庫存管理成本增加等弊端。惟相對而言，當供應商延遲交貨時將比提早交貨所增加之成本高很多。假設供應商延遲交貨，最多可容忍之極限為 x 個工作天，每天工作時間 8 小時被分割為 4 個時間單位，亦即每時間單位為 2 小時。當交貨準確度遲延 y 時間單位時，吾人可設定其交貨準確度之相對績效評估值為 y/(4x)，評估值愈小愈好。

(3) 在物料價格方面：價格愈低愈好，供應商間採取相對價格比較法。並設定各廠家之間，若高於最低廠家價格之 x% 為可容忍之極限值；此時，如甲為同一產品數位供應商中價格最低者，乙供應商之價格高於甲供應商 y%，此時甲與乙供應商在價格方面之相對評估值分別為 0 及 y，評估值愈小愈好。

(4) 服務滿意度方面：因服務的好壞，涉及人的主觀認知因素，較難給予客觀之量化指標。假設採用 Monczka 和 Trecha (1988) 所發展之服務因子評比法 (簡稱 SFR) 來量測供應商服務績效。此 SFR 方法雖然較難以成本觀點來量化各評比績效，但這些因子對供應商績效的考核卻是非常重要的。服務評比因子共包含解決問題的能力、技術資料的可用性、關聯資料的發送、工作進度展的報告、取得授權的容易性以及改正行動的反應等。就實務方面而言，此等績效可以經由採購、品管、製造及產品工程部門之相關人員予以評比。評比時，相關人員可以透過實際與供應商接觸的經驗，予以主觀的認定而給予分數。然後將各評定分數予以加總，而得總服務評比成績。對於一供應商而言，其最終評比成績為實得成績點數除以滿分點數，評估值愈大愈好。

1.1.8 產品評估

創新產品讓企業具競爭力並持續成長。前端程序 (產品規劃與概念發展) 則是新產品開發過程中直接影響未來產品上市成功與否的重要關鍵。因此，針對目標市場需求所構思發想的設計替選方案，是亟需一套整合產品形式、功能、特性、規格及經濟效益評估等之決策分析模式，以期達到產品設計最佳化且提昇開發效益之預期目標。

決策和選擇最佳產品設計方案首重於如何確立評估準則；而準則間若有存在相互依存性，則採 ANP 法求解；準則間若流有存在相互依存性，則採 AHP 法求解。其次，對於新產品開發所需投入的人力、物力資源能否合理有效分配，更應納入決策最終方案之一部份。

例如，衛萬里 (2007) 曾依企業不同新產品開發策略和執行效益的需求，分別採用 fuzzy Delphi (FDM) 專家問卷及 (規劃構面 SMART×設計構面 SMART) 結合網路分析法 (ANP) 進行新產品設計替選方案的權重排序；再將所得之權值導入 0-1 目標規劃 (ZOGP) 式中，於最佳資源分配的規劃和限制下，求取最佳解答 (optimal solution)。其中，fuzzy Delphi 評價模式是經由學者專家群篩選評估準則，適用於界定不明確評估因子的決策分析個案；而同步 SMART2 雙向 ANP 分析模式之評估準則，則透過文獻回顧與探討彙整得之，可因應大多數為求決策效率的新產品開發與設計案例 (如下圖所示)。

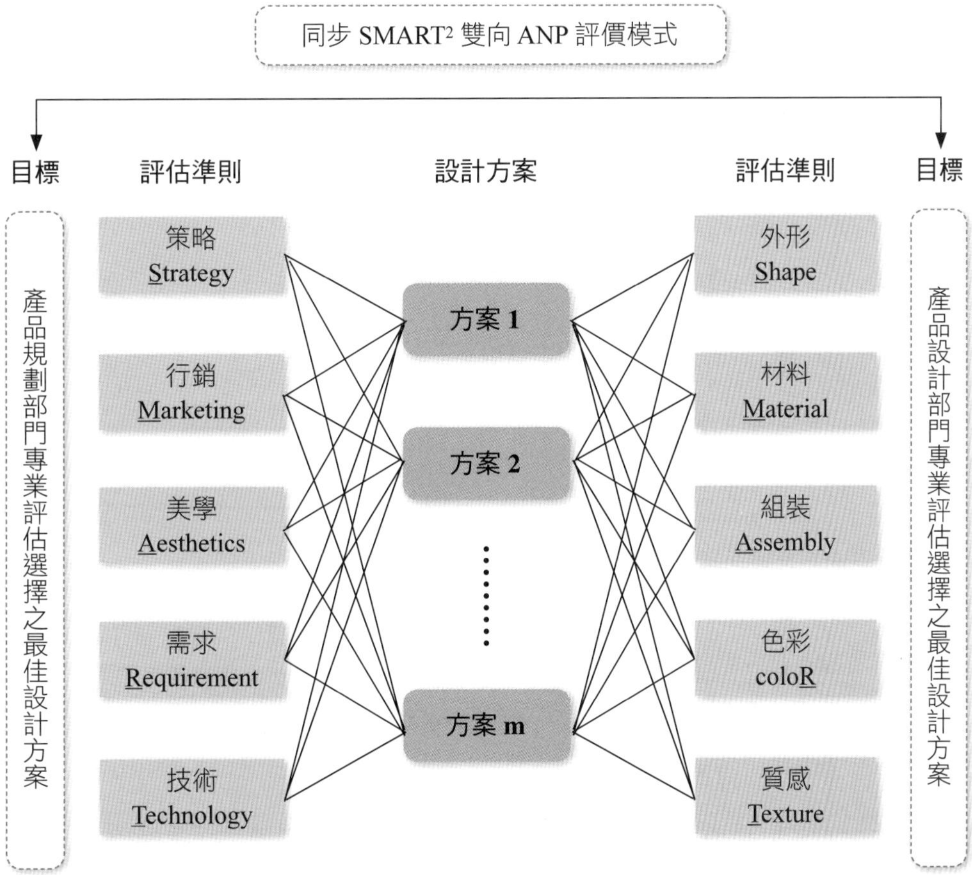

圖 1-23 同步 SMART^2 網路分析法評價模式 (第 1 階段)

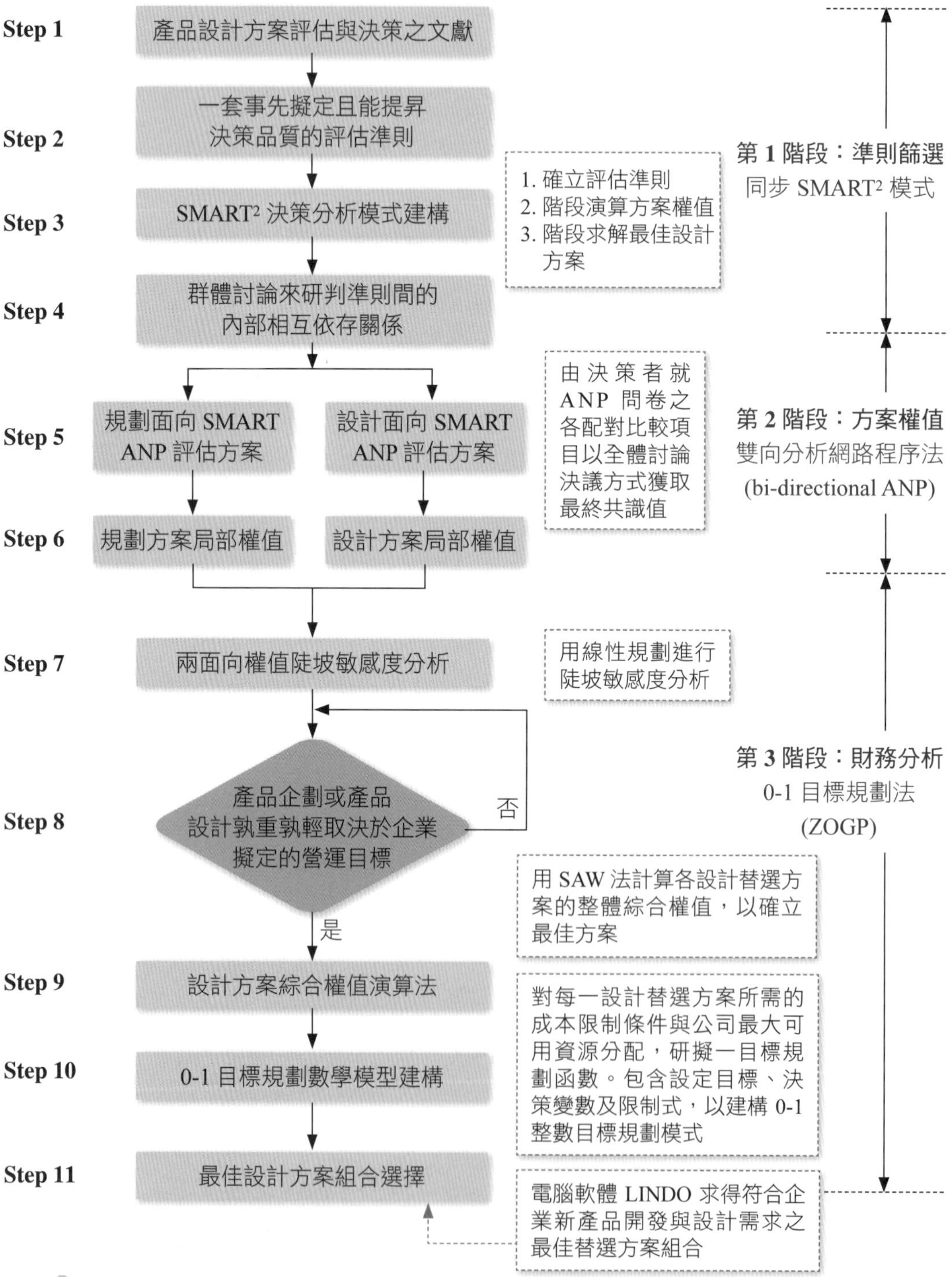

圖 1-24 同步 SMART² 雙向 ANP 決策分析模式實施流程 (衛萬里，2007)

此產品設計案例，係以 MP3 隨身聽及孕育體驗母子機兩種產品設計案例，分別驗證上述兩決策分析模式之可行性：前者所選出之最佳產品設計方案為 C 與 D；後者則為方案 A 與方案 C。是故，此選擇最佳產品設計方案之整合型決策分析模式，不僅有助於提昇企業決策品質，避免因錯誤決策造成公司組織莫大損失；同時，也提供產業界一套可資遵循的新產品開發評價機制。

產品評估，首重「評估準則-方案」串聯法的計算，故下文將介紹：消費者端之產品評估準則、供應者端之新產品評估準則。

一、消費者端之產品評估準則

當消費者在評估產品時，會習慣依賴不同的資訊線索或產品特性來協助作出購買決策。然而，產品的線索類型非常的多，所謂「內在線索」指的是產品本身實體的特性，例如：品質、外觀、風格及功能；而「外在線索」指的是和產品相關的線索，但不屬於產品實體本身，例如：品牌名稱、價格、來源國、製造商聲譽、保證、包裝、促銷活動 (Olson and Jacoby，1972)。

若以價值傳遞系統之三要素：選定價值、提供價值及溝通價值，依照其定義將各產品評估因素歸類，可整理出表 1-42 所示，6 項構面及 23 項「次準則」之初步評估指標，這些「次準則」再經 Delphi「篩選」後，即可供後續 AHP 法、ANP 法的產品評估層級架構。

二、供應者端之新產品開發準則

傳統上探討新產品開發 (New Product Development，NPD) 之文獻，均側重於特定因子與新產品開發之關係上是否具有影響，但此僅能提供管理者應否注意該因子，而無法提供較整體性的資訊供參考，在考量市場特性與有限的企業資源，有必要就其中關鍵成功因素作了解與權重分配。

通常們係透過文獻整理，來建立新產品開發評估準則的層級架構。例如，馬松淇 (2007) 從文獻中整理出表 1-43 所示影響新產品開發因素，包括五大構面：「新產品開發過程」、「策略」、「高階主管的角色與支持」、「開發團隊」及「文化」，其相關構面及準則：

(1) 「新產品開發過程」指在新產品開發流程中，由最初始時的構想產生、評估，與過程中的內部技術分析與外部市場環境、競爭者之分析。

表 1-42 消費者產品評估因素彙整

價值傳遞系統	構面	次準則	來源
選定價值	消費目標 (心中評定價值的準則)	任務界定 (使用情況與目的)	Cowley, Mitchell (2003)
		購買產品的時間	Woodruff (1997)
		使用者形象 (增強自我的形象)	Onkvisit and Shaw (1987)
提供價值	限制條件 (在預算之內)	產品知識	Alba and Hutchinson (1987); Brucks (1985)
	外在線索	價格 (用價格來評估產品的品質)	Bishop (1984)
		品牌 (名字 (name)、術語 (term)、符號 (sign)、象徵 (symbol)、設計 (design) 或以各項的聯合使用)	Semenik (2002)
		聲譽 (反映企業能力與產品被信賴程度的指標)	Niraj Dawar, Philip Parker (1994)
		保證 (對消費者承諾某些服務或滿意責任聲明的一種契約)	Lutz (1989)
		來源國 (根據該產品的國家形象好或壞來將產品的分類)	Liu & Johnson (2005)；
	內在線索	贈品	Kotler (2003)
		品質	Dawar & Parker (1994)
		外觀 (產品材質的呈現)	Greusen and Schoormans
		風格 (造型、線條、色彩、質感及材料)	Olson & Jacoby
溝通價值	溝通媒介	廣告(提供的產品、服務及觀念所做任何付費形式的非人員展示及促銷)	Rossister and Percy (1980)
		參考群體的「口碑」	Paul & Frank & John (1991)
	商店形象 (具有功能性因素及心理面的因素)	店員態度友善親切	Oxenfeldt (1974)
		產品種類多樣性	Lindquist (1974)
		地點便利	Lindquist (1974)
		商店的裝潢與設計	Lindquist (1974)

表 1-43 新產品開發成功關鍵因素與相關文獻

層面	構面／文獻	準則	文獻
新產品開發過程	前置作業活動 Calantone (1997), Mishra (1996)	構想的產生	Gruner (1999), 朝野熙彥 (2000)
		構想的評估	Barczak (1995), Mishra (1996)
		清楚的產品定義	C&K (1993b, c, 1995b)
		相對競爭者新產品對顧客的利益	Calantone (1997)
	行銷活動分析 Souder (1997)	對消費者的了解與評估	Mishra (1996), P&S (1994)
		市場潛力的預測	Balbontin (1999), M&Z (1984)
		競爭分析觀察	Calantone (1988), Mishra (1996)
		市場測試的執行	Mishra (1996),
	技術活動分析 Lilly&Porter (2003)	技術可行性評估	Lilly&Porter (2003)
		技術上的風險評估	C&K (1996)
		技術路線的選擇	C&K (1996)
		產能供應能力	Lilly&Porter (2003)
高階主管的角色與支持	高階主管的責任 C&K (1995a, b)	將新產品績效視為個人年度目標	C&K (1995a, 1996)
		新產品績效為高階主管薪酬標準	C&K (1995a, 1996)
		經常關心新產品的進展	C&K (1995a, 1996)
	高階主管的承諾 C&K (1995a, 1996)	對新產品的承諾	C&K (1995a, 1996)
		熟悉且密切的參與與決策	C&K (1995a, 1996)
	適度的資源分配 C&K (1995a, 1996)	R & D 資源充裕性	Balbontin (1999), M&Z (1984)
		市場研究的資源充裕性	C&K (1995a, 1996), M&Z (1984)
		導入市場的資源充裕性	C&K (1995a, 1996)
開發團隊	團隊的建立與塑造 Cooper (1994), C&K (1995a, 1996)	為正式指派的成員	C&K (1995a, b)
		不同部門的成員	Griffin (1997), S&P (1997)
		有明確被充分授權的團隊領導人	Balachandra (1984), Coope (1984),
		對計劃完全負責的團隊成員	Mishra (1996), Thamhain (1990)

表 1-43 新產品開發成功關鍵因素與相關文獻 (續)

層面	構面／文獻	準則	文獻
文化	團隊的品質與效率 Cooper (1984), C&K (1995a, 1996)	專注投入計劃的領導人	(1995a, 1996)
		頻繁的溝通與團隊會議	B&F (1997), Yap (1994)
		有效率的決策	C&K (1995a, 1996)
	創業家型氣候 C&K (1995a, 1996)	追求創新與承擔風險	Cooper (1984b, c, d, 1986), Voss (1985)
		是否容易誘發新產品構想	Barczak (1995)
		有開放自由的時間可進行具創造性的活動	C&K (1995a, 1996)
		為創意活動提供資源	C&K (1995a, 1996)
	追求產品卓越的文化 Barczak (1995), Yap (1994)	為同仁竭力排除問題的工作文化	Barczak (1995)
		對塑造優異產品的承諾	Chakrabarti (1974), C&K (1993b, c)
策略	產品策略 Cooper (1983), S&P (1997)	新產品與既有產品相關	Cooper (1983)
		新產品與現有產品消費者群相似	Cooper (1983), S&P (1997)
		適配於既有生產線作業	Cooper (1983)
	策略本質與取向 Cooper (1983)	具努力尋找有效構想的攻擊性產品計畫	Cooper (1983)
		與公司其他計畫具有關聯性	Cooper (1984a), C&K (1995a, 1996)
	持續執行的特質 C&K (1995a, 1996)	新產品的目標有明確定義	C&K (1995a, 1996)
		清楚溝通新產品在達成企業目標中所扮演角色	C&K (1995a, 1996)
		可引導新產品計畫的方向	C&K (1995a, 1996)
		有明確定義的目標市場	C&K (1995a, 1996)
		策略為長期性規劃	C&K (1995a, 1996)

(2) 新產品開發的「策略」，以長期性的策略為主，而非指短期性的策略類型及內容，因企業會因本身之資源特性而採取有利的策略，因此就策略本身的特質、所扮演長期性的角色進行探究。

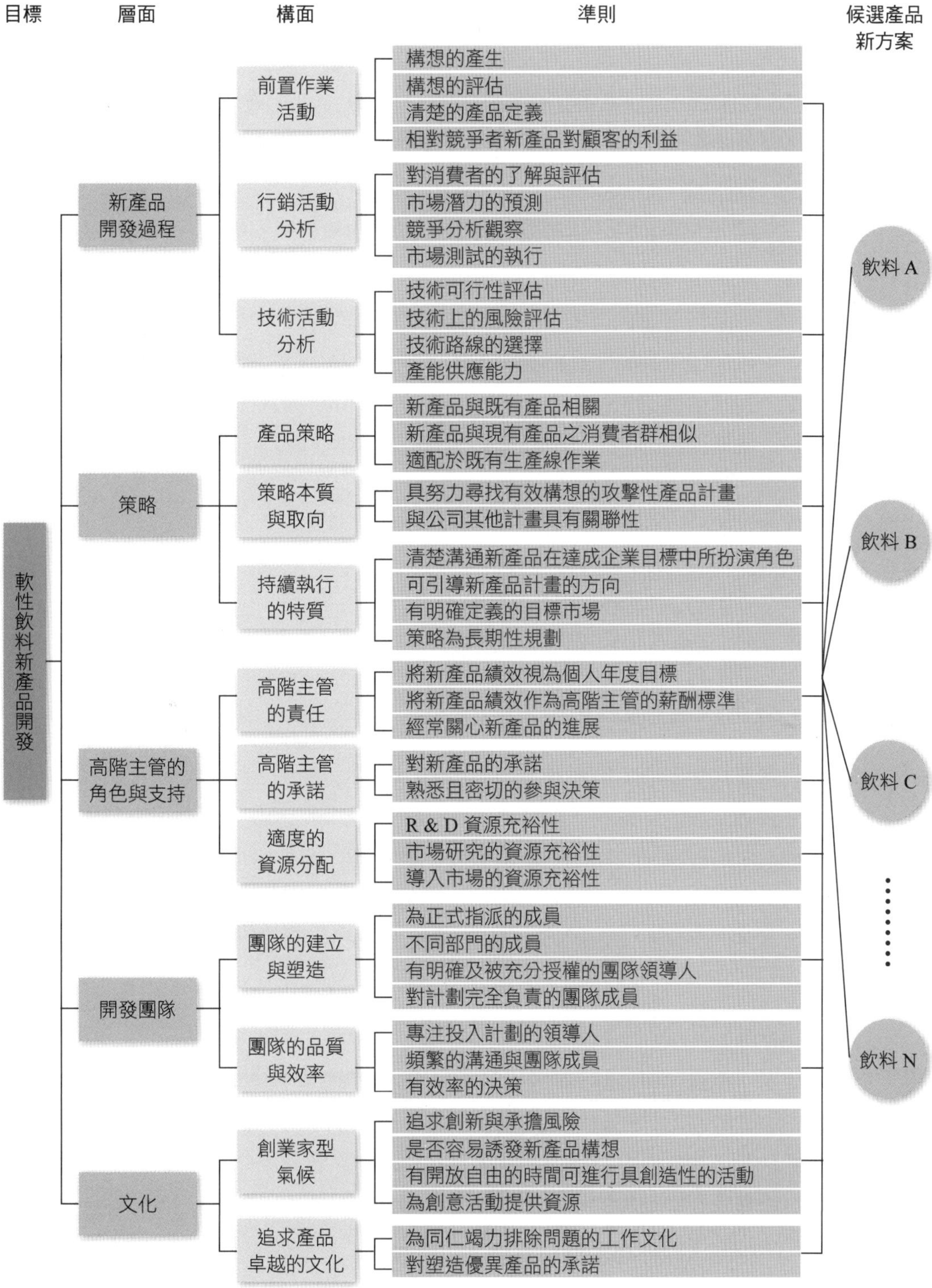

圖 1-25 軟性飲料新產品開發之層級架構圖

(3)「高階主管」係指對資源的提供具有主導的權利，同時對新產品計劃的進行具有決策的能力之組織主管，本構面的評估準則包括：「高階主管的責任」、「高階主管的承諾」、「適度的資源分配」等三項。

(4)「開發團隊」係指新產品開發活動的核心團體，係一主導運作的組織，團隊運作的成敗主要由組成成員、成員素質，及運作的品質與效率所影響，本構面的評估準則包括：「團隊的建立與塑造」、「團隊的品質與效率」等二項。

(5)「文化」包含價值、觀點和假設，在組織成員中影響成員們的決策和行為。在新產品開發活動中則影響成員對如何塑造新產品的態度，本構面的評估準則包括：「創業家型氣候」(Entrepreneurial Climate)、「追求產品卓越的文化」(Product Champion) 等二項。

文獻整理後，接著以 fuzzy AHP 分析，「層面」之新產品開發過程、策略、高階主管的角色與支持、開發團隊 (組織)、文化等五大層面的重視度；新產品開發的「各準則」的重視程度。最後，再根據「準則-方案」串聯法 (fuzzy 積分法、簡單的 fuzzy 乘法)，即可找出那個「候選飲料」(圖 1-25) 是最佳方案。

1.1.9 教育訓練績效評估

個體經濟學強調一個組織資源有限，但是慾望無窮，所以要提升組織的績效必需將資源做最佳的運用。同樣的，一個企業組織實施教育訓練，也是要依據教育訓練系統的理論，先確認組織的教育訓練目標，發掘教育訓練需求所在，規劃完整的教育訓練計畫，聘請優良的訓練師資和設計優質的訓練課程，展開良好的教育訓練活動，再藉由科學的教育訓練成效評估方法，檢討整個教育訓練成效的優劣點，如此才可以提升公司的教育訓練成效水準。

訓練評估即是對一訓練計畫，系統地蒐集資訊，給予適當的評價，以作為篩選、採用、改善訓練計畫等決策的判斷基礎。因此企業經營時所實施發展的教育訓練，為瞭解其成果與目標是否達成時，唯有靠評估來完成；也就是說計畫、實施和評估等三階段，三者必須要緊密的聯結。影響成果的因素是包括從計畫階段、訓練實施到訓練後的應用。這種從訓練計畫之開始到訓練結束，整個過程的評估，叫績效性評估 (accountability evaluation)。

概括來說，教育訓練之評估可區分為績效評估與責任評估，前者係教育訓練評估之重點，即以教育訓練成果為對象的評估，包括受訓者個人以及對企業經營成果之貢獻；後者是對負責教育訓練者之責任的評估，也就是評估上司乃至監督管理者之垂直領域的責任和人力資源乃至業務職員之水平領域的責任。對受訓者

表 1-44 訓練成效評估方式彙總表

學者 (年代)	評估指標／構面	
Kirkpatrick (1959)	1. 反應 (reaction)：參加訓練人員對訓練之反應。如訓練滿意度。 2. 學習 (learning)：學習所獲得知識、技能之增進程度。如學習效果。 3. 行為 (behavior)：行為改善之程度。如行為改變遷移。 4. 結果 (result)：對企業組織目標之貢獻程度。例如，對組織利益。	
Parker (1976)	1. 參與者個人特質 (participant personal characteristics) 2. 參與者與組織表現 (participant and organization performance) 3. 訓練投資報酬 (return on training investment)	
Truskie (1982)	1. 參與培訓人員對訓練喜惡程度。 2. 接受培訓後知識或技能之增益程度。 3. 培訓後行為改變之程度。 4. 對組織經營改變之貢獻程度。	
Galvin (1983)	1. 背景 (context) 3. 過程 (process)	2. 投入 (input) 4. 結果 (product)
Alkin (1990)	1. 系統評估 3. 方案實施 5. 方案檢定	2. 方案規劃 4. 方案改進
Bushnell (1990)	1. 短期：員工能力是否因此提昇。 2. 長期：組織績效是否因此提昇 (獲利率、競爭力、生產力)。	
Garavan (1991)	1. 組織策略執行力 3. 對人力資源管理其他功能貢獻 5. 顧客滿意度 7. 組織適應未來需求能力	2. 意外、離職率及缺勤率下降 4. 工作滿足 6. 學習時間長短
Olian, J. D. etc. (1998)	1. 訓練計畫 3. 訓練檢核	2. 訓練實施 4. 訓練回饋
Warr et al. (1999)	1. 背景 (context) 3. 反應 (reaction)	2. 投入 (input) 4. 結果 (outcome)

個人的評估是在教育訓練結束時，對受訓者之知識、技能的學習程度及態度等實施檢定測驗，以確定其成果；對企業經營者貢獻的評估是檢討教育訓練對企業經營成果的影響，也就是檢討和測定產量、品質、成本、事故、災害、不滿等業績，以確知教育訓練所發揮的效果。

為了要客觀的評估教育訓練績效，必需要根據系統理論發展一套有系統的評估方法，並形成各種有效而完整的評估指標，針對訓練現況加以評估。有關教育訓練成效評鑑，專家學者提出了不同的模式，如表 1-60。其中，常見者有 Kirkpatrick 的四層次評估模式 (four level evaluation model)、Hamblin 五層模式 (five level model)、Binderhoff 六階段模式 (six stage model)、Bushnell 投入、過程及產出評估模式 (IPO evaluation model)、Stufflebeam 的 CIPP (Contex-input-process-product) 等等，其中 Kirkpatrick (1959) 的四層次評估模式在業界被使用最廣，Kirkpatrick 評估模式之衡量指標，如表 1-45。

表 1-45 Kirkpatrick 評估模式

層次		衡量指標
L1	反應層次 (reaction level)	評估參訓者對教育訓練課程之感受和反應(喜愛或滿意程度)。這種測定是主觀的，有時也有偏見，一般是先取得測定反應之結果後再反映於教育訓練計劃之開發及實施上。
L2	學習層次 (learning level)	評估參訓者在參訓期間對課程內之技術、知識、態度之解以及獲得的程度，用以評鑑課程本身的有效性 (effectiveness) 與效率 (efficiency)。前者指評鑑課程計劃達成目標的程度，後者則為投入與產出間的關聯，並進一步地瞭解參訓者是否達成預期訓練目標所要求之知識與技能水準。
L3	行為層次 (behavior level)	評估參訓者在接受訓練後，行為改變的程度，其重點為結訓後參訓者可否將其所學移轉到實際工作場所，尤其強調工作行為方面的改變。
L4	結果層次 (result level)	評估參訓者受訓後之行為對組織績效的影響程度，對經營成果具有如何具體而直接的貢獻。 以經濟效率觀點出發，分析訓練成果對組織績效之改善與貢獻程度，可定義為參訓者在結訓後因行為改變所創造出的價值。然因成效的不易衡量、項目和標準的複雜以及無法明確釐清學習成果與其他非學習因素間的關係或交互間的程度。因此，成效層次評量障礙重重。

1.2 教育評鑑

教育的永續發展必須規劃、執行和評鑑 (evaluation)，三者缺一不可。評鑑又稱為考核、評量或評價，evaluation 由 e＋value＋ation 三字結合而成，從其字義而言，它具有價值 (value) 衡量的含義。韋氏大辭典將評鑑定義為：「就價值、品質、意義、數量、程度或條件進行考察或價值判斷。」

美國在 1965 年國採用 CIPP 評鑑方法時，將評鑑定義為：「評鑑是一種劃定、獲取及提供敘述性與判斷性資訊的歷程。」這些資訊涉及了研究對象之目標 (goals)、設計 (design)、實施 (implementation) 及影響 (impacts) 的價值與優點，以便指導如何作決定，符合績效 (accountability) 的需求，並增進對研究對象的了解。

日本有關教育評鑑的用語，通常使用「評價」代表學生成績評量或評鑑之意，不過一般使用「教育評價」，通常意指「成績評量」之意；其次，若使用「學校評價」的意涵，則是和中文的「學校評鑑」具相同意涵。進而，又有時使用學校的「自己點檢」、「自己評價」，其意即是中文的「自我評鑑」之意。

相對地，在我國，目前教育評鑑係由教育部委託「財團法人高等教育評鑑中心基金會」，進行嚴格的把關對大學系所進行檢核，接受系所評鑑的學校都要遵循目標、展現自我特色並做到評鑑四步驟「做什麼 What」、「如何做 How」、「結果如何 Output」到「如何改善 Feedback」。評鑑中心的著重點為，在該校辦學理念下的，教育目標與自我定位是否明確，是否為其準備配套措施及自我改進機制？系所評鑑採「認可制」和「品質保證」的精神，並無社會大眾所期許的大學排行榜，而是藉由評鑑的方式讓校務系所改善自我品質，建立可延續的機制，讓高等教育都能達到一定的「水平保證」。

以評鑑的分析單位來分，評鑑的層次可分為：高教／技職教育／中小學教育層級的評鑑、校務行政的評鑑、學校層級 (學校本位) 的評鑑、系所層級的評鑑、校長個人的評鑑、教師個人 (教師本位) 的評鑑、課程評鑑、教材評鑑…。以上這些評鑑的方法，包括：質化評鑑及量化評鑑兩種，其中，量化評鑑最重要的工作，就是如何找出以「準則」為基礎的評鑑模式。故以下章節，將聚焦在「多準則決策之評鑑模式」的建構。

至於教育評鑑「準則」的編修及篩選，除了可用傳統的：建構效度、一致性信度、SEM 驗証性因素分析所表示的「測量模式」來篩選題項 (準則) 外，你亦可改用更有彈性的演算法，即第 3 章 fuzzy Delphi 多種方法來求；甚至，教育評鑑「準則」權重的評估，也可改用第 4 章 (fuzzy) AHP 法或 ANP 法來求，讓評鑑 (評估) 模式更具量化的科學性及嚴謹性。

1.2.1 評鑑研究方法

一、教育評鑑的類型

就模式而言，有 Tyler 的目標達成模式 (goal-attainment model)，Stufflebeam 的 CIPP 模式、Stake 的外貌模式 (countainment model)、Koppelman 的闡述模式 (explication model)、Wolf 的司法模式 (judicial model)、Provus 的差距模式 (discrepancy model)。最著名的CIPP模式，是美國在 1965年通過《初等及中等教育法案》(America's Elementary and Secondary Education Act，ESEA) 時，聯邦政府要求所有接受該法補助的分案採用的評鑑。CIPP 是背景 (context)、輸入 (input)、過程 (process) 以及成果 (product) 四種評鑑的縮寫；其架構是以背景評鑑，來幫助目標選定；以輸入評鑑，來協助研究計畫修正；以過程評鑑，來引導方案實施；以成果評鑑，提供考核性決定的參考 (秦夢群，1998)。

就途徑而言，分為內部自我評鑑與外部同儕評鑑。國內大學評鑑的過程中，都強調內部自我評鑑與外部同儕評鑑 (如美國的認可制) 的重要性。前者著重在大學教育機構的自我反省與自我批判，參照外部標準，由本身或其指定團體規劃和執行評鑑活動 (如 CIPP 模式)，以改進內部品質並作為進一步外部評鑑的依據。後者著重在品質的保證，通常由高等教育機構以外的團體或小組，包括政府、督學、甄審或評訪小組、同僚、畢業生之雇主等，來執行評鑑活動，以符合績效責任要求 (蘇麗錦，1997)。

就制度面而言，分為「等第制」與「認可制」等。過去國內的技專校院評鑑，為相互比較為基礎的「等第制」，其評鑑結果與社會認知相去不遠，但由於受評系所的設立宗旨、辦學目標、規模與歷史有別，而且學生素質相差懸殊，如採相同標準進行評等比較，恐無法讓系所有發展辦學特色的空間。現在的大學校院系所評鑑，基於上述缺失，採「認可制」，強調「自我比較、效標參照」的自我管制精神，並確認受評系所之發展目標、策略與執行機制的一致性，評鑑結果之決定，不是以量化指標去換算分數做出評判，而是基於對系所整體教學品質之

「質性」判斷 (陳振遠，2009)。Young 於 1983 年指出，認可標準已由「量的標準」轉為「質的標準」，認可重點由強調「統一」轉為鼓勵「發展特色」，評鑑方式由「外部人員評鑑」轉為「內部人員評鑑」，實施目的由「認可」學校轉為「協助」學校實施自我改進教育品質 (郭昭佑，2001)。

二、評鑑典範的移轉

1910 年以後評鑑典範，可分成四代 (郭昭佑，2000)：

第一代 (1910-1930)：教師使用測驗評量學生的能力，並依據學生的表現，編製他們的相關位置表，是屬於「教師的角色」。

第二代 (1930-1967)：認為測量僅是評鑑的手段，為實際瞭解學生的表現，允許教師描述學生間的差異，並為釐清學生表現與目標間的差距，教師開始涉入許多的方案評鑑，是屬於「描述者的角色」。

第三代 (1967-1987)：此一發展自社會公平的課題出發，認為評鑑者即是判斷者；教師亦在學校方案評鑑中產生價值判斷的需求，而基於既定的準則，來評鑑方案或學生的表現，是屬於「思慮判斷者的角色」。

第四代 (1987 至今)：強調所有利害關係人 (stakeholder) 的涉入，在一個易感應的建構主義觀點下運作，利害關係人在各自的方案利益中相互對待，且在資訊的交流中達成共識，是屬於「人性資料的分析、解說及建構的實務者角色」。

由此可知，第一代視評鑑為「測量」，第二代視評鑑為「描述」，第三代視評鑑為「判斷」，第四代則視評鑑為「與相關政策利害關係人協商的方式進行」(吳政達，1997)。繼 Guba 與 Lincoln 之後，著重個體自主性的評鑑理論陸續被提出，諸如參與式評鑑 (Participatory evaluation)、協同評鑑 (collaborative valuation)、彰權益能評鑑 (empowerment evaluation) 等，這些論說啟動另一種思考，重新確立校務評鑑的主體，以及校務評鑑的目的和功能。

發展至今的第四代評鑑，強調所有利害關係人 (stakeholder) 的涉入，在建構主義觀點下運作，利害關係人在各自的方案利益中相互對待，且在資訊的交流中達成共識。

三、評鑑指標與其權重建構方法論

指標 (indicator) 是一種統計的測量，它能反應出重要層面的主要現象，能對相關的層面進行加總或分割，以達到分析的目的。「指標」代表著組織中統計測量或指引，對教育體系來說，主要功能在於陳述教育的期望、管制教育評鑑的品質，作為教育決策及消費者選擇的依據。

評鑑指標即是一個資訊的蒐集項目，並對於實作的組織系統有間隔性的追蹤，不論指標是單一或綜合的統計量，提供組織系統之表現與健康情形的統計量，亦反映組織系統中的重要層面，且能指出其發展的趨勢或方向。

質化指標建構的主要方式包括：文獻探討、專家判斷法、腦力激盪法、專業團體模式、提名小組、焦點團體法、Delphi 法、名義群體技術 (nominal group technique)、AHP、ANP 法，分別簡述如下 (郭昭佑，2001)：

1. 文獻探討

收集國內外文獻，經整理、分析、歸納後建構指標的方式，主要步驟應包括：

(1) 文獻收集：儘可能的收集國內外相關文獻。

(2) 概覽指標：依研究者與指標兩個層面列出雙向細目表，以瞭解各指標被各研究所使用的頻率；避免指標數量過多，指標名稱接近者應自行歸併。

(3) 研訂指標：依上述雙向細目表，研訂最佳評鑑指標。

2. 專家判斷法

在指標研訂時，如限於時間因素，專家意見可成為指標建構的主體，所謂專家判斷法，顧名思義，即是透過專家座談或會議方式，彼此討論、溝通與意見交換，擬訂指標系統。而在擬訂指標前，專家的選擇也是相當重要的，專家所使用的知識必須與該評鑑客體相關，且須對專業知識有相當的瞭解。在此一建構方式中，專家不應太依賴研究人員所提供的資料，而是應依其專業知識，並考量實際執行問題，綜合評估後訂定。

3. 腦力激盪法

腦力激盪法是團體思考的一種方法，透過此法所引出的觀念、看法和策略，有助於認定和概念化問題情境及可能的解決方法，步驟為：

(1) 組成腦力激盪小組，小組成員必須是瞭解此政策問題的專家。

(2) 在激盪過程中，意見產出和意見評估的階段應嚴格區分，以免過早的評估影響具有創造性意見的產出。

(3) 在意見產出的階段，腦力激盪過程中的氣氛應保持開放、自由。

(4) 意見評估的階段，須俟所有意見皆提出後才可開始。

(5) 在意見評估階段結束後，腦力激盪小組應將這些意見和批評意見，依優先順序安排，並提出一項建議書，說明評估的指標。此一方法的主要特點在運用集體智慧，而非個別專家意見，亦即不強調邏輯一致性，旨在尋求達成共識。但是，其缺點乃在有些不同意見可能會受壓制，而使適當的意見、目標和策略難以呈現 (柯三吉，1998)。

4. 專業團體模式

有些專業團體基於提供專業服務的需求，必須建立標準以確保服務品質，即透過學會組織，動員大批學者專家，採取諮詢討論和公聽會的群體決定歷程，建立共識性的標準或指標。以美國教育評鑑標準聯合委員會擬訂「教育評鑑標準」為例，其程序為：

(1) 由聯合委員草擬相關主題與敘寫格式後，交由約 30 位專家針對每一個主題擬訂其標準。

(2) 俟每位專家擬訂標準後，經聯合委員會諮詢與討論，從 30 位專家所初擬各項主題中之標準中，研討並選出最完整且具代表性之標準，形成初稿。

(3) 初稿完成後，即召開全國討論會，由聯合委員會中 12 個教育專業團體推薦約 50 位學者專家出席全國討論會，依據聯合委員會所討論結果，提出修正參考意見逐一討論後，修訂初稿內容。

(4) 初稿內容定案後，即舉行實地試驗，以瞭解實際執行情形、困難，及其不週延之處。

(5) 舉辦全國性的公聽會，廣邀約 100 位相關領域專業人員參與，以廣聽建言，博採眾議。

(6) 依據實地試驗及全國公聽會的結果，修訂「教育評鑑標準」並定稿。整個歷程經歷約 5 年時間，並經由 200 位專家學者共同參與，完成該評鑑標準訂定。專業團體模式訂定的指標其專家效度很高。然而卻非常耗時也需龐大的經費，通常不是個別學校所能負擔，故多為全國性的指標訂定時才採用此模式。

5. 提名小組

專業團體模式雖周延，但在經費與時間不允許情形下，對於需要透過群體溝通以取得一致性意見或觀點時，可採用提名小組的方式，其主要程序如下 (游家政，1994)：

(1) 以書面方式各自提出觀點或意見。
(2) 呈現所提出的觀點。
(3) 討論與澄清觀點。
(4) 以無記名方式，投票排列出各項觀點的優先順序。在指標訂定時，可以依此方式，透過專家意見提出相關的指標，並於呈現後討論、澄清，最後投票彙整各指標選擇之優先順序。此方法可替代專業提名模式，較不受時間與經費的限制，然而此方式稍嫌簡略，也受到研究者本身想法的影響。

6. 焦點團體法

焦點團體法係透過焦點團體的參與，在短時間內針對研究議題做大量的語言互動和對話。研究者可以藉此取得資料和共識，適宜探索性的研究，其主要的步驟可歸納如下 (胡幼慧，1996)：

(1) 焦點團體的組成：由於所有資料的收集，皆來自團體的對話，因此，團體的組成相當重要。在團體數目上，應考量研究目的與經濟效益，以不多增為原則，即使以「取得不同觀點」為目的，至多也不應超過 6 至 8 個團體為佳；而在人數上，每個團體以 6 至 10 人為宜；至於團體成員性質，則以同質性為原則，可有較佳的對話效果，並以最能提供有意義資料的人為選擇標準，另外除非討論之議題只適合在熟人當中表達，否則以不相識者為佳。
(2) 團體討論的空間安排：在空間安排上可分為地點與座位兩個層次。地點的安排應同時考量受訪者與研究者的需要。至於座位空間的安排，可採

「圍坐式」，主持人坐在圓圈之中，每個人都可以與其他成員互動，亦可採「半圓式」或「U 型」安排，主持人在「頭」的部位，以利於主持人觀察和控制全局。

(3) 團體討論的進行：焦點團體討論時主持人是非常重要的角色，應事先準備訪談大綱，避免遺漏重要主題；訪談應以非結構式、半結構式問題，以引導討論，避免固定的訪談次序，並以保持非強制性與自然順暢為原則；適度的引導與讚許是必須的，但應避免表達自身感受；另外，如須錄音也必須在大家同意下進行。

(4) 訪談資料的分析：資料可以質化結語式直接分析，或依系統登錄後進行內容分析，內容分析部份可直接引用受訪者之言辭。分析時應先詳細檢視轉錄資料，並據此發展出假設和分類架構，再將轉錄資料依據所分類的架構一一分類後，選取適合的引用句來表達內容。

(5) 決策提供：依據上述資料分析結果，提供意見以為決策參考。焦點團體法的主要限制是在同質性的討論團體上，由於其成員來自類似的族群，雖在專業上有其信度，卻捨棄了不同意見交流的機會。然而原則上，焦點團體所需的時間和經費並不多，透過焦點團體的探究歷程，可取得較具體可行的指標，在學校層級建立指標時頗為適用。

7. Delphi 法

Delphi 法係針對會議討論之缺點而設計，它將面對面的溝通，改為匿名式的溝通方式，讓所有參與者都能在無威脅的情境中表達自己的意見，並參考其他人的意見決定是否修正自己的意見，且為求取一致性，可繼續實施至意見沒有太大變化為止。Delphi 法近年來在教育指標的建構上已相當廣泛。

8. 名義群體技術 (NGT)

名義群體技術 (nominal group technique) 源自於 1930 年代 Alex Osborn 所發明的腦力激盪法，由 Delbecq 和 Van 於 1968 年所發展而形成，指在決策過程中對群體成員的討論或人際溝通加以限制，但群體成員是獨立思考的。如同召開傳統會議一樣，群體成員都出席會議，但群體成員首先進行個體決策。至於其方法之優點，如下數項 (Delbecq et al.，1975)：

(1) 由於每一成員具有同等之參與機會，因此可減少不同階層人員之支配。

(2) 小組成員將注意力集中在問題本身；不成熟之評估、批評或對某特定意見的過度專注情形可被有效減低。

(3) 由於可安靜地書寫意見，可將思考過程中所受之干擾減至最少。

(4) 以書寫方式可增加小組成員處理大量意見能力，同時避免意見之遺漏。

(5) 討論僅針對意見之澄清，有助於消除誤解而不減低小組的效率。

(6) 能針對問題發揮創意性，避免漫談使得效率降低之缺失。具體方法是，在問題提出之後，採取以下幾個步驟：

a. 成員集合成一個群體，在進行任何討論之前，每個成員皆獨立地寫下他對問題的看法；

b. 每個成員將自己的想法提交給群體，直到每個人的想法都表達完並記錄下來為止 (通常記在一張活動掛圖或黑板上)。在所有的想法都被記錄下來之前不進行討論。

c. 群體開始討論，以便把每個想法搞清楚，並做出評價。

d. 每一個群體成員獨立地把各種想法排出次序，最後的決策是綜合排序最高的想法。

9. *層級分析法 (AHP)、網路分析法 (ANP)*

請見第 4 章詳細介紹。

1.2.2 各國高等教育評鑑機制

評鑑必須針對機構目的或功能進行檢視，而大學最主要功能為教學、研究及服務。換言之，大學評鑑需評定一所大學應從何種學術活動，以及這些活動對社會與國家產生何種機能、具備何種意義與價值 (台灣評鑑協會，2004；Harvey & Newton，2007)。

我國、英國高等教育制度長久以來是以「雙軌制」(binary system) 稱著於世。基本上，英國高等教育的評鑑是將教學評鑑與研究評鑑分開進行，不但負責評鑑的單位不同，評鑑進行的方式及所採用之指標亦不相同。

一、美國高等教育評鑑制度

在美國為認可制度，評鑑工作是由非官方，非營利之第三者擔任。採用同儕評鑑，檢視被認可之機構是否已達成評鑑的標準 (Kells，1983)。一般是由全國或同區域內的大學或學院聯合組成之協會 (Association) 來擔任，而評鑑費用均由自願受評的大學負擔，分為機構認可團體 (institutional accreditation)、專門領域認可團體 (specialized accreditation) 等兩類評鑑組織。其中，機構認可團體，相當於大學校務評鑑，係以大學之整體校務為評鑑對象。由九個區域性及六個全國性的認可團體負責。九個區域性團體中，有三個是區域性之職業技術學院的特殊認可團體，其餘的六個區域性認可團體皆負責大學校院與中小學的校務評鑑與認可工作。專業性專門領域認可團體，相當於學門評鑑係針對校內特定學院、系所、學程或專門領域進行評鑑與認可，分別由四十七個相關專業性學術團體來辦理。而認可團體的確認機構，則如：美國教育部 (US Department of Education) 下的全國機構品質與誠正諮議委員會、高等教育認可評議委員會 (Council for Higher Education Accreditation，CHEA)。

二、美國技職教育之評鑑準則

技職體系是高等教育市場的一環，然國內技職教育之發展，對於國家經濟成長、產業轉型所需之人力著實扮演重要的角色。根據美國級的職業學校與技術學院的認可委員會 (The Accrediting Commission of Career Schools and Colleges of Technology，ACCSCT)，其認可準則訂定的精神與方向，共有 12 個認可準則，如表 1-46。

多年來，ACCSCT 其主要的認可範圍包括在美國境內的私立 (private)、後中等 (postsecondary)、主要提供學生職業與技術導向課程的非學位授予 (non-degree-granting) 及學位授予 (degree-granting) 的機構。在學位授予上，則含蓋二專 (associate)、學士 (baccalaureate) 及碩士 (master)。此外，透過遠距教學的機構也可提出認可。

三、英國高等教育評鑑制度

英國在 1968 年建立 RAE (Research Assessment Exercise) 大學評鑑制度，這項評鑑由政府委託高等教育政策學會 (Higher Education Policy Institute) 處理，每四到五年針對全國各大學進行學術研究評鑑 (RAE，2008)。其目的在於公開各大學各領域的研究品質完整的資訊，供家長及學生選校系之參考，以及評鑑結果作為撥款單位研究資源分配的依據。其評鑑的程序如下：(1) 每所大學先選擇在 67

表 1-46 ACCSCT 技職教育評鑑的準則、目的及項目

準則 (criteria)	目的	項目
1. 合格的準則 (criteria for eligibility)	使學校能夠符合申請、取得及維持認可所設定的合法範圍與準則。	1. 委員會所認可的學校類型 2. 合格的準則 (包含初次申請、更新及維持三種) 3. 教育目標 4. 合法及發展的要求
2. 學程開設的需求 (program requirements)	定義與學程有關的注意事項，使學校能達到其設立的目標與取得、維持認證	1. 課程的時程 2. 完整的課程大綱 3. 學習目標 4 .教材與設備 5. 學習資源的取得、使用與整合 6. 學生預備就業的流程
3. 教職員 (faculty)	使學校能滿足學會對學校在與教學有關人員方面的需求	1. 一般要求 2. 教師的資格要求
4. 招收學生 (student recruitment)	要求學校能對於未來有就學意願的學生能明確、充份的了解學校並使學校能遵從慣例來告知學生與註冊有關的決定	1. 招收 2. 分類 3. 註冊的相關事宜 4. 廣告與推廣
5. 入學許可的政策與實踐 (admissions policies and practices)	確保學校只允許有能力且能完成學程的學生就讀。入學的決定是基於公平、有實質效力的，且入學準則的訂定可以使學生的能力能達到課程目標	
6. 學生服務 (students services)	使學校能持續性的留意學生的教育與其他需求	1. 輔導與諮詢 2. 與學生事務有關的記錄 3. 官方的成績單 4. 職業介紹 5. 學生抱怨的處理
7.學生的發展 (student progress)	使學校能建立一套制度讓大多數的學生維持高出席率、成功地完成學業與高就業率	1. 學生出缺席 2. 訂定令人滿意之學生進步的評估準則 3. 學生成就的評估

表 1-46 ACCSCT 技職教育評鑑的準則、目的及項目 (續)

準則 (criteria)	目的	項目
8. 管理 (management)	確保學校有能力來持續地符合並超越認可的準則	1. 管理的能力 2. 機構評估與改進的活動 3. 財務穩定與責任 4. 學費政策 5. 實體設備 6. TEACH OUT 的計劃與合約
9. 學生借款的償還 (students loan payment)	建立學校有義務來鼓勵與便利學生有關財務義務的償還	1. 償還的意願 2. 償還的能力
10. 分開的校區 (separate facilities)	使學會有認可學校主要校區以外的其他分校或上課地點的準則	包含分類 (如分校與校外上課地點) 及責任
11. 遠距教育 (distance education)	發展能使學會認可利用遠距教育來教授課程之準則	包含遠距教育的目標、課程、入學要求與註冊、教職員工、設備、學生成就等
12. 申請書與其形式的表格 (applications and reporting requirements)	該部份主要是強調學校必須繳交申請單、報告、表單等來告知委員會有關任何會影響學校教育目標、開設課程與管理功能的改變，而這些表單的填寫有助於委員會決定學校是否達成認可準則的重要參考依據	包含各式申請表格、報告、合約與計劃等

個學門要函報的教授名單，每位研究者均需自行維護更新線上個人資料，且每一篇發表的論文全文都能線上查詢；(2) 繳交量化資料包括 (研究經費、博士班學生數等)、質化資料 (每位教授至多四篇最佳論文)、背景資料 (系所資訊、研究策略)；(3) 評鑑委員對校方呈報的每一筆資料進行評比，依其研究品質達到國內卓越或及國際卓越的程度，分成七個等級。

四、日本學校評鑑

日本自 1987 年「臨時教育審議委員會」(簡稱臨教審) 之教育改革報告書公佈以後，持續推動教育改革政策，乃有今日學校的自我評鑑政策之規劃與推動，其政策演變軌跡是有脈落可尋的。日本的學校評鑑及自我評鑑，在 1990 年代從高等教育領域開始做起，而中小學方面，自 2002 年修訂公佈「小學校設置準則」及「中學校設置準則」後開始實施。

自從 1998 年，日本中央教育審議會之報告指出，自我評鑑是非常重要的建議後，進而 2000 年時教育課程審議會提出如前文的報告內容，乃成為學校自我評鑑的依據。日本推動學校自我評鑑之理念，乃植基於認為可以減少各種教育問題，並期待與兒童成長有關的各種教學活動，不僅能在學校推動，包括家庭及社區也應負責同樣的責任，因此，進而必須建立家庭與地區社會及學校能互相合作的體制，所以透過自我評鑑，並向社會公佈後，可以進一步達成該目標。

在中央教育審議會報告書中，提出應儘可能依據各校的判斷，展開自主的及自律的具特色的教學活動，因此主張：1. 擴大學校的裁量權；2. 確保校長及教頭的資質以及提升教師素質；3. 重新檢視學校運作組織；4. 學校事務及運作的效率化；5. 家長及社區居民參與學校運作，據此而推動「開放性的學校」，此都是該報告書的重點。其次，該報告書並建議「在各學校中應在學年度開始之際，向家長及社區居民說明有關學校的教育目標及教學計畫等，同時實施有關是否達成目標的自我評鑑，並向家長及地區居民說明之；另外，為了能適切實施自我評鑑起見，應針對相關方法進行研究。」這也是該報告書的另一個重點，可見自我評鑑是從「原來型的學校評鑑」，走向「新一波學校評鑑」。

日本的學校評鑑，基本上以學校的自我評鑑為主，但也逐漸導入外部評鑑。不過，在評鑑指標項目方面，不一定會設計相同的規準。就學校評鑑的整體架構而言，以前及未來實施的評鑑架構略有不同，其差異處有如下表 1-47。(木岡一明，2003)

日本有關學校評鑑的用語，包括；自我評鑑、內部評鑑、外部評鑑、他人評鑑等，常常將彼此混合適用。一般通常以內部評鑑和外部評鑑為主軸，再輔以自我評鑑與他人評鑑作輔助性的使用。可是，實際上日本之大學作評鑑的時候，通常由自我點檢與自我評鑑開始，再擴充到外部評鑑之制度化方式，所以是以自我評鑑開始，再進行外部評鑑的做法 (喜多村和之，2002)，但學者大脇康弘從學校評鑑的權限，及責任的主體之所在為基本觀點，配合評鑑表的製作者、評鑑目的及評鑑結果的應用加以組合，整理如表 1-48 所呈現的內容 (大脇康弘，2003：38)。

表 1-47 日本以前與今後學校評鑑觀點之比較

	以前的做法	今後的做法
目的 (why)	◎學校教育目標達成 ◎以改善為導向	◎實現願景及完成任務 ◎改革導向 (學校組織發展／教師職能提昇) ◎accountability 的履行
內涵 (what)	◎學校中的全部活動 ◎教學成果 ◎綜合的	◎學校中的各種活動領域 (主要是教學與經營) ◎學校目前的課程／過程與成果 ◎有關學校實施策略中所揭示的步驟 ◎滿足程度、達成程度、能力
主體 (who)	校內教職員 (專任教師為主)	◎教職員、學童、家長、學校評議員、社區人士、教育委員會相關人員、專家 ◎第三者機構 ◎相互的 (互惠的)
時期 (when)	學期末、年度末、每次活動	◎診斷的 (事前)、形成性的、綜合的 ◎短期、中期、長期 ◎日常的
對象 (whom)	◎學校本身 ◎教育委員會 ◎一般家長	◎自我本身、相關人員 ◎坦負責任的人 ◎利害相關人士
場所 (where)	◎校內 ◎校務會議	◎任何地方 ◎內部 (個人、集團、組織…) 與外部
方法 (how)	◎共同協議 ◎問卷 (自由敘述與勾選) ◎客觀化導向	◎各種方式 ◎略以存疑觀點 ◎數值化指標與尊重主觀
公佈 (show)	◎校內 ◎統計結果 ◎作為今後改進的參考 ◎今後做法的依據 ◎製作學校各自的策略綱領 ◎宣揚學校的長處與短處	

註解：accountability 意指對社會大眾應有將辦學績效做「說明責任」，以讓社會大眾對學校可有公評，並可做為學校選擇的依據。(木岡一明，2003)

表 1-48 學校評鑑的分類

	變化主體	製作評鑑表	評鑑目的與應用
自我評鑑	學校	學校或既有的評鑑表	教育改善＋對外說明
外部評鑑	教育委員會或 專門機構	教育委員會或 專門機構	學校的相對評鑑與 行政資料
協同評鑑	◎學校與教委 ◎學校與專門機構	協同製作	學校改善＋行政資料 準則認可或協助改善學校

資料來源：大脇康弘 (2003)

進而，大脇氏又以內部評鑑與外部評鑑為主軸，配合自我評鑑與他人評鑑的輔助軸，組合成圖 1-26 所示內容。在這個圖中表示，學校相關者及機構，站在學校的角色及功能之上，進行學校評鑑時的角色位置。教師的立場是自我評鑑，家長及學校評議員是他人評鑑；學生的立場一般雖認為是他人評鑑，但是，如果

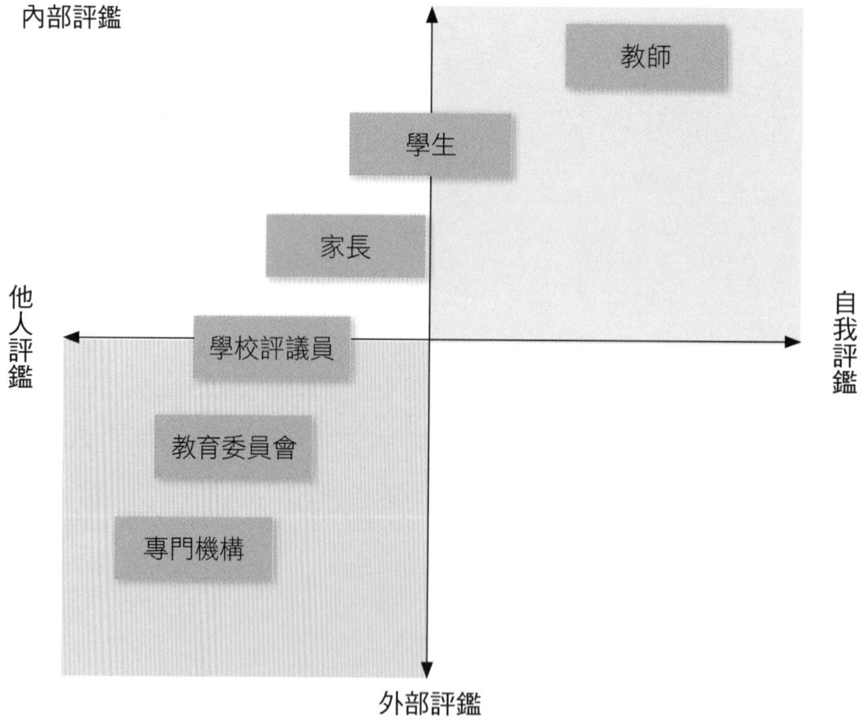

圖 1-26 學校評鑑關係圖 (大脇康弘，2003)

如調查顧客滿意度般，單以教育服務的「消費者」的角色看待是有問題的，反而應視為教學活動的「參與者及主體」才對；另外，由教師、學生、家長所填答的學校評鑑表，可以說是內部評鑑，而學校評議員的評鑑，是以學校的自我評鑑為基礎，而進行再評鑑的形式，所以可說是外部評鑑，但實質上能保有內部評鑑的特質；另外，教育委員會及專門機構所單獨進行的評鑑，就是外部評鑑 (大脇康弘，2003)。目前，日本有關自我評鑑與外部評鑑的相關性方面，通常認為學校評鑑應與各學校自我評鑑 (內部評鑑) 為基礎，再配合外部評鑑 (行政機關、專門評鑑機關等) 或協同評鑑，以達到客觀化的目標。而配合實施自我評鑑與外部評鑑時，一方面強調學校的專業性與主體性，另一方面，則注重合作的協同性 (collaboration)。

五、我國高教評鑑

民國 83 年我國大學法修定公布，大學評鑑始有法源依據，為督促大學建立自我評鑑機制，確保教育品質，我國依據大學法於 1997 年試辦建立「教育部公私立大學校務資訊評鑑系統」，2004 年教育部委託社團法人台灣評鑑協會，執行「大學校務評鑑規劃與實施計畫」，開始辦理大規模的「大學校務評鑑」。2006 年委託財團法人高等教育評鑑中心基金會開始推動「大學系所評鑑」，並根據評鑑結果做為系所招生名額調整依據。依據 98 年 8 月修正大學評鑑辦法第三條大學評鑑之類別分為校務評鑑，院、系、所及學位學程評鑑，學門評鑑及專案評鑑四類，就院、系、所及學位學程評鑑類，對院、系、所及學位學程之課程設計、教師教學、學生學習、專業表現、圖儀設備、行政管理及辦理成效等項目進行之評鑑 (教育部，2009)。

財團法人高等教育評鑑中心五年計畫 (95 年 1 月至 99 年 12 月)，規劃大學及技專校院評鑑機制，並執行大學校院及技專校院評鑑工作，評鑑內容與指標分類涵蓋：目標、特色與自我改善，課程設計與教師教學，學生學習與學生事務，研究與專業表現，畢業生表現等五個評鑑指標項目，以做為系所進行自我評鑑之依據 (財團法人高等教育評鑑中心，2009)。

1. 校務評鑑方面：

校務評鑑採品質審核 (quality audit) 機制。審核各校提交之自我評鑑報告，評鑑指標包括辦學特色、師資、教學、研究、教學資源、國際化程度、推廣服務、訓輔 (學生事務)、通識教育、行政支援。

2. 系所評鑑方面：

系所評鑑採認可制 (accreditation)。系所評鑑根據專業性質之差異，分為四十四個學門，採品質認可機制。系所評鑑在確認大學校院各系所之品質，並促進各大學系所建立品質改善機制。評鑑方法包括自我評鑑與專業同儕實地訪視評鑑，並由訪視評鑑委員做出對系所品質認可地位之判斷，認可地位分為「通過」、「待觀察」、及「未通過」三類。

大學校務評鑑共計有七十六所受評學校，並依性質分成「國立一」、「國立二」、「私立一」、「私立二」、「私立三」、「師範組」、「醫學組」、「藝體組」、「軍警組」等「九大校務類組」，其中「藝體組」又區分為藝術分組與體育分組。除了評鑑一校的「校務」，並同時評鑑該校在各專業領域的「師資、教學、研究」表現，而且「教學」與「研究」並重。每校評鑑項目共計十二項，包含六個校務評鑑項目以及六個專業領域的「師資、教學、研究」表現。六個校務評鑑項目分別為「教學資源」、「國際化程度」、「推廣服務」、「訓輔 (學生事務)」、「通識教育」、「行政支援」；根據系所專業性質而區分的六個專業領域，則為「人文藝術與運動領域」、「社會科學 (含教育) 領域」、「自然科學領域」、「工程領域」、「醫藥衛生領域」、「農學領域」。

技專校院方面，為促進技專校院能持續精進辦學績效、提升教育品質、發展學校特色及追求卓越，以建立競爭力，教育部委託台灣評鑑協會進行技專校院評鑑、專科學校綜合評鑑、技術學院評鑑、專科學校護理科單科評鑑。94 年度技專校院評鑑係針對已改名滿 2 年之 17 所技專校院進行評鑑，並依其性質分為 3 大校組 (國立科大、私立科大一、私立科大二)，私立技專校院分組以改名技專校院時間點為依據，90 年 8 月以前改名的私立技專校院為「私立科大一」共 6 校，90 年 8 月之後改名的私立技專校院為「私立科大二」共 5 校，技專校院評鑑目的，旨在透過評鑑機制提高技專校院教育品質，保障學生受教權益，督促學校重視環境變遷、人口出生率遞減及產業界人才需求改變，積極因應改革，以提高技專校院之競爭優勢。

技專校院評鑑分為行政類、教務行政、學務行政、行政支援、專業類－學院、專業類－系所等，分別有指標細項，行政類：綜合校務、研究及產學合作策略及成效、社會服務成果、國際化成果；教務行政：教務行政執行成效、課程與教學、通識教育、圖書及資訊業務；學務行政：學務行政執行成效、導師工作制度及落實、社團活動辦理成效、生活輔導及衛生保健執行情形及成效、諮商輔導辦理成效；行政支援：行政支援組織運作情形、人事業務執行成效、會計行政執行成效、總務行政執行成效；專業類－學院：組織與發展、課程規劃與整合、師資整合機制、設備整合機制、教學品質機制、產學合作與研究之整合；專業類－系所：系務發展、課程規劃、師資結構與素養、設備與圖書資源、教學品質、學生成就與發展、研究與技術發展 (台灣評鑑協會，2009)。

教育部「98 學年度技專校院綜合評鑑」，98 學年度技專校院評鑑成績分為行政類及專業類 (包括學院及系所) 兩大類，受評學校成績等第分為行政類、學院及系所三種層級，評鑑之等第為一～四等。80 分以上一等、70 分以上未達 80 分者二等、60 分以上未達 70 分者三等、對評鑑成績未達 60 分者四等。專業類系所 (學位學程) 評鑑項目包括：系 (所) 務發展 (學位學程發展目標)、課程規劃、師資結構與素養、學生學習與輔導、設備與圖書資源、教學品保、學生成就與發展、產學合作與技術發展等八項。94 年度與 98 年度技專校院評鑑之各項指標之主要的差異在於 98 年度新增了「學生學習與輔導」指標，部份指標名稱有些微改變，系務發展→系 (所) 務發展，教學品質→教學品保，研究與技術發展→產學合作與技術發展。

1.2.3 高教評鑑

教育的市場競爭程度，可分為市場模式與政府模式。前者鼓勵競爭、公私立並存且學校數量龐大；後者不鼓勵競爭、偏向由國家提供。不過，因高等教育具有準公共財、兼具私人與公共效益、市場競爭及資訊未完全等四個特質，若完全由市場運作，易產生市場失靈的問題；若完全由政府提供，因為高等教育的個人效益顯著，中上階層學生參與率高，卻由全體納稅人分攤，易產生逆向重分配結果。況且，在高等教育大眾化繼而普及化後，消費者的多樣化需求，已非政府計畫與控管所能處理，因此，在面對國際化與全球化高度彈性時，產生政府失靈的結局。國內大學的分類與定位困難，以及大學學費的多年紛擾，就是市場與政府雙雙失靈所致。

透過教育指標的發展可以掌握教育組織的運作，以達到預期的教育目標，藉由各項評鑑瞭解辦理成效，並診斷學校教育缺失，以促進學校積極努力，進而提高教育績效。其次，評鑑學校表現的指標是改善教育系統的基礎，學校效能指標的研究已經開始成為學校進步原動力，以作為分析政府政策與教育等複雜現象的指引，教育指標可以做為政府擬定教育政策的重要依據。

一、高等教育評鑑之原則

財團法人高等教育評鑑中心基金會 (2010) 認為，臺灣大學系所評鑑機制有八大主要原則：

1. 明確性：評鑑程式強調正式之書面檔公佈，讓受評單位清楚瞭解整個評鑑之流程、效標、檢核方法、結果評定等資訊；
2. 一致性：結果之評定與相同學術性質之國際卓越標準一致；
3. 可信性：評鑑方法論、格式及過程均強調能獲得評鑑單位之信賴，以作為政府擬定相關政策之有效依據；
4. 自我管制：整個歷程強調大學之學術自主性，根據所設立宗旨、願景與目標，參照評鑑項目，規劃與設計符合本身需求之自我評鑑機制；
5. 統整性：採參考效標方式設計評鑑項目，由受評系所根據本身實況，因應性質之個別差異，提出證據說明品質；
6. 中立性：評鑑過程不鼓勵任何特定形式之準備、研究活動，也不對各系整體品質之改善提供任何刺激或線索；
7. 等值性：各大學站在相同立足點上，純粹就品質進行評鑑，不因受評大學之型態、規模、過去聲望或產出形式、格式不同，而有任何個別差異；
8. 透明性：系所評鑑前之作業規劃、系所分類、評鑑方法論、訪視評鑑小組組成、評鑑結果公佈等均強調透明性，以增強其可信性。

二、高等教育評鑑之類別

根據我國 2010 年公布實施的《大學評鑑辦法》第四條，目前大學評鑑之類別如下：

1. 校務評鑑：對各大學教務、學生事務、總務、圖書、資訊、人事及會計等事務進行整體性之評鑑。
2. 院系所及學程評鑑：對各大學院、系、所及學程之課程設計、教師教學、學生學習、專業表現、圖書儀器設備、行政管理及辦理成效等項目進行之評鑑。

3. 學門評鑑：對特定領域之院、系、所或學程，於研究及教學等成效進行之評鑑。

4. 專案評鑑：基於特定目的或需求對大學進行之評鑑。校務、院系所及學程評鑑每五年至七年辦理一次；學門及專案評鑑則依需要辦理。

三、我國大學評鑑之程序

階段一：收集量化數據與質化資料。

階段二：高等教育評鑑中心派員至各校進行教師、學生及行政人員代表問卷調查。

階段三：實地訪評。以二天進行，第一天進行各專業類組實地訪評，採同步進行方式，第二天為校務類組實地訪評。訪評內容包括聽取簡報、佐證資料查證、參訪校園與教學、研究、訓輔等設備、評鑑委員與師生及行政人員代表晤談。

階段四：函送評鑑委員報告至各校，並受理學校申覆與說明。

階段五：評鑑委員依量化指標統計表、質性資料表、問卷調查統計表及實地訪評結果等綜合考量後決定，與學校教師、學生、職員代表晤談，是為了獲取資料作為印證，再依校務類組與專業類組評鑑項目決定評鑑等第，將各校評鑑報告上網公告。

四、我國大學評鑑之途徑

根據評鑑目的之差異，評鑑的途徑可能會有所不同。但不論評鑑的進行是採內部的自我評鑑，以及同儕團體的外部評鑑 (如美國的認可制)，藉以改善大學或學門的品質；或是由政府機關及半官方性質的單位，根據量化的指標進行評鑑 (如英國的表現指標)，藉以確定大學經營的績效責任，二者的內容都應該是一致的，只是強調的重點有所差異。我國大學評鑑，在評鑑的過程，與日本類似，都強調內部自我評鑑與外部同儕評鑑的重要性：

1. 內部自我評鑑

內部評鑑，係大學教育機構發揮自我反省與自我批判的能力，根據外部的標準，由大學教育機構本身或其指定團體所規劃和執行的評鑑活動，其目的在於藉由建立自我管制機制以改進大學教育機構之品質，以供進一步外部評鑑之依據。

我國在大學評鑑的過程中，強調所有成員參與，並在高層主管的承諾與領導下，透過各種有效的評鑑機制，對學門的輸入 (包括人員、資源、設備、宗旨與目標等)、過程 (包括課程內容、行政程序、及公共服務等)、及結果 (包括教學、研究、與服務) 之品質進行評鑑，以達成改善品質與績效責任，同時提昇自我評鑑與自我管制的文化與架構。

2. 外部同儕評鑑

外部同儕評鑑的目的著重在品質的保證。外部評鑑通常由高等教育機構之外的團體或小組來執行評鑑活動，包括：政府、督學、甄審或訪評小組、同僚、畢業生之雇主等，通常以符合績效責任要求為其主要目的 (蘇錦麗，1997)。我國同儕評鑑通常在大學或學門提出自我評鑑報告後實施，評鑑小組通常由在該專業有相當成就的學術人員或具有實務工作經驗的人員所組成，而實施的方式通常採實地訪視，其訪視時間以二至三天為最常見。通常在訪問評鑑之前，評鑑訪視小組成員的名單應先經該受評機構同意，以確定訪評人員與受評機構之間未曾有利害關係存在。而在訪問評鑑進行中，訪評人員一方面，對於受評機構所提出的自評報告與資料應予與保密；另一方面，應與受評機構成員進行公開化、透明化的雙向交流，如有多餘時間，評鑑人員可利用觀察及晤談等方式，對受評機構進行更深入的認識。

五、我國高等教育評鑑指標

學校提升教育品質乃當今世界各國教育改革重要課題，然欲確切了解學校教育之發展趨勢及其品質與整體效能良窳，必須發展一套信度與效度精良之工具加以評量，亦即「教育指標」，教育指標有助於人們對教育系統的瞭解，能集中注意於重要的教育系統上，有利於對公眾的溝通，作為推動教育改革的工具。

目前國內高教評鑑指標分為兩大類：一類為校務類組，包括辦學特色、教學資源、國際化程度、推廣服務、訓輔、通識教育、行政支援；另一類為專業類組，包括師資、教學、研究，兩類均採「質化」和「量化」指標進行評鑑。

(一) 質化：1. 自我評鑑過程。2. 發展目標、特色。3. 師資。4. 教學資源。5. 輔導。6. 課程。7. 教學品質。8. 研究。9. 推廣教育。10. 教師提供服務。11. 行政。12. 學術交流。

(二) 量化：1. 師資。2. 行政。3. 教學品質。4. 教學資源。5. 研究推廣教育。

六、英美工程教育認証之評估模式

現行的國際工程教育認證制度，主要有來自美國 ABET (Accreditation Board for Engineering and Technology) 系統或英國 EC (Engineering Council)。英國的 EC 系統在 52 個大英國協會員國之間，料將以英國為軸心成為遍佈全球化的一個評鑑制度之一，未來也可能展現出本世紀歐洲對全球工程教育的再一次影響。相較於美國的 ABET 系統，美國則挾其認證系統已在全美實施具 70 年的歷史，至少已在 550 個學院和大學，已認證 2500 個課程方案 (ABET，2003)，嚴然已成為世界各國工程教育領域，欲側身先進國家之列的另一個潛在屏障 (Dodridge & Kassinopoulos，2001)。

此外美國 ABET 工程教育認證系統持續改進的評估模式，對促進教學卓越更具積極導引的效益，如下圖所示。

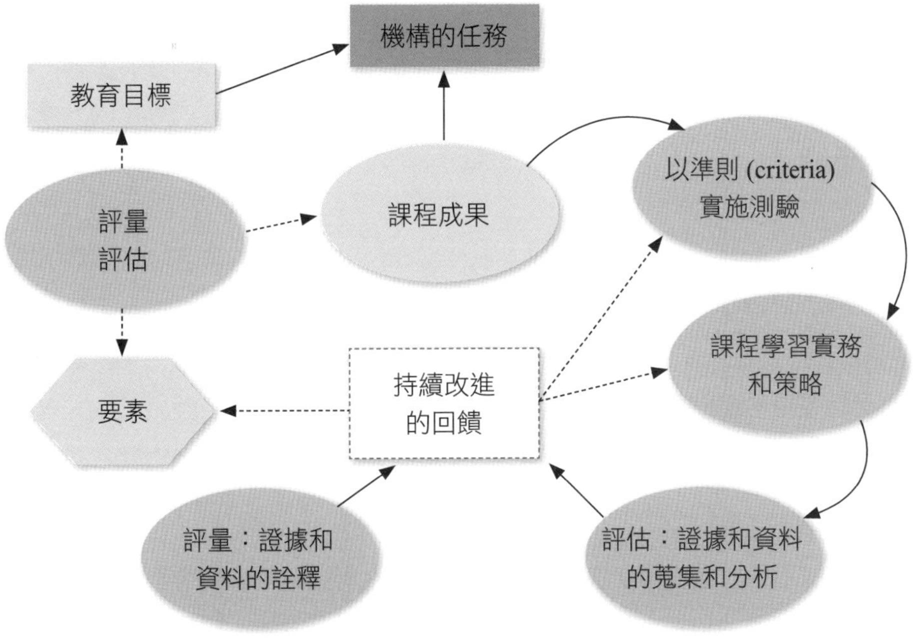

圖 1-27 美國 ABET 工程教育認證系統持續改進的評估模式 (Weiss，2003)

環顧國際上許多先進國家，為了追求技職高等教育的教學卓越發展，紛紛加強學校的教學績效，以確保學生的核心知能。這些國家或有從系統的觀點進行評鑑校院課程的績效，例如現行的技職校院評鑑規範；或有從過程著手，例如部分學校通過 ISO9002 的品保系列標準認證；或有學生從課程的學習成果著手，例如英國的 EC 或美國的 ABET 工程教育認證系統…等。此均彰顯出在新世紀中培育具有全球視野，具有高競爭力的學生，已成為各國努力的方向。

1.2.4 校務評鑑

評鑑 (evaluation) 是確立目標，蒐集及解釋有關資料，並據以做決策的過程。校務評鑑可從「教師的專業表現」與「學生的學習成果」去推論校務運作績效及診斷其運作缺失，進而促進改善，提升教育品質。

1999 年政府公佈教育基本法，在該法的第十三條中規定「政府及民間得視需要進行教育實驗，並應加強教育研究及評鑑工作，以提昇教育品質，促進教育發展」(郭昭佑，2000)。此一條文的規定，確立了校務評鑑的法源依據。

一、校務評鑑的目的

校務評鑑 (school administration evaluation) 係針對學校的一切事務，包含教育輸入、歷程及產出層面，作價值判斷的歷程。其過程是依據既定的準則，透過系統和科學的方法，蒐集受評者的相關資料與訊息，經由內省或專家的診療及評估，找出組織的優勢與劣勢，並探究成因、擬定對策，促成組織的進步與健全發展。

校務評鑑的最終目的，在於促使學校發展出定期運轉的自我評鑑機制，為學校的永續經營啟動源源不絕的能量 (林天佑，2002)。完成訪視評鑑，可以發現學校辦學有何待改進之處，同時透過統整各梯次受評學校的自評報告、評鑑結果報告及受評學校的回饋意見，可以瞭解各校普遍已具有哪些校務發展成效，有哪些困難及有待努力的部分，以供教育處作為追蹤視導、協助改善之依據。

二、校務評鑑的方式

校務評鑑的方法很多，各有其優點與限制，究竟要用哪些方法來取得資料，以作為價值判斷的依據，增加校務評鑑的精準性和合理性，評鑑的方法就顯得很重要。

目前實施校務評鑑所進行的方式有三種：校內自評、校際比較評鑑、專家外部評鑑。以下分別就校務評鑑實施的方法「自我評鑑」和「外部評鑑」說明之：

(一) 自我評鑑

自我評鑑 (self-evaluation) 是校務評鑑的過程之一，由學校之成員與合作夥伴組成，包括校長、行政人員、教師、學生、家長等。自我評鑑乃依據評鑑準則及指標內涵，廣邀學校內部成員及家長成立自評小組，並邀請專家學者蒞臨指導，定期依據評鑑準則及指標內涵檢核學校運作機制與經營成效，並透過科學化蒐集與分析相關資料，以證據導向提出學校改進方案，並檢核改進方案與教育目標及學校願景是否一致，作為自我檢討並持續改進。

(二) 外部評鑑

外部評鑑 (external-evaluation) 又稱為訪視評鑑，較仰賴專家或學者對受評學校進行專業的判斷，最具代表的評鑑模式是認可制度；對完成自我檢視校務評鑑工作後，為評估其過程是否客觀，目標是否達成，進行外部評鑑。通常實施方式採用實地訪視，時間上最好能有二到三天，方法上盡量能利用觀察與晤談，而對於訪評人員的遴選，應事先排除與學校間的利害關係，以力求評鑑結果的客觀性。

近年來國內廣泛使用的校務評鑑方法有以下七種：

1. **文件分析法**：調閱學校有關的規章、計畫、報表、出版品、工作或會議記錄等，加以分析，以瞭解工作執行情形和完成數量。
2. **觀察法**：即實地考察，就實際觀察到的現況，有系統的記載分析，並和文件或書面資料相互印證，以瞭解實際的情況與問題。
3. **訪問法**：在不妨礙教學的原則下，對學校相關人員以面對面訪問，較適用於個別對話及深入了解事情原委。
4. **座談會**：邀集學校有關人員，就評鑑事項，相互交換意見，不必獲得結論，有時與會人員的個人意見，亦可列為評鑑的參考。
5. **問卷法**：就一個或幾個主題，在表格上設計幾個問題，供受評者回答，可蒐集特殊資料或明瞭多數人的意向。
6. **調查表法**：調查表與問卷不同，調查表較偏重事實資料的蒐集，問卷則偏重意見與態度的徵求；其次，調查表常以機關團體為對象；而問卷則以個人為對象。

7. **評量表法**：評量表是將每一評鑑項目分為優劣程度不同的幾個等級，評鑑者或自評者根據所得資料之分析判斷，在適當學校欄內劃記，表示對該項目之評價。

三、校務評鑑內容

校務評鑑指標項目中以「行政管理層面」、「教師教學層面」、「學生學習層面」、「公共關係層面」為主軸。在國內外有關校務評鑑內容大略已具共識，包含表 1-49 所列項目：

表 1-49 校務評鑑指標

構面	指標／準則
1. 校長領導	辦學理念、學校願景、政策推展、專業領導、師生認同、學校精進。
2. 行政管理	校務計畫、制度規章、行政運作、財產管理、文書管理、危機處理、人事業務、公關行銷、經費運用。
3. 課程教學	課程發展、教材編選、多元教學、學習表現、外語教學、資訊教學、實驗教學、教學評量、補救教學、課程評鑑。
4. 學生訓輔	班級經營、生活教育、學生自治、活動競賽、環保衛生、健康體育、進路輔導、學生諮商、特殊教育、性別平等教育。
5. 環境設備	e 化設備、校園網路、校園環境、儀器設備、圖書館舍、圖書設備、修繕維護、資源運用。
6. 組織發展	教師組織、家長參與、學校文化、社區關係、教師進修、校友服務。
7. 學校特色	
8. 問題解決	

總而言之，校務評鑑係針對校務進行整體的評鑑，目前國內的作法，多是以評鑑行政處室業務為主要內容，如校長領導、教務、學務、總務、輔導、人事、會計及一般行政業務等。然而從學校效能評鑑的焦點來看，則以學生學習表現、教學品質，環境規劃、校長領導、家長參與、教師工作滿意度、課程安排、學校組織氣氛、溝通協調、組織產能及學校發展等層面。

至於評鑑項目，以 100 年度財團法人高等教育評鑑中心辦理的校務評鑑實施計畫為例，包括學校自我定位、校務治理與經營、教學與學習資源、績效與社會責任及持續改善與品質保證機制等五個鑑項目，一般大學校院各分項之參考效標如表 1-50：

表 1-50 一般大學校院校務評鑑五個評鑑項目參考效標

項目	參考效標
學校自我定位	1-1. 學校分析優勢、劣勢、轉機與危機，並找出學校自我定位之作法為何？
	1-2. 學校依據自我定位，擬定校務發展計畫之過程與結果為何？
	1-3. 校院訂定學生應具備之基本素養與核心能力為何？
	1-4. 校院相關學術單位之設置與校務發展計畫之相符程度為何？
	1-5. 校院依據校務發展計畫，擬定之發展方向及重點特色為何？
	1-6. 教師及學生對校院自我定位的認同與校務發展之瞭解為何？
校務治理與經營	2-1. 校長治校理念符應校務發展計畫情形為何？
	2-2. 校務發展規劃與擬定之機制與運作情形為何？
	2-3. 學校行政組織與相關委員會 (如性別平等教育委員會、環保安衛管理組織、交通安全推動組織、教師評審委員會等) 運作情形為何？
	2-4. 學校行政人力配置之運用情形為何？是否合理並符合實際需要？
	2-5. 校務行政電腦化之資訊安全與校園網路安全之管理與作業為何？
	2-6. 學校檢核並提升行政服務品質之作法為何？
	2-7. 學生參與校務治理之情形為何？
	2-8. 私立學校董事會經營與監督機制之運作情形為何？
	2-9. 私立學校會計制度之資產、負債、權益基金及餘絀、收入、支出情形為何？
	2-10. 公立學校校務基金之組織運作制度、預算決算管理、營運作業管理、基金財務績效及與校務整體發展規劃的關係為何？
	2-11. 學校追求國際化 (含僑生教育之辦理) 之作法為何？
	2-12. 學校蒐集校務資訊做為自我改善並向利害關係人公布之作法為何？

表 1-50 一般大學校院校務評鑑五個評鑑項目參考效標 (續)

項目	參考效標
教學與學習資源	3-1. 學校遴聘教師之機制及其運作為何？
	3-2. 學校獎勵教師教學與研究卓越表現與協助專業成長之作法為何？
	3-3. 校院評核教師學術 (含教學、研究、及服務) 表現之機制為何？
	3-4. 校院課程規劃機制之運作情形為何？
	3-5. 學校通識教育整體規劃機制與實施情形為何？
	3-6. 學校整體空間規劃與分配之作法為何？
	3-7. 學校營造永續發展校園 (含節能減碳、安全衛生與環境教育、無菸害校園)、交通安全教育、重視性別平等教育，以及安全、無障礙校園環境之作法為何？
	3-8. 學校提供學術單位一般與專業教室 (含實／試驗場所) 之資源為何？
	3-9. 學校提供資訊科技、圖書儀器及數位學習機制以滿足師生需求之作法為何？
	3-10. 學校對智慧財產權保護的措施及成效為何？
	3-11. 體育室 (組) 組織架構與運作機制為何？學校整體體育 (含場地、器材、設施安全規範及經營)、體育課程 (含必選修) 及體育教學 (含師資、提升體適能、提升游泳能力及適應體育) 規劃機制與運作情形為何？
	3-12. 學校對教學及學習資源之管理與維護機制為何？
	3-13. 學校提供學生學習、生活輔導與住宿之情形為何？
	3-14. 校院級導師制之實施情形為何？
	3-15. 學校辦理畢業生生涯發展輔導之作法為何？
績效與社會責任	4-1. 校院學生入學資格之篩選機制為何？
	4-2. 學校規劃與評核學生達成基本素養與核心能力之機制為何？
	4-3. 校院學生學習評量之作法為何？
	4-4. 校院學生卓越之學習表現為何？
	4-5. 學校對教師教學評量之機制為何？
	4-6. 學校依據教師教學評量進行輔導與改善之作法為何？
	4-7. 校院教師卓越之研究與專業表現為何？
	4-8. 校院教師參與推廣服務之表現為何？

表 1-50 一般大學校院校務評鑑五個評鑑項目參考效標 (續)

項目	參考效標
	4-9. 學校爭取產學合作之機制與成果為何？
	4-10. 學校檢核績效責任，型塑為高聲望教育機構之作法為何？
	4-11. 學校善盡社會公民責任 (含服務學習)，提供弱勢學生學習機會與照顧之作法為何？學校提供獎助學金與工讀機會 (含生活學習獎助金、緊急紓困金、低收入戶免費住宿等) 之作法及成效為何？另學校如何推動各類措施之宣導事宜？
	4-12. 學校推動校內外競賽、運動及社團參與成果為何？
持續改善與品質保證機制	5-1. 學校之自我評鑑機制為何？
	5-2. 學校蒐集利害關係人意見之作法為何？
	5-3 .學校持續改善之品質保證機制為何？

資料來源：高等教育評鑑中心 100 年度校務評鑑實施計畫。

四、校務評鑑實施過程

校務評鑑在準備階段的重點為：評鑑指標的設計、評鑑委員的遴聘、以及評鑑相關事項之研討、說明與溝通。評鑑指標的功能在陳述教育期望，管制教育品質，提供教育決策資訊及提供教育消費者選擇所須資訊的功能 (郭昭佑，2001)。一套值得信賴的校務評鑑指標，可以協助學校發現經營之困境，並提供協助解決問題。選擇適當的校務評鑑指標，是教育處辦理校務評鑑規劃時重要的課題。

規劃校務評鑑可依時程區分為八個工作階段，分述如下：

1. **擬定評鑑要點**：各縣市政府需先擬定校務評鑑實施要點，以供各縣市政府所在各級學校參考。
2. **組成評鑑小組**：評鑑小組的成員由學者專家、縣教育局督學、視導(退休校長)、家長和教師等跨領域的成員組成。
3. **各校自評**：受評學校先行自我評鑑，並將評鑑結果送至縣市政府教育局參考，以作為評鑑督導重點。學校內部人員根據外部的標準，對本身之目標、現況、過程及結果作敘述或分析，並將其所得結果撰寫成報告，以供進一步外部訪評之依據。更重要的是進行自我研究 (self-study)：當學校基於校務發展計畫之需求，植基於品質持續的改善與組織的革新之基礎，強調由學校所有成員參與，並在高層主管的領導下，透過各種有效的評鑑機制，對學校的輸入、過程及結果等內容進行評鑑，以達到改善導向 (improvement-oriented) 之目的。

4. **訪視評鑑**：評鑑小組到受評學校進行一至兩天的評鑑，評鑑小組除了評鑑書面資料外，其成員還必須與行政人員、教師代表、學生、家長舉行座談，並針對「一般行政與校長領導」、「課程與教學」、「訓導與輔導」、「環境與設備」、「人事管理」、「會計作業與管理」、「社區關係」、「教師專業與研究發展」等八項指標進行評鑑。
5. **完成評鑑報告知會學校**：校務評鑑小組於評鑑後需將評鑑結果先知會學校，受評學校若有意見，可於一星期內提申訴意見，同時也可事先對於缺失部分儘早做改善，以為改進校務之參考。
6. **公布評鑑結果**：縣市政府教育局將評鑑結果知會學校一個星期後，針對沒有提出申訴意見的學校，公布評鑑結果，讓外界及家長瞭解，以增加家長對學校教育品質與辦學績效的瞭解。
7. **追蹤學校改進校務**：縣市政府教育局針對評鑑結果不佳的學校進行追蹤輔導，階段。

1.2.5 校長評鑑

教育功能的發揮來自於學校效能的展現，而學校效能的展現則來自於校長領導效能的高低。校長評鑑 (principal’s school managing accountability evaluation) 的目的，一般分為形成性目的與總結性目的，前者在於發現校長行政領導表現優劣得失及其原因，以及時協助校長改進之，提高校長辦學績效，並且可以就校長行政領導表現的弱點，提供適當在職進修課程和計畫，促進其專業發展；後者在於判斷校長表現水準的優劣程度，以便作為遴選、續聘、晉升、決定薪資、表揚、及處理不適任校長的依據，校長評鑑是對校長表現作價值判斷和決定的歷程，其方式乃是根據校長表現的準則，蒐集一切有關訊息，以瞭解校長表現的優劣得失及其原因，以協助校長改進其服務品質或作為行政決定的依據。

常見校長評鑑之研究方法如下：

一、採文獻探討及 Delphi：首先探討國民小學校長辦學績效評鑑之相關文獻，經分析及歸納初步建構出適合校長辦學績效評鑑指標，作為研究之基礎，並據此編製出 Delphi「校長辦學績效評鑑指標」第一次調查問卷。接著，藉由 Delphi 的實施過程，徵詢 7~15 位 Delphi 小組成員對「校長辦學績效評鑑」指標的重要程度評定與意見，並逐步尋求共識。而 Delphi 問卷調查總共實施 n 次，除第一次外，其餘 (n-1) 次皆提供前一次問卷之統計結果及意見彙整予諮詢委員參考。

經由上述的研究程序，建構出一套「學校長辦學績效評鑑指標」，共分為「辦學理念與實踐」；「政策與法令執行」；「行政領導與管理」；「課程發展與教學領導」；「專業素養提昇」；「社區資源整合與運用」等六個構面，共 40~50 項指標。如下表 1-51 所示。

二、採 fuzzy Delphi 整合專家意見，來建構評鑑指標，續以模糊階層分析法計算各指標間的相對權重，以完成評鑑體系之建構。

迄今有關校長領導能力之研究，由於學者專家 (重理論) 與機構評鑑 (重實務) 採取不同角度與分析觀點，因此，對於校長領導能力之分類及細目，仍有不同的歸類與詮釋。具體而言，目前尚缺乏適切評鑑領導能力之工具可資檢證。

三、AHP 法、ANP 法 (見第 4 章的介紹)

一般對校長專業角色的認定有：校長作為願景者、校長作為組織者、校長作為生涯領導者、校長作為評鑑者等四個層面 (Girvin，1997)，認為這四個角色職責是比較能涵括說明一個學校專業人員的專業發展之內涵需求。

Drake 和 Roe (1994) 提出校長所需具備的十二項能力，分別為：

1. 對學校任務的承諾與關注學校形象 (Commitment to school mission and concern for its image)
2. 主動積極的領導風格 (Proactive leadership orientation)
3. 果斷性 (Decisiveness)
4. 對人際與組織的敏感度 (Interpersonal and organizational ensitivity)
5. 資訊搜尋、分析與概念形成 (Information search, analysis, concept formation)
6. 彈性思考 (intellectual flexibility)
7. 有說服力及人際互動管理 (Persuasiveness and managing interaction)

表 1-51 校長評鑑指標之示意

	評鑑指標
壹、辦學理念與實踐	1. 有正確的教育理念，且認真負責，獲得親師生信任支持。 2. 能提供學校正確的治校理念。 3. 能依據教育理念建立學校願景並凝聚共識。 4. 能建立合諧的溝通管道，營造溫馨的校園氣氛。 5. 能依據辦學理念，塑造優質學校文化。 6. 能營造良好學習環境，重視學生的各項表現。 7. 能依據學校教育目標，訂定計畫，徹底執行有關教育活動。 8. 能經常檢討、反思，檢核個人辦學理念提升行政效能
貳、政策與法令執行	1. 能了解當前教育相關政策與法令內容。 2. 能遵循教育相關政策與法令規定辦學 3. 能將教育政策轉化訂定為學校目標或工作方案。 4. 能配合教育政策、法令，研訂具體可行之學校教學計畫。 5. 能清楚將教育政策與法令傳達予學校成員，並切實執行。 6. 能反應政策執行困難並尋求解決之道。 7. 能有效執行教育局重點工作，並著有績效。 8. 能建立學校特色。
叁、行政領導與管理	1. 能落實校務發展計畫達成教育目標。 2. 能有效分工、分層負責並運用各種策略，提高行政效 。 3. 能建立民主、參與、公開、共同決定的決策方式。 4. 能營造和諧、專業、分享、開放的學校組織氣氛。 5. 能妥適的管理與運用學校經費財產等資源。 6. 能及時有效的處理校園危機與衝突問題。 7. 能配合學校發展，規畫校園學習環境。 8. 能建立學校校務自我評鑑與改進的機制。
肆、課程發展與教學領導	1. 能領導學校發展本位課程。 2. 能帶領教師進行學校本位課程研訂與發展。 3. 能建立學校教學團隊研究與討論的機制。 4. 能建立校園資訊、知識運用及分享機制。 5. 能鼓勵教師進修研究，藉以創新與改進教學方法。 6. 能領導教學研究，改進教材教法，提高教學素質。 7. 能落實教學視導，建立學校教師教學評鑑的機制。 8. 能與教師共同塑造以學生為中心的學習氣氛。

表 1-51 校長評鑑指標之示意 (續)

	評鑑指標
伍、專業素養提升	1. 能促進自我專業成長，提昇專業知能，提供師生終身學習典範。 2. 能主動了解教育新知及教育發展趨勢，推動教育革新。 3. 具校務發展能力，能全心投入校務，充分支援教學及學習活動。 4. 能瞭解教師進修需求，主動提供各種教師專業成長機會。 5. 能經常參與教職員的專業成長活動，帶動學習風氣。 6. 能鼓勵師生勤學習，且能轉化知識、善於創新，以建立學習型學校。 7. 能遵守專業倫理及道德規範。 8. 具有服務的熱忱。
陸、社區與家長資源整合及運用	1. 充分運用社會資源，協助校務發展，發展學校特色，共同提高學生學習成果。 2. 能主動積極參與社區工作和活動，使社區認同本校教育目標。 3. 能開放校園，促進學校與社區的充分交流，資源共享。 4. 能強化親職教育，運用家長人力資源，支援學校行政教學。 5. 能促進家長會組織與功能，扮演親師溝通平台，親師合作與互動成效良好 6. 與家長會及家長維持良性的互動，獲得家長信賴與支持。 7. 能鼓勵並吸引家長及社區人士參與學校教育活動。 8. 能與他校及校外機構建立良好關係，並建立校際資源共享機制。

8. 高度的適應力 (Tactical adaptability)
9. 成就動機與關注發展 (Motivation and developmental concern)
10. 控制與評鑑 (Control and evaluation)
11. 組織能力與授權 (Organizational ability and delegation)
12. 溝通 (Communication)

全國小學校長協會(the National Association of Elementary School Principals，NAESP) 刻正也修改其《中小學校長精熟手冊》(1991)，此乃對學校效能的研究發現與行政人員的實務經驗所得。NAESP 的精熟檢核表將相關有效領導行為的知識，轉化為學校相關的活動層面。這十個精熟總表是由下列三項主軸所組成：領導才能 (leadership proficiency)(領導行為，溝通技巧，和團體過程)；視導才能 (supervisory proficiency)(課程，教學，表現，和評鑑)；行政／管理才能 (administrational／management proficiency)(組織管理，財務管理，和政治管理)。

1.2.6 課程評鑑

一般來說，學者對課程的見解莫衷一是，通常學習者在學校所進行的學習活動是有計畫、有目標的，被要求明顯可見的學習效果，此學習活動即是所謂的「正式課程」；但學生的學習成效有時亦可能出現非預期的結果，此為「潛在課程」所形成。

就狹義的課程定義來說，課程指的是學校所安排的課表，包含科目 (如：語文、數學、社會、自然與生活科技、健康與體育、藝術與人文等) 和活動課程 (如：社團、朝會等)；就廣義的課程定義而言，課程為所有被安排的、有計畫的學習活動。

我國國民教育階段九年一貫課程總綱綱要明列：「課程評鑑應由中央、地方政府和學校分工合作，各依權責實施」(教育部，1998)，而在學校層級，則負責課程與教學的實施，並進行學習評鑑，且評鑑的範圍包括課程教材、教學計畫與實施成果等，呼應課程鋼要的規定。

一、課程評鑑的意涵

課程評鑑乃利用系統方法蒐集資料，針對課程全部或一部分，判斷其內在價值 (merit) 或效用價值 (worth) 的過程。主要功能用來做課程決定：包括開發、設計、修正、改良、比較、評價與捨棄等決定。

課程評鑑是教育評鑑的一部份，有人認為課程評鑑就是評量學生的學習成效；有人認為課程評鑑是在了解教師教學的成效；亦有人狹義地認為課程評鑑就是教科書評鑑。以上的說法都代表了課程評鑑的一部分，事實上，課程評鑑的實施是有系統地研究課程的價值 (worth) 或功績 (merit)，以供作決定和判斷課程的過程 (Glatthorn，1997)。

課程評鑑乃是對課程進行評鑑，其實施的範疇包含了教育思想、學生需要及社會需要；實施層面從中央、地方、學校至教學現場；實施者由受過訓練的人員，包括學者專家、行政人員、教學者、社區人士等，進行有系統的蒐集及分析課程發展過程與結果，或是現行課程的相關資料，並依其評斷課程發展的過程、結果或現存課程的優劣，目的在於提高課程決定以及課程內容的合理性，俾符合社會發展需要與世界教育的潮流。

學校本位課程評鑑的實施需考量的面向，包括：評鑑的參與人員、評鑑的準則以及實施評鑑的程序步驟。

二、學校本位之意涵

近十年台灣的教改逐漸走向分權化，九年一貫課程將部分的課程決定權下放到學校，讓學校本位 (school-based) 管理、教師彰權益能之理念有機會體現。另綜合高中、職業學校課程亦留有學校可以自主之校訂課程，因之，最近的普通高級中學課程修訂，意圖強調學校本位課程精神，進行課程鬆綁。在高中課程暫行綱要總綱的「實施通則」部分，規範由各校組織課程發展委員會，依其學校經營理念自行規劃選修之課程，並於每學期開課前完成學校課程計畫，審查教師自編教科用書，並負責課程與教學評鑑。此外，學校得因應地區特性、學生特質與需求，選擇或自行編輯合適的教科用書和教材，以及編選彈性學習時數所需的課程教材。

三、課程評鑑的的準則

學校本位課程是以學校為主體，由學校成員所主導進行學校課程發展行動，而課程的發展結果也需要針對課程目的、方法、內容進行選擇、組織、實施與評鑑。

評鑑工具是評鑑過程中不可或缺的要素。學校本位課程評鑑的進行，在評鑑工具方面，可以選擇既有評鑑工具，或在學校本位的精神下自行發展。

(一) 評鑑準則的定義

「準則」(criterion) 一詞有多種不同的用法。就字義而言，原本就有「判斷」(to judge)、「 區分」(to separate) 和「決定」(to decide) 的意思，係指「一種標準，以供做決定或判斷的基礎」。

(二) 評鑑的準則

(1) Lewy：包含中心理念、教材的組織、教學的策略、教室管理以及教師的角色。
(2) Hill：包含計畫、課程設計、教學方法、資源、教師發展、學習經驗、及結果等要素。
(3) Eisner：包含課程本身、教學、以及結果三方面，可為課程目標、課程內容、課程實施、和課程結果四個面向。
(4) 陳銘偉 (2004) 綜合各家學者，並考量因 CIPP 模式，彙整出「學校本位課程評鑑標準」之指標架構：分四個層面 (課程籌畫、課程設計、課程實施、課程效果與回饋)，12 個向度 (研究宣導與專業訓練、組織建置與成員參與、脈絡分析與課程發展、小組運作與需求共識、課程目標與架構內容、教學資源與評量設計、事前研究與教學準備、教學實施與策略檢核、觀察自省與研討因應、教師課程實施滿意性、教師教學績效滿意性、評鑑結果與回饋運用)，及 60 個標準。

雖然學者們或相關研究由不同的角度去探究評鑑準則，但表示皆認同建構評鑑準則的重要性。站在以學校為本位的課程評鑑觀點，更應發展以教師為主體、與利害關係人多元的溝通歷程、建構符合自己學校情境脈絡的評鑑準則，以確保學校本位課程評鑑的品質，使學校本位課程得以永續發展。

四、課程評鑑的層級架構

課程評鑑的模式眾多，課程評鑑的系統模式有目標獲得模式，外貌模式、差距模式、背景輸入過程成果模式 (簡稱 CIPP 模式)，評鑑研究中心模式，認可模式等。有目標模式、過程模式、內部評鑑、外部評鑑，背景輸入、過程、成果模式、自然探究模式…等。

迄今，較知名的課程評鑑的層級架構如下：

(一) 綜合 Lewy、Hill、Eisner 觀點的評鑑架構

Lewy 認為可成為評鑑的架構應包含課程方案的中心理念、教材的組織、教學的策略、教室管理以及教師的角色。而 Hill 說明課程包含計畫、課程設計、教學方法、資源、教師發展、學習經驗、及結果等要素。Eisner 認為評鑑涵蓋課

程本身、教學、以及結果三方面，可簡要歸納為課程目標、課程內容、課程實施、和課程結果四個構面，相關歸納如表 1-52，其層級架構如下。

表 1-52 Lewy、Hill、Eisner 的評鑑架構對應表

層面	Lewy	Hill	Eisner
1. 課程目標	課程方案中心理念	計畫	課程本身
2. 課程內容	教材的組織	課程設計、資源	
3. 課程實施	教學的策略、教室管理、教師的角色	教學方法 學習經驗 教師發展	教學
4. 課程結果		結果	結果

資料來源：林佩璇 (2001)

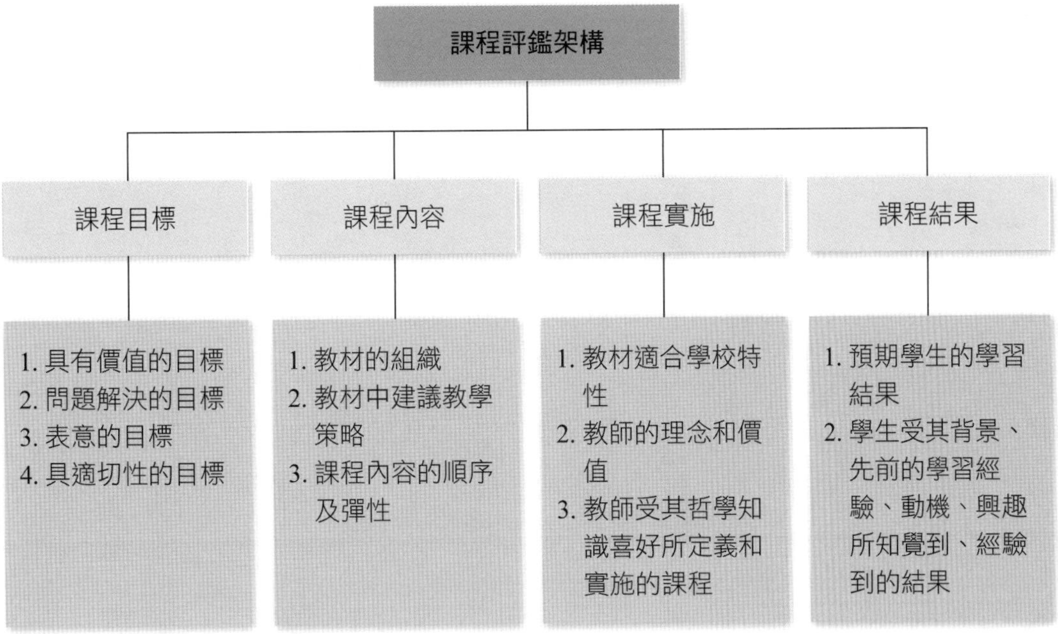

圖 1-28 Lewy、Hill、Eisner 的評鑑架構

(二) Convey 的評鑑架構

Convey 曾對語文、數學、社會和科學領域發展一套課程評鑑架構，其包含四個層面：第一層面是課程綱要之評鑑，重點在課程目標、課程活動、教學方法、教材和教學評量程序等；第二層面是課程綱要使用情形之評鑑，重點包含教師對每一課程目標的實際教學時間、教師的教學、教材和評量的實際運作情形；第三層面是課程方案對教師影響之評鑑，重點為了了解教師對課程方案的知覺與感受，例如了解教師對課程綱要的一般感受，對於課程活動的合適性、實施方便性、教學準備之負擔、是否 於繼續推動方案、課程經驗價值性等知覺與態度。最後的層面是課程方案對學生影響之評鑑，重點在評鑑學生在所列課程目標之進展情形再活動和態度上之進步與對課程方案的滿意度，如圖 1-29。

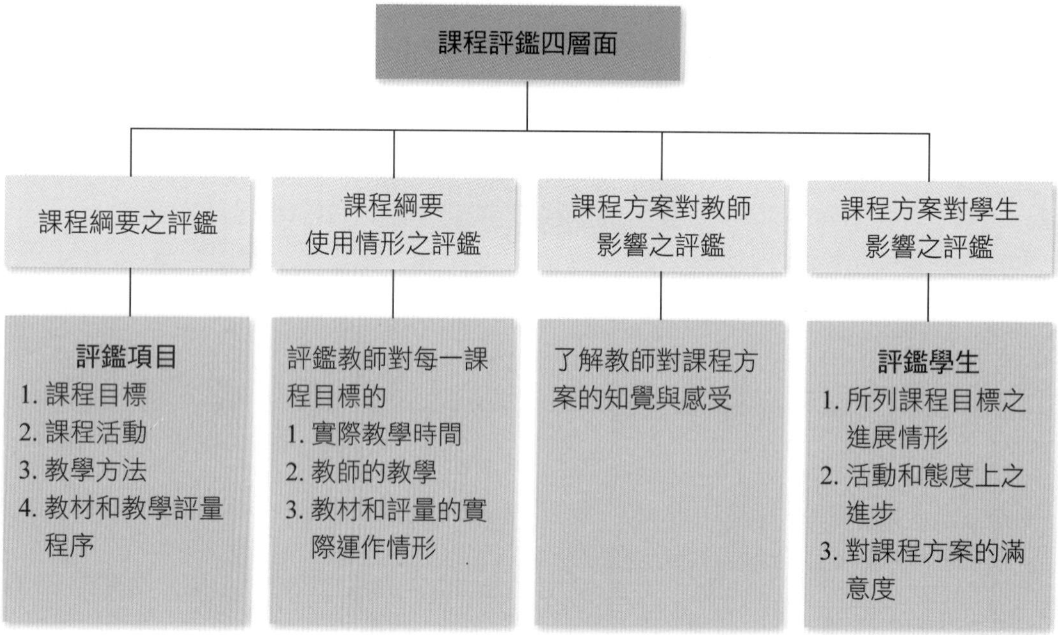

圖 1-29 Convey 的評鑑架構

(三) Zaid 的評鑑架構

Zaid 的評鑑架構則包含課程規劃 (curriculum planning)、課程發展 (curriculum develomption)、課程實施 (curriculum implementaion) 和課程效果 (curriculum effect) 等四個連續階段，且彼此皆具有回饋的關係，如圖 1-30。

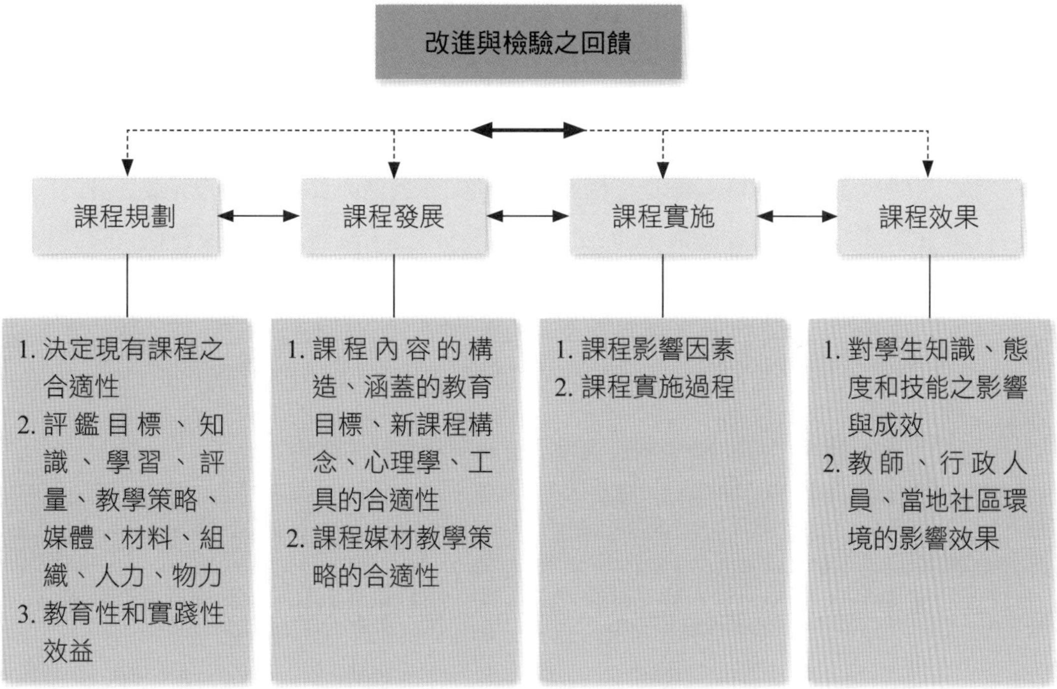

圖 1-30 Zaid 的評鑑架構

五、學校本位的課程評鑑

好的學校本位課程評鑑模式，是以課程發展階段為學校本位課程評鑑順序，評鑑人員則以學校教師為核心的內部評鑑模式，透過教師間合作，參與學校本位課程評鑑的實施，藉以做為學校本位課程發展歷程的回饋，較能切合學校本位課程發展各階段的回饋需求，配合以學校為主體、以教師為核心之課程發展內涵。同時兼顧學校情境的殊異性，重視學校情境脈絡的評鑑，評鑑人員也以學校本位課程發展之教師為評鑑主體的參與下，透過教師間的合作參與做學校本位課程評鑑的實施，為學校本位課程評鑑模式。

學校本位管理 (school-based management，SBM) 就是為了刺激學校組織的持續進步，提昇學校全體教職員的士氣，激發獻身投入改善其工作之努力程度和動機，動員全體學校成員之智慧與力量，所提出的高品質的校務改進規劃工作。

學校本位管理具有使學校自行決定辦學方針，增進學校辦學績效，使學校行政更具彈性，提昇成員工作士氣，有助於提昇學生學習表現，增進學校與社區的溝通品質等優點。學校本位管理的重點，是要學校成員主動積極針對學校校務提出改革及調整有效策略及措施，創造出有效能的學校。從學校本位管理意義、內涵及優點，可看出與校務評鑑的精神不謀而合。

學校本位課程評鑑就是學校本位課程內容發展與實施過程的評鑑，評鑑的內容除了學校本位課程計畫中所包括的目標、內容、經驗之外，還應納入與課程設計和實施有關的人、事、物，及三者交織而成的複雜事項。

學校本位課程評鑑與課程發展兩者的關係，如表 1-53 歸納。

表 1-53 學校本位課程評鑑與課程發展的關係

學校本位課程發展過程	課程發展活動	課程評鑑活動
1. 課程計畫與研究階段	1. 情境分析，界定課程發展目標 2. 擬定課程發展計畫 (含人、時、地、事、物等) 3. 蒐集課程設計與發展的文獻 4. 進行課程設計與發展的相關研究	1. 蒐集資料，診斷學校課程問題 2. 判斷課程發展的優先順序 3. 評析相關文獻的適切性，指出進一步文獻探討的方向 4. 評析研究計畫、實施及成果的適切性
2. 課程設計與發展階段	1. 設計課程方案架構 (直接實施／改編／創新) 2. 進行課程內容的選材與組織	1. 蒐集資料，進行教材的判斷與取捨 2. 進行小規模的試用課程實施階段
3. 課程實施階段	1. 做課程實施的準備 2. 協調課程實施的問題 3. 進行課程方案的評鑑 4. 進行課程發展過程的反省	1. 蒐集資料，觀察課程實施的過程 2. 判斷課程實施的問題與成效 3. 蒐集資料，判斷課程成效與價值 4. 分析課程發展過程的成效與問題
4.課程改革階段	1. 依據前述課程評鑑結果，擬定革新方向與實施 2. 展開課程革新行動	1. 蒐集資料，評估改革的優先順序與重點 2. 評估革新成效，作為下一波課程發展的參考

資料來源：張嘉育、黃政傑 (2001)

Chapter 2

模糊理論

2.1 認識數學符號

2.1.1 數學符號

攻讀社會科學的人，常會很害怕數學及統計，追根就底，就是無法深入理解抽象的數學符號，導至量化研究常常無法有新突破，尤其在方法論與統計的結合方面，總是有填不完的漏洞。常見的數學符號如下：

1. 英文字母：在工程數學、微積分、線性代數、統計學、資料結構、數值分析的書中，常見的：大小寫 a, b, c 代表常數 (constant) 或係數 (coefficient)。f, g, h 代表函數。i, j, k 代表整數。小寫 x, y, z 代表變數。大寫 X, Y, Z 代表矩陣。
2. $|X|$ ：若 X 為變數，則 $|X|$ 為絕對數，例如，$|-8|=8$。若 X 為 m×n 矩陣，則 $|X|$ 為行列式 (determinant)，它是將 m 列×n 行矩陣 (二維陣列) 轉成常數值。
3. $\bar{X}$ (bar)：代表變數 X 的算術平均數。
4. $\vec{X}$ ：$\vec{X}$ 為 m×1 向量 (vector)，它是二維矩陣 (matrix) 的特例，$\vec{X}$ 是 m 列 1 直行的矩陣，格式如 $\vec{X}=\begin{bmatrix}0.3\\0.1\\0.2\\0.4\end{bmatrix}$
5. $\tilde{X}$：$\tilde{X}$ 若為模糊數 (fuzzy number)，最常見的是三角模糊數，例如 $\tilde{X}$=(下界, 平均數, 上界)=(4, 5, 6)，亦可能是梯形模糊數，例如 $\tilde{X}$=(3, 4, 7, 9)。$\tilde{X}$若為

多項式，例如 $\tilde{X} = X_1 + X_2 + X_3$，則 $\tilde{X}$ 可能是投資組合，其中，X_1 為電子股，X_2 為金融股，X_3 為營建股。

6. $\hat{X}$(head)：變數 X 的預測值。例如，簡單迴歸式 Y＝bX＋a 中，採最小平方法的目標係求誤差 ε 的總和 $\sum_{i=1}^{n}(Y_i - \hat{Y})^2$ 達到最小值，利用偏微分來求得線性迴歸的預測值 $\hat{Y}$，其公式如下：

$$b_{Y.X} = \frac{\sum_{i=1}^{N} X_i Y_i - \frac{\sum_{i=1}^{N} X_i \sum_{i=1}^{N} Y_i}{N}}{\sum_{i=1}^{N} X_i^2 - \frac{(\sum_{i=1}^{N} X_i)^2}{N}} = \frac{\sum_{i=1}^{N}(X_i - \overline{X})(Y_i - \overline{Y})}{\sum_{i=1}^{N}(X_i - \overline{X})^2}$$

$$= \frac{Cross - \Pr oduct}{SS_X} = \frac{\frac{\sum_{i=1}^{N}(X_i - \overline{X})(Y_i - \overline{Y})}{N-1}}{\frac{\sum_{i=1}^{N}(X - \overline{X})^2}{N-1}} = \frac{COV_{xy}}{S_x^2}$$

$$a = \overline{Y} - b\overline{X}$$

其中，Cross-Product：交乘積。

7. X' (prime)：有三種意義：(1) 在微積分、微分方程式中，X' 代表「常微分一次」。例如，假設 $Y = X^2 + 3$，則 $Y' = \frac{dy}{dx} = 2X$。(2) 在多變量統計學中，

X' 代表矩陣 X 的轉置，例如，$X = \begin{bmatrix} 0.2 & 0.1 & 0.4 \\ 0.5 & 0.2 & 0.4 \\ 0.3 & 0.7 & 0.2 \end{bmatrix}$，則

$$X' = \begin{bmatrix} 0.2 & 0.5 & 0.3 \\ 0.1 & 0.2 & 0.7 \\ 0.4 & 0.4 & 0.2 \end{bmatrix} X' = \begin{bmatrix} 0.2 & 0.5 & 0.3 \\ 0.1 & 0.2 & 0.7 \\ 0.4 & 0.4 & 0.2 \end{bmatrix},$$

$$X^2 = X'X = \begin{bmatrix} 0.2 & 0.5 & 0.3 \\ 0.1 & 0.2 & 0.7 \\ 0.4 & 0.4 & 0.2 \end{bmatrix} \times \begin{bmatrix} 0.2 & 0.1 & 0.4 \\ 0.5 & 0.2 & 0.4 \\ 0.3 & 0.7 & 0.2 \end{bmatrix}$$

(3) 在變數變換時，常用新變數 X' 來代表原先 X 變數經轉變後之值。日常中常見的變數變換，包括，尺度變換 (正規化/標準化、常態化)、及空間變換 (e.g. X-Y 二維平面空間的各種轉軸變化) 兩種。

8. X^T (transpose)：代表矩陣 X 的 90 度轉置。

9. X^{-1} (inverse)：若 X 為變數，則 X^{-1} 為倒數，例如，$4^{-1}=0.25$，即 $4\times 4^{-1}=1$。若 X 為 m×n 矩陣，則 X^{-1} 為逆矩陣，即 $XX^{-1}=I$ (單位矩陣)。例如，$X=\begin{bmatrix}0.2 & 0.1 & 0.4\\0.5 & 0.2 & 0.4\\0.3 & 0.7 & 0.2\end{bmatrix}$，則 $X^{-1}=\begin{bmatrix}1 & 0 & 0\\0 & 1 & 0\\0 & 0 & 1\end{bmatrix}/\begin{bmatrix}0.2 & 0.1 & 0.4\\0.5 & 0.2 & 0.4\\0.3 & 0.7 & 0.2\end{bmatrix}$

我們要如何求反矩陣呢？方法有二：(1) 例如 A 矩陣，求 A 的反矩陣，令 $[A|I]$，經由高斯消去法，得 $[I|B]$，其中，B 為 A 的反矩陣。(2) 例如 A 矩陣，求 A 的反矩陣，公式為：反矩陣＝$[adja]/|A|$。A 的反矩陣＝A 的伴隨矩陣/A 的行列式值。由此可見，反矩陣不一定存在，因為 $|A|$ 有時會為 0。

10. $X_{m\times n}=[x_{ij}]$：$[x_{ij}]$ 為矩陣 $X_{m\times n}$ 中第 i 列，第 j 直行的元素。小寫 x, y, z 代表變數，大寫 X, Y, Z 代表矩陣。小寫 ε, β, γ, τ, ω 等希臘字代表迴歸模型之係數；大寫 Γ, Ω, Π, Φ, Ψ 等希臘字代表迴歸模型之係數矩陣。

11. $f(x)$：由 x 所組合的函數 (function)，例如，$f(X)=2X+3$。

12. $\sum X$ 或 $\sum_{i=1}^{n} X_i$ (summation)：將數列 $X_1, X_2, X_3, ..., X_N$ 全部加總。即 $\sum_{i=1}^{n} X_i = X_1+X_1+...+X_N$。算術平均數 $M=\frac{\sum_{i=1}^{n} X_i}{n}$，它常當作統計學、財經學之平均數。

13. $\prod X$ 或 $\prod_{i=1}^{n} X_i$ (multiplication)：求 n 個數列元素連乘，$\prod_{i=1}^{n} X_i = X_1\times X_2\times X_3\times ...\times X_n$。幾何平均數 $M=\sqrt[n]{\prod_{i=1}^{n} X_i}$，它常當作模糊數之平均數。

14. $\frac{dx}{dt}$ (differential) 或 $\dot{X}$ (dot)：在物理學中，矩陣 X 對時間 t 的常微分，所得的值叫速度 v，牛頓以 $\dot{X}$ 代表速度 v。在電子學中 $\frac{dI}{dt}$，電流 I 對時間 t 微分一次，就是電容器對電壓的反應。在機械學中，重量 X 對時間 t 微分一次，就是機車後輪之彈簧型避震器的伸縮特性，即避震器因震動而產生「伸縮 X 距離」之速度 ($\frac{dx}{dt}$) 大小，係與外力大小成正比。

15. $\frac{d^2x}{dt^2}$ 或 $\ddot{X}$ (double dot)：在物理學中，矩離 X 對時間 t 微分二次，所得的值謂之加速度 a，牛頓以 $\ddot{X}$ 代表加速度 a。在電子學中 $\frac{d^2I}{dt^2}$，電流 I 對時間 t 微分二次，就是電感 (感應電圈) 對電壓的反應。在機械學中，X 對時間 t 微分二次，就是機車前輪之液壓型避震器的伸縮特性，即避震器因震動而產生「伸縮 X 距離」之加速度 ($\frac{d^2x}{dt^2}$) 大小，係與外力大小成正比。

符號 學科	**y**	$\frac{dy}{dx}$	$\frac{d^2y}{dx^2}$
電子學	電阻 R 固定時，電流 I 與電壓 V 成正比 ($I=\frac{V}{R}$)，即常數比。 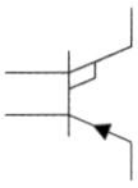 電阻符號	$\frac{dI}{dt}$ 電容器  電容器符號	$\frac{d^2I}{dt^2}$ 感應電圈 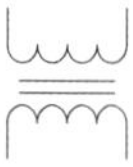 電感符號
機械學/波動學	施力 F 固定時，物體移動距離 x 與重量 M 成反比 ($F=xM$)；作用力 F 與被移動體的重量 y 成正比。	$\frac{dx}{dt}$ 彈簧型避震器  螺旋彈簧符號 作用力 F 與螺旋彈簧的速度 $\frac{dx}{dt}$ 成正比。	$\frac{d^2x}{dt^2}$ 液壓型避震器  液壓避震符號 作用力 F 與液壓型避震器的加速度 $\frac{d^2x}{dt^2}$ 成正比。
物理學	x 代表距離 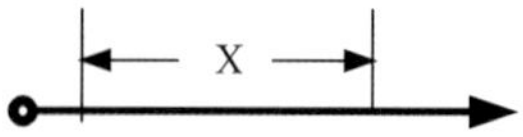	$\dot{X}$ 代表速度 v	$\ddot{X}$ 代表加速度

微分方程式、工程數學：$a\frac{d^2y}{dx^2}+b\frac{dy}{dx}+cy=0$，對應的學域如下：

機械學之微分方程式的示意圖：

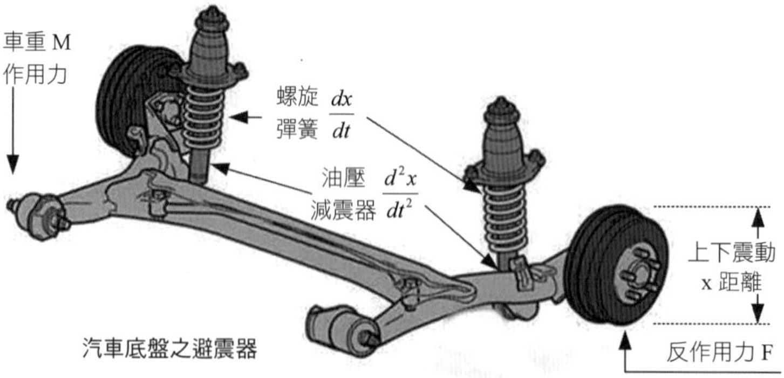

土木建築學/經濟學波動之微分方程式的示意圖：

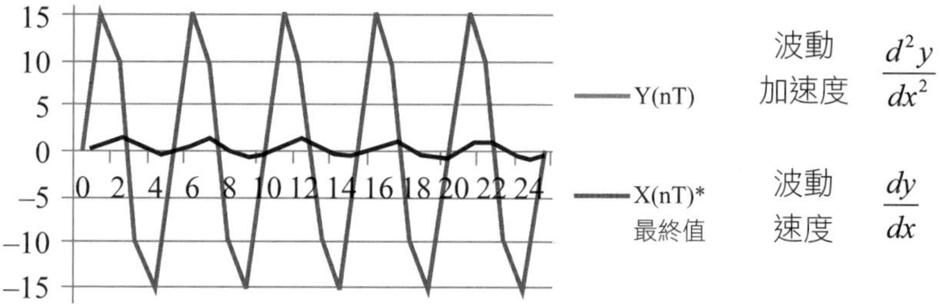

電子學之微分方程式的示意圖：

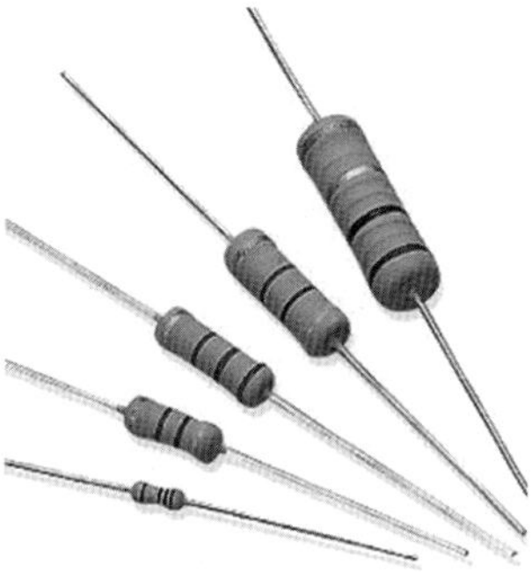

＋

＋

電阻之電壓 V 與電流 I 成正比 $V=I\times R$	電容之電壓 V 與電流速度成正比 $V=\frac{dI}{dt}$	電感之電壓 V 與電流加速度正比 $V=\frac{d^2I}{dt^2}$

電阻＋電容＋電感，形成「微分方程式」＝ay＋by′＋cy″ 基本型

15. $\int f(x)dx$ (integration)：求 $f(x)$ 積分在 X 軸之積分，即求「X 軸與 Y 軸」之間的曲線面積。假設 $Y=f(x)=2x+3$，則 $\int_0^4(2x+3)dx=(x^2+3x)\Big|_0^4=(16+12)-(0)=28$，其對應的幾何圖形之面積如下：

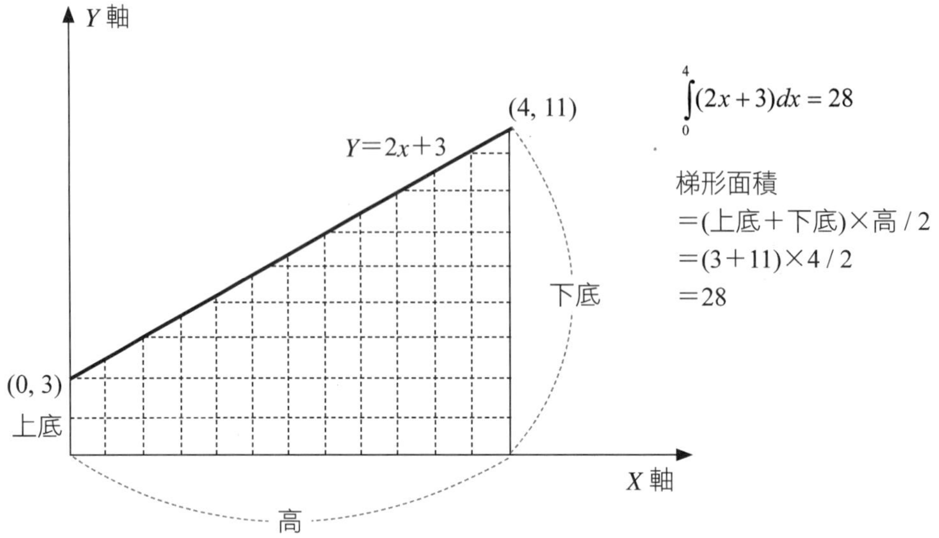

圖 2-1 積分求曲線下的面積

16. ΔX (Delta)：對數列 X 差分一次。$\Delta X_j = X_j - X_j - 1$，例如，$X$ 代表台積電 N 期的股價，假設數列 $X=(50, 51, 51, 50, 48, 53, 54, 52)$，則 $\Delta X = (., -1, 0, 1, 2, -5, -1, 2)$。在時間數列中，求數列波動特性時 (如 auto-regression, ARIMA 等)，常將分析數列差分一次，再代入迴歸分析。

17. $\frac{\partial f}{\partial x}$ (partial differential)：“∂” 偏微分符號，舉個簡單例子，f 對 t 微分：

假設 $f = f(x, y, z),\ x = x(t),\ y = y(t), z = z(t)$

$$\frac{df}{dt} = \frac{\partial f}{\partial x} \times \frac{dx}{at} + \frac{\partial f}{\partial y} \times \frac{dy}{at} + \frac{\partial f}{\partial z} \times \frac{dz}{at}$$

等號左邊 $\frac{df}{dt}$ 為全微分量。

等號右邊 $\frac{\partial f}{\partial x} \times \frac{dx}{dt} + \frac{\partial f}{\partial y}\frac{dy}{dt} + \frac{\partial f}{\partial z}\frac{dz}{dt}$ 為偏微分量。

例如，$f(x_1, x_2) = x_1 \times x_2^2$

則 $f(x_1, x_2)$ 對 x_1 偏微分的結果為何？將 x_2 當常數 $\frac{\partial f}{\partial x_1} = x_2^2$。

$f(x_1, x_2)$ 對 x_2 偏微分的結果為何？將 x_1 當常數 $\frac{\partial f}{\partial x_2} = 2x_1x_2$。

2.1.2 Excel 的矩陣運算

矩陣 (matrix) 運算可應用於工程數學、多準則評估法 (如 ISM 法)、fuzzy AHP 及統計學 (如 fuzzy AHP、fuzzy ANP)。在土木工程上矩陣只要應用於結構分析上，結構學上有所謂的矩陣分析法有勁度法、柔度法與直接勁度法、有限元素法等。另外在結構動力學上亦需應用矩陣操作，結構動力方程式常為線性聯立方程式，而這一些方法皆以矩陣運算為基本操作方法。

本節敘述矩陣的基本操作應用，包括矩陣與常數的乘積，兩矩陣相乘、轉置矩陣、反矩陣等運算。

一、矩陣與常數 (constant) 的乘積 (product)

(一) 矩陣與常數乘積的數學原理

假設有一純量 k，則 k 個矩陣 $\boldsymbol{A}$ 之總和以符號表示為 $k\boldsymbol{A}$，$k\boldsymbol{A}$ 的意義為將 [A] 中每一元素乘以 k 所得的矩陣。

矩陣與純量的積適用交換率，即 $k\boldsymbol{A}=\boldsymbol{A}k$。

矩陣與純量相乘後其階數不變。

假定 $\boldsymbol{A}$ 矩陣以 $[a_{ij}]$ 表示，則 $k\boldsymbol{A}=[ka_{ij}]$

假設矩陣 $\boldsymbol{A}$ 之內容為：

$$\boldsymbol{A}=\begin{bmatrix}1 & -2\\ 3 & 4\end{bmatrix}\text{，則 } k\boldsymbol{A}=\begin{bmatrix}k\times 1 & k\times(-2)\\ k\times 3 & k\times 4\end{bmatrix}$$

當 $k=5$ 時，則 $k\boldsymbol{A}$ 為

$$kA=\begin{bmatrix}5\times 1 & 5\times(-2)\\ 5\times 3 & 5\times 4\end{bmatrix}$$

(二) 試算表操作

例題 2.1.1. 已知矩陣 $\boldsymbol{A}$ 如下及常數 $k=2.5$，試計算其矩陣與常數之乘積 $k\boldsymbol{A}$。

$$A=\begin{bmatrix}1 & -2\\ 3 & 4\end{bmatrix}$$

· Microsoft Excel 中並無矩陣與常數乘積的函數可供使用，但此一操作可經由複製與選擇性貼上的操作來完成，以 (一) 中所述的 [A] 矩陣而言，其操作方式說明如下：

(1) 首先鍵入 ***A*** 矩陣如下圖

(2) 於工作表適當處鍵入常數 ***k***，再以填滿功能將其擴大為與 ***A*** 矩陣相同大小的矩陣，矩陣內每一元素均為常數 ***k***。

(2) 選取 ***A*** 矩陣，按下複製按鈕「 」。

(3) 選取 ***k*** 矩陣。

(4) 選取選單「編輯→選擇性貼上」，在運算的選項選取「乘」，接著按下確定按鈕即可完成矩陣與常數的乘積。

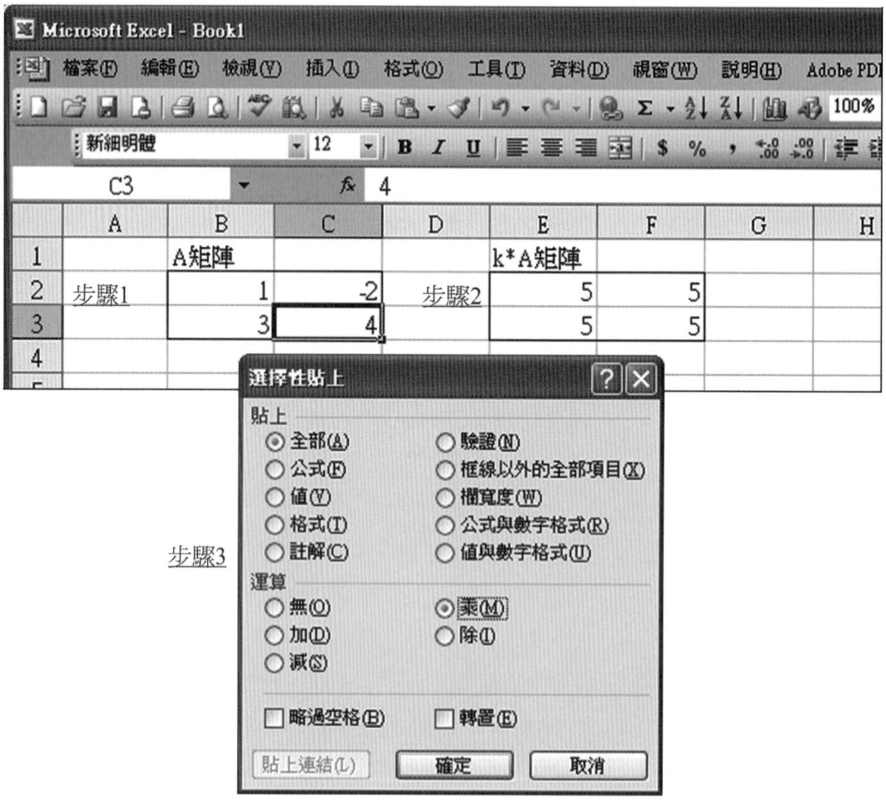

圖 2-2 Excel 求「k×A」

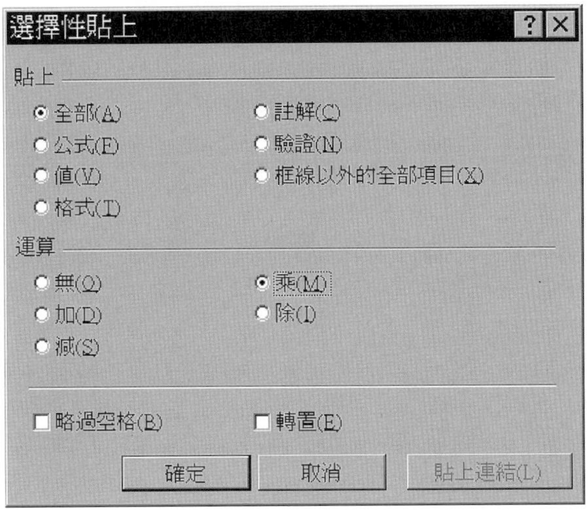

圖 2-3 在「選擇性貼上」勾選「乘」

二、轉置矩陣

(一) 轉置矩陣的數學原理

在矩陣運算過程中常需進行矩陣轉置操作，矩陣的轉置運算簡而言之是將該矩陣行列調換後放置於相同階數的矩陣中。假設有一 $n \times m$ 的矩陣，則轉置後其矩陣階數將成 $m \times n$。矩陣 $\boldsymbol{A}$ 的轉置矩陣以 $\boldsymbol{A}^T$ 來表示。

假設 $\boldsymbol{B}$ 矩陣為 $\boldsymbol{A}$ 矩陣的轉置矩陣，則 $\boldsymbol{B}=\boldsymbol{A}^T$，若 $\boldsymbol{B}$ 矩陣的第 i 列第 j 行元素為 b_{ij}，若 $\boldsymbol{A}$ 矩陣的第 i 列第 j 行元素為 a_{ij}，則 $a_{ij}=b_{ji}$。

例如今有一矩陣 $\boldsymbol{A}$ 其內容為：

$$A=\begin{bmatrix}1 & 2 & 3\\ 4 & 5 & 6\end{bmatrix}，則\ AT=\begin{bmatrix}1 & 4\\ 2 & 5\\ 3 & 6\end{bmatrix}$$

矩陣轉置的轉置矩陣就等於原矩陣，即 $(A^T)^T=A$

(二) 試算表操作

例題 2.1.2. 已知矩陣 $\boldsymbol{A}$ 如下，試計算 $\boldsymbol{A}$ 矩陣的轉置矩陣 $\boldsymbol{A}^T$。

$$A=\begin{bmatrix}1 & 2 & 3\\ 4 & 5 & 6\end{bmatrix}$$

矩陣操作在 Microsoft Excel 中可以使用 Transpose( ) 函數來操作，亦可經由「複製」與「編輯→選擇性貼上」的操作方式來完成；但使用 Transpose( ) 函數來操作時原矩陣與轉置矩陣是形成動態連結，而使用「複製」與「編輯→選擇性貼上」的操作方式則會形成兩個獨立的矩陣。Transpose( ) 函數的語法如下：

TRANSPOSE (陣列)

式中“陣列”為所欲轉置的原始陣列。

以 (一) 中所述的 $\boldsymbol{A}$ 矩陣而言，以 Transpose( ) 函數操作方式說明如下：

(1) 首先鍵入 2×3 階的矩陣 $\boldsymbol{A}$ 如下圖

(2) 於工作表適當處選取 3×2 的範圍以存放 $\boldsymbol{A}^T$ 矩陣，鍵入矩陣轉置函數「＝Transpose( )」。

(3) 在「函數引數」對話視窗中選取 $\boldsymbol{A}$ 矩陣的範圍，接著按下「F2」鍵，再同時按「CTRL＋SHIFT＋ENTER」鍵。完成的轉置矩陣如下圖。

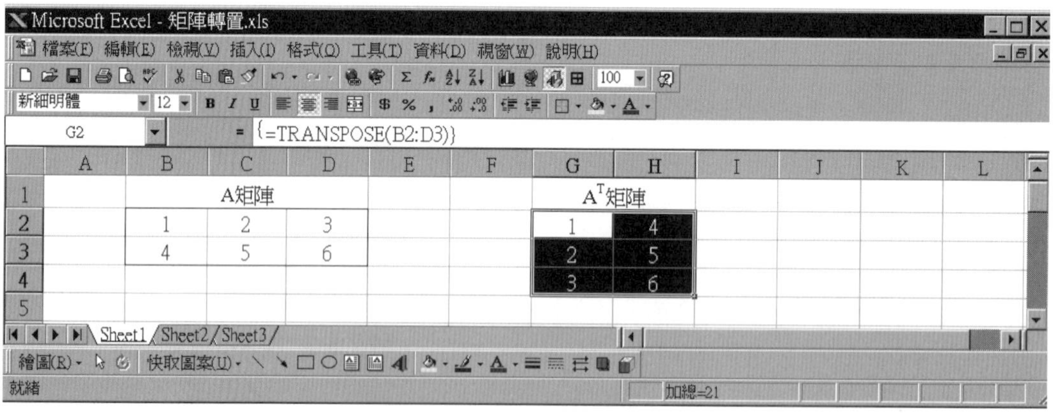

圖 2-4 Excel 求 A 轉置矩陣

以「複製」與「編輯→選擇性貼上」的操作方式如下

(1) 首先鍵入 $\boldsymbol{A}$ 矩陣，如上圖

(2) 選取 $\boldsymbol{A}$ 矩陣，按下複製按鈕 。

(3) 將滑鼠置於適當空白位置，選取選單「編輯→選擇性貼上」，在「選擇性貼上」的對話視窗中，選取“轉置 (E)”選項，接著按下確定按鈕即可完成矩陣的轉置的操作，如下圖。

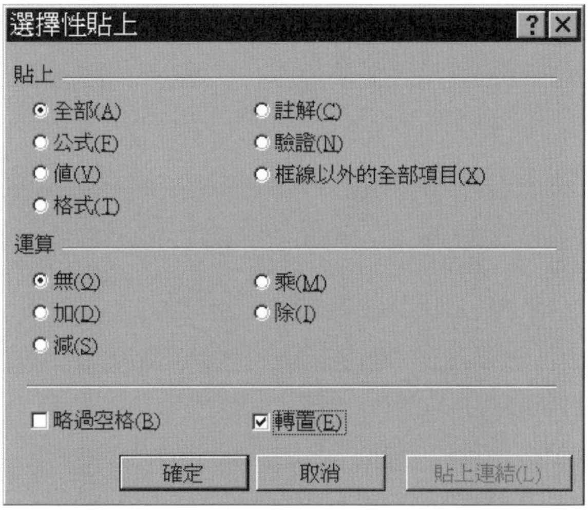

圖 2-5 「選擇性貼上」勾選「轉置」

三、矩陣之加減

(一) 矩陣與常數乘積的數學原理

若矩陣 $\boldsymbol{A}=[a_{ij}]$ 與矩陣 $\boldsymbol{B}=[b_{ij}]$ 為兩個 $m\times n$ 矩陣，則兩矩陣的和差 $\boldsymbol{A}\pm\boldsymbol{B}$ 存到 $m\times n$ 矩陣 $\boldsymbol{C}=[c_{ij}]$，那麼矩陣 C 的每一元素為 $\boldsymbol{A}$ 與 $\boldsymbol{B}$ 對應元素的和差，亦即 $\boldsymbol{A}\pm\boldsymbol{B}=[a_{ij}\pm b_{ij}]$。

矩陣與矩陣和差運算後其階數不變。

例如矩陣 $\boldsymbol{A}$ 與矩陣 $\boldsymbol{B}$ 內容分別為：

$$A=\begin{bmatrix}2&3&7\\0&1&4\\0&0&1\end{bmatrix}\qquad B=\begin{bmatrix}1&3&0\\-1&7&5\\0&0&1\end{bmatrix}$$

則 $\boldsymbol{A}+\boldsymbol{B}$ 為

$$A+B=\begin{bmatrix}2+1&3+3&7+0\\0+(-1)&1+7&4+5\\0+0&0+0&1+1\end{bmatrix}=\begin{bmatrix}3&6&7\\-1&8&9\\0&0&2\end{bmatrix}$$

$$A-B=\begin{bmatrix} 2-1 & 3-3 & 7-0 \\ 0-(-1) & 1-7 & 4-5 \\ 0-0 & 0-0 & 1-1 \end{bmatrix}=\begin{bmatrix} 1 & 0 & 7 \\ 1 & -6 & -1 \\ 0 & 0 & 0 \end{bmatrix}$$

二個同階的矩陣可以相加或相減，不同階的二矩陣則不可相加或相減。

(二) 試算表操作

例題 2.1.3. 已知矩陣 $\boldsymbol{A}$ 及矩陣 $\boldsymbol{B}$ 如下，試計算 $\boldsymbol{A}$ 矩陣與 $\boldsymbol{B}$ 矩陣的和矩陣 $\boldsymbol{A}+\boldsymbol{B}$ 及差矩陣 $\boldsymbol{A}-\boldsymbol{B}$。

$$A=\begin{bmatrix} 2 & 3 & 7 \\ 0 & 1 & 4 \\ 0 & 0 & 1 \end{bmatrix} \qquad B=\begin{bmatrix} 1 & 3 & 0 \\ -1 & 7 & 5 \\ 0 & 0 & 1 \end{bmatrix}$$

Microsoft Excel 中並無矩陣和差的函數可供使用，但此一操作可經由複製與選擇性貼上的操作來完成，以 (一) 中所述的 $\boldsymbol{A}$ 及 $\boldsymbol{B}$ 矩陣而言，其操作方式說明如下：

(1) 首先鍵入 $\boldsymbol{A}$ 矩陣及 $\boldsymbol{B}$ 矩陣如下圖

(2) 於工作表適當處選取一可容納 $\boldsymbol{C}$ 矩陣的範圍。先將 $\boldsymbol{A}$ 矩陣複製至此處。

(3) 選取 $\boldsymbol{B}$ 矩陣，按下複製按鈕「」。

(4) 選取 $\boldsymbol{C}$ 矩陣的範圍。選取選單「編輯→選擇性貼上」，在運算的選項選取“加”，接著按下確定按鈕即可算出 $\boldsymbol{A}$ 矩陣及 $\boldsymbol{B}$ 矩陣的和矩陣。

計算差矩陣的方法，重覆 (1) 至 (4) 的操作，但在 (4) 的操作中的選項選取「減」，即可完成矩陣的相減運算。

矩陣和差的操作畫面如下：

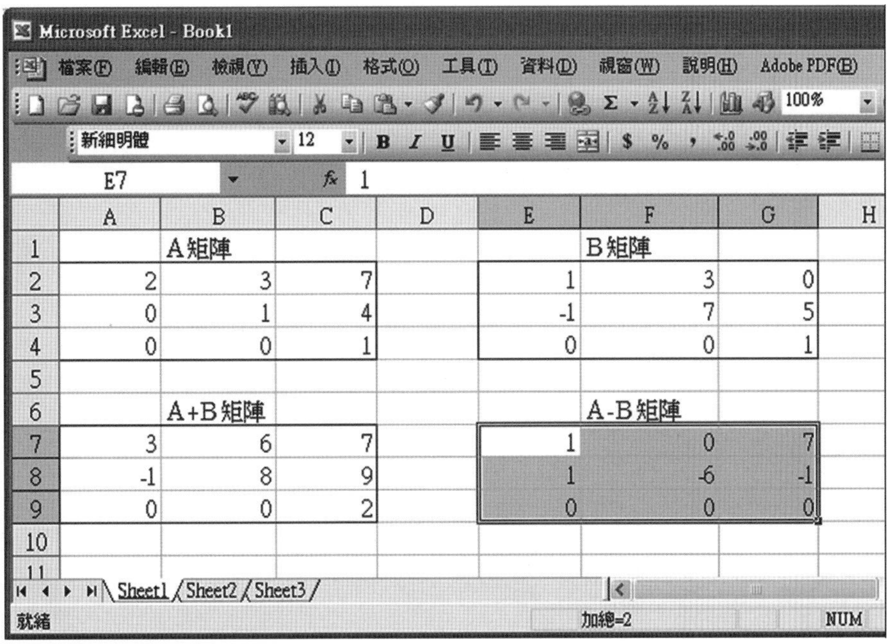

圖 2-6 Excel 求“A-B”矩陣

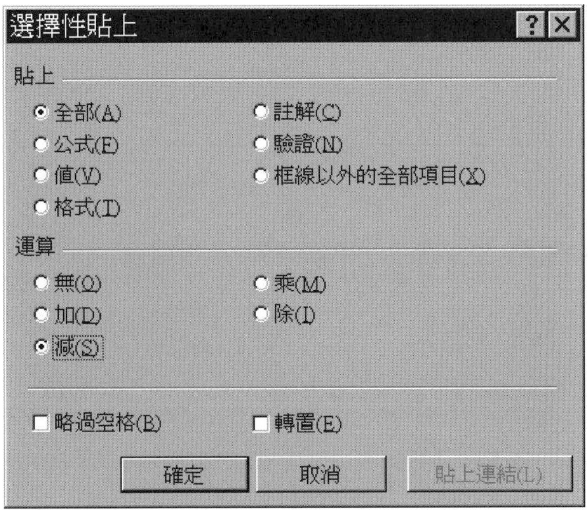

圖 2-7 「選擇性貼上」勾選「減」

四、矩陣相乘

(一) 矩陣相乘的數學原理

矩陣相乘為矩陣運算的重要項目，矩陣相乘的表示式如下：

假設 $\boldsymbol{A}$ 矩陣為 $[a_{mp}]$，B 矩陣為 $[b_{pn}]$，其相乘所得的矩陣為 $\boldsymbol{C}$ 矩陣，即 $\boldsymbol{C}=\boldsymbol{AB}$，若 $\boldsymbol{C}$ 矩陣為 $\boldsymbol{C}=[c_{mn}]$，則 $c_{ij}=\sum_{k=1}^{p}a_{ik}b_{jk}$，式中 p 為 $\boldsymbol{A}$ 矩陣的欄數，也是 $\boldsymbol{B}$ 矩陣的列數。

即 $\boldsymbol{A}$ 矩陣為 m 列、p 欄的矩陣，或稱之為 $m\times p$ 矩陣，$\boldsymbol{B}$ 矩陣為 p 列、n 欄的矩陣，或稱之為 $p\times n$ 矩陣，則相乘所得之 $\boldsymbol{C}$ 矩陣的階數為 $m\times n$。

由上述可知，兩矩陣 $\boldsymbol{A}$、$\boldsymbol{B}$ 要能相乘，則 $\boldsymbol{A}$ 矩陣的欄數要與 $\boldsymbol{B}$ 矩陣的列數相同，否則即不能相乘。

一般而言，矩陣相乘運算並不適用交換率，即 $\boldsymbol{AB}\neq\boldsymbol{BA}$，且 $\boldsymbol{AB}=0$ 並不表示 $\boldsymbol{A}=0$ 或 $\boldsymbol{B}=0$。若有 $\boldsymbol{AB}=\boldsymbol{AC}$ 也不表示 $\boldsymbol{B}=\boldsymbol{C}$。

矩陣相乘運算適用以下定律

$$\boldsymbol{A}(\boldsymbol{B}+\boldsymbol{C})=\boldsymbol{AB}+\boldsymbol{AC}$$
$$(\boldsymbol{A}+\boldsymbol{B})\boldsymbol{C}=\boldsymbol{AC}+\boldsymbol{BC}$$
$$\boldsymbol{A}(\boldsymbol{BC})=(\boldsymbol{AB})\boldsymbol{C}$$

例一、假設 $\boldsymbol{A}$ 矩陣及 $\boldsymbol{B}$ 矩陣內容如下

$$\boldsymbol{A}=\begin{bmatrix}\boldsymbol{a}_{11} & \boldsymbol{a}_{12} & \boldsymbol{a}_{13}\end{bmatrix},\ \boldsymbol{B}=\begin{bmatrix}b_{11}\\ b_{21}\\ b_{31}\end{bmatrix}$$

令 $\boldsymbol{A}$ 矩陣與 $\boldsymbol{B}$ 矩陣的乘積為 $\boldsymbol{C}$ 矩陣，則 $\boldsymbol{C}$ 矩陣為

$$\boldsymbol{C}=\begin{bmatrix}\boldsymbol{a}_{11}\boldsymbol{b}_{11}+\boldsymbol{a}_{12}\boldsymbol{b}_{21}+\boldsymbol{a}_{13}\boldsymbol{b}_{31}\end{bmatrix}_{1\times 1}$$

例二、假設 $\boldsymbol{A}$ 矩陣及 $\boldsymbol{B}$ 矩陣內容如下

$$\boldsymbol{A}=\begin{bmatrix}2 & 1 & 0\\ 3 & 2 & 0\\ 1 & 0 & 1\end{bmatrix},\ \boldsymbol{B}=\begin{bmatrix}1 & 1 & 1 & 0\\ 2 & 1 & 1 & 0\\ 2 & 3 & 1 & 2\end{bmatrix}$$

令 $\boldsymbol{A}$ 矩陣與 $\boldsymbol{B}$ 矩陣的乘積為 $\boldsymbol{C}$ 矩陣，則 $\boldsymbol{C}$ 矩陣為

$$\boldsymbol{C}=\begin{bmatrix}4&3&3&0\\7&5&5&0\\3&4&2&2\end{bmatrix}$$

其中矩陣元素依下式計算所得

$c_{11}=2\times1+1\times2+0\times2=4$
$c_{12}=2\times1+1\times1+0\times3=3$
$c_{13}=2\times1+1\times1+0\times1=3$
$c_{14}=2\times0+1\times0+0\times2=0$
$c_{21}=3\times1+2\times2+0\times2=7$

其餘依此類推。

(二) 試算表操作

矩陣操作在 Microsoft Excel 中不能使用「複製」與「編輯→選擇性貼上」的操作方式來完成，Excel 另提供 MMult( ) 函數可以進行矩陣相乘的運算，MMult( ) 函數的語法如下：

MMULT(array1,array2)

式中

array1, array2 為欲求乘積的兩個陣列。

array1 的欄數必須與 array2 的列數相同，且兩個陣列的元素必須是數值型。

array1 和 array2 可以是儲存格範圍或參照。

如果儲存格為空白或包含文字，或 array1 的欄數不等於 array2 的列數，MMULT 將傳回 #VALUE ! 的錯誤值。

例題 2.1.4. 已知矩陣 $\boldsymbol{A}$ 及矩陣 $\boldsymbol{B}$ 如下，試計算 $\boldsymbol{A}$ 矩陣與 $\boldsymbol{B}$ 矩陣的乘矩陣 $\boldsymbol{AB}$。

$$\boldsymbol{A}=\begin{bmatrix}2&1&0\\3&2&0\\1&0&1\end{bmatrix},\ \boldsymbol{B}=\begin{bmatrix}1&1&1&0\\2&1&1&0\\2&3&1&2\end{bmatrix}$$

A、***B*** 矩陣相乘運算可使用 MMult( ) 函數，其步驟如下：

(1) 首先鍵入 3×3 階的矩陣 ***A*** 及 3×4 階的矩陣 ***B*** 如下圖

(2) 於工作表適當處選取 3×4 的範圍以存放 ***C*** 矩陣，鍵入矩陣相乘函數「＝MMULT(B2:D4,F2:I4)」，接著按下「F2」鍵，再同時按「Ctrl＋Shift＋Enter」，即可完成矩陣相乘操作。

在矩陣相乘函數操作前所選取之範圍必需自行判定所得相乘後矩陣階數，若列數或欄數不足時，所得結果矩陣將會削去矩陣之右方或下方不足部份。若選取 ***C*** 矩陣的範圍太大則會將多餘的欄或列中顯示「#N/A」。完成的相矩陣如下圖。

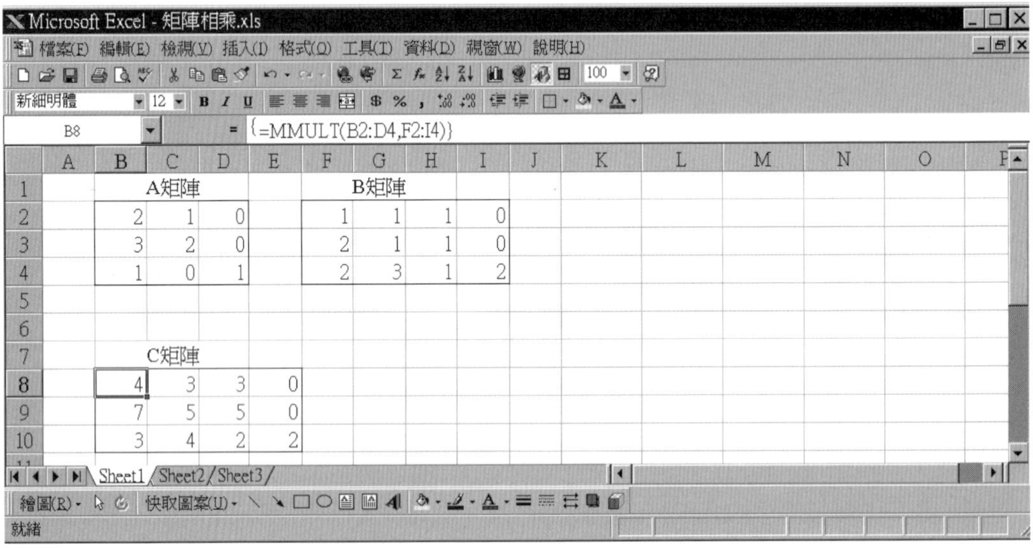

圖 2-8 Excel 求矩陣 A×B

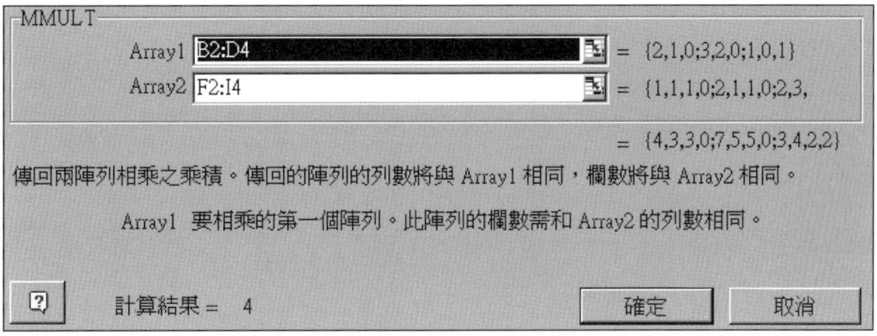

圖 2-9 「MMult」引數視窗可界定 Array1、Array2 的範圍

五、矩陣的行列式值

(一) 行列式值的數學原理

行列式值只適用於方矩陣，所謂方矩陣是指列數與欄數相同的矩陣：

假設 $\boldsymbol{A}$ 矩陣為一方矩陣，則其行列式值以 $|\boldsymbol{A}|$ 表示之。

假設 $\boldsymbol{A}$ 矩陣為 2×2 的方矩陣

$$\boldsymbol{A}=\begin{bmatrix} a_{11} & a_{12} \\ a_{21} & a_{22} \end{bmatrix} \text{ 則 } |\boldsymbol{A}| = a_{11}a_{22} - a_{12}a_{21} \text{ 。}$$

假設 $\boldsymbol{A}$ 矩陣為 3×3 的方矩陣

$$\boldsymbol{A}=\begin{bmatrix} a_{11} & a_{12} & a_{13} \\ a_{21} & a_{22} & a_{23} \\ a_{31} & a_{32} & a_{33} \end{bmatrix}$$

$$\text{則 } |\boldsymbol{A}| = a_{11}a_{22}a_{33} + a_{12}a_{23}a_{31} + a_{13}a_{21}a_{32} - a_{13}a_{22}a_{31} - a_{11}a_{23}a_{32} - a_{12}a_{21}a_{33}$$

$$= a_{11}\begin{vmatrix} a_{22} & a_{23} \\ a_{32} & a_{33} \end{vmatrix} - a_{12}\begin{vmatrix} a_{21} & a_{23} \\ a_{31} & a_{33} \end{vmatrix} + a_{13}\begin{vmatrix} a_{21} & a_{22} \\ a_{31} & a_{32} \end{vmatrix}$$

若行列式 $|\boldsymbol{B}|$ 係將行列式 $|\boldsymbol{A}|$ 中第 i 列 (或欄) 元素加上另一列 (或欄) 對應元素的純量倍數而得，則 $|\boldsymbol{B}|=|\boldsymbol{A}|$。例如

$$\begin{vmatrix} a_{11} & a_{12} & a_{13} \\ a_{21} & a_{22} & a_{23} \\ a_{31} & a_{32} & a_{33} \end{vmatrix} = \begin{vmatrix} a_{11}+ka_{13} & a_{12} & a_{13} \\ a_{21}+ka_{23} & a_{22} & a_{23} \\ a_{31}+ka_{33} & a_{32} & a_{33} \end{vmatrix} = \begin{vmatrix} a_{11} & a_{12} & a_{13} \\ a_{21} & a_{22} & a_{23} \\ a_{31}+ka_{21} & a_{32}+ka_{22} & a_{33}+ka_{23} \end{vmatrix}$$

更高階的行列式的計算，通常利用前述的原理，將行列式取代為另一個行列式，其中某列 (或欄) 元素中只有一個不為 0，其餘皆為 0，則可使用餘因式變更為較低階的行列式，直至二階或三階的行列式為止。

例如

$$\begin{vmatrix} 2 & 3 & -2 & 4 \\ 3 & -2 & 1 & 2 \\ 3 & 2 & 3 & 4 \\ -2 & 4 & 0 & 5 \end{vmatrix} = \begin{vmatrix} 2+2(3) & 3+2(-2) & -2+2(1) & 4+2(2) \\ 3 & -2 & 1 & 2 \\ 3-3(3) & 2-3(-2) & 3-3(1) & 4-3(2) \\ -2 & 4 & 0 & 5 \end{vmatrix} = \begin{vmatrix} 8 & -1 & 0 & 8 \\ 3 & -2 & 1 & 2 \\ -6 & 8 & 0 & -2 \\ -2 & 4 & 0 & 5 \end{vmatrix}$$

$$= (-1)^{2+3} \begin{vmatrix} 8 & -1 & 8 \\ -6 & 8 & -2 \\ -2 & 4 & 5 \end{vmatrix} = -286$$

行列式運算適用以下定律

$$|AB| = |A| \times |B|$$

(二) 試算表操作

行列式值的計算在 Microsoft Excel 中提供 MDeterm 函數以進行運算，MDeterm( ) 函數的語法如下：

MDETERM (陣列)

式中

陣列　為欲求行列式值的陣列。

例題 2.1.5. 已知矩陣 $\boldsymbol{A}$ 如下，試計算 $\boldsymbol{A}$ 矩陣的行列式值。

$$\boldsymbol{A} = \begin{bmatrix} 7 & 6 & 4 & -1 \\ 4 & -1 & -5 & 3 \\ 2 & -2 & 7 & -5 \\ 5 & 0 & 2 & 6 \end{bmatrix}$$

則所得行列式值為 $|\boldsymbol{A}| = -2689$ 。

行列式 $|\boldsymbol{A}|$ 運算可使用 MDeterm( ) 函數，其步驟如下：

(1) 首先鍵入 4×4 階的矩陣 A 如下圖

(2) 於工作表適當處選取一儲存格以存放 $|A|$，鍵入行列式函數＝MDeterm(B2:E5)，接著按下「Enter」即可完成行列式值的操作。

行列式運算的操作畫面如下：

圖 2-10 Excel「MDeterm」引數視窗可界定要被轉置 Array 的範圍

六、反矩陣

(一) 反矩陣的數學原理

假設有一矩陣 $\boldsymbol{B}$，若有 $\boldsymbol{A}$ 矩陣與 $\boldsymbol{B}$ 矩陣的乘積為單位矩陣，即 $\boldsymbol{AB}=\boldsymbol{I}$，

其中 $\boldsymbol{I}$ 為單位矩陣，則 $\boldsymbol{B}$ 矩陣稱為 $\boldsymbol{A}$ 矩陣的反矩陣。$\boldsymbol{A}$ 矩陣的反矩陣常以符號 $\boldsymbol{A}^{-1}$ 表示之。

所謂單位矩陣 $\boldsymbol{I}$ 是指該矩陣的主對角線元素均為 1，此外的所有元素均為 0 的矩陣。

若且唯若 $\boldsymbol{n}$ 階方矩陣 $\boldsymbol{A}$ 為非奇異矩陣，則 $\boldsymbol{A}$ 有反矩陣。非奇異 $\boldsymbol{n}$ 階方矩陣的為唯一。

若 A 為非奇異矩陣，則 $\boldsymbol{AB}=\boldsymbol{AC}$ 即表示 $\boldsymbol{B}=\boldsymbol{C}$。

反矩陣運算的計算量甚大，階數小之矩陣可使用伴隨矩陣的方式來求反矩陣，較多階數的反矩陣運算則需使用高斯消去法或其他的數學方法求算。

(二) 試算表操作

Microsoft Excel 中提供 MInverse( ) 函數以供反矩陣操作使用，MInverse( ) 函數的語法如下：

MINVERSE (陣列)

式中 Array 為列數與欄數均相等的數值陣列。

陣列可以是儲存格範圍、如 A1：C3；或陣列常數，如 {1,2,3;4,5,6;7,8,9}。如果陣列的儲存格為空白或包含文字，MINVERSE 將傳回 #VALUE！的錯誤值。

如果陣列的列數和欄數不相等，MINVERSE 也將傳回 #VALUE！的錯誤值。其中"陣列"為欲求行列式值的陣列。

例題 2.1.6. 假設有一矩陣 $\boldsymbol{A}$，其數值如下，試計算 $\boldsymbol{A}$ 矩陣的反矩陣 $\boldsymbol{A}^{-1}$。

$$\boldsymbol{A}=\begin{vmatrix} 2 & 3 & -2 & 4 \\ 3 & -2 & 1 & 2 \\ 3 & 2 & 3 & 4 \\ -2 & 4 & 0 & 5 \end{vmatrix}$$

其反矩陣運算說明如下：

(1) 首先鍵入 4×4 階的矩陣 [A] 如下圖

(2) 於工作表適當處選取一 4×4 的儲存格範圍以存放 $[A]^{-1}$，鍵入行列式函數「＝MInverse(B2:E5)」，接著按下「F2」鍵，再同時按「Ctrl＋Shift＋Enter」即可完成反矩陣的操作。

操作畫面請參考下圖 2-12

所得矩陣 ***A*** 的反矩陣為

$$\boldsymbol{A}=\begin{vmatrix} 0.168 & -0.05 & 0.129 & -0.22 \\ 0.119 & -0.35 & 0.196 & -0.11 \\ -0.21 & -0.06 & 0.213 & 0.021 \\ -0.03 & 0.259 & -0.1 & 0.203 \end{vmatrix}$$

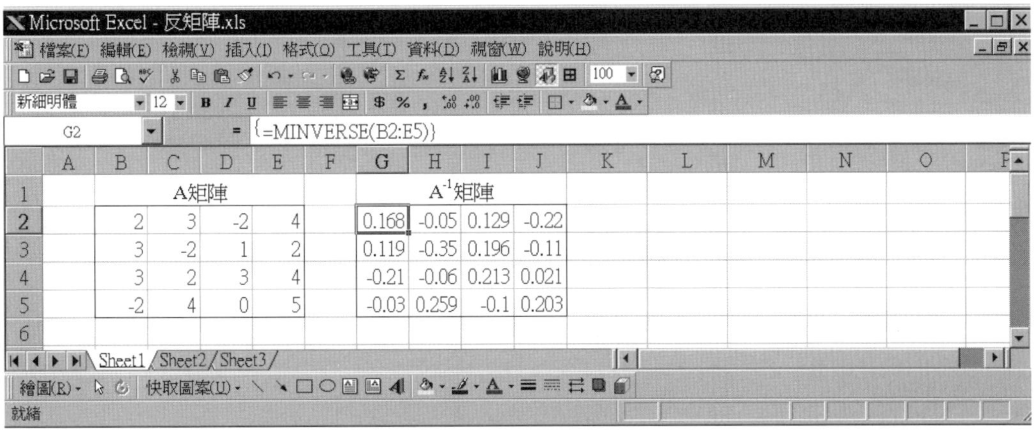

圖 2-11 Excel 求反矩陣

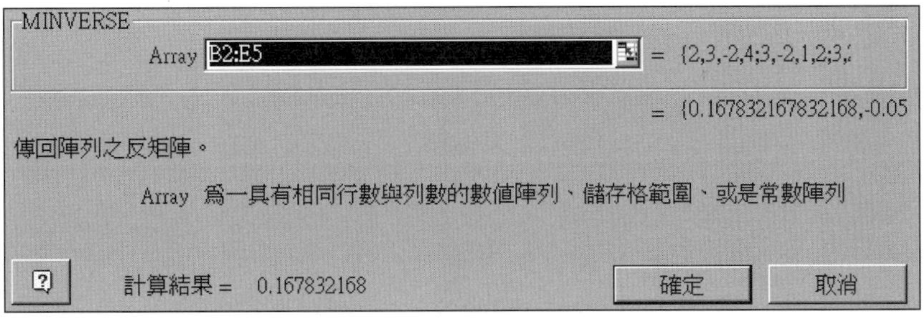

圖 2-12 Excel「MInverse」引數視窗可界定要反矩陣 Array 的範圍

七、利用矩陣運算解線性聯立方程式

(一) 線性聯立方程式 (simultaneous equations) 解析

線性聯立方程式中，所謂「線性」是指方程式為一次的方程式，不包含二次方以上之變數、如 x^2，x^3…等次方的方程式，所謂「聯立」是指一組變數同時符合數個方程式的關係，例如下式為一組線性聯立方程式

$$
\begin{aligned}
&a_{11}x_1+a_{12}x_2+a_{13}x_3+\cdots+a_{1n}x_n=b_1\\
&a_{21}x_1+a_{22}x_2+a_{23}x_3+\cdots+a_{2n}x_n=b_2\\
&a_{31}x_1+a_{32}x_2+a_{33}x_3+\cdots+a_{3n}x_n=b_3\\
&\cdots\cdots\cdots\cdots\cdots\cdots\cdots\cdots\cdots\cdots\\
&a_{n1}x_1+a_{n2}x_2+a_{n3}x_3+\cdots+a_{nn}x_n=b_n
\end{aligned}
$$

若且唯若一組線性聯立方程式有唯一解，則變數的個數需與非相依的獨立方程式個數為相同，譬如說有三個變數 x_1、x_2、x_3，則需有三個非相依的獨立方程式方能解得一組唯一的值，若是方程式的個數不及三個，則將有多組的解均能符合方程式的要求，反之若需符合四個以上的方程式則無解。

依據上述矩陣相乘的定義，線性聯立方程式亦可以矩陣表示，例如上述之 n 組線性聯立方程式可用下列之矩陣式表之

$$
\begin{bmatrix}
a_{11} & a_{12} & a_{13} & \cdots & a_{1n}\\
a_{21} & a_{22} & a_{23} & \cdots & a_{2n}\\
a_{31} & a_{32} & a_{33} & \cdots & a_{3n}\\
\cdots & \cdots & \cdots & \cdots & \cdots\\
a_{n1} & a_{n2} & a_{n3} & \cdots & a_{nn}
\end{bmatrix}
\begin{Bmatrix} x_1\\ x_2\\ x_3\\ \cdots\\ x_n \end{Bmatrix}
=
\begin{Bmatrix} b_1\\ b_2\\ b_3\\ \cdots\\ b_n \end{Bmatrix}
$$

為簡化其表示方法亦可以 $\boldsymbol{A}$ 矩陣代表係數矩陣，$\boldsymbol{X}$ 矩陣代表變數矩陣，$\boldsymbol{B}$ 矩陣代表常數項矩陣，則上式可表示為：

$$\boldsymbol{AX}=\boldsymbol{B}$$

解聯立方程式有多種方法，如高斯消去法 (Gauss-Jordon Elemination Method)、Cramer Rule 等方法，亦可應用前述反矩陣之定義以矩陣操作求解。

假設有一 $\boldsymbol{A}$ 矩陣的反矩陣 $\boldsymbol{A}^{-1}$，由反矩陣的定義得知反矩陣與原矩陣相乘得

單位矩陣，即 $\boldsymbol{A}^{-1}\boldsymbol{A}=\boldsymbol{I}$，又單位矩陣與矩陣相乘後其值不變，即 $\boldsymbol{IX}=\boldsymbol{X}$。今將上式兩端各乘以 $\boldsymbol{A}^{-1}$ 得

$\boldsymbol{A}^{-1}\boldsymbol{AX}=\boldsymbol{A}^{-1}\boldsymbol{B}$

因 $\boldsymbol{A}^{-1}\boldsymbol{A}=\boldsymbol{I}$，又 $\boldsymbol{IX}=\boldsymbol{X}$，得 $\boldsymbol{IX}=\boldsymbol{X}=\boldsymbol{A}^{-1}\boldsymbol{B}$ 即

$\boldsymbol{X}=\boldsymbol{A}^{-1}\boldsymbol{B}$

依上式可知線性聯立方程式可以矩陣運算的反矩陣及矩陣相乘運算求解。在 Excel 中則可使用 MInvere( ) 函數及 MMult( ) 函數來進行反矩陣及矩陣相乘運算解線性聯立方程式。

例題 2.1.7 已知有下列之五階線性聯立方程式，試解出 x，y，z，w，v 之值。

$3x+7y+5z+20w+4v=96$

$x+2y+3z+9w+10v=67$

$5x+y+16z-4w+18v=124$

$2x+2y+z+w+18v=73$

$x+3y-z+5w+2v=19$

解：

(1) 首先以矩陣式表示為 $\boldsymbol{AX}=\boldsymbol{B}$，比較得 $\boldsymbol{A}$、$\boldsymbol{X}$ 及 $\boldsymbol{B}$ 矩陣如下：

$$\boldsymbol{A}=\begin{bmatrix}3&7&5&20&4\\1&2&3&9&10\\5&1&16&-4&18\\2&2&1&1&18\\1&3&-1&5&2\end{bmatrix}\quad \boldsymbol{X}=\begin{bmatrix}x\\y\\z\\w\\v\end{bmatrix}\quad \boldsymbol{B}=\begin{bmatrix}96\\97\\124\\73\\19\end{bmatrix}$$

(2) 以 Excel 解矩陣 $\boldsymbol{A}$ 之反矩陣，參考下圖中 Excel 的操作畫面，先選取 $\boldsymbol{A}^{-1}$ 矩陣的範圍，於資料編輯列鍵入反矩陣操作函數 {=MINVERSE(B2:F6)}，接著按下「F2」鍵，再同時按「Ctrl＋Shift＋Enter」以進行陣列操作。得 A-1 矩陣為

$$A^{-1}=\begin{bmatrix} 2.7741 & -3.6545 & -0.7052 & 2.7447 & -5.6312 \\ -1.6373 & 1.9341 & 0.4863 & -1.6170 & 3.7801 \\ -0.5420 & 0.7437 & 0.2006 & -0.6170 & 1.1135 \\ 0.3658 & -0.3485 & -0.1185 & 0.3191 & -0.7943 \\ -0.1165 & 0.1692 & 0.0198 & -0.0532 & 0.1879 \end{bmatrix}$$

(3) 將 A^{-1} 矩陣與 B 矩陣相乘可得 X 矩陣中之變數值，使用 Excel 矩陣相乘函數的做法為先選取 X 矩陣的範圍，於資料編輯列鍵入{MMult(I2:M6,P2:P6)}，接著按下「F2」鍵，再同時按「Ctrl＋Shift＋Enter」鍵。以進行矩陣運算，操作畫面如下圖 2-13，所得 X 矩陣為：

$$X=\begin{bmatrix} 27.386 \\ -13.508 \\ -1.222 \\ 5.267 \\ 2.289 \end{bmatrix}$$

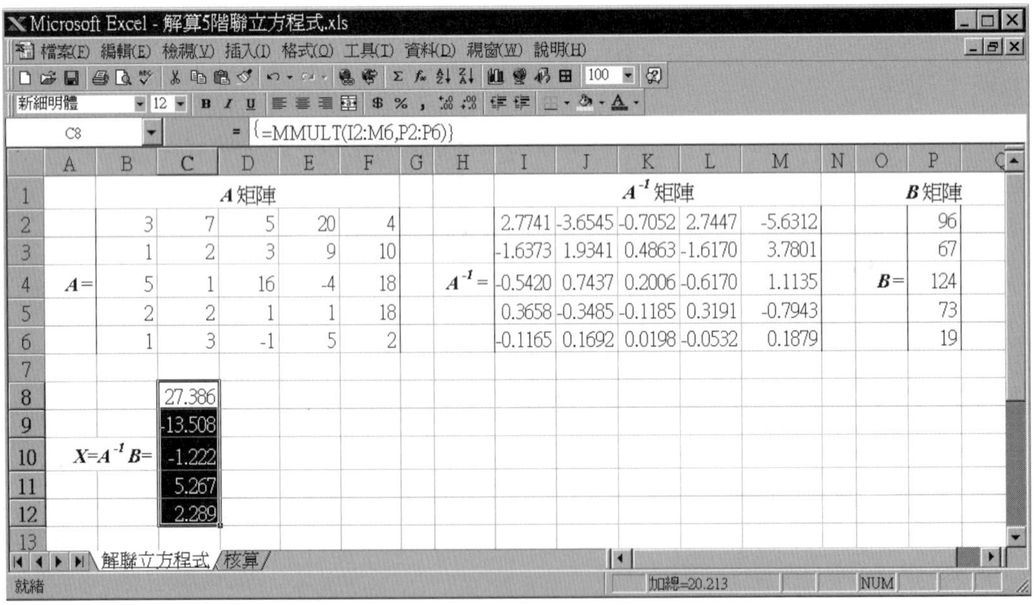

圖 2-13 Excel 求解 5 階聯立方程式

(4) 核算：

本題所求得之數值若能符合題目內之線性聯立方程式，則以所求得之 **X** 矩陣代入與 **A** 矩陣相乘，其結果所得之矩陣應為 **B** 矩陣，此一原則可用於核算本題結果之正確性，即

$$\boldsymbol{AX}=\begin{bmatrix}3 & 7 & 5 & 20 & 4\\ 1 & 2 & 3 & 9 & 10\\ 5 & 1 & 16 & -4 & 18\\ 2 & 2 & 1 & 1 & 18\\ 1 & 3 & -1 & 5 & 2\end{bmatrix}\begin{bmatrix}27.386\\ -13.508\\ -1.222\\ 5.267\\ 2.287\end{bmatrix}=\begin{bmatrix}96\\ 67\\ 124\\ 73\\ 19\end{bmatrix}=\boldsymbol{B}$$

Excel 運算圖示如下，圖中 **B** 矩陣的函數示於資料編輯列，鍵入完成後應按「Ctrl＋Shift＋Enter」以進行陣列操作。

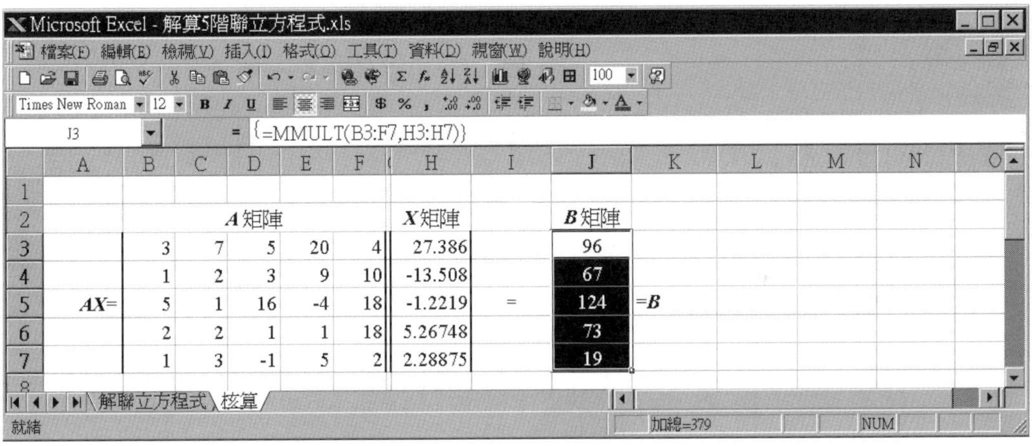

圖 2-14 Excel 求解 5 階聯立方程式

由 Excel 的核算結果可確定計算正確，知其解答為

$x=27.386$，$y=-13.508$，$z=-1.2219$，$w=5.26748$，$v=2.8875$。

習題一、試計算下列聯立方程式之解 x, y, z 各為多少？

$X-Y+Z=4$

$3X+2Y+Z=2$

$4X+2Y+2Z=8$

答：$X1=-4, X2=2, X3=10$。

習題二、試計算下列三組聯立方程式之解 x, y, z 各為多少？

$X+Y+Z=3$

$2Y+3Z=10$

$5X+5Y+Z=6$

求 X, Y, Z 之值。

答：$X1=-0.87, X2=1.625, X3=2.25$。

2.2 模糊概念

人類的認知、思維和行為表現等層面常存在著模糊不確定的特質，譬如某人問：「你的英文老師她美不美？」，另一人回答：「有點美」；或是問說：「你數學的期中考試考得怎樣？」，回答道：「有點棒！」，這些回答方式都是我們在日常生活中經常聽到與使用的模糊性語言。

人類的生活活動範圍極為廣闊，以數學觀點解釋生活中遭遇之現象可概分為三類：確定現象、隨機現象及模糊現象等三種。為解決確定現象，人類逐漸發展出的數學工具有：幾何、代數、數學分析、微分方程等，習慣上稱之為古典數學；研究隨機現象則有概率論與數理統計等數學工具；然而遇上無法以傳統數學解決的模糊現象時，人類於是發展出模糊數學理論以解決該類現象之問題。

層級分析法 (Analytic Hierarchy Process, AHP) 為 Satty (1980) 於 1971 年所提出之一套決策系統，主要應用在不確定情況下及具有多數個評估準則的決策問題上，AHP 法能藉由「問卷」的發放來擷取多數專家的意見，採用成對比較的方式，將每個層級中決策要素 (準則) 之相對重要性 (權重) 找出來，經由「準則-方案」層級的串聯，選出「綜合績效」最大者作為最佳方案。

AHP 法在準則評價上，其評價值只有「一點」，如果有位評估者認為評價值是介於兩個評估「尺度之間」時，AHP 就無法解決諸如此類具模糊性的問題。由於傳統 AHP 法無法解決部份問題：包括 (1) 決策屬性具相關性問題時；(2) 群體決策的共識性問題；(3) 決策屬性評估值具模糊性不確定性問題。有鑑於此，學者結合模糊理論來克服其缺點：

1. Laarhoven 及 Pedrvcz (1983) 利用模糊集合理論及模糊計算，解決傳統層級分析法中各成對比較矩陣值 $[a_{ij}]$ 具主觀、不精確、模糊等問題，將 Satty 之層級分析法加以演化發展出模糊層級分析法 (FAHP)，並將三角模糊數直接帶入成對比較矩陣 $[\tilde{a}_{ij}]$ 中以解決問題。
2. Buckley (1985) 提出模糊層級分析法 (Fuzzy Hierarchy Analysis)，將層級分析法擴充到模糊環境中考量，強調語意描述之模糊性，以連續值評估尺度轉換決策者語意描述，及三角模糊數表示評估因子間的評比值，解決成對比較值過於主觀、不精確及模糊等缺失，並於 1990 年提出解模糊特徵值與模糊特徵向量的方法。
3. Ishikawa 等 (1993) 為解決傳統 Delphi 法之缺點，將模糊理論概念引進 Delphi 法中，並建立了最大－最小值 (Max-Min) 和模糊積分 (Fuzzy Integration) 兩種方法。此法除了處理人類思維中的模糊性外，且就個別專家意見之不確定訊息予以整合、歸納；最重要的是可以減少調查的次數，避免時間與經費的耗費。
4. Hsu (1997) 以模糊測度理論 (fuzzy measure theory) 來發展模糊測度層級分析法，解決傳統層級分析法中如比例尺度的應用限制、群體決策問題、精確度不佳等缺失。

模糊理論發展迄今，其研究領域已經非常廣闊，於基礎方面有模糊集 (Set)、模糊關係、模糊圖論 (graph)、聚類分析、綜合評斷、模糊識別、模糊語意以及模糊邏輯 (Logic) 等。本書將聚焦在模糊集合理論、模糊語意集、模糊數四則運算、模糊矩陣運算、模糊積分、模糊 Delphi、模糊 AHP 等計算。

2.3 模糊集合

從 1965 年美國自動控制學大師，Zadeh 為了解決現實生活中存在的這種模糊現象，利用數學的方式將真實世界中無法明確定義的概念問題予以彈性的表示，便提出模糊集合的概念，稱為模糊理論 (Fuzzy Theory)，它說明了世上很多事務的探討和描述不是僅由「是」或「否」，「屬於」或「不屬於」等概念所能包含的，甚至對於抽象事物的描述，如「漂亮」或「不漂亮」，「很滿意」或「不滿意」等皆隱含很大的模糊性，這些概念不易用嚴謹的數學函數來表達其意義，而需用隸屬函數來描述其特性。

一、古典集合 V.S 模糊集合

【古典集合的定義】

傳統的明確集合 (crisp Set) 是以二值邏輯 (binary logic) 為基礎，亦即一個元素 x 和一個集合 A 的關係只會有兩種可能，亦即「 屬於 A」或「x 不屬於 A」的非 0 即 1 的選擇 {0,1}。模糊集合則是擴展成為由 0 到 1 之間的任何選擇 [0,1]，依照所屬程度的不同，給予 0 到 1 之間的數值。

古典集合 (classical set) 將元素和集合的關係，以二元邏輯的特徵函數 (characteristic function) 定義如下：

$$C(x)=\begin{cases}1, & x\in A\\ 0, & x\notin A\end{cases}$$

模糊理論的基礎概念是以模糊集合來彌補傳統二元 (binary) 集合之不足，透過隸屬度函數和隸屬度來處理模糊不確定的資料。而模糊集合可將人類思維中不確定的事物用隸屬度函數表示，以隸屬函數 (Membership Function) 的概念，來表達近似人類自然語言所經常使用的形容詞程度問題及各種生活上所遇之曖昧性 (ambiguity)、含糊性 (vagueness) 或模糊性 (blur) 等不確定性問題之解決方法，使人類生活中的模糊情境，能透過多元邏輯的方法分析之。

【模糊集合的定義】

元素 x 隸屬於模糊集合 A 的程度，以隸屬度 $u_A(x)$ 表示：

在離散 (discrete) 的情形下，模糊集合 A 可表示成：

$$A=\frac{u_A(x_1)}{x_1}+\frac{u_A(x_2)}{x_2}+\cdots+\frac{u_A(x_n)}{x_n}$$

而在連續 (continuous) 的情形下，模糊集合 A 可表示成：

$$A=\int_{x\in U}\frac{u_A(x)}{x}$$

Zadeh 將模糊集合的概念定義為：「某一集合元素隸屬於某一個集合的程度。此程度可用介於 0 到 1 之間的數值來表示的方法」。

$$\mu_A(x):U \to [0,1],\ x \to u_A(x),\ x \in U$$

U：論域 (Universerse of Discourse)，論域當中的每個對象稱做「元素」，μ：論域 U 上的一個模糊子集合 A，$x \in U$ 指任意包含在論域當中的元素 x，給定了一個介於 0 到 1 之間的實數 $\mu_A(x) \in [0,1]$，用它來表示 x 對 A 的隸屬程度，$\mu_A(x)$ 稱為 A 的隸屬函數。當 U 為有限集合或元素之可數集合 (離散的) 時，則 A 可表示為

$$\begin{aligned} A &= \sum_{i=1}^{n} \mu_A(x_i)/x_i \\ &= \mu_A(x_1)/x_1 + \mu_A(x_2)/x_2 + \cdots + \mu_A(x_n)/x_n \end{aligned}$$

當 U 是元素無限之不可數集合 (連續的) 時，則 A 可表示為

$$A = \int_U \mu_A(x_i)/x_i$$

二、模糊集合的運算

令 A、B 為論域 U 的兩個模糊集合，則任意兩模糊集合之運算其數學表示式如下：

1. 聯集

$$\mu_{A\cup B}(x_i) = \mu_A(x_i) \cup \mu_B(x_i) = Max\left[\mu_A(x_i), \mu_B(x_i)\right]$$

2. 交集

$$\mu_{A\cap B}(x_i) = \mu_A(x_i) \cap \mu_B(x_i) = Min\left[\mu_A(x_i), \mu_B(x_i)\right]$$

3. 補集

$$\overline{\mu}_A(x_i) = 1 - \mu_A(x_i)$$

2.4 隸屬函數與模糊數

2.4.1 隸屬函數

美國自動控制學家 Zadeh 於 1965 年創立了模糊理論，提供一個描述現實生活中模糊現象的方法。所謂的模糊現象是指客觀事物的差異在中介過渡時所呈現的「亦此亦彼」性。Zadeh 用隸屬程度來描述差異的中間過渡，是用精確的數學語言對模糊性的一種描述。

【定義】設 U 為一論域 (Universe of Discourse)，$\tilde{A}$ 為 U 的一個模糊子集，若對每個 $x \in U$ 都指定一個數 $\mu_{\tilde{A}}(x) \in [0,1]$，用它表示 x 對 $\tilde{A}$ 的隸屬程度，簡稱為 x 的隸屬度，即 $\mu_{\tilde{A}}(x)$: $U \to [0,1]$，而 $\mu_{\tilde{A}}(x)$ 被稱為 $\tilde{A}$ 的隸屬函數。

隸屬函數 (Membership Function) $\mu_{\tilde{A}}(x)$ 又可稱為歸屬函數，用來表示模糊集合中該元素隸屬於此模糊集合的程度，元素的隸屬程度越高，則表示隸屬於此集合的程度也越高。

「定義」模糊數的隸屬函數 $\mu_{\tilde{A}}(x)$ 時須滿足下列條件：

(1) 正規化模糊子集 (normality of a fuzzy subset)。

(2) 凸模糊子集 (convex fuzzy subset)。

(3) 區段連續 (piecewise continuous)。

模糊集合 A 中至少存在著一個隸屬程度等於 1 的元素 $\max_{x \in U} \mu_A(x) = 1$，當模糊集合 A 的高度為 1 時，則稱此模糊集合 A 為正規化的模糊子集。對於實數集合為全集合的模糊集合 A，對任意的實數 $x \le y \le z$，存在 $\mu_{\tilde{A}}(y) \ge \mu_{\tilde{A}}(x) \cap \mu_A(z)$ 時，則稱 A 為一凸模糊子集。

例如，三角模糊數 $\tilde{A}$ 定義為一個三元組 (a, b, c)，其隸屬函數定義為：

$$\mu_{\tilde{A}}(x) = \begin{cases} 0, & x < a \\ \dfrac{x-a}{b-a} & a \le x \le b \\ \dfrac{c-x}{c-b} & b \le x \le c \\ 0, & x > c \end{cases}$$

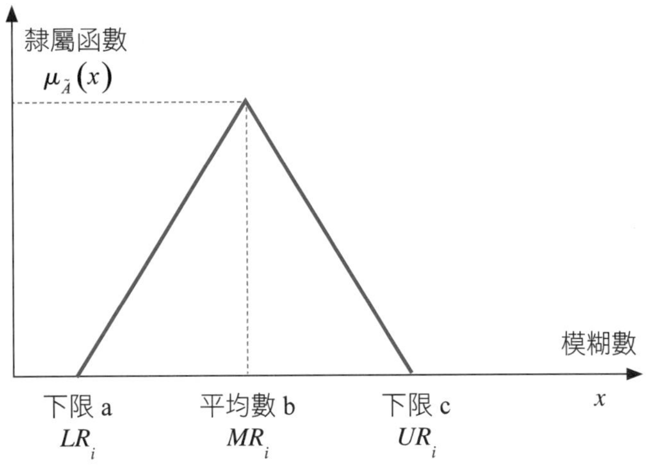

圖 2-15 三角型模糊歸屬函數圖

【定義】模糊集合 $\tilde{A}$ 是論域 U 上的 $\alpha-cut$ 之模糊子集，即

$$\tilde{A}^{\alpha}=\{x \mid \mu_{\tilde{A}}(x)\geq \alpha, x\in U\}$$

α 稱為信心水準 (confidence level)，$\alpha-cut$ 的主要功用是，它可以從模糊集合中決定一明確集合 (crisp set)。

【定義】三角模糊數 $\tilde{A}$ 定義為一個三元組 (a, b, c)，其隸屬函數定義為

$$\mu_{\tilde{A}}(x)=\begin{cases}0, & x\leq a\\ \dfrac{x-a}{b-a}, & a\leq x\leq b\\ \dfrac{c-x}{c-b}, & b\leq x\leq c\\ 0, & x\geq c\end{cases}$$

由三角模糊數 $\tilde{A}$ 之隸屬函數，其 $\alpha-cut$ 定義為：

$$\tilde{A}_{\alpha}=\left[a^{a}, c^{a}\right]=\left[(b-c)\alpha+a, c-(c-b)\alpha\right]$$

舉例來說，「高」是一個模糊概念 (主觀的心理量)。「身高」是一個可以度量的客觀物理量。二者之間有一個「隸屬度」(degree of membership)。例如：

$\mu_{高} = \{(150,0.0), (160,0.0), (165, 0.25), (170, 0.5), (190,1.0), (200,1.0)\}$

表示 150 公分和 160 公分的人均不能稱之為「高」(隸屬度為 0.0)；190 公分和 200 公分絕對可以稱之為「高」(隸屬度為 1.0)；而身高 165 公分和 170 公分的人屬於「高」的程度，分別為 0.25 和 0.5。此一概念可進一步用圖 2-16 表述。橫軸為身高 (物理量)，縱軸是各身高高度對此一模糊概念的「隸屬度」，其值由 0 到 1。準此，吾人可以定義出「高」的「隸屬函數」(membership function)

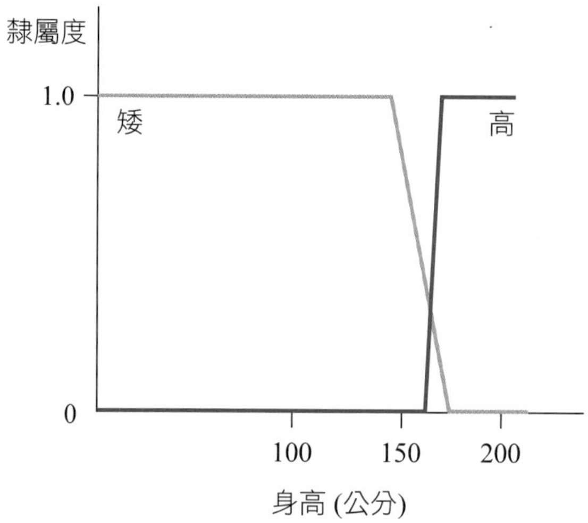

圖 2-16 「高」的「隸屬函數」

相對地，我們可以繪出「矮」的隸屬函數。隸屬函數可以看成是物理量和心理量之間的一種轉換關係。如何決定隸屬函數是一個重要的基本課題。但是，實務上，為了簡便，經常予以簡化成三角形、梯形。

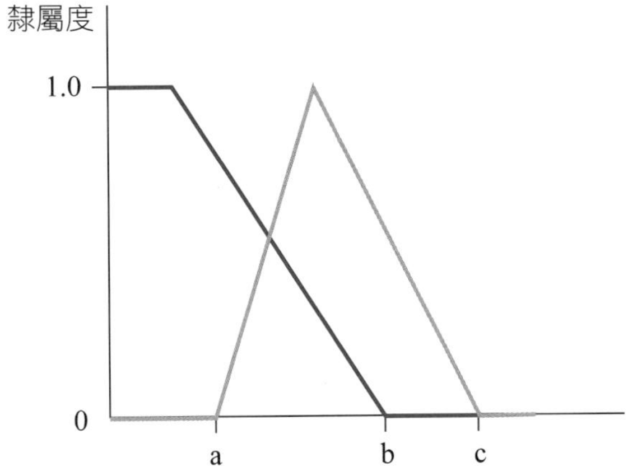

圖 2-17 「矮」的隸屬函數

「語意變數」(linguistic variables) 有數個「模糊值」，分別以隸屬度對應到絕對量。例如圖 2-18，模糊變數「危險度」有高、中、低三個模糊值。每一模糊值與 (火災) 發生頻率值有不同的隸屬度。

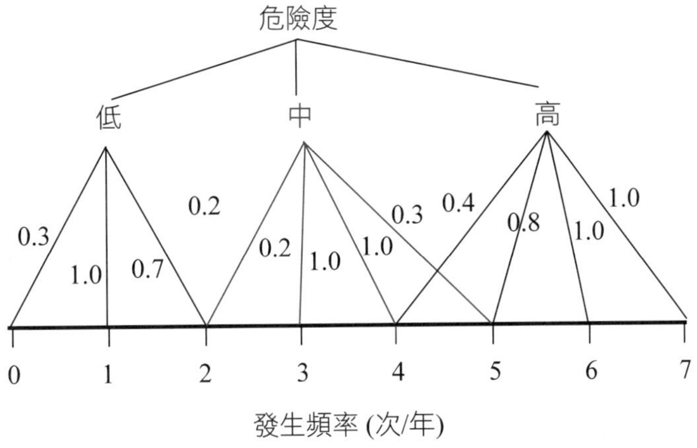

圖 2-18 模糊變數「危險度」模糊變數

2.4.2 模糊數

【定義】模糊集合 $\tilde{A}$ 是論域 U 上的正規 (Normal) 且凸 (convex) 之模糊子集。

「正規」(Normalization) 意即：

$\exists x \in U,\ \mu_{\tilde{A}}(x)=1$

「凸」意即：

$\forall x_1, x_2 \in U, \forall \lambda \in [0,1]$ (∃為「存在」；∀為「對每一個」)

$\mu_{\tilde{A}}(\lambda x_1 + (1-\lambda)x_2) \geq Min(\mu_{\tilde{A}}(x_1), \mu_{\tilde{A}}(x_2))$

【定義】正規化且凸集合，並具有區段性連續的隸屬函數的模糊集合，稱為模糊數 (fuzzy numbers)。

亦即模糊數需滿足下列條件：

模糊數 $\tilde{A}$ 為一實數 (real numbers) 中的一模糊子集，係信賴區間 (confidence interval) 概念的擴充。依模糊數的定義，模糊數應具備下列之基本性質：

若有一模糊數 $\tilde{A}$ 其隸屬函數 (membership function) 為 $\mu_{\tilde{A}}(x)$: $U \to [0,1]$，並具有以下之特性：

(1) $\mu_{\tilde{A}}(x)$ 為區段連續 (continuous)

(2) $\mu_{\tilde{A}}(x)$ 為一凸模糊集合 convex fuzzy subset)

(3) $\mu_{\tilde{A}}(x)$ 為正規化模糊子集 (normality of a fuzzy subset)，亦即存在一個 Max 實數 χ_0，使得 $f_{\tilde{A}}(x_0)=1$。

若滿足以上三條件者則稱此模糊數為三角模糊數 $\tilde{A}=(a, b, c)$ (triangular fuzzy number, TFN)。

一般經常使用的模糊數有下列 3 種：

(一) 三角形模糊數

三角模糊數 (triangular fuzzy number) 是決策分析模式中最常用的一種模糊數表示法；若模糊集合 $\tilde{A}$ 為三角模糊數，那麼其定義表示為 $\tilde{A}=(a, b, c)$，其隸屬函數為：

$$\mu_{\tilde{A}}(x)=\begin{cases} \dfrac{x-a}{b-a}, & a \leq x \leq b \\ 1, & x=b \\ \dfrac{x-c}{b-c}, & b \leq x \leq c \\ 0, & x \leq a \text{ 或 } x \geq c \end{cases}$$

其隸屬函數圖形為：

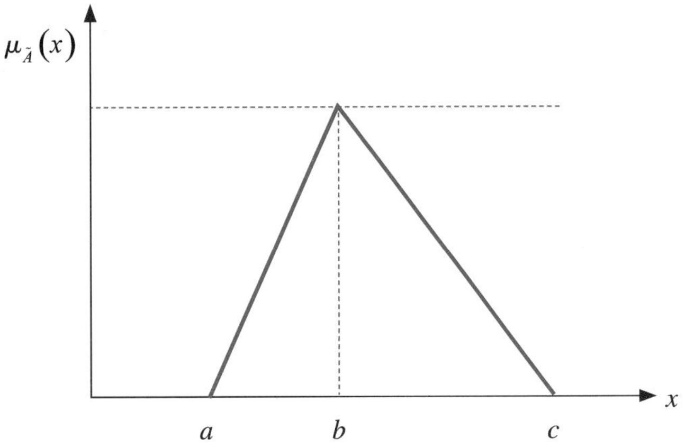

圖 2-19 三角模糊數

Fuzzy 三角模糊數常見的格式包括：$\tilde{R}=(L,M,U)$、$\tilde{5}=(4,5,6)$、$W_j=\left[L_{wj}\middle|M_{wj}\middle|U_{wj}\right]$ 或 $W_j=(L_{wj},M_{wj},U_{w})$ 形式。

假設有一三角模糊數 $\tilde{A}_i=(L_i,M_i,U_i)$，其解模糊數 (DF) 公式如下：

$$DF=\frac{(M_i-L_i)+(U_i-L_i)}{3}+L,\forall i_i$$

(二) 梯形模糊數

梯形模糊數可表示為 $\tilde{A}=(a, b,,c, d)$，其隸屬度函數為：

$$\mu_{\tilde{A}}(x)=\begin{cases}\dfrac{x-a}{b-a}, & a\le x\le b\\ 1, & b\le x\le c\\ \dfrac{x-c}{b-c}, & c\le x\le d\\ 0, & x\le a \text{ 或 } x\ge d\end{cases}$$

其隸屬函數圖形為：

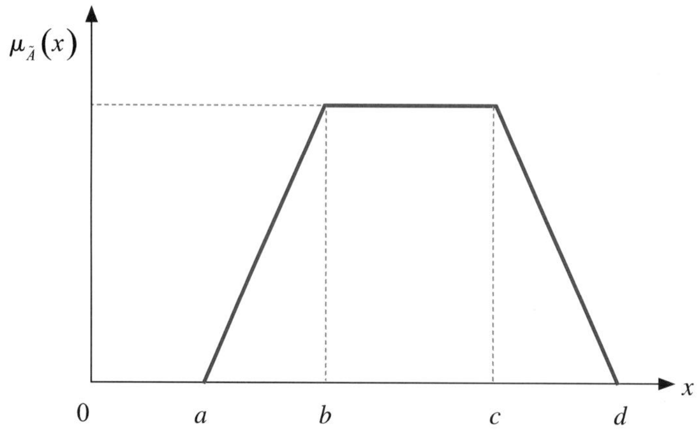

圖 2-20 梯形模糊數

以梯形模糊數來取代三角模糊數，如同運用「形心法」取代「重心法」來解模糊化 (DF) 一樣。假設 $\tilde{A}=(a,b,c,d)$ 是一個梯形模糊數，則運用形心法對此梯形模糊數 $\tilde{A}$ 解模糊化所得值為：

$$DF(\tilde{A})=\frac{a+b+c+d}{4}$$

(三) 常態模糊數

常態模糊數之隸屬度函數為：$\mu_i(x)=e^{\frac{(x-a_i)^2}{b}}$，$i=1,2,3,4,5$，其中 b 為語意模糊度。

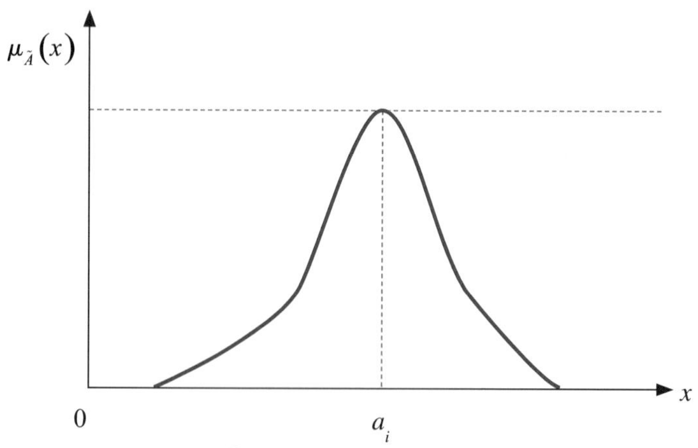

圖 2-21 常態模糊數

(四) 三角模糊數的運用

三角模糊數運用在問卷調查之處，包括：(1) 詢問決策專家對「某成對比較評估準則」的意見 (從 $\tilde{1}=(0,1,2)$「極不重要」至 $\tilde{9}=(8,9,10)$「極重要」)。(2) 專家自身認知之語意變數 $\tilde{R}=(L,M,U)$ 之數據範圍 (1~100 分)，例如，某決策專家認知的「非常不重要」$\tilde{1}=(\frac{0}{100},\frac{15}{100},\frac{25}{100})$ 至「非常重要」$\tilde{5}=(\frac{80}{100},\frac{90}{100},\frac{100}{100})$。(3) 對各個候選目標/方案的評估，從「非常不重要」$\tilde{R}_{\min}=(L_{\min},M_{\min},U_{\min})$ 至「非常重要」$\tilde{R}_{\max}=(L_{\max},M_{\max},U_{\max})$。

2.4.3 模糊數之排序

模糊數排序對解決模糊多屬性決策問題是非常重要的，想要找出備選方案的最適解，必須倚賴模糊數的排序或比較，許多學者曾就模糊數排序或比較提出解決方法，常見有下列四大類：

Type 1： 偏好關係 (preference relation)

(1) 最佳程度值 (degree of optimality)

(2) 漢明距離 (hamming distance)

(3) α－cut (α－截集)

(4) 比較函數 (comparison function)

Type 2： 模糊平均數及變異數 (fuzzy mean and spread)

機率分配 (probability distribution)

Type 3： 模糊值 (fuzzy scoring)

(1) 最佳比率 (proportion to optimal)

(2) 左右值 (left/right scores)

(3) 中心點指標 (centroid index)

(4) 面積測度 (area measurement)

Type 4： 語意表示 (linguistic expression)

(1) 直覺 (intuition)

(2) 語言變數 (linguistic approximation)

2.4.4 中心點指標法

中心點指標法 (Centroid Index) 是由 Yager(1980) 與 Murakami et al.(1983) 分別提出，係找出一模糊數 $\tilde{A}$ 的圖形中心點，一圖形中心點在水平軸可對應一 $\bar{x}$ 值，在垂直軸可對應一 $\bar{y}$ 值，模糊數排序可單獨由 $\bar{x}$ 值推導而得，或由 $\bar{x}, \bar{y}$ 兩值推導而得；Yager 的排序法僅計算 $\bar{x}$ 值，Murakami et al. 的排序法則計算 $\bar{x}, \bar{y}$ 兩值，但 Murakami 等的排序法所舉的例子中，所有的 $\bar{y}$ 值皆相同。由此可見，$\bar{x}$ 值似乎是模糊數排序過程中唯一而且重要的指標，但是 Yager 與 Murakami et al. 的方法卻窄化了模糊數排序適用的範圍。我們必須瞭解：評判矩陣所得出來的模糊值，並非都是具有正規化的；也就是說，所有模糊數之 $\bar{y}$ 值不一定皆相等。此外，若所有模糊數之 $\bar{x}$ 值相等或左右開展是相同情況之下，$\bar{y}$ 值就變成模糊數排序很重要的指標。

為了滿足以上的需要，以求出中心點 $(\bar{x}, \bar{y})$ 座標值來計算原點至中心點的距離，作為模糊數排序的依據，以梯形模糊數 $\tilde{A}=[a, b, c, d; 1]$ 方法實施步驟如下，並舉例說明之：

Step 1：一梯形模糊數表示為 $\tilde{A}=[a, b, c, d; 1]$，其隸屬函數可表示為

$$f_{\tilde{A}}=\begin{cases} f_{\tilde{A}}^{L}(x), & a\le x\le b \\ 1, & b\le x\le c \\ f_{\tilde{A}}^{R}(x), & c\le x\le d \\ 0, & otherwise \end{cases} \Rightarrow f_{\tilde{A}}=\begin{cases} \dfrac{x-a}{b-a}, & a\le x\le b \\ 1, & b\le x\le c \\ \dfrac{x-d}{c-d}, & c\le x\le d \\ 0, & otherwise \end{cases}$$

其中，$f_{\tilde{A}}^{L}:[a,b]\to[0,1], f_{\tilde{A}}^{R}:[c,d]\to[0,1]$

若 $f_{\tilde{A}}^{L}:[a,b]\to[0,1]$ 為連續且嚴格遞增，其反函數存在，並表示為

$g_{\tilde{A}}^{L}:[0,1]\to[a,b]\Rightarrow g_{\tilde{A}}^{L}=a+(b-a)y$；同樣的，若 $f_{\tilde{A}}^{R}:[c,d]\to[0,1]$ 為連續且嚴格遞減，其反函數存在，並表示為 $g_{\tilde{A}}^{R}:[0,1]\to[c,d]\Rightarrow g_{\tilde{A}}^{R}=d+(c-d)y$。

Step 2：一模糊數 $\tilde{A}$ 中心點座標 $(\bar{x}_0, \bar{y}_0)$ 可定義為

$$\bar{x}_0(\tilde{A})=\frac{\int_a^b\left(xf_{\tilde{A}}^{L}\right)dx+\int_b^c xdx+\int_c^d\left(xf_{\tilde{A}}^{R}\right)dx}{\int_a^b\left(f_{\tilde{A}}^{L}\right)dx+\int_b^c dx+\int_c^d\left(f_{\tilde{A}}^{R}\right)dx}$$

$$\bar{y}_0\left(\tilde{A}\right)=\frac{\int_0^1\left(yg_{\tilde{A}}^L\right)dy+\int_0^1\left(yg_{\tilde{A}}^R\right)dy}{\int_0^1\left(g_{\tilde{A}}^L\right)dy+\int_0^1\left(g_{\tilde{A}}^R\right)dy}$$

其中，指標 $\bar{x}_0$ 與 Murakami et al. 之 $\bar{x}_0$ 相同的，我們可以利用 Mathcad 或 Mathematica 套裝軟體計算中心點 $(\bar{x}_0, \bar{y}_0)$ 座標值。

Step 3：計算排序函數，求出原點至中心點之距離，即

$$R\left(\tilde{A}\right)=\sqrt{\left(\bar{x}_0\right)^2+\left(\bar{y}_0\right)^2}$$

Step 4：模糊數排序：對任何模糊數 $\tilde{A}_i,\ \tilde{A}_i \in X,\ X=\left\{\tilde{A}_1,\tilde{A}_2,\cdots,\tilde{A}_n\right\}$ 是凸模糊數集合，則模糊數排序具有下列特質：

(1) 若 $R\left(\tilde{A}_i\right)<R\left(\tilde{A}_j\right)$，則 $\tilde{A}_i<\tilde{A}_j$

(2) 若 $R\left(\tilde{A}_i\right)=R\left(\tilde{A}_j\right)$，則 $\tilde{A}_i=\tilde{A}_j$

(3) 若 $R\left(\tilde{A}_i\right)>R\left(\tilde{A}_j\right)$，則 $\tilde{A}_i>\tilde{A}_j$

模糊數的排序法有兩種：Lee & Li 排序法、變異係數指標法。

一、Lee & Li 排序法

Lee & Li 於 1988 年提出以模糊事件機率測量求算平均數及標準差的方法來實施模糊數排序。此方法有一項前題：即相對於各模糊數而言，若一模糊數有較高的平均數及較低的標準差，則直覺認為其排序較高。所以，平均數及標準差可以用來比較模糊數的大小。

此方法假設模糊事件的機率分配有二種形式：

Types 1：均等分配 (Uniform Distribution)：

$f\left(\tilde{A}\right)=\frac{1}{\left|\tilde{A}\right|}$，且 $\tilde{A}\in U$，其平均數及標準差定義為

$$\bar{x}_U\left(\tilde{A}\right)=\int_{S(\tilde{A})}x\mu_{\tilde{A}}(x)dx \Big/ \int_{S(\tilde{A})}\mu_{\tilde{A}}(x)dx$$

$$\sigma_U\left(\tilde{A}\right)=\sqrt{\left(\int_{S(\tilde{A})}x^2\mu_{\tilde{A}}(x)dx \Big/ \int_{S(\tilde{A})}\mu_{\tilde{A}}(x)dx\right)-\left(\bar{x}_U\left(\tilde{A}\right)\right)^2}$$

其中，$S(\tilde{A})$ 表示模糊數 $\tilde{A}$ 之支集 (Support)。

若模糊數 $\tilde{A}$ 為三角形模糊數，則上式可簡化為

$$\bar{x}_U\left(\tilde{A}\right)=\frac{1}{3}(l+m+n)$$

$$\sigma_U\left(\tilde{A}\right)=\frac{1}{18}\left(l^2+m^2+n^2-lm-\ln-mn\right)$$

其中，$l=\inf S\left(\tilde{A}\right), \mu_{\tilde{A}}=1, n=\sup S\left(\tilde{A}\right)$。

Types 2：比率分配 (Proportional Distribution)：

$f\left(\tilde{A}\right)=k\mu_{\tilde{A}}(x), \tilde{A}\in U, k$ 為比例常數，其平均數及標準差為

$$\bar{x}_P\left(\tilde{A}\right)=\int_{S(\tilde{A})}x^2\mu_{\tilde{A}}(x)dx \Big/ \int_{S(\tilde{A})}\left(\mu_{\tilde{A}}(x)\right)^2 dx$$

$$\sigma_P\left(\tilde{A}\right)=\sqrt{\left(\int_{S(\tilde{A})}x^2\left(\mu_{\tilde{A}}(x)\right)^2 dx \Big/ \int_{S(\tilde{A})}\left(\mu_{\tilde{A}}(x)\right)^2 dx\right)-\left(\bar{x}_P\left(\tilde{A}\right)\right)^2}$$

若模糊數 $\tilde{A}$ 為三角模糊數，則上式可簡化為

$$\bar{x}_P\left(\tilde{A}\right)=\frac{1}{4}(l+2m+n)$$

$$\sigma_P\left(\tilde{A}\right)=\frac{1}{80}\left(3l^2+4m^2+3n^2-4lm-21\mathrm{n}-4mn\right)$$

各模糊數 $\tilde{A}$ 求算其平均數及標準差後，比較各模糊數大小的方式為：

(1) $\bar{x}\left(\tilde{A}_i\right)>\bar{x}\left(\tilde{A}_j\right)\Rightarrow \tilde{A}_i>\tilde{A}_j$

(2) $\bar{x}\left(\tilde{A}_i\right)=\bar{x}\left(\tilde{A}_j\right), \sigma\left(\tilde{A}_i\right)<\sigma\left(\tilde{A}_j\right)\Rightarrow \tilde{A}_i>\tilde{A}_j$

二、變異係數指標法

從統計的觀點，平均數及標準差是不能分開且單獨作為兩個模糊數比較的基礎，依照 Lee & Li 的方法，一模糊數有較高的平均數及較低的標準差，則認為其排序較高，然而，當有較高的平均數及較高的標準差，或有較低的平均數及較低的標準差之情況時，要比較模糊數之次序並不容易。

變異係數 (Coefficient of Variation) 是一種相對分散程度的測量，它是以標準差除以平均數，以符號 CV 表示如下：

變異係數 (CV)＝標準差 (σ)／平均數

其中 $\mu \neq 0, \sigma > 0$

利用變異係數指標法比較模糊數，首先須以 Lee & Li 方法計算出平均數及標準值，最後求出變異係數值加以比較，變異係數值較小的模糊數，其排序較高。舉例說明之。

例如，下圖有二個三角模糊數 $\tilde{U}_1, \tilde{U}_2$，其隸屬函數如下：

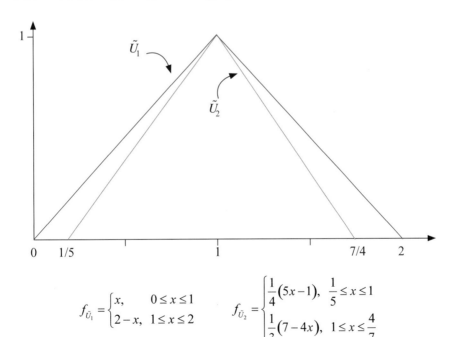

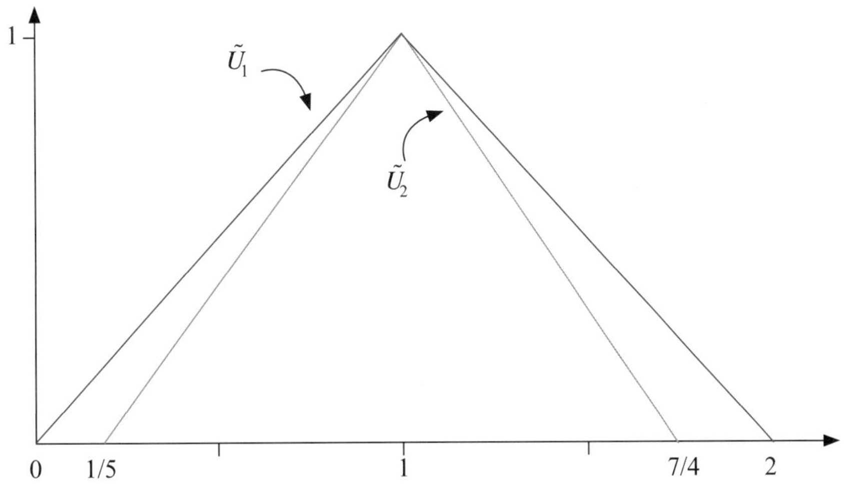

$$f_{\tilde{U}_1} = \begin{cases} x, & 0 \le x \le 1 \\ 2 - x, & 1 \le x \le 2 \end{cases} \qquad f_{\tilde{U}_2} = \begin{cases} \frac{1}{4}(5x-1), & \frac{1}{5} \le x \le 1 \\ \frac{1}{3}(7-4x), & 1 \le x \le \frac{4}{7} \end{cases}$$

圖 2-22 模糊數 $\tilde{U}_1, \tilde{U}_2$

由「Types 1：均等分配」公式至「變異係數指標法」公式，可以計算出平均數 $\bar{x}$、標準差 σ 及變異係數 CV 如表 2-1，根據表 2-1 資料得知，由平均數評判出來的次序為 $\tilde{U}_1 > \tilde{U}_2$，由標準差 評判出來次序也是 $\tilde{U}_1 > \tilde{U}_2$，但 Lee & Li 法的評判準則是具有較高的平均數及較低的標準差，其排序較高。很顯然地，本例題無法使用 Lee & Li 法來比較次序，因此，若能改善之變異係數 來改進 Lee & Li 法的缺點，亦可從表 2-1 變異係數 CV 值很容易判斷出次序，CV 值愈小，次序愈高，因此，$\tilde{U}_1 < \tilde{U}_2$。

表 2-1 模糊數 $\tilde{U}_1, \tilde{U}_2$ 之平均數 $\bar{x}$、標準差 σ 及變異係數 CV

	Uniform distribution			Proportional distribution		
	$\bar{x}$	σ	CV	$\bar{x}$	σ	CV
$\tilde{U}_1$	1	0.667	0.1667	1	0.1	0.1
$\tilde{U}_2$	0.9833	0.1001	0.1008	0.9875	0.0563	0.0571

2.5 模糊數之四則運算

依據三角模糊數的性質，假設兩個三角模糊數 $\tilde{A} = (a_1, b_1, c_1),\ \tilde{B} = (a_2, b_2, c_2)$ 則其模糊運算法則表示如下：

1. 加法運算 $\tilde{A} \oplus \tilde{B}$

   $(a_1, b_1, c_1) \oplus (a_2, b_2, c_2) = (a_1 + a_2, b_1 + b_2, c_1 + c_2)$

2. 減法運算 $\tilde{A} \Theta \tilde{B}$

   $(a_1, b_1, c_1) \Theta (a_2, b_2, c_2) = (a_1 - a_2, b_1 - b_2, c_1 - c_2)$

3. 乘法運算 $\tilde{A} \otimes \tilde{B}$

   $(a_1, b_1, c_1) \otimes (a_2, b_2, c_2) = (a_1 \times a_2, b_1 \times b_2, c_1 \times c_2)$

如下圖所示，即是「主準則-次準則」之模糊權重的相乘，所得複權重的模糊數。

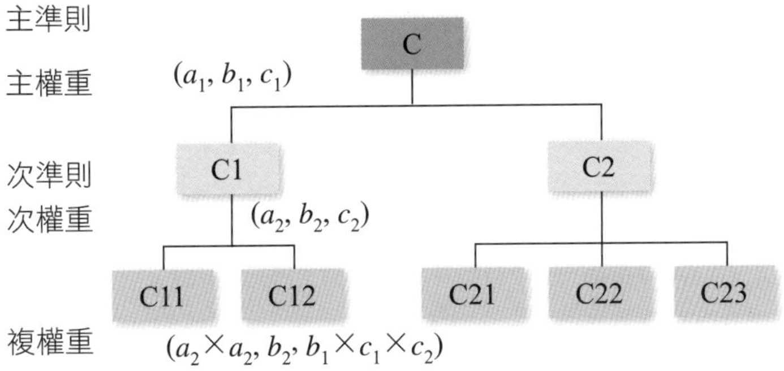

圖 2-23 fuzzy AHP「主準則-次準則」之模糊權重相乘法

4. 除法運算 $\tilde{A} \varnothing \tilde{B}$

$$(a_1, b_1, c_1) \varnothing (a_2, b_2, c_2) = (a_1 / c_2, b_1 / b_2, c_1 / a_2)$$

5. 模糊數的倒數

$$\tilde{A}^{-1} = (a_1, b_1, c_1)^{-1} \cong \left(\frac{1}{c_1}, \frac{1}{b_1}, \frac{1}{a_1} \right)$$

6. 模糊數的開根號

$$\tilde{A}^{\frac{1}{n}} = \left(a_1^{1/n}, b_1^{1/n}, c_1^{1/n} \right)$$

2.6 語意變數

語意變數係在指定論域之下用來描述自然語言的模糊集合，以使能夠把自然語言的敘述用邏輯推測類化成邏輯敘述，且語意變數以自然語言中的字或句子為值而不是以數為值。

語意變數是用人類自然語言中的語詞，例如：極低、低、普通、高、極高等來表示使用者對某事事物的感知程度，而非以數值型態來傳達。讓使用者選擇其認為最合適的語意，再透過事先設計好的各種語意尺度所代表的模糊數，推算其實際值。語意變數可適當的表達評估者主觀性的判斷，用於處理不明確或模糊的資訊。這些語言變數值是用來表達評估者用於事物的感受。語意變數的概念語意變數可用模糊數來表示，常用的有三角模糊數、梯形模糊數等。

一、語意變數的尺度

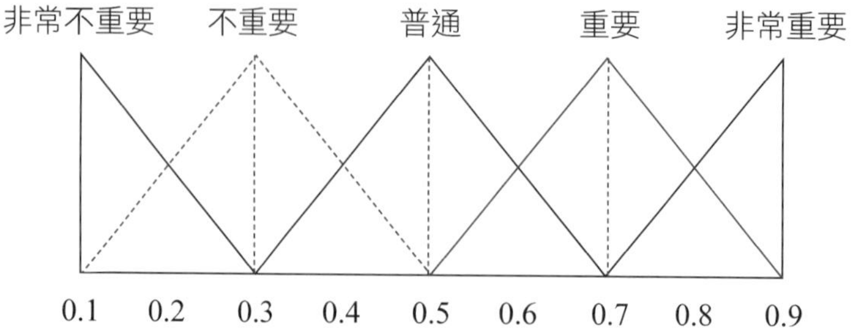

圖 2-24 語意變數

表 2-2 相對重要性的比較模糊語意尺度

語意措辭	三角模糊數
非常不重要	(0.1 , 0.1 , 0.3) 或 (1/10,1/9,1/8)
不重要	(0.1 , 0.3 , 0.5) 或 (1/7,1/5,1/3)
普通	(0.3 , 0.5 , 0.7) 或 (1,1,1)
重要	(0.5 , 0.7 , 0.9) 或 (3,5,7)
非常重要	(0.7 , 0.9 , 0.9) 或 (8,9,10)

二、語意變數的計算

假設有一決策分析，其 fuzzy 運算步驟如圖 2-25 所示：

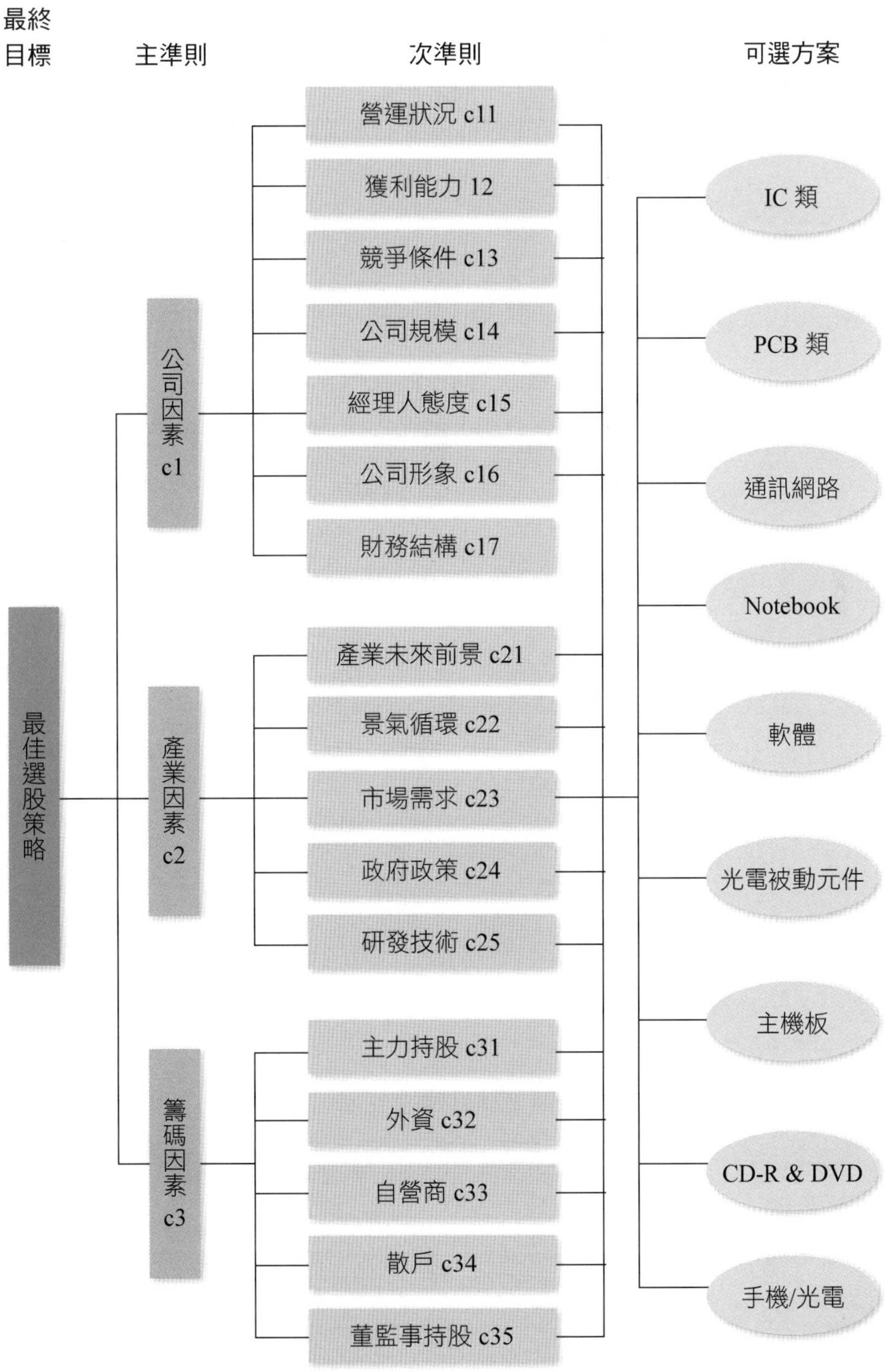

圖 2-25 典型層級架構圖

Step 1：整合模糊數後，再建立模糊正倒值矩陣

假設有 10 名專家對「第一層主準則」的模糊評估值，如表 2-3 所示，我們將這些模糊加以整合後，那麼所建立之模糊正倒值矩陣如表 2-4。

Step 2：計算模糊權重

依下列公式，計算模糊權重 $\tilde{W}_i$，結果如表 2-5。

表 2-3 整合後之三角模糊數 (N＝10 人)

專家	公司因素 v.s 產業因素	公司因素 v.s 籌碼因素	產業因素 v.s 籌碼因素
1	(8,9,10)	(8,9,10)	(3,5,7)
2	(3,5,7)	(1/7,1/5,1/3)	(1/7,1/5,1/3)
3	(8,9,10)	(3,5,7)	(3,5,7)
4	(1,1,1)	(3,5,7)	(3,5,7)
5	(1,1,1)	(1,1,1)	(3,5,7)
6	(1,1,1)	(3,5,7)	(3,5,7)
7	(8,9,10)	(3,5,7)	(3,5,7)
8	(8,9,10)	(1/7,1/5,1/3)	(1,1,1)
9	(3,5,7)	(3,5,7)	(3,5,7)
10	(1,1,1)	(1,1,1)	(3,5,7)
平均數來整合	(4.2, 5, 5.8)	(2.63, 3.64, 4.77)	(2.61 ,4.12, 5.73)

表 2-4 模糊正倒值矩陣 $[a_{ij}]_{3\times 3}$

最佳選股策略	公司因素 a1	產業因素 a2	籌碼因素 a3
公司因素 a1	(1,1,1)	(4.2,5,5.8)	(2.63, 3.64, 4.77)
產業因素 a2	(0.17,0.2,0.24)	(1,1,1)	(2.61,4.12,5.73)
籌碼因素 a3	(0.1,0.27,0.4)	(0.17,0.24,0.4)	(1,1,1)

表 2-5 最佳選股策略之模糊權重值

最佳選股策略	公司因素 c1	產業因素 c2	籌碼因素 c3
模糊權重值 $\tilde{W}_i$	(0.38,0.59,0.9)	(0.18,0.32,0.54)	(0.07,0.09,0.14)

假設模糊正倒值矩陣 $[a_{ij}]_{n\times n}$, $\forall i,j=1,2,...,n$, $\tilde{a}_{ij}$ 為成對比較之語意變數的整合

則模糊權重 $\tilde{W}_i$ 為

$$\tilde{Z}_i=\frac{(\tilde{a}_{i1}\oplus\tilde{a}_{i2}...\oplus\tilde{a}_{in})}{n},\ \forall i=1,2,...,n$$

$$\tilde{W}_i=\frac{\tilde{Z}_i}{(\tilde{Z}_1\oplus\tilde{Z}_2...\oplus\tilde{Z}_n)}$$

接著，重複步驟「Step 1」~「Step 2」，可計算出其他要素之權重 (表 2-6 ~ 2-8)。

表 2-6 公司因素 c1 之模糊權重值

公司因素 c1	模糊權重值 $\tilde{W}_i$
營運狀況 c11	(0.15,0.27,0..46)
獲利能力 c12	(0.12,0.21,0.34)
競爭條件 c13	(0.11,0.2,0.34)
公司規模 c14	(0.07,0.11,0.18)
經理人態度 c15	(0.02,0.03,0.06)
公司形象 c16	(0.08,0.12,0.19)
財務結構 c17	(0.04,0.07,0.12)

表 2-7 產業因素 c2 之模糊權重值

產業因素 c2	模糊權重值 $\tilde{W}_i$
產業未來前景 c21	(0.18,0.31,0.52)
景氣循環 c22	(0.19,0.32,0.55)
市場需求 c23	(0.08,0.15,0.26)
政府政策 c24	(0.03,0.04,0.07)
研發技術 c25	(0.1,0.18,0.32)

表 2-8 籌碼因素 c3 之模糊權重值

籌碼因素 c3	模糊權重值 $\tilde{W}_i$
主力持股 c31	(0.16,0.26,0.43)
外資 c32	(0.15,0.28,0.49)
自營商 c33	(0.05,0.08,0.13)
散戶 c34	(0.06,0.1,0.16)
董監事持股 c35	(0.16,0.28,0.5)

Step 3：準則之複模糊權重，過低者刪除

先求出每個「次準則」複模糊權重值，即將「主層級權重」乘「次層級權重」即可得到複模糊權重 (表 2-9~表 2-11)，這些複模糊權重過低者再予以刪除 (表 2-12~表 2-14)。

刪除過低「複權重」之次準則，其計算公式如下：

$$GW < \frac{1}{N \circ Kut}$$

其中，GW： 每一「次準則」之複模糊權重值，為三角模糊數

N：同一層中準則之數目

Kut：使用者所給之三角模糊數，基本上取 (1, 2.6, 4)，即刪除 (1/3) N

表 2-9 公司因素 c1 之複模糊權重值 (值過低以網底呈現)

公司因素 c1	複複模糊權重值
營運狀況 c11	(0.057,0.159,0.414)
獲利能力 c12	(0.046,0.124,0.306)
競爭條件 c13	(0.043,0.118,0.306)
公司規模 c14	(0.027,0.065,0.162)
經理人態度 c15	(0.008,0.018,0.054)
公司形象 c16	(0.03,0.071,0.171)
財務結構 c17	(0.015,0.041,0.108)

表 2-10 產業因素 c2 之複模糊權重值 (值過低以網底呈現)

產業因素 c2	複模糊權重值
產業未來前景 c21	(0.032,0.099,0.286)
景氣循環 c22	(0.034,0.102,0.297)
市場需求 c23	(0.014,0.048,0.143)
政府政策 c24	(0.005,0..013,0.039)
研發技術 c25	(0.018,0.058,0.176)

表 2-11 籌碼因素 c3 之複模糊權重值 (值過低以網底呈現)

籌碼因素 c3	複模糊權重值
主力持股 c31	(0.011,0.023,0.06)
外資 c32	(0.011,0.025,0.069)
自營商 c33	(0.004,0.007,0.018)
散戶 c34	(0.004,0.009,0.022)
董監事持股 c35	(0.011,0.025,0.07)

表 2-12 刪除後「公司因素 c1」之複模糊權重值

公司因素 c1	模糊權重值
營運狀況	(0.039,0.275,1.908)
獲利能力	(0.031,0.215,1.41)
競爭條件	(0.029,0.204,1.41)
公司規模	(0.018,0.112,0.747)
公司形象	(0.02,0.123,0.788)
財務結構	(0.01,0.071,0.498)

表 2-13 刪除後「產業因素 c2」之複模糊權重值

產業因素 c2	模糊權重值
景氣循環	(0.038,0.332,3)
產業未來前景	(0.035,0.322,2.889)
研發技術	(0.02,0.189,1.778)
市場需求	(0.016,0.156,1.444)

表 2-14 刪除後「籌碼因素 c3」之複模糊權重值

籌碼因素 c3	模糊權重值
董監事持股	(0.079,0.5,3.182)
外資	(0.079,0.5,3.136)

Step 4：「準則層-方案層」串聯

串聯的計算，另外章節中介紹。

2.7 模糊多準則

Bellman and Zadeh (1970) 提出在模糊環境下之決策方法以來，許多學者藉由模糊理論的特性改進傳統多準則決策的缺點，將評估準則與其權重轉換成模糊數來表示人類的語意變數，透過模糊評判以及模糊排序 (Fuzzy Ranking)，找出最切合決策者需求的問題解決方案，稱為模糊多準則決策 (Fuzzy Multiple Criteria Decision Making)，模糊多屬性決策的兩個重要工作就是方案的模糊評等 (Fuzzy Rating) 與模糊排序 (Fuzzy Ranking)。

以鄭永祥 (2009)「軌道系統列車延誤、乘客處理與營運應變模式」為例，即應用模糊理論結合多準則決策而為模糊多準則決策，此方法亦由評選專家填寫各事故類型之模糊問卷來決定各調度因素之權重值，然後由評選專家就準則對各方案評比給予模糊評分，之後再將各因素的模糊權重和調度方案的模糊分數相乘得到各調度方案先後考慮的順序。

2.7.1 評估準則與方案的評選

舉例來說，鄭永祥 (2009) 探討「台鐵運轉整理調度因素與調度方案的評選」，曾參考 Fay (2000)、Fay (2001)、Komaya and Fukuda (1991)、Rebreyend (2005)、JIA and Zhang (1993)、李治綱等人 (2002)、陳英相與張仁城 (1997) 六篇文獻與一本台鐵運轉規章的書籍，將台鐵調度因素與調度方案彙整成表 2-15、表 2-16。

表 2-15 調度因素 (評估準則)

調度因素	參考文獻
列車等級	Fay (2000) Rebreyend (2005)
列車後續的運轉距離	Fay (2000) JIA and Zhang (1993)
列車後續的銜接關係	Rebreyend (2005)
軌道路線的情況	Rebreyend (2005)
列車停靠月台的時間	李治綱等人 (2002) Komaya and Fukuda (1991)
目前列車延誤的時間	Fay (2000) Fay (2001) Rebreyend (2005)
轉運旅客數量的權衡	Fay (2000) 李治綱等人 (2002)

表 2-16 調度「方案」

調度方案	參考文獻
變更運轉順序 (追趕、交會)	Fay (2000) Fay (2001) Rebreyend (2005)
繞道	Fay (2001)
增開列車	Fay (2001) Komaya and Fukuda (1991)
停駛	Fay (2001) 李治綱等人 (2002) Komaya and Fukuda (1991)
合併運轉	陳英相與張仁城 (1997)
變更時刻運轉	陳英相與張仁城 (1997) Komaya and Fukuda (1991)
替代交通工具接駁	Fay (2001) Rebreyend (2005)

透過實地訪談綜合調度所與運務處綜合調度所的專家，經過專家的調度經驗將文獻所未提到的「旅次型態」納入調度因素的主要準則中，因為當列車發生延誤的時候，應該考量該列車的旅客型態是不是屬於通勤旅客，必須以上班族通勤列車優先行駛。在調度方案方面，經過專家的調度經驗特別將文獻所未提到的「折回行駛」納入調度方案的主要準則中，接著依據專家的共同的討論，刪除台鐵最不常使用的調度方案分別為繞道、替代交通工具接駁，對於變更時刻運轉與變更運轉順序 (追趕、交會) 有雷同的意思，因此將變更時刻運轉與變更運轉順序調度方案視為相同的調度方案。綜合以上考量，最後彙整出的調度因素與調度方案如表 2-17 所示。

表 2-17 調度因素 v.s 調度方案彙整

調度因素/準則	調度方案
列車等級 列車後續的運轉距離 列車後續的銜接關係 軌道路線的情況 列車停靠月台的時間 目前列車延誤的時間 轉運旅客數量的權衡 旅次型態 (尖、離峰)	變更運轉順序 (追趕、交會) 折回行駛 增開列車 停駛 合併運轉

2.7.2 模糊多準則之分析步驟

一、評估各準則之重要性

以鄭永祥 (2009) 探討「台鐵運轉整理調度因素與調度方案的評選」為例，調度人員對於各種不同情況的事故類別，評估每個調度因素之重要性，但是每個評估者的職位和經歷不盡相同，且對於語意變數的認同也有所差異，所以若採用 Buckley (1985) 所建議之平均數法來整合 m 位調度員所給予的模糊數，其整合公式為：

$$\tilde{w}_j = (1/m) \otimes (\tilde{w}_j^1 \oplus \tilde{w}_j^2 \oplus \cdots \oplus \tilde{w}_j^m) \tag{2-1}$$

$\tilde{w}_j^m$ 表示 m 個成員對第 j 準則的意見

$\tilde{w}_j$ 為評估者群體主觀判斷之平均模糊數，以三角模糊數表示為：

$$w_j = (Lw_j, Mw_j, Uw_j) \tag{2-2}$$

其中，Lw_j 為下限值，Mw_j 為平均值，Uw_j 為上限值，引用 Buckley (1985) 所提出的方法為：

$$Lw_j = (\sum_{k=1}^{m} Lw_j^k) / m \tag{2-3}$$

$$Mw_j = (\sum_{k=1}^{m} Mw_j^k) / m \tag{2-4}$$

$$Uw_j = (\sum_{k=1}^{m} Uw^k{}_j) / m \quad (2\text{-}5)$$

二、建立各方案對準則之重要性

由調度人員依據模糊語意尺度給定各調度因素對各調度方案之重要性，並依平均數法整合各調度人員意見如下：

$$\tilde{x}_{ij} = (1/m) \otimes [\tilde{x}_{ij}^1 \oplus \tilde{x}_{ij}^2 \oplus \cdots \oplus \tilde{x}_{ij}^m] \quad (2\text{-}6)$$

$\tilde{x}_{ij}^m$ 表第 m 個成員在第 j 準則下對 i 方案的意見，假設 $A_1, A_2, ..., A_m$ 為調度方案，$C_1, C_2, ..., C_n$ 為調度因素，依前面步驟可以得到以下模糊績效矩陣：

$$\tilde{R} = \begin{bmatrix} \tilde{x}_{11} & \tilde{x}_{12} & \cdots & \tilde{x}_{1n} \\ \tilde{x}_{21} & \tilde{x}_{22} & \cdots & \tilde{x}_{2n} \\ \vdots & \vdots & \ddots & \vdots \\ \tilde{x}_{m1} & \tilde{x}_{m2} & \cdots & \tilde{x}_{mn} \end{bmatrix} \quad (2\text{-}7)$$

$$\tilde{W} = [\tilde{w}_1, \tilde{w}_2, \cdots, \tilde{w}_n]$$

其中 $\tilde{x}_{ij}$ 在準則 C_j 下對選擇方案 的評比，$A_i (i = 1, 2, \cdots, m)$ 表準則 $\tilde{w}_j$ 的權重

三、計算方案之模糊綜效績效值

依據下列公式，計算選擇方案的模糊綜效評判 (Fuzzy Synthetic Decision Making)。

$$\tilde{P}_i = \sum_{j=1}^{n} \tilde{R} \circ \tilde{w}_j, \ i = 1, 2, \cdots, m \quad (2\text{-}8)$$

由於同一事物具有多種屬性 (Attributes)，會受到多種因素的影響，因而在評價事物的過程當中，就必須對這些相關影響因素做綜合性考慮以進行全面評價，而這便是所謂的綜合評判。若在評判的過程中有涉及到模糊因素存在，便稱之為「模糊綜效評判」(Fuzzy Synthetic Decision Making)，其處理步驟簡述如下：

1. 確立評判對象，並建立影響此評判對象的各種因素所組合成的「準則集/因素集」C 以及「評價集」P (所有模糊評判等級的集合)。由因素集 C 與評價集 P 可得到兩者的模糊關係 R；
2. 確立評估因素集 C 的權重集 W；

3. 進行模糊綜效評判，可得到總體評價「P＝W。R」；其中「。」表示合成運算子 (Composition Operator)，如 Max-Min，Max-Product，Product-Addition 等等。

上面介紹的模糊評判只是個初級模型 (稱為一級模糊評判)，可解決較簡單的問題。若是對於較為複雜的問題，則要進行多級模糊綜效評判。

例如要進行二級模糊綜效評判時，即把一級模糊綜效評判結果 P^1，視為第二層級的模糊關係 R^2，依此觀念則 N 級模糊綜效評判 P^n，可定義如下：

$$P^n = W^n \circ R^n = W^n \begin{bmatrix} W_1^{n-1} & \circ & R_1^{n-1} \\ W_2^{n-1} & \circ & R_2^{n-1} \\ & \vdots & \\ W_n^{n-1} & \circ & R_n^{n-1} \end{bmatrix}$$

因為「模糊綜效評判法」可以解決在許多具模糊環境下，如何去對評判的事物做出適當評價，因此應用範圍十分廣泛。易言之，模糊評判步驟如下所述：

1. **建立因素集**：假設主構面共分為五大屬性，各屬性又包含若干評估項目共計有 18 個項目。
2. **建立權重集**：各屬性、評估項目權重的取決係採用專家評估法，亦即由多位專家依據其個人的知識與經驗做出主觀判定，並剔除其中的最大值與最小值，求出其權重值的算數平均數作為該評價指標的權重值。
3. **評估項目的能力等級**：把評估對象或方案在各評估項目的能力高低，區分為 11 個能力等級的語意變數 (分別是極低、特別低、非常低、低、有些低、普通、有些高、高、非常高、特別高、極高)，並使用三角模糊數來將具模糊語意的變數量化成為模糊數。
4. **建立評價集**：用七個語意變數所組成的集合 (分別是極低、非常低、低、普通、高、非常高、極高)，做為最後總評判的可能結果，並使用三角模糊數來將具模糊語意的變數量化成為模糊數。
5. **一級模糊綜效評判**：對各評估項目的能力等級模糊數，解模糊化後所得到的值代入評價集元素的三角隸屬函數，以求出每個評估項目在評價集中的「單因素列向量」，之後將各屬性內評估項目的單因素列向量合併起來建構各屬性的「模糊評價矩陣」。最後，再將各屬性內評估項目的「權重列向量」與其「模糊評價矩陣」做一般的矩陣乘法運算，以求出各屬性的一級綜合評判。

6. **二級模糊綜效評判**：一級綜合評判僅考慮同一屬性下的評估項目，為考慮各屬性間的綜合影響，就必須再進行二級綜合評判。因此，將一級綜合評判所得各屬性的「模糊評價矩陣」視為進行二級綜合評判時的「模糊評價矩陣」，同樣地，將各屬性的「權重列向量」與此「模糊評價矩陣」做一般的矩陣乘法運算，以求出最後軟體發展的總能力模糊綜效評判矩陣。
7. **重心法解模糊化**：使用重心法來解此「總能力模糊綜效評判矩陣」與「評價集」間的模糊關係。

四、解模糊化和方案的排序

經由上述模糊綜效評判可得到各方案的三角模糊數，然因模糊數並非是明確的數值，無法直接用於方案的比較，因此必須將模糊數解模糊化 (Defuzzification) 以利排序。亦即，解模糊化的步驟就是找出最佳解模糊化之績效值 (Best Nonfuzzy Performance value, BNP)。假設使用較為簡單、實用的，且不須要考量到評估者的偏好之重心法 (Center-of-gravity, COG)，來求 BNP_i 值，其公式如下：

$$BNP_i = \frac{[(Uw - Lw) + (Mw - Lw)]}{3} + Lw \tag{2-9}$$

2.8 解模糊化

「解模糊化」就是根據「重心法」公式，將每個準則構面與各次準則之模糊權重解模糊後可得到一明確值。藉由此步驟可將每個準則構面與各準則進行排序的動作，以了解在評估「候選方案」的決策過程中，各個主、次準則的影響力。

易言之，解模糊化的過程就是，將模糊數 A(x)，$x \in$X，轉換成一個最合適來代表模糊數 A(x) 的明確值 x^* 的動作，至於如何做才是最適合呢？大概可以下面三個準則來決定：

1. 合理性：至少在人的直覺上，x^* 代表 A(x) 是合理、可被接受的。例如，x^* 在A(x) 之底集中間或是 x^* 的隸屬度值較高，若 x^* 在 A(x) 之底集以外，直覺上就不合理。
2. 計算簡單：這是為了在模糊控制問題上使用方便。
3. 連續性：A(x) 之形狀有稍許的變化，x^* 之位置變化不會太大。

迄今，合於上述準則的解模糊化方法有許多種，比較常用的方法有「重心解模糊化法」(Center of Gravity Defuzzification)、「面積和之中心解模糊化法」(Center of Sum Defuzzification)、「最大面積之中心解模糊化法」(Center of Largest Area Defuzzification)、「第一個最大隸屬度值解模糊化法」(First of Maximum Defuzzification)、「最後一個最大隸屬度值解模糊化法」(Last of Maximum Defuzzification)、「最大隸屬度值之平均值解模糊化法」(Mean of Maximum Defuzzification) 以及「高度解模糊化法」(Height Defuzzification)。

其中，「重心解模糊化法」是最常用也似乎是最合理的，可惜在計算上較費功夫，而「面積和之中心解模糊化法」也算合理，但在計算上就較前者來的簡單許多。

2.8.1 解模糊化的應用範例：績效之綜合

舉個例子來說明如何求解「績效之綜合」g(X) 值。通常在一個 AHP 層級裡，分二階段求綜合績效：先求「主準則的績效 h(X)」，再往層級的上一層，求「Goal 的綜合績效 h(X)」。

例如，假設有甲乙二位專家，若甲就五個語義變數 (亦即非常不滿意、不滿意、普通、滿意、非常滿意) 所給予的模糊數分別為：(0, 0, 40)、(0, 40, 60)、(40, 60, 90)、(60, 90, 100)、(90, 100, 100)。而乙所給予的模糊數分別為：(0, 0, 30)、(0, 30, 50)、(30, 50, 80)、(50, 80, 100)、(80, 100, 100)。

綜合整理甲、乙專家對「A 方案 or A 遴選對象」的問卷資料可得表 2-20：

在 x1 的平均綜合績效值為 $1/2 \odot [(40, 60, 90) \oplus (0, 30, 50)] = (20, 45, 70)$
在 x2 的平均綜合績效值為 $1/2 \odot [(60, 90, 100) \oplus (50, 80, 100)] = (55, 85, 100)$
在 x3 的平均綜合績效值為 $1/2 \odot [(0, 40, 60) \oplus (30, 50, 80)] = (15, 45, 70)$

表 2-18 甲專家對「A 方案 or A 遴選對象」的評選結果如下 (問卷格式)：

準則	非常不滿意 (0, 0, 40)	不滿意 (0, 40, 60)	普通 (40, 60, 90)	滿意 (60, 90, 100)	非常滿意 (90, 100, 100)
x1 (問項 1)			✓		
x2 (問項 2)				✓	
x3 (問項 3)		✓			

表 2-19 乙專家對「A 方案 or A 遴選對象」的評選結果如下 (問卷格式)：

準則	非常不滿意 (0, 0, 30)	不滿意 (0, 30, 50)	普通 (30, 50, 80)	滿意 (50, 80, 100)	非常滿意 (80, 100, 100)
x1 (A 方案條件 1)		✓			
x2 (A 方案條件 2)				✓	
x3 (A 方案條件 3)			✓		

表 2-20 從某方案 or 某公司對象之滿意度，求平均綜效、DF

方案	甲專家之語意值	乙專家之語意值	平均綜合績效	重心法之公式
準則 x1	普通 (40, 60, 90)	不滿意 (0, 30, 50)	[(40, 60, 90) ⊕ (0, 30, 50)]/2＝(20, 45, 70)	績效 h(A1)＝45
準則 x2	滿意 (60, 90, 100)	滿意 (50, 80, 100)	[(60, 90, 100) ⊕ (50, 80, 100)]/2 ＝(55, 85, 100)	績效 h(A2)＝95
準則 x3	不滿意 (0, 40, 60)	普通 (30, 50, 80)	[(0, 40, 60) ⊕ (30, 50, 80)]/2＝(15, 45, 70)	績效 h(A3)＝44.3

由於每個準則的主觀感認值皆為三角模糊數，在方案綜合績效值 (synthetic performance value) 的運算上，有必要將模糊數轉換為一個明確的實數值，找出最佳解模糊化之績效值 (Best NondeFuzzifier Performance value, BNP)，此過程稱為解模糊化 (Defuzzification, DF)，又稱為語意-數值轉換 (linguistic-numeric transformation) (Delgado et al., 1997)。

將平均綜合績效值解模糊後，在 x1、x2、x3 可分別得到明確的績效值 $h(A_i)$ 或 BNP，分別為 45、95、43.33。

公式 $BNP = DF = \frac{(U_i - L_i) + (M_i - L_i)}{3} + L_i \approx \frac{U_i + M_i + L_i}{3}$

2.8.2 解模糊的方法

解模糊的方法有很多，其中，最廣為使用的有：區域中心法 (Center-oh-Area, COA) 來得到解模糊 (deFuzzifier value) 或最佳非模糊績效值 (Best NondeFuzzifier Performance, BNP)。例如，若以重心法 (Center-oh-gravity, COG) 求 BNP，則對模糊數 (L, M, U) 而言，其 BNP 定義如下：

$$BNP = DF = \frac{(U_i - L_i) + (M_i - L_i)}{3} + L_i \approx \frac{U_i + M_i + L_i}{3}, \forall i$$

就圖 2-26 兩人之評估綜整而言，(40, 60, 85) 其所對應之 BNP，即為 40＋[(85－40)＋(60－40)]/3＝61.67。

由於 HAHP 或 HDHP 均以語意變數來評分，不像一般的明確值能夠直接進行計算。因此要利用解模糊化的方式將模糊數和語意變數轉變為明確值。目前，解模糊的方法有很多，常見的解模糊化的方法包括：

(1) 重心法 (Center oh Gravity Method)

重心法即是找出三角型面積中心點之概念，將模糊數的面積中心點視為其代表值。若論域 U 為實數域中的有界集合，則 U 中的模糊集 $\tilde{A}:\mu_A(x)$ 的模糊數重心為：

$$DF = \frac{\int_U \mu_A(x) \times x dx}{\int_U \mu_A(x) dx}, \text{其中 } \int_U \mu_A(x) dx \neq 0$$

若 $U = [a,b]$ 時，則模糊數重心為：

$$DF = \frac{\int_a^b \mu_A(x) \times x dx}{\int_a^b \mu_A(x) dx}, \text{其中 } \int_a^b \mu_A(x) dx \neq 0$$

若 $U=\{x_1,x_2,\cdots,x_n\}\subset R$ 時，模糊數重心為

$$DF=\frac{\sum_{i=1}^{n}u_A(x_i)\times x_i}{\sum_{i=1}^{n}u_A(x_i)},\ 其中\ \sum_{i=1}^{n}u_A(x_i)\neq 0$$

當模糊數為三角模糊數時，則重心法 (BNP) 公式 $DF=\frac{\int_U \mu_A(x)\times xdx}{\int_U \mu_A(x)dx}$，可轉換成下列線性式公式：

$$DF=\frac{(M_i-L_i)+(U_i-L_i)}{3}+L_i\cong\frac{[L_i+M_i+U_i]}{3}+\frac{3\times L_i}{3}\cong\frac{L_i+M_i+U_i}{3},\forall i \quad (公式 2\text{-}5)$$

其中 DF_i：解模糊化值後的明確值

U_i：三角模糊數的最大值

M_i：三角模糊數的中間值

L_i：三角模糊數的最小值

重心法示意圖如下：

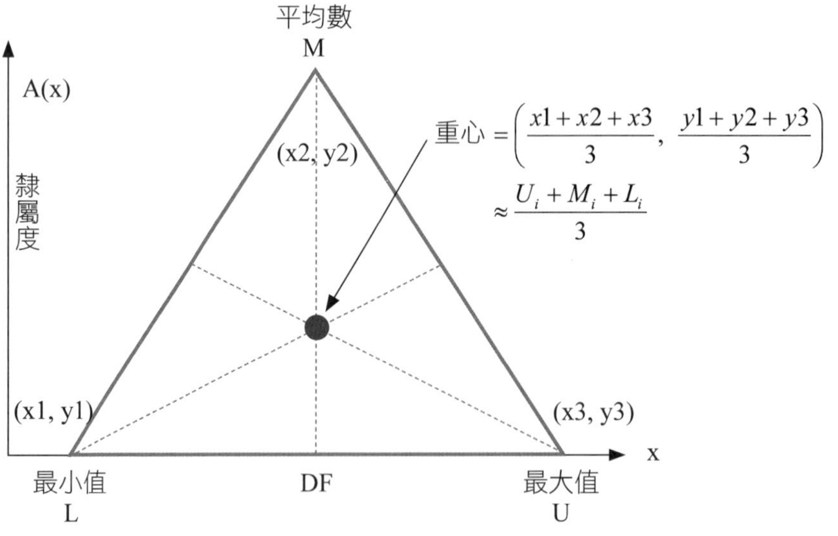

圖 2-26 三角型模糊數重心示意圖

(2) 最大平均法 (Mean of Maximum Method)

以模糊數的隸屬函數中最高隸屬度值的元素，做為此模糊數的明確值；若符合此條件的值不只一個，則取所有符合條件的值之平均值，以表示解模糊化的值。其表示式如下：

$$DF = \frac{1}{N}\sum_{i=1}^{N} x_i$$

實務上，解模糊化 (DF) 的用處，包括：(a) Fuzzy Delphi 第二層或第三層評估準則之解模糊化後，除了可知各準則的權重 W_i 外，準則的權重排序 (由大排到小)，再根據陡坡法「取捨」來定各準則是否要保留或刪除。(b) 分類用途：以成對比較矩陣 $A=[a_{ij}]$ 或模糊成對比較矩陣 $\tilde{A}=[\tilde{a}_{ij}]$ 所求出「特徵向量」所代表準則權重 W_i 的或準則權重 W_i，再依經驗法則來將「準則權重之重要性」分成若干群。(c) 候選對象/方案的選擇：根據模糊綜效誰是最大值，來判定誰是「最佳」搭擋。

(3) α-截集法 (α-cut method)

三角形模糊數 A 能切割為 t 個巢狀區間 (Nested intervals)，此切割動作稱為 α-截集 (α-cut)，使其切割為數個普通區間，故以 A^α 表示之，又 A^α 可以此式表示之 $A^\alpha = \{x \in X \mid f_A(x) \geq \alpha, 0 \leq \alpha \leq 1\} = [A_l^\alpha, A_u^\alpha]$，$A_l^\alpha$ 與 A_u^α 代表隸屬度為 α 之評估資料的下界 (Lower bound) 和上界 (Upper bound)。

α-cut 是一「區間」範圍，它利用門檻值的概念，將模糊集合轉變為明確集合的方法。對模糊集合 A 而言，若給定一實數值 α，$\alpha \in (0,1]$，則對模糊集合 A 取 α-cut 所形成的明確集合 $A_\alpha = \{x \mid \mu_A(x) \geq \alpha\}$，區間範圍為 $[A_L^\alpha, A_U^\alpha]$

其中，當 $\alpha \leq \mu_A(x) \leq 1$，$\alpha$ 稱為信心水準 (Confidence Level) 或稱為門檻值 (Threshold Value)，參見圖 2-27。當 α 值越大，表示置信標準或門檻值越高，則其所對應的區間值就越小；同理，當 α 值越小，表示置信標準或門檻值越低，則其所對應的區間值就越大。當 α 值等於 1 時，即成為單一的實數值。

定義：論域 U 中所有對集合 A 之隸屬度大於或等於 α 的元素所組成的集合，即為 A_α，稱為模糊集合 A 的 α-cut。

$$A^{\alpha} = \{x \mid \mu_A(x) \geq \alpha, x \in X\}, \alpha \in [0,1]$$
$$A^{\alpha} = [(M - L)\alpha + L, U - (U - M)\alpha]$$

例如，存在一個三角模糊數矩陣 $\tilde{A} = (\tilde{L}, \tilde{M}, \tilde{U})$，其 α-cut 示意圖，如圖 2-27 所示。若我們分別取 $\alpha = 0$ 及 $\alpha = 1$ 的截集，則可得決策者意見之最小值、中間值、最大值矩陣，如下形式：

$$A_L^0 = \begin{bmatrix} 1 & 0.965 & 0.908 \\ 1/1.028 & 1 & 0.872 \\ 1/0.23 & 1/0.925 & 1 \end{bmatrix}$$
$$A_M^1 = \begin{bmatrix} 1 & 1.099 & 1.023 \\ 1/1.099 & 1 & 0.925 \\ 1/0.23 & 1/0.925 & 1 \end{bmatrix}$$
$$A_U^0 = \begin{bmatrix} 1 & 1.028 & 0.996 \\ 1/0.919 & 1 & 1.053 \\ 1/0.908 & 1/0.872 & 1 \end{bmatrix}$$

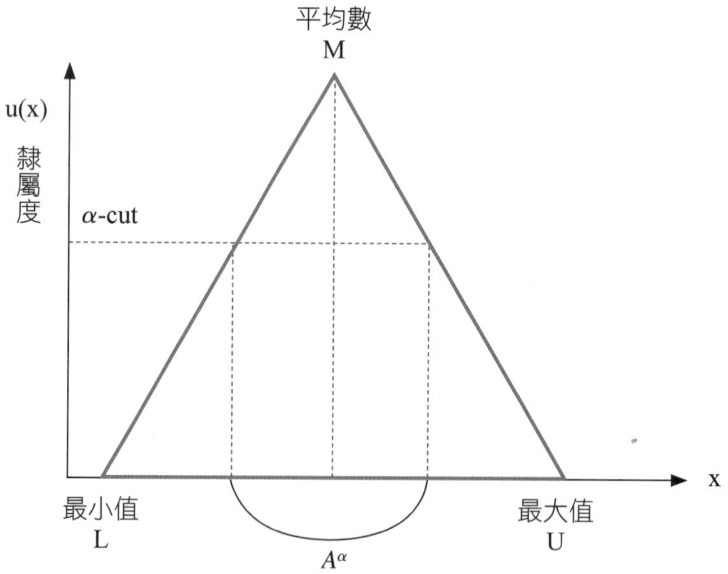

圖 2-27 α-cut 示意圖

α-cut 之模糊運算

根據 Zadeh (1965) 的擴展法則 (Extension principle) 與 Dong & Shah (1987) 之頂法 (Vertex method)，α-cut 的運算算則如下：

若 A > 0, B > 0 則設 A 與 B 為二個正三角形模糊數，$A^{\alpha}=[A_l^{\alpha}, A_u^{\alpha}]$，$B^{\alpha}=[B_l^{\alpha}, B_u^{\alpha}]$

變號：$-A^{\alpha}=[-A_u^{\alpha}, -A_l^{\alpha}]$

反運算：$(A^{-1})^{\alpha}=[(A_u^{\alpha})^{-1}, (A_l^{\alpha})^{-1}]$

加法：$(A\oplus B)^{\alpha}=[A_l^{\alpha}+B_l^{\alpha}, A_u^{\alpha}+B_u^{\alpha}]$

$(k+A)^{\alpha}=[k+A_l^{\alpha}, k+A_u^{\alpha}], k\in\Re$

減法：$(A\ominus B)^{\alpha}=[A_l^{\alpha}-B_u^{\alpha}, A_u^{\alpha}-B_l^{\alpha}]$

$(k-A)^{\alpha}=[k-A_l^{\alpha}, k-A_u^{\alpha}], k\in\Re$

乘法：$(A\odot B)^{\alpha}=[A_l^{\alpha}B_l^{\alpha}, A_u^{\alpha}B_u^{\alpha}]$

$(kA)^{\alpha}=[kA_l^{\alpha}, kA_u^{\alpha}], k\in\Re, k>0$

除法：$(A\varnothing B)^{\alpha}=[A_l^{\alpha}/B_u^{\alpha}, A_u^{\alpha}/B_l^{\alpha}]$

(4) 中心平均解模糊化法 (Center Average Defuzzy)

若論域 U 為實數域中的有界集合，U 上存在兩個三角模糊子集 $\tilde{A}$ 與 $\tilde{B}$ 則，中心平均解模糊化法公式如下：

$$DF=\frac{\sum_{i=1}^{N}\bar{x}^i w^i}{\sum_{i=1}^{N} w^i}$$

其中，$\bar{x}^i$ 表第 i 個模糊數的中心值。中心平均解模糊化法示意圖如下所示：

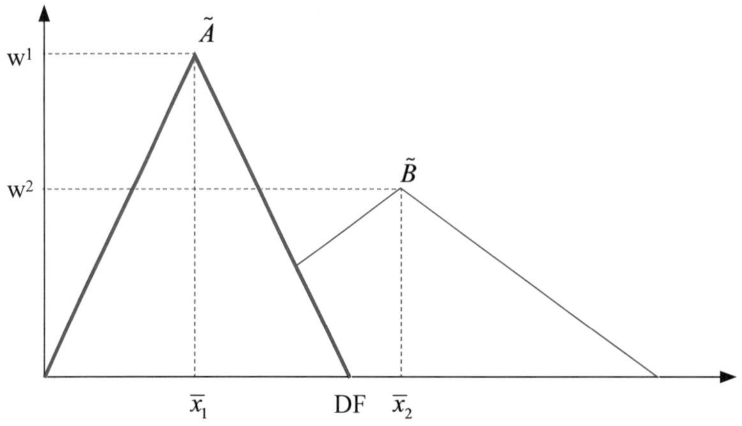

圖 2-28 中心平均解模糊化法示意圖

(5) 模糊數積分之排序

設 $A_1, A_2, A_3, \cdots, A_n$ 為 n 個模糊數，其左與右隸屬函數分別以 $f_{Ai}{}^{L}$ 和 $f_{Ai}{}^{R}$ 表示之，則設其反函數為 $g_{Ai}{}^{L}$ 和 $g_{Ai}{}^{R}$，再者，模糊數之左積分與右積分以 $I^L(A_i)$ 和 $I^R(A_i)$ 表示之，所以其數學式為：

$$I^L(A_i) = \int_0^1 g_{Ai}{}^{L}(y)d_y, y \in [0,1] \quad (1)$$

$$I^R(A_i) = \int_0^1 g_{Ai}{}^{R}(y)d_y, y \in [0,1] \quad (2)$$

令 $\alpha_i \in [0, 1], i = 0,1,\cdots,k$，且 $0 \le \alpha_0 < \alpha_1 \cdots < \alpha_j < \cdots < \alpha_k = 1$

故模糊數之左積分與右積分可以下列數學式表示：

$$I^L(A_i) = \frac{1}{2}\lim_{1 \to k}\left\{\sum[g_{Ai}{}^{L}(\alpha_j) + g_{Ai}{}^{L}(\alpha_{j-1})]\Delta\alpha_j\right\} \quad (3)$$

$$I^L(A_i) = \frac{1}{2}\lim_{1 \to k}\left\{\sum[g_{Ai}{}^{L}(\alpha_j) + g_{Ai}{}^{L}(\alpha_{j-1})]\Delta\alpha_j\right\} \quad (4)$$

其中 $\Delta\alpha_j = \alpha_j - \alpha_{j-1}$

又模糊數之排序值以 $R(A_i)$ 表示之，則 $R(A_i)$ 為：$R(A_i) = I^R(A_i) + I^L(A_i)$

故排序值大小為：當 $A_i > A_j \Leftrightarrow R(A_i) > R(A_j)$

$A_i < A_j \Leftrightarrow R(A_i) < R(A_j)$

$A_i = A_j \Leftrightarrow R(A_i) = R(A_j)$

因此，此種模糊數之排序即可有效執行模糊資金成本之大小。

2.9 模糊測度與模糊積分

模糊積分 (Fuzzy Integration) 是以「模糊測度」為基礎的一種綜合評估方法，且模糊積分並不需要假設評估構面間相互獨立，在量測方面只要符合單調性就可使用 (Lee et al., 2000)，主要應用於處理主觀價值判斷的評估問題。

在模糊多屬性決策問題中，如果各評估準則之間具備相互獨立性關係時，一般係以模糊簡單加權法總計各準則權重與對應各方案之績效評分，而導出綜效值 (synthesize) 並進行各方案之優勢排序。

由於不同受訪者對於個別方案在每個準則所感認的的服務品質並不相同，因此必須將所有受訪者的偏好加以綜整 (synthesize)。假設 m 位受訪者填答問卷，則就每一位準則而言皆有 m 個主觀感認值；而其綜整方式係將 m 個模糊集合相加後，再除以 m，以獲取在每一個準則下之平均感認值。

舉例來說，假設有甲乙二位專家對於「某方案 or 某遴選對象」在準則 x 的重視程度，分別為「普通」與「滿意」。若甲的語義變數「普通」為 (35, 50, 80)；而乙的語義變數「滿意」為 (45, 70, 90)，則整合兩者分數得之平均滿意度為 $(\frac{30+40}{2}, \frac{50+70}{2}, \frac{80+90}{2}) = (40, 60, 85)$，如圖 2-29 所示。

Sugeno (1974) 首先將模糊集合理論及 Choquet 測度的概念，導入傳統的 Lebesgue 積分，推導出模糊測度與模糊積分。在一般多準則評估的研究中，當同時考慮多個構面的評估問題時，必須事先假設評估構面之間彼此獨立，並採用加法性的方法以作為評估的基礎 (Chiou, Tzeng, & Cheng, 2005)。然而在現實環境中，每個評估構面間多多少少都有關聯性存在，並不符合加法性的假設。因此，有人將利用模糊測度來處理各評估準則的關聯性，並以模糊積分計算評估值的結果，以提高整體績效評估之評估結果的正確性。

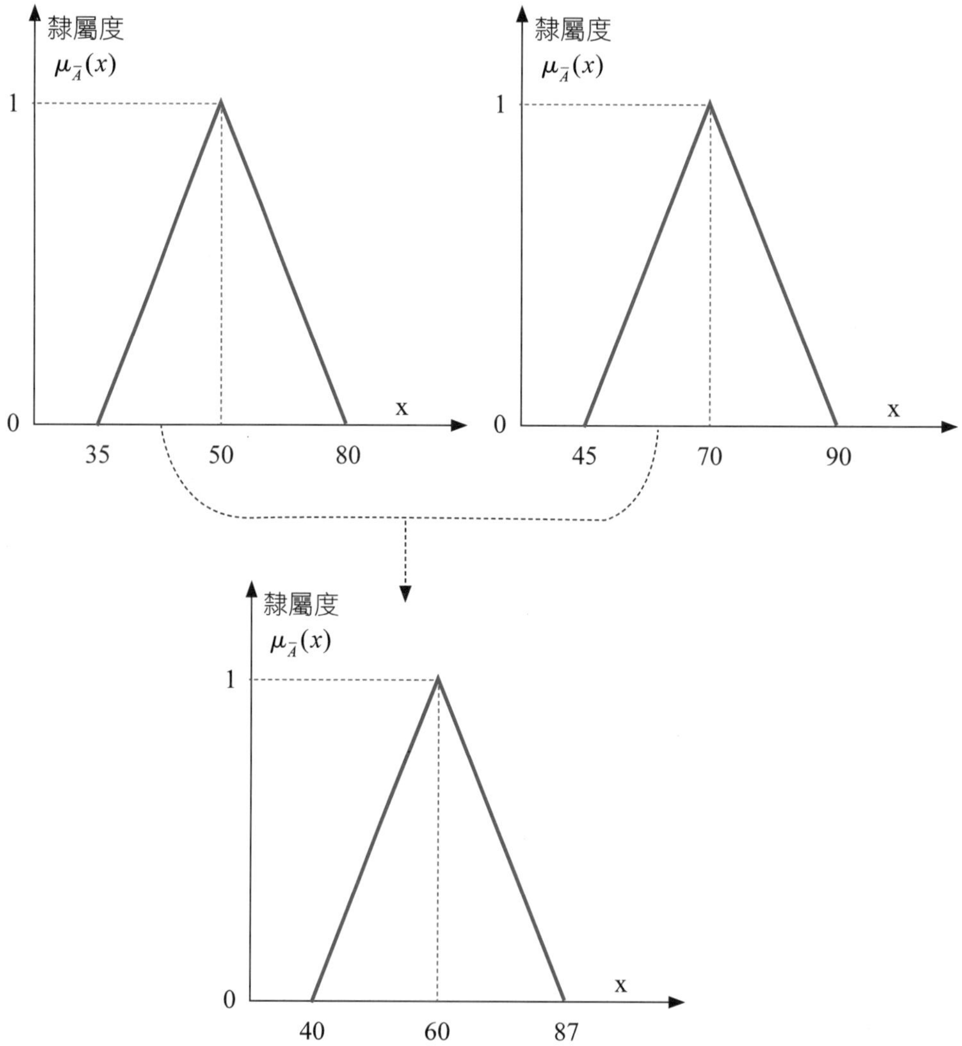

圖 2-29 兩人語義變數之評估綜整示意圖

2.9.1 模糊測度

衡量有多少證據來判斷待測對象歸屬到可能之明確集合的程度稱為模糊性量度，或稱為模糊測度；例如「觀察某人，認為此人是屬於老年人的程度為何？」即為模糊測度之應用。模糊測度可用以反應在某一屬性集合屬性之間存在交互作用，並以模糊測度值代表此一屬性集合對問題的相對重要程度；基於此一特性，模糊測度需與「模糊積分」結合以計算方案的綜合績效值。

假設 $X=\{x_1,x_2,\cdots,x_n\}$ 為有限集合，且 P(X) 為 X 的冪集合 (power set) 時，則稱 (X, P(X)) 為一可衡量空間 (measurable space)。若一非加法型集合函數 (non-additive set function) g: P(X) → [0, 1] 滿足以下性質時，則稱 g 為一模糊測度 (Sugeno, 1974)：

1. $g(\phi)=0$, $g(X)=1$ (邊界條件);
2. For any R, S $\in$ P(X), if R $\subset$ S, then g(R) $\leq$ g(S) (單調性).
3. For every sequence of subsets of X, if either $R_1 \subseteq R_2 \subseteq L$ or $R_1 \supseteq R_2 \supseteq L$, then
$\lim_{i\to\infty} g(R_i)=g(\lim_{i\to\infty} R_i)$ (連續性)

模糊測度的原理，係將一般對於事務衡量基礎的機率理論轉換成可能性理論，並將評估準則間的相關性列入考慮，是一種具有非加法性的評估方法。當模糊測度應用於決策問題時，候選集合代表評估準則，模糊測度即為評估準則之權重值。

當集合 $X=\{x_1,x_2,\cdots,x_n\}$ 為評估準則的集合，而 X 為評估準則的集合，若假設函數 g 為，g: →[0,1]。若函數 g 滿足下列 (1)、(2) 性質，則函數 g 可稱為模糊測度。

$$g(\phi)=0,\ g(X)=1 \tag{1}$$

若 $A, B \in 2^x$ 且 $A \leq B$，則 $g(A) \leq g(B)$ (2)

概括來說，常 的模糊測度有三類 (Ishii & Sugeno, 1985)：

(1) 機率測度 (probability measure)

若 $A,B\in 2^x$ 且 $A\cap B=\varphi$, 則 $g(A\cup B)=g(A)+g(B)$ (3)

(2) F-加法性測度 (F-additive measure)

若 $A,B\in 2^X$ 則 $g(A\cup B)=\max\{g(A),g(B)\}$ (4)

(3) λ-模糊測度 (λ-measure)

若 $A,B\in 2^X$ 且 $A\cap B=\varphi$，則 $g(A\bigcup B)=g(A)+g(B)+\lambda g(A)g(B)$ (5)

而 $\lambda \in [-1,\infty]$，當 $\lambda = 0$ 之模糊測度就是機率測度。在 λ 測度公式中，$g_\lambda(A \cup B)$ 與 $g_\lambda(A) + g_\lambda(B)$ 之間的大小關係有下列三種情況：

當 $\lambda > 0$ 時，$g_\lambda(A \cup B) \geq g_\lambda(A) + g_\lambda(B)$ 相乘效應 (6)

當 $\lambda < 0$ 時，$g_\lambda(A \cup B) \leq g_\lambda(A) + g_\lambda(B)$ 替代效應 (7)

當 $\lambda = 0$ 時，$g_\lambda(A \cup B) = g_\lambda(A) + g_\lambda(B)$ 相加效應 (8)

情況 (6) 表示 A 與 B 之間有相互關係存在，且呈現相乘效應；

情況 (7) 表示 A 與 B 之間有互相作用的關係存在，且呈現替代效應；

情況 (8) 表示 A 與 B 之間有簡單加法性 (相加效應)，且呈現獨立狀態。

若 $X = \{x^1, x^2, \cdots, x^n\}$ 為有限集合，且各變數 X^i 的 λ 測度 g^i，則 g^i 可以寫成 (9) 式：

$$g_1\left(\{x_1, x_2, \cdots, x_n\}\right) = \sum_{i=1}^{n-1} g_i + \lambda \sum_{i1=1}^{n-1} \sum_{i2=1}^{n} g_{i1} g_{i2} + \cdots + \lambda^{n-1} g_1 g_2, \cdots, g_n =$$

$$\frac{1}{\lambda}\left|\prod_{i=1}^{n}(1+\lambda g_i) - 1\right|, \lambda \in [-1,\infty) \tag{9}$$

當 g(X)＝1 時，可計算 λ 值如下：$\lambda + 1 = \prod_{i=1}^{n}(1+\lambda g_i)$ (10)

「λ-measure」之解說

對於一般決策問題而言，由於準則個數有限，因此連續性通常可省略而不予討論。在模糊測度的性質中可以看到加法型測度的加法性 (additivity) 被單調性所取代，這表示模糊測度的單調性考慮了屬性之間可能存在的關聯性 (Chen, Chang, and Tzeng, 2002)。

設 $E_j = \{x_j, x_{j+1}, \cdots, x_n\}\ (1 \leq j \leq n)$，則 $g(X_j)$ 可用以反應出 E_j 的屬性之間存在著交互作用，以及 E_j 對問題的重要程度。

因此 g 又可稱為重要性測度。而 $g(X_j)$ 又稱為模糊密度，另以 g_j 表示之。

由於模糊測度的非加法型特性，因此通常與模糊積分結合以獲得方案之綜合績效值。而在眾多模糊測度中，由於「λ-measure」(λ-模糊測度) 在定義上僅需受訪者給予模糊密度值，因此在使用上有其方便性 (Wang, Wang, and Klir, 1998)，在填答上較不會造成受訪者的負擔，因此通常使用「λ-measure」於模

糊積分之計算 (Kuncheva, 2000; Wang, Wang, and Klir, 1998)。對任意的 R 與 S∈P(X)，且 R∩S＝ϕ，則當 g 滿足以下性質時則稱 g 為一「λ-measure」：

$$g(R \cup S) = g(R) + g(S) + \lambda g(R) g(S), \lambda \in (-1, \infty)$$

λ 反應了 R 與S 之間是否存在著交互作用，當 λ> 0 時則代表兩者間具相乘效應 (multiplicative effect)，亦即 g (R∪S) > g (R)＋g(S)。

當 λ < 0 時則代表兩者間具替代效應 (substitutive effect)，g (R∪S) < g (R)＋g(S)。但當 λ＝0 時則代表 R 與 S 之間有相加效應 (additive effect)，亦即兩者是相互獨立的，無交互作用，此時 g (R∪S)＝g (R)＋g (S) 成立。

任何在 P(X) 中的子集合，其「λ-measure 值」可由模糊密度值來決定。

例如 g (R) 可由 $g_1, g_2, g_3, \cdots, g_n$ 與 λ 決定如下：

下：

$$g(R) = (1/\lambda)[\prod_{x_i \in R} (1 + \lambda \times g_i) - 1] = 1$$

至於 λ 值的獲取，則可使用牛頓法 (Newton Method)，就邊界條件 g(X)＝1 來求解 (Tahani and Keller, 1990)。

範例：λ < 0，替代效應

表 2-21 「某 A 方案」在三種屬性相對重要程度

屬性	相對重要程度 g(X)
x1	0.4
x2	0.8
x3	0.6

以表 2-21 所示，x1、x2、x3 的相對重要程度分別為 g1＝0.4、g2＝0.8、g3＝0.6。

因 g(X)＝g({x1 , x2 , x3})＝1，代入公式：

$$\lambda + 1 = \prod_{i=1}^{n} (1 + \lambda g_i) = (1 + 0.4\lambda) \times (1 + 0.8\lambda) \times (1 + 0.6\lambda)$$

得 λ 為 −0.928。由於 $\lambda < 0$ 故 x1、x2 與 x3 之間有替代效應；這表示若某一方案欲提升其「整體」績效值，則僅需針對部分較關鍵的屬性改善其績效。由於 x2 有較高的重要程度，因此需特別加強在x2 的績效表現。

至於 g({x1, x2}), g({x2, x3}) 與 g({x1, x3}) 則可由 g1、g2、g3 與 λ 分別求取如下：

$$g(\{x_1, x_2\}) = g_1 + g_2 + \lambda g_1 g_2 = 0.4 + 0.8 + (-0.928*0.4*0.8) = 0.90304$$
$$g(\{x_1, x_3\}) = g_1 + g_3 + \lambda g_1 g_3 = 0.777$$
$$g(\{x_2, x_3\}) = g_2 + g_3 + \lambda g_2 g_3 = 0.955$$

範例：λ > 0，相乘效應

表 2-22 「某 B 方案」在三種屬性相對重要程度

屬性	相對重要程度 g(X)
x1	0.3
x2	0.1
x3	0.2

如表 2-22 所示，若 x1, x2, x3 的相對重要程度分別為 g1＝0.3, g2＝0.1, g3＝0.2，由 g(X)＝g({x1, x2, x3})＝1。

$$\lambda + 1 = \prod_{i=1}^{n}(1 + \lambda g_i) = (1 + 0.3\lambda) \times (1 + 0.1\lambda) \times (1 + 0.2\lambda)$$

求得 λ＝0.667。由於 $\lambda > 0$，故 x1 , x2 , x3 有相乘效應，這表示若某一子集欲提升其整體績效值，則必須同時加強在 x1, x2, x3 的績效表現。而 g({x1, x2})、, g({x_2, x_3}) 與 g({x1, x3}) 可由 g1、g2、g3 唯一決定如下：

$$g(\{x_1, x_2\}) = g_1 + g_2 + \lambda g_1 g_2 = 0.3 + 0.1 + (0.667 \times 0.1 \times 0.1) = 0.420$$
$$g(\{x_1, x_3\}) = g_1 + g_3 + \lambda g_1 g_3 = 0.540$$
$$g(\{x_2, x_3\}) = g_2 + g_3 + \lambda g_2 g_3 = 0.313$$

2.9.2 模糊積分

模糊積分是以模糊測度為基礎的一種綜合評估方法，且模糊積分並不需要假設評估構面間相互獨立，在量測方面只要符合單調性就可使用 (Lee et al., 2000)。主要應用於處理主觀價值判斷的評估問題。

傳統的加權平均法，假設屬性間並無交互作用，但在許多的應用問題上此一假設並不合理 (Wang et al. ,1998)；因此在計算方案的綜合績效值上，可使用非加法型模糊積分。模糊積分考慮屬性間有交互作用 (Chen et al., 2002)，而 Choquet 積分 (Murofushi & Sugeno, 1991, 1993) 是其中經常被使用的非線性方法。

Choquet 模糊積分之定義

假設 h 為一定義在 X 的非負實數值可衡量函數 (nonnegative real-valued measurable function) 且 h: X → [0, 1]，i = 1, 2,⋯, n，且 $h(x_j)$ 代表在 x_j 的績效值。在計算 Choquet 積分時，要先將原始的 $x_1, x_2, \cdots, x_n$ 重新編號 (由小到大排序)，亦即擁有 $Max\{h(x_j) | j = 1, 2, \cdots, n\}$ 的元素是為 x_n，使得該數列是由小到排序過數列，即 $h(x^1) \geq h(x^2) \geq \cdots \geq h(x^n)$。

若 g 為一模糊測度(代表「各準則重要性的權重」)，h 為「各準則的績效」，則 h 對於 g 的 Choquet 積分以符號「$(c)\int hdg$」表示，並定義如下：

$$(c)\int hdg = \sum_{i=1}^{n} [h(x_i) - h(x_{i-1})] \cdot g(E_i)$$

$$\begin{aligned}(c)\int hdg &= h(x_n)g(H_n) + \left[h(x_{n-1}) - h(x_n)\right]g(H_{n-1}) + \cdots + \left[h(x_1) - h(x_2)\right]g(H_1) \\ &= h(x_n)\left[g(H_n) - g(H_{n-1})\right] + h(x_{n-1})\left[g(H_{n-1}) - g(H_{n-2})\right] + \cdots + h(x_1)g(H_1)\end{aligned}$$

其中 $h(x_0) = 0$

上面公式之示意圖如圖 2-30 所示，旨在求取 Choquet 積分即為計算「實粗線」下之面積。

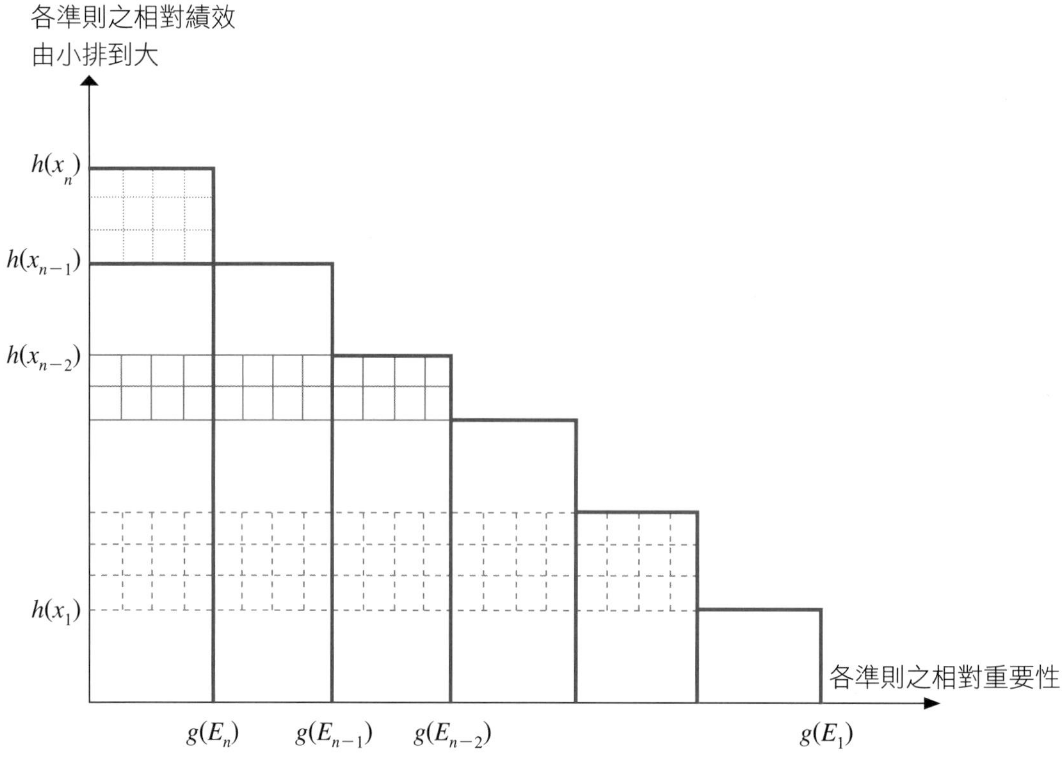

圖 2-30 Choquet 積分示意圖

2.9.3 模糊積分應用在 FAHP 方案的選擇

模糊積分應用在 FAHP (Fuzzy AHP) 方案的選擇，其示意圖如下圖所示：

1. 以腦力激盪／文獻歸納，條列所有可用之次準則。
2. 第一階段做所有「次準則」Likert 量表 (1~5 計分方式) 的施測，問卷回收的數據，進行因素分析 (factor analysis)，根據區別效度及收斂效度兩個法則來「篩選」具有重要性的「次準則」。
3. 第二階段做績效綜合，先測專家自認「語意變數」(1~100 分) 模糊值的 range (即 $\tilde{1}, \tilde{2}, \tilde{3}, \tilde{4}, \tilde{5}$ 三角模糊值)，接著，再測專家對「第一方案」重要性的評估 (從 1「非常不重要」至 5「非常重要」)，直到完成第「第二方案」重要性…「第 n 方案」所有積效。最後，以 Choquet 積分法則，來綜整「權重 g(x)」及「績效 h(x)」兩者相乘之綜合績效。

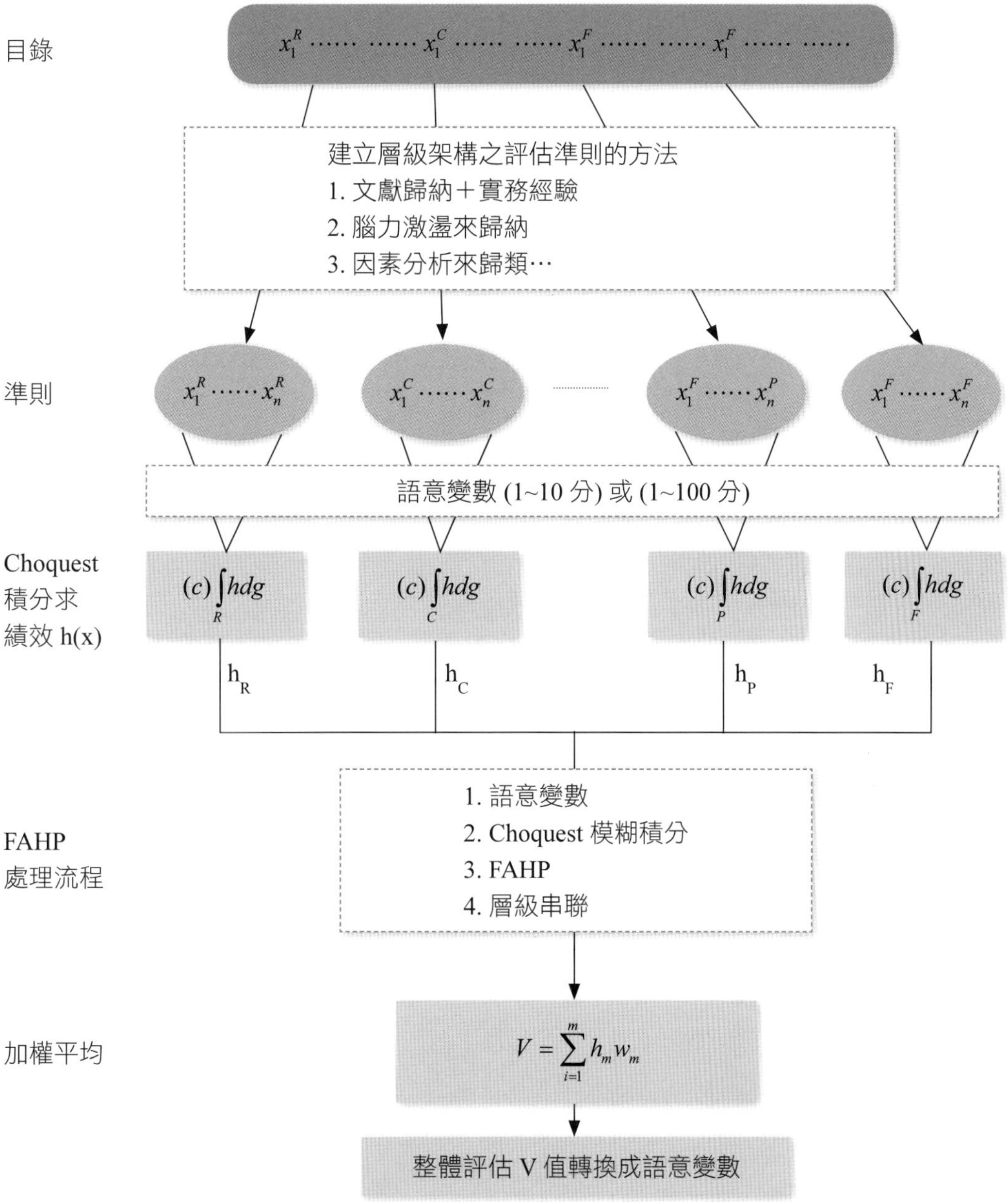

圖 2-31 模糊多準則決策之模式

2.10 層級的串聯

2.10.1 「主準則層-次準則層」的權重串聯

層級串聯乃是一整體層級串聯成功因素權重大小之相對重要性之排序結果，同時藉由層級串聯公式，表 2-23「影響台灣設置風力發電的各種重要因子」來說，假設第二層及第三層準則的權重如表所示，那麼以第二層「主因素權重值」乘以第三層「次指標不同權重值」，其所得到值即是全部串聯因素權重值。

表 2-23 影響風力發電的相關因素及其權重

目標	主構面	主權重	次準則	次權重	串聯後權重	串聯權重排名
第一層	第二層		第三層		權重相乘	
所有影響風力發電的種種重要因子來評估台灣離岸風力發電之設置	氣象與海象	0.15	颱風	0.55	0.0601	5
			雷雨	0.13	0.0140	13
			氣溫	0.23	0.0247	10
			潮汐	0.10	0.0107	15
	地質與地形	0.52	風能	0.57	0.3271	1
			地質	0.07	0.0387	9
			地形	0.13	0.0773	4
			地震	0.23	0.1337	2
	位置與規模	0.22	海水深度	0.17	0.0390	8
			離海岸的距離	0.21	0.0501	6
			風力場發展規模	0.10	0.0237	11
			土地利用	0.51	0.1197	3
	人為與生態保護	0.09	航行活動	0.19	0.0159	12
			飛航安全	0.54	0.0446	7
			生態保護	0.15	0.0123	14
			漁業資源	0.10	0.0082	16

由上表之權重大小，可知，「風能」為第一重要的因素，其次是「地質與地形」中「地震」第三重要是為「位置與規模」中的「土地利用」，由此可見「風能」和「地震」分居第一及第二的結果看來，充分利用台灣優越的地理位置，對於離岸風力發電機的設置有顯著的成效。

2.10.2 「方案層-準則層」的串聯

一、「方案層-準則層」層級串聯的公式

概括來說，AHP 或 FAHP 分析過程可分二大階段：

第一階段：將成對比較量表所得 (或 $[a_{ij}]_{n\times n}$) 矩陣，代入「AW＝λW」(或 $[\tilde{a}_{ij}]_{n\times n}$)，以求得 AHP 架構圖中各準則的權重 W_i (或 $\tilde{A}\tilde{W}=\tilde{\lambda}\tilde{W}$)。若是 Fuzzy AHP 演算法所求出代表「權重 $\tilde{W}_i$」模糊特徵向量，再做「解模糊化 DF」，就可得到權重 W_i。一般而言，AHP 層級圖常見的權重 W_i，有下面兩個圖所示之兩種形式：正規化權重、非正規化權重。

第二階段：「方案層-準則層」的串聯，求某方案「綜合績效」。「綜合績效」的算法，可分下列 AHP 及 fuzzy AHP 兩種算法。

層級串聯則著重在第二階段「方案層-準則層」的計算，其公式分下列二步驟：

Step 1：層級串聯

$$\tilde{U}_i=\sum_{j=1}^{n}\tilde{w}_i\times\tilde{r}_{ij}$$

其中，$\tilde{U}_i$：可選擇替代方案之模糊權重值

$\tilde{w}_i$：決策要素之模糊權重值

$\tilde{r}_{ij}$：可選擇替代方案 Ai 相對於決策準則 Ci 之績效值

Step 2：模糊排序

經由「Step 1」所得之模糊數 $\tilde{U}_i$，利用 α-cut 工具來做模糊排序方法 (圖 2-32)，即可比較模糊數大小 (Buckley & Chanas, 1989)，進而求出最佳方案。

$$\tilde{M}_{1\alpha}=[a_1,b_1],\ \tilde{M}_{2\alpha}=[a_2,b_2]$$

$$\tilde{M}_1\ (>)\ \tilde{M}_2,\ \text{at}\ \alpha\text{-level iff a1} > \text{b2}$$

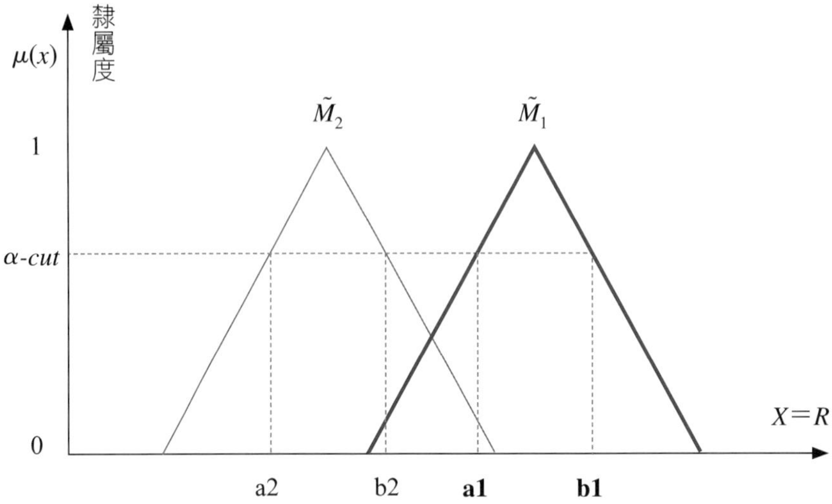

圖 2-32 比較模糊數大小

二、傳統AHP「方案層-準則層」的串聯

「方案層-準則層」的串聯，就是計算N個專家，對某一方案的平均績效 h(x) 乘上各準則權重 g(X)，「h(x)×g(x)」所得值就是綜合績效。以圖 2-33 示意圖來說，從此圖的數據之計算結果，就是典型「方案層-準則層」的串聯。

先求「方案 1」綜合績效，再求「方案 2」⋯「方案 n」綜合績效。最後，挑最大綜合績效的方案，就是最佳方案。

三、Fuzzy AHP「方案層-準則層」的串聯

Fuzzy 量表在量測專家對某方案的意見時，問卷係先測專家自認「Fuzzy 程度」這種「不等距」1~100「語意變數」Range (即 $\tilde{1}, \tilde{2}, \tilde{3}, \tilde{4}, \tilde{5}$ 三角模糊值) 之後，再詢問專家對某一方案「1~5 分」重視程度。這些三角模糊數的平均數 (績效 h(x))，與「次準則權重 (g(x))」兩者做 Choquet 積分，就可求出主準則「綜合績效」。

Fuzzy AHP「方案層-準則層」的串聯，其示意圖如圖 2-34 所示。串聯的步驟如下：

1. 依序對「方案 1」做「Step 1-1」、「Step 1-2」、「Step 1-3」層級串聯，以獲得「方案 1」綜合績效。

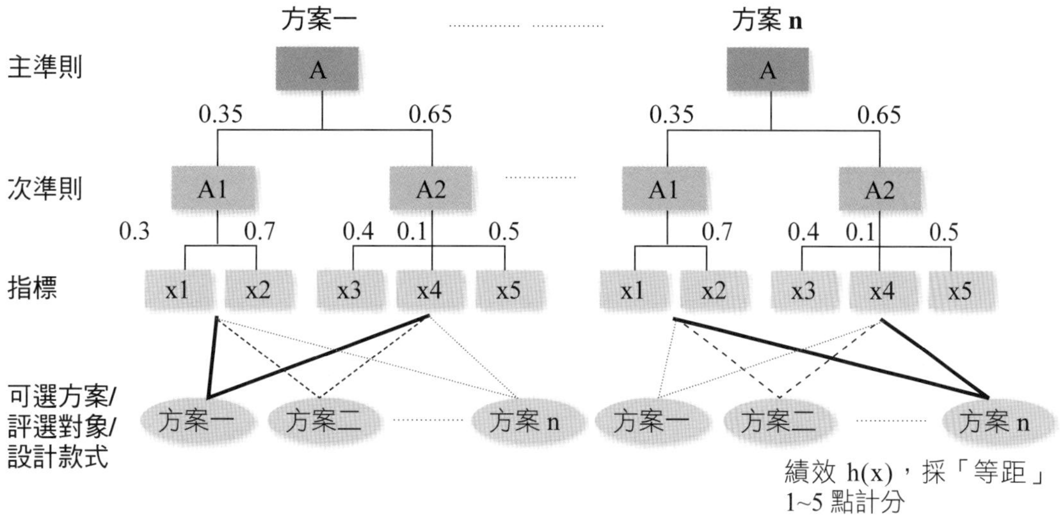

N 個專家對某方案評估值之平均數	假設 x1＝2.3, x2＝3.4, x3＝4.7, x4＝2.8, x5＝3.1	……
績效 h(x)	績效 h(A1)＝2.3×0.3＋3.4×0.7＝3.07 績效 h(A2)＝4.7×0.4＋2.8×0.1＋3.1×0.5＝3.71 所以 h(A)＝3.07×0.35＋3.71×0.65＝3.486	……

圖 2-33 AHP 層級串聯之示意圖

2. 依序對「方案 2」做「Step 2-1」、「Step 2-2」、「Step 2-3」層級串聯，以獲得「方案 2」綜合績效。如此，一直下去，求「方案 3」…等綜合績效
3. 最後對「方案 n」做「Step n-1」、「Step n-2」、「Step n-3」層級串聯，以獲得「方案 n」綜合績效。
4. 若對所有候選的「方案綜合績效」由大至小排序，挑選「最大」綜合績效之方案，它就是最佳的決策方案。

由於，每個方案都是做 3 次「串聯」，故 n 個方案就須做「3n」次串聯。

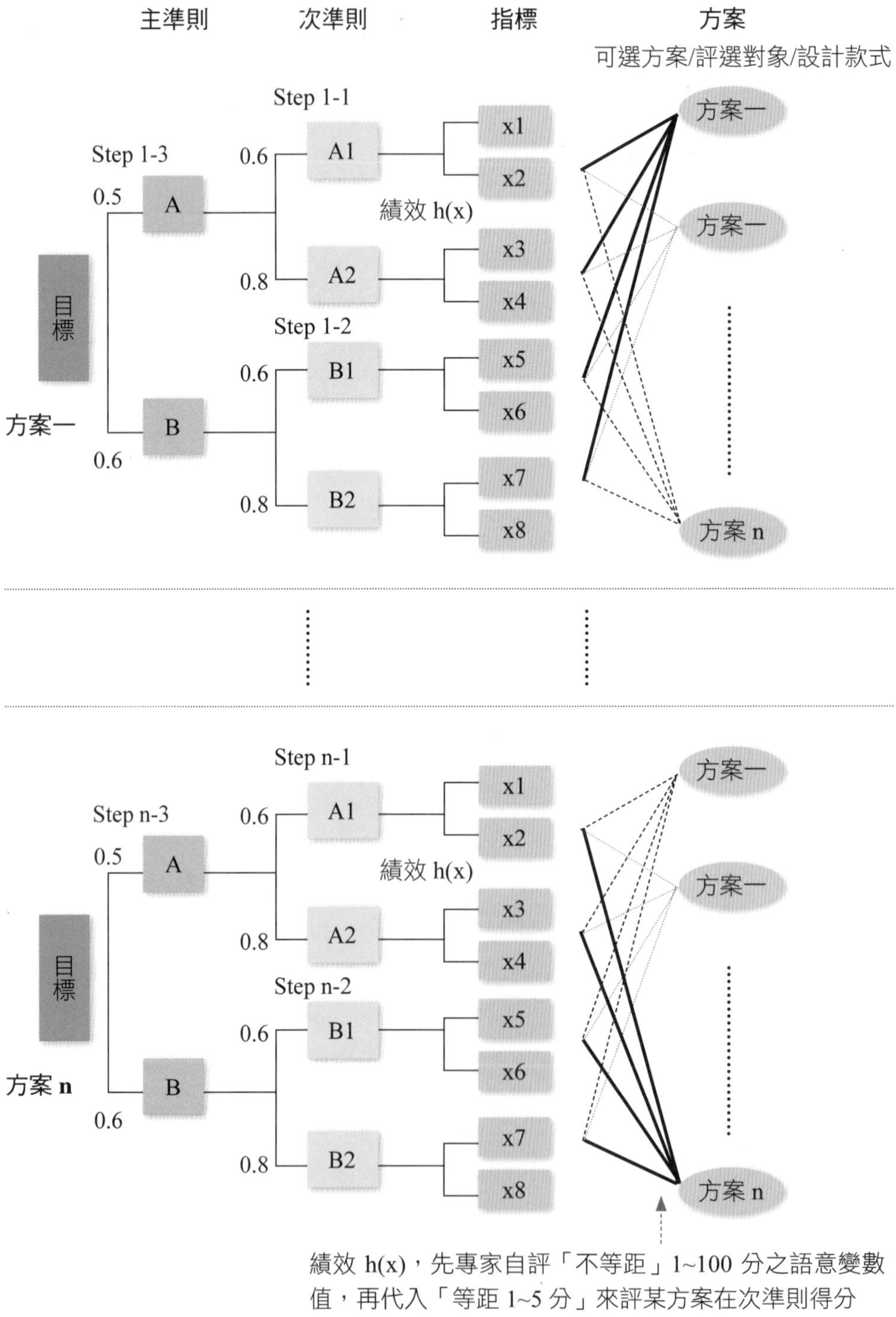

圖 2-34 Fuzzy AHP 層級串聯之示意圖

2.10.3 應用模糊積分求綜合績效

圖 2-35 為一層級分析之架構圖，假設有 A1 與 A2 二個構面，以及 x1、x2、x3、x4 等四個屬性，且每個構面及準則的相對重要程度如表 2-24 所示：

若假設「某方案」在 x1，x2，x3，x4 所得到的績效值分別為 h(x1)＝65、h(x2)＝70、h(x3)＝80 與 h(x4)＝30。由表 2-24 可得對應於 x1 與 x2 的 λ 為 －0.625；對應於 x3 與 x4 的 λ 為 －0.833；而對應於 A1 與 A2 的 λ 為 －0.333。

此方案在 A1 的績效值 h(A1)，可經由 Choquet 積分整合 x1 與 x2 的績效值而來。由於 h(x2) > h(x1)，因此 x1 與 x2 之順序不需重新設定。如圖 2-36 算法，可得 h(A1)＝69。其次計算方案在 A2 的績效值 h(A2)，而 h(A2) 可經由 Choquet 積分整合 x3 與 x4 的績效值而來；由於 h(x3) > h(x4)，因此將 x3 與 x4 分別重新設定為 x2 與 x1。如圖 2-37 算法，可得 h(A2)＝60。

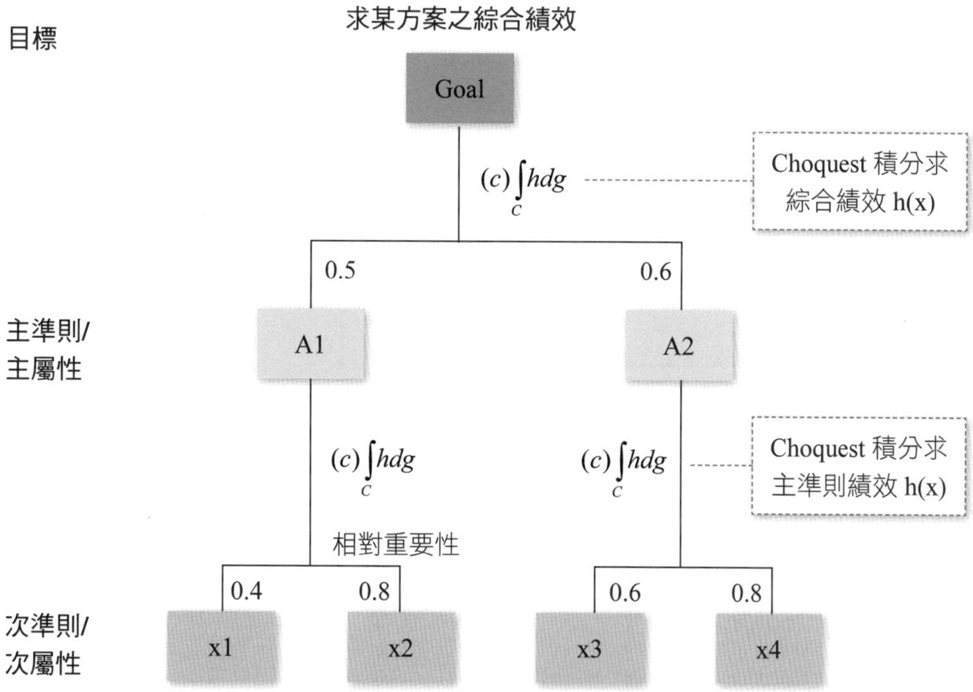

圖 2-35 某層級架構圖

表 2-24 由相對重要性求得 h(x), λ, g(x), h(A), h(Goal)

主準則重要性 g_i	次準則重要性 g(X)	λ-measure	某方案績效 h(X)	主準則之績效 h(A)	λ	綜合績效 h(Goal)
公式				Choquet 積分		Choquet 積分
主準則 g(A_1) 之 g_1=0.5	x_1=0.4	λ=−0.625 替代效應	h(x1)=65	69	−0.33	64.5
	x_2=<u>0.8</u>		h(x2)=**<u>70</u>**			
主準則g(A_2 之 g_2=0.6	x_3=<u>0.6</u>	λ=−0.625 替代效應	h(x3)=**<u>80</u>**	60		
	x_4=0.8		h(x4)=30			

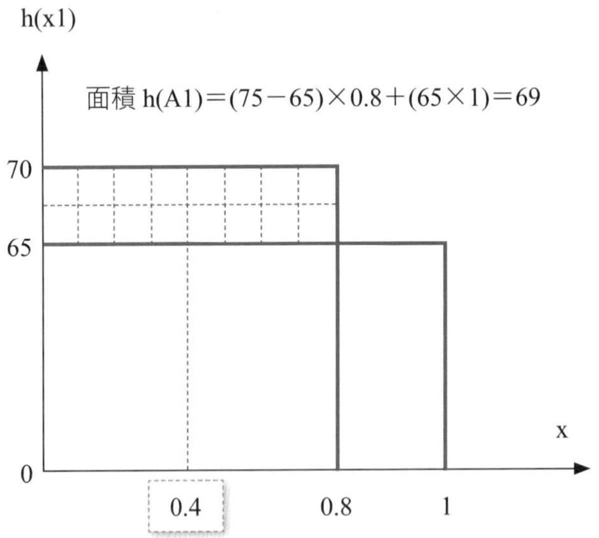

圖 2-36 本範例之 h(A1) Choquet 積分所求面積示意圖

由 g(A1)、g(A2)、h(A1) 與 h(A2) 即可獲得「此方案」綜合績效值 h(Goal)，如圖 2-38 所示。

以 Choquet 積分求得，h(Goal)=(69−60)×0.5+(60×1)=64.5

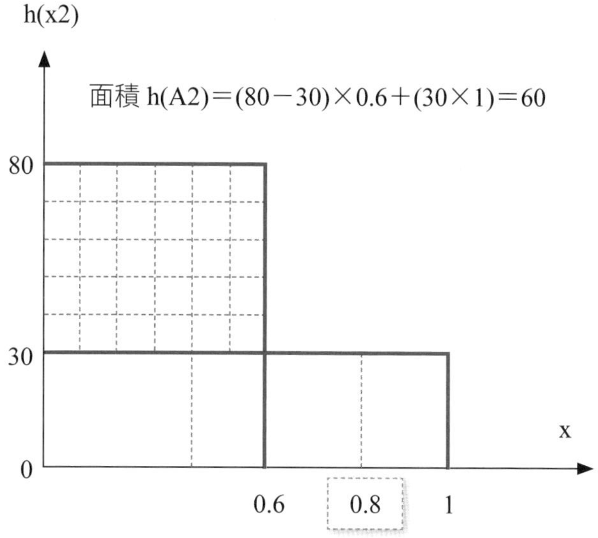

圖 2-37 本範例之 h(A2) Choquet 積分所求面積示意圖

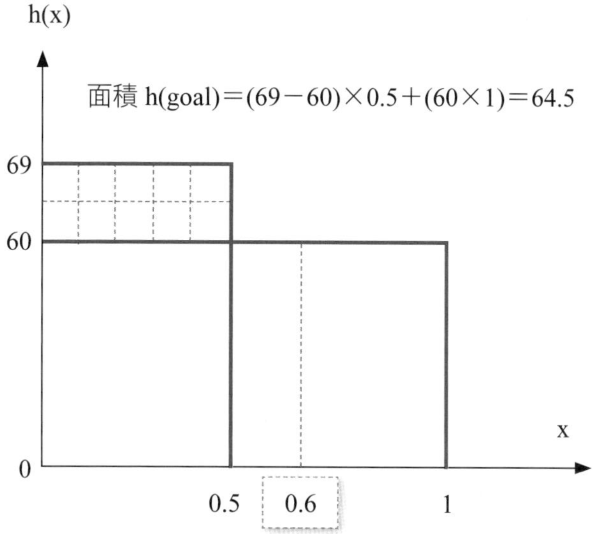

圖 2-38 本範例之 h(Goal) Choquet 積分所求面積示意圖

參照圖 2-35 示意圖，重覆計算「表 2-24 由相對重要性求得 h(x), λ, g(x), h(A), h(Goal)」求出甲方案之綜效公式及步驟，接著一步一步，先求甲方案綜效、再求乙方案、丙方案、丁方案等四個方案之綜效值，最後再排序這些方案之綜效值，即可求「最佳」方案。

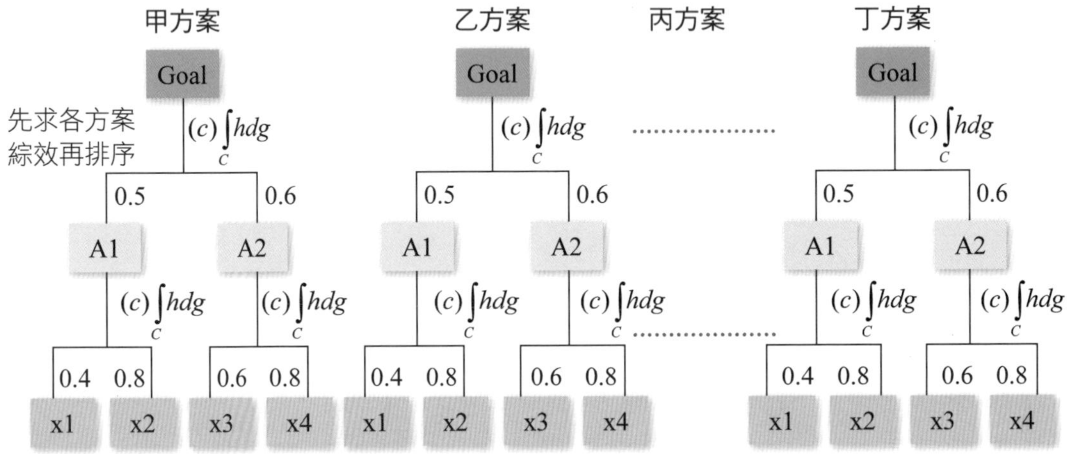

圖 2-39 所有方案之總綜效比較

Chapter 3

Fuzzy Delphi

Delphi 法是一種結構式團體溝通過程的方法，也是一項跨領域整合 (interdisciplinary) 的研究技術。其過程強調針對設定的議題，透過專家匿名，並以書面討論方式，誘導專家以其專業知能、經驗與意見建立一致性的共識，進而解決複雜議題。其中所謂結構式溝通 (structured communication) 指的是來自團體個別成員的訊息或知識的回饋、團體評斷觀點的評估、個人修正觀點的機會或匿名者的回應等；換句話說，Delphi 法的資訊來源是多元的。Delphi 法也是研究者為了提昇決策品質而整合群體專家之所長和經驗，建立一致的意見或共識 (consensus)，以作為評估及規劃未來政策之用 (Hartman，1981)。

Delphi 法的實施時亦具有以下三項共同特徵。包括：(1) 經由郵寄問卷 (最常使用) 或面談方式邀請來自不同群體或區域專家局部、或全部匿名參與，以避免個人主導；(2) 反覆式調查，通常為二至四回合；及每一回合提供上一回合專家問卷結構性摘要之回饋資料，以協助專家獲取共識。

3.1 傳統 Delphi vs. Fuzzy Delphi

傳統的 Delphi 可有效的歸納專家群體的意見，並作出一個較符合群體決策者的預測結果)。然而，傳統 Delphi 的問題也隨著其應用次數的增加而浮現，而且，傳統 Delphi 需要做反覆性的調查，才可得到較佳的收斂結果。如此，將造成分析過程成本過高、回應率遞減等缺點。因此，出現了將模糊理論與傳統 Delphi 結合的改良研究。

fuzzy Delphi 是一個進行因子篩選的有效方法，相較於傳統 Delphi 法具有以下四項優點。包括可降低調查次數、對於專家意見可較為完整表達、專家知識經由模糊理論可使其更具理性與合乎需求，以及在時間與成本上更具經濟效益。而採用 fuzzy Delphi 一般進行下列三個主要步驟：(1) 建立影響決策的評估因子集；(2) 蒐集專家或決策群體意見；(3) 進行 fuzzy Delphi 的評估值計算。

Murray et al. (1985) 首先發展出「群體平均」的隸屬函數，並納入傳統 Delphi的分析過程中；Kaufmann and Gupta (1988) 以「三點估計」的問卷方式，將三角模糊數帶進 fuzzy Delphi 中。其後，有更多學者 (Ishikawa et al.，1993，Hsu and Chen，1996) 發展出改良的 fuzzy Delphi。

3.1.1 傳統 Delphi

Delphi 法起源為美國蘭德公司在 1950 年接受美國國防部委託，以預測蘇聯癱瘓美國最佳的攻擊目標群和攻擊所需要的原子數量，而利用專家群體溝通發展出來的，專家群體們對未發生的未來共同進行預測，一系列過程最終形成一致性的共識，作為決策者參考的一種分析方式。而在六〇年代中期後陸陸續續應用在工業技術上，美國和其他各國也紛紛的廣泛採用在政府計畫、工商業方面及各種研究機構等。

一、傳統 Delphi 法之優缺點

Delphi 技術雖然已經被廣泛地應用於不同領域，但仍然具有下述的幾項缺失。例如：問卷問題可能模糊不清，導致不同之專家對特定問題可能有不同之認知，且因彼此無法相互溝通而產生的錯誤反應；為使專家們的意見趨於一致而反覆進行的次數增多，進而造成成本增加、耗費耗時，且回覆率 (response rate) 也隨之下降；問卷負責人在彙總專家意見時，可能會有先入為主的觀念而過濾掉可能是正確之專家意見，造成不同的想法和結果；及取中位數及中間 50% 的資料作為專家意見的範圍，此舉將忽略其他半數專家的意見。由此可見，Delphi 法在實施上確實隱含了模糊性，在處理過程中並未將其納入考量。因此，將模糊 (fuzzy) 理論導入傳統 Delphi 技術，以改善傳統 Delphi 法所遭遇到的問題。例如，Ishikawa 等 (1993) 將模糊理論概念引進 Delphi 法中，建立了 Max-Min 法和模糊積分 (fuzzy integration) 兩種方法，其優點除了處理人類思維中的模糊性外，且就個別專家意見之不確定訊息予以整合、歸納；最重要的是可以減少調查的次

表 3-1 Delphi 之優缺點

Delphi 法優點	Delphi 法缺點
1. 團體判斷優於個人判斷，有系統的反覆進行測試，獲得專家群體之共識，可收集思廣義的效果。	1. 以中位數及中間 50% 作為篩選評估準則的依據，僅能做為訂立策略時方向指引及參考。
2. 專家群體透過匿名化或各別方式進行測試，可兼顧每位專家獨立判斷之特質，個人知識資訊貢獻之回饋。	2. 預測部門在彙總專家意見時，容易有先入為主過濾掉正確專家的意見，以系統性削弱或抑制不同之觀點。
3. 調查方法簡單易懂，不需艱深的統計即能分析複雜和多面向的問題。	3. 反覆進行次數愈多，導致成本增加及有效回收率下降。
4. 能反應整體意見中細微的差異，及有個人看法修正的機會。	4. 專家選取不易，優秀專家不一定能夠參與。
5. 特別適用所預測事物歷史資料很少，或道德兩難因技術及經濟受限之狀況。	5. 實施相當耗時，控制進度不易，因此不適用緊急決策之狀況。
6. 可同時當研究及學習工具，尤其當專家成員具有決策者身份時，在有限資源及特定情境下，以達到獲得策略上共識之工具。	6. 執行上常發生方法不當、執行不利、拙劣問卷設計、回饋及共識價值有限等。

數，避免時間與經費的耗費。

二、傳統 Delphi 之原理

Delphi 係對某議題以問卷調查方式徵詢學者專家專業經驗，各專家彼此間並不知其他參予者之身份與觀點，亦無事先交換意見，之後，歸納各個專家所回覆的意見。

接著統計其分佈情形，以求出中位數及中間 50% 意見所在，並再一次地函請各專家參酌此份資料進行第二次的問卷填寫。等收到了各專家第二次的答覆後，再做進一步歸納整理，並將結果如同上一次般地提供予專家，以作為下一次修正之依據，如此反覆進行可達三至五次之多。而傳統 Delphi 技術中求取專家一致性的過程，可如圖 3-1 作一說明：圖中的灰色區域代表一個可接受的範圍 [L， U]。其中，x 為專家評估值，M 為專家評估值之中位數。而在反覆詢問專家意見過程中，要求專家依前一次調查結果之中位數修正自己的意見；倘若修改後之專家評價值的中位數 (M) 落於此範圍中，即可稱為專家群體意見已達到一

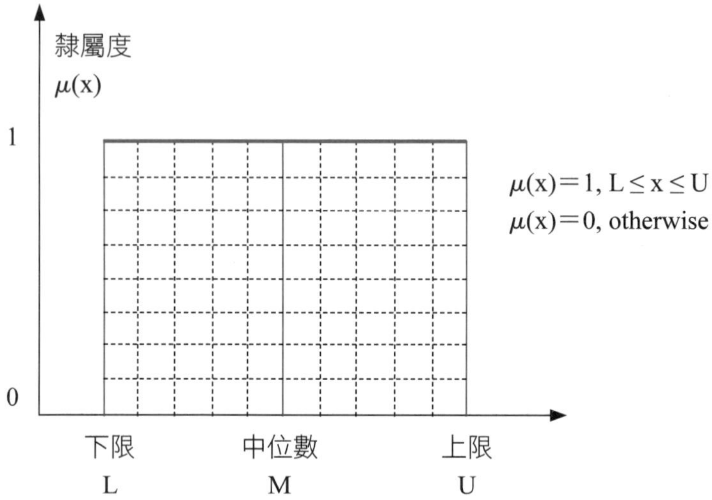

圖 3-1 Delphi 示意圖

致性。

Delphi 之設計與運作其假定包括：

1. 團體的判斷優於個人的判斷。
2. 運用學者專家的專業知識判斷或預測事件的發展趨勢。
3. 專家所集聚的有效資訊將比其他團體所提供的資訊更具有正確性。
4. 匿名的作業方式可使參與者克服擾亂正確資訊的發生。
5. 多次問卷的修正可使參與者意見趨於整合。

Delphi 應用之主要原則如下：

1. 匿名原則 (Anonymous respones)：進行過程中所有參與的專家，以個人身份表達意見，對其姓名、背景絕對保密，以減少不必要之困擾與顧慮，專家人數一般以 10-12 人或 15-20 人為宜。
2. 複述與控制回饋原則 (Iteration and control feeback)：讓參與者回答事先設計出的問卷，並使其對收集歸納出的判斷作總體的衡量，至少 2 次以上循環問卷，每次均將參與者填答資料收集整理後，研擬下一次的問卷內容，允許參與者在參考別人判斷的資料之後修正自己的看法。

3. 團體回答統計原則 (Statistical group response)：針對參與者之意見予以綜合判斷並加以統計，並考量中數、趨勢及次數分配等情況，最後形成共識獲致結果。

三、Delphi 類型

Delphi 法按其運用可分為三種主要類型 (潘淑滿，2003)：

1. 傳統 Delphi 法 (Conventional Delphi)

所謂傳統 Delphi 法是透過「紙、筆」方式進行專家意見的蒐集，這是一種最常被採用，也是最為傳統的方法。此種資料蒐集的方法主要由工作人員設計問卷，並將設計完成之問卷寄給特定的一群專家，以完成問卷的填答。在第一回合問卷回收後，工作人員必須將問卷結果進行摘要說明，同時根據第一回合問卷回覆結果較不一致的問題設計第二回合的問卷；然後，再將第二回合問卷寄給回答第一回合問卷之專家，進行第二回合問卷填答。這種德爾菲技術的運用其實是同時結合了投票和會議兩項步驟，祇不過在一來一往之間，往往耗費了許多的精力和時間。

2. 即時 Delphi 法 (Real-time Delphi)

即時 Delphi 法與傳統 Delphi 法最大的差異，在於專家意見的蒐集是透過面對面或視訊會議的方式來進行。即時 Delphi 法的最大特色，是必須讓所有參與者能同時參與整個會議過程，或是所有參與者必須同時透過電腦連線，針對議題提出個人的看法和意見。相較於傳統 Delphi 法，即時 Delphi 法較能節省問卷派送與蒐集過程所耗費的時間；同時為了讓資料蒐集更具效率，研究者更可以藉助電腦與應用軟體來進行資料的分析、比對與整理。當然，即時 Delphi 法的最大缺點就是參與成員的匿名性將相對降低。

3. 政策 Delphi 法 (Policy Delphi)

政策 Delphi 法最主要目的就是確保所有參與者的意見都能被充分討論，同時也能預先對任何特定意見估量其可能的影響與衝擊。根據 Moore (1987) 的觀察，政策 Delphi 法的運用必須建立在以下三個前提假定基礎上，包括：(1) 不強調透過意見彙整來達到決策的推論，反而是強調找尋不同意見作為支持決策者的考量；(2) 不可被視為是決策的機制；(3) 達到一致性並非是主要目的。

四、傳統 Delphi 分析步驟

Delphi 法實施程序細分為以下 11 個步驟：

1. 確定研究問題：了解為何要進行 Delphi 法研究？想要透過 Delphi 法研究獲得何種資訊？如何運用 Delphi 法研究結果？
2. 決定問卷的調查方式：為了確保參與者的匿名性，Delphi 法一般都是採取郵寄問卷的方式來收集資料。
3. 選擇回答問卷的成員：Delphi 法強調對於固定樣本進行連續的調查 (panel survey)，所以對於回答問卷者應該仔細考慮，因為樣本選擇對 Delphi 法研究結果影響很大。研究者在選擇樣本時應考慮四個因素，包括關心研究問題、對研究問題有足夠的認識和知識、在調查期間能完成回答問卷的工作及對 Delphi 法收集資料的方式具有信心，並認為具有價值。而多少人參與回答問卷的工作，同質性高的團體約 15 至 30 人、異質性高的團體或包括多種不同性質的團體，可能就要數百人參加。
4. 編製第一回合問卷：首先是介紹信函。它是獨立於問卷本文的一封信，是研究者向受訪者介紹此項研究的有關資訊，並詳載希望受訪者配合的相關事宜，以引發受訪者的填答動機，並在期限內寄回給研究者。而問卷本身則是 Delphi 法的主體，應包括下述三部分：「作答說明」——避免引誘性的例子，應該保持中立角色；「受訪者的基本資料」及「問題陳述」——重視問題的明確性、文字要易懂、合乎思考邏輯，問題數目不宜太多，相類似的題目宜歸為一類，使作答容易、具效率。
5. 進行郵寄問卷調查。
6. 回收問卷與催促寄回問卷。
7. 分析第一回合問卷：第一回合問卷的彙整與分析，主要是作為第二回合問卷設計的基礎。
8. 編製第二回合問卷：根據第一回合問卷分析的結果，將受訪者一致的意見再次送給受訪者評鑑，對於分歧意見，則由受訪者再次評估作答，以便讓受訪者了解彼此看法的異同之處。第二回合問卷格式，通常包括三部分：中間的欄位是整理自第一回合問卷的分析結果；右邊的欄位是要求受訪者對此項目作同意、不同意或修正的填答欄位；左邊的欄位供受訪者評量這些意見的重要性或優先順序，通常採五等第量表方式為之；

9. 分析第二回合問卷：評分結果的分析與意見的分析，同第一回合問卷分析；
10. 編製第三回合問卷：有時稱為最後一回合問卷。
11. 分析第三回合問卷及撰寫結果報告。

舉例來說，為了解數位內容教學設計師 (E-Content Instructional Designer) 應具備的專業職能分析，何俐安 (2009) 採修正型 Delphi，共進行三回合之問卷調查，整理出數位內容教學設計師專業職能有「分析」、「設計」、「發展」、「實施」、「評鑑」、「管理」與「學理知識」等七大構面，四十九個能力分項。整個分析有下列三個步驟：

Step 1. 文獻回顧，歸納出準則

往昔文獻，諸多學者與機構 (Parhar & Mishra，2000; Sanders，2001; IBSTPI，2001，2003; ASTD，2006；中國視聽教育學會，2001；資策會，2005；計惠卿、鐘乾癸，2004) 對於教學設計師擬定之能力，區分為系統化教學設計過程 (分析、設計、發展、實施、評鑑)、管理、學理知識與個人特質，共八大部分，茲將教學設計師專業職能彙整並統整如下表：

表 3-2 教學設計師職能表

	機構	IBSTPI	ASTD	Analysis & Technology	中國視聽教育學會	India 開放大學	資策會
分析能力	1. 教學目標分析	●	●	●	●	●	
	2. 學習者分析	●	●	●		●	●
	3. 學習環境分析	●	●	●			
	4. 教學內容分析	●	●	●	●		●
	5. 需求評估	●	●	●		●	●
	6. 教學媒體分析	●	●		●	●	●
設計能力	7. 教學策略設計	●	●	●			●
	8. 教學媒體設計	●	●	●	●		
	9. 訊息設計		●		●	●	●
	10. 教學活動設計	●	●				●
	11. 教學內容設計	●	●				●
	12. 績效評量設計		●		●		●

表 3-2 教學設計師職能表 (續)

	機構	IBSTPI	ASTD	Analysis & Technology	中國視聽教育學會	India 開放大學	資策會
發展能力	13. 教學工具使用	●	●				●
	14. 教學工具發展	●	●				●
	15. 腳本撰寫			●			●
實施能力	16. 教學有效實施	●	●	●			●
	17. 教學內容展示			●		●	
	18. 教學媒體使用				●	●	
評鑑能力	19. 評鑑有效實施		●	●			
	20. 執行形成性評鑑		●	●			●
	21. 執行總結性評鑑	●	●				●
管理能力	22. 專案管理	●		●			
	23. 教學管理系統運用	●					
學理知識	24. 教學設計	●	●				
	25. 需求評估	●					
	26. 心理學				●		
	27. 傳播理論				●		
	28. 教學評鑑				●		
個人特質	29. 語言理解	●		●		●	
	30. 口語表達	●		●		●	
	31. 文字閱讀	●		●		●	
	32. 自我反省				●		
	33. 人際關係			●	●	●	
	34. 創造力				●		
	35. 文字與思考邏輯				●		
	36. 耐心				●		
	37. 責任感				●		
	38 .熱忱				●		

Step 2. 準則轉換成問卷

經由文獻探討，彙整出「數位內容教學設計師專業職能問卷」初稿，經由預試專家審查後形成第一回合問卷，共分為兩大範圍：外顯職能與內在職能，由其中研擬題項，形成「數位內容教學設計師專業職能問卷」之基本結構，包含「分析」、「設計」、「發展」、「實施」、「評鑑」、「管理」與「學理知識」等七構面，共四十六個題項，進行 Delphi 問卷循環流程，共三回合之問卷調查。問卷基本結構如下表所示。

表 3-3 問卷基本結構

能力構面	設計師專業職能項目	數位內容設計師專業職能問卷基本結構
A分析能力	需求評估	能分析學習需求 能計算教學設計專案的成本 (例如製作一門教育概論課程，為時需三個月，成本為五萬)
	學習者分析	能指出目標對象的先備技能/知識 能指出目標對象的專業知識背景 能指出目標對象的教育程度 能指出目標對象的學習特性
	教學媒體分析	能指出現有科技功能 (授課時所用之科技設備)
	教學目標分析	能撰寫教學任務的具體目標
	教學內容分析	能依據教學目標撰寫教學內容項目 能了解並撰寫教學策略
	學習環境分析	能指出現有可得的教材 (例如光碟、手冊)
B設計能力	教學策略設計	能依教學內容目標選擇適當教學策略
	教學活動設計	能依教學內容目標選擇適當教學方法
	訊息設計	能根據教學內容選擇適當媒體
	教學內容設計	能將教學理論結合教學內容 能將學習理論結合教學內容
	績效評量設計	能設計教學後目標對象的測驗項目 (測驗目的是為了得到目標對象的學習成效) 能設計對教學活動的評鑑項目

表 3-3 問卷基本結構 (續)

能力構面	設計師專業職能項目	數位內容設計師專業職能問卷基本結構
C發展能力	腳本撰寫	能製作教學內容腳本
	教學工具使用與發展	能運用網頁編輯軟體 能運用辦公室文書軟體 能運用影像編輯軟體 能運用影片編輯軟體 能運用動畫製作軟體 能運用程式設計軟體
D實施能力	教學有效實施	教學進行時能掌控進度 落實規劃的教學策略 能掌握教學時間 教學有效實施 能處理教學過程中的意外事件
	教學媒體使用	可以運用教學現場的媒體工具
	教學內容展示	能清楚介紹教學內容予閱聽眾
E評鑑能力	執行形成性評鑑	能檢視教學的策略並做修正 能檢視教學的歷程並記錄
	執行總結性評鑑	能確認教學內容的有效性 能檢視學習者的學習成效
	評鑑有效實施	能運用統計技巧檢測教學內容信效度 能撰寫評鑑報告書
F管理能力	教學管理系統運用	能整合教學設計專案所需資源 (組織預算、媒體設備等)
	專案管理	能掌控教學設計專案的時程 能與合作對象報告進度 能夠有效處理危機 (專案延宕、成本過高等)
G學理知識	心理學	曾學習過教學相關心理學並運用於教學中 (學習心理學、教育心理學等)
	教學設計	曾學習過教學設計理論並運用於教學中
	傳播理論	曾學習過傳播理論並運用於教學中
	需求評估	曾學習過需求評估並運用於教學中
	教學評鑑	曾學習過教學評鑑並運用於評鑑中

Step 3. 篩選較重要的準則

專家共識度分析，採 Delphi 之目的在於取得專家群對於各項問題意見之一致性，專家群經由數回合意見調查後是否對數位內容教學設計師專業職能形成共識，是決定調查是否終止之依據。而專家群對於各項問題意見達成一致性之標準，會因德懷研究設計與研究目的不一而不盡相同。若採用 Greenet 之建議，當 80% 以上之題項達成共識，專家意見已達一致性。Delphi 分析結果如下：

1. 分析構面：共有十一個題項，其中第三回合調查結果標準差小於或等於第二回合調查結果者共十一項，達成共識度為 91.6%，顯示專家對於「分析能力」之意見已達一致性。
2. 設計構面：共有八個題項，其中第三回合調查結果標準差小於或等於第二回合調查結果者共八項，達成共識度為 100%，顯示專家對於「設計能力」之意見已達一致性。
3. 發展構面：共有七個題項，其中第三回合調查結果標準差小於或等於第二回合調查結果者共七項，達成共識度為 100%，顯示專家對於「發展能力」之意見已達一致性。
4. 實施構面：共有六個題項，其中第三回合調查結果標準差小於或等於第二回合調查結果者共六項， 達成共識度為 100%，顯示專家對於「實施能力」之意見已達一致性。
5. 評鑑構面：共有六個題項，其中第三回合調查結果標準差小於或等於第二回合調查結果者共六項，達成共識度為 100%，顯示專家對於「評鑑能力」之意見已達一致性。
6. 管理構面：共有四個題項，其中第三回合調查結果標準差小於或等於第二回合調查結果者共四項，達成共識度為 100%，顯示專家對於「管理能力」之意見已達一致性。
7. 學理知識構面：共有七個題項，其中第三回合調查結果標準差小於或等於第二回合調查結果者共七項，達成共識度為 100%，顯示專家對於「學理知識」之意見已達一致性。

表 3-4 第三回合「分析能力」各分項項目之重要程度統計表

項目	平均數	中位數	重要程度	重要性評定	排序
能撰寫教學任務的具體目標	5	5	高	重要職能	1
能依據教學目標撰寫教學內容項目	5	5	高	重要職能	1
能了解並撰寫教學策略	5	5	高	重要職能	1
能分析學習需求	4.889	5	高	重要職能	4
能界定學習問題	4.889	5	高	重要職能	4
能指出目標對象的先備技能/知識	4.333	4	中高	次要職能	6
能指出目標對象的專業知識背景	4.111	4	中高	次要職能	7
能指出現有可得的教材 (例如光碟、手冊)	4.111	4	中高	次要職能	7
能計算教學設計專案的成本 (例如製作一門教育概論課程，為時需三個月，成本為五萬)	4.111	4	中高	次要職能	7
能指出目標對象的學習特性	4	4	中高	次要職能	10
能了解現有科技功能 (授課時所用之科技設備)	4	4	中高	次要職能	10
能指出目標對象的教育程度	3.444	4	中	附屬職能	12

3.1.2 Fuzzy Delphi

模糊德菲法 (Fuzzy Delphi Method；FDM) 最早是在 1985 年由 Murry 等人將模糊理論融入傳統 Delphi 法中，是一種藉由人類語意 (linguistic) 程度的不同，運用其相對應變數的價值來表達之。

Fuzzy Delphi Method (FDM)、或叫 Fuzzy Delphi Hierarchy Process (FDHP)，顧名思義係由傳統 Delphi Technique 結合模糊集合 (Fuzzy Set) 理論所發展出之方法。

模糊理論有別於傳統集合理論的地方，在於其允許「是否屬於之間的中介狀態」，以建立隸屬函數 (Membership Function) 的方式來表示模糊集合，即將專家之意見整合成模糊數的過程稱為 Fuzzy Delphi Method。

由於 Fuzzy Delphi 應用於群體決策上，可解決專家意見共識程度之模糊性問題。使用 Fuzzy Delphi 給予專家們更彈性的評估值尺度，同時亦可減少問卷來回的次數，及提升問卷的效率與品質，經由統計的結果即可篩選出較客觀之評估因素 (Noorderhaben，1995)。

例如，在人類自然語言中，語意代表的權重可視為一種語言之變數，其價值可分為「很低」、「低」、「中」、「高」、「很高」等五種，或者其它多種等不同程度之詞語，再給予不同的權重之值以估計之。Murry 等人提出此以利評估之模糊語意變數的用意，是在解決傳統 Delphi 法所存在的模糊性問題，但並未提出更具體的計算，因此後續研究者們陸續提出解決的方式，如 Max-Min 法、模糊積分法、三角模糊數、雙三角模糊數等 fuzzy Delphi 法等。

fuzzy Delphi 法的優點包括：降低問卷調查的次數、專家個別意見可以明白闡示且未經扭曲、預測項之語意結構可以清楚表達、考慮到訪查過程中無可避免的模糊性。

3.2 模糊語意量表與傳統量表計分之比較

一、傳統問卷的缺失

問卷 (questionnaire) 是社會科學等領域常用的工具，其目的是根據填答者在問題中的反應，測量其態度、認知等潛在特質 (latent trait)。而問卷題目的遣詞用句、要求選答的方式都會影響受訪者的填答反應。

傳統的問卷常以 Likert 量表、語意差異量表 (semantic differential scale)、配對比較量表 (scale of paired comparison) 的設計型式，受訪者必須明確地選擇問項中最適當的一個來回答，但如此選項設計並不能真正符合填答者真實的態度。此乃由於傳統問卷調查的二元邏輯不符合人類的思想與行為模式，容易造成選擇的困擾；再者，相關的研究顯示，受訪者不願表示內心真實意見與態度，以及傾向以社會大眾讚賞的方向作答等因素，將導致問卷中無意見或拒絕回答者佔相當大的比例。

二、語意措詞 v.s 語意變數

傳統問卷的量化方式，以明確的等距數值 (crisp interval value) 量化語意措詞

(linguistic term)，所謂語意措詞是指在量表中的反應選項文字，通常是由副詞與形容詞所組成的詞組，用以表示內心感受態度的強弱，例如五點量表為「非常不滿意」、「不滿意」、「稍微滿意」、「滿意」和「非常滿意」等五種不同的詞組。常見的傳統量表，可分為 Likert (Likert) 量表與語意差異量表兩種型態，其計分方式舉例如下：

Likert 量表					
語意措詞	非常不滿意	不滿意	稍微滿意	滿意	非常滿意
對應計分值	1	2	3	4	5

語意差異量表									
語意措詞	好 快 隱定的	v.s ◄-------------------►							壞 慢 變動的
對應計分值	1	2	3	4	5	6	7	8	9	10

Likert 量表與語意差異量表計分皆為次序、等距整數方式，有其便利明確之優點。但是填答者因受限於只能在數個回答項中勾選出一個答案，容易迫使填答者扭曲自己感受而強迫回答；且不同填答者雖選擇相同的語意措辭，因認知感受的尺度不同，其量化計分卻不一定相等。

根據 Bradly，Katti & Coons (1962) 的研究，不同語意區間的距離是不相等的，而且有多位學者有相同的研究指出若將次序變數 (ordinal variable) 做等距變數 (interval variable) 的量化方式，易造成估計參數的偏差 (Olsson，Drasgrow & Dorans，1982)。

Fuzzy 量表在量測專家對某方案的意見時，問卷先測專家自認「Fuzzy 程度」這種「不等距」1~100「語意變數」Range 之後，再詢問專家對某一方案「1~5 分」重視程度。

概括來說，代表各專家認知對模糊形式「語意變數」(linguistic variable) 問卷，可分：等距及不等距兩種。所謂「語意變數」，係以自然語言中的詞或詞組做為變數 (Zadeh，1975)，語意變數皆可用模糊數表示。利用語意變數來描述重要程度評估值。假設詞組為集合 L 如下：

L＝{非常不滿意，不滿意，稍微滿意，滿意，非常滿意}

以函數表示 L 中的元素與該元素計分值之對應關係，以 l_1, l_2, l_3, l_4, l_5 依序表示「非常不滿意」、「不滿意」、「稍微滿意」、「滿意」和「非常滿意」五種不同的詞組。若以 f, g 分別表示傳統 Likert 量表與模糊語意變數之計分，則其對應函數為：

$f(l_i)=i,\ \ i=1, 2, 3, 4, 5,$ 其中 i 為明確數值。

$g(l_i)=\tilde{i},\ \ i=\tilde{1}, \tilde{2}, \tilde{3}, \tilde{4}, \tilde{5},$ 其中 $\tilde{i}$ 為模糊數。

三、傳統評量量表 V.S 模糊語意量表

Likert 量表與語意差異量表的區間等距假設過分地被應用，以至於無法真正瞭解人類語意表達的差異性及不確定性。因此，有研究者嘗試以模糊數的量化表示潛在特質和語意措詞隸屬度之關係。

決定語意措辭所對應的模糊數形式，是一個相當主觀的方式。以五點量表為例，其語意變數的計量常表示成對稱三角模糊數 (symmetric triangular fuzzy number)，其隸屬度函數可表示如圖 3-2。

模糊數和明確數 (crisp number) 是相對的，例如從二元邏輯的數學觀點而言，2.9 絕對不等於 3；但從多元邏輯的模糊理論觀點來看，2.9 有些像 3.0 但又不是 3，每一個實數值近似 3 的程度，可用隸屬度 (membership) 來表示。因此，可用模糊數 $\tilde{3}$ 表示近似該模糊數的實數模糊集合，其隸屬度以 $u_{\tilde{3}}(x)$ 表示。

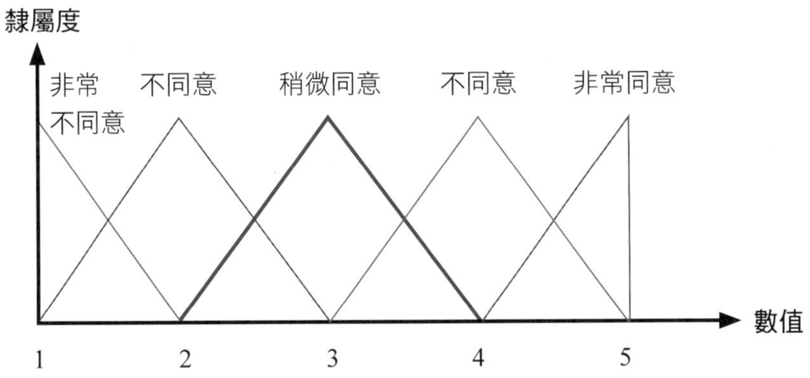

圖 3-2 對稱三角模糊數舉例

以數理本質而言，模糊數是實數的模糊集合。有關模糊數的定義，有不少分歧的看法，根據 Dubois & Prade (1983)、Klir & Folger (1988) 和 Klir & Yuan (1995) 對模糊數的定義，模糊數 $\tilde{A}$ 需滿足三個性質：

(1) $\tilde{A}$ 必須是一個正規的 (normal) 模糊集合，亦即存在一實數 x 使得 $u_{\tilde{A}}(x)=1$。

(2) $\tilde{A}$ 必須是一個凸模糊集合 (convex fuzzy set)，亦即 $\tilde{A}$ 的 α-cut 必須是一個閉區間。

(3) $\tilde{A}$ 的底集 (support) $\tilde{A}^{0+}$ 必須是有界 (bounded) 且連續 (continuous)。

研究上常使用的模糊數有下列數種：

(一) 三角形模糊數 (triangular fuzzy number)

只要決定三角形模糊數的左端點 (a_1)、中心點 (a_2)、右端點 (a_3)，就可以決定三角形模糊數，且可表示為 $\tilde{A}=(a_1, a_2, a_3)$。其隸屬度函數定義及隸屬度函數圖形為：

$$\mu_{\tilde{A}}(x)=\begin{cases} 0 & , \quad x<a_1 \\ (x-a_1)/(a_2-a_1) & , \quad a_1 \le x < a_2 \\ (a_3-x)/(a_3-a_2) & , \quad a_2 \le x < a_3 \\ 0 & , \quad x \ge a_3 \end{cases}$$

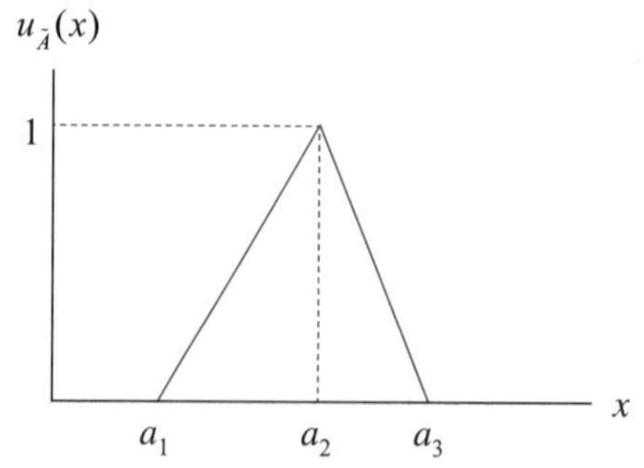

圖 3-3 三角形模糊數之隸屬度函數

(二) 梯形模糊數 (trapezoidal fuzzy number)

梯形模糊數可表示為 $\tilde{A}=(a_1, a_2, a_3, a_4)$ 其隸屬度函數定義和隸屬度函數圖形為：

$$\mu_{\tilde{A}}(x)=\begin{cases} 0 & , \quad x<a_1 \\ (x-a_1)/(a_2-a_1) & , \quad a_1 \le x < a_2 \\ 1 & , \quad a_2 \le x < a_3 \\ (a_4-x)/(a_4-a_3) & , \quad a_3 \le x < a_4 \\ 0 & , \quad x \ge a_4 \end{cases}$$

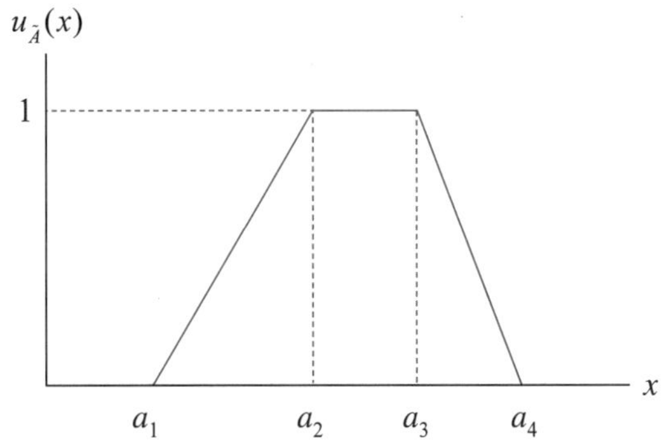

圖 3-4 梯形模糊數之隸屬度函數

(三) 常態形模糊數 (normal fuzzy number)

其隸屬度函數定義和隸屬度函數圖形為：

$$\mu_{\tilde{A}}(x)=e^{-(\frac{x-a}{b})^2}, \qquad b>0$$

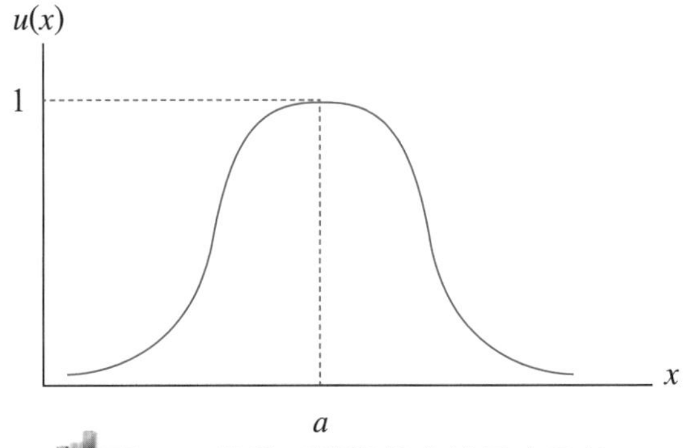

圖 3-5 常態形模糊數之隸屬度函數

3.3 傳統 Delphi 分析步驟

Delphi 實施步驟可以區分為兩個階段，第一個階段應用 Delphi「篩選」層級架構的準則，第二階段則根據「篩選」後的準則利用 Delphi 調查法的技巧，來評估每一個方案其「綜合績效值」，整個進行步驟如下：

(1) 蒐集決策問題的相關資料，並對決策問題的內涵進行分析。

(2) 根據決策內涵遴選相關領域專家 10~15 人，組成專家群體。

(3) 將決策問題相關資訊加以整理，寄發給專家群組的成員參考，同時要求專家進行重要性的評分尺度為 [0，S]，S 值為研究者自定分數之上限。

(4) 回收第一回合調查問卷，將專家提供之評估準則加以整理，並按第一份回收問卷加以整理，若有新的意見產生，則加入第二次的回 Delphi 問卷調查表內，供其他專家參考。

(5) 將專家的問卷分數加以統計，以求取平均數及標準差。

(6) 檢核專家群體成員的共識性是否達成，若 t 回 Delphi 調查結果，第 h 位專家對第 j 個項目的評分，以 X_{jht} 表示；則第 t 回調查 R 位專家對第 j 個項目評分的平均值與標準差，分別表示如下：

$$\bar{X}_{jt} = \frac{1}{R}\sum_{h=1}^{R} X_{hjt},\ \forall j,t$$

$$S_{jt} = \sqrt{\frac{1}{R-1}\sum_{h=1}^{R}\left(X_{jht} - \bar{X}_{jt}\right)^2},\ \forall j,t$$

(7) 判斷專家是否對該項目具有共識，採用四分位差 (Quartile Deviation)，第三四分位數與第一四分位數的差距稱為四分位差，簡寫成 Q.D.，即 $Q.D. = Q_3 - Q_1$

四分位差 $Q.D. \leq 0.5$ 表示高度共識；$0.5 \leq Q.D \leq 1$ 表示中度共識；$Q.D. > 1$ 者表未達共識予以刪除。

Delphi 雖已廣泛應用於各領域中，但亦有以下幾項缺失：

(1) 為使專家之共識趨於一致，必須增加調查次數以獲得較佳之結果，導致作業過程耗時、成本高且回收率不高。

(2) 以平均數作為篩選評估準則的依據，在統計上易受到極端值影響，可能導致扭曲專家原意的情形發生。

(3) 預測部門在彙總專家意見時，可能有先入為主觀念，而過濾掉專家真正的意見，以系統性消弱或抑制不同的看法。

3.4 Fuzzy Delphi 之分析步驟

進行 Fuzzy Delphi 分析時，其成對比較矩陣是由傳統的 A 矩陣演變成 $\tilde{A}$ 矩陣。

(1) 傳統層級分析法之成對比較矩陣 $A=[a_{ij}]$

Laarhoven 和 Pedrycz (1983) 將 Saaty 的傳統層級分析法 $A=[a_{ij}]$ 加以延伸，發展一套模糊層級分析法，以直接的方法解決模糊性的問題。即將三角模糊函數代入成對比較矩陣 $\tilde{A}=[\tilde{a}_{ij}]$，用以解決準則衡量、判斷之過程中之模糊性。

$$[A]=\left[a_{ij}\right]=\begin{bmatrix} 1 & a_{12} & \dots & a_{1n} \\ 1/a_{12} & 1 & \dots & a_{2n} \\ \vdots & \vdots & \ddots & \vdots \\ 1/a_{1n} & 1/a_{2n} & \dots & 1 \end{bmatrix}$$

(2) 模糊層級分析法之成對比較矩陣 $\tilde{A}=[\tilde{a}_{ij}]$

$$\tilde{A}=\left[\tilde{a}_{ij}\right]=\begin{bmatrix} (1,1,1) & (a12_L,a12_M,a12_U) & \cdots & (a1n_L,a1n_M,a1n_U) \\ (1/a12_U,1/a12_M,1/a12_L) & (1,1,1) & \cdots & (a2n_L,a2n_M,a2n_U) \\ \vdots & \vdots & \cdots & \vdots \\ \vdots & \ddots & \cdots & \vdots \\ \vdots & \vdots & \ddots & \vdots \\ (1/a1n_U,1/a1n_M,1/a1n_L) & (1/a2n_U,1/a2n_M,1/a2n_L) & \cdots & (1,1,1) \end{bmatrix}$$

由 $[a_{ij}]$ 與 ($[\tilde{a}_{ij}]$ 中可看出傳統層級分析法與模糊層級分析法之差異。就成對比較矩陣而言，傳統層級分析法只用一個特徵向量 Wi (a_{11}, a_{12}, ..., a_{1n} 的幾何平均數) 來表示個別專家的權重；而模糊層級分析法則以三角

模糊數 (如 $a12_L$, $a12_M$, $a12_U$ 形式) 來表達專家對某準則的「(最小值 L，平均值 M，最大值 U)」評估，它考慮了層級分析法之模糊性。接著再應用 Buckley (1985) 模糊排序法，解模糊化，得到單一數值，再進入傳統階層分析法，求得各階層因素權重。

Fuzzy Delphi 的分析步驟

利用成對比較之內項問答結果，建立每份問卷項答之成對比較矩陣表。

Step 1：建立模糊正倒值矩陣 $[\tilde{a}_{ij}]$

先用問卷中語意變數的方式，找出每位專家對各候選因素的重要性評價分數。再用三角模糊數來整合專家的意見，以表示所有專家對於兩因素重要性相比之看法的模糊性，其整合方式將問卷得取之專家評價值依 $\tilde{w}_j$、a_j、b_j 式至 b_j 公式建立三角模糊數。

其計算公式如下：

假設 n 位專家中第 i 位專家對第 j 個要素的重要性評估值為

$$\tilde{W}_{ij} = (a_{ij}, b_{ij}, c_{ij}),\ i = 1, 2, ..., n,\ j = 1, 2, ..., m,$$ 。

則第 j 個要素的模糊權重 $_j\ \tilde{W}_j$ 為

$$\tilde{W}_j = (a_j, b_j, c_j)\ \ j = 1, 2, ..., m$$

其中

$$a_j = \underset{i}{Min}\{a_{ij}\},\ b_j = \{\sum_{i=1}^{n} b_{ij}\} / n,\ c_j = \underset{i}{Max}\{c_{ij}\}$$

Step 2：求各準則重要性之三角模糊數 $\tilde{w}_k$

計算專家們對每個準則的三角模糊數評估值，以求出該項候選因素的重要性三角模糊數 $\tilde{w}_k$。

> 假設第 i 位專家對第 j 個初始指標的重要性評估值為 $W_{ij} = (a_{ij}, b_{ij}, c_{ij})$，$i$ $= 1, 2, 3, ..., m$，則第 j 個初始指標的模糊權重 W_j。計算如下：
>
> $\tilde{W}_j = (a_j, b_j, c_j), j = 1,2,3,...,n$ 其中，

$$a_j = \underset{j}{Min}\{a_{ij}\}, a_j = \sqrt[m]{\prod_{i}^{m} b_{ij}}, c_j = \underset{j}{Max}\{c_{ij}\}$$

$\tilde{W}_j$：模糊權重

ij：第 i 位專家對第 j 個初始指標的重要性評估值

n：指標數

m：專家數

再依據 Chen 和 Hwang (1992) 所提出的解模糊化的方法，整理指標所代表三角模糊數 $\tilde{W}_j = (a_j, b_j, c_j)$ 的總值，來表示 Delphi 小組各成員對各指標評定量尺的共識。

Step 3：解模糊化 (DeFuzzy, DF)

解模糊化常用方法包括：

(1) 簡易重心法 (Center-of-gravity，COG)：將各個候選要素的模糊權重 $\tilde{W}_j$ 解模糊化成為明確值 S_j，重心法之計算公式如下：

$$S_j = \frac{a_j + b_j + c_j}{3}, j = 1, 2, ..., m$$

(2) α-cut 法

α 截集 (又稱 α-cut 或 α-level set) 可將模糊集合轉變成明確集合，它包含了在論域中歸屬度大於或等於 α 的所有成員，以下為其數學式表示式：

$$A^\alpha = \{x \in U \mid \mu_{\tilde{A}}(x) \geq \alpha\} \quad \alpha \in (0, 1]$$

若改採 α-cut (或 α-level set) 解模糊化，其處理方式如下：對不同的 α 值作 α-cut，如圖 3-6 所示，例如 $\alpha = 0.3$，$\alpha = 0.5$，$\alpha = 1$，各對模糊成對比較矩陣 $[\tilde{a}_{ij}]$ 做一次 α-cut。

每個評估指標之三角模糊函數，為專家群體對此評估指標之意見，不同之 α-cut，反應不同決策環境變動性 (或模糊性)。因此，$\alpha = 0$ 表示決策環境變動性最大，$\alpha = 1$ 表示決策環境變動性最小之變動情形。

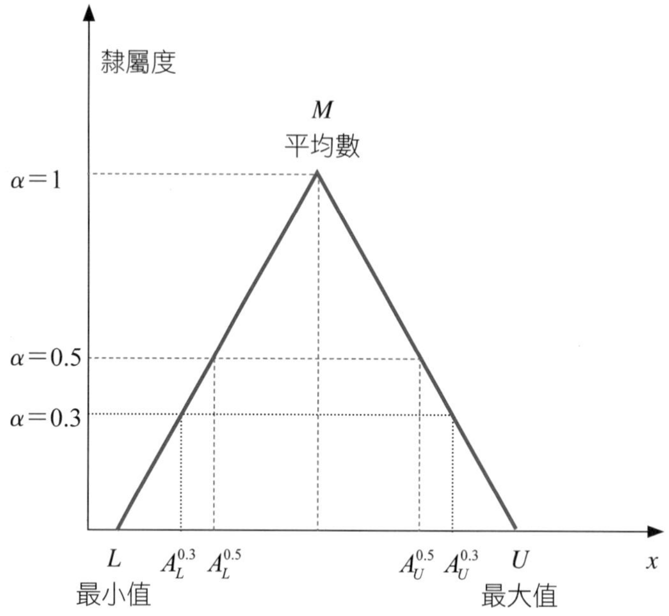

圖 3-6 三角模糊 A 函數之 α-cut

$$A^{\alpha}=\{x\mid\mu_A(x)\geq\alpha, x\in X\},\ \alpha\in[0,1]$$
$$A^{\alpha}=[(M-L)\alpha+L, U-(U-M)\alpha]$$ (公式 2-7)

由於 α-cut 乃是「區間」的概念，必須將之轉變成單一數值才可投入傳統層級分析法中運算。因此便以凸線性組合 (convex combination) 方式，來計總效用 (H)，如下式：

$$H=\int(U_{ij},L_{ij})=\lambda\left[U_{ij}+(1-\lambda)L_{ij}\right]$$
$$U_{ij}=U_{ij}-\alpha(U_{ij}-M_{ij})$$
$$L_{ij}=L_{ij}-\alpha(M_{ij}-L_{ij})$$

其中 λ 為決策者之樂觀程度 (不避險程度)，$0\leq\lambda\leq1$

當 λ=0，則 $H\lambda=H^{\min}$

當 λ=1，則 $H\lambda=H^{\max}$

其中，H^{mix} 為 α-cut 區間最小值，即最保守之情境

H^{max} 為 α-cut 區間最大值，即最樂觀之情境

α-cut 係一「區間」概念，經由 $H=\lambda[U_{ij}+(1-\lambda)L_{ij}]$ 是將此區間專家共識予以適當的描述。因為決策者之偏好介於保守與樂觀之間，在 α-cut 區間之極大值即為專家群體在 α-cut 中最樂觀之評價，α-cut 區間之極小值即為專家群體在此 α-cut 中最保守之評價；λ 為決策者之樂觀程度，用以整合兩個極端之專家意見。如以 $\alpha=1$ 且 $\lambda=0$，即意見一致下最保守之情境，求取總效用值。

Step 4：篩選評估指標

最後藉由設定門檻值 β (陡坡法來判定)，即可從眾多的因素中，篩選出較適當的因素。篩選原則如下：

情況一：若 $S_j \geq \beta$，則接受第 j 個因素為評估指標。

情況二：若 $S_j < \beta$，則刪除第 j 個因素。

實務上，門檻值 β 大小，可用陡坡法來判定，即將「模糊數列 $(DF_1, DF_2, \cdots, DF_n)$」先由大至小排序一遍，再繪「線性圖」，線性圖陡坡的「最大」轉折點處，即是門檻值 β。

3.5 Fuzzy Delphi 法之種類

為了解決傳統 Delphi 法的缺點，Ishikawa (1993) 首先將模糊理論概念引入 Delphi 法中，提出 Fuzzy Delphi 分析法二種計算公式：累積次數分配 (Max-Min) 與模糊積分 (fuzzy Integration) 兩種方法。Fuzzy Delphi 分析法與傳統 Delphi 所得到的「結果」相近，但其優點是可減少問卷重複的次數、在時間上與成本更具經濟效益、更能表現各專家的個人特質以及對於專家知識，經由模糊理論的處理更理性且合乎需求。

因此，以下章節將聚焦在最常見三種 Fuzzy Delphi 法：Max-Min 法、模糊積分、雙三角模糊數 Delphi 法。

3.5.1 Max-Min 法

一、Max-Min 法之分析步驟

Fuzzy Delphi 法是一種專家判斷法，1985 年由 Murray 將模糊理論與 Delphi 法做一結合之後，所提出的一種整合性方法論，乃是利用每位參與者的偏好判斷 (preference judgment) 來建構每位參與者個人的模糊偏好關係 (individual fuzzy preference relation)，進而求得團體的偏好關係，並利用團體的偏好關係進行最佳方案的選擇。而過去傳統的 Delphi 一再反覆之問卷調查過程，會將整個研究期程延宕過久、曠日廢時，因此乃於 1993 年 Ishikawa 等人提出 Max-Min 法與模糊整合 (Fuzzy Integration) 法，來解決先前傳統德懷術的種種缺點。

易言之，Ishikawa 所提 Max-Min 法，即可「篩選」較重要的準則，捨去較不重要的準則，接著，研究者再將較重要的準則進行第二階段的分析 (如 AHP，ANP，TOPSIS，SAW 等)，包括：(1)「準則-方案」層級串聯，例如模擬積分這種 fuzzy 計算；(2) 將「篩選」過後的各準則，再做「準則-語意變數」模糊測度的施測，這種算出所有專家 fuzzy 語意變數之平均數，常作為「績效之綜合」。

概括來說，Max-Min 分析步驟包括：

Step 1：分別建立認同程度最大值 (或最可能實現的時間) 之累積次數函數 F1 (x) 與認同程度 (或最不可能實現的時間) 最小值之累積次數函數 F2 (x)。

Step 2：以三角模糊數觀點，分別計算 $F_1(x)$ 的第 1「四分位數」、中位數與第 3「四分位數」(C_1，M_1，D_1) 與 $F_2(x)$ 的第 1「四分位數」、中位數與第 3「四分位數」(C_2，M_2，D_2)。

其次，分別計算 F_1 (x) 的四分位數 (C_1，D_1) 及中位數 M_1，與 $F_2(x)$ 的四分位數 (C_2，D_2) 及中位數 M_2。之後，連接 (C_1，D_1，M_1) 和 (C_2，D_2，M_2) 可分別得到「最有可能達成時間」的隸屬函數與「最不可能達成時間」的隸屬函數。此兩隸屬函數所形成之三角模糊數相互重疊的部分 (C_1，D_2，M) 稱為灰色區域 (grey zone)；而此模糊地帶的交錯點 X^*，則為「預測值」，如圖 3-7 所示。

Step 3：個別連結 (C_1，M_1，D_1) 與 (C_2，M_2，D_2) 可得到預測值 X^*。

Max-Min 法所統計出各評估因子 (A_i) 之預測值 (M_i) 後，需經由門檻值 (S) 之界定，篩選出本研究所需之評估因子，即：

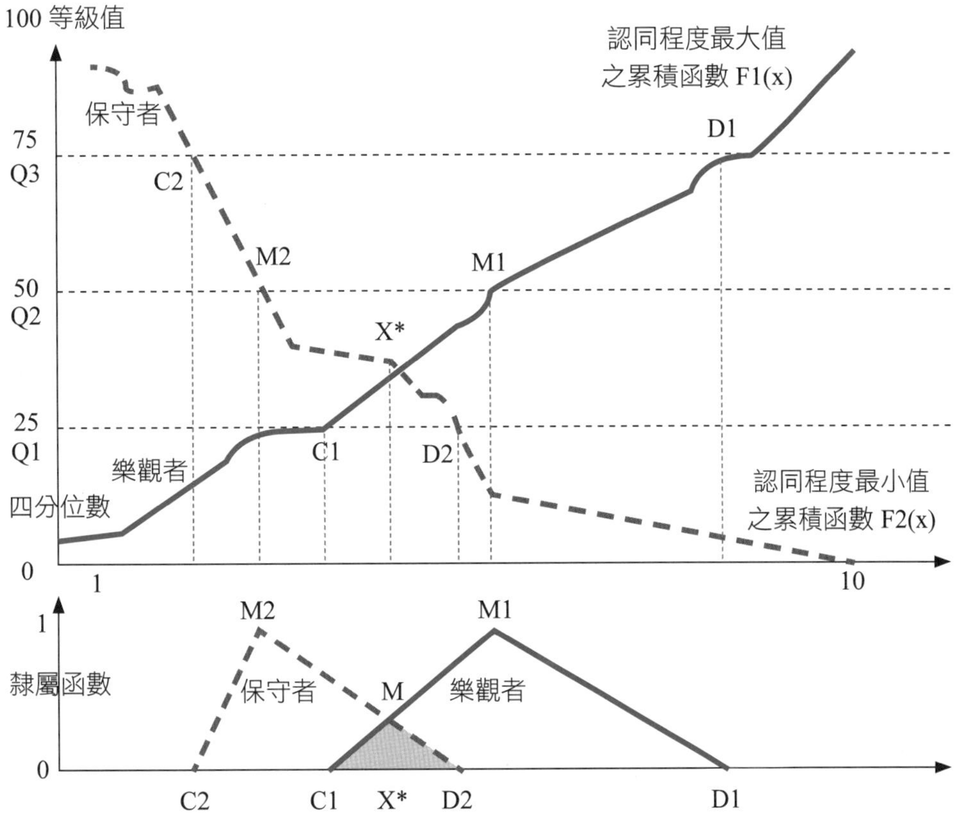

圖 3-7 Max-Min 預測表值 (Ishikawa，1993)

情況 1：若 $M_i > \beta$，接受 A_i 為評估因子。

情況 2：若 $M_i < \beta$，刪除 Ai 此評估因子。

而門檻值 β 之判定，則視不同的需求而個別決定。通常以陡峭圖來找出線線圖「最大轉折點」，該點所代表值，就是門檻值之處。

例如，某一 Fuzzy Delphi 問卷第一個「次準則 c_{11}」之回答內容如下：

表 3-5 評估目標時，就第一個「主評估準則」而言，下列次因子之重要性如何？

	重要性程度	可接受的範圍	
	最有可能之單一值	可接受的最小值 (Min)	可接受的最大值 (Max)
評估因子	(1~10)	(1~10)	
"c11 次準則" 意思說明：……	(7)	(5)	(8)
"c12 次準則" 意思說明：	( )	( )	( )
⋮	⋮	⋮	⋮
"c33 次準則" 意思說明：	( )	( )	( )

一般常見的層級架構圖中，若用 Max-Min 法來評估其中任一個準則，如「c_{11} 次準則」因子，其運算步驟如下：

Step1：建立認同程度最大值之累積次數分佈函數 $F_1(x)$，以及認同程度最小值之累積次數分佈函數 $F_2(x)$。

舉例來說，若將 N＝16 名決策專家之回收問卷，根據排序法則來整理出表 3-6 之排序表，其中：$F_1(x)$ 是遞增函數、$F_2(x)$ 是遞減函數。在施測問卷「第一個主因子 c_1」時，則

請 18 名專家以「第一個主因子 c_1」之思維角度，先評估「c_{11} 次準則」之重要性程度的「可接受之最小值」與「可接受之最大值」，接著，再評估「c_{12} 次準則」、「c_{13} 次準則」…，如此一連貫填完所有「次準則」的評估。回收問卷後，其分析重點找出：(C_1，M_1，D_1) 與 (C_2，M_2，D_2) 落在 1~10 分的位置點。

表 3-6 Max-Min 值之累積表 (N＝18 人，10 點計分量表)

評估值	1	2	3	4	5	6	7	8	9	10
最大 (max) 出現次數	0	0	0	0	1	3	4	1	4	5
$F_1(x)$：最大累計出現次數	0	0	0	0	1	4	**8**	**9**	13	**18**
最小 (min) 出現次數	0	0	4	2	6	1	3	1	1	0
$F_2(x)$：最小累計出現次數	18	18	18	**14**	**12**	6	**5**	2	1	0

Step 2：計算 $F_1(x)$ 及 $F_2(x)$ 的「第一個四分位數」、「中位數」及「第三個四分位數」，以 (C_1，M_1，D_1) 及 (C_2，M_2，D_2) 代表之。

根據上表之 $F_1(x)$ 及 $F_2(x)$ 之最大及最小值累計出現次數，可得 $F_1(x)$ 及 $F_2(x)$ 之第一個四分位數 (18人/4 等分＝4.5)、中位數 (18人/2 等分＝9)、及第三個四分位數 (18 人 (×3/4) 等分＝13.5) 如下所示：

F_1：(C_2，M_2，D_2)＝(7，8，10)

F_2：(C_1，M_1，D_1)＝(4，5，7)

Step3：連結 (C_1，M_1，D_1) 與 (D_2，M_2，C_2) 所產生之交點即為目標之重要性程度值 X^*

在實務操作上，可以 C_1 及 D_2 之算數平均數作為函數 $F_1(X)$ 及 $F_2(X)$ 之交點 (樂觀者最小值與保守者最大值之平均數)，即 X^*，因此「c_{11} 次準則」之重要性程度值 X^*。

$$X^* = (C_1 + D_2) / 2 = (7+7) / 2 = 7$$

假設「c_{11} 次準則」因子之重要性程度為 7 (如表 3-7)。門檻值訂定上，有二種方式：(1) 決策者「主觀」認定，若決策者認為評估因子太少時，可將門檻值降低；反之，評估因子太多時可將門檻值提高。(2)「客觀」採用線性圖 (line chart) 來繪製陡坡分析 (scree test)，由線形圖陡度的轉折點。假設選定之專家共識門檻值為 6.5 (即 threshold value $\geq$ 6.5)，則重要性程度值超過 6.5 以上之準則才予以保留，否則棄之。

彙總各個次因子之重要性程度值後，整理成表 3-7，灰底部分之因子表示未通過 fuzzy Delphi 問卷之因子篩選，包括：c_{12}、c_{21}、c_{22}、c_{31} 四個次準則。

表 3-7 C_1 主準則之下的各因子之模糊 Delphi 法重要性程度值

影響因子	樂觀最小值 C_1	C_2	D_1	保守最大值 D_2	X*	取捨門檻 X* > 6.5
C_{11} 次準則	7	10	4	7	7	取
C_{12} 次準則	5	8	2	4	4.5	捨
C_{13} 次準則	7	10	3	6	6.5	取
C_{14} 次準則	6	9	3	7	6.5	取
C_{15} 次準則	7	10	2	7	7	取
C_{21} 次準則	5	8	3	6	5.5	捨
C_{22} 次準則	4	8	2	5	4.5	捨
C_{31} 次準則	6	6	2	8	7	取
C_{31} 次準則	6	9	1	3	4.5	捨
C_{32} 次準則	7	9	3	6	6.5	取
C_{33} 次準則	7	10	3	7	7	取

二、Max-Min 法之實例

實例 1：手機產品設計之評價模式

分析步驟如下：

1. 手機外觀設計之研究架構

以黃意文 (2007)「建立產品設計評價模式之研究」為例，它先應用 Fuzzy Delphi 法之 Max-Min 法來「篩選」評估準則，接著再以分析層級程式法 (AHP) 之方法來建立「手機產品設計之評價模式」，其研究流程及 AHP 架構如下圖。

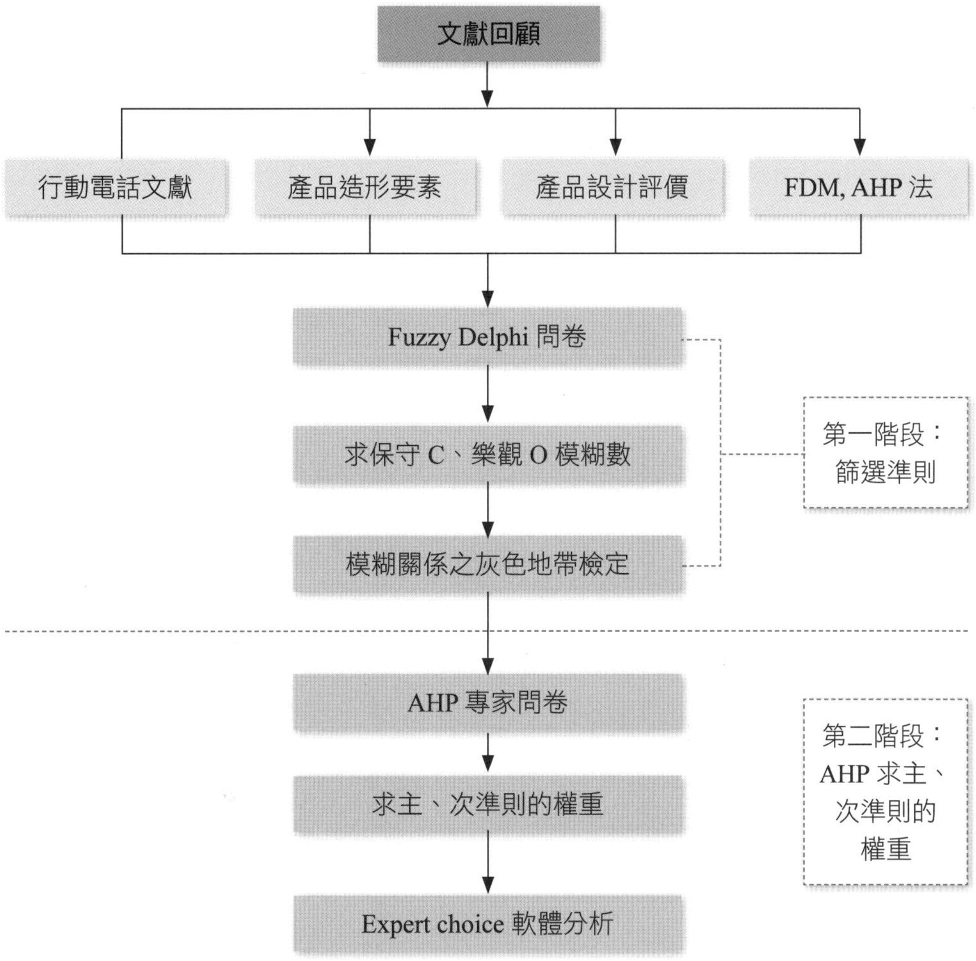

資料來源：黃意文 (2007)「建立產品設計評價模式之研究」

圖 3-8 研究流程圖

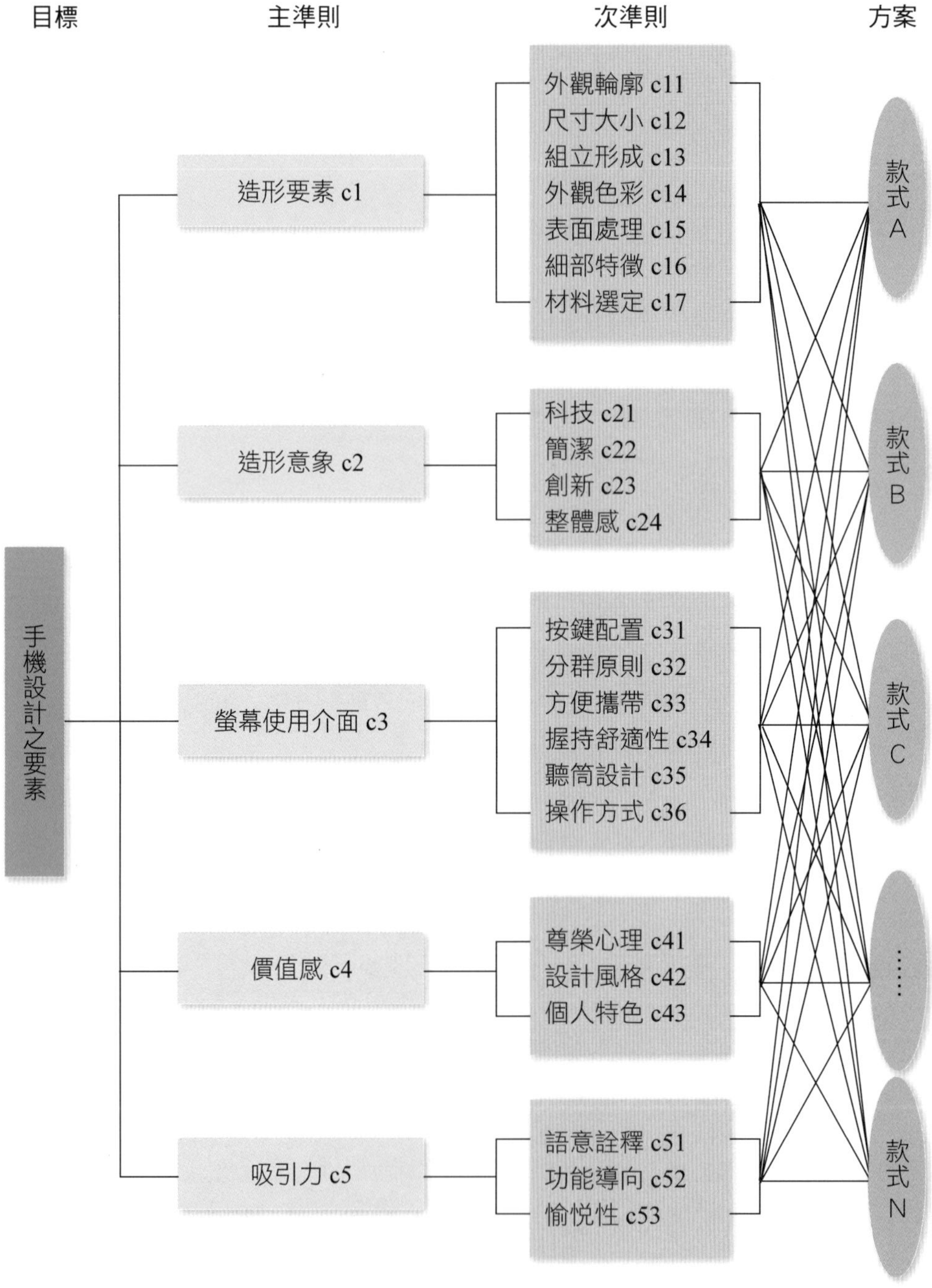

資料來源：黃意文 (2007)「建立產品設計評價模式之研究」

圖 3-9 手機設計準則之 AHP 架構圖 (第二階段)

2. 手機外觀設計之 fuzzy Delphi 問卷內容

根據研究流程，問卷分二階段施測：先 Fuzzy Delphi 問卷初稿，經過「篩選」準則後，保留的「構面 or 準則」再做第二階段 AHP 問卷施測。

第一階段請六位專家 (從事消費性電子產品開發與設計之工業設計相關人士及具新產品開發實務經驗學者)，針對表 3-8「手機設計各準則之重要性」每一項原則性準則重要性程度採用 0~10 分的計分方式，專家問卷回收後，再進行 Max-Min 法之篩選來「建立產品設計評價模式」。

Step 1：Fuzzy Delphi 問卷初稿 (第一階段)

表 3-8 「手機設計各準則之重要性」初稿問卷之內容 (N＝6)

	重要性程度	可接受的範圍	
	最有可能之單一值	可接受的最小值 (Min)	可接受的最大值 (Max)
評估因子	(1~10)	(1~10)	
1 造形要素：			
包括外觀輪廓、尺寸大小組立形式、外觀色彩、表面處理、細部特徵、材料選定。	(　)	(　)	(　)
2 造形意象：			
包括科技、簡潔、創新、整體感。	(　)	(　)	(　)
3 螢幕使用介面：			
包括數字按鍵配置、功能按鍵配置、顯示螢幕配置、分群原則、攜帶便利性、握持舒適性、聽筒設計、操作方式。	(　)	(　)	(　)
4 附加功能之介面：			
包括攝影鏡頭、揚聲器孔、耳機孔、USB 充電孔/座充充電孔、記憶卡擴充槽。	(　)	(　)	(　)
5 價值感：			
包括包括尊榮心理、設計風格、個人特色、流行趨勢與特性。	(　)	(　)	(　)

表 3-8 「手機設計各準則之重要性」初稿問卷之內容 (N＝6) (續)

	重要性程度	可接受的範圍	
	最有可能之單一值	可接受的最小值 (Min)	可接受的最大值 (Max)
評估因子	(1~10)	(1~10)	
6綠色環保：			
包括電池回收、自然素材、面板更換	(　)	(　)	(　)
7 吸引力：			
包括現有品牌引導、語意詮釋、功能導向、愉悅性	(　)	(　)	(　)

資料來源：黃意文 (2007)「建立產品設計評價模式之研究」

Step 2：AHP 問卷內容 (第二階段)

第二階段 AHP「手機設計」問卷施測共有 7 個構面之評估準則，問卷格式係將 fuzzy Delphi 問卷改成「成對比較」的方式來調查 (如表 3-9)。整個 Max-Min 法分析結果，整理成表 3-10、表 3-11，這兩個表中詳述各項評估準則的專家共識值。

至於，各準則之「篩選」標準，係採用線形圖 (line chart) 進行陡坡分析 (scree test)，由線形圖陡度的驟降處，來選定門檻值為 6.51 (即 threshold value ≥ 6.0)。故主準則只保留：造形要素、造形意象、視覺喜好之使用介面、價值感、吸引力五項影響因數納為重要評估準則 (專家共識門檻值高達 6.00)，做為下一階段分析層級程式法應用之依據。

表 3-9 「手機設計各準則之重要性」AHP 成對比較之問卷內容

(一) 設計主準則部份

成對比較值 次項目	絕對重要 9：1	極重要 7：1	頗重要 5：1	稍重要 3：1	相等 1：1	稍不重要 1：3	頗不重要 1：5	極不重要 1：7	絕對不重要 1：9	成對比較值 次項目
造形要素 c1										造形意象 c2
造形要素 c1										螢幕使用介面 c3
造形要素 c1										價值感 c4
造形要素 c1										吸引力 c5
造形意象 c2										螢幕使用介面 c3
造形意象 c2										價值感 c4
造形意象 c2										吸引力 c5
螢幕使用介面 c3										價值感 c4
螢幕使用介面 c3										吸引力 c5
價值感 c4										吸引力 c5

(二) 「**C1** 造形要素」次準則之重要性

成對比較值 次項目	絕對重要 9：1	極重要 7：1	頗重要 5：1	稍重要 3：1	相等 1：1	稍不重要 1：3	頗不重要 1：5	極不重要 1：7	絕對不重要 1：9	成對比較值 次項目
外觀輪廓 c11										尺寸大小 c12
外觀輪廓 c11										組立形式 c13
外觀輪廓 c11										外觀色彩 c14
外觀輪廓 c11										表面處理 c15
外觀輪廓 c11										細部特徵 c16
外觀輪廓 c11										材料選定 c17
尺寸大小 c12										組立形式 c13

表 3-9 「手機設計各準則之重要性」AHP 成對比較之問卷內容 (續)

成對比較值 / 次項目	絕對重要 9:1	極重要 7:1	頗重要 5:1	稍重要 3:1	相等 1:1	稍不重要 1:3	頗不重要 1:5	極不重要 1:7	絕對不重要 1:9	成對比較值 / 次項目
尺寸大小 c12										外觀色彩 c14
尺寸大小 c12										表面處理 c15
尺寸大小 c12										細部特徵 c16
尺寸大小 c12										材料選定 c17
組立形式 c13										外觀色彩 c14
組立形式 c13										表面處理 c15
組立形式 c13										細部特徵 c16
組立形式 c13										材料選定 c17
外觀色彩 c14										表面處理 c15
外觀色彩 c14										細部特徵 c16
外觀色彩 c14										材料選定 c17
表面處理 c15										細部特徵 c16
細部特徵 c16										材料選定 c17

(三)「造形意象 c2」次準則之重要性

成對比較值 / 次項目	絕對重要 9:1	極重要 7:1	頗重要 5:1	稍重要 3:1	相等 1:1	稍不重要 1:3	頗不重要 1:5	極不重要 1:7	絕對不重要 1:9	成對比較值 / 次項目
科技 c21										簡潔 c22
科技 c21										創新 c23
科技 c21										整體感 c24
簡潔 c22										創新 c23
簡潔 c22										整體感 c24
創新 c23										整體感 c24

表 3-9 「手機設計各準則之重要性」AHP 成對比較之問卷內容 (續)

(四)「螢幕使用介面 c3」次準則之重要性

成對比較值 / 次項目	絕對重要	極重要	頗重要	稍重要	相等	稍不重要	頗不重要	極不重要	絕對不重要	成對比較值 / 次項目
	9：1	7：1	5：1	3：1	1：1	1：3	1：5	1：7	1：9	
按鍵配置 c31										操作方式 c36
分群原則 c32										方便攜帶 c33
分群原則 c32										握持舒適性 c34
分群原則 c32										聽筒設計c35
分群原則 c32										操作方式 c36
方便攜帶 c33										握持舒適性 c34
方便攜帶 c33										聽筒設計 c35
方便攜帶 c33										操作方式 c36
握持舒適性 c34										聽筒設計 c35
握持舒適性 c34										操作方式 c36
聽筒設計 c35										操作方式 c36
按鍵配置 c31										分群原則 c32
按鍵配置 c31										方便攜帶 c33
按鍵配置 c31										握持舒適性 c34
按鍵配置 c31										聽筒設計 c35

(五)「價值感 c4」次準則之重要性

成對比較值 / 次項目	絕對重要	極重要	頗重要	稍重要	相等	稍不重要	頗不重要	極不重要	絕對不重要	成對比較值 / 次項目
	9：1	7：1	5：1	3：1	1：1	1：3	1：5	1：7	1：9	
尊榮心理 c41										設計風格 c42
尊榮心理 c41										個人特色 c43

表 3-9 「手機設計各準則之重要性」AHP 成對比較之問卷內容 (續)

成對比較值 / 次項目	絕對重要 9：1	極重要 7：1	頗重要 5：1	稍重要 3：1	相等 1：1	稍不重要 1：3	頗不重要 1：5	極不重要 1：7	絕對不重要 1：9	成對比較值 / 次項目
尊榮心理 c41										流行趨勢與特性 c44
設計風格 c42										個人特色 c43
設計風格 c42										流行趨勢與特性 c44
個人特色 c43										流行趨勢與特性 c44

(六)「吸引力 **c5**」次準則之重要性

成對比較值 / 次項目	絕對重要 9：1	極重要 7：1	頗重要 5：1	稍重要 3：1	相等 1：1	稍不重要 1：3	頗不重要 1：5	極不重要 1：7	絕對不重要 1：9	成對比較值 / 次項目
語意詮釋 c51										功能導向 c52
語意詮釋 c51										愉悅性 c53
功能導向 c52										愉悅性 c53

3. 手機設計要素之 fuzzy Delphi 分析結果

以 Max-Min 法對 7 個「手機設計要素」，所進行的準則篩選，如下表所示。

表 3-10 Max-Min 法對七個主準則分析的結果 (N＝6 人)

準則		1	2	3	4	5	6	min	max	幾何 M	共識 Gi	標準差	算數 M	Min-s	Max-s
C1	單一值 最佳值	8	8	8	7	8	9	7	9	7.98	8.81	8.00	7	9	8
	最小值 保守者 C	6	6	7	6	7	8	6	8	6.63		6.67	5	8	6
	最小值 樂觀者 O	9	9	9	9	10	10	9	10	9.32		9.33	8	10	9
C2	單一值 最佳值	5	7	9	5	8	8	5	9	6.82	6.86	7.00	4	10	5
	最小值 保守者 C	3	5	8	3	7	7	3	8	5.10		5.50	1	10	3
	最小值 樂觀者 O	6	9	10	7	10	8	6	10	8.19		8.33	5	12	6
C3	單一值 最佳值	7	8	8	8	7	9	7	9	7.80	7.47	7.83	6	9	7
	最小值 保守者 C	6	5	7	6	6	7	5	7	6.13		6.17	5	8	6
	最小值 樂觀者 O	9	9	8	10	9	9	8	10	8.98		9.00	8	10	9
C4	單一值 最佳值	5	6	7	4	5	8	4	8	5.68	5.79	5.83	3	9	5
	最小值 保守者 C	3	4	5	3	4	7	3	7	4.14		4.33	1	7	3
	最小值 樂觀者 O	6	7	8	5	7	9	5	9	6.88		7.00	4	10	6
C5	單一值 最佳值	8	5	8	6	9	8	5	9	7.19	7.0	7.33	4	10	8
	最小值 保守者 C	6	3	7	4	8	7	3	8	5.52		5.83	2	10	6
	最小值 樂觀者 O	10	6	10	7	10	9	6	10	8.50		8.67	5	12	10

表 3-10 Max-Min 法對七個主準則分析的結果 (N＝6 人) (續)

準則		1	2	3	4	5	6	min	max	幾何 M	共識 Gi	標準差	算數 M	Min-s	Max-s
C6	單一值最佳值	5	6	7	3	3	6	3	7	4.74	4.46	5.00	2	8	5
	最小值保守者	3	5	5	1	1	5	1	5	2.69		3.43	-1	7	3
	最小值樂觀者	6	7	8	5	4	7	4	8	6.01		6.17	3	9	6
C7	單一值最佳值	6	5	8	5	8	7	5	8	6.38	6.00	6.50	4	9	6
	最小值保守者	4	4	6	4	6	6	4	6	4.90		5.00	3	7	4
	最小值樂觀者 O	8	6	10	7	10	8	6	10	8.03		8.17	5	11	8

資料來源：黃意文 (2007)「建立產品設計評價模式之研究」

表 3-11 Max-Min 法之篩選結果 (N=6 人)

評估因數	最小值 Ci		最大值 Oi		單一值		幾何平均值 M			檢定值Zi	專家共識 Gi	取捨 >6.0
	min	max	min	max	min	max	Ci	Oi	單一值			取
造形要素	6	8	9	10	7	9	6.63	9.32	7.98	3.70	8.81	取
造形意象	3	8	6	10	5	9	5.10	8.19	6.82	1.09	6.86	取
視覺喜好介面	5	7	8	10	7	9	6.13	8.98	7.80	3.85	7.47	取
附加功能介面	3	7	5	9	4	8	4.14	6.88	5.68	0.74	5.79	捨
價值感	3	8	6	10	5	9	5.52	8.50	7.19	0.99	7.00	取
綠色環保	1	5	4	8	3	7	2.69	6.01	4.74	2.32	4.46	捨
吸引力	4	6	6	10	5	8	4.90	8.03	4.74	3.13	6.00	取
造形意象	3	8	6	10	5	9	5.10	8.19	6.82	1.09	6.86	取
視覺使用介面	5	7	8	10	7	9	6.13	8.98	7.80	3.85	7.47	取

資料來源：黃意文 (2007)「建立產品設計評價模式之研究」

註：灰色區塊表示經陡坡分析未達共識門檻值 (6.00) 而捨棄之評估因數。

上面表格，顯示手機設計之 7 個主準則中，Max-Min 法共刪除二個構面 (附加功能介面、綠色環保)；保留五個構面 (造形要素 c1、造形意象 c2、視覺喜好介面 c3、價值感、c4 視覺使用介面 c5)。接著再將這五個構面，進行第二階段之 AHP 分析，以找出主、次準則之權重，來表示各準則的重要程度。最後，將這些準則權重，代入第三階段「準則-設計方案」串聯 (即第三層次準則及第四層方案的串聯)，便可求出這五種手機款式 (方案) 綜合績效，綜合績效「最大」者就是「最佳」手機設計款式 (方案)。

至於 AHP 分析如何求出各準則的權重，最簡便的工具就是使用 Expert Choice 或 ChoiceMaker 軟體來進行，如書中所附的 CD 中，就有 Expert Choice 操作說明，及 ChoiceMaker 完整實例分析。

3.5.2 模糊積分法 (Fuzzy Integration)

模糊積分法 (Fuzzy Integration) 是以「模糊測度」為基礎的一種綜合評估方法，且模糊積分並不需要假設評估構面間相互獨立，在量測方面只要符合單調性就可使用 (Lee et al.，2000)，主要應用於處理主觀價值判斷的評估問題。

Choquet 模糊積分法的概念如下：

首先詢問專家預測「最有可能達成時間 x_t」及「最不可能達成時間 x_u」，爾後經由所回收資料的問卷項目，分別建立「可能達成」和「不可能達成」之隸屬函數 $h_t(x)$ 與 $h_u(x)$，並定義兩者的「交集」函數為 $h_i(x) = \min(h_t(x), h_u(x))$。最後，再經由模糊積分之演算得到每一年的可能達成值，其中最大值者 (Max) 即為所求之預測值，如圖 3-10 所示。

【定義】Choquet 積分

若 g 為一模糊測度 (代表「各準則重要性的權重」)，h 為「各準則的績效」，則 h 對於 g 的 Choquet 積分以符號「$(c)\int hdg$」表示，並定義如下：

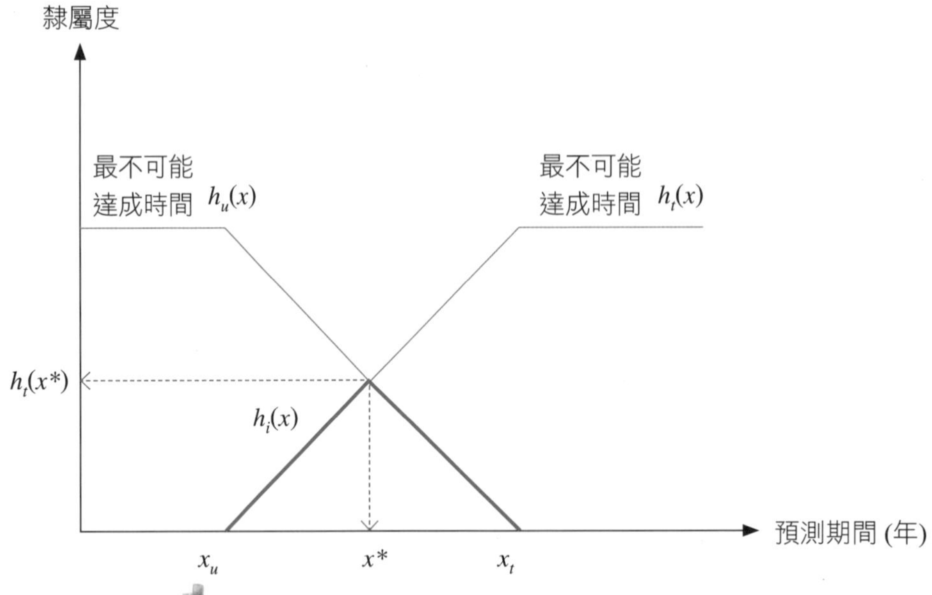

圖 3-10 問卷項目之隸屬函數 (Ishikawa，1993)

$$(c)\int hdg=\sum_{i=1}^{n}[h(x_i)-h(x_{i-1})]\cdot g(E_i)$$

$$(c)\int hdg=h(x_n)g(H_n)+\left[h(x_{n-1})-h(x_n)\right]g(H_{n-1})+\cdots+\left[h(x_1)-h(x_2)\right]g(H_1)$$
$$=h(x_n)\left[g(H_n)-g(H_{n-1})\right]+h(x_{n-1})\left[g(H_{n-1})-g(H_{n-2})\right]+\cdots+h(x_1)g(H_1)$$

其中 $h(x_0)=0$

上述定義，假設 h 為一定義在 X 的非負實數值可衡量函數 (nonnegative real-valued measurable function) 且 $h:X\rightarrow[0,1],\ i=1,2,\cdots,n$ ，$h(x_j)$ 代表在 x_j 的績效值。在計算 Choquet 積分時，要先將原始的 $x_1, x_2, ..., x_n$ 重新編號 (由小到大排序)，亦即擁有 $Max\{h(x_j)|j=1,2,\cdots,n\}$ 的元素是為 x_n，使得該數列是由小到排序過數列，使得 $h(x^1)\geq h(x^2)\geq\cdots\geq h(x^n)$ 。

Choquet 積分之示意圖如圖 3-11 所示。易言之，Choquet 積分，即由上而下計算「橫向每塊矩形面積」之總和。

有關模糊積分的分析步驟，模糊積分的公式如何再搭配成對比較矩陣 $\tilde{A}_{n\times n}=[\tilde{a}_{ij}]_{n\times n}$，請詳見第二章 or 第四章「實例 3」。

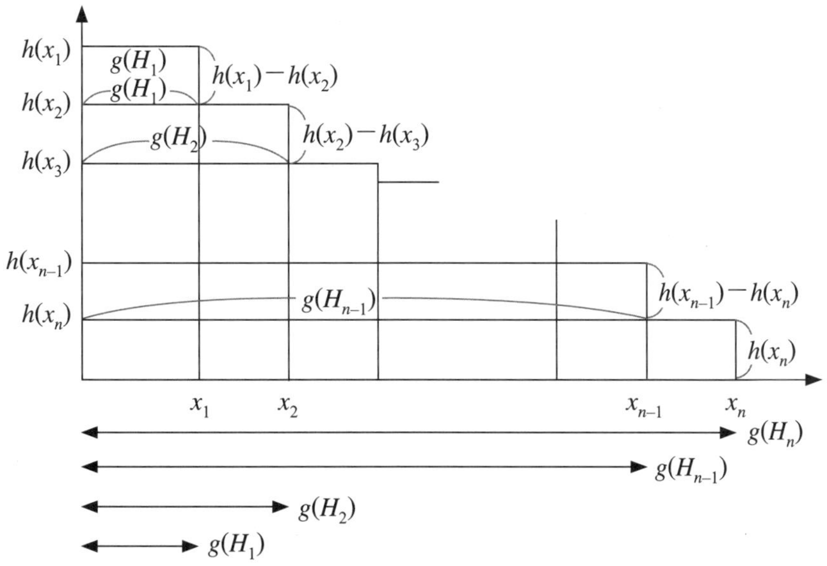

圖 3-11 Choquet 模糊積分示意圖

3.5.3 雙三角模糊數 Delphi 法

一、雙三角模糊數之原理

假如我們想預估，高速公路導入電子收費系統時駕駛者對車載單元器可能接受的市場價格。像這類 fuzzy Delph i的例子，其分析步驟如下：

Step 1：建立隸屬函數 (Membership Function)

首先詢問專家預測實行後駕駛者對車載單元器可能接受的市場價格「極可能之最低值 Xu」及「極可能之最高值 Xt」，取問卷中各專家對此項之極可能接受價格的金額下限為左端點，而以極可能接受價格的金額上限為右端點，在上限及下限之外的金額令其隸屬度為 0，而令上下限積分後之隸屬為 1，為該專家對此項之模糊隸屬函數，並據此畫出模糊三角隸屬函數，因此 n 份專家之回應將有 n 個模糊三角隸屬函數。而每一位專家同時亦對其答案回答其信心指數。

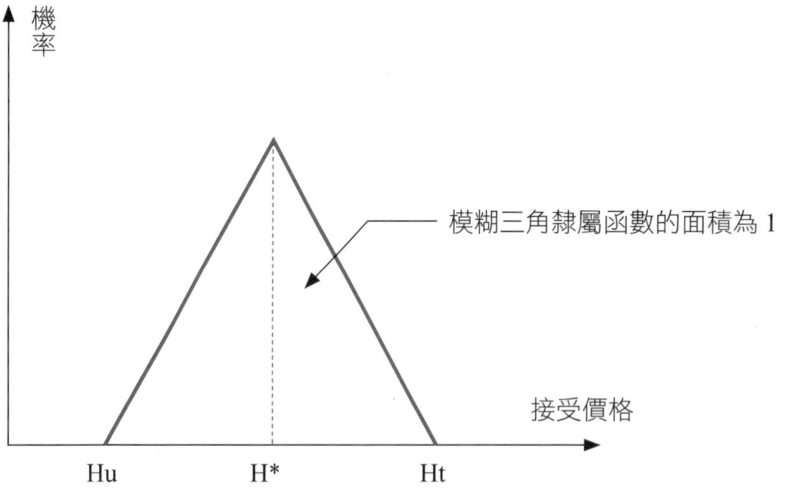

圖 3-12 模糊三角隸屬函數

Step 2：求出隸屬函數值 (M. F. Value)

對某一價格，例如新台幣 1200 元，求出其與隸屬函數的交點，亦即取得在專家群中對該價格，受付予的模糊隸屬函數值群，將此群隸屬函數模糊值 (M.F.value) 依遞減方式排列為：$h(u_1), h(u_2), h(u_3), h(u_4), h(u_5)$，而其對應之專業信度分別為：$g_1, g_2, g_3, g_4, g_5$，如下表所示。

表 3-12 價格 1200 元對應專家之隸屬函數與信度 g(ui) 及分布函數 H(u)

		u_1	u_2	u_3	u_4	u_5
隸屬函數	h_{1200} (ui)	1	0.8	0.5	0.2	0.1
專家信度	g (ui)	0.2	0.1	0.5	0.1	0.1
分布函數＝專家信度的累積	H (ui)	0.2	0.3	0.8	0.9	1

Step 3：計算模糊積分值 (μ)

將相對應專家專業程度以累積加成一遞增函數並標準成最大值為 1 (注意：專家信度將調整)，此為 *Hi* 函數模糊積分值 (μ)

$$\mu = \int_{v} h(u_i) \circ g(u_i) = \overset{n}{\underset{i=1}{V}}[h(u_i) \wedge H(u_i)] = \overset{n}{\underset{i=1}{V}}[h(u_i) \wedge g(u_i)]$$

對於選定的 H(u)，其理論具有下列性質：

(1) $0 \le H\ (u) \le 1,\ u \in R$

(2) $u \le v,\ \Rightarrow h(u) \le H(v)$

(3) $\underset{u \to a^+}{Lim} H(a) = H(a)$

(4) $\underset{u \to -\infty}{Lim} H(u) = 0, \underset{u \to \infty}{Lim} H(u) = 1$

H(*u*) 為一累積分佈函數，若將 g_i 值定義如下：

(1) $g_1 = H(u_1)$

(2) $g_i = H(u_i) - H(h_{i-1}), 2 \le i \le n$

依此原則便可得到 $H(u_i)$ 的序列，如下：

$$H(u_1) = g1 = 0.2$$
$$H(u_2) = g2 = 0.3$$
$$H(u_3) = g3 = 0.8$$
$$H(u_4) = g4 = 0.9$$
$$H(u_5) = g5 = 1$$

表 3-12 顯示此由小至大數列 $H(u_i)$ (即 g_i)。μ 代表專家綜合評價，其算法如下：

$$\mu = \int_v h(u_i) \circ g(u_i) = \bigvee_{i=1}^{n}[h(u_i) \wedge H(u_i)] = \bigvee_{i=1}^{n}[h(u_i) \wedge g(u_i)]$$
$$= (1 \wedge 0.2) \vee (0.8 \wedge 0.3) \vee (0.5 \wedge 0.8) \vee (0.2 \wedge 0.9)$$
$$= (0.2) \vee (0.3) \vee (0.5) \vee (0.2)$$
$$=0.5$$

經求出 0.5 為專家群對市場接受價格為新台幣 1200 元的綜合評價值。

Step 4：決定預測值 χ

X^* (預測值)＝max μ

依此方式針對其他可能之市場接受價格一一進行步驟一至三，求出其他價格之綜合評價值，並以綜合評價值中之最大值，μ 表示調查所得專家認為當高速公路導入電子收費系統時，駕駛者對車載單元器的最為可能接受的市場價格。

二、雙三角模糊數之分析步驟

雙三角模糊數的 fuzzy Delphi 法，乃鄭滄濱 (2001) 修改自陳昭宏 (2001) 之 fuzzy Delphi 法，且對該方法作了部份修正，以減少問卷重複調查的次數。

這種應用「雙三角模糊數」整合專家意見，特別適合做「評估準則」的篩選，而其中的「灰色地帶檢定法」更有效地檢驗專家認知是否呈現一致的收斂(也就是達成共識)。雙三角模糊數檢定方法的應用及步驟詳細說明如下 (衛萬里，民 96)：

Step 1：就所有考量之評估項目設計模糊專家問卷，並組成適當的專家小組，請每位專家針對各個評估項目，給予一個可能之區間數值。此區間數值之「最小值」表示此專家對該評估項目量化分數的「最保守認知值」；而此區間數值之「最大值」則表示此專家對該評估項目量化分數的「最樂觀認知值」。

Step 2：對每一項評估項目 i，分別統計所有專家給予之「最保守認知值」與「最樂觀認知值」，並將落於「兩倍標準差」以外之極端值予以排除。再分別計算未被排除之剩餘「最保守認知值」中的最小值 C_L^i、幾何平均值 C_M^i 和最大值

C_U^i，以及「最樂觀認知值」中的最小值 O_L^i、幾何平均值 O_M^i 和最大值 O_U^i。

Step 3：分別建立由步驟二所計算出的每一個評估項目 ***i*** 之「最保守認知值」的三角模糊數 $C^i=(C_L^i, C_M^i, C_U^i)$ 及「最樂觀認知值」的三角模糊數 $O^i=(O_L^i, O_M^i, O_U^i)$，如圖 3-13 所示。

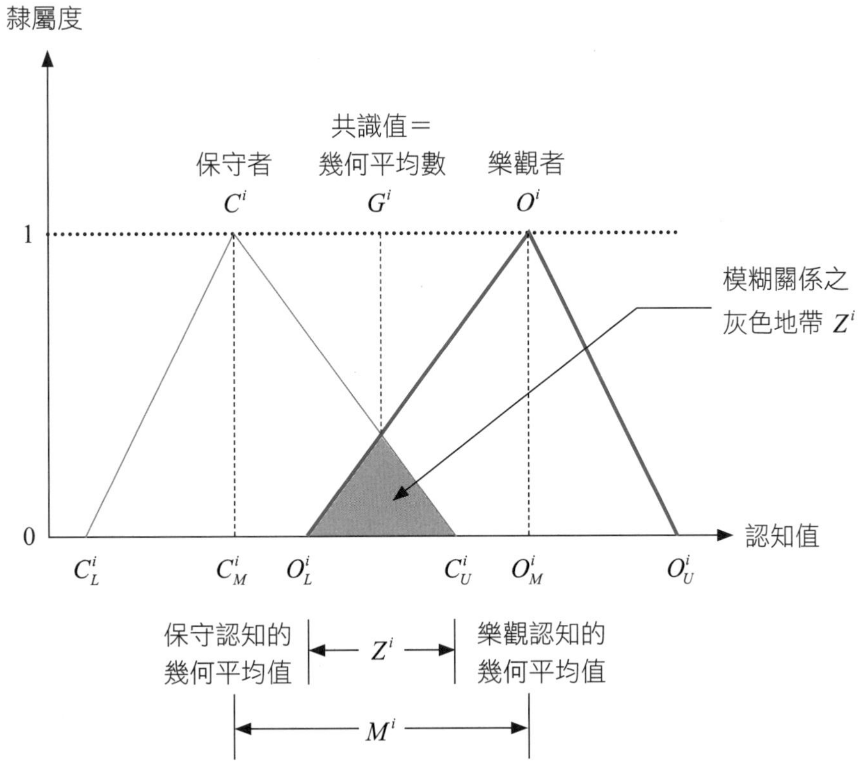

圖 3-13 雙三角模糊數圖 (鄭滄濱，1996)

Step 4：檢驗專家之意見是否達到共識可藉由下述之方式判斷：

(情況 1) 若兩三角模糊數無重疊現象：亦即 $C_U^i \le O_L^i$，則表示各專家之意見區間值具有共識區段，且意見趨於共識區段範圍內。因此，令此評估項目 ***i*** 之「共識重要程度值」$G^i = C_M^i$ 與 O_M^i 之算術平均值，則表示為

$G^i=(C_M^i+O_M^i)/2$。

(情況 2) 若兩三角模糊數有重疊現象：亦即 $C_U^i > O_L^i$，且模糊關係之灰色地帶「$Z^i = C_U^i - O_L^i$」小於專家對該評估項目「樂觀認知的幾何平均值」與「保守認知的幾何平均值」之區間範圍「$M^i = O_M^i - C_M^i$」(如圖 3-13 情況)，則表示各專家之意見區間值雖無共識區段，但給予極端值意見的兩位專家 (樂觀認知中的最保守 O_L^i 及保守認知中的最樂觀 C_U^i) 並無與其他專家之意見相差過大而導致意見分歧發散。因此，令此評估項目 $\boldsymbol{i}$ 之「共識重要程度值」G^i 等於對兩三角模糊數之模糊關係做交集 (min) 運算所得之模糊集合，再求出該模糊集合具有最大隸屬度值的量化分數。

例如，對 x 屬於 X 而言，μ_A 的值 μ_A(x) 稱為隸屬度 (grade of membership) 或適合度，表示隸屬於模糊集合 A 的程度。二個集合做交集，即：

$$A \cap B \Leftrightarrow \mu_{A \cap B}(x) = \min\{\mu_A(x),\ \mu_B(x)\}$$

隸屬度的計算公式如下：

當模糊集合 A＝(L, M, U) 在 X 為三角模糊數時，

其隸屬函數 $\mu_A : X \to [0,1]$ 可表示成：

$$\mu_{\tilde{A}}(x) = \begin{cases} \dfrac{x-L}{M-L}, & \mathrm{L} \le \chi \le \mathrm{M} \\ \dfrac{\chi-\mathrm{U}}{\mathrm{M}-\mathrm{U}}, & \mathrm{M} \le \chi \le \mathrm{U} \\ 0 & , \text{otherwise} \end{cases}$$

(情況 3) 若兩三角模糊數有重疊現象：亦即 $C_U^i > O_L^i$，且模糊關係之灰色地帶 $Z^i = C_U^i - O_L^i$ 大於區間範圍 $M^i = O_M^i - C_M^i$ 之，則表示各專家之意見區間值既無共識區段，且給予極端值意見的兩位專家 (樂觀認知中的最保守及保守認知中的最樂觀) 與其他專家之意見相差過大，導致意見分歧發散。因此，將這些意見未收斂之評估項目提供給專家參考，並重複步驟一至四，進行另一回合的問卷調查，直到所有評估項目皆能達到收斂，並求出共識重要程度值 G^i 為止。

3.5.4 雙三角模糊數之實例一

以衛萬里 (2007)「應用分析網路程序法選擇最佳產品設計方案之決策分析模

式」為例，共邀請 10 位決策專家，針對表 3-13 所列「電子消費性產品」開發設計時，所須審慎考量的各項原則性評估因子 (essential evaluation factor) 之重要性程度，給予 0~10 分的評分。此 fuzzy Delphi 專家問卷調查，旨在篩選出電子公司於評選產品設計方案時重要的評估準則，包括：市場需求、產品定位、產品設計、生產製造、技術支援、財務分析、廣告行銷、售後服務及綠色環保等九項。

表 3-13 Fuzzy Delphi 問卷內容 (第一位決策者填答)

針對「可攜式多媒體電子消費性產品」設計方案選擇之評估指標建立，下列各準則之重要性如何？

評估準則	準則釋義	重要性程度分數 (0-10)		
		最小值 保守者 (C^i)	最佳值 單一值	最大值 樂觀者 (O^i)
1. 市場需求	依市場供需面和景氣循環，透過產品企劃與市場研究所擬定之替選方案是否符合企業目標。主要的考量因素可歸納為：a) 市場供需情形；b) 機會點及 c) 景氣對抗性。	<u>6</u>	<u>8</u>	<u>10</u>
2. 產品定位	就市場分析比較各替選方案之競爭優勢及擬定設計規範上進行評估。主要的考量因素可包含：a) 差異取向；b) 產品價位；c) 功能需求及 d) 操作介面。	<u>7</u>	<u>8</u>	<u>9</u>
3. 產品設計	對各替選方案就影響產品外觀美感之造形屬性進行評估。主要的考量因素可包含：a) 外觀形體特徵；b) 材質應用；c) 表面處理及 d) 色彩搭配。	<u>7</u>	<u>8</u>	<u>9</u>
4. 生產製造	對各替選方案生產效益及製造成本上進行評估。主要的考量因素可包含：a) 生產投資成本；b) 製造加工流程；c) 生產線整合；d) 品質控管及 e) 安全規格。	<u>5</u>	<u>7</u>	<u>9</u>
5. 技術支援	對各替選方案新科技及新技術的取得管道或自行研發能力的提昇進行評估。主要的考量因素可包含：a) 新科技轉移；b) 技術研發團隊及 c) 設計整合。	<u>2</u>	<u>4</u>	<u>6</u>

表 3-13 **Fuzzy Delphi 問卷內容 (第一位決策者填答) (續)**

評估準則	準則釋義	重要性程度分數 (0-10)		
		最小值 保守者 (C^i)	最佳值 單一值	最大值 樂觀者 (O^i)
6. 財務分析	對各替選方案受外界環境影響下，在財務上的調配與因應進行評估。主要的考量因素可歸納為：a) 投資報酬率；b) 投資風險面及 c) 資金投入量。	2	4	6
7. 廣告行銷	對各替選方案利用行銷手法打動消費族群心理層面上的需求和期望進行評估。主要的考量因素可包含：a) 價格策略；b) 訴求階層及 c) 顧客需求。	4	6	8
8. 售後服務	對各替選方案在使用說明和售後維修上進行評估。主要的考量因素可包含：a) 組裝便利性；b) 保固期及 c) 零組件更換。	2	5	8
9. 綠色環保	對各替選方案在社會責任和綠色永續生存意識上進行評估。主要的考量因素可包含：a) 產品使用材質；b) 包裝及平面製作物素材及 c) 環保法規。	2	4	6

資料來源：衛萬里 (2007) 應用分析網路程序法選擇最佳產品設計方案之決策分析模式

接著將 Delphi 回收問卷之資料，採用上述雙三角模糊數之方法，即可根據表 3-14 公式對照表來完成表 3-15 的結果。

表 3-14 問卷回收之統計表的公式對照表 (以第一位決策人員為例)

評估準則		決策人員										min	max	幾何均數 M	共識 Gi
		1	2	3	4	5	6	7	8	9	10				
市場需求	單一值 最佳值	8	6	6	9	8	6	8	6	7	6				7.38
	最小值 C 保守者	6	6	5	4	8	6	5	6	5	5	C_L^i	C_U^i	C_M^i	
	最大值 O 樂觀者	10	9	7	8	10	10	7	9	8	8	O_L^i	O_U^i	O_M^i	

資料來源：衛萬里 (2007) 應用分析網路程序法選擇最佳產品設計方案之決策分析模式

表 3-15 問卷回收之統計表 (N＝10 人)

評估準則		決策人員										min	max	幾何均數 M	共識 Gi	算數平均	Min-s	Max-s
		1	2	3	4	5	6	7	8	9	10							
市場需求	單一值	8	6	6	9	8	6	8	6	7	6	6	9	7.12	7.38	7.20	5	9
	最小值 C	6	6	5	4	8	6	5	6	5	5	4	8	5.51		5.60	3	8
	最大值 O	10	9	7	8	10	10	7	9	8	8	7	10	8.53		8.60	6	11
產品定位	單一值	8	8	8	7	9	9	7	7	9	8	7	9	7.96	8.00	8.00	6	10
	最小值 C	7	6	6	5	8	7	6	6	8	7	5	8	6.54		6.60	5	9
	最大值O	9	9	9	9	10	10	8	8	10	9	8	10	9.07		9.10	8	11
產品設計	單一值	8	7	8	5	6	7	6	7	5	7	5	8	6.52	7.00	6.60	4	9
	最小值 C	7	6	7	3	5	5	5	5	4	5	3	7	5.06		5.20	3	8
	最大值 O	9	8	10	7	7	9	8	9	7	8	7	10	8.14		8.20	6	10
生產製造	單一值	7	5	8	5	9	8	5	6	7	6	5	9	6.46	6.77	6.60	4	9
	最小值 C	5	4	7	3	8	7	3	5	5	4	3	8	4.84		5.10	2	9
	最大值 O	9	6	10	7	10	9	6	8	9	7	6	10	7.97		8.10	5	11
技術支援	單一值	4	6	9	5	7	6	4	6	5	6	4	9	5.64	6.51	5.80	3	9
	最小值 C	2	5	8	3	6	5	3	5	4	4	2	8	4.20		4.50	1	8
	最大值 O	6	8	10	7	8	7	6	8	6	8	6	10	7.31		7.40	5	10

表 3-15 問卷回收之統計表 (N＝10 人) (續)

評估準則		決策人員										min	max	幾何均數 M	共識 Gi	算數平均	Min-s	Max-s
		1	2	3	4	5	6	7	8	9	10							
財務分析	單一值	4	5	7	6	9	7	6	5	5	6	4	9	5.86		6.00	3	9
	最小值 C	2	4	5	4	8	5	5	4	3	5	2	8	4.25	6.58	4.50	1	8
	最大值 O	6	6	8	8	10	10	9	6	6	8	6	10	7.54		7.70	4	11
廣告行銷	單一值	6	7	9	7	9	7	8	7	6	7	6	9	7.23		7.30	5	9
	最小值 C	4	5	8	5	8	5	5	5	5	6	4	8	5.47	7.42	5.60	3	8
	最大值 O	8	9	10	9	10	10	9	9	7	8	7	10	8.85		8.90	7	11
售後服務	單一值	5	4	7	5	6	7	5	4	6	5	4	7	5.30		5.40	3	8
	最小值 C	2	3	6	3	5	6	3	3	4	4	2	6	3.79	7.42	3.90	1	7
	最大值 O	8	6	8	7	7	8	6	5	7	6	5	8	6.73		6.80	3	9
綠色環保	單一值	4	4	6	4	5	5	4	4	5	4	4	6	4.45		4.50	3	6
	最小值 C	2	3	5	2	4	4	3	2	3	3	2	5	2.96	5.00	3.10	1	5
	最大值 O	6	6	8	6	7	6	5	5	6	5	5	8	5.94		6.00	4	8

資料來源：衛萬里 (2007) 應用分析網路程序法選擇最佳產品設計方案之決策分析模式

最後，將各項評估因子的專家共識值 G^i 詳列於表 3-16 最右欄。為了讓篩選的結果更具說服力與合理性， 再進一步應用圖 3-14 的線形圖 (line chart) 進行陡坡分析 (scree test)，由線形圖陡度的驟降處，來選定專家共識門檻值為 6.51 (即-threshold value ≥ 6.51)，故市場需求、產品定位、產品設計、生產製造、技術支援、財務分析及廣告行銷等七項因子被視為重要評估準則 (evaluation criteria)，其餘二個評估準則則捨棄不用。

表 3-16 Fuzzy Delphi 法評估準則統計分析篩選結果 (N＝10 人)

評估因子	保守值 C^i		樂觀值 O^i		單一值 a^i		幾何平均數 M			檢定值	專家共識值
	Min	Max	Min	Max	Min	Max	C^i	O^i	a^i	M^i-Z^i	G^i
市場需求	4	8	7	10	6	9	5.51	8.53	7.12	2.02	7.38＞6.51
產品定位	5	8	8	10	7	9	6.54	9.07	7.96	2.53	8.00＞6.51
產品設計	3	7	7	10	5	8	5.06	8.14	6.52	3.08	7.00＞6.51
生產製造	3	8	6	10	5	9	4.84	7.97	6.46	1.13	6.77＞6.51
技術支援	2	8	6	10	4	9	4.20	7.31	5.64	1.11	6.51＝6.51
財務分析	2	8	6	10	4	9	4.25	7.54	5.86	1.29	6.58＞6.51
廣告行銷	4	8	7	10	6	9	5.47	8.85	7.23	2.38	7.42＞6.51
售後服務	2	6	5	8	4	7	3.79	6.73	5.30	2.04	5.43＜6.51
綠色環保	2	5	5	8	4	6	2.96	5.94	4.45	2.98	5.00＜6.51
評估因子選取個數 7										專家共識門檻值 6.51	

註：灰色區塊表示經散佈圖 (圖3-14) 分析通過設定專家共識門檻值 (6.51) 而選取之評估因子
資料來源：衛萬里 (2007) 應用分析網路程序法選擇最佳產品設計方案之決策分析模式

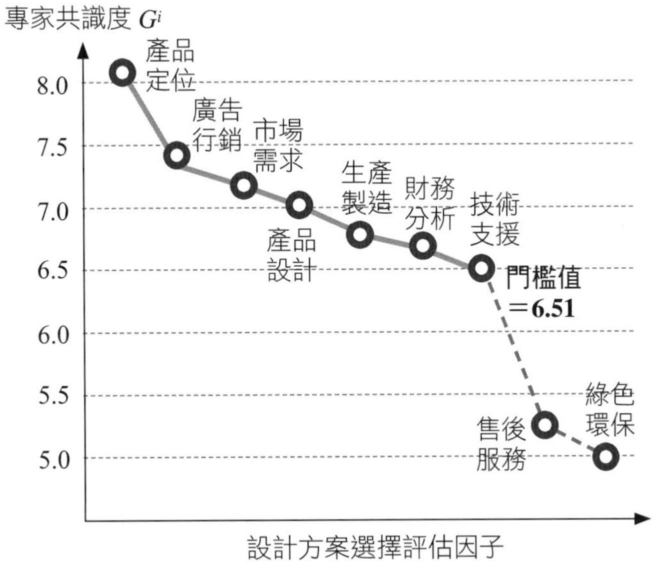

表 3-14 專家共識值散佈圖之陡坡分析

3.5.5 雙三角模糊數之實例二

以李孟訓等人 (1997)「我國生物科技產業關鍵成功因素之研究」為例。

一、生物科技產業關鍵成功之架構

李孟訓等人 (1997) 以 Porter (1985) 所提出的價值鏈觀點，發展成構面指標，並運用模糊 Delphi 法 (第一階段) 與模糊層級分析法 (第二階段)，FAHP 分析各個構面與評估準則間的權重關係：(1) 以 Fuzzy Delphi「篩選準則」，即「篩選」影響生物科技產業策略因素之構面」(2) 用 Fuzzy Delphi」求各準則的權重，以判定物科技產業各項因素構面的權重及優先順序。

二、生物科技產業關鍵指標之篩選

李孟訓等人 (1997) 以 Fuzzy Delphi 之 Max-Min 法則，所「篩選出」生物科技產業關鍵指標，整理成表 3-17，其中「專家意見區間值」欄，有二種情形，情況 (1)：符號「@」表示 $C_U^i \le O_L^i$ 時，「專家意見區間」有共識，則專家意見共識值 $G^i = \dfrac{C_M^i + O_M^i}{2}$。情況 (2)：符號「*」表示 $C_U^i > O_L^i$ 時，其「$Z^i = C_U^i - O_L^i$」<「$M^i = O_M^i - C_M^i$」，表示專家意意差很小，則以模糊集合的交集 "Min" 運算，並求模糊集合具有最大隸屬度的量化分數，所得的數據常作專家共識值。最後，表列所有「專家意見區間值 G^i」，它若小於門檻值 7.4 者，則「刪除」該準則，並以網底顯示於表中。生物科技產業關鍵成功因素由先 37 個，刪除 14 個，剩下 23 個準則，再進行第二階段 FAHP 分析，AHP 架構如圖 3-15 所示，共有六個構面。

表 3-17 fuzzy Delphi 問卷分析結果

構面	評估準則	保守者 C^i		樂觀者 O^i		幾何平均數			專家意見區間	G^i	Z^i	M^i
		min	max	min	max	C^i	O^i	單一值				
購入、輸出後勤	穩定的原物料來源	5	7	6	10	5.4	8.2	6.8	*	6.6	1	2.8
	原物料之倉儲管理	3	7	6	10	5.1	7.8	6.6	*	6.5	1	2.6
	製成品倉儲管理	3	7	6	10	5.0	7.8	6.3	*	6.5	1	2.8
	運輸配送管理	3	7	6	10	5.4	7.9	6.6	*	6.5	1	2.5
	訂單排程規劃能力	5	8	6	10	6.1	8.6	7.4	*	7.2	2	2.5
	交單時程控制能力	5	8	6	10	5.7	8.5	7.2	*	7.1	2	2.7
生產作業	製程研發創新能力	5	9	9	10	7.0	9.9	9.1	@	8.4	0	2.9
	製程品質掌握能力	5	8	8	10	6.9	9.4	8.8	@	8.1	0	2.5
	製造成本控制能力	5	7	8	10	6.2	8.8	7.5	@	7.5	–1	2.6
	製造週期縮減能力	4	7	7	10	5.5	8.1	6.4	@	6.8	0	2.6
	擁有新型生產設備	5	6	7	10	5.6	8.2	6.4	@	6.9	–1	2.7
行銷	掌握產品生命週期	4	7	7	10	5.6	8.5	7.1	@	7.1	0	2.9
	配銷通路鋪設能力	4	7	7	10	5.9	8.7	7.3	@	7.3	0	2.8
	行銷推廣能力	4	8	7	10	6.0	8.7	7.5	*	7.5	1	2.7
	產品商品化能力	4	8	7	10	6.4	9.0	8.0	*	7.6	1	2.6
	品牌形象塑造能力	4	7	7	10	6.0	8.8	7.6	@	7.4	0	2.8
	掌握市場需求趨勢能力	4	7	7	10	6.2	9.1	8.0	@	7.6	0	2.9
銷售服務	建立顧客溝通網路能力	4	8	8	10	5.9	9.1	7.6	@	7.5	0	3.3
	產品售後服務能力	4	8	8	10	6.0	8.8	7.6	@	7.4	0	2.8
	顧客教育能力	4	7	7	10	6.2	8.8	7.4	@	7.5	0	2.6
	長期顧客關係建立能力	4	7	7	10	5.7	8.4	7.2	@	7.1	0	2.6

表 3-17 fuzzy Delphi 問卷分析結果 (續)

構面	評估準則	保守者 C^i		樂觀者 O^i		幾何平均數			專家意見區間	G^i	Z^i	M^i
		min	max	min	max	C^i	O^i	單一值				
技術發展	新產品開發的風險管理能力	5	9	9	10	7.5	9.7	8.7	@	8.6	0	2.2
	專利與智慧財產權	5	9	8	10	7.1	9.7	8.5	*	8.5	1	2.6
	海外情報中心的設置	6	8	7	10	6.2	8.7	7.5	*	7.5	1	2.5
	技術研發與創新能力	5	9	9	10	7.0	9.7	8.7	@	8.4	0	2.7
	創新運用與知識整合能力	5	9	9	10	7.2	9.9	9.0	@	8.5	0	2.7
	運用資訊科技能力	5	9	8	10	6.9	9.3	8.1	*	8.5	1	2.4
人力資源	完善的教育系統	5	7	8	10	6.0	8.4	7.4	@	7.2	-1	2.5
	育成中心的成立	4	8	7	10	5.1	8.0	6.4	*	7.3	1	2.9
	技術研發人員素質培養能力	5	8	8	10	6.8	9.5	8.5	@	8.2	0	2.8
	高階主管的特質	5	8	8	10	6.7	9.1	7.8	@	7.9	0	2.4
	上中下游人力整合	5	8	8	10	6.8	8.8	7.7	@	7.8	0	2.0
採購與企業基礎結構	資金融通能力	5	8	7	10	5.8	8.4	6.9	*	7.4	1	2.6
	廠房設備取得能力	5	8	7	10	5.9	8.2	7.1	*	7.4	1	2.3
	政府法令規範	5	8	7	10	6.2	8.5	7.3	*	7.5	1	2.3
	健全財務制度	5	7	7	10	6.1	8.5	7.1	@	7.3	0	2.4
	國家獎勵方法與條例	5	8	7	10	6.3	9.2	7.6	*	7.6	1	2.9

資料來源：李孟訓等人 (1997)「我國生物科技產業關鍵成功因素之研究」

三、生物科技產業關鍵指標之層級分析

Fuzzy Delphi 經過「篩選後」的次準則，可分成 4 層，如下圖所示。圖這些次準係需再進行第二階段 FAHP 分析以求取各次準則的權重，進而找出各個次準則的權重 (重要程度)。

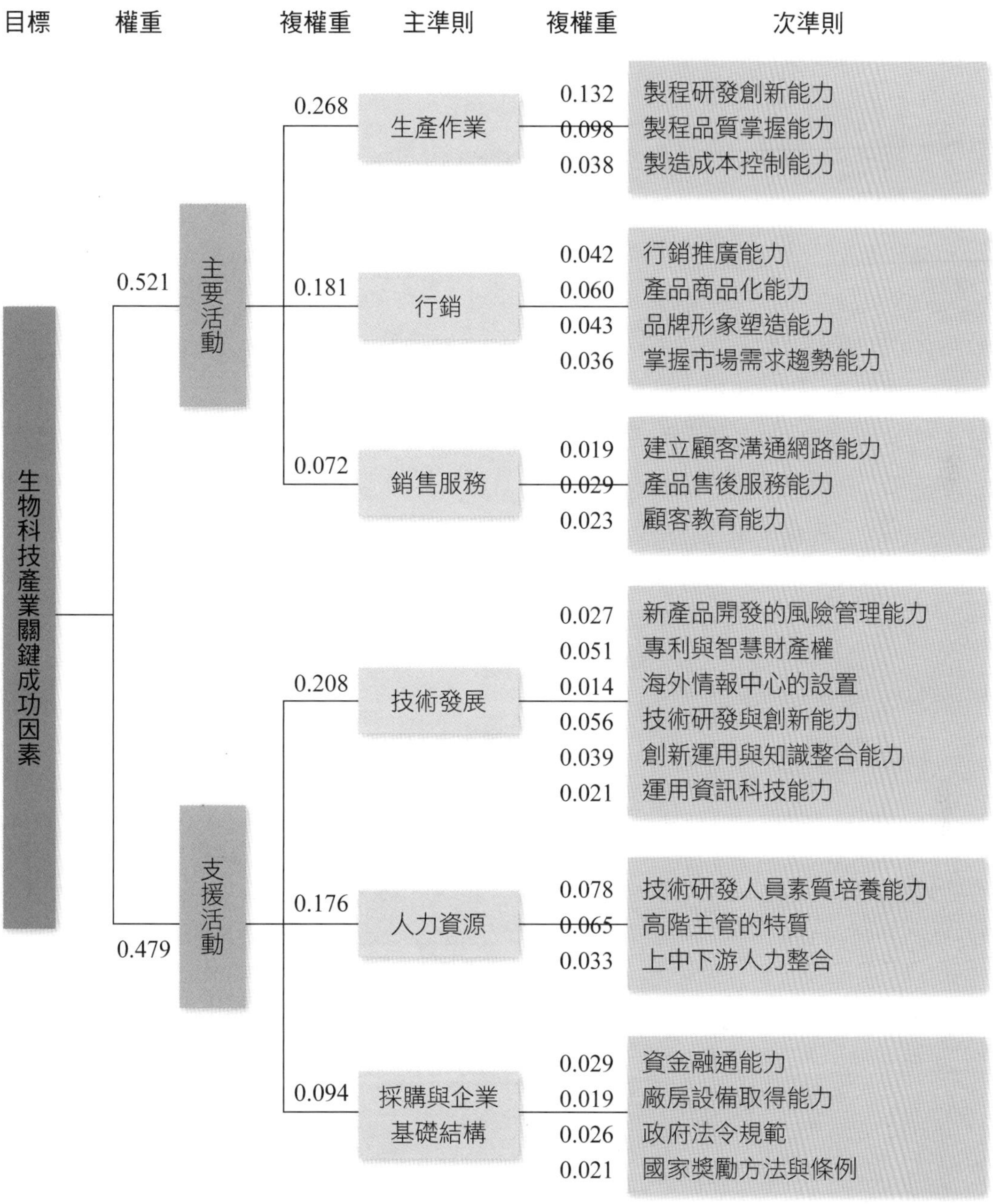
目標
權重
複權重
主準則
複權重
次準則
生物科技產業關鍵成功因素
0.521
主要活動
0.479
支援活動
0.268
生產作業
0.132
製程研發創新能力
0.098
製程品質掌握能力
0.038
製造成本控制能力
0.181
行銷
0.042
行銷推廣能力
0.060
產品商品化能力
0.043
品牌形象塑造能力
0.036
掌握市場需求趨勢能力
0.072
銷售服務
0.019
建立顧客溝通網路能力
0.029
產品售後服務能力
0.023
顧客教育能力
0.208
技術發展
0.027
新產品開發的風險管理能力
0.051
專利與智慧財產權
0.014
海外情報中心的設置
0.056
技術研發與創新能力
0.039
創新運用與知識整合能力
0.021
運用資訊科技能力
0.176
人力資源
0.078
技術研發人員素質培養能力
0.065
高階主管的特質
0.033
上中下游人力整合
0.094
採購與企業基礎結構
0.029
資金融通能力
0.019
廠房設備取得能力
0.026
政府法令規範
0.021
國家獎勵方法與條例

圖 3-15 生物科技產業關鍵成功因素之 AHP 架構

四、第二階段之 FAHP 分析

第二階段問卷共回收 10 份，運用三角模糊數建立模糊正倒值矩陣 $[\tilde{a}_{ij}]_{n\times n}$，作為模糊權重值計算的基礎，並根據專家們所給定的明確值，進行矩陣一致性的檢定。結果顯示其 C.I. 值與 C.R. 值皆 0.1，符合 Saaty (1980) 建議可接受的偏誤範圍，此表示所有層級間的專家意見前後判斷皆具一致性。此外，由整體評估分析來看，生物科技產業關鍵成功因素的整體一致性比率 C.R.H. = 0.044，亦符合 Saaty (1980) 之建議 C.R.H < 0.1 的範圍，表示本例子所建立之層級架構，其層級間的關聯性配置恰當，故整體層級一致性可接受。而後再計算出每個層級之模糊權重值、以及正規化後之權重值。

此外，為了解每一層級的各項要素在整體架構中，所佔的權重比例，因此進一步計算整體的優勢權重值 (global priority)，結果如表 3-18 所示。表中資料顯示，在建構「生物科技產業關鍵成功因素」的主要目標下，第二層級與第三層級的複權重值，進而可據以選取建構生物科技產業的關鍵成功因素。亦即，根據表 3-18 資料，進行第二層級與第三層級的綜合優先值排序，

藉此可看出在第二層級與第三層級中，專家們所重視的評估要素為何，分析結果如表 3-19 及表 3-20 所示。

表 3-18 生物科技產業關鍵成功因素權重分析

目標	第一層級		第二層級			第三層級		
	構面	權重	評估準則	相對權重	複權重	評估項目	相對權重	複權重
生物科技產業關鍵成功因素	主要活動	0.521	生產作業	0.514	0.268	製程研發創新能力	0.493	0.132
						製程品質掌握能力	0.364	0.098
						製造成本控制能力	0.143	0.038
			行銷	0.347	0.181	行銷推廣能力	0.231	0.042
						產品商品化能力	0.333	0.060
						品牌形象塑造能力	0.239	0.043
						掌握市場需求趨勢能力	0.197	0.036
			銷售服務	0.139	0.072	建立顧客溝通網路能力	0.269	0.019
						產品售後服務能力	0.407	0.029
						顧客教育能力	0.324	0.023

表 3-18 生物科技產業關鍵成功因素權重分析 (續)

目標	第一層級		第二層級			第三層級		
	構面	權重	評估準則	相對權重	複權重	評估項目	相對權重	複權重
生物科技產業關鍵成功因素	支援活動	0.479	技術發展	0.434	0.208	新產品開發的風險管理能力	0.132	0.027
						專利與智慧財產權	0.245	0.051
						海外情報中心的設置	0.066	0.014
						技術研發與創新能力	0.271	0.056
						創新運用與知識整合能力	0.186	0.039
						運用資訊科技能力	0.102	0.021
			人力資源	0.368	0.176	技術研發人員素質培養能力	0.442	0.078
						高階主管的特質	0.370	0.065
						上中下游人力整合	0.188	0.033
			採購與企業基礎結構	0.198	0.094	資金融通能力	0.311	0.029
						廠房設備取得能力	0.197	0.019
						政府法令規範	0.273	0.026
						國家獎勵方法與條例	0.219	0.021

資料來源：李孟訓等人 (1997)

表 3-19 第二層級重要性排序

目標層	第一層級		第二層級		重要性排序
	構面	權重	評估要素	複權重	
生物科技產業關鍵成功因素	主要活動	0.521	生產作業	0.268	1
			行銷	0.181	3
			銷售服務	0.072	6
	支援活動	0.479	技術發展	0.208	2
			人力資源	0.176	4
			採購與企業基礎結構	0.094	5

資料來源：資料來源：李孟訓等人 (1997)

由表 3-19 可知，專家們認為「生產作業」居第二層級六大評估要素中的第一順位，其權重值為 0.268，其次依序為「技術發展」權重值為 0.208，「行銷」權重值為 0.181，「人力資源」權重值為 0.176，「採購與企業基礎結構」權重值為 0.094，最後為「銷售服務」權值值為 0.072。

表 3-20 所示則為第三層級的綜合優先值排序，藉此可看出在第三層級中，專家所重視的評估要素為何。其中，前十大順位的評估項目，主要活動與支援活動各佔5個，與本例子在主要活動與支援活動權重的調查結果各接近50%是相符合的，也顯示了雖然專家認為主要活動較支援活動重要，但實際上，要達到企業利潤最大化，創造企業競爭優勢，進而發展持續性的競爭優勢，仍是需要主要活動與支援活動齊頭並進，一起進行的。

表 3-20 第三層級重要性排序

評估項目	複權重	重要性排序	評估項目	複權重	重要性排序
製程研發創新能力	0.132	1	上、中、下游人力整合	0.033	13
製程品質掌握能力	0.098	2	產品售後服務能力	0.029	14
技術、研發人員素質培養能力	0.078	3	資金融通能力	0.029	15
高階主管的特質	0.065	4	新產品開發的風險管理能力	0.027	16
產品商品化能力	0.060	5	政府法令規範	0.026	17
技術研發與創新能力	0.056	6	顧客教育能力	0.023	18
專利與智慧財產權	0.051	7	運用資訊科技能力	0.021	19
品牌形象塑造能力	0.043	8	國家獎勵方法與條例	0.021	20
行銷推廣能力	0.042	9	建立顧客溝通網路能力	0.019	21
創新應用與知識整合能力	0.039	10	廠房設備取得能力	0.019	22
製造成本控制能力	0.038	11	海外情報中心的設置	0.014	23
掌握市場需求趨勢能力	0.036	12			

資料來源：李孟訓等人 (1997)

前十大順位評估項目如下：

1. 主要活動：製程研發創新能力、製程品質掌握能力、行銷推廣能力、產品商品化能力與品牌形象塑造能力。
2. 支援活動：專利與智慧財產權、技術研發與創新能力、創新運用與知識整合能力、技術研發人員素質培養能力、高階主管的特質。

3.6 校長領導能力評鑑指標之實例

江鴻鈞 (1996) 首先從領導能力的理論基礎探討國民小學校長領導能力之意涵，其次，以 fuzzy Delphi 擷取國民小學校長領導能力的評鑑指標，最後，運用模糊層級分析法建構評鑑指標之權重體系。

問卷調查 32 名專家，採用研究工具為「國民小學校長領導能力評鑑指標建構 Delphi 法調查問卷 (第一階段)」、「國民小學校長領導能力評鑑指標 Delphi 法相對權重調查問卷 (第二階段)」。資料分析，第一階段利用 EXCEL 運算功能，求出各評鑑指標之三角模糊數，以擷取適當之評鑑指標，第二階段則運用 Buckley (1985) 所提出之模糊層級分析法概念來進行 fuzzy Delphi 相關計算，以建構其權重體系。

以此建構完成之評鑑工具，藉以檢證國民小學校長所應具備之學校領導能力。整個分析步驟如下：

3.6.1 領導能力之評鑑指標

Fuzzy Delphi 的架構如下圖。

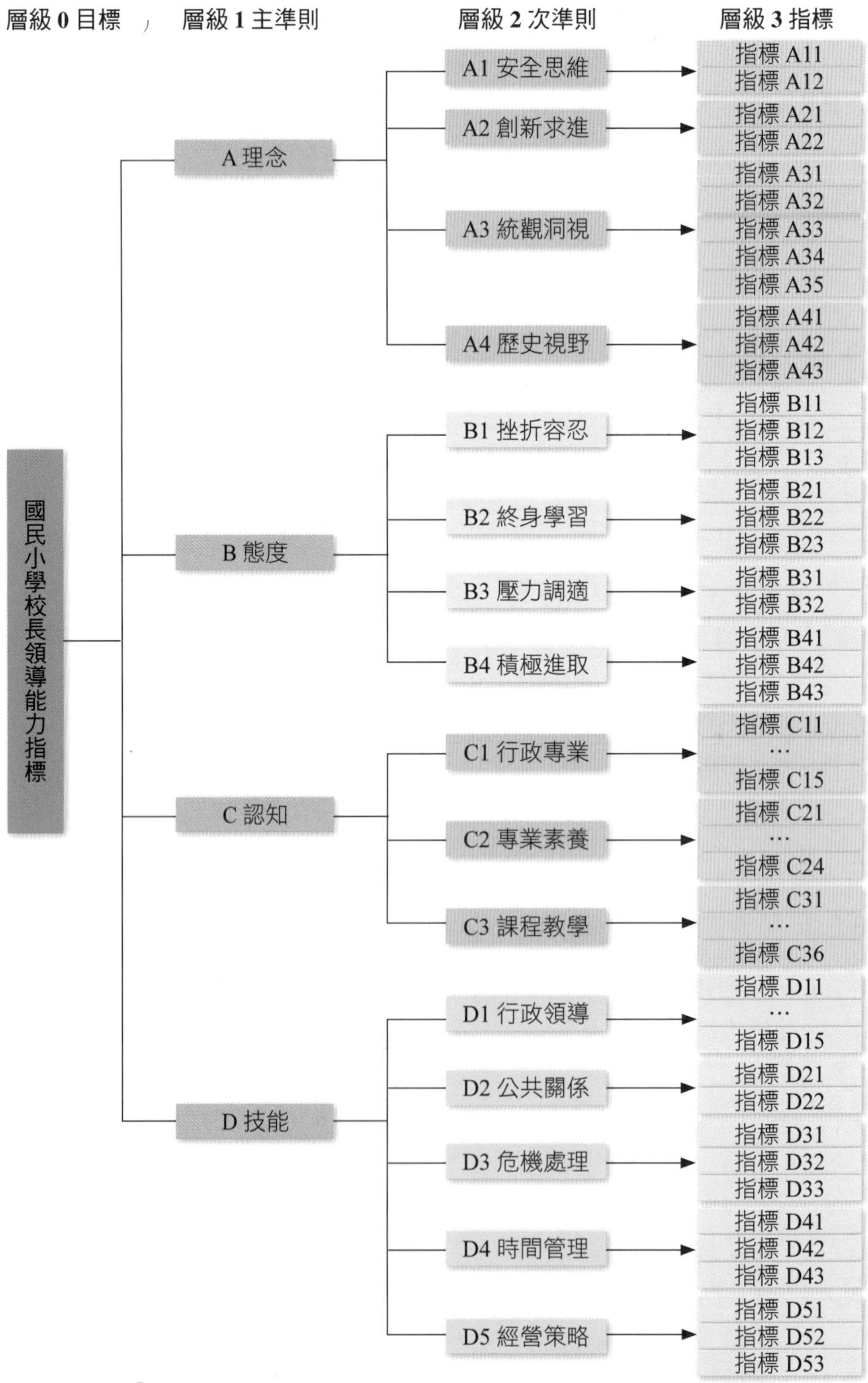

圖 3-16　小學校長領導能力指標之層級圖 (篩選過後的準則)

「評鑑指標」係指據以檢核國民小學校長領導能力各構面，必須具備能力項目及行為表現之變項，經由評鑑指標的檢核，可以具體描述並區判國民小學校長教育領導之能力。本例子所指「評鑑指標」其測量變項有三個指標層級，分別為一級指標、二級指標及三級指標。其中一級指標包含了理念、認知、態度、技能四個構面，一級指標與二級指標以下則分別下轄數個次級指標。

「領導能力」是對國民小學校長勝任國民教育領導工作，所須具備之能力項目及行為表現。具備這些能力項目及行為表現，可以顯示國民小學校長將成功履行任務，效果到達某一特定水準。

「領導能力」評鑑指標與權重體系所建構之能力項目及行為表現，其內涵兼涉理念、認知、態度、技能四項指標，(一級指標)。理念指標旨在評估國民小學校長所具有之基本理念，包含有全球思維、創新求勝、統觀洞視、歷史視野等四項核心能力 (二級指標)。態度指標旨在評估國民小學校長應具備之專業態度，包含挫折容忍、終身學習、壓力調適、積極進取等四項核心能力 (二級指標)。技能指標旨在評估國民小學校長應具備之專業技能，包含行政領導公共關係、危機處理、時間管理、管理策略等五項核心能力 (二級指標)

3.6.2 領導能力評鑑指標之 Fuzzy 問卷

一、研究流程

基於研究目的，研究程序區分為兩大階段：首先是代表性評鑑指標之篩選；其次為評鑑指標權重之訂定。整個流程如下圖所示：

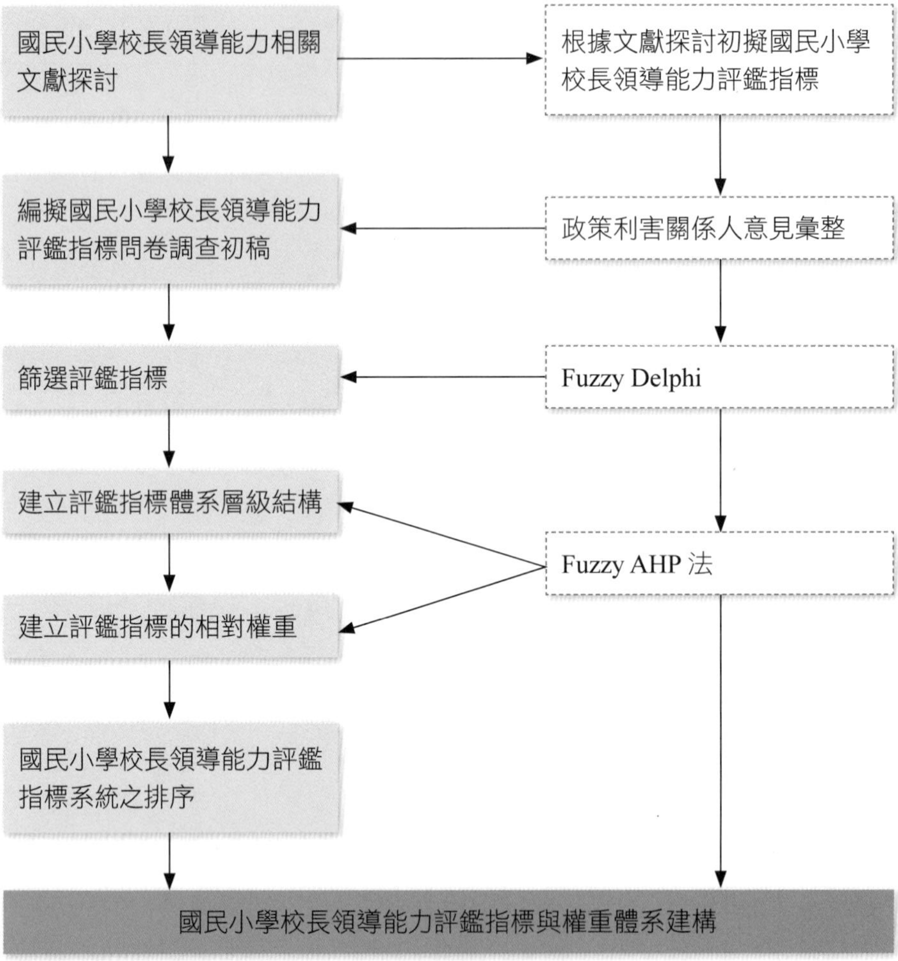

圖 3-17 研究流程圖 (江鴻鈞，1996)

二、研究工具

本例子分析分二階段進行，第一階段以 fuzzy Delphi 進行專家問卷調查，此問卷係根據理論與文獻探討才編製完成，問卷內 118 個指標都經 12 名專家開會修正，做為調查專家意見之工具，以建構專家效度，復經三角模糊數刪除不適用題目共 63 題，最後綜理出國小校長領導能力指標，共 55 個指標再第二階段 fuzzy AHP 分析，以求得各指標的權重。所謂「指標權重」係指該指標在評鑑指標體系中的相對重要程度，它可用層級分析法 (AHP) 透過兩兩比較方式建構一個成對比較矩陣來求得，其中，「專家意見的共識決」係採用幾何平均數來計算。

3.6.3 領導能力評鑑指標之分析

(一) 建立評鑑指標之三角模糊數

本例子採吳國瑞 (2000) 之等間距「模糊權重之語意變數」以界定三角模糊數對應之評鑑語意變數。如表 3-21 所示：

表 3-21 評鑑指標語意變數對應表

三角模糊數	對應之絕對分數範圍	等第	對應之評鑑語意變數
(0.1, 0.1, 0.3)	$0 \le X < 20$	劣	非常不重要
(0.1, 0.3, 0.5)	$20 \le X < 40$	差	不重要
(0.3, 0.5, 0.7)	$40 \le X < 60$	可	普通
(0.5, 0.7, 0.9)	$60 \le X < 80$	佳	重要
(0.7, 0.9, 0.9)	$80 \le X < 100$	優	非常重要

由專家問卷所蒐集對於國民小學校長領導能力評鑑指標調查結果，發現每位政策利害關係人對於各指標有其不同之適切性考量，就合政策利害關係人之適切性模糊數而言，有平均數、眾數、極大值與極小值等方法。本例子根據其填答結果，建立每個評鑑指標之三角模糊數，並求得模糊權重。

本例子採 Microsoft Windows 2003 Serrer＋II S6.0 中文版作業系統之 ASP 網頁 Script 語言自行開發之 Web 線上評鑑指標篩選系統作業結果，求出各評鑑指標之三角模糊數及最終準則權重值，接著，採用重心法解模糊化 ($DF = \dfrac{(M_i - L_i) + (U_i - L_i)}{3} + L_i$)，將各指標之模糊權重轉成為單一值。權重值可供作評鑑指標適切性粗略排序之用，其結果如表 3-22、表 3-23、表 3-24 所示：

表 3-22 一級指標各指標之三角模糊數 (第一階段)

編號	一級指標	評鑑指標名稱	三角模糊數
01		A. 理念	(05, 0.85, 0.9)
02		B. 態度	(05, 0.88, 0.9)
03		C. 認知	(03, 0.83, 0.9)
04		D. 技能	(03, 0.81, 0.9)

表 3-23 二級指標各指標之三角模糊數 (第一階段)

編號	二級指標	評鑑指標名稱	三角模糊數
01	理念	A1 全球思維	(03, 0.77, 0.9)
02		A2 創新求進	(01, 0.74, 0.9)
03		A3 統觀洞視	(03, 0.82, 0.9)
04		A4 歷史視野	(03, 0.73, 0.9)
05	態度	B1 挫折容忍	(01, 0.77, 0.9)
06		B2 終身學習	(01, 0.79, 0.9)
07		B3 壓力調適	(01, 0.73, 0.9)
08		B4 積極進取	(01, 0.78, 0.9)
09	認知	C1 行政專業	(05, 0.88, 0.9)
10		C2 專業素養	(05, 0.83, 0.9)
11		C3 資訊科技	(03, 0.72, 0.9)
12		C4 課程教學	(05, 0.85, 0.9)
13	技能	D1 行政領導	(05, 0.89, 0.9)
14		D2 公共關係	(03, 0.80, 0.9)
15		D3 危機處理	(03, 0.85, 0.9)
16		D4 時間管理	(03, 0.82, 0.9)
17		D5 經營策略	(03, 0.83, 0.9)

表 3-24 三級指標各指標之三角模糊數及最終指標權重值 (第一階段)

題號	構面	核心能力	細目指標	三角模糊數	DF 用重心法	粗略排序	取捨
01	A 理念	A1 全球思維	A11 深切瞭解現今國際政經局勢	03, 0.68, 0.9	063	5	捨
02			A12 了解全球教育之新思潮、新趨勢	05, 0.85, 0.9	075	1	取
03			A13 了解世界先進國家之教育改革動向	05, 0.83, 0.9	074	2	取
04			A14 了解隨著全球化變遷教育內涵，將飽受衝擊	03, 0.74, 0.9	065	4	捨
05			A15 了解全球教育是學校、社會與國家教育之未來任務	01, 0.64, 0.9	054	6	捨
06			A16 了解全球教育必須落實在國民教育階段及實現在教學中	03, 0.75, 0.9	065	3	捨
07		A2 創新求進	A21 以創新方法治理校務而不墨守成規	01, 0.82, 0.9	061	2	取
08			A22 具有強烈企圖心，完成校務計畫	01, 0.75, 0.9	058	5	捨
09			A23 對學校提出提昇競爭力之前瞻性構想與計畫	03, 0.82, 0.9	067	1	取
10			A24 了解時代變遷，教育改革必須與時俱進	01, 0.76, 0.9	059	4	捨
11			A25 帶領教師觀摩辦學績優學校	03, 0.74, 0.9	060	3	捨
12			A26 經常領導各處室規劃活動，形成領導團隊	01, 0.74, 0.9	058	5	捨
13			A27 注重校內外比賽成績	01, 0.61, 0.9	054	6	捨
14		A3 統觀洞視	A31 洞悉未來社會變遷及教育走向	01, 0.75, 0.9	058	6	捨
15			A32 了解教育本質及目的	01, 0.81, 0.9	060	4	取
16			A33 了解國民小學學生之身心發展與學習心理特質	03, 0.85, 0.9	068	2	取
17			A34 了解教育法令與教育改革趨勢	05, 0.85, 0.9	075	1	取
18			A35 充分了解各處室之運作狀況	01, 0.81, 0.9	060	5	取
19			A36 有效掌握學校成員之專長與能力	03, 0.81, 0.9	067	3	取

表 3-24 三級指標各指標之三角模糊數及最終指標權重值 (第一階段) (續)

題號	構面	核心能力	細目指標	三角模糊數	DF 用重心法	粗略排序	取捨
20	A 理念		A37 熟悉教育以外相關領域之必備知識	01, 0.6, 0.9	053	8	捨
21			A38 對學校狀況瞭若指掌	01, 0.68, 0.9	056	7	捨
22		A4 歷史視野	A41 了解學校文化之歷史脈絡及現況並掌握發展趨勢	03, 0.78, 0.9	066	2	取
23			A42 以學校歷史的角度規劃校務短、中、長程發展計劃	03, 0.82, 0.9	067	1	取
24			A43 以學校歷史的思維，為學校發展而統整資源	01, 0.61, 0.9	054	4	捨
25			A44 注重並發展學校的傳統和特色	03, 0.82, 0.9	065	1	取
26			A45 任內重要作為在校史上逐一登錄	01, 0.62, 0.9	054	4	捨
27	B 態度	B1 挫折容忍	B11 控制並適度表達情緒，具挫折容忍力	05, 0.83, 0.9	074	1	取
28			B12 包容及接納他人意，展現民主風度及親和力	01, 0.81, 0.9	060	4	捨
29			B13 具有接受長官、同仁及家長批評之雅量	01, 0.76, 0.9	059	5	捨
30			B14 容忍部屬之錯誤或過失	01, 0.69, 0.9	056	6	捨
31			B15 學校遭遇危機時能臨危不亂、沉著應變	03, 0.86, 0.9	069	2	取
32			B16 遇到不實之詆毀、謾罵、譏諷時能克制自我	01, 0.65, 0.9	055	7	捨
33			B17 遇到不順心時能有情緒舒發之管道	03, 0.76, 0.9	065	3	取
34		B2 終身學習	B21 積極參與各項進修活動，研閱教育專業刊物，增進專業知能	05, 0.85, 0.9	075	1	取
35			B22 鼓勵教職員工參加各項進修活動	01, 0.75, 0.9	058	3	捨
36			B23 鼓勵教職員工定期舉行讀書會	01, 0.67, 0.9	056	4	捨
37			B24 實施專業對話，與教師共同討論專業理念或實務	05, 0.83, 0.9	074	2	取

表 3-24 三級指標各指標之三角模糊數及最終指標權重值 (第一階段) (續)

題號	構面	核心能力	細目指標	三角模糊數	DF 用重心法	粗略排序	取捨
38	B 態度		B25 針對教育問題，不斷從事研究、自我提昇	05, 0.81, 0.9	074	2	取
39		B3 壓力調適	B31 與同人針對問題，共同尋求解決之道	05, 0.84, 0.9	075	1	取
40			B32 參酌以往經驗或求助有相同經驗者	05, 0.83, 0.9	074	2	取
41			B33 面對棘手問題與配偶、親人或朋友有商討研議	01, 0.73, 0.9	058	4	捨
42			B34 暫時置身事外，或從事其他事以拋開壓力	01, 0.63, 0.9	054	5	捨
43			B35 參加宗教活動或從事運動，以慰藉心靈或舒緩壓力	01, 0.62, 0.9	054	5	捨
44			B36 面對困境再三思量了解情境，尋求癥結	01, 0.76, 0.9	059	3	捨
45		B4 積極進取	B41 具備良好人格特質，如謙恭有禮、正直廉潔等	01, 0.7, 0.9	057	3	捨
46			B42 採取人性化之領導，如尊重、讚美、激勵等	01, 0.71, 0.9	057	3	捨
47			B43 具有服務熱忱，為教育犧牲奉獻	01, 0.80, 0.9	060	1	取
48			B44 隨時接受新觀念，不墨守成規	01, 0.78, 0.9	059	2	取
49			B45 勇於任事，作職責內該做之事	01, 0.81, 0.9	060	1	取
50			B46 積極要求學校行政與教學績效	01, 0.77, 0.9	059	2	捨
51	C 認知	C1 行政專業	C11 了解學校在教育政策下推行之重點	03, 0.85, 0.9	068	2	取
52			C12 了解學校經費之編配與支用	03, 0.84, 0.9	068	2	取
53			C13 熟稔教育法令規章與相關規定	05, 0.85, 0.9	075	1	取
54			C14 了解校內各委員會 (教師會、教評會) 之設置與運作	05, 0.85, 0.9	075	1	取
55			C15 了解教師會、家長會與學校行政之間之運作	03, 0.84, 0.9	068	2	取

表 3-24 三級指標各指標之三角模糊數及最終指標權重值 (第一階段) (續)

題號	構面	核心能力	細目指標	三角模糊數	DF 用重心法	粗略排序	取捨
56	C 認知	C2 專業素養	C21 了解當前教育政策及重要教改措施	05, 0.87, 0.9	076	1	取
57	C 認知	C2 專業素養	C22 了解現行國民小學教育目標	05, 0.84, 0.9	075	2	取
58	C 認知	C2 專業素養	C23 瞭解教育哲學、理論、原理、方法	05, 0.81, 0.9	074	3	取
59	C 認知	C2 專業素養	C24 了解課程、教材、教法的理論與應用	03, 0.8, 0.9	067	4	取
60	C 認知	C2 專業素養	C25 了解各級教育機關之權責性質與功能	03, 0.76, 0.9	065	5	捨
61	C 認知	C3 資訊科技	C31 具備電腦基本運用知能	01, 0.73, 0.9	058	2	捨
62	C 認知	C3 資訊科技	C32 運用電腦蒐集資訊並分析運用	01, 0.69, 0.9	056	4	捨
63	C 認知	C3 資訊科技	C33 運用資訊科技以進行研究	01, 0.67, 0.9	056	4	捨
64	C 認知	C3 資訊科技	C34 善用資訊科技產物，以進行溝通、傳迅	03, 0.77, 0.9	066	1	捨
65	C 認知	C3 資訊科技	C35 善用科技產物以迅速達成學校行政目的及任務	01, 0.7, 0.9	057	3	捨
66	C 認知	C4 課程教學	C41 具備學校課程發展知識	05, 0.84, 0.9	075	1	取
67	C 認知	C4 課程教學	C42 督導教務處依據課程綱要設計課程	01, 0.71, 0.9	057	10	捨
68	C 認知	C4 課程教學	C43 體認協調行政處室全力支援課程實施之重要性	03, 0.83, 0.9	068	2	取
69	C 認知	C4 課程教學	C44 規劃執行學校本位、母語、英語、六大議題等課程	01, 0.66, 0.9	055	13	捨
70	C 認知	C4 課程教學	C45 掌握現今教育目標與教學發展取向	01, 0.73, 0.9	058	8	捨
71	C 認知	C4 課程教學	C46 具備依學校願景規劃教學目標及計畫之知能	01, 0.79, 0.9	060	3	取
72	C 認知	C4 課程教學	C47 尊重教師教學專業自主權	01, 0.78, 0.9	059	4	取
73	C 認知	C4 課程教學	C48 具判斷較師優異教學表現並予以正面回饋之能力	05, 0.84, 0.9	075	1	取

表 3-24 三級指標各指標之三角模糊數及最終指標權重值 (第一階段) (續)

題號	構面	核心能力	細目指標	三角模糊數	DF 用重心法	粗略排序	取捨
74	C 認知	C4 課程教學	C49 經常視導教學協助教師檢討與改進	01, 0.76, 0.9	059	6	捨
75			C410 導引教師及家長了解學校教學目標	01, 0.70, 0.9	057	11	捨
76			C411 提供教師最新教學理念及教學方法	01, 0.72, 0.9	057	9	捨
77			C412 行政決定以達成教學目標為優先考量	01, 0.77, 0.9	059	5	捨
78			C413 鼓勵教師教學合作，形成團隊	01, 0.79, 0.9	060	3	取
79			C414 協助教師實施補救教學	03, 0.74, 0.9	065	7	捨
80			C415 積極爭取社會資源發展學校教學	03, 0.79, 0.9	066	3	取
81			C416 重視民主法治、資訊、環保…等教學活動	01, 0.67, 0.9	056	12	捨
82	D 技能	D1 行政領導	D11 形塑追求卓越之學校願景	01, 0.77, 0.9	059	4	捨
83			D12 致力提升學校未來之競爭優勢	01, 0.77, 0.9	059	4	捨
84			D13 研擬、修正與執行學校發展計畫	01, 0.76, 0.9	059	4	捨
85			D14 掌握學經費編列與執行成效	05, 0.85, 0.9	075	1	取
86			D15 適度授權各處室分層負責	05, 0.85, 0.9	075	1	取
87			D16 率領同仁研擬重要決定	01, 0.7, 0.9	057	5	捨
88			D17 引導同仁了解自己辦學理念	03, 0.8, 0.9	067	2	取
89			D18 促使同仁了解自己辦學理念	01, 0.45, 0.9	048	6	捨
90			D19 促使學校人事和經費公開透明	05, 0.86, 0.9	075	1	取
91			D10 了解並積極解決學校當前困境	01, 0.8, 0.9	060	3	取
92		D2 公共關係	D21圓滿處理學生管教衝突事件	01, 0.79, 0.9	060	2	取
93			D22 維持與各級民意代表之良好關係	03, 0.57, 0.9	059	3	捨
94			D23 維持與主管機關及其他機構之良好互動	01, 0.76, 0.9	059	3	捨

表 3-24 三級指標各指標之三角模糊數及最終指標權重值 (第一階段) (續)

題號	構面	核心能力	細目指標	三角模糊數	DF 用重心法	粗略排序	取捨
95	D 技能		D24 建立與社區之良好合作與溝通關係	01, 0.76, 0.9	059	3	捨
96			D25 疏導化解教職員工間之歧見、紛爭	05, 0.83, 0.9	074	1	取
97		D3 危機處理	D31 組織危機處理小組，以因應校園安全事故	01, 0.79, 0.9	06	2	取
98			D32 擬訂一套完善之危機預防及因應計劃	01, 0.79, 0.9	06	2	取
99			D33 對危機處理進行實地演練及測試	05, 0.8, 0.9	073	1	取
100			D34 擬具危機處理善後恢復工作之復原計劃	01, 0.65, 0.9	055	4	捨
101			D35 明快處理校園危機事件	01, 0.74, 0.9	058	3	捨
102			D36 平常積極注意校園人、事、地、物安全	01, 0.74, 0.9	058	3	捨
103		D4 時間管理	D41 詳細規劃時間，編排行事優先順序	03, 0.83, 0.9	068	1	取
104			D42 對完成學校計畫，訂定執行最後期限	01, 0.67, 0.9	056	5	捨
105			D43 會善用「零碎時間」看書、思考	01, 0.68, 0.9	056	5	捨
106			D44 常審閱會議紀錄、追蹤執行情形	03, 0.8, 0.9	067	2	取
107			D45 常要求行政人員重視公文處理時效	03, 0.8, 0.9	067	2	取
108			D46 常要求老師掌握教學進度	01, 0.7, 0.9	057	4	捨
109			D47 對學校公文依權責分層決行	01, 0.74, 0.9	058	3	捨
110		D5 管理策略	D51 透過校務會議以發展校務	05, 0.85, 0.9	075	1	取
111			D52 客觀有系統的評量教職員工之表現	03, 0.77, 0.9	066	3	捨
112			D53 從學校整體發展觀點，擬定校務發展計畫	01, 0.73, 0.9	058	5	捨

表 3-24 三級指標各指標之三角模糊數及最終指標權重值 (第一階段) (續)

題號	構面	核心能力	細目指標	三角模糊數	DF 用重心法	粗略排序	取捨
113			D54 綜合考量各種影響因素以作決定	01, 0.75, 0.9	058	5	捨
114			D55 訂定周詳實施程序推展行政工作	01, 0.76, 0.9	059	4	捨
115			D56 依實際需要購置財物	01, 0.63, 0.9	054	7	捨
116			D57 詳細訂定設備及財物管理辦法	01, 0.7, 0.9	057	6	捨
117			D58 有效溝通、促使各處室協調合作	05, 0.85, 0.9	075	1	取
118			D59 訂定具體辦法，有效維護與管理各項建築與設備	03, 0.8, 0.9	067	2	取

(二) 代表性評鑑指標之篩選

本例子係以每個評鑑指標之三角模糊數其總值代表 Delphi 小組決策群體對各個評鑑指標評定尺度之「共識」，三角模糊數再解模糊數 (DF) 之後，若 DF 值 ≥ 門檻值，則「取」該指標，否則「捨」該指標。

評鑑指標篩選數量之多寡，完全取決於門檻值之決定。本例子綜合評鑑三級評鑑指標，其三角模糊數總值：一級指標之四大構面，總值均達 0.8 以上，全數予以保留。二級指標之十七項核心能力，以「資訊科技」一項最低，總值為 0.72，予以剔除，保留其餘十六項；三級指標，為求校長領導能力指標之共識性及一致性，將篩選門檻值訂為 0.78，意即總值 ≥ 0.78，即接受該指標為評鑑指標。綜觀本研中一、二、三級指標之擷取均超乎評定尺度中，語意變數為「適宜」之三角模糊數總值為 0.7 之門檻值，因此表 5 三角模糊數中間數值之總值小於 0.78 之評鑑指標，均予以剔除，最後只保留 55 個指標 (表 3-25)。

表 3-25 篩選後重新編碼之評鑑指標 (第二階段之 FDM 問卷)

向度	核心能力	指標內容
A. 理念	A1 全球思維	A11 了解全球教育之新思潮、新趨勢。
		A12 了解世界先進國家之教育改革動向。
	A2 創新求進	A21 以創新方法治理校務而不墨守成規。
		A22 對學校提出提升競爭力之前瞻性構想與計畫。
	A3 統觀洞視	A31 了解教育本質及目的。
		A32 了解現今學生之身心發展與學習心理特質。
		A33 了解教育法令與教育改革趨勢。
		A34 充分了解各處室之運作狀況。
		A35 有效掌握學校成員之專長、能力。
	A4 歷史視野	A41 了解學校文化之歷史脈絡及現況。
		A42 以學校歷史之角度規畫校務短、中、長程發展計畫。
		A43 注重發展學校的傳統和特色
B. 態度	B1 挫折容忍	B11 控制並採適度方式表達情緒，具挫折容忍力。
		B12 包容及尊重他人意見，展現民主風度及親和力。
		B13 遭遇危機時能臨危不亂、沉著應變。
	B2 終身學習	B21 積極參與各項進修活動，增進專業知能。
		B22 實施專業對話，與教師共同討論專業理念或實務。
		B23 針對教育問題，不斷從事研究、提昇自我能力。
	B3 壓力調適	B31 與同仁針對問題，共同尋求解決之道。
		B32 參酌以往經驗或求助有相同經驗者。
	B4 積極進取	B41 具有服務熱忱，為教育犧牲奉獻。
		B42 能隨時接受新觀念，不墨守成規。
		B43 勇於任事，作職責內該做之事。
C. 認知	C1 行政專業	C11 了解學校執行教育政策之重點。
		C12 了解學校經費編配與支用。
		C13 熟稔教育法令規章與相關規定並加應用。
		C14 了解校內各委員會 (教師會、教評會) 之設置與運作規定。
		C15 了解教師會、家長會與學校行政單位之運作與互動。

表 3-25 篩選後重新編碼之評鑑指標 (第二階段之 FDM 問卷) (續)

向度	核心能力	指標內容
C. 認知	C2 專業素養	C21 了解世界當前教育政策及重要教改措施。
		C22 了解現行國民小學教育目標。
		C23 了解教育哲學、理論、原理、方法。
		C24 了解課程、教材、教法的理論與應用。
	C3 課程教學	C31 具備學校課程發展知識。
		C32 體認協調行政處室全力支援課程實施之重要性。
		C33 具備依學校願景規劃教學目標及計畫之知能。
		C34 尊重教師教學專業自主權責。
		C35 具判斷教師優異教學表現並予正面回饋之能力。
		C36 鼓勵教師教學合作，形成團隊。。
		C37 積極爭取社會資源支援學校教學。
D. 技能	D1 行政領導	D11 掌握學校經費編列情形並能有效執行。
		D12 適度授權各處室分層負責，並加督導考核。
		D13 有效溝通同仁瞭解校長辦學理念。
		D14 促使學校人事和經費公開透明運作。
		D15 了解並積極解決學校當前困境。
	D2 公共關係	D21 妥善處理有關學生管教衝突事件。
		D22 疏導化解教職員工間之歧見、紛爭。
	D3 危機處理	D31 組織危機處理小組以因應校園意外事件。
		D32 訂定一套完善之危機預防及因應計畫。
		D33 對危機處理進行實地演練及測試。
	D4 時間管理	D41 處理校務能能詳細規劃時間，編排行事優先順序。
		D42 常審閱會議紀錄，追蹤執行情形。
		D43 常要求行政人員重視公文處理時效。
	D5 經營策略	D51 透過校務會議、行政會議研議校務發展共識。
		D52 促使各處室能有效溝通、協調及合作。
		D53 訂定具體辦法，有效維護與管理各項建築與設備。

經由上述過程，本例子國民小學校長領導能力評鑑指標三級指標體系初步建構完成。

(三) 透過指標之成對比較，以完成正倒值矩陣，並將多位利害關係人之正倒值矩陣加以整合。

(四) 經由許多專家意見之三角模糊數，進一步建立模糊正倒值矩陣，為了顧及其一致性及正規化等概念，接著進行模糊權重值之計算。

(五) 進行層級串聯：其串聯方法為 $W_k = W_i \times W_{ip} \times W_{ipk}$，得出權重明確值。

(六) 呈顯正規化 (normalize) 權重表，以便排序如表 3-26、3-27、3-28。

表 3-26 構面指標正規化權重表

構面	權重值 (%)
理念	47.42
態度	23.64
認知	15.47
技能	13.47

表 3-27 核心能力指標正規化權重表

核心能力指標	權重值 (%)	核心能力指標	權重值 (%)
A1 全球思維	24.54	C1 行政專業	42.71
A2 創新求進	19.59	C2 專業素養	24.46
A3 統觀洞視	21.14	C3 課程教學	32.83
A4 歷史視野	34.72	D1 行政領導	34.07
B1 挫折容忍	30.87	D2 公共關係	12.50
B2 終身學習	15.38	D3 危機處理	10.43
B3 壓力調適	19.64	D4 時間管理	13.05
B4 積極進取	34.12	D5 經營策略	29.96

表 3-28 能力指標正規化權重表 (江鴻鈞，1996)

指標內容	權重值 (%)
A11了解全球教育之新思潮、新趨勢。	54.80
A12了解世界先進國家之教育改革動向。	45.20
A21 以創新方法治理校務而不墨守成規。	45.94
A22 對學校提出提升競爭力之前瞻性構想與計畫。	54.06
A31 了解教育本質及目的。	21.72
A32 了解現今學生之身心發展與學習心理特質。	12.81
A33 了解教育法令與教育改革趨勢。	11.86
A34 充分了解各處室之運作狀況。	15.92
A35 有效掌握學校成員之專長、能力。	37.69
A41 瞭解學校文化之歷史脈絡及現況。	32.40
A42 以學校歷史的角度規畫校務短、中、長程發展計畫。	27.60
A43 重視並發展學校的傳統和特色。	40.01
B11 控制並採適度方式表達情緒，具挫折容忍力。	35.19
B12 包容及尊重他人意見，展現民主風度及親和力。	23.76
B13 遭遇危機時能臨危不亂、沉重應變。	41.05
B21 積極參與各項進修活動，增進專業知能。	35.62
B22 實施專業對話，與教師共同討論專業理念或實務。	25.19
B23 針對教育問題，不斷從事研究、提昇自我能力。	39.19
B31 與同仁針對問題，共同尋求解決之道。	54.00
B32 參酌以往經驗或求助有相同經驗者。	46.00
B41 具有服務熱忱，為教育犧牲奉獻。	31.85
B42 能隨時接受新觀念，不墨守成規。	24.06
B43 勇於任事，作職責內該做之事。	44.10
C11 了解學校執行教育政策的重點。	31.31
C12 了解學校經費編配與支用。	14.99
C13 熟稔教育法令規章與相關規定並加應用。	10.54
C14 了解校內各委員會 (教師會、教評會) 之設置與運作規定。	13.40
C15 了解教師會、家長會與學校行政單位之運作與互動。	29.76

表 3-28 能力指標正規化權重表 (江鴻鈞，1996) (續)

指標內容	權重值 (%)
C21 了解世界當前教育政策及重要教改措施。	27.14
C22 了解現行國民小學教育目標。	17.97
C23 了解相關教育哲學、理論、原理、方法。	18.81
C24 了解課程、教材、教法的理論與應用。	36.07
C31 具備學校課程發展知識。	36.65
C32 體認協調行政處室全力支援課程實施之重要性。	91.0
C33 具備依學校願景與規劃教學目標及計畫之知能。	65.6
C34 尊重教師教學自主權責。	46.4
C35 具判斷教師優異教學表現並予正面回饋之能力。	53.1
C36 鼓勵教師教學合作，形成團隊。	97.5
C37 積極爭取社會資源支援學校教學。	27.99
D11 掌握學校經費編列情形並能有效執行。	33.75
D12 適度授權各處室分層負責，並加督導考核。	13.75
D13 有效溝通同仁瞭解校長辦學理念。	10.06
D14 能促使學校人事和經費公開透明運作。	13.09
D15 了解並積極解決學校當前困境。	29.35
D21 妥善處理有關學生管教衝突事件。	51.45
D22 疏導化解教職員工間之歧見、紛爭。	48.55
D31 組織危機處理小組以因應校園意外事件。	40.47
D32 訂定一套完善之危機預防及因應計畫。	25.47
D33 對危機處理進行實地演練及測試。	34.05
D41 處理校務能能詳細規劃時間，編排行事優先順序。	38.69
D42 常審閱會議紀錄，追蹤執行情形。	23.82
D43 常要求行政人員重視公文處理時效。	37.50
D51 透過校務會議、行政會議研議校務發展共識。	37.83
D52 促使各處室能有效溝通、協調及合作。	25.30
D53 訂定具體辦法，有效維護與管理各項建築與設備。	36.87

(七) 依權重值大小予以重新排序

經權重計算得知，在構面 (一級指標) 方面，依權重大小排序得知其重要性依次為理念、態度、認知、技能。

在核心能力 (二級指標) 方面，如「理念」下，依權重大小排序，得知其重要性依次為歷史視野、全球思維、統觀洞察、創新求進。「態度」下依權重比重大小排序，得知其重要性依次為挫折容忍、終身學習、壓力調適及積極進取。「認知」下依權重大小排序，其重要性依次為行政專業、專業素養與課程教學。「技能」下，則依序為行政領導、公共關係、危機處理、經營策略。三級指標調整後如表 3-29 所示。

表 3-29 國民小學校長領導能力評鑑指標權重體系表 (江鴻鈞，1996)

向度	核心能力	指標內容
A. 理念	A1 歷史視野	A11 重視並發展學校的傳統和特色。
		A12 瞭解學校文化之歷史脈絡及現況。
		A13 以學校歷史的角度規畫校務短、中、長程發展計畫。
	A2 全球思維	A21 了解全球教育之新思潮、新趨勢。
		A22 了解世界先進國家之教育改革動向。
	A3 統觀洞視	A31 有效掌握學校成員之專長、能力。
		A32 了解教育本質及目的。
		A33 充分了解各處室之運作狀況。
		A34 了解現今學生之身心發展與學習心理特質。
		A35 了解教育法令與教育改革趨勢。
	A4 創新求進	A41 對學校提出提升競爭力之前瞻性構想與計畫。
		A42 以創新方法治理校務而不墨守成規。
B. 態度	B1 積極進取	B11 勇於任事，作職責內該做之事。
		B12 具有服務熱忱，為教育犧牲奉獻。
		B13 能隨時接受新觀念，不墨守成規。
	B2 挫折容忍	B21 遭遇危機時能臨危不亂、沉重應變。
		B22 控制並採適度方式表達情緒，具挫折容忍力。
		B23 包容及尊重他人意見，展現民主風度及親和力。

表 3-29 國民小學校長領導能力評鑑指標權重體系表 (江鴻鈞，1996) (續)

向度	核心能力	指標內容
	B3 壓力調適	B31 與同仁針對問題，共同尋求解決之道。
		B32 參酌以往經驗或求助有相同經驗者。
	B4 終身學習	B41 針對教育問題，不斷從事研究、提昇自我能力。
		B42 積極參與各項進修活動，增進專業知能。
		B43 實施專業對話，與教師共同討論專業理念或實務。
C. 認知	C1 行政專業	C11 了解學校執行教育政策的重點。
		C12 了解教師會、家長會與學校行政單位之運作與互動。
		C13 了解學校經費編配與支用。
		C14 了解校內各委員會 (教師會、教評會) 之設置與運作規定。
		C15 熟稔教育法令規章與相關規定並加應用。
	C2 課程教學	C21 具備學校課程發展知識。
		C22 積極爭取社會資源支援學校教學。
		C23 鼓勵教師教學合作，形成團隊。
		C24 體認協調行政處室全力支援課程實施之重要性。
		C25 具備依學校願景與規劃教學目標及計畫之知能。
		C26 具判斷教師優異教學表現並予正面回饋之能力。
		C27 尊重教師教學自主權責。
	C3 專業素養	C31 了解課程、教材、教法的理論與應用。
		C32 了解世界當前教育政策及重要教改措施。
		C33 了解相關教育哲學、理論、原理、方法。
		C34 了解現行國民小學教育目標。
D. 技能	D1 行政領導	D11 掌握學校經費編列情形並能有效執行。
		D12 了解並積極解決學校當前困境。
		D13 適度授權各處室分層負責，並加督導考核。
		D14 能促使學校人事和經費公開透明運作。
		D15 有效溝通同仁瞭解校長辦學理念。

表 3-29 國民小學校長領導能力評鑑指標權重體系表 (江鴻鈞，1996) (續)

向度	核心能力	指標內容
	D2 經營策略	D21 透過校務會議、行政會議研議校務發展共識。
		D22 訂定具體辦法，有效維護與管理各項建築與設備。
		D23 促使各處室能有效溝通、協調及合作。
	D3 時間管理	D31 處理校務能能詳細規劃時間，編排行事優先順序。
		D32 常要求行政人員重視公文處理時效。
		D33 常審閱會議紀錄，追蹤執行情形。
	D4 公共關係	D41 妥善處理有關學生管教衝突事件。
		D42 疏導化解教職員工間之歧見、紛爭。
	D5 危機處理	D51 組織危機處理小組以因應校園意外事件
		D52 對危機處理進行實地演練及測試。
		D53 訂定一套完善之危機預防及因應計畫。

經由上述過程，本例子變遷社會國民小學校長領導能力評鑑指標三級指標依次排序，指標體系於焉建構完成。

3.7 教師培訓人選遴選指標之實例

以「何佳郡、劉春榮 (2008) 教學輔導教師培訓人選遴選指標建構」為例，本文旨在探討教學輔導教師的相關概念，建構「教學輔導教師培訓人選遴選指標」，以提供相關教育行政機關及學校遴選教學輔導教師培訓人選之參考。

首先統整文獻建構教學輔導教師培訓人選遴選初步指標；其次進行焦點群組 (focus group) 座談，編製「教學輔導教師培訓人選遴選指標建構調查問卷」，最後選取 10 位學者專家與教育實務工作者進行 fuzzy Delphi，篩選「教學輔導教師培訓人選遴選指標」。並獲致下列結論：(1) 教學輔導教師培訓人選遴選指標包括：人格特質、教學素養與視導知能等三大構面；(2) 教學輔導教師培訓人選遴選指標之內涵結構根據 3 大構面，共涵蓋 8 項準則、31 項指標。

3.7.1 教師遴選指標之建構與篩選

一、建立初步指標的題庫

教學輔導教師培訓人選遴選指標之初步建構，係依據「文獻探討」所得，本指標依：人格特質、專業素養與務實考量等三構面初步建構其內涵，作為教學輔導教師培訓人選遴選指標之層級架構，茲分述如下表。

表 3-30 教師遴選之「準則與細目」

構面	準則	細目	文獻
人格特質	1. 動機意願	(1) 具有協助他人獲得成長的意願 (2) 願意撥出時間來幫助需要的人 (3) 能信任當事人保守有關的秘密 (4) 願意溫暖地傾聽他人談話	Wilson (2005) Brock (1997)
	2. 引導才能	(1) 具有領導他人所需的技能 (2) 能夠條理分析事情作成合宜的判斷 (3) 熟練與他人溝通協調的技巧 (4) 具有持續關注事情發展的能力	Wilson (2005) National Education Association (NEA)，(1999)
	3. 行為傾向	(1) 願意與他人分享生活中的經驗 (2) 態度開放喜歡接觸新的事物 (3) 願意加入受到自我認同的團體 (4) 具有積極追求成功的內在需求	Kay (1990) Wilson (2005)
專業素養	1. 課程設計	(1) 具備學科所需的充分的知識 (2) 熟悉任教領域的教材內容 (3) 能夠有計畫地規劃任教課程 (4) 具有編輯教材所需的技能 (5) 能將環境資源運用在課程設計上	Wilson (2005) 陳怡君 (2005)
	2. 教學能力	(1) 具有豐富多元的教學知識 (2) 教學時能運用有效的教學策略 (3) 具備課堂上有效的討論技巧 (4) 具備有示範學科教學的技能 (5) 能以多元概念評量學生的行為	Wilson (2005)

表 3-30 教師遴選之「準則與細目」(續)

構面	準則	細目	文獻
	3. 班級經營	(1) 具備務實的教室管理技能 (2) 對學生的學習表達高度期待 (3) 能夠敏銳地察覺學生的行為表現 (4) 善於營造正向積極的班級氣氛 (5) 建立能切實執行的教室行為規範	Wilson (2005)
務實考量	1. 資歷經驗	(1) 具有豐富的學校教學資歷 (2) 瞭解現階段教育政策的方向 (3) 熟悉教育領域相關的法令規範 (4) 具有成功的教學輔導經驗	Wilson (2005) NEA (1999)
	2. 視導技能	(1) 熟悉教學輔導的運作歷程 (2) 能敏銳察覺夥伴教師應予回饋的行為 (3) 具有分析教學者行為的技能 (4) 能有效引導夥伴教師反思教學	Billmeyer (1994) Zimpher (1998)
	3. 情境相似	(1) 教學導師與夥伴教師相同年級 (2) 教學導師與夥伴教師相同學科領域 (3) 教學導師與夥伴教師具共同相處時間 (4) 教學導師能就近輔導夥伴教師	Parkay (1988)

二、fuzzy Delphi 的篩選過程

由十位學者專家與教育實務工作者組成 fuzzy Delphi 專家小組，針對擬定初步問卷指標題目：「人格特質」、「專業素養」、「務實考量」等三大構面，共三十九項指標，舉行第一次會議舉行焦點群組座談，並依據焦點群組座談專家所提供之意見修正，將教學輔導教師培訓人選遴選指標之內涵修正為「人格特質」、「教學素養」、「視導知能」等三大構面，共三十二項指標，共修正十項，刪除七項。

其次參照焦點群組專家所給予之建議修正完成後，於第二次會議於教學輔導教師制度整合會議進行修正，將教學輔導教師培訓人選遴選指標之內涵修正為「人格特質」、「教學素養」、「視導知能」等三大構面，共三十二項指標，共修正十七項、刪除六項、新增六項。最後於第三次會議施測發 fuzzy Delphi 問卷。

fuzzy Delphi 係以問卷的調查方式進行資料蒐集，並採用 Max-Min 法，整合多位專家之意見，使達成共識及一致性時，計算每項初始指標重要性的三角模糊數。假設第 i 位專家對第 j 個初始指標的重要性評估值為 $W_{ij}=(a_{ij},b_{ij},c_{ij})$，

$i=1, 2, 3, ..., m$，則第 j 個初始指標的模糊權重 w_j。計算如下：

$\tilde{W}_i=(a_i,b_i,c_i), j=1,2,3,...,n$ 其中，$a_j=\underset{j}{Min}\{a_{ij}\}, a_j=\sqrt[m]{\prod_{i}^{m} b_{ij}}, c_j=\underset{j}{Max}\{c_{ij}\}$

$\tilde{W}_j$：模糊權重

ij：第 i 位專家對第 j 個初始指標的重要性評估值

n：指標數

m：專家數

算出每項初始指標重要性的三角模糊數之後，再依據 Chen 和 Hwang (1992) 所提出的解模糊化的方法，整理指標適切性所代表的右界值、左界值和總值，以每個指標的三角模糊數之總值，代表 Delphi 小組對各指標評定量尺的「共識」。拉著，設定相對的三角模糊數總值之門檻值，從眾多的初始評估指標中，篩選出較適當的評估指標。三角模糊數之總值高於門檻值者，該指標選入指標系統；總值低於門檻值者，則該指標予以剔除。

3.7.2 教師遴選指標建構之分析結果

研究結果分為焦點群組座談、fuzzy Delphi 問卷調查兩部分，茲分述如下：

一、焦點群組座談結果

經由焦點群組座談討論，與會的教育實務工作者，對於本指標提出許多寶貴意見，茲將焦點群組會議內容重點整理如下。

1. 指標整體架構完整，立意良好

與會成員對於本指標的研究動機及整體架構，都有充分的瞭解並抱持著正面與肯定的態度，未來在遴選教學導師時，期許能實際應用在學校情境中。

2 指標的使用對象及遴選程序應重新檢視

與會成員協助本例子重新檢視指標在實際運用時，所面臨到的使用對象與程

序問題。由於使用對象的不同，用語及需求也就跟著不同；另外專家成員認為教學導師的遴選比初任教師早，無法事先依指標的「務實考量」構面中的「情境相似」準則下的細目遴選出教學導師，因此本構面的「情境相似」準則宜重新檢視。

3. 指標細目可再思考與潤飾

本次座談會中專家學者對於本例子遴選指標內容普遍認為指標細目宜再加以潤飾，茲將與會成員對於本例子之指標細目所提供意見歸納如下：

(1) 人格特質構面

與會成員認為在人格特質構面，「動機意願」準則的「願意撥出時間來幫助需要的人」修正為「願意貢獻時間輔導他人」；「願意溫暖地傾聽他人談話」修正為「願意積極地傾聽他人談話」。「行為傾向」準則的「願意與他人分享生活中的經驗」修正為「願意與他人分享教學的經驗」；「願意加入受到自我認同的團體」修正為「願意加入共同提攜的團體」。

(2) 專業素養構面

與會成員認為在專業素養構面，「教學能力」準則的「能以多元概念評量學生的行為」修正為「能以多元概念評量學生的表現」。「班級經營」準則的「具備務實的教室管理技能」修正為「具備有效的教室管理技能」。

(3) 務實考量構面

與會成員認為在務實考量部份，「務實考量」構面宜更改為「視導知能」。「資歷經驗」準則的「具有豐富的學校教學資歷」修正為「具有法定的教學年資」；「具有成功的教學輔導經驗」修正為「具有輔導經驗」。而「視導技能」準則方面，專家成員認為本準則細目應為基本的視導技能，措辭宜修正，因此刪除較高階的視導技能：「能敏銳察覺夥伴教師應予回饋的行為」、「具有分析教學者行為的技能」與「能有效引導夥伴教師反思教學」。「情境相似」準則方面，專家一致認為本準則非教學導師的遴選條件，而是屬學校行政方面，因此刪除之。

本文經由焦點群組座談專家諮詢之後，經由教學輔導教師制度整合會議進行修正，依據整合工作圈專家學者所提供之修正意見，茲將本遴選指標修正說明如表 3-31。

表 3-31 教學輔導教師培訓人選遴選指標修正情形

	指標初稿	焦點群組座談修正指標	整合工作圈修正指標
構面	人格特質		
準則	一、動機意願		
	1. 具有協助他人獲得成長的意願	1. 具有協助他人獲得成長的意願	1. 具有協助他人成長的意願
細目	2. 願意撥出時間來幫助需要的人	2. 願意貢獻時間輔導他人	2. 願意貢獻時間協助他人
	3. 能信任當事人保守有關的秘密	3. 能信任當事人保守有關的秘密	刪除
準則	二、引導才能		
	1. 具有領導他人所需的技能	1. 具有領導他人所需的技能	1. 具有領導他人的器質
	2. 能夠條理分析事情作成合宜的判斷	2.能夠條理分析事情作成合宜的判斷	刪除
			2. 能對他人提出建議及回饋 (新增)
	3. 熟練與他人溝通協調的技巧	3. 熟練與他人溝通協調的技巧	3. 具有與人溝通協調的技巧細目
準則	三、行為傾向		
	1. 願意與他人分享生活中的經驗	1. 願意與他人分享教學經驗	1. 願意與他人分享工作經驗
	2. 態度開放喜歡接觸新的事物	2. 態度開放喜歡接觸新的事物	2. 態度開放喜歡接觸新事物
	3. 願意加入受到自我認同的團體	3. 願意加入共同提攜的團體刪除細目	
	4. 具有積極追求成功的內在需求	4. 具有積極追求成功的內在需求	3. 具有追求成功的內在需求 (新增)
構面	專業素養	教學素養	
準則	一、課程設計		
	1. 具備學科所需的充分的知識	1. 具備學科所需的充分的知識	1. 具備任教學科所需的知識

表 3-31 教學輔導教師培訓人選遴選指標修正情形 (續)

	指標初稿	焦點群組座談修正指標	整合工作圈修正指標
細目	2. 熟悉任教領域的教材內容	2. 熟悉任教領域的教材內容	2. 熟悉任教領域的教材內容
	3. 能夠有計畫地規劃任教課程	3. 能夠有計畫地規劃任教課程	3. 能夠規劃適切的教學方案
	4. 具有編輯教材所需的技能	4. 具有編輯教材所需的技能	4. 具有編輯教材所需的知能細目
	5. 能將環境資源運用在課程設計上	5. 能將環境資源運用在課程設計上	5. 妥善運用教學媒材於課程設計
準則	二、教學能力		
	1. 具有豐富多元的教學知識	1. 具有豐富多元的教學知識	刪除
細目	2. 教學時能運用有效的教學策略	2. 教學時能運用有效的教學策略	1. 教學時能應用多元教學方法
			2. 具備有效的提問技巧 (新增)
	3. 具備課堂上有效的討論技巧	3. 具備課堂上有效的討論技巧	3. 具有良好的語文技巧
	4. 具備有示範學科教學的技能	4. 具備有示範學科教學的技能	修正 (移至視導知能)
			5. 能與學生建立多向的互動溝通 (新增)
準則	三、班級經營		
	1. 具備務實的教室管理技能	1. 具備有效的教室管理技能	1. 具備有效的教室管理技能
細目	2. 對學生的學習表達高度期待	2. 對學生的學習表達高度期待	刪除
			2. 能有效掌控教學時間 (新增)
	3. 能夠敏銳地察覺學生的行為表現	3. 能夠敏銳地察覺學生的行為表現	3. 能夠敏銳地察覺學生的行為表現

表 3-31 教學輔導教師培訓人選遴選指標修正情形 (續)

	指標初稿	焦點群組座談修正指標	整合工作圈修正指標
	4. 善於營造正向積極的班級氣氛	4. 善於營造正向積極的班級氣氛	4. 善於營造正向積極的班級氣氛
構面	務實考量	視導知能	
準則	一、資歷經驗		
	1. 具有豐富的學校教學資歷	1. 具有法定的教學年資	1. 具有豐富的 (八年以上)
細目	教學資歷		
	2. 瞭解現階段教育政策的方向	2. 瞭解現階段教育政策的方向	2. 瞭解現階段教育政策的方向
	3. 熟悉教育領域相關的法令規範	3. 熟悉教育領域相關的法令規範	3. 熟悉教育領域相關的法令規範
準則	二、視導技能		
	1. 熟悉教學輔導的運作歷程	1. 熟悉教學輔導的運作歷程	1. 具備教學輔導的基本知能
	2. 能敏銳察覺夥伴教師應予回饋的行為	刪除	
細目			2. 理解教師合作學習的歷程 (新增)
	3. 具有分析教學者行為的技能	刪除	
			3. 具有成人學習的基本知能 (新增)
準則	三、情境相似	刪除	
	1. 教學導師與夥伴教師相同年級	刪除	
細目	2. 教學導師與夥伴教師相同學科領域	刪除	
	3. 教學導師與夥伴教師具共同相處時間	刪除	
	4. 教學導師能就近輔導夥伴教師	刪除	

二、fuzzy Delphi 問卷調查結果

焦點座談及整合工作圈修正後，形成教學輔導教師培訓人選遴選指標問卷，進行 fuzzy Delphi 調查。以下呈現 fuzzy Delphi 問卷調查的統計結果，說明依據問卷所獲結果與回饋意見，並進行本指標之修正

1. 問卷調查結果

fuzzy Delphi 調查問卷包括「人格特質」、「教學素養」、「視導知能」等三大構面，就模糊理論的計算步驟，首先計算遴選指標的三角模糊數值，其次是模糊數的反模糊化，作為遴選指標之篩選。利用 fuzzy Delphi 整合 10 位專家的模糊權重評估值，以計算每項初始指標重要性的三角模糊數。以「人格特質」構面中「具有協助他人成長的意願」指標的模糊權重評估值為例，計算如下：

$$\tilde{W}_{1\text{-}1} = (0.83, 093, 1) = (a_{1\text{-}1}, b_{1\text{-}1}, c_{1\text{-}1})$$

$$a_{1\text{-}1} = 0.83,\ b_{1\text{-}1} = \sqrt[10]{0.83 \times 1 \times 0.83 \times 0.83 \times 1 \times 1 \times 1 \times 1 \times 1 \times 0.83} = 0.93,\ c_{1\text{-}1} = 1$$

其次，以模糊集合解模糊化的方法，計算出「具有協助他人成長的意願」指標所代表的右界值、左界值和總值各為 $\mu_R = 0.935$，$\mu_L = 0.155$，$\mu_T = 0.890$，再以每個指標的三角模糊數之總值，代表 Delphi 小組各成員對各指標評定量尺的共識。

2. 篩選後遴選指標

本例將三角模糊數的總值 0.6 定為門檻值，以門檻值大於 0.6 進行評估指標的篩選。教學輔導教師培訓人選遴選指標各題項之統計結果如表 3-32 所示，接著將表中總值低於 0.6 者剔除後，故「人格特質」構面的指標數由原來的 9 個減為 8 個；「教學素養」、「視導知能」兩構面的指標數維持不變，共 31 項指標。

表 3-32 篩選後教學輔導教師培訓人選遴選指標 (N＝10)

構面	準則 / 項目	(ak, bk, ck)	總值	門檻 ≥ 0.6
人格特質	一、「動機意願」準則	**(0.83, 0.96, 1)**	**0.906**	取
	1. 具有協助他人成長的意願	**(0.83, 0.93, 1)**	0.890	取
	2. 願意貢獻時間協助他人	(0.83, 0.93, 1)	0.890	取
	3. 願意主動地傾聽他人談話	(0.67, 0.93, 1)	0.836	取
	二、「引導才能」準則	(0.67, 0.89, 1)	0.815	取
	1. 具有領導他人的器質	(0.17, 0.65, 1)	0.590	捨
	2. 能對他人提出建議及回饋	(0.50, 0.88, 1)	0.765	取
	3. 具有與人溝通協調的技巧	(0.33, 0.90, 1)	0.741	取
	三、「行為傾向」準則	(0.50, 0.90, 1)	0.776	取
	1. 願意與他人分享工作經驗	(0.67, 0.94, 1)	0.842	取
	2. 態度開放喜歡接觸新事物	(0.67, 0.85, 1)	0.795	取
	3. 具有追求成功的內在需求	(0.33, 0.81, 1)	0.694	取
教學素養	一、「課程設計」準則	**(0.67, 0.91, 1)**	**0.826**	取
	1. 具備任教學科所需的知識	(0.50, 0.86, 1)	0.755	取
	2. 熟悉任教領域的教材內容	(0.67, 0.92, 1)	0.831	取
	3. 能夠規劃適切的教學方案	(0.67, 0.89, 1)	0.815	取
	4. 具有編輯教材所需的知能	(0.33, 0.82, 1)	0.699	取
	5. 妥善運用教學媒材於課程設計	(0.67, 0.84, 1)	0.790	取
	二、「教學能力」準則	**(0.67, 0.93, 1)**	**0.836**	取
	1. 教學時能應用多元教學方法	(0.67, 0.89, 1)	0.815	取
	2. 具備有效的提問技巧	(0.67, 0.84, 1)	0.790	取
	3. 具有良好的語文技巧	(0.67, 0.83, 1)	0.785	取
	4. 能以多元概念評量學生的表現	(0.67, 0.85, 1)	0.795	取
	5 .能與學生建立多向的互動溝通	(0.83, 0.95, 1)	0.900	取
	三、「班級經營」準則	**(0.83, 0.95, 1)**	**0.900**	取
	1. 具備有效的教室管理技能	(0.67, 0.89, 1)	0.815	取
	2. 能有效掌控教學時間	(0.83, 0.89, 1)	0.870	取

表 3-32 篩選後教學輔導教師培訓人選遴選指標 (N＝10) (續)

構面	準則 / 項目	(ak, bk, ck)	總值	門檻 ≥ 0.6
	3. 能夠敏銳地察覺學生的行為表現	(0.83, 0.95, 1)	0.900	取
	4. 善於營造正向積極的班級氣氛	(0.83, 0.91, 1)	0.880	取
	5. 能與學生建立多向的互動溝通	(0.83, 0.95, 1)	0.900	取
視導知能	**一、「資歷經驗」準則**	**(0.67, 0.88, 1)**	**0.810**	**取**
	1. 具有豐富的 (八年以上教學資歷)	(0.83, 0.86, 1)	0.856	取
	2. 瞭解現階段教育政策的方向	(0.50, 0.82, 1)	0.734	取
	3. 熟悉教育領域相關的法令規範	(0.67, 0.82, 1)	0.780	取
	4. 具有輔導實習教師的經驗	(0.67, 0.88, 1)	0.810	取
	二、「視導技能」準則，	**(0.67, 0.91, 1)**	**0.826**	**取**
	1. 具備教學輔導的基本知能	(0.67, 0.89, 1)	0.815	取
	2. 理解教師合作學習的歷程	(0.33, 0.74, 1)	0.659	取
	3. 熟悉成人學習的基本歷程	(0.33, 0.73, 1)	0.654	取
	4. 具示範教學的能力，	(0.83, 0.95, 1)	0.900	取

以上，第一階段，先用 fuzzy Delphi「篩選」出的主、次準則。接著，在第二階段 FAHP 才做「候選方案-準則」串聯，即可挑選出「最佳候選方案 (老師)」。

Chapter 4

層級分析法 & Fuzzy 層級分析法

在我們的日常生活中，經常需要作各式各樣的決策，但可能因為經驗、心智、能力而影響決策問題的評估準則難以架構化，或評估準則間具有量化 (quantitative) 與質化 (qualitative) 的不同特性，使決策者往往無法取得充分的資訊，而做了錯誤與高風險性的決策。

傳統之層級分析法 (AHP) 是最適合用來解決須考慮許多複雜評估準則的問題解答方法之一。簡單言之，AHP 法乃是將複雜之多準則決策問題建構成一個階層式 (hierarchy) 問題架構形態，其中每一層皆由不同之元素所組成，AHP 法可有系統地處理許多質化因子並將其數量化的結果提供予決策者做為客觀之參考數據。

然而，近年來在許多社會科學的研究發現，許多有關於決策的問題並不僅僅只能以階層化的方式表達出其內部複雜的相關聯性之特性，此乃因為其上下層級間具有相互影響之作用，且位於低層之元素亦對高層之元素具有相互依存之關係存在 (Saaty，1996)。也因此我們瞭解到，在一個組織中其方案和準則之間其實存在著具有相互回饋 (feedback) 之關係。據此，網路分析法 (ANP) 乃被提出以解決此類問題。

就 AHP 的分析理念，Saaty 認為人們在進行方案抉擇的決策時，會針對問題，找出可作為判斷依據且彼此獨立的 n 個選項，定義其重要性並形成階層體系，然後兩兩比較選項，經 n (n－1) / 2 次比較後，計算出各選項和各待選方案的相對權重值，據以綜合做出最佳的決定 (Saaty，1994)；而 ANP 的理念大同小異，差別處在於允許選項間彼此有關聯，並形成網絡 (network) 的關係，因此 ANP 能夠用於瞭解選項間的階層和更多樣的網絡關係，適用範疇遠大於 AHP

(Saaty，2001)。

為了解決人類決策問題，AHP 和 ANP迄今已有 Expert Choice 和 Super Decisions 套裝軟體及網站可供使用和查詢。AHP 在國內教育領域的應用，多用於建構政策／制度、課程、教學、機構、人員、器物和事務等方面的評鑑指標(如課務編排、教科書評選、學校績效等)、確定人員和理論要素的指標權重體系及選擇最佳的方案，另外亦見結合德懷術 (Delphi technique)、SWOT、模糊理論 (fuzzy theory)、灰色理論 (grey theory)、DACUM 法 (Developing A CurriculUM，DACUM)、資料包絡法 (Data Envelopment Analysis，DEA)、內容分析法 (content analysis) 等技術的做法。

4.1 層級分析法 (AHP)

層級分析法 (Analytic Hierarchy Process，AHP)，是 1971 年匹茲保大學教授 Thomas L.Saaty 在替美國國防部進行應變規劃問題研究時，所發展出來的一套決策方法，主要應用在不確定性的情況下及具有多個評估準則的決策問題上，使複雜的問題逐一簡化。隨後幾年被推廣應用在優先順序之決定、規劃資源、分配、預測及投資組合方面。

由於層級分析法理論清晰簡單，操作方法容易，並能同時容納多位專家與決策者的竟見，因此，廣為學術界和實務界所使用，其應用的範圍相當廣泛，Saaty (1980) 即整理歸納出層級分析法適用於下列十三種決策問題：

1. 決定優先順序 (setting priorities)。
2. 產生可行方案 (generating a set of alternatives)。
3. 選擇最佳方案 (choosing the best policy alternative)。
4. 決定需要條件 (determining requirements)。
5. 根據成本效益分析制定決策 (making decision using benefits and costs)。
6. 資源分配 (allocating resources)。
7. 預測結果一風險評估 (predicting outcomes-risk assessment)。
8. 衡量績效 (measuring performance)。
9. 系統設計 (designing a system)。

10. 確保系統穩定性 (ensuring system stability)。
11. 最適化 (optimizing)。
12. 規劃 (planning)。
13. 衝突解決 (conflict resolution)。

4.1.1 認識 AHP

在一般的「研究方法」用書中，常見的量表設計技術有五大類，包括：Likert 量表、Thurstone 量表、語意差異量表 (semantic differential scale)、Guttman 量表、配對比較量表 (scale of paired comparison)。其中，配對比較量表就是 AHP 法的核心概念。

有關前四種量表之指標的篩選，不外乎以建構效度 (收斂效度、區別效度)、信度來建構該量表的指標，這四種量表之概念及統計，請見作者張紹勳在台中滄海書局出版的《研究方法》、《SPSS 初統分析》、《SPSS 高統分析》、《SPSS 多變量統計分析》。

一、層級分析法的目的與假定

層級分析法 (AHP) 之發展目的，就是要將複雜之問題予以系統化，藉由劃分不同層級的方式將目標問題給予階層式的分解，使複雜評估的問題透過階層結構的方式變得更容易評估與了解，並透過量化的判斷，予以綜合評估，提供決策者充分資訊以選擇適當之方案計劃，並減少決策錯誤的風險性。換句話說，層級分析法的主要特色是利用階層式架構的方式，將複雜關係的因素建立階層結構，同時將可能的影響因素做兩兩成對的重要性比較，可以簡化複雜的問題，透過量化讓問題能夠更容易評比，使決策者能有效的作出決策與減少風險。

層級分析法的基本假定 (assumption) 如下：

1. 一個系統或問題可被拆解成許多被評比的種類 (classes) 或成份 (components)，並形成有向層級的結構。
2. 層級結構中，每一層級的因素均具有獨立性 (independence)。
3. 每一層級內的因素可用上一層級內某些或全部因素做為基準來進行評比。
4. 進行評比時，可將數值尺度轉換成比率尺度 (ratio scale)。
5. 因素間進行完成對比較 (pairwise comparison) 後，可用正倒值矩陣 (positive

reciprocal matrix) 來表示。

6. 偏好關係滿足遞移性，不僅優劣關係滿足遞移性 (即 A 優於 B，B 優於 C，A 優於 C)，同時強度關係也滿足遞移性。例如：A 優於 B 二倍，B 優於 C 三倍，A 優於 C 六倍。
7. 完全具遞移性不容易，因此 AHP 容許不具遞移性的存在，但需測試其一致性的程度。
8. 要素的優勢程度，經由加權法則 (weighting principle) 而求得。
9. 任何要素只要出現在階層結構中，不論其優勢程度是如何，均被認為與整個評估結構有關，而並非檢核階層結構的獨立性。

Vargas (1990) 也提出使用 AHP 方法前使用者應具備以下幾點的認知：

1. 獨立性 (independence)：任兩因素間彼此的比較必須假設為互相獨立。
2. 同質性 (homogeneity)：任兩因素間之比較必須要有意義，並在合理的的評估尺度內。
3. 倒數對照性 (reciprocal comparison)：任兩因素間在進行成對比較時，其喜愛程度的比較必須滿足倒數的特性，若 A 比 B 喜愛程度是 x 倍，則 B 是 1/x 倍喜愛於 A。
4. 預期性 (expectations)：要完成決策目標，關係階層須要描述清楚，換言之，在建構關係階層與相關準則或選擇方案時必須完整，不能有遺漏或忽略。

二、層級結構化之要點

層級結構為系統結構的骨架，透過層級方式的表現，可以清楚表示階層中各要素之間的交互影響關係，使決策者較易做出正確判斷。將影響系統之因素加以分解成數個群體，每群再區分為數個次群，逐級依序分解並建立全部之層級結構，其關係如圖 4-1 所示：

層級的主要目的，是為了建立系統分解後的架構，所建立的層級架構包含了兩種：一是完整層級 (complete hierarchy)，另一為不完整層級 (incomplete hierarchy)。

1. 完整層級如圖 4-1 左方所示，顯示了第 a 層與第 a＋1 層內的要素均有關連，也就是說完整的連線不會影響對整個系統的有效性。

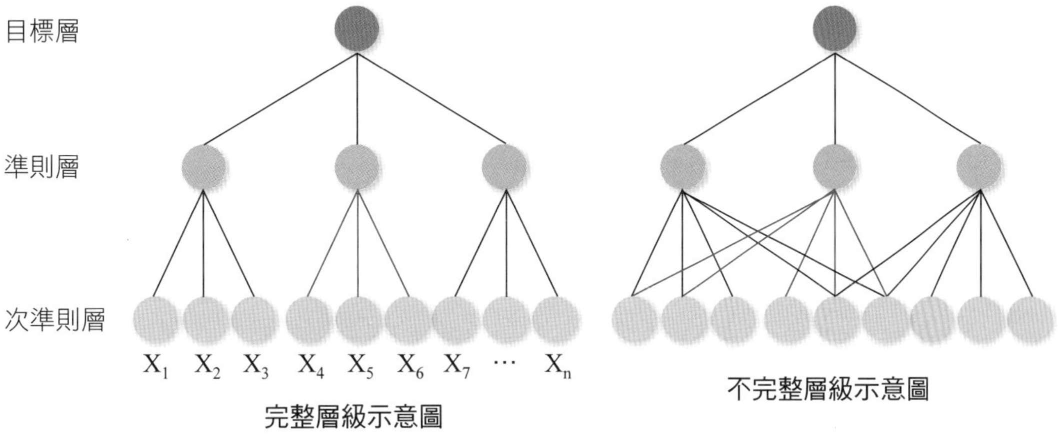

資料來源：Satty (1980)

圖 4-1 層級分析法層級結構示意圖

2. 不完整層級如圖 4-1 右方所示，顯示了第 a 層與第 a+1 層內的要素有部分重覆關連，因此可能會影響系統的有效運作。

三、層級分析法的優缺點

●優點：

1. 層級分析法理論簡單，使用容易且具系統性，能有效擷取多數專家及決策者有共識的意見，在實務上已被廣泛應用。
2. 對於影響研究目標的相關因素納入評估架構中，讓評估更容易可行，且能具體的表示出各因素優先順序。
3. 相關影響因素，在經過專家學者評估及數學方法處理後，皆能以具體的數值顯示各個因素的優先順序。
4. 可將複雜的評估因素以簡單的層級架構方式呈現，有助於了解與溝通，也易於決策者所接受。

●缺點：

1. 傳統層級分析法是用來解決固定精確的問題，對於不精確的問題來評估往往與現實情況有所差異。

2. 要素方案的評估往往是用較主觀的方式來給定因素間的重要性，不夠客觀。
3. 層級數若過多，恐影響評估品質。

四、AHP 之分析軟體：Expert Choice

常見 AHP 之分析軟體，包括：Expert Choice 以及吳智鴻、游淋祺兩人所開發 Choice Maker 等軟體，它們的操作範例，可參見隨書附贈 CD 之「AHP 軟體」。至於 Fuzzy AHP 或 Fuzzy Delphi 的分析，只能用 Excel 自建公式，在隨書附贈 CD「ch04 fuzzy 範例」亦有「第 4 章實例 1」公式的示範。

4.1.2 AHP 分析步驟

使用層級分析法進行分析時，必須先將目標問題做問題的描述，再從中找出可能的影響因素並建立起層級關係，採用兩兩因素成對比較兩因素之間的優劣程度，並依此建立成對比較矩陣，利用矩陣之特徵值與特徵向量的計算，求得各屬性與方案之權重值，最後再透過綜合評判的方式得到最終的方案排序，其重要步驟說明如下。

一、問題描述

進行層級分析時，對於問題所處之系統應該儘量詳加瞭解分析，將可能影響問題之因素均納入問題中，同時決定問題之主要目標。

二、建立層級架構

在此一階段，必須決定問題之目標以及總目標之各項指標，決定各指標之評估準則及列入考慮之替代方案，而其評估準則以及方案之產生可應用腦力激盪法、Delphi 法等。

利用層級來將決策目標明確化，在這個階段中包含了形成問題、確立定義、確立要素和層級三個小步驟。然後將複雜的問題系統化，匯集專家學者及決策者的意見來進行評估並建構層級架構，在此階段每一層的要素都應是相互獨立的，依據 Saaty 的建議，同一層級的要素數目，最好不要超過七個，超出者可再分層解決，以免影響層級的一致性。

三、各層級要素間權重的計算

主要由同一層級中各個要素兩兩成對比較而建立比較矩陣，藉此一矩陣計算

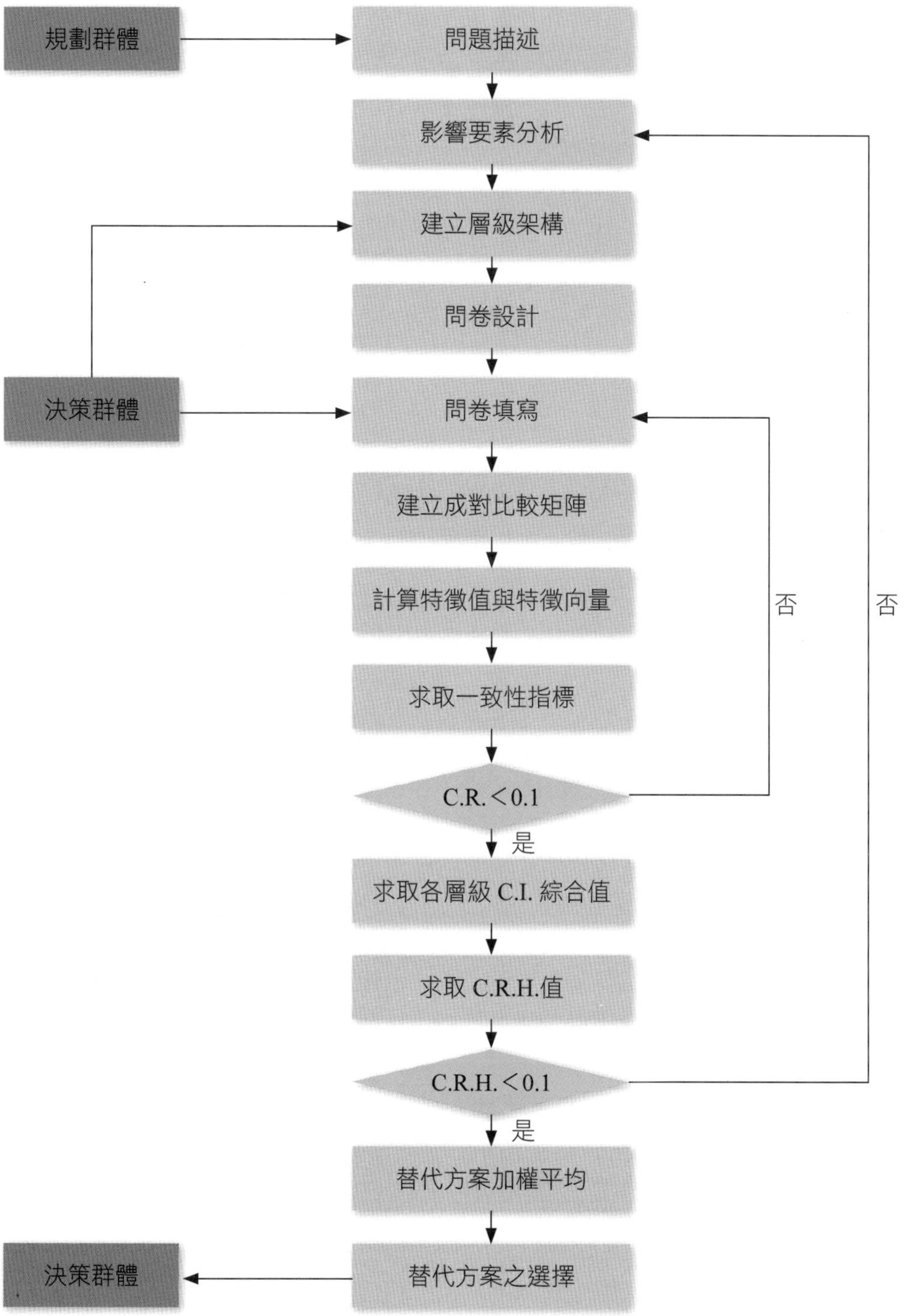

圖 4-2 AHP 流程圖 (鄧振源 & 曾國雄，1989)

出各個要素之權重。此階段可分為以下三個步驟進行：

1. 建立成對比較矩陣

某一層級的要素，在以其上一層級的要素作為評估基準下，進行該層級要素間的成對比較。若有 n 個要素時，則需進行 n (n－1)/2 個成對比較。在進行各要素間的比較時，AHP 所使用的基本評估尺度是由文字敘述評比 (verbal judgements ranking) 而來，包括「同等重要」、「稍重要」、「頗重要」、「很重要」、「極為重要」；與其相對應產生數值尺度 (numerical judgments) 為 (1、3、5、7、9)，和介於其中的折衷數值 (2、4、6、8)。成對比較時所使用的數值，分別是 1/9，1/8，…，1/2，1，2，…，8，9 (尺度內容與意義說明如表 4-1)。

評估尺度選擇「九等」主要是因為，Miller (1956) 研究發現，人類無法同時對 7±2 種以上的事物進行比較，為避免混淆，故 Saaty 採取九等尺度作為最高限，將人類對於值的區別能力，以「等強」、「稍強」、「頗強」、「極強」和「絕強」等五個屬性，加以區分表示較好，而為了更精確起見，在相鄰的兩個屬性間有一折衷屬性，使得到更好的連續性，因此總共需要九個屬性值。

表 4-1 AHP 評估尺度語意表 (Satty，1980)

評估尺度	定義	說明
1 或 (1：1)	同等重要 (equal importance)	兩項計畫的貢獻程度具相同重要性 ⊙等強 (Equally)
3 或 (3：1)	稍微重要 (weak importance)	經驗與判斷稍微傾向喜好某一計畫 ⊙稍強 (Moderately)
5 或 (5：1)	頗為重要 (essential importance)	經驗與判斷比較傾向喜好某一計畫 ⊙頗強 (Strongly)
7 或 (7：1)	極為重要 (very strong importance)	實際顯示非常強烈傾向某一喜好某一計畫
9 或 (9：1)	絕對重要 (absolute importance)	有足夠證據肯定絕對喜好某計畫 ⊙絕強 (Extremely)
2，4，6，8	相鄰尺度之中間值 (intermediate values)	需要折衷值時
倒數	$u_{ij} = \frac{1}{u_{ji}}$	經驗與判斷符合一致性

將兩兩因素間進行成對比較，即可得到一個成對比較矩陣 A。因成對比較有倒數性質 (Reciprocal Property)，若因素 i 與因素 j 的比值為 a_{ij}，則要素 j 與要素 i 的比值即為原來比值的倒數即 $1/a_{ij}$。同理，成對比較矩陣 A 的下三角形部分，即為上三角形部分的倒數。假設某一層級的要素 $A_1, A_2, ..., A_n$，在上一層某一要素為評估基準下，求取每一個要素的權重 $W_1, W_2, ..., W_n$。此時，a_i 與 a_j 的相對重要程度以 a_{ij} 表示，而且要素 $A_1, A_2, ..., A_n$ 的成對比較矩陣為 $A=[a_{ij}]$ 有關成對比較矩陣的元素如下所示：

$$[A]=\left[a_{ij}\right]=\begin{bmatrix} 1 & a_{12} & \cdots & a_{1n} \\ 1/a_{12} & 1 & \cdots & a_{2n} \\ \vdots & \vdots & \ddots & \vdots \\ 1/a_{1n} & 1/a_{2n} & \cdots & 1 \end{bmatrix}$$

2. 計算特徵值與特徵向量

成對比較矩陣 $[a_{ij}]$ 建立以後，即可求取各層級要素的權重 $[W_{j\times 1}]$。使用數值分析中常用的特徵值 (Eigen value) 解法，找出特徵向量或優勢向量 (Priority Vector) $[W_{j\times 1}]$；由於成對比較矩陣為正倒值矩陣，而不是對稱矩陣，因此可用的特徵向量值解法有乘冪法與 house-holder 法，而後者的計算速度又較前者快許多。

(1) 特徵向量的計算

特徵向量 (Eigenvector) 或稱優先向量 (Priority Vector) 或權重 (Weight)，Saaty 提出下列四種近似法的計算，依其精確度之順序排列分別說明如下：

A. 列向量幾何平均值正規化，又稱 NGM 法 (Normalization of the Geometric Mean of the Rows)。將各列元素相乘後取其幾何平均數，再進行正規化求得 (FAHP 最常用此公式)。

$$W_i=\frac{\sqrt[n]{\left(\prod_{j=1}^{n}a_{ij}\right)}}{\sum_{i=1}^{n}\sqrt[n]{\left(\prod_{j=1}^{n}a_{ij}\right)}},i,j=1,2,\cdots,n. \qquad \text{(公式 4-3)}$$

B.行向量和倒數正規化。將各行元素予以加總，再求其倒數進行正規化。

$$W_i = \frac{\left(\frac{1}{\sum_{i=1}^{n} a_{ij}}\right)}{\sum_{i=1}^{n}\left(\frac{1}{\sum_{i=1}^{n} a_{ij}}\right)}, i, j = 1, 2, \cdots, n. \qquad (\text{公式 4-4})$$

C.行向量平均值正規化，又稱 ANC 法 (Average of Normalized Columns)。首先將各行元素正規化，再將正規化後之各列元素加總，最後再除以各列元素之個數 (傳統 AHP 最常用此公式)。

$$W_i = \frac{1}{n}\sum_{j=1}^{n} \frac{a_{ij}}{\sum_{i=1}^{n} a_{ij}}, i, j = 1, 2, \cdots, n. \qquad (\text{公式 4-1})$$

D.列向量平均值正規化，又稱 NRA 法 (Normalization of the Row Average)。將各列元素加總後，再進行正規化。

$$W_i = \frac{\sum_{j=1}^{n} a_{ij}}{\sum_{i=1}^{n}\sum_{j=1}^{n} a_{ij}}, i, j = 1, 2, \cdots, n. \qquad (\text{公式 4-2})$$

Saaty (1980) 認為若配對矩陣之一致性夠高時，則四種方法所算得的特徵向量會很接近。

(2) 最大特徵值 (λ_{max}) 的計算

將成對比較矩陣 **A** 乘以所求出的特徵向量 *W*，可得到新的特徵向量 *W'*，*W'* 的每一向量值分別除以對應原向量 *W* 之向量值，最後將所求出的各數值求其算數平均數，即可求出 λ_{max}。

$$A \circ W = \lambda_{max} \circ W \qquad (\text{公式 4-5})$$

$$A=\begin{bmatrix} w_1/w_1 & w_1/w_2 & \cdots & w_1/w_n \\ w_2/w_1 & w_2/w_2 & \cdots & w_2/w_n \\ . & . & . & . \\ . & . & . & . \\ . & . & . & . \\ w_n/w_1 & w_n/w_2 & \cdots & w_n/w_n \end{bmatrix}\begin{bmatrix} W_1 \\ W_2 \\ . \\ . \\ . \\ W_n \end{bmatrix}=\begin{bmatrix} W_1' \\ W_2' \\ . \\ . \\ . \\ W_n' \end{bmatrix} \qquad \text{(公式 4-6)}$$

其中

$$\lambda_{\max}=\frac{1}{n}\left(\frac{W_1'}{W_1}+\frac{W_2'}{W_2}+\cdots+\frac{W_n'}{W_n}\right) \text{。}$$

若當因素的權重值已知時，亦可用下列方式來表示之：

$$A=\left[a_{ij}\right]=\begin{bmatrix} 1 & a_{12} & \cdots & a_{1n} \\ 1/a_{21} & 1 & \cdots & a_{2n} \\ . & . & . & . \\ . & . & . & . \\ . & . & . & . \\ 1/a_{n1} & 1/a_{n2} & \cdots & 1 \end{bmatrix}=\begin{bmatrix} w_1/w_1 & w_1/w_2 & \cdots & w_1/w_n \\ w_2/w_1 & w_2/w_2 & \cdots & w_2/w_n \\ . & . & . & . \\ . & . & . & . \\ . & . & . & . \\ w_n/w_1 & w_n/w_2 & \cdots & w_n/w_n \end{bmatrix}$$

其中 $a_{ij}=W_i/W_j, a_{ij}=1/a_{ij}, W=\left[w_1, w_2, \cdots\cdots\cdots, w_n\right]'=\begin{bmatrix} w_1 \\ w_2 \\ . \\ . \\ . \\ w_n \end{bmatrix}$

w_i：因素 i 的權重；$i=1,2,\cdots,n.$

a_{ij}：兩兩因素間的比值：$i=1,2,\cdots,n, j=1,2,\cdots,n.$

四、一致性檢定

為了確認決策者在做成對比較時要能達到前後一貫性，因此需要進行一致性的檢定，作成一致性指標 (Consistency Index，C.I.) 和一致性比率 (Consistency Ratio，C.R.)，檢查依決策者所回答的答案而構成的成對比較矩陣是否為一致性矩陣。一致性指標主要的功能與目的是檢定決策者在決策比較的過程中所作的比較判斷合理的程度，是否一致或是否有矛盾等現象，以即時修正，避免作出不良的決策，造成各要素間權重的計算產生不合理現象。一致性的檢定也可用於整個層級結構。由於各層級間的重要性不同，所以要測試整個層級結構是否具一致性。而 Satty 建議當 C.I. ≤ 0.1 時，為最佳可接受之誤差，若 C.I. ≤ 0.2 時，亦為可接受之誤差。以下為檢定公式：

$$C.I.=\frac{\lambda_{\max}-n}{n-1} \qquad \text{(公式 4-7)}$$

其中 n：評估準則的個數，λ_{max} 是矩陣 A 的最大特徵值。若 $\lambda_{max}=n$，則成對比較矩陣 A 具有一致性。

當 C.I.＝0 時，表示前後判斷具有一致性；當 C.I. > 0 時，表示前後判斷有誤差不連貫；當 C.I. < 0 時，表示前後判斷是不太一致的，但是還在可接受範圍內。

然而，當問題變複雜時，所要比較的要素也會變多，成對矩陣的階數就會增加，因此要維持一致性的判斷也會更加困難。Saaty 另外提出「隨機指標」(Random Index，R.I.)，用以調整不同階數下所產生出不同程度 C.I. 值變化，得到的值即為一致性比率 (Consistency Ratio，C.R.)，若 C.R. ≤ 0.1，則矩陣的一性程度令人滿意，意味著該成對量表具有一定程度的「信度」。公式如下：

$$C.R.=\frac{C.I.}{R.I.} \qquad \text{(公式 4-8)}$$

而每個成對比較矩陣可依階數 n 來對應隨機指標值 (Random Index，R.I.)。

表 4-2 一致性檢定之隨機指標表

指標	公式	評估準則
一致性指標 (Consistency Index，C.I)	$C.I.=\frac{\lambda_{\max}-n}{n-1}$	C.I > 0.1，表示前後判斷不一致性
		C.I＝0，表示前後判斷完全一致性
		C.I ≤ 0.1，表示可容許的偏差
一致性比率 (Consistency Ratio，C.R)	$C.R.=\frac{C.I}{R.I}$，其中，R.I. 係要查表	C.R ≤ 0.1，表示一致性達到可接受水準

表 4-3 隨機指標表

N	1	2	3	4	5	6	7	8	9	10	11	12	13	14	15
R.I.	0	0	0.58	0.9	1.12	1.24	1.32	1.41	1.45	1.49	1.51	1.48	1.56	1.57	1.59

資料來源：Satty (1980)

以上所述為單一層級的一致性計算，若層級數大於 1 時，則需求出整體層級的一致性指標 ($C.I.H$) 及一致性比率 ($C.R.H$)。公式如下：

$$C.R.H = \frac{C.I.H}{R.I.H} \quad \text{(公式 4-9)}$$

其中：

$C.R.H. = \Sigma$ (每一層級的優先向量)×(每一層級 $C.I.$ 值)

$R.I.H = \Sigma$ (每一層級的優先向量)×(每一層級 $R.I.$ 值)

(若 $C.R.H \le 0.1$，表示整體層級矩陣具一致性，即為可接受之矩陣)

五、整體層級權重的計算：計算方案的優先順序

各「次準則」的複權重，「乘」以方案的績效，所得的積即是該方案「綜合績效」。亦即，先做「主準則-次準則」權重的串聯，將次準則的特徵向量 (eigenvector) 對應上一層級之特徵向量相乘，所得的整體權重值 (綜合特徵向量)，謂之次準則的「複權重」。「複權重」再乘上「方案的績效」，所得的積即是該方案「綜效」，最後再將各方案「綜合績效」排序，即可求得各方案的優先順序。

有關傳統 AHP「方案層-準則層」的串聯或 fuzzy AHP「方案層-準則層」的串聯，詳見第二章「2.10.2 方案層-準則層」的串聯。

在實務上，「模糊綜效」計算有二個方法：(1) 模糊積分法：排序過績效「$h(x)$」及「複權重 $g(x)$」做相乘，所得面積即是模糊綜效值。(2) 以簡易「模糊乘法」來將「三角模糊績效 $h(x)$」及「三角模糊權重 $g(x)$」做簡易相乘，所得「積」即是綜效值。

4.2 從 AHP 演變至 Fuzzy AHP

雖然AHP 法簡單，使用方便以及具有一致性檢定等特性而廣受應用，並能利用層級架構的分析來探討不確定、複雜之決策問題；然而由於 AHP 中成對比較值 (成對比較矩陣) 必須以「明確值」表示，限制 AHP 對於由人為主觀判斷所產生的不確定性決策問題的實用性，也不符合人為判斷具主觀、不確定與模糊的特性。因此，Laarhoven 和 Pedrycz (1983) 首創利用模糊集合理論及模糊數來解決傳統層級分析中成對比較矩陣具有主觀、不精確、模糊等問題的特性；以三角模糊數來表示對兩兩要素間相對重要程度的看法，獲得各決策準則的模糊權重；最後，求出各替代方案的模糊權重，並經由層級串聯，計算各替代方案的模糊分數，作為選擇的標準。

模糊理論是由 Zadeh(1973) 所提出，將模糊數學融入決策理論，開創了決策理論的新紀元，使得有些傳統方法無法解決的問題可迎刃而解。為了解決 AHP 法在應用上不足之處，故有眾多學者便開始進行模糊 AHP 法的改進，列舉如下：

Laarhoven & Pedrycz (1983) 利用模糊集合理論及模糊算術解決傳統 AHP 法中各成對比較矩陣不精確的問題，他利用三角模糊數代入成對比較矩陣中，發展出模糊層級分析。即由 $[a_{ij}]$ 演變至 $[\tilde{a}_{ij}]$。

Buckley (1985) 提出將 Saaty 之 AHP 法之成對比較值加以模糊化，以順序尺度取代數字比率來表示兩兩要素間相對重要程度，以解決成對比較值過於主觀、不精確、模糊等缺失。其作法為要求決策者以梯形模糊數，轉換專家意見並將之形成模糊正倒值矩陣，再利用幾何平均數方法與層級串聯，求出每一模糊矩陣之模糊權重與各替代方案模糊權重值。

Mon、Cheng & Lin (1994) 針對傳統 AHP 法只能應用在確定情況下的決策問題及衡量尺度太過主觀等缺失，提出以三角模糊數為基礎的模糊 AHP 模式。例如，三角模糊數：$\tilde{X}$=(下界, 平均數, 上界)＝(4, 5, 6)。

後續更有人，整合了 fuzzy Delphi 法與模糊 AHP 法，簡化了傳統 Delphi 法要數次來回調查的困擾，亦同時解決了人們思維模糊性的問題。

概括來說，AHP 納入 fuzzy 就演變出 Fuzzy AHP 概念，如表 4-4 所示。

表 4-4 AHP 納入 fuzzy 演變出 Fuzzy AHP

演變過程	公式
(一) 以求解傳統 AHP 之成對比較矩陣 A 為演算法的基礎	(1) 矩陣 A 之成對比較次數：$C_2^n = n(n-1)/2$ (2) $A_{i\times j} = \left[a_{ij}\right] = \begin{bmatrix} 1 & a_{12} & \cdots & a_{1n} \\ 1/a_{12} & 1 & \cdots & a_{2n} \\ \vdots & \vdots & \ddots & \vdots \\ 1/a_{1n} & 1/a_{2n} & \cdots & 1 \end{bmatrix}$ 由 AW＝λW，求特徵向量 w (權重) 及特徵值 λ (代入 C.I 公式來判定量表的一致性) $W_i = \sqrt[n]{\left(\prod_{j=1}^{n} a_{ij}\right)} / \sum_{i=1}^{n} \sqrt[n]{\left(\prod_{j=1}^{n} a_{ij}\right)}$ 以幾何平均數求各準則的權重 (3) AW＝λW 的左式 $\begin{bmatrix} 1 & a_{12} & \cdots & a_{1n} \\ 1/a_{12} & 1 & \cdots & a_{2n} \\ \vdots & \vdots & \ddots & \vdots \\ 1/a_{1n} & 1/a_{2n} & \cdots & 1 \end{bmatrix} \times \begin{bmatrix} W_1 \\ W_2 \\ \vdots \\ W_n \end{bmatrix} = \begin{bmatrix} W_1' \\ W_2' \\ \vdots \\ W_n' \end{bmatrix}$ $\lambda_{\max} = \left(W_1'/W_1 + W_2'/W_2 + \cdots + W_n'/W_n\right)^{1/n}$ $C.I. = \frac{\lambda_{\max} - n}{n-1} \quad C.R. = \frac{C.I.}{R.I.}$ (4) 代表各準則「權重」的特徵向量，最常用的公式如下： $W_i = \frac{\sqrt[n]{\left(\prod_{j=1}^{n} a_{ij}\right)}}{\sum_{i=1}^{n} \sqrt[n]{\left(\prod_{j=1}^{n} a_{ij}\right)}}, i, j = 1, 2, \cdots, n.$ (Buckley，1985) 或 $\hat{W}_i = \frac{\sum_{k=1}^{k} W_{ik}}{k}$ (Satty，1971)

表 4-4 AHP 納入 fuzzy 演變出 Fuzzy AHP (續)

演變過程	公式
(二) 引進模糊數概念	(1) 模糊數的觀念 (2) 模糊數的運算規則 (3) 模糊化的方式 1. 單值形模糊化　　2. 高斯形模糊化 3. 三角形模糊化　　4. 梯形模糊化 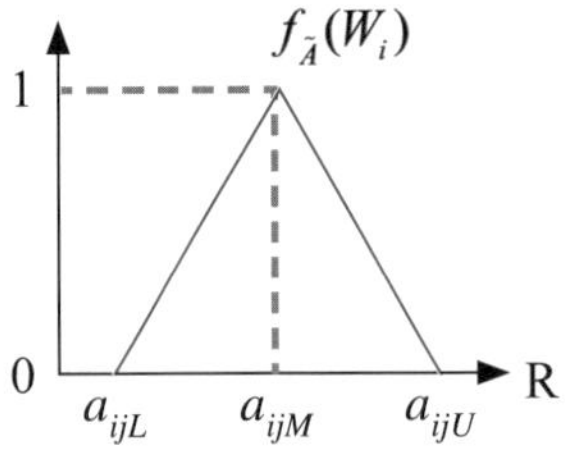 模擬比較配對矩陣改為： $\tilde{A}_{n\times n}=[a_{ijL},a_{ijM},a_{ijU}]_{n\times n}$ 其中，下限 $a_{ijL}\le$ 平均值 $a_{ijM}\le$ 上限 a_{ijU} $[a_{ijL},a_{ijM},a_{ijU}]\in[1/9,1]\cup[1,9]$ $a_{ijL}=\underset{k}{Min}\{a_{ij}^k\}$, $a_{ijM}=\underset{k}{Avg}\{a_{ij}^k\}=\sqrt[n]{\left(\prod_{k=1}^{n}a_{ij}^k\right)}$ ， $a_{ijU}=Max\{a_{ij}^k\}$ 有 k 個專家，上式 a_{ijM} 亦可為算數平均數
(三) FAHP 納入模糊成對比較矩陣 (模糊正倒值矩陣 $[\tilde{a}_{ij}]$)	$\tilde{A}=\left[\tilde{a}_{ij}\right]=\begin{matrix} & X_1 & X_2 & \cdots & X_n \\ X_1 & 1 & \tilde{a}_{12} & \cdots & \tilde{a}_{1n} \\ X_2 & \tilde{a}_{21} & 1 & \cdots & \tilde{a}_{2n} \\ \vdots & \vdots & \vdots & 1 & \vdots \\ X_n & X_n & \tilde{a}_{n2} & \cdots & 1 \end{matrix}$ 即可求得 $\tilde{W}_i=\sqrt[n]{\left(\prod_{j=1}^{n}\tilde{a}_{ij}\right)}\Big/\sum_{i=1}^{n}\sqrt[n]{\left(\prod_{j=1}^{n}\tilde{a}_{ij}\right)}$

表 4-4 AHP 納入 fuzzy 演變出 Fuzzy AHP (續)

演變過程	公式
(四) 解模糊化 DF (De-Fuzzy)	常見 DF 方法有：α-cut 及重心法。 (1) 風險偏好度 (此值為主觀判定)：α-cut. $\left(a_{ij}^{\alpha}\right)^{\lambda}=\left[\lambda\otimes La_{ij}^{\alpha}+(1-\lambda)\otimes Ua_{ij}^{\alpha}\right]$ $0\le\lambda\le1;\ 0\le\alpha\le1$　α 風險的偏好程度；λ 風險的承擔能力；L 為下限；U 為上限。 同理可得 $\left(w_{i}^{\alpha}\right)^{\lambda}=\left[\lambda\otimes Lw_{i}^{\alpha}+(1-\lambda)\otimes Uw_{i}^{\alpha}\right]$ 通常我們 α-cut 常取 $\lambda=0.3$，$\lambda=0.5$，$\lambda=1$ $\left(a_{ij}^{\alpha}\right)^{\lambda}=\left[\lambda\otimes La_{ij}^{\alpha}+(1-\lambda)\otimes Ua_{ij}^{\alpha}\right]$ $0\le\lambda\le1;\ 0\le\alpha\le1$　α 風險的偏好程度；λ 風險的承擔能力 同理可得 $\left(w_{i}^{\alpha}\right)^{\lambda}=\left[\lambda\otimes Lw_{i}^{\alpha}+(1-\lambda)\otimes Uw_{i}^{\alpha}\right]$ (2) 重心法 假設三角模糊數 $\tilde{A}_i=(L_i,M_i,U_i)$，其解模糊數 (DF) 公式如下： $x^{*}=\int_{-\infty}^{\infty}x\mu_{\tilde{A}}(x)dx\,/\int_{-\infty}^{\infty}\mu_{\tilde{A}}(x)dx=\frac{(La_{ij}+Ma_{ij}+Ua_{ij})}{3}$ $DF=\frac{(M_i-L_i)+(U_i-L_i)}{3}+L,\forall i_i$

(1) 傳統層級分析法之成對比較矩陣 $A=[a_{ij}]$

Laarhoven 和 Pedrycz (1983) 便將 Saaty 的傳統層級分析法 $A=[a_{ij}]$ 加以延伸，發展一套模糊層級分析法，以直接的方法解決模糊性的問題。即將三角模糊函數代入成對比較矩陣 $\tilde{A}=[\tilde{a}_{ij}]$，用以解決準則衡量、判斷之過程中之模糊性。

$$A=\left[a_{ij}\right]=\begin{bmatrix}1 & a_{12} & \cdots & a_{1n}\\ 1/a_{21} & 1 & \cdots & a_{2n}\\ . & . & . & .\\ . & . & . & .\\ . & . & . & .\\ 1/a_{n1} & 1/a_{n2} & \cdots & 1\end{bmatrix}$$

(2) 模糊層級分析法之成對比較矩陣 $\tilde{A}=[\tilde{a}_{ij}]$

模糊層級分析法 (FAHP)，係層級分析法 (AHP) 與模糊理論 (Fuzzy Theory) 的結合應用 (Buckley，1985)。FAHP 利用隸屬函數 (Membership Function) 的概念取代傳統 AHP 之明確值 (Crisp Value) 的方式，讓專家能以較人性化的尺度掌握問題並判斷，給予評估架構中兩兩因素之比較值。

$$\tilde{A}=\left[\tilde{a}_{ij}\right]=\begin{bmatrix} (1,1,1) & (a12_L,a12_M,a12_U) & \cdots & (a1n_L,a1n_M,a1n_U) \\ (1/a12_U,1/a12_M,1/a12_L) & (1,1,1) & \cdots & (a2n_L,a2n_M,a2n_U) \\ \vdots & \vdots & \cdots & \vdots \\ \vdots & \ddots & \cdots & \vdots \\ \vdots & \vdots & \ddots & \vdots \\ (1/a1n_U,1/a1n_M,1/a1n_L) & (1/a2n_U,1/a2n_M,1/a2n_L) & \cdots & (1,1,1) \end{bmatrix}$$

由 $[a_{ij}]$ 與 $([\tilde{a}_{ij}]$ 中可看出傳統層級分析法與模糊層級分析法之差異。就成對比較矩陣而言，傳統層級分析法只用一個特徵向量 W_i (a_{11}, a_{12}, ..., a_{1n} 的幾何平均數) 來表示個別專家的權重；而模糊層級分析法則以三角模糊數 (如 $(a12_L,a12_M,a12_U)$ 形式) 來表達專家對某準則的「(最小值，平均值，最大值)」評估，它考慮了層級分析法之模糊性。

4.3 Fuzzy AHP 之分析法

AHP 從 1971 年發展至今，理論內容愈趨完備。2001 年 Burkley 認為在準則評估上，層級分析法無法適當表現評估者的主觀認知與判斷，因此他將模糊集合理論應用在傳統 AHP 上，提出模糊層級分析法 (Fuzzy Analytic Hierarchy Process，FAHP)，並且在模糊矩陣中考慮了一致性的概念以確認問卷本身的可信度，進而反映真實環境的評選結果。

一、Fuzzy AHP 演算法

Step 1：計算代表權重之特徵向量 $\tilde{W}_i$，即每一列 i 在成對比較矩陣 $\tilde{A}$ 的權重值 $\tilde{W}_i$

令 $\tilde{Z}_i = \sqrt[n]{(\tilde{a}_{i1} \oplus \tilde{a}_{i2} \oplus \cdots \oplus \tilde{a}_{in})}$，$n$ 為準則的個數

則 $\tilde{W}_i = \dfrac{\tilde{Z}_i}{\tilde{Z}_1 \oplus \tilde{Z}_2 \oplus \cdots \oplus \tilde{Z}_n}$，

Step 2：解模糊 $\tilde{W}_i$ 及 $\tilde{A}$

$\hat{W}_i = Defuzzy(\tilde{W}_i)$，可用重心法來求 DF

$a_{ij} = Defuzzy(\tilde{a}_{ij})$，在 $A = [a_{ij}]_{n \times n}$ 和 $\tilde{A} = [\tilde{a}_{ij}]$

Step 3：計算相對權重 W_i

$$W_i = \frac{\hat{W}_i}{\sum_{i=1}^{n} \hat{W}}$$

二、Fuzzy AHP 之效度檢定

Step 1：代入「$AW = \lambda W$」公式，求得代表權重之特徵向量 W_i'

令公式左邊，AW 為 W_i'，則 $AW = \lambda W$ 變 $W_i' = \lambda W$：

$$\begin{bmatrix} W_1' \\ W_2' \\ \vdots \\ W_n' \end{bmatrix} = A \begin{bmatrix} W_1 \\ W_2 \\ \vdots \\ W_n \end{bmatrix}$$

Step 2：已知 A 及 W，代入「$AW = \lambda W$」，求最大特徵值 λ_{max}

$$\lambda_{max} = \frac{1}{n}[(\frac{W_1'}{W_i}) + (\frac{W_2'}{W_2}) + \cdots + (\frac{W_n'}{W_n})]$$

Step 3：已知 λ_{max}，再求 CI，一致性索引

$$CI = \frac{\lambda_{max} - n}{n-1}$$

Step 4：已知 CI，再求 CR

$CR = CI/RI$，其中臨界值 RI 係隨 n 大小而改變，故要用查表：

準則數 n	1	2	3	4	5	6	7	8	9	10
RI	0.00	0.00	0.58	0.90	1.12	1.24	1.32	1.41	1.45	1.49

Step 5：一致性檢定

情況 (1)：如果 $CR \le 0.1$ (成對比較資料 $\tilde{A}$ 是合理一致的)

相對權重輸出結果 $W_i\ (1 \le i \le n)$

情況 (2)：如果 $CR > 0.1$ (成對比較資料是不一致的)，則需重做成對比較實證。

三、Fuzzy AHP 細步分析步驟

Buckley 提出的 FAHP 法，其執行步驟如下：(1) 建立層級架構。(2) 設計專家問卷。(3) 建立模糊正倒值矩陣。(4) 群體整合。(5) 計算正倒值矩陣的模糊權重。(6) 解模糊化。(7) 正規化。(8) 層級串聯。

實務上，FAHP 法分析步驟如下：

Step 1. 問題描述：層級分析的第一步驟在確立問題的根本，問題即是決策者欲尋求解答的目標。

Step 2. 建立層級架構：決定具有指標性的評估準則作為 FAHP 的準則層，評估準則的題庫建構，可透過文獻探討及腦力激盪方式找出相關的準則及可行的方案。

至於「篩選」評估準則的選擇有二種途徑：(1) 以 fuzzy Delphi 專家意見調查 (FDM) 的方式，篩選出符合目標問題的重要影響因素，以建立層級架構。(2) 藉由建構效的檢定 (e.g. 因素分析法) 來篩選層級架構的準則。通常，層級架構的第 1 層級代表最終目標 (即建築業信用評估表之建構)、第 2 層級代表影響最終目標的主準則 (即授信評估項目之類別，區分財務與非財務比率分析項目)、第 3 層級代表影響主準則的次準則 (即構面)、第 4 層級代表影響次準則的評估要項 (即各構面所涵蓋的項目)、第 5 層級代表「方案」之授信企業。

Step 3. 建立三角模糊

由於人類思維具有主觀、模糊及不精確的特性，因此對於成對比較矩陣的每一數值適合應用模糊理論來綜合授信人員的主觀意見。

即經由問卷調查結果，得到專家 K 在第一層中某個主準則下，對第二層級中 i、j 兩個次準則相對重要程度的看法 B_{ijK}，建立成對比較矩陣 $\tilde{A}^K=\left[\tilde{a}_{ij}^K\right]_{n\times n}$。

例如，用三角模糊數來整合各專家的意見，並表達「所有」專家對兩兩要素相對重要程度看法的模糊性。

$$\left[a_{ij}\right]_{n\times n}=(L_{ij},M_{ij},U_{ij})_{L-R}$$

a_{ij}：三角模糊數

L_{ij}：第 i 個主準則下第 j 個次準則之最小值

M_{ij}：第 i 個主準則下第 j 個次準則之幾何平均數

U_{ij}：第 i 個主準則下第 j 個次準則之最大值

$_{L-R}$：三角模糊數的模糊區

Step 4. 建立模糊正倒值矩陣 (模糊成對比較矩陣 $\tilde{A}$)：此矩陣是以要素間相對的重要程度來建立，

將 k 位專家對於兩兩構面成對比較相對重要性所表達的評估值透過相對重要性尺度表轉換成主觀模糊判斷值，並建立模糊正倒值矩陣：

$$\tilde{A}^K=\left[\tilde{a}_{ij}^K\right]_{n\times n}$$

其中，$\tilde{A}^K$：第位專家的模糊正倒值矩陣。

$\tilde{A}_{ij}^K$：第 K 位專家認為第 i 個構面對於第 j 個評估構面的相對重要性評估值。

$$\tilde{a}_{ij}^K=1,\forall i=j \qquad \tilde{a}_{ji}^K=1\big/\tilde{a}_{ij}^K,\forall i,j=1,2,...,n$$

$\tilde{A}$ 除了用上述法則建立模糊成對比較矩陣外，亦可改用相似性整合法 (SAM) 來建此模糊成對比較矩陣，以便整合專家模糊評估之共識值。此外，$\tilde{A}$ 矩陣之建立亦可改由模糊語意變數之方式來評估準則之值，如表 4-5 與圖 4-3 所示「固定間距」模糊語意變數：

表 4-5 三角模糊語意表 (Buckley，1985)

模糊數	語意值
$\tilde{1}=(1, 1, 1)$ 或 $(\tilde{1}:\tilde{1})$	一樣重要
$\tilde{2}=(1, 2, 3)$ 或 $(\tilde{2}:\tilde{1})$	介於一樣重要與稍微重要之間
$\tilde{3}=(2, 3, 4)$ 或 $(\tilde{3}:\tilde{1})$	稍微重要
$\tilde{4}=(3, 4, 5)$ 或 $(\tilde{4}:\tilde{1})$	介於稍微重要與頗為重要之間
$\tilde{5}=(4, 5, 6)$ 或 $(\tilde{5}:\tilde{1})$	頗為重要
$\tilde{6}=(5, 6, 7)$ 或 $(\tilde{6}:\tilde{1})$	介於頗為重要與相當重要之間
$\tilde{7}=(6, 7, 8)$ 或 $(\tilde{7}:\tilde{1})$	相當重要
$\tilde{8}=(7, 8, 9)$ 或 $(\tilde{8}:\tilde{1})$	介於相當重要與極為重要之間
$\tilde{9}^{-1}=(10^{-1}, 9^{-1}, 8^{-1})$ 或 $(\tilde{1}:\tilde{9})$	極為“不”重要

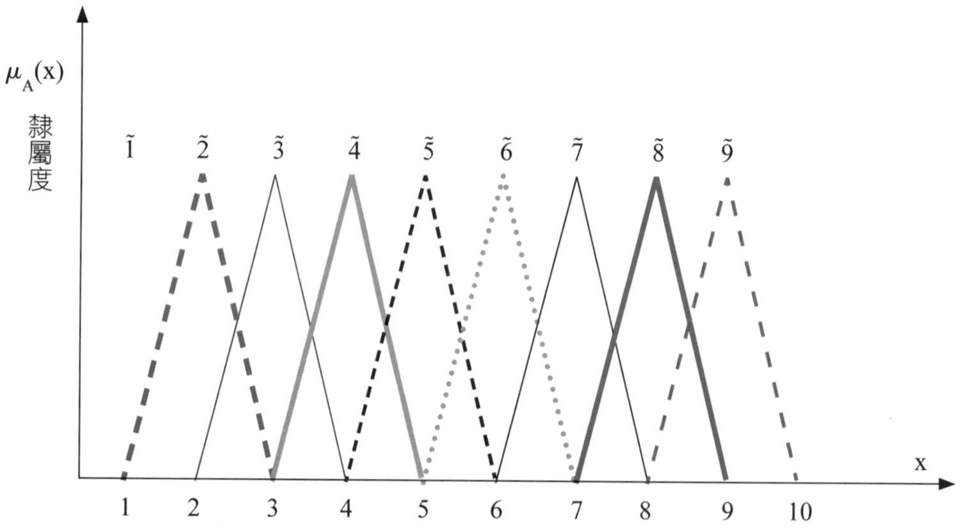

圖 4-3 模糊語意變數示意圖 (Buckley，1985)

Step 5. 模糊權重值計算：特徵向量 (Eigen vector) 或稱優勢向量 (Priority Vector)，即要素 (準則) 的權重值。假設利用 Buckley (1985) 所提出之「列向量幾何平均值正規化」，對三角模糊正倒值矩陣進行權重計算，如下所示：

$$Z_i = \sqrt[n]{\left(a_{i1} \otimes a_{i2} \otimes \cdots \otimes a_{in}\right)}, \forall i$$
$$W_i = Z_i \varnothing \left(Z_1 \oplus Z_2 \oplus \cdots \oplus Z_n\right) \quad \text{(公式 4-12)}$$

其中，

a_{ij}：矩陣中第 i 列第 j 欄的模糊數

Z：模糊數之列向量平均值

W_i：第 i 項因素之模糊權重

根據 Wedley (1990) 所提出之計算量化資料權重之方法，以表現各方案的評價值，其公式如下：

情況一：當評估值為「正向題」效益層級分析法 (愈大愈好) 時可使用

$$w_i = \frac{X_i}{\sum_{j=1}^{n} X_j}, i = 1, 2, \cdots n$$

情況二：當評估值為「反向題」成本層級分析法 (愈大愈不好) 時可使用

$$w_i = \frac{\frac{1}{X_i}}{\sum_{j=1}^{n}\left(\frac{1}{X_j}\right)}, i = 1, 2, \cdots n$$

其中，

X_i：第 i 個項目之實際衡量值。

w_i：第 i 項項目之權重值。

Step 6：計算評估構面的模糊權重值

使用 α-cut 法

1. 先利用 α-cut，令 $\alpha = 1$ 來求出第 K 個專家「中間值 M」正倒值矩陣 $A_M^K = \left[a_{ijM}^K\right]_{n \times n}$。再利用 AHP 計算權重值的方式來求出權重矩陣 W_M^K，其中 $W_M^K = \left[w_{iM}^K\right],\ i = 1, 2, \cdots, n$。

2. 再令 $\alpha=0$ 找出第 K 位專家的「下限 L」正倒值矩陣 $A_L^K=\left[a_{ijL}^K\right]_{n\times n}$ 和「上限 U」正倒值矩陣 $A_U^K=\left[a_{ijU}^K\right]_{n\times n}$，再利用 AHP 法計算其權重值為 W_L^K 和 W_U^K，而 $W_L^K=\left[w_{iL}^K\right],\ W_U^K=\left[w_{iU}^K\right],\ i=1,2,...,n$。
3. 確保所計算的權重值為模糊數必須利用以下公式求得調整係數。

$$Q_L^K=\min\left\{\frac{w_{iM}^K}{w_{iL}^K}\middle|1\le i\le n\right\}$$

$$Q_U^K=\max\left\{\frac{w_{iM}^K}{w_{iU}^K}\middle|1\le i\le n\right\}$$

4. 再計算每個評估構面調整後之權重的下限正倒值權重矩陣 w_L^{K*} 和上限正倒值矩陣 w_U^{K*}：

$W_L^{K*}=\left[w_{iL}^{K*}\right]$，其中 $w_L^{K*}=Q_L^K\times w_{iL}^K,\ i=1,2,...,n$。
$W_U^{K*}=\left[w_{iU}^{K*}\right]$，其中 $w_U^{K*}=Q_U^K\times w_{iU}^K,\ i=1,2,...,n$。

5. 結合 w_L^{K*}、w_M^{K*} 和 w_U^{K*}，即可得第 i 個評估構面模糊權重值：

$$\tilde{w}_i^K=\left(w_{iL}^{K*},w_{iM}^K,w_{iU}^{K*}\right)$$

Step 7：整合專家意見

利用平均數方法整合 K 位專家的模糊權重值。

$$\tilde{\tilde{W}}_i=\left(\tilde{W}_i^1\oplus\tilde{W}_i^2\oplus\cdots\oplus\tilde{W}_i^K\right)/K$$

其中 $\tilde{\tilde{W}}_i$：整合 K 位專家對第 i 個評估構面的模糊權重值
$\tilde{W}_i^K$：第 K 位專家對第 i 個評估構面的模糊權重值
K：專家總數

Step 8：層級串連：

將模糊評價值 $(\tilde{E})$ 與模糊權重 $(\tilde{W})$ 運用模糊乘積的方式得到最終模糊評價 $(\tilde{R})$。

$$\tilde{R}=\tilde{E}\circ\tilde{W}$$

其中，「0」為兩個模糊矩陣的乘法運算子。

Step 9：解模糊化：解模糊化 (Defuzzification) 是將模糊數轉換成為一個明確值的方法，假設利用重心法 (Center of Gravity Method)，透過計算模糊數的隸屬函數之幾何中心 (重心) 的方式，找出的重心即是模糊數的明確值。

$$G(A)=\frac{\int_U \mu_A(x)\times x dx}{\int_U \mu_A(x)dx},\quad \text{其中} \int_U \mu_A(x)dx \neq 0$$

當模糊數為三角模糊數時，則重心法公式可轉換成下列線性式公式：

$$DF=\frac{(M_i-L_i)+(U_i-L_i)}{3}+L_i \approx \frac{[L_i+M_i+U_i]}{3}+\frac{3\times L_i}{3} \approx \frac{L_i+M_i+U_i}{3},\forall i$$

其中 Df_i：解模糊化後的明確值。

Step 9：解模糊數 (DF) 之排序：將各方案所得之最終分數予以優先排序，即可得到眾多方案中最佳的方案與其他替代方案的先後順序。

四、模糊數的排序的類型

模糊數的排序對於模糊決策相當重要。由於模糊數無法如一般明確數值直接予以比較，因此在各評估方案中客觀比較出其價值順序是一個重要的課題。經由模糊綜效評判的結果得到各「方案」的模糊數，再應用模糊數排序的方法，以求得各模糊數的非模糊值，亦即在解模糊化的過程中求得一最佳的「明確」績效值。

因模糊數並非明確的數值，故無法直接用於方案之比較，必須藉模糊數的排序或比較找出評選之最適方案，常見的的模糊數排序 (比較) 可分為四大類：

Type 1：偏好相關排序法 (Preference Relation)

(1) 最佳程度值 (Degree of Optimality)

(2) 漢明距離 (Hamming Distance)

(3) $\alpha-$cut ($\alpha-$截集)

(4) 比較函數 (Comparison Function)

Type 2：模糊平均數及變異數排序法 (Fuzzy Mean and Spread)

機率分配 (Probability Distribution)

Type 3：模糊值排序法 (Fuzzy Scoring)

(1) 最佳比率 (Proportion to Optimal)

(2) 左右值 (Left/Right Scores)

(3) 中心點指標重心法則 (Centroid Index)

(4) 面積測度 (Area Measurement)

Type 4：語意表達法 (Linguistic Expressioning)

(1) 直覺 (Intuition)

(2) 語言變數 (Linguistic Approximation)

一般人較常用的模糊排序法如最大平均法 (mean of maximal)、重心法 (center of area) 與 α 截集法 (α-cut) 等三種方法。其中最為簡單且實務的方式為重心法，應用重心法求得各方案的最佳非模糊值，並依此結果進行各方案優劣之評估，且此一方法無須加入專家的偏好，故可採用重心法之模糊數 R_i 之最佳非模糊值 DF_i，其公式如下：

$$DF = \frac{(M_i - L_i) + (U_i - L_i)}{3} + L_i, \forall i$$

解模糊數 DF 經過排序後，再依據各可行之方案／候選對象 (如聯盟夥伴) 所求得 DF_i 之大小，即可進行各方案／候選對象優劣之最佳次序排列。

4.4 實例 1：先用傳統 AHP 找準則的權重，再採 Fuzzy 各專家準則績效

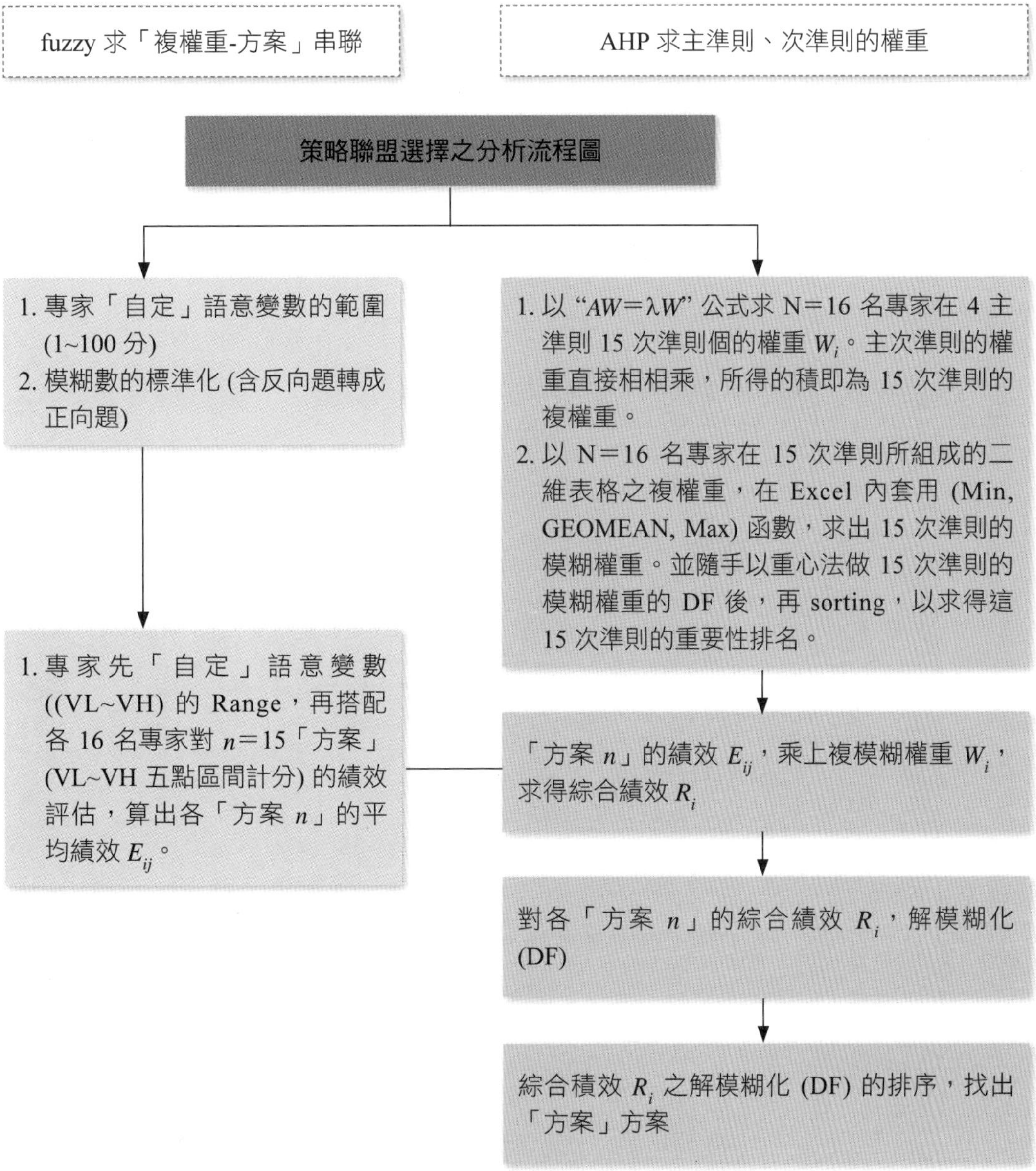

fuzzy 求「複權重-方案」串聯
AHP 求主準則、次準則的權重
策略聯盟選擇之分析流程圖
1. 專家「自定」語意變數的範圍 (1~100 分)
2. 模糊數的標準化 (含反向題轉成正向題)
1. 以 “AW=λW” 公式求 N=16 名專家在 4 主準則 15 次準則個的權重 W_i。主次準則的權重直接相相乘，所得的積即為 15 次準則的複權重。
2. 以 N=16 名專家在 15 次準則所組成的二維表格之複權重，在 Excel 內套用 (Min, GEOMEAN, Max) 函數，求出 15 次準則的模糊權重。並隨手以重心法做 15 次準則的模糊權重的 DF 後，再 sorting，以求得這 15 次準則的重要性排名。
1. 專家先「自定」語意變數 ((VL~VH) 的 Range，再搭配各 16 名專家對 n=15「方案」(VL~VH 五點區間計分) 的績效評估，算出各「方案 n」的平均績效 E_{ij}。
「方案 n」的績效 E_{ij}，乘上複模糊權重 W_i，求得綜合績效 R_i
對各「方案 n」的綜合績效 R_i，解模糊化 (DF)
綜合積效 R_i 之解模糊化 (DF) 的排序，找出「方案」方案

圖 4-4 策略聯盟選擇之分析流程圖

本節以陳善民 (2008)「策略聯盟夥伴選擇之層級」之研究為例。陳善民 (2008) 混合圖 4-4 所示二種分析流程圖：(1) 以傳統 AHP 法求準則架構 (圖 4-5)；(2) 以 fuzzy 界定各專家之語意變數值範圍；接著，fuzzy 求各專家績效值 $h(X)$、代表各準則重要性之權重值 $g(X)$，「$h(X)$ 與 $g(X)$」fuzzy 相乘以求各「方案」fuzzy 綜合績效；fuzzy 綜合績效再解模糊數之後的排名，即可求得最佳方案。本書附贈 CD「ch04 fuzzy AHP 範例」資料夾內有 Excel 整個 Fuzzy AHP 的

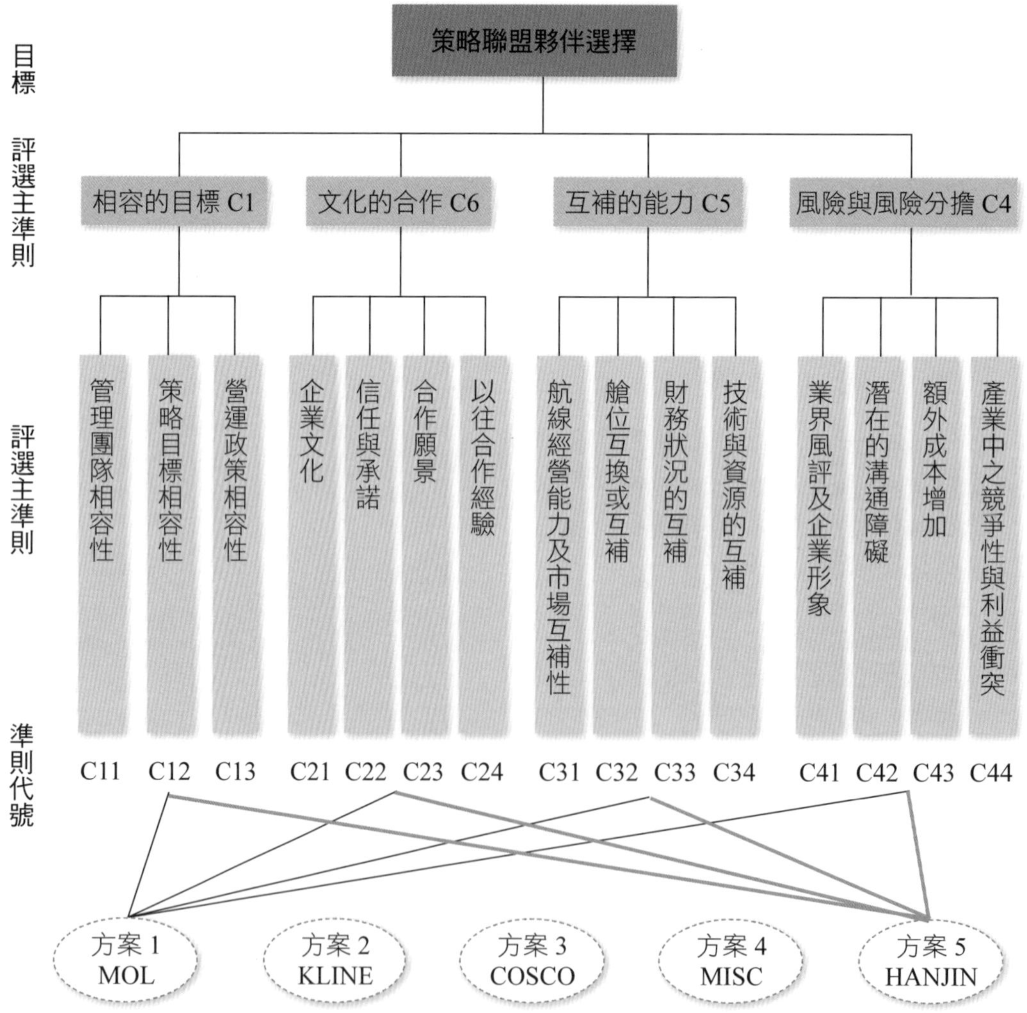

圖 4-5 策略聯盟夥伴選擇之層級架構圖 (陳善民，2008)

公式示範。

4.4.1 傳統 AHP 演算法 (algorithm) 之計算步驟

一、評估準則之權重 W_i

在 AHP 評選過程中，各評估準則之權重並不一定相同，因此必須透過層級分析法以決定各個評估準則的權重，以下說明主要步驟：

1. 確定最終目標及建立評估準則層級架構

層級為系統結構的骨架，且至少由兩個以上的層次所構成，用來研究階層中各要素的交互影響，以及整個系統的衝擊；一般來說，層級架構分為「目標層」、「評估主準則層」、「評估子準則層」、以及「方案層」等，然而仍須視系統的複雜性與分析所需而定。

2. 問卷設計與調查

根據第一個步驟所設計之層級結構 (如圖 4-5)，讓受訪者就最底層外之每一層級準則要素作兩兩相對比較，判斷其相對重要程度為何。

3. 建構成對比較之評估矩陣

根據各準則成對比較的方式，每位決策者必須進行 $C_2^n = n(n-1)/2$ 次的成對比較，而這些成對比較的相對重要程度，容許有某一限度的不一致性 (inconsistence) 存在。針對各層成對比較的結果建立成對比較矩陣，評估時係配合表 4-7 所得之成對比較矩陣如下：

$$A_{ij} = \left[a_{ij}\right] = \begin{bmatrix} 1 & a_{12} & \dots & a_{1n} \\ 1/a_{12} & 1 & \dots & a_{2n} \\ \vdots & \vdots & \ddots & \vdots \\ 1/a_{1n} & 1/a_{2n} & \dots & 1 \end{bmatrix}$$

矩陣中，$a_{ji} = 1/a_{ij}$, $a_{ji} = a_{ik}/a_{jk}$

例如，圖 4-5 策略聯盟夥伴選擇之 AHP 圖中，陳善民 (2008) 共找 16 位專家，若第一位專家對「評選次準則」合作的文化“c21~24”的評分如表 4-6 (n=4)：

表 4-6 準則 c21~c24 之配對量表

成對比較值 / 項目	絕對重要 9:1	極重要 7:1	頗重要 5:1	稍重要 3:1	相等 1:1	稍不重要 1:3	頗不重要 1:5	極不重要 1:7	絕對不重要 1:9	成對比較值 / 項目
企業文化 C21						✓				信任與承諾 C22
企業文化 C21							✓			合作願景 C23
企業文化 C21							✓			以往合作經驗 C24
信任與承諾 C22						✓				合作願景 C23
信任與承諾 C22						✓				以往合作經驗 C24
合作願景 C23					✓					以往合作經驗 C24

則其對應的成對矩陣 A 如下：

$$A_{ij}=\begin{bmatrix}1 & a_{12} & \dots & a_{1n}\\ 1/a_{12} & 1 & \dots & a_{2n}\\ \vdots & \vdots & \ddots & \vdots\\ 1/a_{1n} & 1/a_{2n} & \dots & 1\end{bmatrix}=\begin{bmatrix}1 & 0.333 & 0.200 & 0.200\\ 3.000 & 1 & 0.333 & 0.333\\ 5.000 & 3.000 & 1 & 1.000\\ 5.000 & 5.000 & 1.000 & 1\end{bmatrix}$$

成對矩陣 A 亦使用 Excel 試算表建立之資料檔 (在書中的“附贈 CD”中)，因為有決策專家有 16 人，故 Excel 建立 16 個工作表，第 17 個工作表再整合「評選專家給予各聯盟夥伴評估準則權重值」(圖 4-6)。

4. 計算特徵值及特徵向量 (公式：$AW=\lambda W$)

(1) 求解特徵向量 W_i

$$W_i=\sqrt[m]{\left(\prod_{j=1}^{m}a_{ij}\right)}\Big/\sum_{i=1}^{m}\sqrt[m]{\left(\prod_{j=1}^{m}a_{ij}\right)}$$

其中 m 表示決策準則個數。

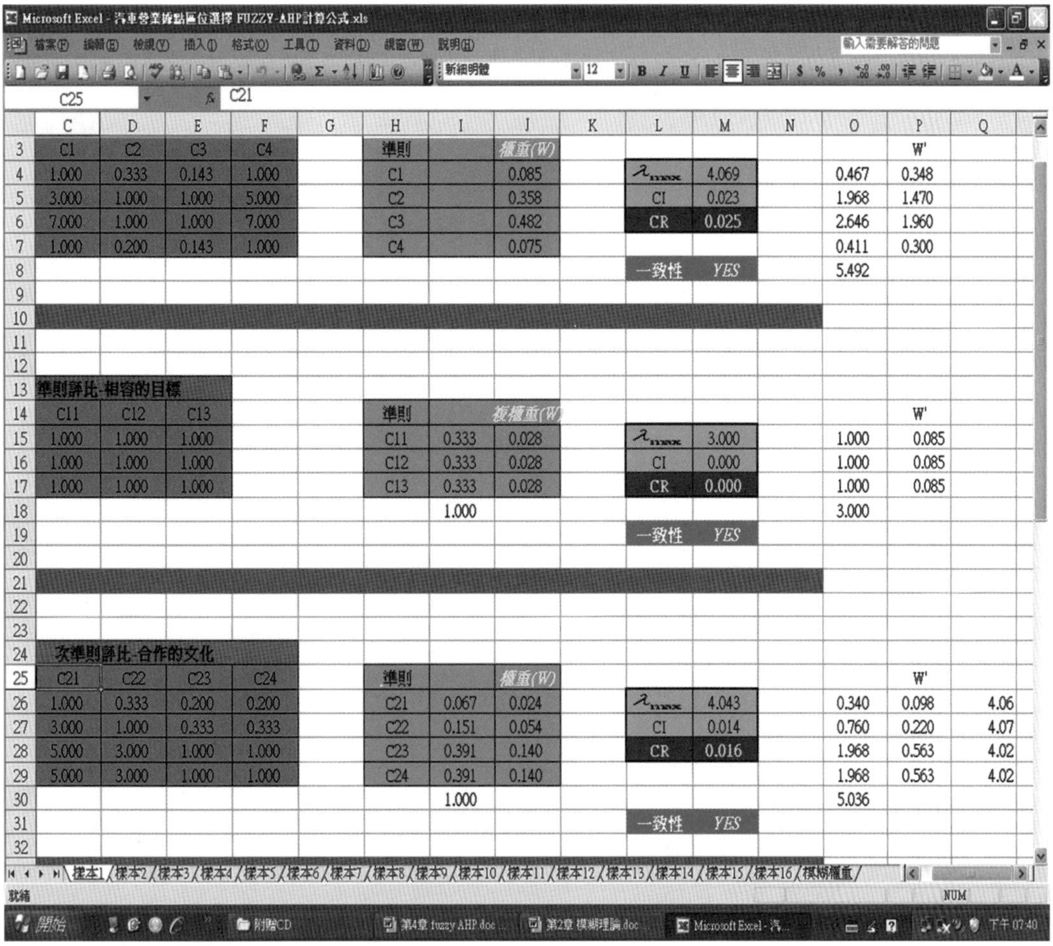

Microsoft Excel - 汽車營業據點區位選擇 FUZZY-AHP計算公式.xls
C25 C21
C1 C2 C3 C4
1.000 0.333 0.143 1.000
3.000 1.000 1.000 5.000
7.000 1.000 1.000 7.000
1.000 0.200 0.143 1.000
準則 權重(W)
C1 0.085
C2 0.358
C3 0.482
C4 0.075
λmax 4.069
CI 0.023
CR 0.025
一致性 YES
W'
0.467 0.348
1.968 1.470
2.646 1.960
0.411 0.300
5.492
準則評比-相容的目標
C11 C12 C13
1.000 1.000 1.000
1.000 1.000 1.000
1.000 1.000 1.000
準則 複權重(W)
C11 0.333 0.028
C12 0.333 0.028
C13 0.333 0.028
1.000
λmax 3.000
CI 0.000
CR 0.000
一致性 YES
1.000 0.085
1.000 0.085
1.000 0.085
3.000
次準則評比-合作的文化
C21 C22 C23 C24
1.000 0.333 0.200 0.200
3.000 1.000 0.333 0.333
5.000 3.000 1.000 1.000
5.000 3.000 1.000 1.000
準則 權重(W)
C21 0.067 0.024
C22 0.151 0.054
C23 0.391 0.140
C24 0.391 0.140
1.000
λmax 4.043
CI 0.014
CR 0.016
一致性 YES
0.340 0.098 4.06
0.760 0.220 4.07
1.968 0.563 4.02
1.968 0.563 4.02
5.036

圖 4-6 Excel 試算表建檔

C21	C22	C23	C24	$\sqrt[m]{\left(\prod_{j=1}^{m} a_{ij}\right)}$	$W_i = \sqrt[m]{\left(\prod_{j=1}^{m} a_{ij}\right)} / \sum_{i=1}^{m} \sqrt[m]{\left(\prod_{j=1}^{m} a_{ij}\right)}$
1	0.333	0.200	0.200	$(1\times0.333\times0.2\times0.2)^{1/4}=0.34$	0.34/5.036＝0.024
3.000	1	0.333	0.333	$(3\times1\times0.333\times0.333)^{1/4}=0.76$	0.76/5.036＝0.054
5.000	3.000	1	1.000	$(5\times3\times1\times1)^{1/4}=1.968$	1.968/5.036＝0.140
5.000	3.000	1.000	1	$(5\times3\times1\times1)^{1/4}=1.968$	1.968/5.036＝0.140
				$\Sigma=5.036$	

(2) 求解最大特徵值 (λ_{max})

由 $AW = \lambda W$ 公式，左邊若將成對比較矩陣 A 乘上所有求得之特徵向量 w_i，可得到一新向量邊 w_i'，之後再求算 (W_i' / W_i) 兩者之間的平均倍數即為 λ_{max}。

因此，左邊求得：

$$\begin{bmatrix} 1 & a_{12} & \cdots & a_{1m} \\ a_{21} & 1 & \cdots & a_{2m} \\ \vdots & \vdots & \ddots & \vdots \\ a_{m1} & a_{m2} & \cdots & 1 \end{bmatrix} \times \begin{bmatrix} W_1 \\ W_2 \\ \vdots \\ W_m \end{bmatrix} = \begin{bmatrix} W_1' \\ W_2' \\ \vdots \\ W_m' \end{bmatrix}$$

$$\begin{bmatrix} 1 & 0.333 & 0.200 & 0.200 \\ 3.000 & 1 & 0.333 & 0.333 \\ 5.000 & 3.000 & 1 & 1.000 \\ 5.000 & 3.000 & 1.000 & 1 \end{bmatrix} \times \begin{bmatrix} 0.024 \\ 0.054 \\ 0.140 \\ 0.140 \end{bmatrix} = \begin{bmatrix} 0.098 \\ 0.220 \\ 0.563 \\ 0.563 \end{bmatrix}$$

公式 $\lambda_{max} = \left(W_1' / W_1 + W_2' / W_2 + \cdots + W_m' / W_m\right) / m$

上述結果再代入 $AW = \lambda W$ (即 $(W' = \lambda W)$) 公式，得

$$\begin{bmatrix} 0.098 \\ 0.220 \\ 0.563 \\ 0.563 \end{bmatrix} = \lambda \begin{bmatrix} 0.024 \\ 0.054 \\ 0.140 \\ 0.140 \end{bmatrix}$$

$\lambda_{max} = [(0.098/0.024) + (0.220/0.054) + (0.563/0.14) + (0.563/0.14)]/4$

$= (4.06 + 4.07 + 4.02 + 4.02)/4 = 4.043$

上述，最大特徵向量 W 及特徵值 公式亦可建在 Excel，如圖 4-7 顯示，它用幾何平均數公式「＝(C26*D26*E26*F26) ^ (1/4)」。

5. 進行一致性檢定 (consistency)

為評估每位專家前後判斷是否一致，必須針對成對比較矩陣作一致性檢定。以計算每一階層的一致性指標 C.I. (consistency index) 與一致性比率 (consistency ratio) 來衡量。其中

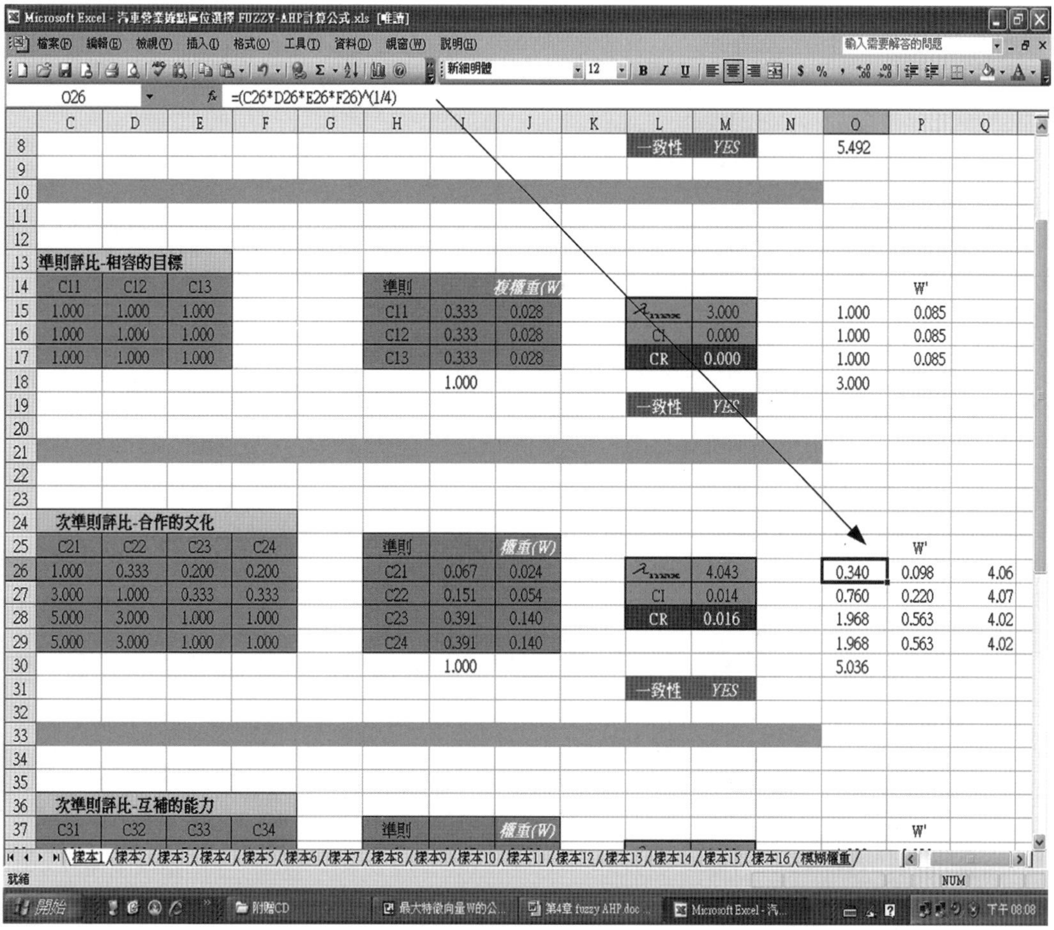

圖 4-7 最大特徵向量 W 的公式 (CD 有附此檔)

$$C.I. = \frac{\lambda_{\max} - n}{n-1} = \frac{4.043-4}{4-1} = 0.014$$

若 C.I.＝0，則表示此份問卷填答者對決策因素前後判斷具一致性，且完全沒有矛盾的地方。學者 Saaty 建議 C.I. $\leq$ 0.1 為可容許的偏誤範圍，否則即必須調整評估矩陣，直到達成滿意的一致性結果為止。在相同階數的矩陣下，C.I. 值與 R.I. 值的比例，稱為一致性比例，即

$$C.R. = \frac{C.I.}{R.I.} = \frac{0.014}{0.90} = 0.016$$

上式中 R.I. 為隨機指標 (random index)，若 C.R. ≤ 0.1 則可視為整個評估過程達到一致性，表 4-7 為決策因素為 n 時，所對應的 R.I. 隨機指標表。

表 4-7 不同階數隨機指標表 (Saaty，1980)

n	1	2	3	4	5	6	7	8	9	10	11	12
R.I.	0.00	0.00	0.58	0.90	1.12	1.24	1.32	1.41	1.45	1.49	1.51	1.48

算完第一位專家的特徵向量 W_1 特徵值 λ_1，接著重複以上動作，再算出第 2~16 位的 W_i 及 λ_i，並整理成表 4-8，或用 Excel 建檔 (圖 4-8)。

表 4-8 16 名評選專家給予各聯盟夥伴評估準則權重值

專家＼準則	C11	C12	C13	C21	C22	C23	C24	C31	C32	C33	C34	C41	C42	C43	C44
1	.028	.028	.028	.024	.054	.140	.140	.080	.309	.023	.070	.002	.033	.033	.006
2	.030	.015	.021	.036	.062	.142	.142	.079	.304	.020	.079	.039	.007	.007	.018
3	.023	.023	.023	.026	.058	.149	.149	.083	.283	.021	.094	.007	.007	.026	.026
4	.028	.028	.028	.028	.063	.163	.163	.074	.238	.020	.084	.008	.008	.037	.029
5	.023	.023	.023	.024	.053	.136	.136	.034	.229	.087	.150	.010	.009	.030	.034
6	.027	.027	.027	.026	.052	.153	.174	.072	.278	.019	.072	.008	.009	.031	.027
7	.028	.028	.028	.028	.063	.163	.163	.072	.245	.019	.082	.015	.015	.020	.034
8	.039	.019	.009	.026	.058	.149	.149	.080	.308	.023	.070	.008	.007	.029	.025
9	.058	.017	.008	.028	.063	.163	.163	.071	.260	.022	.063	.010	.010	.031	.031
10	.028	.028	.028	.028	.063	.163	.163	.068	.263	.018	.068	.010	.010	.031	.031
11	.049	.013	.004	.026	.058	.149	.149	.079	.294	.019	.090	.007	.008	.029	.025
12	.062	.017	.005	.028	.063	.163	.163	.076	.242	.024	.076	.052	.020	.007	.004
13	.051	.019	.004	.027	.061	.158	.158	.074	.271	.020	.074	.009	.007	.017	.048
14	.028	.028	.028	.024	.071	.161	.161	.072	.245	.019	.082	.007	.007	.035	.035
15	.026	.026	.026	.027	.060	.154	.154	.077	.282	.021	.077	.007	.007	.031	.024
16	.028	.028	.028	.028	.063	.163	.163	.069	.231	.027	.089	.008	.008	.032	.035

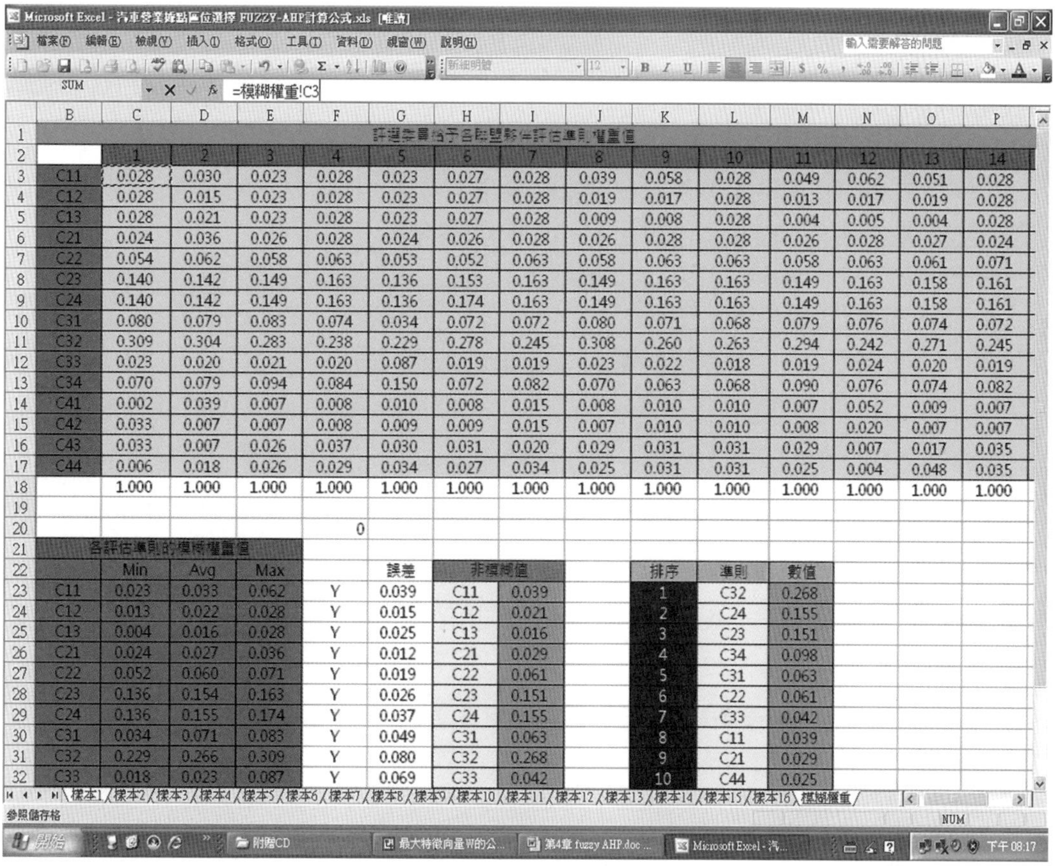

圖 4-8 N＝16 決策專家之準則權重值 (CD 有附此檔)

最後，將傳統 AHP 所算出「次準則」之權重值，整理成表 4-9 之次準則 "c11~c44" 幾何平均數再標準化的權重 (k＝16 人)；相對地，若第一階段就直接採用 fuzzy AHP，詳情將在下一節介紹。

表 4-9 傳統 AHP 所算出「次準則」之權重值

	C11	C12	C13	C21	C22	C23	C24	C31	C32	C33	C34	C41	C42	C43	C44
幾何平均值	.040	.028	.021	.033	.071	.172	.173	.083	.288	.029	.094	.013	.040	.028	.021
標準化	.449	.315	.236	.073	.158	.383	.385	.168	.583	.059	.190	.127	.392	.275	.206

4.4.2 聯盟夥伴評估準則權重之計算與分析

由於策略聯盟夥伴選擇是公司重大決策之一，須由具多方面豐富經驗的高階管理人員進行評估選擇，而由於每位決策專家對各評估準則的重視程度並不相同，為綜合所有聯盟夥伴選擇專家的看法，可應用模糊集合理論處理準則權重與績效值的衡量，以使決策過程更符合實際情況。

一、AHP 問卷內容

在本例中，定期貨櫃航運公司在進行策略聯盟夥伴之選擇時，一般係由航運公司之企劃部門進行主導，招集公司各相關部門資深主管組成評選小組進行協商，以決定最佳之聯盟夥伴。而由於各評選專家其個別主觀認定各評估準則之重要性不同，因此本例採用主觀權重 (subjective weight) 中的層級分析法，由各評選專家依其實務經驗及專業素養，主觀給予各評估準則的重要性排列，再針對評估準則的重要性進行成對比較，以求得各評估準則的權重值。

表 4-10 策略聯盟夥伴選擇之 AHP 問卷內容

一、主準則評比

(一) 請問 貴公司若今欲與其他定期航運公司進行策略聯盟時，在下列評估準則之相對重要程度為何？

成對比較值 項目	絕對重要 9：1	極重要 7：1	頗重要 5：1	稍重要 3：1	相等 1：1	稍不重要 1：3	頗不重要 1：5	極不重要 1：7	絕對不重要 1：9	成對比較值 項目
相容的目標 C1										合作的文化 C2
相容的目標 C1										互補的能力 C3
相容的目標 C1										風險與風險分擔 C4
合作的文化 C2										互補的能力 C3

成對比較值 / 項目	絕對重要 9:1	極重要 7:1	頗重要 5:1	稍重要 3:1	相等 1:1	稍不重要 1:3	頗不重要 1:5	極不重要 1:7	絕對不重要 1:9	成對比較值 / 項目
合作的文化 C2										風險與風險分擔 C4
互補的能力 C3										風險與風險分擔 C4

二、次準則評比

(一) 請問 貴公司若今欲與其他定期航運公司進行策略聯盟，在「相容的目標」層面下列各評估子準則相對重要程度為何？

成對比較值 / 項目	絕對重要 9:1	極重要 7:1	頗重要 5:1	稍重要 3:1	相等 1:1	稍不重要 1:3	頗不重要 1:5	極不重要 1:7	絕對不重要 1:9	成對比較值 / 項目
管理團隊相容性 C11										策略目標相容性 c12
管理團隊相容性 C11										營運政策相容性 c13
策略目標相容性 c12										營運政策相容性 c13

(二) 請問 貴公司若今欲與其他定期航運公司進行策略聯盟，在「合作的文化」層面下列各評估子準則相對重要程度為何？

成對比較值 項目	絕對重要 9：1	極重要 7：1	頗重要 5：1	稍重要 3：1	相等 1：1	稍不重要 1：3	頗不重要 1：5	極不重要 1：7	絕對不重要 1：9	成對比較值 項目
企業文化 C21										信任與承諾 C22
企業文化 C21										合作願景 C23
企業文化 C21										以往合作經驗 C24
信任與承諾 C22										合作願景 C23
信任與承諾 C22										以往合作經驗 C24
合作願景 C23										以往合作經驗 C24

(三) 請問 貴公司若今欲與其他定期航運公司進行策略聯盟，在「互補的能力」層面下列各評估子準則相對重要程度為何？

成對比較值 項目	絕對重要 9：1	極重要 7：1	頗重要 5：1	稍重要 3：1	相等 1：1	稍不重要 1：3	頗不重要 1：5	極不重要 1：7	絕對不重要 1：9	成對比較值 項目
航線經營能力及市場互補性 C31										艙位互換或互租 C32
航線經營能力及市場互補性 C31										財務狀況的互補 C33

成對比較值 項目	絕對重要 9:1	極重要 7:1	頗重要 5:1	稍重要 3:1	相等 1:1	稍不重要 1:3	頗不重要 1:5	極不重要 1:7	絕對不重要 1:9	成對比較值 項目
航線經營能力及市場互補性 C31										技術與資源的互補 C34
艙位互換或互租 C32										財務狀況的互補 C33
艙位互換或互租 C32										技術與資源的互補 C34
財務狀況的互補 C33										技術與資源的互補 C34

二、「主準則-次準則」權重的串聯

(一) 以「主準則-次準則」權重串聯算出「複權重」

本例共有 16 位專家 (N＝16)，分析時對每位專家都要完成下列三道步驟 (共 3×16 人＝48 步驟)，每個步驟所套用的「AW＝λW」公式，其求解權重 W的方法有二：(1) 用隨書附贈 CD「ch04 fuzzy AHP 範例」Excel 自製公式；或用 (2) Expert Choice、ChoiceMaker 軟體來解。若以「第一位專家」(N 為 1 時) 來說，其「權重」求解步驟如下：

Step 1. 用「AW＝λW」公式，求「專家 N」對「主準則」c1~c4 之兩兩配對比較之權重。本例結果得：

$$W = \begin{bmatrix} 0.085 \\ 0.358 \\ 0.482 \\ 0.075 \end{bmatrix}$$

Step 2. 用「AW＝λW」公式，依序第一個「次準則」c11~c13 之權重、第二個「次準則」c21~c24 之權重、第三個「次準則」c31~c34 之權重、第四個「次準則」c41~c44 之權重。本例結果得：

$$W_{c1}=\begin{bmatrix}0.333\\0.333\\0.333\end{bmatrix},W_{c2}=\begin{bmatrix}0.067\\0.151\\0.391\\0.391\end{bmatrix},W_{c3}=\begin{bmatrix}0.165\\0.641\\0.049\\0.146\end{bmatrix},W_{c4}=\begin{bmatrix}0.028\\0.443\\0.443\\0.085\end{bmatrix} \qquad \text{(a 式)}$$

Step 3. 「主準則-次準則」權重的串聯

將「第二層主準則權重」乘「第三層次準則權重」，即為該「次準則之複權重」，例如，「專家 1」在「主準則 1」權重為 0.085，故「(a 式)」乘以 0.085，得

$$W_1=0.085\times\begin{bmatrix}0.333\\0.333\\0.333\end{bmatrix}=\begin{bmatrix}0.028\\0.028\\0.028\end{bmatrix}$$

$$W_2=\begin{bmatrix}0.024\\0.054\\0.140\\0.140\end{bmatrix},W_3=\begin{bmatrix}0.080\\0.309\\0.023\\0.070\end{bmatrix},W_4=\begin{bmatrix}0.002\\0.033\\0.033\\0.006\end{bmatrix}$$

若將以上代表「專家 1」在主、次準則的權重串聯，以層級圖來表示，即圖 4-9。

完成「專家 1」在主、次準則的權重串聯 (圖 4-9) 後，即可得到各次準則「複權重」。接著依序求「專家 2」…「專家 16」的權重串聯，我們將它整理成表 4-11，即 16 名專家在「c11~c44 共 15 個次準則」的複權重。最後，再將代表各個專家「c11~c44 共 15 個次準則」三角模糊數之「複權重的 (Min，Avg，Max)」，整理成表 4-12。這些「複權重的 (Min，Avg，Max)」，接著再以重心法來其「解模糊化」DF 值。

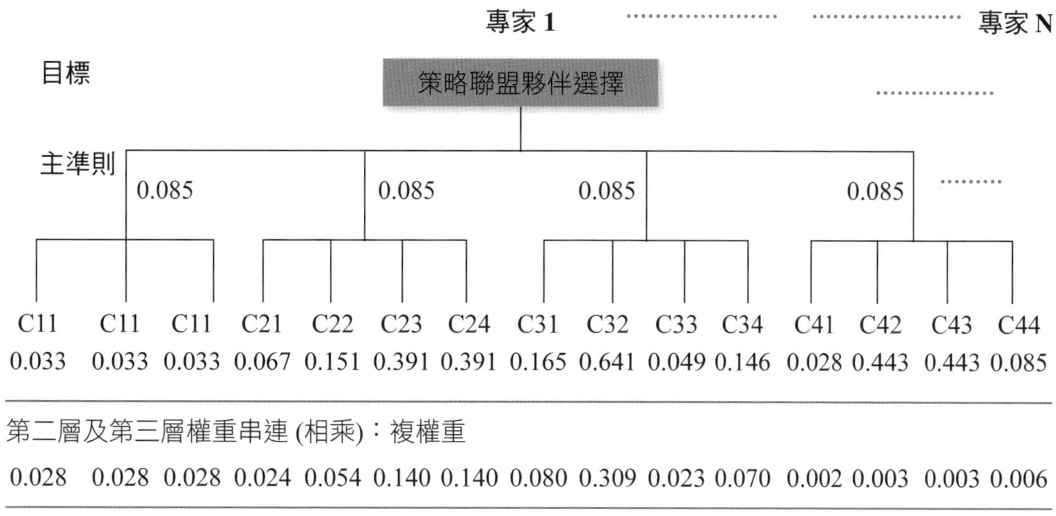

圖 4-9 「專家 1」在主、次準則的權重串聯之示意圖

表 4-11 16 名專家在 15 個次準則 (c11~c44) 之複權重

準則	1	2	3	4	5	6	7	8	9	10	11	12	13	14	15	16
C11	.028	.030	.023	.028	.023	.027	.028	.039	.058	.028	.049	.062	.051	.028	.026	.028
C12	.028	.015	.023	.028	.023	.027	.028	.019	.017	.028	.013	.017	.019	.028	.026	.028
C13	.028	.021	.023	.028	.023	.027	.028	.009	.008	.028	.004	.005	.004	.028	.026	.028
C21	.024	.036	.026	.028	.024	.026	.028	.026	.028	.028	.026	.028	.027	.024	.027	.028
C22	.054	.062	.058	.063	.053	.052	.063	.058	.063	.063	.058	.063	.061	.071	.060	.063
C23	.140	.142	.149	.163	.136	.153	.163	.149	.163	.163	.149	.163	.158	.161	.154	.163
C24	.140	.142	.149	.163	.136	.174	.163	.149	.163	.163	.149	.163	.158	.161	.154	.163
C31	.080	.079	.083	.074	.034	.072	.072	.080	.071	.068	.079	.076	.074	.072	.077	.069
C32	.309	.304	.283	.238	.229	.278	.245	.308	.260	.263	.294	.242	.271	.245	.282	.231
C33	.023	.020	.021	.020	.087	.019	.019	.023	.022	.018	.019	.024	.020	.019	.021	.027
C34	.070	.079	.094	.084	.150	.072	.082	.070	.063	.068	.090	.076	.074	.082	.077	.089
C41	.002	.039	.007	.008	.010	.008	.015	.008	.010	.010	.007	.052	.009	.007	.007	.008
C42	.033	.007	.007	.008	.009	.009	.015	.007	.010	.010	.008	.020	.007	.007	.007	.008
C43	.033	.007	.026	.037	.030	.031	.020	.029	.031	.031	.029	.007	.017	.035	.031	.032
C44	.006	.018	.026	.029	.034	.027	.034	.025	.031	.031	.025	.004	.048	.035	.024	.035
∑	1	1	1	1	1	1	1	1	1	1	1	1	1	1	1	1

表 4-12 代表 16 名專家在「15 個次準則之複權重」之模糊數權重 ($\tilde{W}$ 或 $g(x)$)

三角模糊數 / 次準則	16 人 Min	幾何平均 Avg	16 人 Max	解模糊數 DF 重心法＝	DF 排名
C11	0.023	0.033	0.062	0.039	8
C12	0.013	0.022	0.028	0.021	13
C13	0.004	0.016	0.028	0.016	15
C21	0.024	0.027	0.036	0.029	9
C22	0.052	0.060	0.071	0.061	6
C23	0.136	0.154	0.163	0.151	3
C24	0.136	0.155	0.174	0.155	2
C31	0.034	0.071	0.083	0.063	5
C32	0.229	0.266	0.309	0.268	1
C33	0.018	0.023	0.087	0.042	7
C34	0.063	0.081	0.150	0.098	4
C41	0.002	0.010	0.052	0.021	12
C42	0.007	0.010	0.033	0.017	14
C43	0.007	0.024	0.037	0.023	11
C44	0.004	0.024	0.048	0.025	10

註：「網底」代表模糊權重數 $\tilde{W}$=(Min，Avg，Max)

為何改採「三角模糊數之重心法」來取代「算術平均數」呢？這是有鑑於，決策專家本身的經驗認知或觀點立場不同，因此對同一評估準則權重的「認知程度」也不盡相同，而為避免造成決策進行的困難，須加以整合所有評選專家之意見。過去文獻大都以平均數來處理不同評選專家的準則權重，然而平均數僅能表達可能權重範圍之一，並無法反映評估過程的真實情況。

(二) 納入三角模糊數之概念

三角模糊數 $\tilde{A}$ 以 (L，M，U) 表示之，如圖 4-10 所示，$-\infty < L \leq M \leq U < \infty$

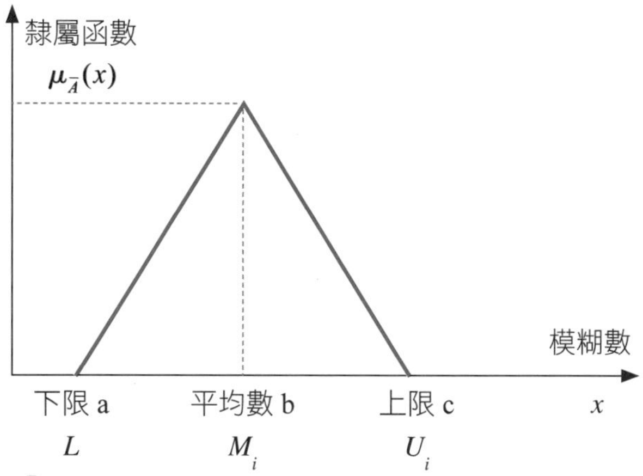

圖 4-10 三角模糊數 $\tilde{A}$=(L，M，U) 之隸屬函數

其隸屬函數如下所示：

$$\mu_{\tilde{A}}(x)=\begin{cases}\dfrac{x-L}{M-U}, & L\le\chi\le M\\ \dfrac{\chi\text{-}U}{M\text{-}U}, & M\le\chi\le U\\ 0, & \text{otherwise}\end{cases}$$

L(Lower) 和 U(Upper) 分別代表模糊集合 A 定義域的下限值及上限值，M(Middle) 則為中間值。

重心法：$DF=\dfrac{(M_i-L_i)+(U_i-L_i)}{3}+L,\forall i_i$

由表 4-12 可知，代表次準則 C11 (管理相容性)「複權重」的三角模糊數 (0.023，0.033，0.062)，其可能權重的範圍可以圖 4-11 表示如下。

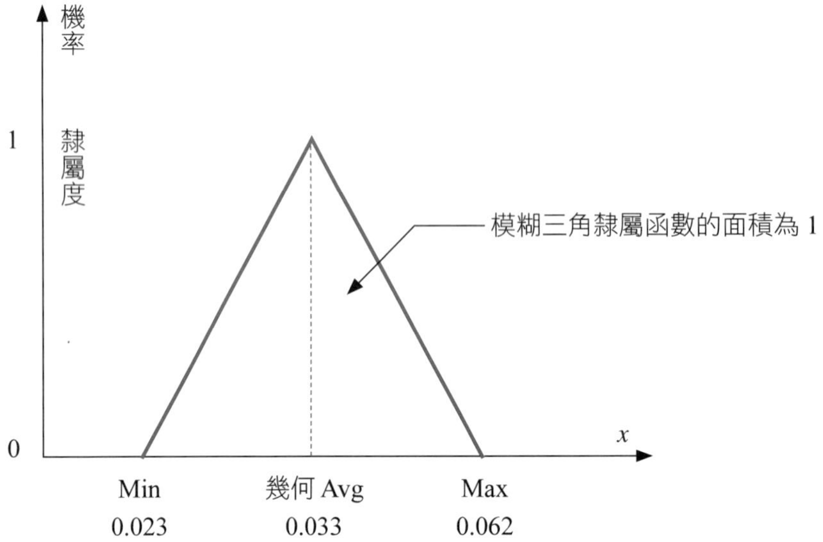

圖 4-11　準則 C11 (管理相容性) 之模糊數

相對地，準則 C21 (管理相容性) 之權重隸屬函數可以表示如下：

$$f_{\tilde{A}}(x)=\begin{cases}0 & ,x\le 0.023\\ \dfrac{x-0.023}{0.033-0.023} & ,0.023\le x\le 0.033\\ 1 & ,x=0.033\\ \dfrac{0.062-x}{0.062\text{-}0.033} & ,0.033\le x\le 0.062\\ 0 & ,x\ge 0.062\end{cases}$$

同理，其他評估準則 (c12~c44) 的三角模糊數，亦可以圖形與方程式來表示，在此不一一列舉。

三角模糊數在參數為 M 時具有最大的隸屬度，其亦表示評估資料之最可能值。另「L」和「U」分別為評估資料的下界及上界，兩者用來反應評估資料的模糊性 (fuzziness)。若 $[L, U]$ 之區間越大，則該評估資料的模糊性也就越高 (精確性越小)，反之若 $[L, U]$ 之區間越小，則模糊性越小。

而依據三角模糊數的性質，Zadeh (1965) 提出其擴張原理 (extension

principle)，若兩三角模糊數 $\tilde{A}_1=(L_1,M_1,U_1)$ 和 $\tilde{A}_2=(L_2,M_2,U_2)$ 欲進行運算時，其代數運算可表示如下：

1. 加法運算 $\tilde{A}_1 \oplus \tilde{A}_2$

   $(L_1,M_1,U_1)\oplus(L_2,M_2,U_2)=(L_1+M_2,M_1+M_2,U_1+U_2)$

2. 減法運算 $\tilde{A}_1 \ominus \tilde{A}_2$

   $(L_1,M_1,U_1)\ominus(L_2,M_2,U_2)=(L_1-U_2,M_1-M_2,U_1-U_2)$

3. 乘法運算 $\tilde{A}_1 \otimes \tilde{A}_2$

   $(L_1,M_1,U_1)\otimes(L_2,M_2,U_2)=(L_1L_2,M_1M_2,U_1U_2),\ L_1\ge 0,\ L_2\ge 0$

4. 除法運算 $\tilde{A}_1 \oslash \tilde{A}_2$

   $(L_1,M_1,U_1)\oslash(c_2,a_2,b_2)\fallingdotseq(L_1/U_2,M_1/M_2,U_1/U_2),\ L_1\ge 0,\ L_2\ge 0$

三、次準則之解模糊數 (DF)

有關各項評選準則權重的求取方法已於前面介紹過。由於決策群體中每一位專家，對評估準則之判斷所得到之權重值，僅能反映該準則權重的一部分，因此為綜合各專家的判斷，過去許多文獻常使用算術平均數或幾何平均值來表示該準則的權重，然而實際上平均值也只能針對該準則可能權重反應出一部分而已。為綜合所有專家對權重判斷的結果，本文利用三角模糊數之概念來處理準則的模糊權重 (fuzzy weights)。若 W_j 表示評估準則 之模糊權重，k 為專家數，則 W_j 可以表示如下：

$$W_j=\left[L_{wj}\middle|M_{wj}\middle|U_{wj}\right] \text{ 或 } W_j=(L_{wj},M_{wj},U_{w}) \text{ 形式，} j=1,2,......,n$$

$$Lw_j=\min_k\{W_{kj}\},\ \forall j$$

$$Mw_j=\underset{k}{ave}\{W_{kj}\},\ \forall j$$

$$Uw_j=\max_k\{W_{kj}\},\ \forall j$$

其中，min 為取各專家權重之最小值，ave 表示「幾何平均值」，max 則表示取最大值。第 j 評估準則其模糊權重為 W_j，其隸屬函數 $f_{\tilde{A}}(W_j)$，如圖 4-12 所示，而此隸屬函數即為一種效用函數 (utility function)。在 W_j 為三角模糊數下，$f_{\tilde{A}}(W_j)$ 為連續，此乃因模糊數同時滿足常態性 (normality) 與凸集性 (convexity) 的性質 (Kaufmann and Gupta，1988)。

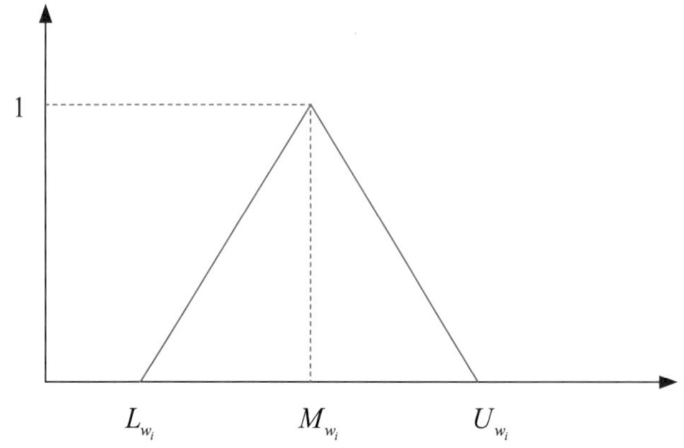

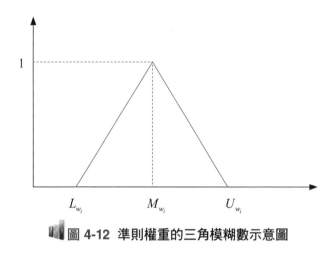

圖 4-12 準則權重的三角模糊數示意圖

由於準則權重 W_j 以三角模糊數處理，因此其隸屬函數 $f_{\tilde{A}}(W_j)$ 可定義為：

$$f_{\tilde{A}}(W_j)=\begin{cases} 0, & W_j \le L_{wj} \\ \dfrac{W_j-L_{wj}}{M_{wj}-L_{wj}}, & L_{wj} \le W_j \le M_{wj} \\ \dfrac{U_{wj}-W_j}{U_{wj}-M_{wj}}, & M_{wj} \le W_j \le U_{wj} \\ 0, & W_j \ge U_{wj} \end{cases}$$

而由於此 W_j 已將所有專家的判斷結果一併考慮，將可以反應全部可能的狀況，而不只是某些特定的部分。

由以上評估準則的模糊權重可知，航線經營能力及市場互補性、艙位互換與互補、業界風評及企業形象、企業文化、技術與資源互補等五項評估準則，在專家決策 16 名人員中的共識性較低，因此準則模糊權重 (三角模糊數) 的範圍較大。另由於模糊權重無法具體說明各評估準則的重要性排列，故應用重心法則求取評估準則模糊權重的解模糊 (明確) 值，其結果如下表 4-13，此表中各權重對應的層級圖，如圖 4-13 所示：

表 4-13 各次準則解模糊值及重要性排列 (陳善民，民 97)

排序	準則	解模糊值 (DF_i)
1	C32 (艙位互換或互租)	0.268
2	C24 (以往合作經驗)	0.155
3	C23 (合作願景)	0.151
4	C34 (技術與資源的互補)	0.098
5	C31 (航線經營能力及市場互補性)	0.063
6	C22 (信任與承諾)	0.061
7	C21 (企業文化)	0.042
8	C11 (管理團隊相容性)	0.039
9	C33 (財務狀況的互補)	0.029
10	C44 (產業中之競爭性與利益衝突)	0.025
11	C43 (額外成本增加)	0.023
12	C41 (業界風評及企業形象)	0.021
13	C12 (策略目標相容性)	0.021
14	C42 (潛在的溝通障礙)	0.017
15	C13 (營運政策相容性)	0.016

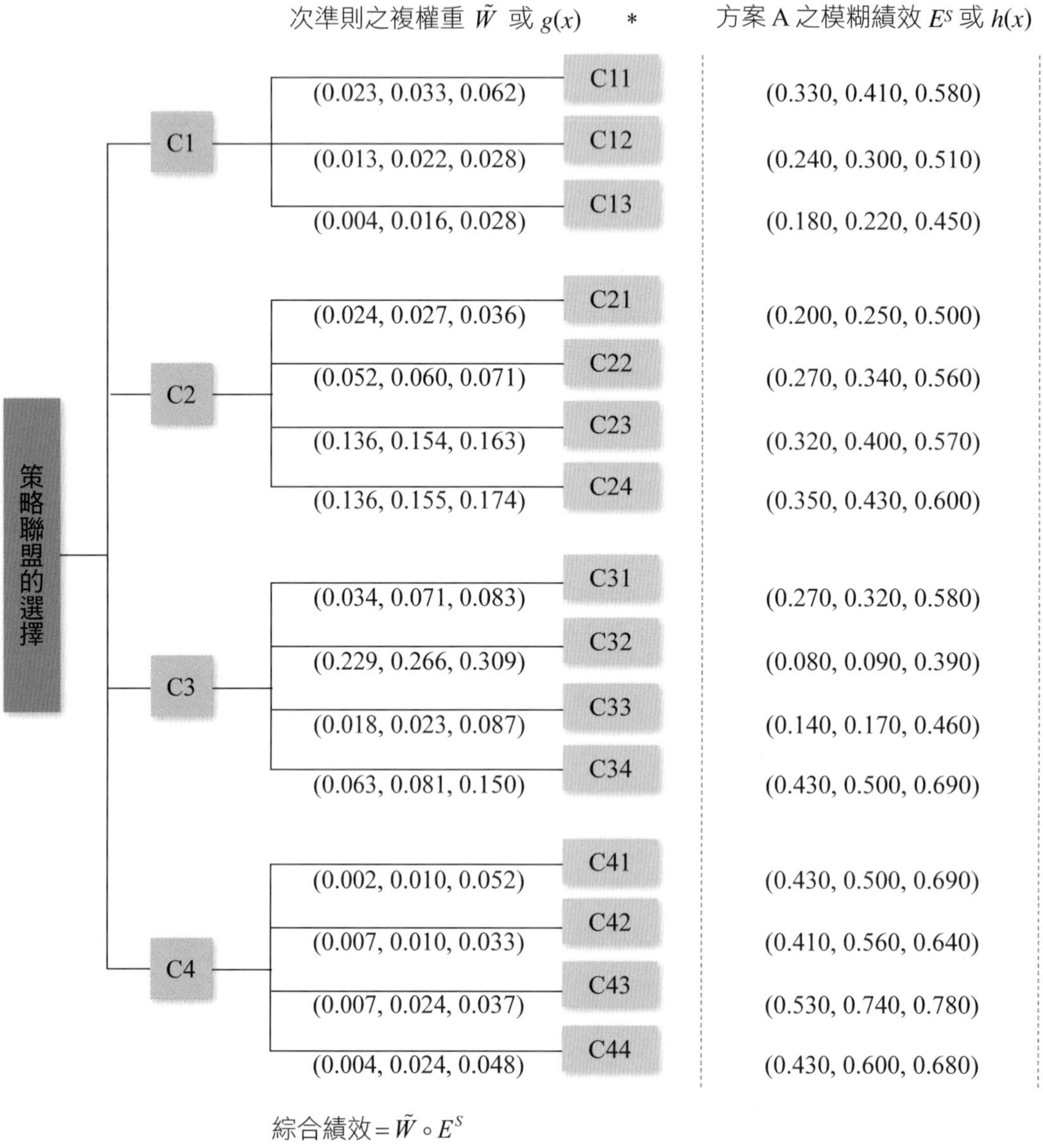

圖 4-13 次準則之複權重之示意圖

假設三角模糊數 $\tilde{A}_{ij} = (L_{ij}, M_{ij}, R_{ij})$，則重心法之解模糊公式如下：

$$BNP = DF = \frac{(U_i - L_i) + (M_i - L_i)}{3} + L_i \approx \frac{U_i + M_i + L_i}{3}, \forall i \text{ w}$$

根據表 4-13 解模糊化之計算結果，依各準則權重大小將之區分為重要群 (0.061 以上)、次重要群 (0.025 至 0.061) 及較不重要 (0.025 以下) 等三群，如表 4-14 所示。

表 4-14 次準則重要性分群 (陳善民，民97)

重要性	準則
重要	C32 (艙位互換或互租)
	C24 (以往合作經驗)
	C23 (合作願景)
	C34 (技術與資源的互補)
	C31 (航線經營能力及市場互補性)
次重要	C22 (信任與承諾)
	C21 (企業文化)
	C11 (管理團隊相容性)
	C33 (財務狀況的互補)
	C44 (產業中之競爭性與利益衝突)
較不重要	C43 (額外成本增加)
	C41 (業界風評及企業形象)
	C12 (策略目標相容性)
	C42 (潛在的溝通障礙)
	C13 (營運政策相容性)

4.4.3 最佳聯盟夥伴之排序

一、「方案」績效 E_{ij}^{s} (或 $g(x)$) 的衡量

(一) FAHP「聯盟對象」語意變數之問卷內容

本例問卷係在 0~100 的整數尺度中，主觀認定各「語意變數」的範圍，亦即以三角模糊數來表示各語意變數值。問卷內容內容如表 4-15，請「專家」以 0~100 為數字範圍填寫對上述五個尺度的判斷值。

表 4-15 FAHP 問卷填答說明及問卷內容

【填答說明】

本文評估準則之績效達成係採模糊衡量方式，亦即將之區分為「很低」、「低」、「中」、「高」、「很高」等五種尺度。由於專家的認知不一定相同，因此對五種尺度的主觀認定亦有所差異，故在進行策略聯盟夥伴選擇時，先由專家決定此五種尺度的範圍，再就各定期航運公司達成評估準則的程度進行判斷。對於五尺度的衡量，本文採〔0，100〕的尺度值，尺度值越大，表示越趨近於高或很高的程度，反之則趨近於低或很低的程度。

上述五種尺度屬於語意變數，其語意價值為一模糊數 (X～Y)，X < Y；由專家依其專業素養主觀認定。以下提供一個參考範例：

專家	很低 (a)	低 (b)	中 (c)	高 (d)	很高 (e)
1	(2～22)	(24～37)	(38～62)	(62～80)	(80～95)
2	(6～35)	(38～51)	(51～70)	(75～85)	(85～98)
3	(8～28)	(35～57)	(53～73)	(73～87)	(87～97)

在這個範例中，可以看出三位專家對同一尺度的判斷完全不同，這是由於「很低」……「很高」之間並沒有明確的範圍，並且可能存在彼此重疊的模糊地帶 (如專家 3 在「低」與「中」間交集部分)，故專家對尺度定義的不同即產生不同的結果。

【問卷內容】

(一) 請填寫您對上述五個尺度的判斷值。(請您以 0～100 之間數字於各尺度填入您主觀的數字範圍)

專家	很低 (VL)	低 (L)	中 (M)	高 (H)	很高 (VH)
您	(～)	(～)	(～)	(～)	(～)

(二) 請您依據上題判斷的結果，衡量各評選公司達成各評估準則之程度，並且在該項中打「✓」或任一符號均可。

1. 管理團隊相容性 c11：

航運公司	很低 (VL)	低 (L)	中 (M)	高 (H)	很高 (VH)
MOL 公司					
K LINE 公司					
COSCO 公司					
MISC 公司					
HANJIN 公司					

2. 策略目標相容性 c12：

航運公司	很低 (VL)	低 (L)	中 (M)	高 (H)	很高 (VH)
MOL 公司					
K LINE 公司					
COSCO公司					
MISC公司					
HANJIN公司					

3. 營運政策相容性 c13：

航運公司	很低 (VL)	低 (L)	中 (M)	高 (H)	很高 (VH)
MOL 公司					
K LINE 公司					
COSCO 公司					
MISC 公司					
HANJIN 公司					

4. 企業文化 c21：

航運公司	很低 (VL)	低 (L)	中 (M)	高 (H)	很高 (VH)
MOL 公司					
K LINE 公司					
COSCO 公司					

MISC 公司					
HANJIN 公司					
5. 信任與承諾 c22：					
航運公司	很低 (VL)	低 (L)	中 (M)	高 (H)	很高 (VH)
MOL 公司					
K LINE 公司					
COSCO 公司					
MISC 公司					
HANJIN 公司					
6. 合作願景 c23：					
航運公司	很低 (VL)	低 (L)	中 (M)	高 (H)	很高 (VH)
MOL 公司					
K LINE 公司					
COSCO 公司					
MISC公 司					
HANJIN 公司					
7. 以往合作經驗 c24：					
航運公司	很低 (VL)	低 (L)	中 (M)	高 (H)	很高 (VH)
MOL 公司					
K LINE 公司					
COSCO 公司					
MISC 公司					
HANJIN 公司					
8. 航線經營能力及市場互補性 c31：					
航運公司	很低 (VL)	低 (L)	中 (M)	高 (H)	很高 (VH)
MOL 公司					
K LINE 公司					
COSCO 公司					
MISC 公司					

HANJIN 公司					

9. 艙位互換或互租 c32：

航運公司	很低 (VL)	低 (L)	中 (M)	高 (H)	很高 (VH)
MOL 公司					
K LINE 公司					
COSCO 公司					
MISC 公司					
HANJIN 公司					

10. 財務狀況的互補 c33：

航運公司	很低 (VL)	低 (L)	中 (M)	高 (H)	很高 (VH)
MOL 公司					
K LINE 公司					
COSCO 公司					
MISC 公司					
HANJIN 公司					

11. 技術與資源的互補 c34：

航運公司	很低 (VL)	低 (L)	中 (M)	高 (H)	很高 (VH)
MOL 公司					
K LINE 公司					
COSCO 公司					
MISC 公司					
HANJIN 公司					

12. 業界風評及企業形象 c41：

航運公司	很低 (VL)	低 (L)	中 (M)	高 (H)	很高 (VH)
MOL 公司					
K LINE 公司					
COSCO 公司					
MISC 公司					
HANJIN 公司					

13. 潛在的溝通障礙 c42：					
航運公司	很低 (VL)	低 (L)	中 (M)	高 (H)	很高 (VH)
MOL 公司					
K LINE 公司					
COSCO 公司					
MISC 公司					
HANJIN 公司					
14. 額外成本增加 c43：					
航運公司	很低 (VL)	低 (L)	中 (M)	高 (H)	很高 (VH)
MOL 公司					
K LINE 公司					
COSCO 公司					
MISC 公司					
HANJIN 公司					
15. 產業中之競爭性與利益衝突 c44：					
航運公司	很低 (VL)	低 (L)	中 (M)	高 (H)	很高 (VH)
MOL 公司					
K LINE 公司					
COSCO 公司					
MISC公 司					
HANJIN 公司					

(二) 語意變數

由於人們通常都是在不確定的環境下做出對評選方案績效值的衡量，Zadeh (1972) 認為，當我們所處理的問題太過複雜或難以定義，且傳統量化方法很難合理地加以描述的情況下，此時可能需以「語意變數」 (linguistic variable) 的概念來處理。

所謂「語意變數」，即是一種針對人類語言之語意程度的不同所相對應的變數，其價值是以自然語言或人工語言來表示，亦即將人類的自然語言 (文字、字句) 或是人工語言中不同程度的詞語視為變數值。而當我們要明確反映出語意變數所代表的價值與意義時，語意所代表的權重可以視為一種語言變數，其值可以分為「很低」、「低」、「中」、「高」、「很高」等五種不同程度的語詞，再給予不同的權重值，這些語意值之隸屬函數可以利用三角模糊數來表示，如圖 4-14 所示。

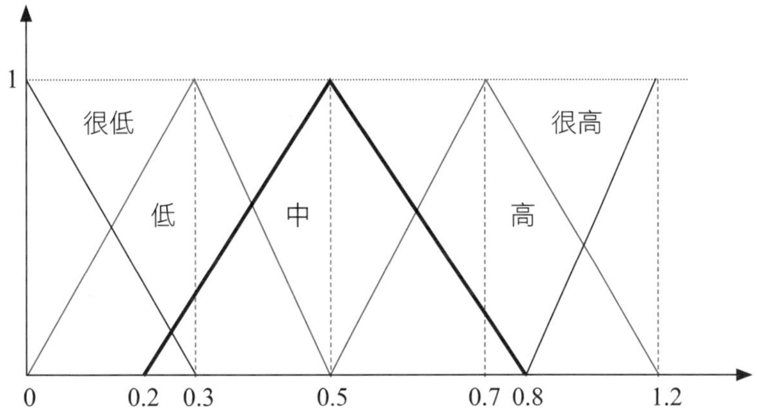

圖 4-14 五個等級語意變數之隸屬函數 (Liang & Wang，1991)

由於未來仍存在著不確定的影響，因此在進行準則績效值 $h(x)$ 衡量時，並無法以一確定數值來表示準則可能的績效達成，因此採用其可能達成之範圍來加以描述，亦即應用三角模糊數之概念來處理各項評選準則的績效值。

利用語意變數「很低 (VL)」、「低 (L)」、「中 (M)」、「高 (H)」、「很高 (VH)」等五種方式，由評選專家依據其專業素養及實務經驗進行判斷，在 0~100 的整數尺度中，主觀認定各語意變數的範圍，亦即以三角模糊數來表示各語意變數值。而對同一語意變數而言，由於專家本身認知或立場的不同，因此其認定的範圍亦有所差異，調查結果如表 4-16 所示。

表 4-16 16 名專家對五種語意變數的主觀認定結果

專家	很低 (VL)	低 (L)	中 (M)	高 (H)	很高 (VL)
1	0,0,20	21,31,40	41,51,60	61,71,80	81,100,100
2	20,20,35	35,43,50	50,58,65	65,73,80	80,95 ,95
3	0,0,20	21,31,40	41,51,60	61,71,80	81,100,100
4	1,1,14	15,27,39	40,50,59	60,69,77	78,90 ,90
5	0,0,50	51,56,60	60,65,70	71,78,85	86,99 ,99
6	0,0,22	24,31,37	38,50,62	62,71,80	80,100,100
7	0,0,20	21,31,40	41,51,60	61,71,80	81,100,100
8	6,6,35	38,45,51	51,61,70	75,80,85	85,98 ,98
9	0,0,25	26,36,45	46,56,65	66,73,80	81,100,100
10	0,0,20	21,31,40	41,51,60	61,71,80	81,100,100
11	2,2,22	24,31,37	38,50,62	63,72,80	81,95,95
12	1,1,20	21,31,40	41,51,60	61,71,80	81,99,99
13	0,0,15	16,27,38	39,53,66	67,77,87	88,100,100
14	10,10,30	20,35,50	50,55,60	60,70,80	80,100,100
15	0,0,21	22,31,39	40,50,60	61,68,75	76,99,99
16	1,1,23	24,30,36	37,49,60	61,68,75	76,99,99

二、模糊綜效值 E_{ij}^{k}

假設 E_{ij}^{k} 表示第 k 位決策專家對第 i 家公司在 j 準則下的模糊綜效值，其符號的格式如下：

$$E_{ij}^{k} = (LE_{ij}^{k} \mid ME_{ij}^{k} \mid UE_{ij}^{k}) \text{ 或 } E_{ij}^{k} = (LE_{ij}^{k}, ME_{ij}^{k}, UE_{ij}^{k})$$

由於各專家本身的認知或立場不盡相同，因此採用平均值之概念以整合 S 位決策專家的模糊判斷值 (e.g.「語意變數」)，即

$$E_{ij}^{k} = \left[E_{ij}^{1} \oplus E_{ij}^{2} \oplus \cdots \oplus E_{ij}^{s}\right] / S$$

上式中，符號 ⊗ 代表模糊乘法 (fuzzy multiplication)，而符號 ⊕ 則表示模糊

加法 (fuzzy addition)；E_{ij} 為 m 位決策專家所判斷之平均模糊數，可利用三角模糊數之表示形式如下：

$$E_{ij} = (LE_{ij} \mid ME_{ij} \mid UE_{ij}) \text{ 或 } E_{ij} = (LE_{ij}, ME_{ij}, UE_{ij})$$

上式端點值 LE_{ij}、ME_{ij}、UE_{ij}，可利用國外學者 Buckley(1985) 所提的「算術平均數」求取，即

$$LE_{ij} = \frac{(\sum_{k=1}^{m} LE_{ij}^{k})}{m}$$

$$ME_{ij} = \frac{(\sum_{k=1}^{m} ME_{ij}^{k})}{m}$$

$$UE_{ij} = \frac{(\sum_{k=1}^{m} UE_{ij}^{k})}{m}$$

其中，m 為專家人數

三、模糊資料標準化

由於在多項評估準則下，各個評估準則的衡量單位不盡相同，因此在進行模糊綜效評判之前，須先將可行之聯盟夥伴公司在各項評估準則下的模糊值進行標準化。模糊資料標準化方法如下所示：

由原始數據 $\mathrm{E_{ij}} = (\mathrm{LE_{ij}} \mid \mathrm{ME_{ij}} \mid \mathrm{UE_{ij}})$，

標準化成為 $\mathrm{E_{ij}^{s}} = (\mathrm{LE_{ij}^{s}} / L \mid \mathrm{ME_{ij}^{s}} / L \mid \mathrm{UE_{ij}^{s}}/\mathrm{L})$

上式中 s 代表標準化之意思，L 則為評估準則選定之衡量尺度 (如 1~100 分)。由於本例中，五家遴選之聯盟夥伴 (方案) 在 15 項評估準則中，部分指標為負面的準則 (例：C43 額外成本增加、C42 潛在的溝通障礙等)，另一部分為屬於正面的效益準則 (例：C31 經營能力及市場互補等)，因此兩者之績效值對整體目標的影響為反向變動之關係。故在進行模糊綜效評判之前，除考慮到衡量單位不同之外，尚須對其中一部分準則進行方向修正的標準化，俾使所有準則的績效直接朝同一方向變動，以利整體目標績效值得取得。若定義整體之目標為效益最

大，則應對所有負面準則進行方向修正，以利最佳夥伴之取得。

在方向修正的作法上，由於標準化後的評估準則其績效值皆介於 0 與 1 之間，故可直接以三角模糊數 (1, 1, 1) 予以扣除即可。例如 16 名決策者在準則「C43 額外成本的增加」(a, b, c) 平均值為 (32, 40, 57)，標準化為 (0.32, 0.40, 0.57)，反向轉換後之效益準則 (1-c, 1-b, 1-a)，即 (0.43, 0.60, 0.68)。

四、模糊綜效綜合評判

在實務上，「模糊綜效」較常用方法有二：(1) 模糊積分法：排序過績效「$\Delta h(x)$」及「權重 $g(x)$」做相乘，所得面積即是模糊綜效值。(2) 以簡易「模糊乘法」來將「三角模糊績效 $h(x)$」及「三角模糊權重 $g(x)$」做簡易相乘，所得「積」即是綜效值。

在本例子中，「模糊綜效評判」(fuzzy synthetic decision) 乃是將所得之各準則的模糊權重 $\tilde{W}$ (或 g(x)) 與模糊績效值 E^S (或 $h(x)$) 間進行「方案-績效」的層級串聯，以便得到各評選方案之整體模糊綜效值 (矩陣 $\tilde{R}$)。

由各準則之模糊權重 $\tilde{W}_j$，可求得到 m 個準則的模糊權重向量 $\tilde{W}$；而由每一家公司在 m 個準則的模糊績效值 E^S，就可代入下列「模糊乘法」近似公式，求得到各家公司在標準化後的模糊綜效矩陣 E^S。

$$\tilde{R} = E^S \circ \tilde{W}$$

其中符號“∘”代表模糊數的矩陣運算，包括模糊乘法 $\otimes$ 及模糊加法 $\oplus$。由於模糊乘法的運算較為繁複，因此一般皆以模糊乘法之「近似乘積」來表示。

以本例遴選的五家策略聯盟公司 (5 方案) 中，16 位專家對這五家公司在 (c11~c44) 15 項績效評估準則填答，該問卷內容形式如表 4-11，模糊績效 (E^S) 之統計結果如表 4-17 至表 4-18；對應層級圖如圖 4-13 所示。

表 4-17 "準則 c11" 之之模糊績效 (E^S 或 $h(x)$)

C11	方案 MOL 公司	方案 K LINE 公司	方案 COSCO 公司	方案 MISC 公司	方案 HANJIN 公司
專家 1	21,31,40(L)	81,100,100(VH)	81,100,100(VH)	0,0,20(VL)	81,100,100(VH)
專家 2	50,58,65(M)	80,95 ,95(VH)	65,73,80(H)	35,43,50(L)	65,73,80(H)
專家 3	21,31,40	81,100,100	61,71,80	0,0,20	61,71,80
專家 4	40,50,59	78,90 ,90	78,90 ,90	40,50,59	78,90 ,90
專家 5	60,65,70	60,65,70	51,56,60	51,56,60	71,78,85
專家 6	62,71,80	62,71,80	62,71,80	24,31,37	38,50,62
專家 7	41,51,60	81,100,100	61,71,80	21,31,40	61,71,80
專家 8	38,45,51	75,80,85	51,61,70	6,6,35	75,80,85
專家 9	0,0,25	66,73,80	66,73,80	0,0,25	66,73,80
專家 10	61,71,80	61,71,80	41,51,60	41,51,60	61,71,80
專家 11	24,31,37	24,31,37	38,50,62	24,31,37	38,50,62
專家 12	21,31,40	41,51,60	61,71,80	21,31,40	61,71,80
專家 13	67,77,87	39,53,66	67,77,87	67,77,87	39,53,66
專家 14	80,100,100	80,100,100	60,70,80	60,70,80	60,70,80
專家 15	76,99,99	76,99,99	40,50,60	40,50,60	76,99,99
專家 16	37,49,60(M)	61,68,75(H)	76,99,99(VH)	1,1,23(VL)	61,68,75(H)
平均值	33,41,58	62,75,80	59,69,77	13,15,42	60,72,80
標準化及方向修正	**0.33,0.41,0.58**	0.62,0.75,0.80	0.59,0.69,0.77	0.13,0.15,0.42	0.60,0.72,0.80

如此類推，「準則 c12」……………至「準則 c43」。

……………

表 4-18 "準則 c44" 之模糊績效 (E^S 或 $h(x)$)

C44	方案 MOL公司	方案 K LINE 公司	方案 COSCO 公司	方案 MISC 公司	方案 HANJIN 公司
專家 1	41,51,60 (M)	0,0,20 (VL)	0,0,20 (VL)	81,100,100 (VH)	0,0,20 (VL)
專家 2	35,43,50 (L)	35,43,50 (L)	50,58,65 (M)	50,58,65 (M)	35,43,50 (L)
專家 3	61,71,80	81,100,100	81,100,100	0,0,20	81,100,100
專家 4	15,27,39	78,90 ,90	78,90 ,90	15,27,39	78,90 ,90
專家 5	71,78,85	71,78,85	71,78,85	51,56,60	71,78,85
專家 6	24,31,37	24,31,37	24,31,37	62,71,80	38,50,62
專家 7	41,51,60	61,71,80	61,71,80	21,31,40	61,71,80
專家 8	51,61,70	75,80,85	75,80,85	38,45,51	75,80,85
專家 9	0,0,25	66,73,80	66,73,80	0,0,25	66,73,80
專家 10	61,71,80	61,71,80	61,71,80	41,51,60	61,71,80
專家 11	24,31,37	38,50,62	38,50,62	24,31,37	38,50,62
專家 12	41,51,60	41,51,60	41,51,60	41,51,60	41,51,60
專家 13	16,27,38	39,53,66	39,53,66	16,27,38	39,53,66
專家 14	80,100,100	60,70,80	60,70,80	50,55,60	80,100,100
專家 15	76,99,99	61,68,75	76,99,99	40,50,60	61,68,75
專家 16	37,49,60 (M)	76,99,99 (VH)	61,68,75 (H)	1,1,23 (VL)	61,68,75 (H)
平均值	32,40,57	43,50,67	44,51,68	19,23,47	44,52,69
標準化及方向修正	0.43,0.60,0.68	0.33,0.50,0.57	0.32,0.49,0.56	0.53,0.77,0.81	0.31,0.48,0.56

由模糊權重向量 $\tilde{W}$ 簡易「乘以」模糊綜效矩陣 E^S，即可進行最後的模糊綜效評判，而所得到的結果即為模糊綜效評判矩陣 $\tilde{R}$，意即

$$\tilde{R} = E^S \circ \tilde{W}$$

根據此一方式即可求得各遴選聯盟夥伴 (方案) 在模糊綜效評判下的近似模糊數，如表 4-19 及表 4-20。

表 4-19 第一家候選聯盟夥伴“MOL 公司”之模糊綜效值 ($\tilde{X} E^S$ 或 $g(x)*h(x)$)

MOL 公司	模糊權重值 (向量 $\tilde{W}$)	模糊綜效值 (矩陣 E^S)	模糊綜效評判 (矩陣 $\tilde{R}$)
C11	0.023,0.033,0.062	0.330,0.410,0.580	0.00753,0.01349,0.03586
C12	0.013,0.022,0.028	0.240,0.300,0.510	0.00321,0.00666,0.01446
C13	0.004,0.016,0.028	0.180,0.220,0.450	0.00066,0.00351,0.01276
C21	0.018,0.023,0.087	0.200,0.250,0.500	0.00471,0.00676,0.01798
C22	0.052,0.060,0.071	0.270,0.340,0.560	0.01401,0.02039,0.03951
C23	0.136,0.154,0.163	0.320,0.400,0.570	0.04365,0.06164,0.09282
C24	0.136,0.155,0.174	0.160,0.200,0.470	0.02182,0.03107,0.08157
C31	0.034,0.017,0.083	0.350,0.430,0.600	0.01194,0.03067,0.04979
C32	0.229,0.266,0.309	0.270,0.320,0.580	0.06178,0.08518,0.17897
C33	0.024,0.027,0.036	0.080,0.090,0.390	0.00140,0.00205,0.03380
C34	0.063,0.081,0.150	0.140,0.170,0.460	0.00881,0.01373,0.06904
C41	0.002,0.010,0.052	0.430,0.500,0.690	0.00092,0.00489,0.03602
C42	0.007,0.010,0.033	0.410,0.560,0.640	0.00278,0.00538,0.02123
C43	0.007,0.024,0.037	0.530,0.740,0.780	0.00359,0.01795,0.02916
C44	0.004,0.024,0.048	0.430,0.600,0.680	0.00170,0.01415,0.03259
		整體 ∑	0.18850,0.31753,0.74556

接著依序求 K LINE 公司、COSTCO 公司、HANJIN 公司…模糊綜效評判 (矩陣 $\tilde{R}$)。

表 4-20 第五家候選聯盟夥伴“HANJIN 公司”之模糊綜效值

HANJIN 公司	模糊權重值 (向量)	模糊綜效值 (矩陣)	模糊綜效評判 (矩陣)
C11	0.023,0.033,0.062	0.500,0.620,0.700	0.01141,0.02040,0.04328
C12	0.013,0.022,0.028	0.440,0.540,0.630	0.00589,0.01199,0.01786
C13	0.004,0.016,0.028	0.400,0.520,0.610	0.00146,0.00831,0.01730
C21	0.018,0.023,0.087	0.400,0.510,0.600	0.00942,0.01379,0.02158
C22	0.052,0.060,0.071	0.450,0.560,0.640	0.02336,0.03358,0.04516
C23	0.136,0.154,0.163	0.530,0.660,0.720	0.07229,0.10170,0.11724
C24	0.136,0.155,0.174	0.480,0.610,0.690	0.06547,0.09475,0.11976
C31	0.034,0.017,0.083	0.520,0.650,0.720	0.01774,0.04636,0.05975
C32	0.229,0.266,0.309	0.570,0.690,0.760	0.13042,0.18367,0.23452
C33	0.024,0.027,0.036	0.260,0.350,0.570	0.00456,0.00799,0.04939
C34	0.063,0.081,0.150	0.440,0.550,0.640	0.02768,0.04443,0.09606
C41	0.002,0.010,0.052	0.560,0.680,0.740	0.00119,0.00665,0.03863
C42	0.007,0.010,0.033	0.490,0.660,0.720	0.00332,0.00634,0.02389
C43	0.007,0.024,0.037	0.450,0.660,0.710	0.00305,0.01601,0.02654
C44	0.004,0.024,0.048	0.210,0.380,0.460	0.00083,0.00896,0.02205
		整體 $\sum$	0.37808,0.60495,0.93299

由上述的模糊綜效評判計算結果，可得到五種遴選聯盟夥伴 (5 方案) 在整體目標下的三角模糊數。本文應用重心法求出最佳解模糊值（$DF = \frac{(M-L)+(U-L)}{3}+L$），再比較各個解模糊值的大小，以進行各遴選聯盟夥伴的優劣排序。表 4-21 列出各遴選聯盟夥伴所得到的解模糊值，而其最佳選擇依序為對象 K LINE 公司、HANJIN 公司、COSCO 公司、MOL 公司以及最後一位 MISC 公司。

表 4-21 各遴選聯盟夥伴之解模糊值及選擇排序 (陳善民，民 97)

候選公司	近似三角模糊數 (L, M, U) (模糊綜效評判矩陣 $\tilde{R}$)	解模糊數 DF	DF 排序
1. 方案 MOL 公司	(0.18985,0.31994,0.75265)	0.4208	4
2. 方案 K LINE 公司	(0.41478,0.65307,0.97180)	0.6798	1
3. 方案 COSCO 公司	(0.35675,0.57627,0.88968)	0.6075	3
4. 方案 MISC 公司	(0.11793,0.20586,0.62794)	0.3172	5
5. 方案 HANJIN 公司	(0.37808,0.60593,0.93295)	0.6389	2

4.5 實例 2：先 SAM，再 FAHP

若第一階段求成對比較矩陣時，就先採用「相似性整合法」(Similarity Aggregation Method，SAM) 來整合決策專家的權重，然後以 fuzzy 成對比對矩陣求準則的權重，再以 fuzzy 綜合評判法將方案與層級串聯，最後再解模糊數並排序。因此，以下先介紹 SAM，接著再以實例 2 介紹 FAHP 計算過程。此例子之 FAHP 步驟如圖 4-15 所示。

4.5.1 FAHP 演算法 (Algorithm)

接著介紹例子，係改良成對比較之評估的一種方法：先 SAM 求出 fuzzy 成對比較矩陣 $\tilde{A}_{ij}$ (即 $[\tilde{a}_{ij}]$)，再求代表 $\tilde{A}_{ij}$ 特徵向量之權重 $\tilde{W}$ 。

本例之演算法係參考陳振東 (1994) 之「相似性整合法」予以建構。有關模糊層級分析法乃先計算三角模糊數之專家認同程度、模糊權重，最後再以重心法解模糊權重所得實數進行排序，此權重排序之結果可作為組織重點管理之參考。

這類 SAM 步驟與流程圖如圖 4-16 所示。

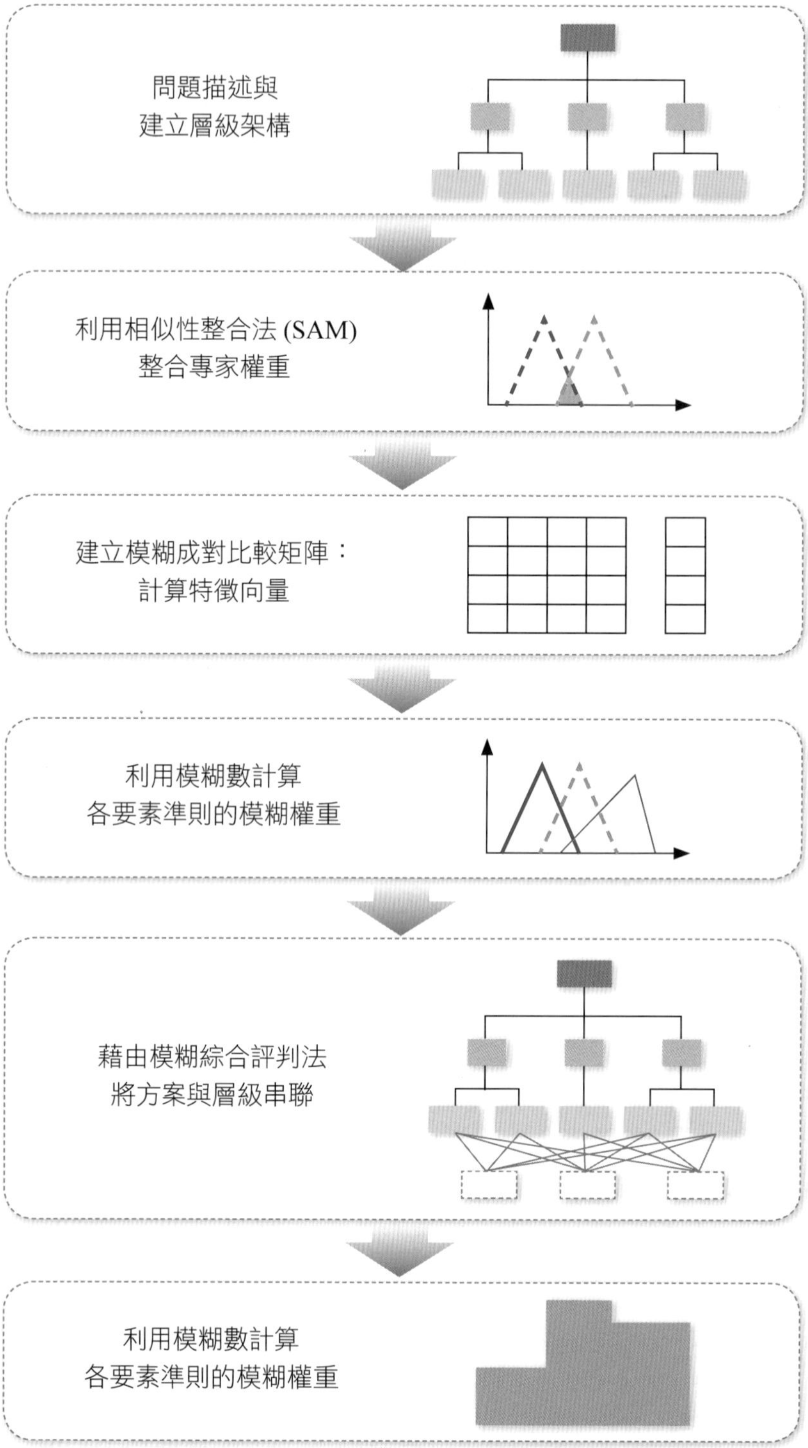

圖 4-15 FAHP 流程示意圖 (黃勝彥，2005)

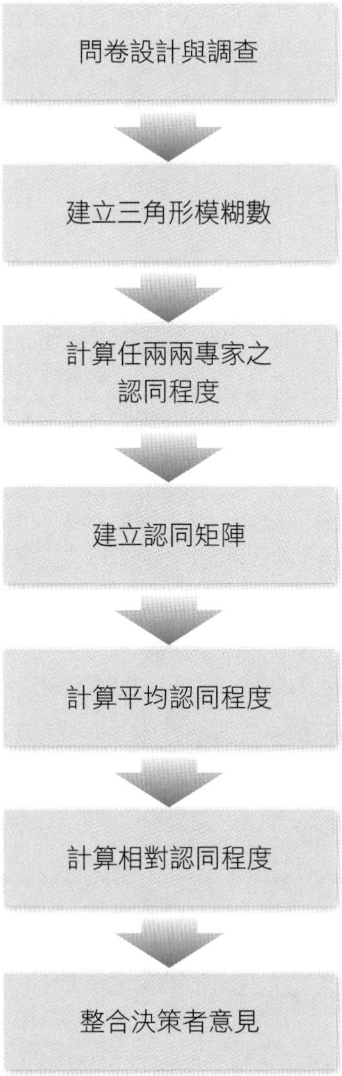

圖 4-16 相似性整合法步驟流程圖 (黃勝彥，2005)

Step 1：**建立模糊成對比較矩陣** $(\tilde{A}_{ij})$

假設有 K 位專家，評估準則有 n 個，構建模糊成對比較矩陣的步驟如下：

1. 設定模糊語意

利用三角模糊數表示準則間的相對重要性，兩兩比較的語意評估值及其對應的模糊數如表 4-22 所示。

表 4-22 三角模糊語意表 (Buckley，1985)

模糊數	語意值
$\tilde{1}=(1, 1, 1)$ 或 $(\tilde{1}:\tilde{1})$	一樣重要
$\tilde{2}=(1, 2, 3)$ 或 $(\tilde{2}:\tilde{1})$	介於一樣重要與稍微重要之間
$\tilde{3}=(2, 3, 4)$ 或 $(\tilde{3}:\tilde{1})$	稍微重要
$\tilde{4}=(3, 4, 5)$ 或 $(\tilde{4}:\tilde{1})$	介於稍微重要與頗為重要之間
$\tilde{5}=(4, 5, 6)$ 或 $(\tilde{5}:\tilde{1})$	頗為重要
$\tilde{6}=(5, 6, 7)$ 或 $(\tilde{6}:\tilde{1})$	介於頗為重要與相當重要之間
$\tilde{7}=(6, 7, 8)$ 或 $(\tilde{7}:\tilde{1})$	相當重要
$\tilde{8}=(7, 8, 9)$ 或 $(\tilde{8}:\tilde{1})$	介於相當重要與極為重要之間
$\tilde{9}^{-1}=(10^{-1}, 9^{-1}, 8^{-1})$ 或 $(\tilde{1}:\tilde{9})$	極為「不」重要

2. 準則兩兩比較求取相對權重模糊數 $\tilde{W}_i$

   設計兩兩準則相互比較之問卷，由每位專家對於任意兩準則進行重要性程度的比較判斷，藉由問卷調查取得相對權重之語意，再根據表 4-22 轉成模糊數。

3. 計算整合後之模糊評估值

   假設為第 k 位專家對任兩準則 i、j 評比後所給定的模糊評估值 $\tilde{a}_{ij}^{K}$。

   其中 $i=1, 2, 3, ..., n, j=1, 2, 3, ..., n, k=1, 2, 3, ..., K$。

改以 SAM 來建立模糊成對比較矩陣 $(\tilde{A}_{ij})$

傳統決策模式中，為整合專家評估意見，通常運用計算其算術平均數或幾何平均數等方法求得。但面對以模糊數衡量決策準則時，陳振東 (1994) 另提 SAM (Similarity Aggregation Method) 新想法，「當二位專家的模糊評估值不具有交集時，其整合結果可能無法讓參與決策的專家所接受」。舉例來說，$\tilde{R}_1=(1, 1, 2)$ 與 $\tilde{R}_2=(8, 9, 9)$ 為在評估會議中所取得之「專家 1」與「專家 2」的模糊評估值，同時假設二位專家皆已經不願意更改其評估值的情況下，明顯地，二位專家之間並「沒共識」。然而透過一般的算術平均方式予以整合，其所得到的整合值卻落於兩專家皆認為不可行的區間，這樣的結果不夠合理也較不易被決策成員所接受。

相似性整合法 (SAM) 運用模糊數交集之概念，計算整合專家彼此間的決策意見，為模糊決策分析模式提供一個更為合理的整合方法。

SAM 利用「相似函數」(Similarity Function) 來衡量任兩位不同專家間的「認同程度」(Agreement Degree)，以「認同矩陣」(Agreement Matrix；AM) 的概念，表示專家們彼此間評估值的認同程度。同時考慮到所有專家對全體評估值的「相對認同程度」(Relative Agreement Degree；RAD) 及所有專家的「共識程度係數」(Consensus Degree Coefficient；CDC)，最後藉由所有專家的共識程度係數為權數，加權計算後即為全體專家共識整合的模糊評估值。

利用相似性整合法 (SAM) 計算每位專家的共識程度係數 (Consensus Degree Coefficient; CDC_k)，進而整合專家的模糊評估值，可得任兩準則 i、j 之重要性比較模糊數。

SAM 計算群體共識之步驟如下：

(1) 計算任兩位決策者間的認同程度 $(\tilde{R}_i, \tilde{R}_j)$：

$$S(\tilde{R}_i, \tilde{R}_j) = \frac{\int_x \left(\min\{u_{\tilde{a}_i}(x), u_{\tilde{a}_j}(x)dx\right)}{\int_x \left(\max\{u_{\tilde{a}_i}(x), u_{\tilde{a}_j}(x)\}dx\right)}$$

其中，

$S(\tilde{R}_i, \tilde{R}_j)$：第 i 位與第 j 位專家模糊評估值的認同程度。

$\tilde{R}_i, \tilde{R}_j$：第 i 位與第 j 位專家的模糊評估值，$i, j = 1, 2 \cdots n$

$u_{\tilde{a}_i}(x), u_{\tilde{a}_j}(x)$：第 i 位與第 j 位專家模糊評估值之隸屬函數。

(2) 建構認同矩陣 (Agreement Matrix，AM)：

$$AM = \left[S_{ij}\right]_{n \times n}, i = 1, 2, \cdots n, j = 1, 2, \cdots n.$$

當 $i=j$，即為矩陣中對角線部份的元素，表示每位專家對自身的相似程度，故恆為完全相似，$S_{ij} = 1$。若 $i \neq j$ 時，則 $S_{ij} = S(\tilde{R}_i, \tilde{R}_j)$。

(3) 計算每位專家 E_i，$i = 1, 2, ..., n$，與其他專家的平均認同程度 $A(E_i)$：

$$A(E_i) = \frac{1}{n-1} \sum_{\substack{j=1 \\ i \neq j}}^{n} S_{ij}, i = 1, 2, \cdots n$$

(4) 計算每位專家 E_i 的相對認同程度 (Relative Agreement Degree，RAD)，以 RAD_i 表示：

$$RAD_i = \frac{A(E_i)}{\sum_{i=1}^{n} A(E_i)}, i = 1, 2, \cdots n.$$

(5) 計算每位專家 i 的共識程度係數 (Consensus Degree Coefficient，CDC)：

$$CDC_i = \beta \times w_i + (1-\beta) \times RAD_i, i = 1, 2, \cdots n, 0 \le \beta \le 1$$

在不考慮每位專家的重要程度情況下，所求得之相對認同程度 (RAD) 即等同為各專家之共識程度係數 (CDC)。

(6) 利用每位專家所得之共識程度係數與該專家之模糊評估值予以整合，將得到最後的整合結果，此結果即為決策團隊所取得之共識，計算公式如下：

$$\tilde{R}_{ij} = \sum_{k=1}^{n} CDC_k \otimes \tilde{R}_{ij}^{k}, k = 1, 2, \cdots n.$$

其中，

$\tilde{R}$：整合後之模糊評估值。

$\tilde{R}_{ij}^{k}$：為第 k 位專家對任兩要素 i、j 評比後的模糊評估值。($k=1, 2, 3, \ldots, n$)。

採用 SAM 來整合專家共識之示意圖，如圖 4-17 所示。兩模糊數間的相似度為交集面積佔聯集面積的之比例，所以當任二位專家其語意模糊數的交集面積愈大，即表示這兩位專家的共識程度愈高；反之則愈低。

假設有兩名專家 (E_1 vs. E_2) 對某準則評估之三角模糊數，分別為 $\tilde{a}_1 = (a_1, b_1, c_1)$ 與 $\tilde{a}_2 = (a_2, b_2, c_2)$，則相似度衡量公式又可表示如下：

$$\text{兩三角模糊數交集面積} = \frac{1}{2}\frac{(c_1 - a_2)^2}{(b_2 - a_2 - a_1 + c_1)} \quad \cdots\cdots(1)\text{式}$$

$$\text{兩三角模糊數聯集面積} = \frac{1}{2}(c_1 - a_1) + \frac{1}{2}(c_2 - a_2) - \frac{1}{2}\frac{(c_1 - a_2)^2}{(b_2 - a_2 - a_1 + c_1)} \quad \cdots\cdots(2)\text{式}$$

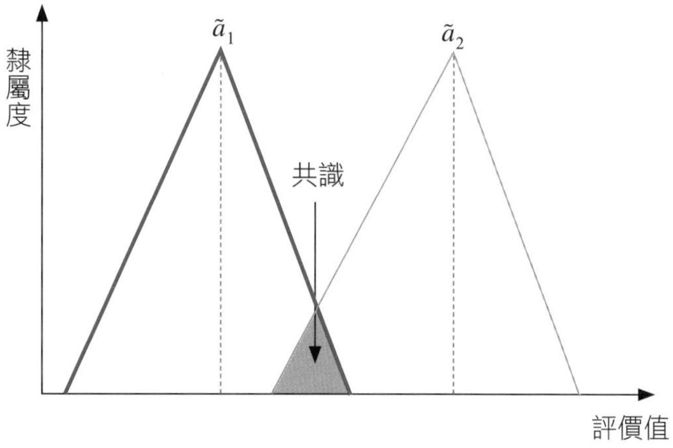

圖 4-17 相似性整合法示意圖

因此，(1) 式除以 (2) 式，即代表這兩三角模糊數之交集相似性

$$=\frac{(c_1-a_2)^2}{(c_1-a_1+c_2-a_2)(b_2-a_2-b_1+c_1)-(c_1-a_2)^2}$$

上式交集相似性的比例值，亦可代表兩名專家 (E_1 vs. E_2) 相似性衡量，它即可代表模糊配對比較矩陣 $\tilde{A}$ 或 $[\tilde{a}_{ij}]$ 之「相對重要性」。

4. 構建模糊成對比較矩陣

根據任兩準則整合後之模糊數 ($\tilde{a}_{ij}$)，可得模糊成對比較矩陣為：

$$\tilde{A}=[\tilde{a}_{ij}]\ \ i=1,2,3,\ldots,m \quad j=1,2,3,\ldots,m$$

其中，當 $i\neq 1,\ \tilde{a}_{ij}=\tilde{a}_{ji}^{-1}$

當 $i=j,\ \tilde{a}_{ij}=(1,1,1)$

Step 2：計算模糊最大特徵值 ($\tilde{\lambda}_{max}$)

對於一模糊成對比較矩陣 ($\tilde{\lambda}_{max}$)，其模糊最大特徵值 ($\tilde{A}$) 計算如下：

$$\tilde{A}\tilde{W}=\tilde{\lambda}\tilde{W}$$

其中，$\tilde{W}$ 為隨 $\tilde{\lambda}_{max}$ 變化的特徵向量；我們「可選擇」是否還要再利用

α-cut，將上式修改為：

$$(\tilde{A}\tilde{W})^{\alpha} = (\tilde{\lambda}\tilde{W})^{\alpha}, 0 \le \alpha \le 1$$

例如，存在一個三角模糊數矩陣 $\tilde{A} = (\tilde{L}, \tilde{M}, \tilde{U})$，則其 α-cut 示意圖，如圖 4-18 所示。若我們分別取 $\alpha = 0$ 及 $\alpha = 1$ 的截集，則可得決策者意見之最小值、中間值、最大值矩陣，如下形式：

$$A_L^0 = \begin{bmatrix} 1 & 0.965 & 0.908 \\ 1/1.028 & 1 & 0.872 \\ 1/0.23 & 1/0.925 & 1 \end{bmatrix}$$

$$A_M^1 = \begin{bmatrix} 1 & 1.099 & 1.023 \\ 1/1.099 & 1 & 0.925 \\ 1/0.23 & 1/0.925 & 1 \end{bmatrix}$$

$$A_U^0 = \begin{bmatrix} 1 & 1.028 & 0.996 \\ 1/0.919 & 1 & 1.053 \\ 1/0.908 & 1/0.872 & 1 \end{bmatrix}$$

其中，$\tilde{A}^{\alpha} = [\tilde{a}_{ij}^{\alpha}]$，又 $\tilde{a}_{ij}$ 為三角模糊數，故成對比較矩陣之模糊最大特徵值 $\tilde{\lambda}_{\max}$ 亦可以三角模糊數表示，即

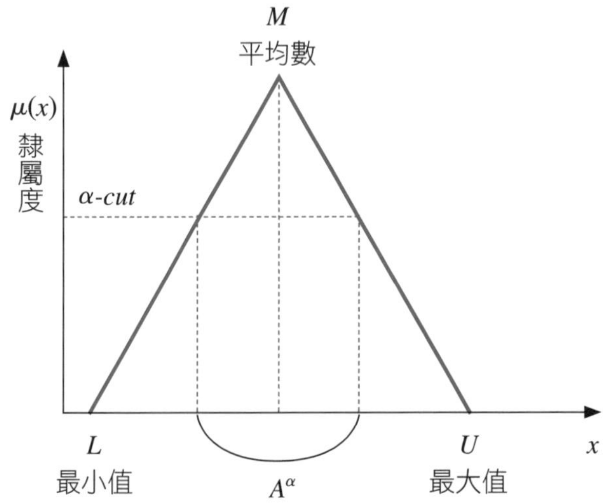

圖 4-18 α-cut 示意圖

$$\tilde{\lambda}_{\max} = (\lambda_{L\_\max}, \lambda_{M\_\max}, \lambda_{U\_\max})$$

$\lambda_{L\_\max}$：經整合之專家模糊評估值左端值矩陣之最大特徵值；A_L

$\lambda_{M\_\max}$：經整合之專家模糊評估值中端值矩陣之最大特徵值；A_M

$\lambda_{U\_\max}$：經整合之專家模糊評估值右端值矩陣之最大特徵值；A_U

Step 3：計算模糊權重向量 ($\tilde{W}$)

因為模糊正倒值矩陣為具有正值的不可縮小矩陣，因此利用模糊最大特徵值，可計算所伴隨的特徵向量，透過標準化的過程可計算每個準則的標準化相對模糊權重。

$$\tilde{W}_i = (W_L, W_M, W_U),\ i = 1,2,3,\ldots,n$$

Step 4：一致性檢定

根據 Saaty (1980) 對於一致性的定義，任一正倒值矩陣 $A = [a_{ij}]_{n\times n}$，若具有完全的一致性，則矩陣 A 必滿足 $a_{ik} \times a_{kj} = a_{ij}, i, j, k = 1,2,3,\ldots,n$，且該矩陣的最大特徵值 $\tilde{\lambda}_{\max}$ 必大於等於 n；也就是說，若一正倒值矩陣的最大特徵值 $\tilde{\lambda}_{\max}$ 滿足下式，則稱該正倒值矩陣具有一致性 (成對比較量表具有信度)。

$$n \le \tilde{\lambda}_{\max} \le n + 0.1(n-1)$$

Step 5：解模糊化 DF

雖然以隸屬函數表示事件模糊集合較傳統的二值邏輯更能表現出事件的特性，但某些情況下希望能夠得到模糊集合 (模糊數) 的明確值，以方便計算及比較；而將模糊數轉換成一個明確值的方法，即稱為「解模糊化」(Defuzzification)。一般人為方便最終評估值的比較，常用重心法，將各個初始準則的模糊權重值 ($\tilde{W}_i$) 轉成單一值 DF_i，其計算方式如下：

$$DF_i = \frac{W_{Li} + W_{Mi} + W_{Ui}}{3} = \frac{(W_{Ui} - W_{Li}) + (W_{Mi} - W_{Li})}{3} + W_{Li}$$

其中，DF_i：解模糊值。$\tilde{W}_i$：第 i 個模糊權重向量。

W_{Ui}：第 i 個模糊權重向量三角模糊數之最大值。

W_{Mi}：第 i 個模糊權重向量三角模糊數之中間值。

W_{Li}：第 i 個模糊權重向量三角模糊數之最小值。

4.5.2 實例 2 之 FAHP 計算步驟

以黃勝彥 (2005) 汽車營業據點區位評選因素之 FAHP 層級架構圖為例，其分析流程如下。

一、FAHP 之架構圖

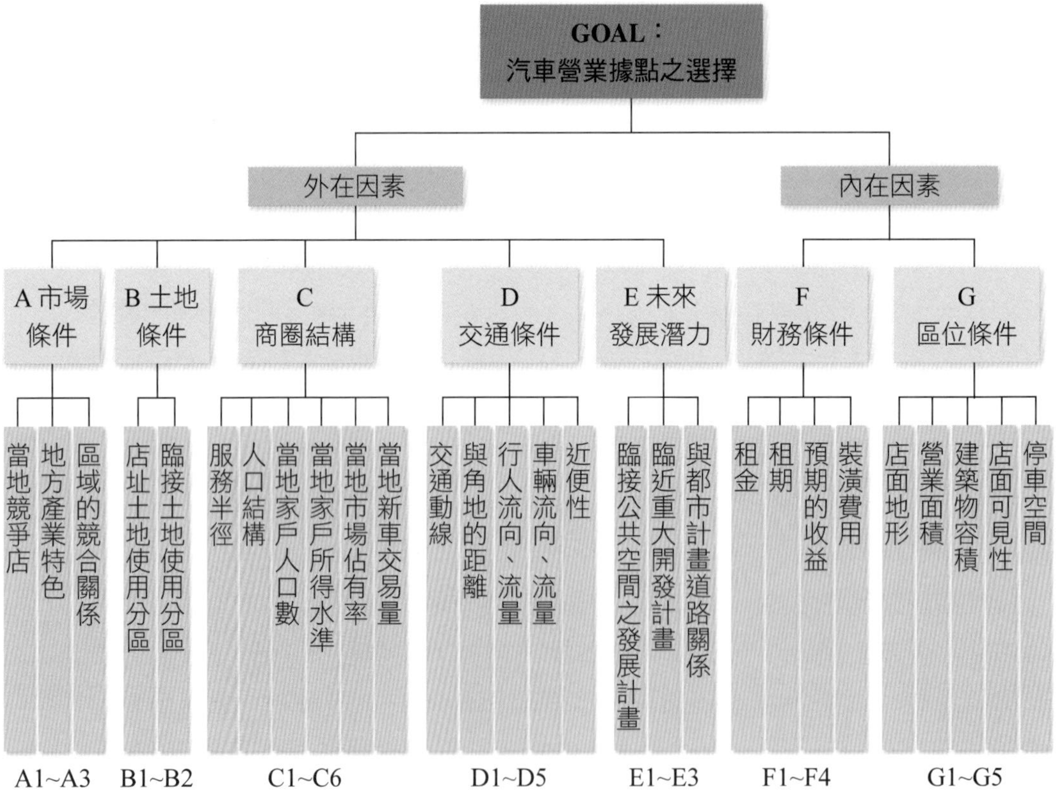

圖 4-19 汽車營業據點區位評選因素之 FAHP 層級架構圖 (黃勝彥，2005)

二、FAHP 之分析流程

本例子題解「汽車營業據點區位選擇」，可分兩大部分：一、探討汽車營業據點方案在做區位選擇時會考慮何等因素條件；二、以多準則決策模式 (MCDM) 之方法結合實例分析之方式，建立汽車區位選擇方案之評鑑模式。

本例之研究架構圖如圖 4-20 所示。首先是透過文獻回顧、專家訪談之方式，瞭解汽車營業據點的設置過程及區位選擇概況，同時彙整相關區位選址文獻，列舉可能的評估準則；然後，藉由 fuzzy Delphi專家問卷調查的方式，篩選

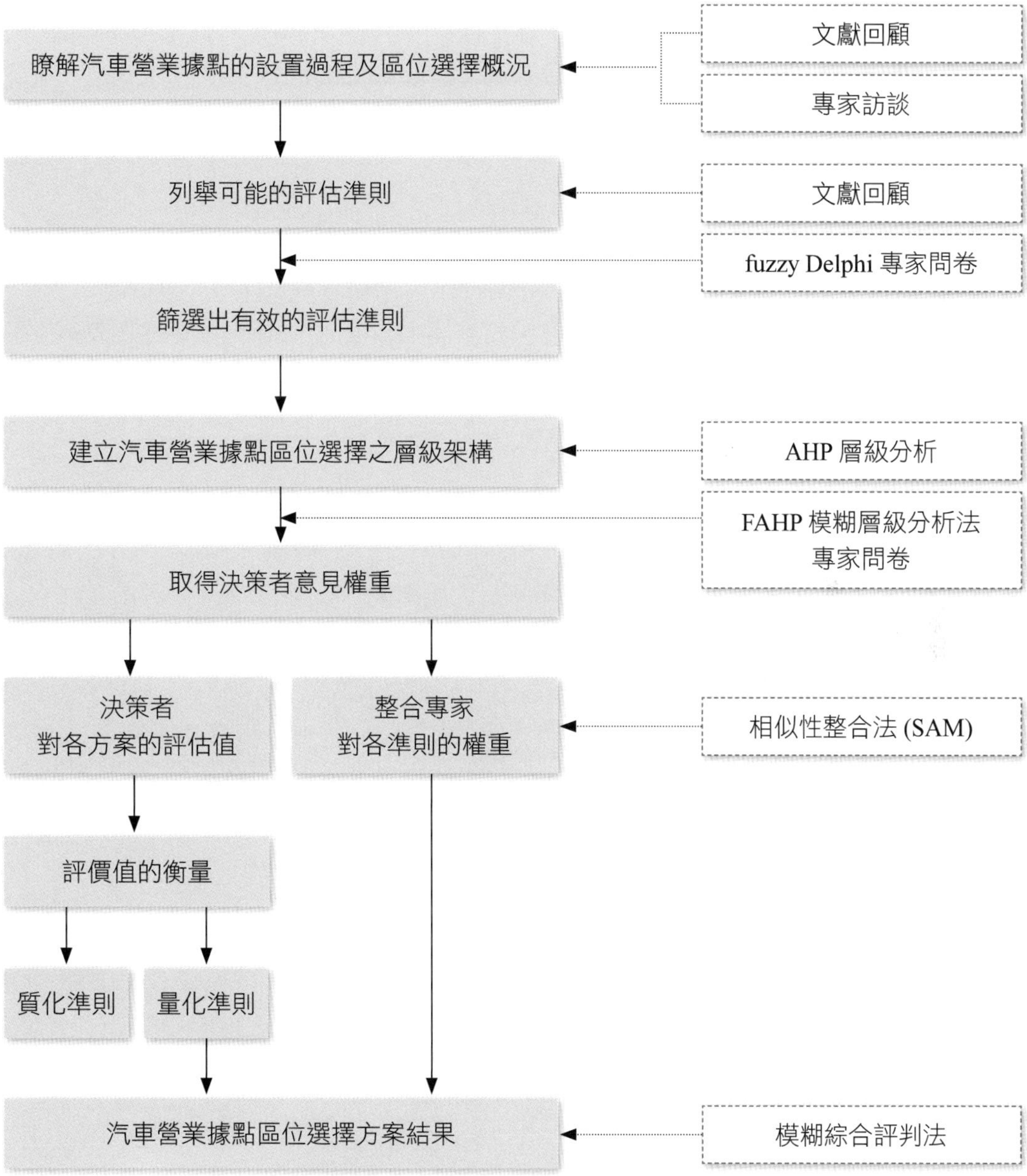

圖 4-20 FAHP 之研究流程示意圖

出專家們認為具有關鍵影響性的評估準則。並利用層級分析法 (AHP) 之方式，將評估問題從最終目標、衡量構面到評估準則，依次建立汽車營業據點區位選擇之層級架構。然後，透過模糊層級分析法 (FAHP) 專家問卷之方式，取得專家與決策者之主觀判斷意見，並利用相似性整合法 (SAM) 之概念，整合每位專家之間的意見，再藉由 FAHP 具有可處理質化與量化準則的優點，求算各個評估準則的權重。利用模糊綜效評判法將各個區位候選方案與評估準則做串連乘積，再透過重心法的概念，求得各方案模糊評估值之明確值。最後並以此數據排列出各區位候選方案的優劣順序。

三、FAHP 之問卷內容

汽車經銷商營業據點區位選擇之問卷分二階段實測：(1) 銷售據點之選址評估模式之 fuzzy Delphi 法專家問卷，如表 4-23。(2) 選址準則重要性之成對比較問卷，如表 4-24。

表 4-23 銷售據點之選址評估模式之專家問卷內容

一、針對「汽車經銷商拓展銷售據點之選址評估模式」之建立，就銷售據點設置可行性而言，下列各因子之重要性為何？

		1 2 3 4 5 6 7 8 9
1. 外部因素	....	□□□□□□□□□
2. 內部因素	....	□□□□□□□□□

二、針對「汽車經銷商拓展銷售據點之選址評估模式」之建立，就外部因素而言，下列各因子之重要性為何？

		1 2 3 4 5 6 7 8 9
1. 市場條件	....	□□□□□□□□□
2. 土地環境	....	□□□□□□□□□
3. 商圈結構	....	□□□□□□□□□
4. 交通條件	....	□□□□□□□□□
5. 未來發展潛力	....	□□□□□□□□□

三、針對「汽車經銷商拓展銷售據點之選址評估模式」之建立，就內部因素而言，下列各因子之重要性為何？

		1 2 3 4 5 6 7 8 9
1. 財務成本	....	□□□□□□□□□
2. 店址內部條件	....	□□□□□□□□□

四、外部因素

(一) 針對「汽車經銷商拓展銷售據點之選址評估模式」之建立，就市場條件而言，下列各因子之重要性為何？

		1 2 3 4 5 6 7 8 9
1. 競爭店數	....	□□□□□□□□□
2. 地方產業特色	....	□□□□□□□□□
3. 區域的競合關係	....	□□□□□□□□□

(二) 針對「汽車經銷商拓展銷售據點之選址評估模式」之建立，就土地環境而言，下列各因子之重要性為何？

		1 2 3 4 5 6 7 8 9
1. 店址土地使用分區	....	□□□□□□□□□
2. 臨接土地使用分區	....	□□□□□□□□□

(三) 針對「汽車經銷商拓展銷售據點之選址評估模式」之建立，就商圈結構而言，下列各因子之重要性為何？

		1 2 3 4 5 6 7 8 9
1. 服務半徑	....	□□□□□□□□□
2. 人口結構	....	□□□□□□□□□
3. 家戶成長率	....	□□□□□□□□□
4. 服務範圍內家戶所得水準	....	□□□□□□□□□
5. 服務範圍內市場佔有率	....	□□□□□□□□□
6. 當地交易量	....	□□□□□□□□□

(四) 針對「汽車經銷商拓展銷售據點之選址評估模式」之建立，就交通條件而言，下列各因子之重要性為何？

		1 2 3 4 5 6 7 8 9
1. 交通動線	....	□□□□□□□□□
2. 與角地的距離	....	□□□□□□□□□
3. 行人流向、流量	....	□□□□□□□□□
4. 車輛流向、流量	....	□□□□□□□□□
5. 近便性	....	□□□□□□□□□

(五) 針對「汽車經銷商拓展銷售據點之選址評估模式」之建立，就未來發展潛力而言，下列各因子之重要性為何？

		1 2 3 4 5 6 7 8 9
1. 臨接公共空間之發展計畫		
2. 臨接重大開發計畫	………………………	□□□□□□□□□□
3. 與都市計畫道路關係	………………………	□□□□□□□□□□

四、內部因素

(一) 針對「汽車經銷商拓展銷售據點之選址評估模式」之建立，就財務成本而言，下列各因子之重要性為何？

		1 2 3 4 5 6 7 8 9
1. 租金	………………………	□□□□□□□□□□
2. 租期	………………………	□□□□□□□□□□
3. 預期的收益	………………………	□□□□□□□□□□
4. 裝潢費用	………………………	□□□□□□□□□□

(二) 針對「汽車經銷商拓展銷售據點之選址評估模式」之建立，就店址內部條件而言，下列各因子之重要性為何？

		1 2 3 4 5 6 7 8 9
1. 店面寬度	………………………	□□□□□□□□□□
2. 營面面積	………………………	□□□□□□□□□□
3. 容積率	………………………	□□□□□□□□□□
4. 店面可見性	………………………	□□□□□□□□□□
5. 停車空間	………………………	□□□□□□□□□□

表 4-24 選址準則重要性程之成對比較問卷

一、總目標層 (即 **Level 1**) 比較

在【汽車經銷商拓展銷售據點立地選擇決策模式】的總目標下，比較各準則層 (即 Level 2) 之兩兩重要性：

成對比較值 / 項目	絕對重要 9:1	極重要 7:1	頗重要 5:1	稍重要 3:1	相等 1:1	稍不重要 1:3	頗不重要 1:5	極不重要 1:7	絕對不重要 1:9	成對比較值 / 項目
外部因素										內部因素

二、準則層 (即 **Level 2**) 比較

2.1 以 Level 2【外部因素】為評估基準

在【外部因素】的評估基準下，比較 Level 3 各次準則層之兩兩重要性：

成對比較值 / 項目	絕對重要 9:1	極重要 7:1	頗重要 5:1	稍重要 3:1	相等 1:1	稍不重要 1:3	頗不重要 1:5	極不重要 1:7	絕對不重要 1:9	成對比較值 / 項目
市場條件 A										土地環境 B
市場條件 A										商圈結構 C
市場條件 A										交通條件 D
市場條件 A										未來發展潛力 E
⋮										⋮
交通條件 D										未來發展潛力 E

2.2 以 Level 2【內部因素】為評估基準

在【內部因素】的評估基準下，比較 Level 3 各次準則層之兩兩重要性：

成對比較值 / 項目	絕對重要 9：1	極重要 7：1	頗重要 5：1	稍重要 3：1	相等 1：1	稍不重要 1：3	頗不重要 1：5	極不重要 1：7	絕對不重要 1：9	成對比較值 / 項目
財務成本 F										店址內部條件 G

三、次準則層 (即 **Level 3**) 比較

3.1.1 以 Level 3【市場條件】為評估基準

在【市場條件】的評估基準下，比較 Level 4 各準則之兩兩重要性：

成對比較值 / 項目	絕對重要 9：1	極重要 7：1	頗重要 5：1	稍重要 3：1	相等 1：1	稍不重要 1：3	頗不重要 1：5	極不重要 1：7	絕對不重要 1：9	成對比較值 / 項目
競爭店數 A1										地方產業特色 A2
競爭店數 A1										區域的競合關係 A3
地方產業特色 A2										區域的競合關係 A3

⋮

3.2.2 以 Level 3【店址內部條件】為評估基準

在【店址內部條件】的評估基準下，比較 Level 4 各準則之兩兩重要性：

成對比較值 項目	絕對重要 9：1	極重要 7：1	頗重要 5：1	稍重要 3：1	相等 1：1	稍不重要 1：3	頗不重要 1：5	極不重要 1：7	絕對不重要 1：9	成對比較值 項目
店面寬度 G1										營業面積 G2
店面寬度 G1										建築物容積 G3
店面寬度 G1										店面可見性 G4
店面寬度 G1										停車空間 G5
營業面積 G2										建築物容積 G3
營業面積 G2										店面可見性 G4
營業面積 G2										停車空間 G5
建築物容積 G3										店面可見性 G4
建築物容積 G3										停車空間 G5
店面可見性 G4										停車空間 G5

四、FAHP 之分析步驟

本例「汽車營業據點之選擇」之FAHP 計算過程，分以下三大步驟：(1) 區位選址因素權重之計算，(2) 區位候選方案之評估。(3) 模糊綜效評判與優先排序。

(一) FAHP 區位選址因素權重之計算

本節 FAHP 因素權重之計算，係利用 FAHP 問卷方式，調查專家對本文 FAHP 架構中之評估準則重要性之評價，問卷回收共 11 份專家問卷。

FAHP 各步驟說明如下：

Step 1：專家意見之整合

透過 FAHP 問卷之方式，取得 11 位專家們對上述 7 個構面與 28 項評估準則彼此之間兩兩的比較判別，再利用「表 4-22 模糊語意」之定義，給予模糊評估值，並建立成對比較矩陣表。以下分別將 11 位專家對七項構面之成對比較矩陣表如下：

表 4-25 第一層之專家意見

專家 / 準則	E1	E2	E3	E4	E5	E6	E7	E8	E9	E10	E11	
外部	$\tilde{5}^{-1}$	$\tilde{9}$	$\tilde{9}$	$\tilde{3}$	$\tilde{1}$	$\tilde{7}$	$\tilde{1}$	$\tilde{1}$	$\tilde{5}$	$\tilde{9}$	$\tilde{7}$	內部

表 4-26 第二層【內部因素】下各準則之專家意見

專家 / 準則	E1	E2	E3	E4	E5	E6	E7	E8	E9	E10	E11	
F	$\tilde{1}$	$\tilde{9}$	$\tilde{9}$	$\tilde{2}$	$\tilde{1}$	$\tilde{7}$	$\tilde{1}$	$\tilde{1}$	$\tilde{3}$	$\tilde{9}^{-1}$	$\tilde{3}$	G

表 4-27 第三層【區位條件 G】下各準則之專家意見

專家 / 準則	E1	E2	E3	E4	E5	E6	E7	E8	E9	E10	E11	
G_1	$\tilde{3}$	$\tilde{9}$	$\tilde{3}^{-1}$	$\tilde{3}^{-1}$	$\tilde{1}$	$\tilde{3}$	$\tilde{1}$	$\tilde{3}$	$\tilde{5}$	$\tilde{9}$	$\tilde{3}^{-1}$	G_2
G_1	$\tilde{3}$	$\tilde{9}$	$\tilde{3}$	$\tilde{2}$	$\tilde{1}$	$\tilde{3}$	$\tilde{1}$	$\tilde{1}$	$\tilde{2}$	$\tilde{9}$	$\tilde{3}$	G_3
G_1	$\tilde{3}^{-1}$	$\tilde{7}^{-1}$	$\tilde{1}$	$\tilde{2}^{-1}$	$\tilde{1}$	$\tilde{1}$	$\tilde{1}$	$\tilde{3}^{-1}$	$\tilde{5}^{-1}$	$\tilde{3}$	$\tilde{4}^{-1}$	G_4
G_1	$\tilde{3}^{-1}$	$\tilde{9}$	$\tilde{5}$	$\tilde{2}$	$\tilde{1}$	$\tilde{5}$	$\tilde{1}$	$\tilde{1}$	$\tilde{1}$	$\tilde{9}$	$\tilde{4}^{-1}$	G_5
G_2	$\tilde{3}$	$\tilde{9}$	$\tilde{1}$	$\tilde{5}$	$\tilde{5}$	$\tilde{1}$	$\tilde{1}$	$\tilde{1}$	$\tilde{1}$	$\tilde{9}$	$\tilde{3}^{-1}$	G_3
G_2	$\tilde{1}$	$\tilde{8}^{-1}$	$\tilde{3}$	$\tilde{5}^{-1}$	$\tilde{7}^{-1}$	$\tilde{1}$	$\tilde{5}^{-1}$	$\tilde{9}^{-1}$	$\tilde{5}^{-1}$	$\tilde{9}^{-1}$	$\tilde{2}^{-1}$	G_4
G_2	$\tilde{3}^{-1}$	$\tilde{7}$	$\tilde{3}$	$\tilde{3}$	$\tilde{1}$	$\tilde{5}$	$\tilde{1}$	$\tilde{1}$	$\tilde{4}^{-1}$	$\tilde{9}$	$\tilde{4}^{-1}$	G_5
G_3	$\tilde{3}^{-1}$	$\tilde{9}^{-1}$	$\tilde{3}$	$\tilde{3}^{-1}$	$\tilde{7}^{-1}$	$\tilde{3}^{-1}$	$\tilde{1}$	$\tilde{3}^{-1}$	$\tilde{1}$	$\tilde{9}^{-1}$	$\tilde{2}^{-1}$	G_4
G_3	$\tilde{3}^{-1}$	$\tilde{7}$	$\tilde{5}$	$\tilde{3}^{-1}$	$\tilde{6}$	$\tilde{1}$	$\tilde{1}$	$\tilde{1}$	$\tilde{4}^{-1}$	$\tilde{5}^{-1}$	$\tilde{2}^{-1}$	G_5
G_4	$\tilde{1}$	$\tilde{9}$	$\tilde{5}$	$\tilde{2}$	$\tilde{7}$	$\tilde{3}$	$\tilde{1}$	$\tilde{7}$	$\tilde{1}$	$\tilde{9}$	$\tilde{3}^{-1}$	G_5

由於同一題項準則與要素之評比，經由 11 位專家問卷調查之後，有必要將專家們對同一題項準則之意見做一歸納、整合。因此，本章節所介紹之相似性整合法 (SAM) 之方式，將所有專家們對同一構面底下任兩兩因素的權重分數予以整合，以求得符合所有專家共識的客觀評估值。

本例子以【市場條件 A】構面下「當地競爭店數」(A1) 及「區域的競合關係」(A3) 兩評估準則為例，說明本文之 FAHP 專家意見整合過程及權重計算方式。其 11 位專家問卷回收之原始資料如表 4-28 所示三角模糊數。

表 4-28 【市場條件 A】下 (A1) 與 (A3) 之專家意見

專家 / 準則	E1	E2	E3	E4	E5	E6	E7	E8	E9	E10	E11	
A1	$\tilde{3}$	$\tilde{1}$	$\tilde{5}^{-1}$	$\tilde{3}^{-1}$	$\tilde{2}^{-1}$	$\tilde{3}$	$\tilde{9}^{-1}$	$\tilde{5}$	$\tilde{8}^{-1}$	$\tilde{1}$	$\tilde{3}^{-1}$	A2
A1	$\tilde{3}$	$\tilde{8}^{-1}$	$\tilde{1}$	$\tilde{3}^{-1}$	$\tilde{3}^{-1}$	$\tilde{1}$	$\tilde{5}^{-1}$	$\tilde{1}$	$\tilde{4}^{-1}$	$\tilde{3}^{-1}$	$\tilde{3}^{-1}$	A3
A2	$\tilde{1}$	$\tilde{8}^{-1}$	$\tilde{5}$	$\tilde{2}^{-1}$	$\tilde{2}^{-1}$	$\tilde{3}^{-1}$	$\tilde{5}$	$\tilde{5}^{-1}$	$\tilde{3}$	$\tilde{5}^{-1}$	$\tilde{2}^{-1}$	A3

首先將原始之專家意見評比，透過 $AM=[S_{kl}]$ 公式求得任兩位決策者間彼此對 (A1) 與 (A3) 題項的交集程度 (表 4-28)。例如，以圖 4-21 來說，等距的兩個相鄰之三角模糊數，例如，$\tilde{3}=(2,3,4)$; $\tilde{4}=(3,4,5)$，代入三角型面積＝0.5 (底

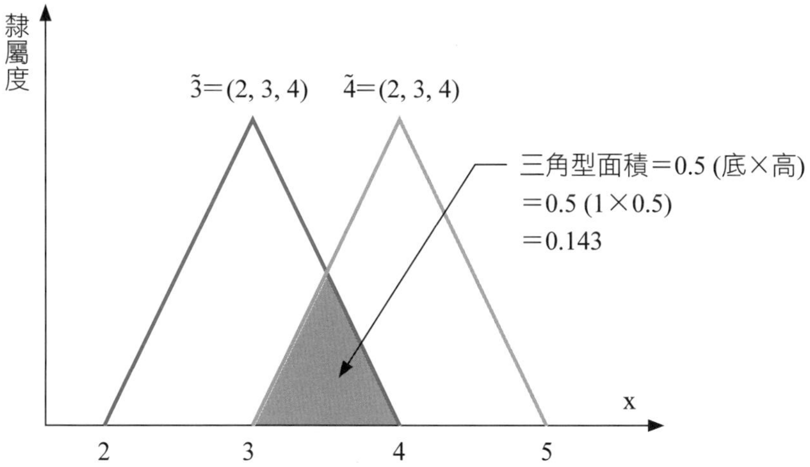

圖 4-21 等矩的兩個相鄰之三角模糊數的面積

×高)，即可算出這相鄰三角所「交集」除以「聯集」面積的比值為：

$$0.5(1\times 0.5)/[0.5(2\times 1)+[0.5(2\times 1)-0.5(1\times 0.5)]=0.143$$

同理，可推出，若這兩個相鄰之三角模糊數的間距大於 2 單位，則「交集」為 0。這也意味著，若兩位決策專家，對某一件事的評估看法沒共識 (模糊數的間距大於 2 單位)，則這兩位決策專家的評估值，SAM 不納入「整合」之專家意見模糊數。

再利用公式 $S(\tilde{a}_k,\tilde{a}_1)$ 將其建立成為「認同矩陣」(AM)。藉由公式 $AM=[S_{kl}]$、$A(E_k)=\dfrac{1}{m-1}\sum_{\substack{l=1\\l\neq k}}^{m}S_{kl}$ 及公式 $RAD_k=\dfrac{A(E_k)}{\sum_{k=1}^{m}A(E_k)}$ 即可求得每位專家對全體評估值的比重，即為「相對認同程度」(RAD)，由於每位專家所代表的重要相皆為相同，因此個別專家的「共識程度係數」(CDC) 即等於其「相對認同程度」(RAD)；再透過公式 $\tilde{a}_{ij}=\sum_{k=1}^{m}CDC_k\otimes\tilde{a}_{ij}^{k}$ 將專家意見做最後的整合，即可求得符合所有專家共識之模糊評估值。如表 4-29 所示：

表 4-29 11 位專家意見認同矩陣 ($AM=[S_{kl}]$)：當地競爭店數 (A1) 與區域的競合關係 (A3)

人	1	2	3	人 4	人 5	6	人 7	8	人 9	人10	人 11	SUM	A (E)	RED
1	1	0	0	0	0	0	0	0	0	0	0	0	0	0
2	0	1	0	0	0	0	0	0	0	0	0	0	0	0
3	0	0	1	0	0	1	0	1	0	0	0	2	0.2	0.104
4	0	0	0	1	1	0	0	0	0.143	1	1	3.13	0.313	0.162
5	0	0	0	1	1	0	0	0	0.143	1	1	3.13	0.313	0.162
6	0	0	1	0	0	1	0	1	0	0	0	2	0.2	0.104
7	0	0	0	0	0	0	1	0	0.143	0	0	0.14	0.014	0.007
8	0	0	1	0	0	1	0	1	0	0	0	2	0.2	0.104
9	0	0	0	0.143	0.143	0	0.143	0	1	0.122	0.122	0.66	0.066	0.034
10	0	0	0	1	1	0	0	0	0.143	1	1	3.13	0.313	0.162
11	0	0	0	1	1	0	0	0	0.143	1	1	3.13	0.313	0.162
													∑＝1.932	

表 4-30 整合後之專家意見模糊數－當地競爭店數 (A1) 與區域的競合關係 (A3)

專家	權重 W_i	專家意見最小值 (L_i)	整合 $W_i \times L_i$	專家意見平均數 (M_i)	整合 $W_i \times \mu_i$	專家意見最大值 (U_i)	整合 $W_i \times U_i$
1	0	2	0	3	0	4	0
2	0	1/9	0	1/8	0	1/7	0
3	0.104	1	0.104	1	0.104	1	0.104
4	0.162	1/4	0.0405	1/3	0.054	1/2	0.081
5	0.162	1/4	0.0405	1/3	0.054	1/2	0.081
6	0.104	1	0.104	1	0.104	1	0.104
7	0.007	1/6	0.0011	1/5	0.0013	1/4	0.0067
8	0.104	1	0.104	1	0.104	1	0.104
9	0.034	1/5	0.0064	1/4	0.008	1/3	0.0107
10	0.162	1/4	0.0405	1/3	0.054	1/2	0.081
11	0.162	1/4	0.0405	1/3	0.054	1/2	0.081
專家意見整合結果		$\sum(W_i \times L_i)$	**0.4815**	$\sum(W_i \times M_i)$	**0.5373**	$\sum(W_i \times U_i)$	**0.6534**

整合後之結果，即為 11 位專家意見之共識整合之模糊數。並依此類推，即可求得各階層構面下，整合後的模糊評估值，與各階層構面下之模糊成對比較矩陣。如下表所示：

表 4-31 第一層準則以 SAM 整合後之模糊成對比較矩陣 (N＝11)

	外部	內部
外部	(1,1,1)	(4.714,5.286,5.857)
內部	(1/5.857,1/5.286,1/4.714)	(1,1,1)

表 4-32 第二層【外部因素】以 SAM 整合後之模糊成對比較矩陣 (N＝11)

	A	B	C	D	E
A	(1, 1, 1)	(5.087, 5.816, 6.550)	(0.929, 0.932, 0.936)	(2.493, 3.111, 3.732)	(0.360, 0.394, 0.456)
B	(1/6.550, 1/5.816, 1/5.087)	(1, 1, 1)	(0.148, 0.178, 0.226)	(0.317, 0.366, 0.458)	(0.299, 0.324, 0.361)
C	(1/0.936, 1/0.932, 1/0.929)	(1/0.226, 1/0.178, 1/0.148)	(1,1,1)	(0.815, 0.869, 0.942)	(0.599, 0.644, 0.738)
D	(1/3.732, 1/3.111, 1/2.493)	(1/0.458, 1/0.366, 1/0.317)	(1/0.942, 1/0.869, 1/0.815)	(1, 1, 1)	(0.582, 0.624, 0.708)
E	(1/0.456, 1/0.394, 1/0.360)	(1/0.361, 1/0.324, 1/0.299)	(1/0.738, 1/0.644, 1/0.599)	(1/0.708, 1/0.624, 1/0.582)	(1, 1, 1)

表 4-33 第二層【內部因素】以 SAM 整合後之模糊成對比較矩陣

	F	G
F	(1, 1, 1)	(1.983, 2.259, 2.535)
G	(1/2.535,1/2.259,1/1.983)	(1, 1, 1)

表 4-34 第三層【市場條件 A】以 SAM 整合後之模糊成對比較矩陣

	A1	A2	A3
A1	(1,1,1)	(0.995,1.328,1.697)	**(0.482,0.537,0.653)**
A2	(1/3.125, 1/2.422, 1/1.736)	(1, 1, 1)	(0.991, 1.288, 1.788)
A3	(1/0.653, 1/0.538, 1/0.482)	(1/1.788, 1/1.288, 1/0.991)	(1, 1, 1)

表 4-35 第三層【區位條件 G】以 SAM 整合後之模糊成對比較矩陣

	G1	G2	G3	G4	G5
G1	(1, 1, 1)	(1.969, 2.500, 3.063)	(2.118, 2.871, 3.624)	(0.843, 0.860, 0.896)	(2.220, 2.467, 2.715)
G2	(1/3.063, 1/2.500, 1/1.969)	(1,1,1)	(1.833, 2.00, 2.167)	(0.304, 0.325, 0.357)	(1.002, 1.205, 1.418)
G3	(1/3.624, 1/2.871, 1/2.118)	(1/2.167, 1/2.000, 1/1.833)	(1, 1, 1)	(0.323, 0.390, 0.527)	(0.991, 1.076, 1.191)
G4	(1/0.896, 1/0.860, 1/0.843)	(1/0.357, 1/0.325, 1/0.304)	(1/0.527, 1/0.390, 1/0.323)	(1, 1, 1)	(3.347, 3.764, 4.181)
G5	(1/2.715, 1/2.467, 1/2.220)	(1/1.418, 1/1.205, 1/1.002)	(1/1.191, 1/1.076, 1/0.991)	(1/4.181, 1/3.764, 1/3.347)	(1, 1, 1)

Step 2：FAHP 模糊權重及模糊最大特徵值之計算

本步驟以【市場條件 A】構面為例，將此構面之模糊成對比較矩陣，以 $\alpha-cut$ 概念分別取 $\alpha=0$ 及 $\alpha=1$ 的截集，可得決策者意見拆解成為左端值、中間值、右端值三個矩陣，如下：

$$A_L^0=\begin{bmatrix}1 & 0.995 & 0.482\\ 1/1.697 & 1 & 0.991\\ 1/0.653 & 1/1.788 & 1\end{bmatrix},\ A_M^1=\begin{bmatrix}1 & 1.328 & 0.537\\ 1/1.3828 & 1 & 1.288\\ 1/0.537 & 1/1.288 & 1\end{bmatrix},$$

$$A_U^0=\begin{bmatrix}1 & 1.697 & 0.653\\ 1/0.995 & 1 & 1.788\\ 1/0.482 & 1/0.991 & 1\end{bmatrix}$$

以中間值矩陣 A_M 為例，其求 FAHP 模糊權重及模糊最大特徵值：

1. 以「列向量幾何平均法」計算模糊權重：

將中間值矩陣 AM，以「AW＝λW」中求解 W 公式：列向量幾何平均數，求算該構面下之因素權數。

$$Z_i = \left(a_{i1} \otimes a_{i2} \otimes \cdots \otimes a_{in}\right)^{1/n}, \forall i$$
$$W_i = Z_i \varnothing \left(Z_1 \oplus Z_2 \oplus \cdots \oplus Z_n\right)$$

其中【市場條件A】構面下 A_1、A_2、A_3 三項因素之權重 $\tilde{W}_i$ 計算如下：

$$A_1 = (1 \times 1.328 \times 0.537)^{1/3} = 0.8934$$
$$A_2 = (1 \times 1.328 \times 1 \times 1.288)^{1/3} = 0.9899$$
$$A_3 = (1 \times 0.537 \times 1/1.288 \times 1)^{1/3} = 1.1308$$
$$W_1 = \frac{0.8934}{0.8934 + 0.9899 + 1.1308} = 0.2964$$
$$W_2 = \frac{0.9899}{0.8934 + 0.9899 + 1.1308} = 0.3284$$
$$W_3 = \frac{1.1308}{0.8934 + 0.9899 + 1.1308} = 0.3752$$

故 W_1、W_2、W_3 即為因素 A_1、A_2、A_3 之權重。

$[\alpha_M]_{3\times 3}$ 矩陣			幾何平均數 A_i	幾何平均數之標準化＝幾何平均數/Σ
1	1.328	0.537	$\sqrt[3]{(1 \times 1.328 \times 0.537)} = 0.8934$	0.2964
$\frac{1}{1.3828}$	1	1.288	$\sqrt[3]{(1 \times \frac{1}{1.328} \times 1.288)} = 0.9899$	0.3284
$\frac{1}{0.537}$	$\frac{1}{1.288}$	1	$\sqrt[3]{(\frac{1}{0.537} \times \frac{1}{1.288} \times 1)} = 1.1308$	0.3752
			$\sum$＝3.0141	此“直欄”值：特徵向量 W_i 即為準則的權重

2. 模糊最大特徵值 λ_{max} 之計算：

利用下列公式 (AW＝λw)，可計算矩陣之特徵值 λ，及其模糊最大特徵值 λ_{max} 如下：

由於

$$A \circ W = \lambda_{\max} \circ W$$

因此

$$\begin{bmatrix} 1 & 1.328 & 0.537 \\ 1/1.328 & 1 & 1.288 \\ 1/0.537 & 1/1.288 & 1 \end{bmatrix} \circ \begin{bmatrix} 0.2964 \\ 0.3284 \\ 0.3752 \end{bmatrix} = \lambda_{\max} \begin{bmatrix} 0.2964 \\ 0.3284 \\ 0.3752 \end{bmatrix}$$

得

$$\begin{bmatrix} 0.9340 \\ 1.0348 \\ 1.1821 \end{bmatrix} = \lambda_{\max} \begin{bmatrix} 0.2964 \\ 0.3284 \\ 0.3752 \end{bmatrix}$$

所以

$$\lambda = \begin{bmatrix} 0.2964 \div 0.9340 \\ 0.3284 \div 1.0348 \\ 0.3752 \div 1.1821 \end{bmatrix} = \begin{bmatrix} 3.1511 \\ 3.1510 \\ 3.1506 \end{bmatrix}$$

$$\lambda_{\max} = \frac{(3.1511 + 3.1510 + 3.1506)}{3} = 3.1509$$

3. 各評估準則之模糊權重與一致性檢定：

重複進行 Step 1、2 即可得到各構面及其評估要素之模糊權重，藉由公式 $C.I. = \frac{\lambda_{\max} - n}{n-1}$，可求算各評估要素之一致性指標 ($C.I$) 值。再利用公式 $C.R. = \frac{C.I.}{R.I.}$ 與「表 4-3 隨機指標表」，即可求算各評估要素之一致性比例 ($C.R.$) 值。各構面及其評估要素之模糊權重值與其 $C.I.$、$C.R.$ 值，整理如下：

以總目標層為考量之第一層級構面模糊權重分別為：

	模糊權重
外部因素	(0.8401, 0.8409, 0.8401)
內部因素	(0.1599, 0.1591, 0.1599)
	$\lambda_{\max} = 2.0001$ C.I. = 0.0001 C.R. = 0 ≤ 0.1

以【外部因素】為考量之第二層級構面模糊權重分別為：

	模糊權重
市場條件 (A)	(0.2539, 0.2525, 0.2536)
土地環境 (B)	(0.0556, 0.0562, 0.0594)
商圈結構 (C)	(0.2248, 0.2205, 0.2194)
交通條件 (D)	(0.1551, 0.1577, 0.1617)
未來發展潛力 (E)	(0.3106, 0.3131, 0.3059)
	$\lambda_{max} = 5.3752$ C.I. = 0.0938 C.R. = 0.0838 ≤ 0.1

以【內部因素】為考量之第二層級構面模糊權重分別為：

	模糊權重
財務成本 (F)	(0.6915, 0.6931, 0.6916)
區位條件 (G)	(0.3084, 0.3068, 0.3084)
	$\lambda_{max} = 2$ C.I. = 0 C.R. = 0 ≤ 0.1

以【市場條件 A】為考量之第二層級構面模糊權重分別為：

	模糊權重
當地競爭店數 (A1)	(0.3048, **0.2964**, 0.2932)
地方產業特色 (A2)	(0.3255, **0.3284**, 0.3444)
區域的競合關係 (A3)	(0.3698, **0.3752**, 0.3624)
	$\lambda_{max} = 3.1509$ C.I. = 0.0755 C.R. = 0.1302 ≤ 0.2

以【土地環境 B】為考量之第二層級構面模糊權重分別為：

	模糊權重
店址土地使用分區 (B1)	(0.7969, 0.8005, 0.7968)
臨接土地使用分區 (B2)	(0.2032, 0.1996, 0.2032)
	$\lambda_{max} = 2.0001$ C.I. = 0.0001 C.R. = 0 ≤ 0.1

以【商圈結構 C】為考量之第二層級構面模糊權重分別為：

	模糊權重
服務半徑 (C1)	(0.0777, 0.0777, 0.0774)
人口結構 (C2)	(0.0859, 0.0854, 0.0881)
當地家戶人口數 (C3)	(0.0959, 0.0975, 0.0998)
當地家戶所得水準 (C4)	(0.1280, 0.1387, 0.1517)
當地市場佔有率 (C5)	(0.2986, 0.2886, 0.2744)
當地新車交易量 (C6)	(0.3140, 0.3121, 0.3086)
	$\lambda_{max}=6.4889$ C.I. = 0.0978 C.R. = 0.0789 ≤ 0.1

以【交通條件 D】為考量之第二層級構面模糊權重分別為：

	模糊權重
交通動線 (D1)	(0.3149, 0.3031, 0.2910)
與角地的距離 (D2)	(0.0951, 0.0981, 0.1054)
行人流向、流量 (D3)	(0.1249, 0.1201, 0.1196)
車輛流向、流量 (D4)	(0.2866, 0.2961, 0.2952)
近便性 (D5)	(0.1785, 0.1826, 0.1888)
	$\lambda_{max}=5.1190$ C.I. = 0.0297 C.R. = 0.0265 ≤ 0.1

以【未來發展潛力 E】為考量之第二層級構面模糊權重分別為：

	模糊權重
臨接公共空間之發展計畫 (E1)	(0.1735, 0.1745, 0.1810)
臨近重大開發計畫 (E2)	(0.3703, 0.3732, 0.3726)
與都市計畫道路關係 (E3)	(0.4561, 0.4523, 0.4464)
	$\lambda_{max}=3.008$ C.I. = 0.004 C.R. = 0.0069 ≤ 0.1

以【財務成本 F】為考量之第二層級構面模糊權重分別為：

	模糊權重
租金 (F1)	(0.1924, 0.1961, 0.1997)
租期 (F2)	(0.2357, 0.2309, 0.2290)
預期的收益 (F3)	(0.5186, 0.5178, 0.5125)
裝潢費用 (F4)	(0.0534, 0.0552, 0.0588)
	$\lambda_{max}=4.1811$　C.I. = 0.0604　C.R. = 0.0671 ≤ 0.1

以【區位條件 F】為考量之第二層級構面模糊權重分別為：

	模糊權重
店面地形 (G1)	(0.2946, 0.2999, 0.3031)
營業面積 (G2)	(0.1390, 0.1379, 0.1395)
建築物容積 (G3)	(0.1030, 0.1031, 0.1089)
店面可見性 (G4)	(0.3551, 0.3533, 0.3435)
停車空間 (G5)	(0.1082, 0.1058, 0.1051)
	$\lambda_{max}=5.0704$　C.I. = 0.0176　C.R. = 0.0157 ≤ 0.1

由上述各項數據顯示，代表各「準則權重」之特徵向量 W 以及將特徵值 λ 代人 *C.I* 公式再求得 *C.R.* 值 (信度值)。可發現本例之各評估準則要素一致性比例 *C.R.* 皆符合 Saaty 所提，*C.R.* 必須小於 0.1 之標準，不過由於在填答的過程中要完全符合小於 0.1 之標準有時並不容易，因此容許存在最大容許偏誤 *C.R.* 小於 0.2 之範圍。

4. 整體 FAHP 層級之模糊權重：

將每一層級之權重 (Weight) 又稱特徵向量 (Eigenvector)，對應上一層級的特徵向量做相乘動作，即可求得每一層級的整體權重值 (綜合特徵向量)。汽車營業區位評選之 FAHP 三角模糊權重向量及其整合結果，如下表所示：

表 4-36 FAHP 各構面下之三角模糊權重向量及其整合結果

市場條件 A	0.2133	0.2123	0.2130	整合後權重
當地競爭店數 A1	0.3048	0.2964	0.2932	(0.0650, 0.0629, 0.0625)
地方產業特色 A2	0.3255	0.3284	0.3444	(0.0694, 0.0697, 0.0734)
區域的競合關係 A3	0.3698	0.3752	0.3624	(0.0789, 0.0797, 0.0772)
土地環境 B	**0.0467**	**0.0473**	**0.0499**	整合後權重
店址土地使用分區 B1	0.7969	0.8005	0.7968	(0.0372, 0.0379, 0.0398)
臨接土地使用分區 B2	0.2032	0.1996	0.2032	(0.0095, 0.0094, 0.0101)
商圈結構 C	**0.1889**	**0.1854**	**0.1843**	整合後權重
服務半徑 C1	0.0777	0.0777	0.0774	(0.0147, 0.0144, 0.0143)
人口結構 C2	0.0859	0.0854	0.0881	(0.0162, 0.0158, 0.0162)
當地家戶人口數 C3	0.0959	0.0975	0.0998	(0.0181, 0.0181, 0.0184)
當地家戶所得水準 C4	0.1280	0.1387	0.1517	(0.0242, 0.0257, 0.0280)
當地市場佔有率 C5	0.2986	0.2886	0.2744	(0.0564, 0.0535, 0.0506)
當地新車交易量 C6	0.3140	0.3121	0.3086	(0.0593, 0.0579, 0.0569)
交通條件 D	**0.1303**	**0.1326**	**0.1358**	整合後權重
交通動線 D1	0.3149	0.3031	0.2910	(0.0410, 0.0402, 0.0395)
與角地的距離 D2	0.0951	0.0981	0.1054	(0.0124, 0.0130, 0.0143)
行人流向、流量 D3	0.1249	0.1201	0.1196	(0.0163, 0.0159, 0.0162)
車輛流向、流量 D4	0.2866	0.2961	0.2952	(0.0373, 0.0393, 0.0401)
近便性 D5	0.1785	0.1826	0.1888	(0.0233, 0.0242, 0.0256)
未來發展潛力 E	**0.2609**	**0.2633**	**0.2570**	整合後權重
臨接公共空間之發展計畫 E1	0.1735	0.1745	0.1810	(0.0453, 0.0459, 0.0465)
臨近重大開發計畫 E2	0.3703	0.3732	0.3726	(0.0966, 0.0983, 0.0958)
與都市計畫道路關係 E3	0.4561	0.4523	0.4464	(0.1190, 0.1191, 0.1147)
財務成本 F	**0.1106**	**0.1103**	**0.1106**	整合後權重
租金 F1	0.1924	0.1961	0.1997	(0.0213, 0.0216, 0.0221)
租期 F2	0.2357	0.2309	0.2290	(0.0261, 0.0255, 0.0253)
預期的收益 F3	0.5186	0.5178	0.5125	(0.0574, 0.0571, 0.0567)
裝潢費用 F4	0.0534	0.0552	0.0588	(0.0059, 0.0061, 0.0065)

表 4-36 FAHP 各構面下之三角模糊權重向量及其整合結果 (續)

店址內部條件 G	0.0493	0.0488	0.0493	整合後權重
店面地形 G1	0.2946	0.2999	0.3031	(0.0145, 0.0146, 0.0149)
營業面積 G2	0.1390	0.1379	0.1395	(0.0069, 0.0067, 0.0069)
建築物容積 G3	0.1030	0.1031	0.1089	(0.0051, 0.0050, 0.0054)
店面可見性 G4	0.3551	0.3533	0.3435	(0.0175, 0.0172, 0.0169)
停車空間 G5	0.1082	0.1058	0.1051	(0.0053, 0.0052, 0.0052)

(二) 區位候選方案之評估

本例對四個區位候選的方案準則評估之性質，分為：質化與量化兩部分，在質化準則方面，因「質化準則」無法以明確數值加以衡量，故僅以「表 4-22 三角模糊語意表」模糊語意變數之方式來呈現，以表現它在 4 個方案的評價值，此外，在「量化準則」方面，則是利用 Wedley (1990) 所提出之二種計算量化資料

表 4-37 次準則的評估分質化準則與量化準則兩種

地方產業特色 A2	質化準則	當地競爭店數 A1	量化準則
區域的競合關係 A3	質化準則	服務半徑 C1	量化準則
店址土地使用分區 B1	質化準則	人口結構 C2	量化準則
臨接土地使用分區 B2	質化準則	當地家戶人口數 C3	量化準則
交通動線 D1	質化準則	當地家戶所得水準 C4	量化準則
行人流向、流量 D3	質化準則	當地市場佔有率 C5	量化準則
車輛流向、流量 D4	質化準則	當地新車交易量 C6	量化準則
近便性 D5	質化準則	與角地的距離 D2	量化準則
臨接公共空間之發展計畫 E1	質化準則	租金 F1	量化準則
臨近重大開發計畫 E2	質化準則	租期 F2	量化準則
與都市計畫道路關係 E3	質化準則	預期的收益 F3	量化準則
店面地形 G1	質化準則	裝潢費用 F4	量化準則
店面可見性 G4	質化準則	營業面積 G2	量化準則
停車空間 G5	質化準則	建築物容積 G3	量化準則

權重之方法 $w_i = \dfrac{X_i}{\sum_{j=1}^{n} X_j}$ (正向評分題) 或 $w_i = \dfrac{\frac{1}{X_i}}{\sum_{j=1}^{n}\left(\frac{1}{X_j}\right)}$ (負向評分題)，以表現各方案的評價值；以下分別就質化準則及量化準則評價值的決定作一說明：

1. 質化準則部分：

本例子，質化準則方面，係利用「表 4-22 三角模糊語意表」與「圖 4-3 模糊語意變數示意圖」所介紹之 FAHP 模糊語意變數之方式，表現各方案的評價值，而各方案之權重值 *Wi* 則利用下列公式求得：

*

$$Z_i = \left(a_{i1} \otimes a_{i2} \otimes \cdots \otimes a_{in}\right)^{1/n}, \forall i$$
$$W_i = Z_i \varnothing \left(Z_1 \oplus Z_2 \oplus \cdots \oplus Z_n\right)$$

其中，$[\tilde{a}_{ij}]_{4\times4}$ 為模糊成對比較矩陣

四個方案之質化準則比較，分別表列在下列幾個表格中：

表 4-38 【地方產業特色 A2】下各方案之評價值

$[\tilde{a}_{ij}]_{4\times4}$	A 方案	B 方案	C 方案	D 方案
A 方案	(1,1,1)	(1,1,1)	(2,3,4)	(1,1,1)
B 方案	(1,1,1)	(1,1,1)	(2,3,4)	(1,1,1)
C 方案	$\left(\frac{1}{4},\frac{1}{3},\frac{1}{2}\right)$	$\left(\frac{1}{4},\frac{1}{3},\frac{1}{2}\right)$	(1,1,1)	$\left(\frac{1}{4},\frac{1}{3},\frac{1}{2}\right)$
D 方案	(1,1,1)	(1,1,1)	(1,1,1)	(1,1,1)

$\lambda_{\max} = 4$　C.I. = 0　C.R. = 0 ≤ 0.1

	模糊權重
A 方案	(0.3033, 0.3000, 0.2924)
B 方案	(0.3033, 0.3000, 0.2924)
C 方案	(0.0902, 0.1000, 0.1229)
D 方案	(0.3033, 0.3000, 0.2924)

表 4-39 【區域的競合關係 A3】下各方案之評價值

$[\tilde{a}_{ij}]_{4\times4}$	A 方案	B 方案	C 方案	D 方案
A 方案	(1,1,1)	(1,1,1)	$\left(\frac{1}{4},\frac{1}{3},\frac{1}{2}\right)$	(1,1,1)
B 方案	(1,1,1)	(1,1,1)	$\left(\frac{1}{4},\frac{1}{3},\frac{1}{2}\right)$	(1,1,1)
C 方案	(2,3,4)	(2,3,4)	(1,1,1)	(2,3,4)
D 方案	(1,1,1)	(1,1,1)	$\left(\frac{1}{4},\frac{1}{3},\frac{1}{2}\right)$	(1,1,1)

$\lambda_{\max} = 4.0002$ C.I. = 0.0001 C.R. = 0.0001 ≤ 0.1

	模糊權重
A 方案	(0.1859, 0.1667, 0.1571)
B 方案	(0.1859, 0.1667, 0.1571)
C 方案	(0.4422, 0.5000, 0.5286)
D 方案	(0.1859, 0.1667, 0.1571)

表 4-40 【店址土地使用分區 B1】下各方案之評價值

$[\tilde{a}_{ij}]_{4\times4}$	A 方案	B 方案	C 方案	D 方案
A 方案	(1,1,1)	(1,1,1)	(2,3,4)	(1,1,1)
B 方案	(1,1,1)	(1,1,1)	(2,3,4)	(1,1,1)
C 方案	$\left(\frac{1}{4},\frac{1}{3},\frac{1}{2}\right)$	$\left(\frac{1}{4},\frac{1}{3},\frac{1}{2}\right)$	(1,1,1)	$\left(\frac{1}{4},\frac{1}{3},\frac{1}{2}\right)$
D 方案	(1,1,1)	(1,1,1)	(2,3,4)	(1,1,1)

$\lambda_{\max} = 4$ C.I. = 0 C.R. = 0 ≤ 0.1

	模糊權重
A 方案	(0.3033, 0.3000, 0.2924)
B 方案	(0.3033, 0.3000, 0.2924)
C 方案	(0.0902, 0.1000, 0.1226)
D 方案	(0.3033, 0.3000, 0.2924)

表 4-41 【臨接土地使用分區 B2】下各方案之評價值

$[\tilde{a}_{ij}]_{4\times4}$	A 方案	B 方案	C 方案	D 方案
A 方案	(1,1,1)	(1,1,1)	(2,3,4)	(1,1,1)
B 方案	(1,1,1)	(1,1,1)	(2,3,4)	(1,1,1)
C 方案	$\left(\frac{1}{4},\frac{1}{3},\frac{1}{2}\right)$	$\left(\frac{1}{4},\frac{1}{3},\frac{1}{2}\right)$	(1,1,1)	$\left(\frac{1}{4},\frac{1}{3},\frac{1}{2}\right)$
D 方案	(1,1,1)	(1,1,1)	(2,3,4)	(1,1,1)

$\lambda_{max}=4 \quad C.I.=0 \quad C.R.=0\le 0.1$

	模糊權重
A 方案	(0.3033, 0.3000, 0.2924)
B 方案	(0.3033, 0.3000, 0.2924)
C 方案	(0.0902, 0.1000, 0.1229)
D 方案	(0.3033, 0.3000, 0.2924)

表 4-42 【服務半徑 C1】下各方案之評價值

$[\tilde{a}_{ij}]_{4\times4}$	A 方案	B 方案	C 方案	D 方案
A 方案	(1,1,1)	(1,1,1)	(1,1,1)	(1,1,1)
B 方案	(1,1,1)	(1,1,1)	(1,1,1)	(1,1,1)
C 方案	(1,1,1)	(1,1,1)	(1,1,1)	(1,1,1)
D 方案	(1,1,1)	(1,1,1)	(1,1,1)	(1,1,1)

$\lambda_{max}=4 \quad C.I.=0 \quad C.R.=0\le 0.1$

	模糊權重
A 方案	(0.2500, 0.2500, 0.2500)
B 方案	(0.2500, 0.2500, 0.2500)
C 方案	(0.2500, 0.2500, 0.2500)
D 方案	(0.2500, 0.2500, 0.2500)

表 4-43 【交通動線 D1】下各方案之評價值

$[\tilde{a}_{ij}]_{4\times4}$	A 方案	B 方案	C 方案	D 方案
A 方案	(1,1,1)	(1,1,1)	(1,1,1)	(1,1,1)
B 方案	(1,1,1)	(1,1,1)	(1,1,1)	(1,1,1)
C 方案	(1,1,1)	(1,1,1)	(1,1,1)	(1,1,1)
D 方案	(1,1,1)	(1,1,1)	(1,1,1)	(1,1,1)

$\lambda_{max} = 4 \quad C.I. = 0 \quad C.R. = 0 \leq 0.1$

	模糊權重
A 方案	(0.2500, 0.2500, 0.2500)
B 方案	(0.2500, 0.2500, 0.2500)
C 方案	(0.2500, 0.2500, 0.2500)
D 方案	(0.2500, 0.2500, 0.2500)

表 4-44 【行人流向、流量 D3】下各方案之評價值

$[\tilde{a}_{ij}]_{4\times4}$	A 方案	B 方案	C 方案	D 方案
A 方案	(1,1,1)	(2,3,4)	(6,7,8)	(2,3,4)
B 方案	$\left(\frac{1}{4},\frac{1}{3},\frac{1}{2}\right)$	(1,1,1)	(4,5,6)	(1,1,1)
C 方案	$\left(\frac{1}{8},\frac{1}{7},\frac{1}{6}\right)$	$\left(\frac{1}{6},\frac{1}{5},\frac{1}{4}\right)$	(1,1,1)	$\left(\frac{1}{6},\frac{1}{5},\frac{1}{4}\right)$
D 方案	$\left(\frac{1}{4},\frac{1}{3},\frac{1}{2}\right)$	(1,1,1)	(4,5,6)	(1,1,1)

$\lambda_{max} = 4.2552 \quad C.I. = 0.0851 \quad C.R. = 0.0946 \leq 0.1$

	模糊權重
A 方案	(0.4967, 0.5252, 0.5326)
B 方案	(0.2244, 0.2118, 0.2084)
C 方案	(0.0545, 0.0513, 0.0506)
D 方案	(0.2244, 0.2118, 0.2084)

表 4-45 【車輛流向、流量 D4】下各方案之評價值

$[\tilde{a}_{ij}]_{4\times4}$	A 方案	B 方案	C 方案	D 方案
A 方案	(1,1,1)	(1,1,1)	(3,4,5)	(1,1,1)
B 方案	(1,1,1)	(1,1,1)	(3,4,5)	(1,1,1)
C 方案	$\left(\frac{1}{5},\frac{1}{4},\frac{1}{3}\right)$	$\left(\frac{1}{5},\frac{1}{4},\frac{1}{3}\right)$	(1,1,1)	$\left(\frac{1}{5},\frac{1}{4},\frac{1}{3}\right)$
D 方案	(1,1,1)	(1,1,1)	(3,4,5)	(1,1,1)

$\lambda_{max} = 4 \quad C.I. = 0 \quad C.R. = 0 \le 0.1$

	模糊權重
A 方案	(0.3099, 0.3077, 0.3036)
B 方案	(0.3099, 0.3077, 0.3036)
C 方案	(0.0704, 0.0769, 0.0891)
D 方案	(0.3099, 0.3077, 0.3036)

表 4-46 【近便性 D5】下各方案之評價值

$[\tilde{a}_{ij}]_{4\times4}$	A 方案	B 方案	C 方案	D 方案
A 方案	(1,1,1)	(1,1,1)	(2,3,4)	(2,3,4)
B 方案	(1,1,1)	(1,1,1)	(2,3,4)	(2,3,4)
C 方案	$\left(\frac{1}{4},\frac{1}{3},\frac{1}{2}\right)$	$\left(\frac{1}{4},\frac{1}{3},\frac{1}{2}\right)$	(1,1,1)	(1,1,1)
D 方案	$\left(\frac{1}{4},\frac{1}{3},\frac{1}{2}\right)$	$\left(\frac{1}{4},\frac{1}{3},\frac{1}{2}\right)$	(1,1,1)	(1,1,1)

$\lambda_{max} = 4 \quad C.I. = 0 \quad C.R. = 0 \le 0.1$

	模糊權重
A 方案	(0.3694, 0.3750, 0.3694)
B 方案	(0.3694, 0.3750, 0.3694)
C 方案	(0.1306, 0.1250, 0.1306)
D 方案	(0.1306, 0.1250, 0.1306)

表 4-47 【臨接公共空間之發展計畫 E1】下各方案之評價值

$[\tilde{a}_{ij}]_{4\times4}$	A 方案	B 方案	C 方案	D 方案
A 方案	(1,1,1)	(1,1,1)	(1,1,1)	(1,1,1)
B 方案	(1,1,1)	(1,1,1)	(1,1,1)	(1,1,1)
C 方案	(1,1,1)	(1,1,1)	(1,1,1)	(1,1,1)
D 方案	(1,1,1)	(1,1,1)	(1,1,1)	(1,1,1)

$\lambda_{max}=4 \quad C.I.=0 \quad C.R.=0\le 0.1$

	模糊權重
A 方案	(0.2500, 0.2500, 0.2500)
B 方案	(0.2500, 0.2500, 0.2500)
C 方案	(0.2500, 0.2500, 0.2500)
D 方案	(0.2500, 0.2500, 0.2500)

表 4-48 【臨近重大開發計畫 E2】下各方案之評價值

$[\tilde{a}_{ij}]_{4\times4}$	A 方案	B 方案	C 方案	D 方案
A 方案	(1,1,1)	(1,1,1)	(1,1,1)	$\left(\frac{1}{5},\frac{1}{4},\frac{1}{3}\right)$
B 方案	(1,1,1)	(1,1,1)	(1,1,1)	$\left(\frac{1}{5},\frac{1}{4},\frac{1}{3}\right)$
C 方案	(1,1,1)	(1,1,1)	(1,1,1)	$\left(\frac{1}{5},\frac{1}{4},\frac{1}{3}\right)$
D 方案	(3,4,5)	(3,4,5)	(3,4,5)	(1,1,1)

$\lambda_{max}=4.0003 \quad C.I.=0.0001 \quad C.R.=0.0001\le 0.1$

	模糊權重
A 方案	(0.1156, 0.1429, 0.1285)
B 方案	(0.1635, 0.1429, 0.1529)
C 方案	(0.1635, 0.1429, 0.1529)
D 方案	(0.5574, 0.5714, 0.5657)

表 4-49 【與都市計畫道路關係 E3】下各方案之評價值

$[\tilde{a}_{ij}]_{4\times4}$	A 方案	B 方案	C 方案	D 方案
A 方案	(1,1,1)	(1,1,1)	(1,1,1)	$\left(\frac{1}{3},\frac{1}{2},\frac{1}{1}\right)$
B 方案	(1,1,1)	(1,1,1)	(1,1,1)	$\left(\frac{1}{3},\frac{1}{2},\frac{1}{1}\right)$
C 方案	(1,1,1)	(1,1,1)	(1,1,1)	$\left(\frac{1}{3},\frac{1}{2},\frac{1}{1}\right)$
D 方案	(1,2,3)	(1,2,3)	(1,2,3)	(1,1,1)

$\lambda_{max} = 4 \quad C.I. = 0 \quad C.R. = 0 \le 0.1$

	模糊權重
A 方案	(0.2317, 0.2000, 0.1894)
B 方案	(0.2317, 0.2000, 0.1894)
C 方案	(0.2317, 0.2000, 0.1894)
D 方案	(0.3049, 0.4000, 0.4318)

表 4-50 【店面地形 G1】下各方案之評價值

$[\tilde{a}_{ij}]_{4\times4}$	A 方案	B 方案	C 方案	D 方案
A 方案	(1,1,1)	(1,1,1)	(1,1,1)	(1,1,1)
B 方案	(1,1,1)	(1,1,1)	(1,1,1)	(1,1,1)
C 方案	(1,1,1)	(1,1,1)	(1,1,1)	(1,1,1)
D 方案	(1,1,1)	(1,1,1)	(1,1,1)	(1,1,1)

$\lambda_{max} = 4 \quad C.I. = 0 \quad C.R. = 0 \le 0.1$

	模糊權重 $A = [\tilde{a}_{ij}]_{4\times4}$
A 方案	(0.2500, 0.2500, 0.2500)
B 方案	(0.2500, 0.2500, 0.2500)
C 方案	(0.2500, 0.2500, 0.2500)
D 方案	(0.2500, 0.2500, 0.2500)

表 4-51 【店面可見性 G4】下各方案之評價值

$[\tilde{a}_{ij}]_{4\times4}$	A 方案	B 方案	C 方案	D 方案
A 方案	(1,1,1)	(1,1,1)	(1,1,1)	(4,5,6)
B 方案	(1,1,1)	(1,1,1)	(1,1,1)	(4,5,6)
C 方案	(1,1,1)	(1,1,1)	(1,1,1)	(4,5,6)
D 方案	$\left(\frac{1}{6},\frac{1}{5},\frac{1}{4}\right)$	$\left(\frac{1}{6},\frac{1}{5},\frac{1}{4}\right)$	$\left(\frac{1}{6},\frac{1}{5},\frac{1}{4}\right)$	(1,1,1)

$\lambda_{max}=4$ C.I. = 0 C.R. = 0 ≤ 0.1

	模糊權重 $A=[\tilde{a}_{ij}]_{4\times4}$
A 方案	(0.3140, 0.3125, 0.3100)
B 方案	(0.3140, 0.3125, 0.3100)
C 方案	(0.3140, 0.3125, 0.3100)
D 方案	(0.0579, 0.0625, 0.0700)

表 4-52 【停車空間 G5】下各方案之評價值

$[\tilde{a}_{ij}]_{4\times4}$	A 方案	B 方案	C 方案	D 方案
A 方案	(1,1,1)	$\left(\frac{1}{3},\frac{1}{2},\frac{1}{1}\right)$	$\left(\frac{1}{6},\frac{1}{5},\frac{1}{4}\right)$	(1,2,3)
B 方案	(1,2,3)	(1,1,1)	$\left(\frac{1}{3},\frac{1}{2},\frac{1}{1}\right)$	(3,4,5)
C 方案	(4,5,6)	(1,2,3)	(1,1,1)	(4,5,6)
D 方案	$\left(\frac{1}{3},\frac{1}{2},\frac{1}{1}\right)$	$\left(\frac{1}{5},\frac{1}{4},\frac{1}{3}\right)$	$\left(\frac{1}{6},\frac{1}{5},\frac{1}{4}\right)$	(1,1,1)

$\lambda_{max}=4$ C.I. = 0 C.R. = 0 ≤ 0.1

	模糊權重 $A=[\tilde{a}_{ij}]_{4\times4}$
A 方案	(0.1274, 0.1301, 0.1397)
B 方案	(0.2624, 0.2752, 0.2955)
C 方案	(0.5249, 0.5174, 0.4841)
D 方案	(0.0852, 0.0774, 0.0807)

2. 量化準則部分：

為了要更正確地衡量量化準則的評估值，用 Wedley (1990) 所提出之計算量化資料權重之方法 $w_i = \frac{X_i}{\sum_{j=1}^{n} X_j}$ 或 $w_i = \frac{\frac{1}{X_i}}{\sum_{j=1}^{n}\left(\frac{1}{X_j}\right)}$，衡量各方案的評價值，同時由於此量化之方法是採用客觀計算之方式，因此所得之結果同樣亦符合一致性的要求。

表 4-53 新營業據點區位方案比較表

次準則	A 方案	B 方案	C 方案	D 方案
當地競爭店數 A1	7	6	3	6
地方產業特色 A2	商業、住宅區	商業、住宅區	工業區	商業、住宅區
區域的競合關係 A3	中	中	高	中
店址土地使用分區 B1	商業區	商業區	工業區	商業區
臨接土地使用分區 B2	商業、住宅區	商業、住宅區	工業區	商業、住宅區
服務半徑 C1	5 公里	5 公里	5 公里	5 公里
人口結構 C2 15-64 歲人口比率	71.72%	72.76%	72.76%	74.14%
當地家戶人口數 C3	232,500 人	180,893 人	180,893 人	386,628 人
當地家戶所得水準 C4 元/年	1,232,396	1,100,003	1,100,003	1,118,324
當地市場佔有率 C5	1.48%	0.79%	0.79%	1.61%
當地新車交易量 C5	143 輛/月	130 輛/月	130 輛/月	277 輛/月
交通動線 D1	良好	良好	良好	良好
與角地的距離 D2	20 公尺	10 公尺	20 公尺	2 公尺
行人流向、流量 D3	極多	多	寡	多
車輛流向、流量 D4	極多	極多	極多	極多
近便性 D5	極便利	極便利	便利	便利
臨接公共空間之發展計畫 E1	無	無	無	無

表 4-53 新營業據點區位方案比較表 (續)

次準則	A 方案	B 方案	C 方案	D 方案
臨近重大開發計畫 E2	無	無	無	捷運工程
租金 F1	173 萬元/月	32 萬元/月	35 萬元/月	76 萬元/月
租期 F2	10 年	10 年	10 年	10 年
預期的收益 (元/月) F3	163,358	147,381	123,815	141,544
裝潢費用 F4	300 萬	300 萬	400 萬	300 萬
店面地形 G1	良好	良好	良好	良好
營業面積 G2	314.29 坪	410 坪	475 坪	217.29 坪
建築物容積 G3	314.29 坪	410 坪	475 坪	217.29 坪
店面可見性 G4	良好	良好	良好	高架橋旁、不良
停車空間 G5	寡	多	多	寡

至於，四個候選「方案」在各方案準則量化之數據，如表 4-54 所示。在此僅以【當地家戶人口數 C3】為例說明其量化計算過程：

表 4-54 【當地家戶人口數 C3】下各方案之量化數據

A 方案	B 方案	C 方案	D 方案
232,500 人	180,893 人	180,893 人	386,628 人

由於此評估準則屬於效益層級分析法 (值愈大愈好)，故利用公式 $w_i = \dfrac{X_i}{\sum_{j=1}^{n} X_j}$ 求算其權重值如下：

A 方案權重：$w_1 = \dfrac{232,500}{232,500 + 180,893 + 180,893 + 386,628} = 0.2370$

B 方案權重：$w_2 = \dfrac{180,893}{232,500 + 180,893 + 180,893 + 386,628} = 0.1844$

C 方案權重：$w_3 = \dfrac{180,893}{232,500 + 180,893 + 180,893 + 386,628} = 0.1844$

D 方案權重：$w_4 = \dfrac{386,628}{232,500 + 180,893 + 180,893 + 386,628} = 0.3942$

最後得到此評估準則下四項方案之權重值 W 為：

$\tilde{W}_{4\times4}=(w_1,w_2,w_3,w_4)=(0.2370,0.1844,0.1844,0.3942)$ (如表 4-55 陰影之數字)。例如之權重為 (**0.2370**)，故其三角模糊權重即為 (0.2370, 0.2370, 0.2370)。

「A 方案」在 4 個方案之模糊權重值如下所示：

	模糊權重
A 方案	(**0.2370**, 0.2370, 0.2370)
B 方案	(0.1844, 0.1844, 0.1844)
C 方案	(0.1844, 0.1844, 0.1844)
D 方案	(0.3942, 0.3942, 0.3942)

依此類推，將 4 個候選方案在所有「次準則」A1 至 G5 的量化準則評價權數，各項量化權重運算結果整理如下表 4-55。

表 4-55 新營業據點 4 個方案之模糊權重 $\tilde{W}_{4\times4}$

次準則 $\tilde{W}_{4\times4}$	A 方案 w_1	B 方案 w_2	C 方案 w_3	D 方案 w_4
當地競爭店數 A1	0.1765	0.2059	0.4118	0.2059
地方產業特色 A2	0.3033	0.3033	0.0902	0.3033
區域的競合關係 A3	0.1859	0.859	0.4422	0.1859
店址土地使用分區 B1	0.3033	0.3033	0.3033	0.3033
臨接土地使用分區 B2	0.3033	0.3033	0.3033	0.3033
服務半徑 C1	0.2500	0.2500	0.2500	0.2500
人口結構 C2 15-64 歲人口比率	0.2461	0.2497	0.2497	0.2544
當地家戶人口數 C3	**0.2370**	0.1844	0.1844	0.3942
當地家戶所得水準 C4 元/年	0.2708	0.2417	0.2417	0.2457
當地市場佔有率 C5	0.3169	0.1692	0.1692	0.3448
當地新車交易量 C6	0.2103	0.1912	0.1912	0.4074

表 4-55 新營業據點 4 個方案之模糊權重 $\tilde{W}_{4\times4}$ (續)

次準則 $\tilde{W}_{4\times4}$	A 方案 w_1	B 方案 w_2	C 方案 w_3	D 方案 w_4
交通動線 D1	0.2500	0.2500	0.2500	0.2500
與角地的距離 D2	0.0714	0.1429	0.0714	0.7143
行人流向、流量 D3	0.4967	0.2244	0.0545	0.2244
車輛流向、流量 D4	0.3099	0.3099	0.0704	0.3099
近便性 D5	0.3694	0.3694	0.1306	0.1306
臨接公共空間之發展計畫 E1	0.2500	0.2500	0.2500	0.2500
臨近重大開發計畫 E2	0.1156	0.1635	0.1635	0.5574
與都市計畫道路關係 E3	0.2317	0.2317	0.2317	0.3049
租金 F1	0.0734	0.3968	0.3628	0.1674
租期 F2	0.2500	0.2500	0.2500	0.2500
預期的收益 (元/月) F3	0.2836	0.2558	0.2149	0.2457
裝潢費用 F4	0.2667	0.2667	0.2000	0.2667
店面地形 G1	0.2500	0.2500	0.2500	0.2500
營業面積 G2	0.2219	0.2894	0.3353	0.1534
建築物容積 G3	0.2219	0.2894	0.3353	0.1534.
店面可見性 G4	0.3140	0.3140	0.3140	0.0579
停車空間 G5	0.1274	0.2624	0.5249	0.0852

(三) 模糊綜效評判與優先排序

層級串連可用模糊綜效評判法，將模糊評價值 ($\tilde{E}$) 與模糊權重 ($\tilde{W}$) 運用模糊乘積的方式得到最終模糊評價 ($\tilde{R}$)。

$\tilde{R} = E^S \circ \tilde{W}$ ：

模糊綜效評判矩陣 $\tilde{R}$＝模糊綜效矩陣 E^S × 模糊權重向量 $\tilde{W}_{4\times4}$

將各個區位候選方案與評估準則做串連乘積，即可得到四個營業區位候選方案之模糊評價分數，再利用解模糊化方法一面積重心法公式 $DF =$

$\dfrac{(M_i - L_i) + (U_i - L_i)}{3} + L,\ \forall i$，將三角模糊評價值做最後的解模糊化動作，得到各方案最終的明確評價值。

求得各方案模糊評估值之明確值。最後並以此數據排列出各區位候選方案的優劣順序，即可得到方案執行的優先順序。本文結果，四個地點方案的評估值優先順序依序為：D 方案 > C 方案 > B 方案 > A 方案，故 D 方案為最適方案。如表 4-56 所示：

表 4-56 整合群體意見之最終決策結果

$(\tilde{R})$	A 方案	B 方案	C 方案	D 方案
模糊評價值	0.2381 0.2353 0.2317	0.2368 0.2294 0.2286	0.2248 0.2240 0.2277	0.2993 0.3101 0.3107
解模糊化後 DF	0.235	0.232	0.226	0.307
優先排序	4	3	2	1

4.6 實例 3：應用模糊積分與模糊層級分析法

實例 3 利用模糊積分方法與模糊層級分析法 (FAHP) 來探討拍賣網站的服務品質，就其網站的服務內容與服務態度做了解及分析。本例藉由問卷設計與調查結果，先利用因素分析法萃取出適合拍賣網站服務品質的評估構面與評估準則，通過模糊層級分析法 (FAHP) 決定衡量拍賣網站服務品質構面作綜合評價，分析各評估構面之權重，並結合模糊積分方法算出綜合評估值，進而提出一套完整的拍賣網站服務品質之評估模式。

4.6.1 FAHP 架構

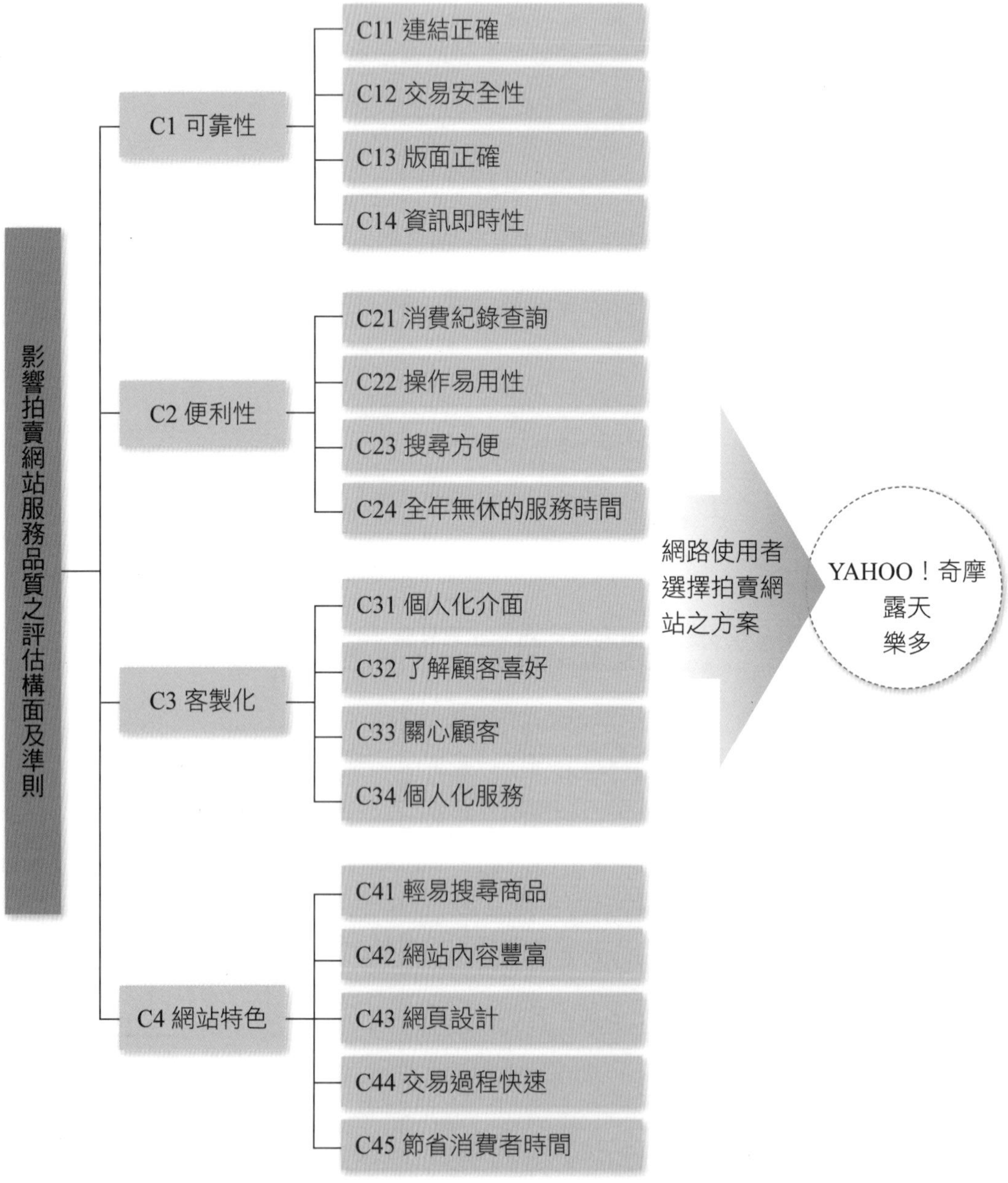

圖 4-22 拍賣網站服務品質之層級架構圖

4.6.2 專家 FAHP 問卷

(一) FAHP 問卷

主要利用因素分析法歸納第一階段問卷結果，萃取出第二階段 FAHP 問卷題項。而FAHP問卷受測方案是以較瞭解拍賣網站的專家為主，透過面訪方式共發放 20 份問卷。此部份問卷內容分為二個部份，第一部份為 FAHP 之問項部份，讓專家們根據自己對於拍賣網站的認知，做各個構面之比較以及各個準則之間的比較；第二部份則是拍賣網站服務品質部份，讓專家們評估拍賣網站服務品質並以自己的認知來判斷哪個準則比較重要。

第二階段問卷目的是為了將複雜的問題簡化並分成不同的層級，進行兩兩比較，使得問卷判斷品質更佳，分析結果更加準確，以求得各個評估構面與各個評估準則之權重。詳細內容請見下表。

表 4-57 專家問卷內容

評估構面	相對重要性比例 (9 最好，1 最差)																	評估構面
	9:1	8:1	7:1	6:1	5:1	4:1	3:1	2:1	1:1	1:2	1:3	1:4	1:5	1:6	1:7	1:8	1:9	
可靠性																		便利性
可靠性																		客製化
可靠性																		網站特色
便利性																		客製化
便利性																		網站特色
客製化																		網站特色

評估構面	可靠性準則相對重要性比例 (9 最好，1 最差)																	評估構面
	9:1	8:1	7:1	6:1	5:1	4:1	3:1	2:1	1:1	1:2	1:3	1:4	1:5	1:6	1:7	1:8	1:9	
連結正確																		交易安全性
連結正確																		版面正確
連結正確																		資訊及時性
交易安全性																		版面正確
交易安全性																		資訊及時性
版面正確																		資訊及時性

表 4-57 專家問卷內容 (續)

評估構面	便利性準則相對重要性比例 (9 最好，1 最差)																	評估構面
	9:1	8:1	7:1	6:1	5:1	4:1	3:1	2:1	1:1	1:2	1:3	1:4	1:5	1:6	1:7	1:8	1:9	
消費記錄查詢																		操作易用性
消費記錄查詢																		搜尋方便
消費記錄查詢																		全年無休的服務時間
操作易用性																		搜尋方便
操作易用性																		全年無休的服務時間
搜尋方便																		全年無休的服務時間

評估構面	客製化準則相對重要性比例 (9 最好，1 最差)																	評估構面
	9:1	8:1	7:1	6:1	5:1	4:1	3:1	2:1	1:1	1:2	1:3	1:4	1:5	1:6	1:7	1:8	1:9	
個人化介面																		了解顧客喜好
個人化介面																		關心顧客
個人化介面																		個人化服務
了解顧客喜好																		關心顧客
了解顧客喜好																		個人化服務
關心顧客																		個人化服務

表 4-57 專家問卷內容 (續)

評估構面	網站特色準則相對重要性比例 (9 最好，1 最差)																	評估構面
	9:1	8:1	7:1	6:1	5:1	4:1	3:1	2:1	1:1	1:2	1:3	1:4	1:5	1:6	1:7	1:8	1:9	
輕易搜尋商品																		網站內容豐富
輕易搜尋商品																		網頁設計
輕易搜尋商品																		交易過程快速
輕易搜尋商品																		節省消費者時間
網站內容豐富																		網頁設計
網站內容豐富																		交易過程快速
網站內容豐富																		節省消費者時間
網頁設計																		交易過程快速
網頁設計																		節省消費者時間
交易過程快速																		節省消費者時間

【問卷填寫範例】

若該網站在下列三個服務品質指標當中，

1. 適合該網站的指標有「節省消費者時間」及「資訊內容豐富」
2. 「節省消費者時間」對於貴網站的重要性為「很重要」，而「資訊內容豐富」為「非常重要」。
3. 該網站在「節省消費者時間」的服務品質為「非常好」，而「資訊內容豐富」為「很好」。

問卷填寫方法如下：

評估指標	服務品質：非常好	很好	普通	很差	非常差	重要性：非常重要	普通	很重要	很不重要	非常不重要
1. 節省消費者時間	□	□	□	□	□	□	□	□	□	□
2. 資訊內容豐富	□	□	□	□	□	□	□	□	□	□
3. 購後資訊通知	□	□	□	□	□	□	□	□	□	□

1. 本實例是以拍賣網站來進行以下問卷，請選擇一個你最常使用的拍賣網站；

□YAHOO! 奇摩　　□露天

以下問題請您以所選擇的拍賣網站來進行回答

2.請針對該網站目前整體的服務品質給予適當的評比：

評估指標	非常好	很好	普通	很差	非常差
整體服務品質	□	□	□	□	□

4. 針對下列四個構面之評估指標，請依照問卷填寫步驟說明的方式完成。

A 可靠性：拍賣網站提供正確的版面配置與連結，並隨時更新資訊，且交易令人感到安全。

	服務品質					重要性				
評估指標	非常好	很好	普通	很差	非常差	非常重要	普通	很重要	很不重要	非常不重要
1. 連結正確	□	□	□	□	□	□	□	□	□	□
2. 交易安全性	□	□	□	□	□	□	□	□	□	□
3. 版面正確	□	□	□	□	□	□	□	□	□	□
4. 資訊即時性	□	□	□	□	□	□	□	□	□	□

B 便利性：拍賣網站提供消費紀錄查詢及便利的搜尋功能，且使用介面容易操作，並提供全年無休的服務。

	服務品質					重要性				
評估指標	非常好	很好	普通	很差	非常差	非常重要	普通	很重要	很不重要	非常不重要
1. 消費紀錄查詢	□	□	□	□	□	□	□	□	□	□
2. 操作易用性	□	□	□	□	□	□	□	□	□	□
3. 搜尋方便	□	□	□	□	□	□	□	□	□	□
4. 全年無休的服務時間	□	□	□	□	□	□	□	□	□	□

C 客製化：拍賣網站提供個人化介面與服務，並根據顧客喜好，給予關心。

	服務品質					重要性				
評估指標	非常好	很好	普通	很差	非常差	非常重要	普通	很重要	很不重要	非常不重要
1. 個人化介面	□	□	□	□	□	□	□	□	□	□
2. 了解顧客喜好	□	□	□	□	□	□	□	□	□	□
3. 關心顧客	□	□	□	□	□	□	□	□	□	□
4. 個人化服務	□	□	□	□	□	□	□	□	□	□

D 網站特色：拍賣網站能輕易搜尋商品，交易過程快速以便節省消費者時間，且網站內容相當豐富及設計美觀，對消費者具有吸引力。

	服務品質					重要性				
評估指標	非常好	很好	普通	很差	非常差	非常重要	普通	很重要	很不重要	非常不重要
1. 輕易搜尋商品	□	□	□	□	□	□	□	□	□	□
2. 網站內容豐富	□	□	□	□	□	□	□	□	□	□
3. 網頁設計	□	□	□	□	□	□	□	□	□	□
4. 交易過程快速	□	□	□	□	□	□	□	□	□	□
5. 節省消費者時間	□	□	□	□	□	□	□	□	□	□

4.6.3 應用模糊積分求 FAHP 之計算步驟

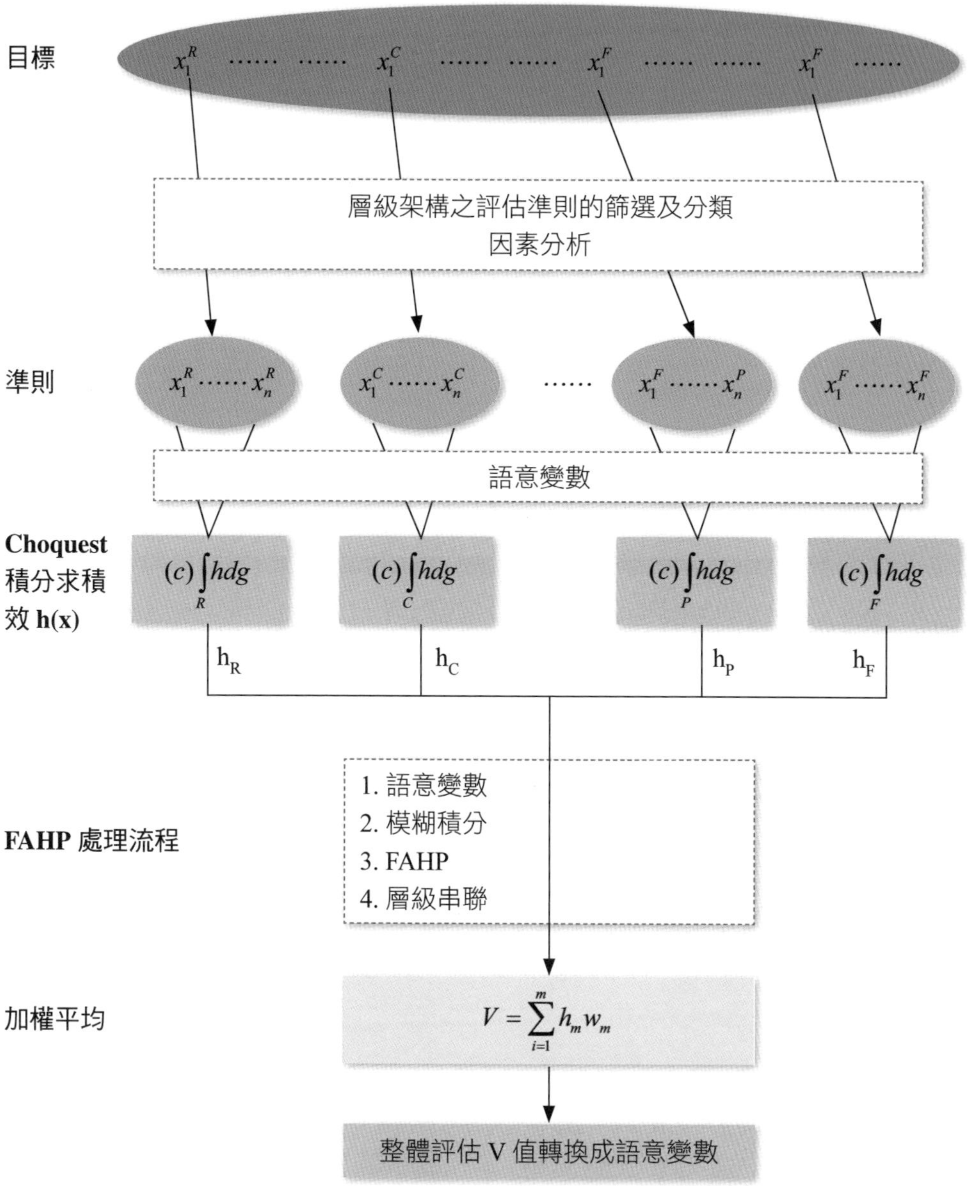

圖 4-23 拍賣網站服務品質評估模式

由圖 4-23 示意圖可知，「拍賣網站服務品質評估模式」之建構步驟，詳述如下。

步驟 1：建構拍賣網站服務品質之層級架構

步驟 1.1：文獻資料蒐集

依據文獻探討彙整歸納出影響消費者評估拍賣網站服務品質之評估構面因素。

步驟 1.2：進行因素分析

利用因素分析法萃取出共同的評估構面，以便建構本實例拍賣網站服務品質之層級架構。

步驟 2：利用模糊積分計算拍賣網站服務品質之各評估構面的評估值

步驟 2.1：設定語意評估值與語意權重值

針對各評估構面下的每個評估準則分別設定語意評估值與語意權重值。

以圖 4-23「拍賣網站服務品質層級架構」中之各評估構面與評估準則為基礎，針對拍賣網站 A，請每位專家利用表 4-58 與表 4-59 的語意變數值，分別表達其對 A 拍賣網站服務品質各評估構面下每個評估準則的語意評估值及語意權重值。

表 4-58 評估值的語意變數之評估尺度

語意變數值	正三角模糊數
非常差 (VP)	(0.1, 0.1, 0.3)
很差 (P)	(0.1, 0.3, 0.5)
普通 (F)	(0.3, 0.5, 0.7)
很好 (G)	(0.5, 0.7, 0.9)
非常好 (VG)	(0.7, 0.9, 0.9)

表 4-59 權重值的語意變數值之評估尺度

語意變數值	正三角模糊數
非常不重要 (VL)	(0.1, 0.1, 0.3)
不重要 (L)	(0.1, 0.3, 0.5)
普通 (M)	(0.3, 0.5, 0.7)
很重要 (H)	(0.5, 0.7, 0.9)
非常重要 (VH)	(0.7, 0.9, 0.9)

步驟 2.2：整合各專家之意見

將 K 位專家對 A 拍賣網站服務品質之各評估構面下每個評估準則，分別給予各項語意變數的模糊評估值與模糊權重值，再利用算術平均數法整合 K 位專家對 A 拍賣網站服務品質之各評估構面下每個評估準則之模糊評估值與模糊權重值，計算公式如下：

$$\tilde{a}_{ij} = \frac{1}{k} \times \left\{ \tilde{a}_{ij1} \oplus \tilde{a}_{ij2} \oplus \cdots \oplus \tilde{a}_{ijk} \right\} = (a_{ij}, b_{ij}, c_{ij})$$

$$\tilde{w}_{ij} = \frac{1}{k} \times \left\{ \tilde{w}_{ij1} \oplus \tilde{w}_{ij2} \oplus \cdots \oplus \tilde{w}_{ijk} \right\} = (l_{ij}, m_{ij}, u_{ij})$$

整合 K 位專家意見之後，可得 $\tilde{x}_{ij}$ 與 $\tilde{w}_{ij}$ 為 A 拍賣網站服務品質各評估構面下每個評估準則的模糊評估值與迷糊權重值。

步驟 2.3：將每個評估準則的模糊評估值與模糊權重值分別解模糊化

整合 K 位專家對 A 拍賣網站之意見後，可得 $\tilde{a}_{ij} = (a_{ij}, b_{ij}, c_{ij})$ 及 $\tilde{w}_{ij} = (l_{ij}, m_{ij}, u_{ij})$ 為各評估構面下每個評估準則的模糊評估值與模糊權重值，再利用重心法可將每個評估準則的模糊評估值與模糊權重值分別加以解模糊化，並各轉換成明確評估值 $S(\tilde{a}_{ij})$ 與明確權重值 $S(\tilde{w}_{ij})$，計算公式如下：

$$S(\tilde{a}_{ij}) = \frac{a_{ij} + b_{ij} + c_{ij}}{3} \text{ 與 } S(\tilde{w}_{ij}) = \frac{l_{ij} + m_{ij} + u_{ij}}{3}$$

步驟 2.4：計算參數 λ 值

針對 A 拍賣網站服務品質中的評估構面，將其每個評估準則解模糊化後的

權重值 $S(\tilde{a}_{ij}) = g_i$ 表示，並帶入下列公式，以計算 λ 值。

$$\lambda + 1 = \prod_{i=1}^{n}(1 + \lambda g_i)$$

步驟 2.5：計算模糊測度 g_λ

針對 A 拍賣網站服務品質中的第一個評估構面，將解模糊化評估值按大小順序重新排列，再依據 λ 值及 g_i，利用下列公式可分別求出評估構面下每個評估準則的模糊測度 g_λ。

$$g_\lambda(\{x_1, x_2, \cdots, x_n\}) = \sum_{i=1}^{n-1} g_i + \lambda \sum_{i1=1}^{n-1}\sum_{i2=1}^{n} g_{i1}g_{i2} + \cdots + \lambda^{n-1} g_1 g_2, \cdots, g_n$$
$$= \frac{1}{\lambda}\left|\prod_{i=1}^{n}(1 + \lambda g_i) - 1\right|, \lambda \in [-1, \infty)$$

步驟 2.6：利用模糊積分計算第一個評估構面的評估值

根據解模糊化後的評估值與求得每個評估準則的模糊測度 g_λ，代入下列公式可求出第一個評估構面 (A) 的模糊 Choquet 積分值「符號 $(c)\int f(x)dx$ 」，結果以 h_A 表示。

$$(c)\int hdg = h(x_n)g(H_n) + [h(x_{n-1}) - h(x_n)]g(H_{n-1}) + \cdots + [h(x_1) - h(x_2)]g(H_1)$$
$$= h(x_n)[g(H_n) - g(H_{n-1})] + h(x_{n-1})[g(H_{n-1}) - g(H_{n-2})] + \cdots + h(x_1)g(H_1)$$

步驟 2.7：

重複步驟 2.4~2.6 可分別求出其餘評估構面的模糊積分值，並分別以 h_A、h_B …表示。

步驟 2.8：

重複步驟 2.1~2.7 求出 B 拍賣網站服務品質之模糊積分值。

步驟 3：利用 FAHP 計算各評估構面與各評估準則之權重值

步驟 3.1：建立層級架構

將各方案中欲評估的所有重要構面納入，建立層級架構方式。

步驟 3.2：建立模糊正倒值矩陣

將 K 位參予評估者對於兩兩構面成對比較相對重要性所表達的評估值透過相對重要性尺度表轉換成主觀模糊判斷值，並建立模糊正倒值矩陣：

$$\tilde{A}^K = \left[\tilde{a}_{ij}^K\right]_{n\times n}$$

其中 $\tilde{A}^K$：第 K 家網站的模糊正倒值矩陣。

$\tilde{a}_{ij}^K$：第 K 家網站認為第 i 個構面對於第 j 個評估構面的相對重要性評估值。

$$\tilde{a}_{ij}^K = 1, \forall i = j$$

$$\tilde{a}_{ji}^K = 1 \big/ \tilde{a}_{ij}^K, \forall i, j = 1, 2, \cdots, n$$

表 4-60 相對重要性評估尺度

語意變數	模糊數
同等重要	$\tilde{1}$=(1, 1, 1)
介於兩者之間	$\tilde{2}$=(1, 2, 3)
稍重要	$\tilde{3}$=(2, 3, 4)
介於兩者之間	$\tilde{4}$=(3, 4, 5)
頗重要	$\tilde{5}$=(4, 5, 6)
介於兩者之間	$\tilde{6}$=(4, 5, 6)
極重要	$\tilde{7}$=(6, 7, 8)
介於兩者之間	$\tilde{8}$=(7, 8, 9)
絕對重要	$\tilde{9}$=(8, 9, 9)

步驟 3.3：計算評估構面的模糊權重值

步驟 3.3.1：

先利用 α-截集，令 α＝1 來求出第 K 個專家「中間值 M」正倒值矩陣 $A_M^K = \left[a_{ijM}^K\right]_{n\times n}$。再利用 AHP 計算權重值的方式來求出權重矩陣 W_M^K，其中 $W_m^K = \left[w_{iM}^K\right],\ i = 1, 2, \cdots, n$。

步驟 3.3.2：

令 $\alpha=0$ 找出第 K 位專家的「下限 L」正倒值矩陣 $A_L^K=\left[a_{ijL}^K\right]_{n\times n}$ 和「上限 U」正倒值矩陣 $A_u^K=\left[a_{ijU}^K\right]_{n\times n}$，再利用 AHP 法計算其權重值為 W_L^K 和 W_U^K，而 $W_L^K=\left[w_{iL}^K\right],\ W_U^K=\left[w_{iU}^K\right],\ i=1,2,\cdots,n$ 。

步驟 3.3.3：

確保所計算的權重值為模糊數必須利用以下公式求得調整係數。

$$Q_L^K=\min\left\{\frac{w_{iM}^K}{w_{iL}^K}\middle|1\le i\le n\right\}$$

步驟 3.3.4：

計算每個評估構面調整後之權重的上限正倒值權重矩陣 W_l^{K*} 和下限正倒值矩陣 W_u^{K*}：

$W_L^{K*}=\left[w_{iL}^{K*}\right]$，其中 $w_L^{K*}=Q_L^K w_{iL}^K,\ i=1,2,\cdots,n$ 。

$W_U^{K*}=\left[w_{iU}^{K*}\right]$，其中 $w_U^{K*}=Q_U^K w_{iU}^K,\ i=1,2,\cdots,n$ 。

步驟 3.3.5：

結合 w_L^{K*}、w_M^K 和 w_U^{K*}，可得第 i 個評估構面模糊權重值：

$$\tilde{W}_L^K=\left(w_{iL}^{K*},w_{iM}^K,w_{iU}^{K*}\right)$$

步驟 3.4：

針對每一個構面下的評估準則重複步驟 3.1~3.3，就可得到各評估準則的模糊權重值。

步驟 3.5：整合專家意見

利用平均數方法整合 K 位專家的模糊權重值。

$$\tilde{\tilde{W}}_i=\frac{1}{K}\left(\tilde{W}_i^1\oplus\tilde{W}_i^2\oplus\cdots\oplus\tilde{W}_i^n\right)$$

其中 $\tilde{\tilde{W}}_i$：整合 K 位專家對第 i 個評估構面的模糊權重值

$\tilde{W}_i^k$：第 K 位專家對第 i 個評估構面的模糊權重值

K：專家總數

步驟 3.6：層級串聯

將各構面之模糊權重值與各構面下的評估準則之模糊權重值相乘，以得到最終模糊評估值。

步驟 3.7：解模糊化

利用重心法來解模糊化。

步驟 3.8：排序

將各評估準則所得之分數以優先排序找出拍賣網站使用者最注重的服務品質項目，以提供為參考依據。

步驟 4：分析評估結果

步驟 4.1：計算整體評估值 V

根據各個評估構面之模糊積分值 $(h_A, h_B, h_C, h_D, ...)$ 與利用模糊層級分析法求得各評估構面之權重值 $(w_A, w_B, w_C, w_D, ...)$，再利用簡單權重加法 (Simple Weight Additive，簡稱為 SWA) 計算 A 拍賣網站服務品質之整體評估值 (V)，其公式如下：

$$V = h_A * w_A + h_B * w_B + h_C * w_C + h_D * w_D \cdots$$

步驟 4.2：將整體評估值 V 轉換成語意變數

為了讓受評估單位充分感受到其網站的服務品質狀況，將拍賣網站服務品質評估值 V 值轉換成語意變數，即可了解該拍賣網站服務品質的狀況，並作為該拍賣網站業者在進行服務品質績效評估時的改進參考。

由於所計算出的整體評估值 V，其值會介於 [0, 1] 之間；最後，為了了解各拍賣網站整體服務品質的良莠狀況，因此本實例將根據計算出的整體評估值分為五個評語等級；而此五個評語等級代表五個不同的評語狀況，如表 4-61 所示：

表 4-61 評語等級表

整體評估值 V	評語狀況
$V_i \in [0, 0.2]$	該拍賣網站整體服務品質是極差
$V_i \in [0.2, 0.4]$	該拍賣網站整體服務品質是尚可
$V_i \in [0.4, 0.6]$	該拍賣網站整體服務品質是普通
$V_i \in [0.6, 0.8]$	該拍賣網站整體服務品質是良好
$V_i \in [0.8, 1.0]$	該拍賣網站整體服務品質是非常好

步驟 4.3 評語結果之分析與建議

根據步驟 4.2 所得評語等級結果，進行評估該拍賣網站服務品質之良莠並排出優劣順序；最後並利用轉換後之評語便可以了解網站業者所經營拍賣網站的狀況，而這些指標便可作為拍賣網站業者再進行評估服務品質時的改進參考。

Chapter 5

決策實驗室分析法

5.1 決策實驗室分析法之簡介

決策試驗與實驗評估法 (Decision Making Trial and Evaluation Laboratory, DEMATEL)，或稱決策實驗室分析法，是日內瓦 Battelle 紀念協會 (Battelle Memorial Institute of Geneva) 於 1972~1976 年間為了科學與人類事務計畫 (science and human affairs program) 所發展出來的方法，用來研究世界複雜、困難之問題 (如種族、饑餓、環保、能源問題等複雜糾結的問題)，以及藉由層級結構來提供識別可行方案。

決策實驗室法 (DEMATEL) 能夠有效地結合專家知識，以釐清各個變數之間的因果關聯，不僅可將準則間因和果關係轉換成一個清晰的結構模型，也可處理一系列準則內部相依關係時 (Hori & Shimizu, 1999)。誠如 Tamura 與 Akazawa (2005) 所說，DEMATEL 旨在求得多個準則間相互依賴的關係及依賴程度。

DEMATEL 方法很早就被應用於解決工程系統相關的複雜問題，包括：企業規劃與決策、都市規劃設計、地理環境評估、分析全球問題群等領域、監控系統人機介面設計 (Hori and Shimizu, 1999)、休旅車分類與影響分析 (Kamaike, 2001) 以及系統故障分析中的故障排序 (Seyed-Hosseini 等人, 2005)。例如，Fontela 與 Gabus (1974, 1976) 與 Warfield (1976) 曾用 DEMATEL 法解釋準則之間的相互關係，並找出中心準則來呈現要素的效果；而國人則利用 DEMATEL 來探討企業問題複雜度、發展休閒農業之田園景觀評估與塑造策略、供應商績效評估、消費者購買決策之關鍵評估因素、管理問題因果關係之模式建立…等。近年來，DEMATEL 更廣泛運用於解決各類型複雜問題的糾結、決策與管理領域、經理人

能力發展 (Wu & Lee, 2005)、行銷策略與消費者行為領域 (Chiu, et al., 2006)、以及組織 E-learning 課程的績效評估 (Tzeng,et al., 2007)。在日本，DEMATEL 法也廣泛應用在農業發展、女性就業、環境分析、商品調查、醫療行為等問題 (Hori & Shimizu, 1999)。由以上種種實証結果，均發現 DEMATEL 直接關係圖可有效展現複雜問題之因果結構關係。

綜合上述，DEMATEL 在建立和分析結構式模型時是一有效能之方法，且常被用在找尋社會現象中的關係以及解決元素間相依問題 (Tzeng 等人, 2007; Wu & Lee, 2007)。透過 DEMATEL，我們可輕鬆地將包含在複雜問題群中眾多要素之彼此關係予以量化，並從複雜問題群的結構化模型中，來發現眾多策略之間的優先次序，以改善整個問題結構。

5.2 DEMATEL 的演算法

決策實驗室分析中，直接關係圖旨在說明系統中各要素間之影響程度及方向，例如圖 5-1，圖中的數字表示影響強度，而正負號表示影響方向，正號代表正向影響；負號代表反向影響，DEMATEL 就是利用直接關係圖將所有準則分成「因群」和「果群」兩大群。

DEMATEL 的的分析可分為五個步驟 (Fontela & Gabus, 1976)：

Step 1. 定義元素並判斷關係

列出系統中之元素，並界定其定義，元素多寡可透過討論、文獻回顧、腦力激盪…等方式來建構。

Fontela 與 Gabus (1976) 所設計 DEMATEL 之尺度，總共四個層次 (level)，其中，0、1、2 和 3 分別代表沒有影響、稍微影響、有影響與影響很大，如表 5-1 所示。

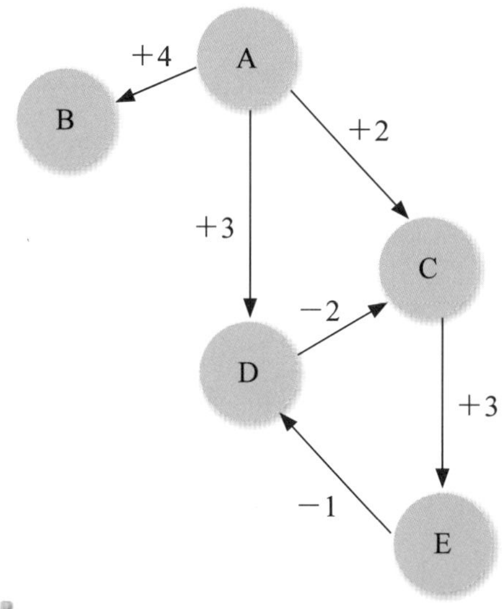

圖 5-1 DEMATEL 直接關係圖之示意圖

表 5-1 DEMATEL 評估尺度與代表意義

評估尺度	影響程度
0	沒有影響
1	稍微影響
2	有影響
3	影響很大

舉例來說，有三個準則 A、B 及 C，三者的關係強度如圖 5-2。其 DEMATEL 對應的矩陣運算如下：

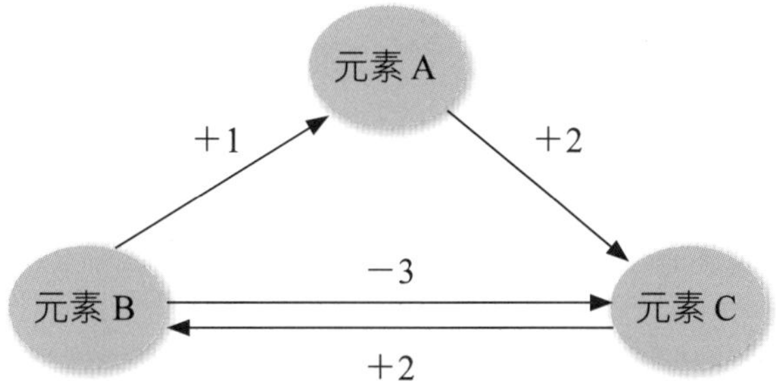

圖 5-2 DEMATEL 範例之直接關係圖

Step 2. 建立直接關係矩陣 *X* (或矩陣 A)

當影響程度大小已界定後，即可建立直接關係矩陣。若有 n 項評估準則，將準則依其影響關係與程度兩兩比較，將會產生 $n \times n$ 大小直接關係矩陣，並以 $X = [x_{ij}]$ $(i = 1, 2, 3, \cdots, n;\ j = 1, 2, 3, \cdots, n)$ 表示，矩陣中 $[x_{ij}]$ 表示準則 i 影響準則 j 之程度，並將其對角元素設為 0。

假設有一直接關係矩陣 $[x_{ij}]_{n \times n} = \begin{bmatrix} 0 & 0 & 2 \\ 1 & 0 & 3 \\ 0 & 2 & 0 \end{bmatrix}$，由於 X 矩陣第二橫列的和最大，$\sum_{j=1}^{3} x_{2j} = 1 + 0 + 3 = 4$，將 X 矩陣除以 4，即可得到之「正規化直接關係矩陣」$D_{3\times 3} = \begin{bmatrix} 0 & 0 & 0.5 \\ 0.25 & 0 & 0.75 \\ 0 & 0.5 & 0 \end{bmatrix}$。

Step 3. 建立正規化直接關係矩陣 *D*

根據「Step 2」所得直接關係矩陣進行正規化，亦即將整個矩陣 X 的元素乘上 S，如下列公式所示，其中，$S = \dfrac{1}{\underset{1 \le i \le n}{MAX} \sum_{j=1}^{n} x_{ij}}$，即可得正規化直接關係矩陣，以 D 表示。

$$D = X \times S = \frac{X}{\underset{1 \le i \le n}{MAX} \sum_{j=1}^{n} x_{ij}}$$

例如，假設有一 $[x_{ij}]_{7\times 7}$ 矩陣，則

$$\underset{1 \le i \le 7}{MAX} \sum_{j=1}^{7} x_{ij} = Max \left\{ \begin{matrix} (x_{11} + x_{12} + x_{13} + x_{14} + x_{15} + x_{16} + x_{17}), \\ (x_{21} + x_{22} + x_{23} + x_{24} + x_{25} + x_{26} + x_{27}), \\ (x_{31} + x_{32} + x_{33} + x_{34} + x_{35} + x_{36} + x_{37}), \\ (x_{41} + x_{42} + x_{43} + x_{44} + x_{45} + x_{46} + x_{47}), \\ (x_{51} + x_{52} + x_{53} + x_{54} + x_{55} + x_{56} + x_{57}), \\ (x_{61} + x_{62} + x_{63} + x_{64} + x_{65} + x_{66} + x_{67}), \\ (x_{71} + x_{72} + x_{73} + x_{74} + x_{75} + x_{76} + x_{77}) \end{matrix} \right\}$$

Step 4. 建立總影響關係矩陣 T

有了正規化直接關係矩陣 D 後，經由 $T = \frac{D}{I-D}$ 公式，可算出總影響關係矩陣 T。

其中，I 為單位矩陣，

總影響關係矩陣 T＝直接關係矩陣 D＋間接關係矩陣 ID

由無窮之等比級數 $T = D + ID = \sum_{i=1}^{\infty} D^i = D + D^2 + D^3 + ... + D^\infty$ (1) 式

左右再乘 D，即可得到：

$$D \times T = D^2 + D^3 + D^4 ... + D^\infty + D^{\infty+1} \quad (2) 式$$

(1) 式減 (2) 式，得：

$(I-D) \times T = D - D^{\infty+1}$，因為正規化後之矩陣 $[d_{ij}]_{n \times n}$ 元素的值均介 0~1 之間，故 $D^{\infty+1} \approx 0$，最後得：

$$T = \frac{D}{I-D},\ T = [t_{ij}]_{n \times n}, i, j = 1, 2, \cdots, n$$

假設有一 $[d_{ij}]_{n \times n}$ 或 $D = \begin{bmatrix} 0 & 0 & 0.5 \\ 0.25 & 0 & 0.75 \\ 0 & 0.5 & 0 \end{bmatrix}$，代入

$$T = \frac{D}{I-D} = \begin{bmatrix} 0 & 0 & 0.5 \\ 0.25 & 0 & 0.75 \\ 0 & 0.5 & 0 \end{bmatrix} \times \begin{bmatrix} 1 & 0 & -0.5 \\ -0.25 & 1 & -0.75 \\ 0 & -0.5 & 1 \end{bmatrix}^{-1}$$

最後求得，總影響關係矩陣 $[t_{ij}]_{n \times n}$ 或 $T = \begin{bmatrix} 0.1111 & 0.4444 & 0.8889 \\ 0.4444 & 0.7778 & 1.5556 \\ 0.2222 & 0.8889 & 0.7778 \end{bmatrix}$

Step 5. 繪製因果圖

(1) 令 t_{ij} $(i, j = 1, 2, \cdots, n)$ 為 T 中元素，每一橫列 (row) 的總和及直行 (column) 的總和分別以 d_i 以及 r_j 表示，得下列公式：

橫列總和 $d = d_{n\times 1} = [\sum_{j=1}^{n} t_{ij}]_{n\times 1}$；直行總和 $r = r_{n\times 1} = [\sum_{i=1}^{n} t_{ij}]^{t}_{1\times n}$

其中，

d_i：以元素 i 為原因而影響其他元素的總和 (包含直接與間接影響)。

r_j：以元素 j 為結果而被其他元素影響的總和。

(2) 行列的和 $(d+r)$ 稱為關聯度，由 d_k 加 r_k 而來，表示通過此元素影響及被影響的總程度，可顯現出此元素在問題群中的關聯強度；相對地，行列的差 $(d-r)$ 稱為「原因」度，由 d_k 減 r_k 而來，若 (d_k-r_k) 值為正，此元素偏向「會影響」其它元素類，歸類為「因」。若 (d_k-r_k) 值為負，此元素偏向為「被影響」的元素，歸類為「果」。

(3) 將得知的 $(d+r)$ 與 $(d-r)$ 標記在二維座標，因果圖分別以 (d_k+r_k, d_k-r_k) 為配對的座標，橫軸為 $(d+r)$，縱軸為 $(d-r)$，即 x 軸上方歸類為「因群」，即 x 軸下方歸類為「果群」。將各元素以座標形式來展現，此因果圖旨在將複雜之因果關係簡化為易懂的結構，讓人較能深入了解問題以提供解決的方向，此外，藉由因果圖幫助，決策者亦可根據準則中影響類或被影響類元素來規劃適合決策。

易言之，繪製因果關係圖時，係將 t 矩陣做行及列的運算，結果整理成下表，其中 d 代表「因」，r 代表「果」，若 $d-r$ 大於 0 表示此節點歸類為「因」(即外生變數)，若 $d-r$ 小於 0 表示此節點歸類為「果」(即內生變數)。最後再以「$d+r$」及「$d-r$」分別代表 x 軸及 y 軸的座標值。最後，再繪製圖 5-2 ABC 三個準則 (元素) 之因果圖，結果如圖 5-3 所示。

表 5-2 總影響關係矩陣 t 的行列運算

列的和 d		行的和 r		$d+r$ (因加果的強度)		$d-r$ (判斷因或果？)	
問題的順序	值	問題的順序	值	問題的順序	值	問題的順序	值
B	2.778	C	3.2223	C	5.1112	B	0.6667
C	1.8889	B	2.1111	B	4.8889	A	0.6667
A	1.444	A	0.7777	A	2.2221	C	-1.334

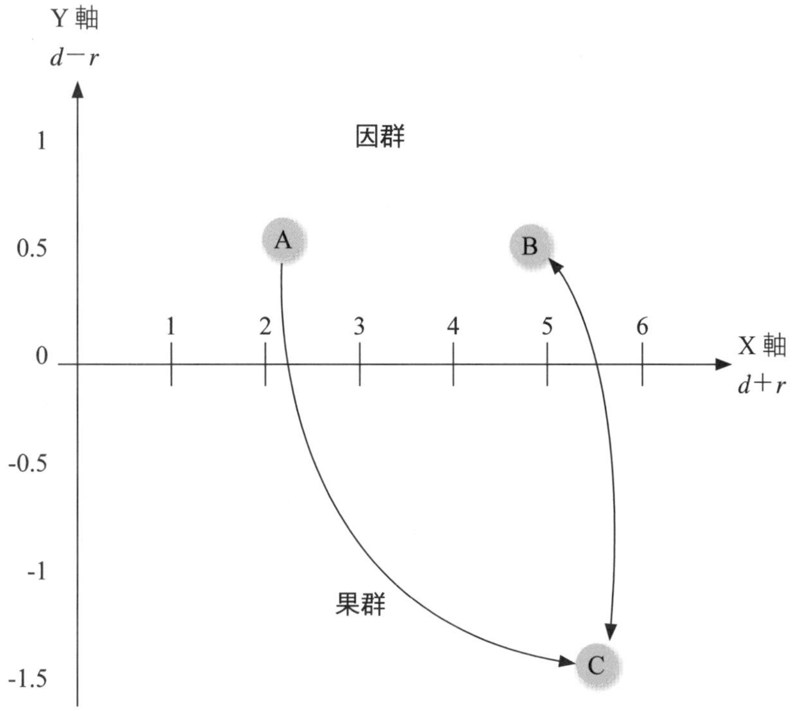

圖 5-3 DEMATEL 範例 ABC 之因果圖

5.3 DEMATEL 之 Excel 實作

DEMATEL 分析五大步驟，包括：(1) 計算初始平均矩陣 (將所有有效問卷各部門間之支配關聯值各別加總後平均，即可求得初始平均矩陣)；(2) 計算直接影響矩陣；(3) 計算間接影響矩陣；(4) 計算總影響矩陣；(5) 進行結構關聯。

以蔡雅寧 (2009) 論文「結合 AHP 與 DEMATEL 探討供應商評選準則之優先次序與因果關係-以汽車零配件產業」為例 (圖 5-4)，由於供應商的評選是種一多準則決策問題，其中評選準則更是包含各種複雜類型，諸如質與量、有形無形或財務非財務要素等等，而雖然 AHP 可分析質與量資料，恰好可以應用在供應商評選上，但其假設各構面間與次準則間為條件獨立有可能和事實不符。另外，原始 DEMATEL 並沒有考慮到每個要素本身之重要性，如此就無法評估要素之間優先次序，同樣道理，我們也不能單純依靠 AHP 之權重結果來評估每個要素的

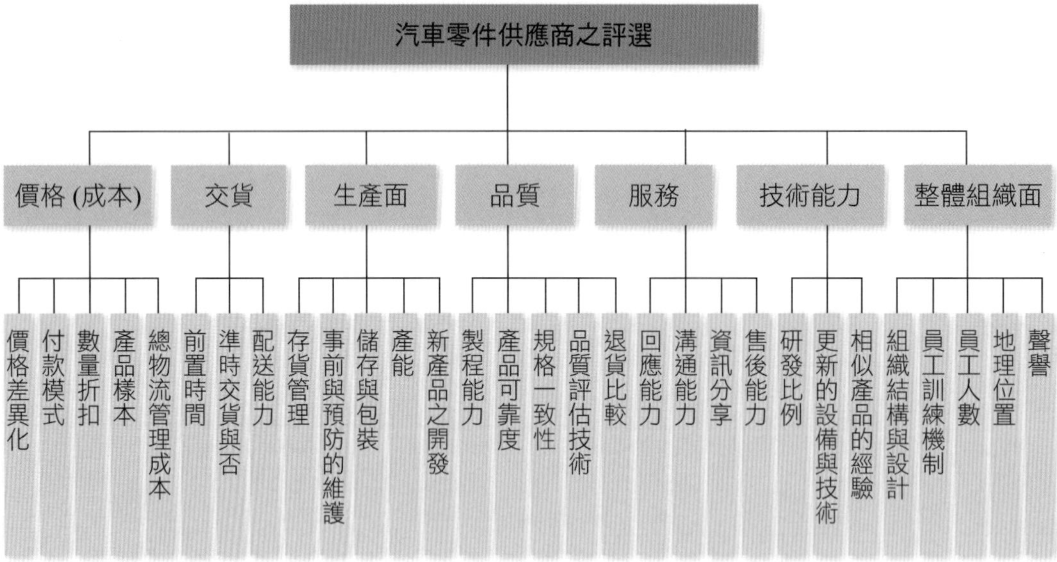

圖 5-4 汽車零件供應商評選構面與次準則架構圖 (蔡雅寧, 2009)

優先次序。也就是說，不論是要素間關係的強度還是每個要素的重要性，都應納入考慮。故本列結合 AHP 與 DEMATEL 即可同時評估汽車零配件產業供應商評選準則之優先次序與因果關係。

其中，DEMATEL 將準則間複雜關係用因果圖呈現，透過因果圖，可清楚了解哪些評選構面或次準則相對較重要，也可知道其因果關係而有助於監督供應商持續改善。

DEMATEL 的分析軟體，除了可用 MATLAB 外，亦可改用本書 CD 所附自行開發之「ch05 DEMATEL 的 EXCEL 範例」(圖 5-5)。其中，專家問卷所回收數據係取自係蔡雅寧 (2009) 研究。本例為了探討汽車零配件產業供應商評選準則之優先次序與相關因果關係，首先透過文獻蒐集、整理與訪談供應商，共歸納出汽車零配件供應商評選有 7 個構面與 30 個次準則 (圖 5-4)。接著，根據 7 構面與 30 個次準則依序設計 AHP 與 DEMATEL 之問卷 (如下表「步驟一」)，經由發放、回收，最後結合層級分析法與決策實驗室分析法探討相關權重與因果關係。

層級分析法 (AHP) 不但理論簡單、軟體操作容易，且具實用性，應用領域相當廣泛，而且非常適用於供應商選擇的決策問題；相對地，決策實驗室分析法 (DEMATEL) 則可分析問題彼此間關聯度，以找出主、次要問題，並進一步

Microsoft Excel - 實例1_供應商評選準則之因果關係.xls

	A	B	C	D	E	F	G	H	I	J	K
23											
24	X_1=	價格	交貨	生產	品質	服務	技術	整體			
25	價格	0	2	2	3	2	2	2			0
26	交貨	2	0	2	1	1	1	1			0
27	生產	3	2	0	3	2	3	2			0
28	品質	3	2	2	0	3	3	2		X2=	0
29	服務	2	2	3	3	0	3	2			1
30	技術	3	2	3	3	2	0	3			0
31	整體	2	2	3	3	2	3	0			1
32				平均專家意見矩陣							
33	A=	價格	交貨	生產	品質	服務	技術	整體			
34	價格	0	1.285714	1.285714	2.285714	0.857143	1.142857	0.571429		7.428571	
35	交貨	1.714286	0	2	1.571429	1.142857	0.857143	0.571429		7.857143	
36	生產	2.142857	2.285714	0	2.285714	1	1.571429	0.857143	S=	10.14286	最大值
37	品質	2.428571	1.857143	1.714286	0	1	1.142857	0.714286		8.857143	10.1428
38	服務	1.714286	1.714286	1.285714	1.571429	0	1	0.714286		8	
39	技術	1.857143	1.428571	2.142857	2.285714	0.857143	0	1		9.571429	
40	整體	1.285714	1.571429	1.857143	1.571429	0.714286	1.428571	0		8.428571	
41											
42				標準化直接關係矩陣							
43	D=A×S	價格	交貨	生產	品質	服務	技術	整體			
44	價格	0	0.126761	0.126761	0.225352	0.084507	0.112676	0.056338			
45	交貨	0.169014	0	0.197183	0.15493	0.112676	0.084507	0.056338			
46	生產	0.211268	0.225352	0	0.225352	0.098592	0.15493	0.084507			
47	品質	0.239437	0.183099	0.169014	0	0.098592	0.112676	0.070423			
48	服務	0.169014	0.169014	0.126761	0.15493	0	0.098592	0.070423			
49	技術	0.183099	0.140845	0.211268	0.225352	0.084507	0	0.098592			
50	整體	0.126761	0.15493	0.183099	0.15493	0.070423	0.140845	0			
51											
52											
53					單位矩陣						
54	I=	價格	交貨	生產	品質	服務	技術	整體			
55	價格	1	0	0	0	0	0	0			
56	交貨	0	1	0	0	0	0	0			
57	生產	0	0	1	0	0	0	0			
58	品質	0	0	0	1	0	0	0			

圖 5-5 以 DEMATEL 之 Excel 分析供應商評選準則之因果關係
(CD「ch05 DEMATEL 的 EXCEL 範例」有此 *.XLS 檔)

描繪出準則間之因果關係，供應商評選包含許多評選構面與次準則。本例透過 DEMATEL 將原本準則間複雜的關係簡化成清楚之因果圖 (圖 5-6)，透過因果圖分析，供應商可知哪些評選構面及次準則係相對較重要，且可針對較重要以及和其有關聯度的準則做持續改善，進而提升競爭力。

步驟一：建立直接關係矩陣

問卷說明：

在問卷的第一部分，透過 貴公司專業的判斷與協助下，我們可以得到七大構面以及三十個次準則之間的相對權重關係，而第二部分主要希望透過貴 公司專業的判斷與經驗，針對相同的七個構面以及三十個次準則，進一步決定其之間的影響程度與方向，而評估尺度請 您依照下表來作答。

評估尺度	影響程度
0	沒有影響
1	稍微影響
2	有 影響
3	影響很大

問卷作答說明

例如若您認為價格 (成本) 構面對品質構面的影響程度是影響很大且是正向影響，則以「+3」表示：

評估尺度	品質
價格(成本)	+3

問卷內容

以下請專家您利用上述方式，針對洪供應商選擇七個構面及其三十個次準則開始進行影響程度與方向的判斷：

七個構面之間的影響程度與方向：

1. 考慮價格 (成本) 構面影響其他構面的方向與程度

果 因	交貨	生產	品質	服務	技術能力	整體組織
價格 (成本)	2	2	3	2	2	2

2. 考慮交貨構面影響其他構面的方向與程度

果 / 因	交貨	生產	品質	服務	技術能力	整體組織
價格 (成本)	2	2	1	1	1	1

3. 考慮生產構面影響其他構面的方向與程度

果 / 因	交貨	生產	品質	服務	技術能力	整體組織
價格 (成本)	3	2	3	2	3	2

4. 考慮品質構面影響其他構面的方向與程度

果 / 因	交貨	生產	品質	服務	技術能力	整體組織
價格 (成本)	3	2	2	3	3	2

5. 考慮服務構面影響其他構面的方向與程度

果 / 因	交貨	生產	品質	服務	技術能力	整體組織
價格 (成本)	2	2	3	3	3	2

6. 考慮技術能力構面影響其他構面的方向與程度

果 / 因	交貨	生產	品質	服務	技術能力	整體組織
價格 (成本)	3	2	3	3	2	3

7. 考慮整體組織構面影響其他構面的方向與程度

果 / 因	交貨	生產	品質	服務	技術能力	整體組織
價格 (成本)	2	2	3	3	2	3

假設七份專家有效問卷 ($H1$~$H7$) 對於七個評選構面的直接關係矩陣 (X_1~X_7) 列出如下所示：

$$H_1 : X^1 = \begin{bmatrix} 0 & 2 & 2 & 3 & 2 & 2 & 2 \\ 2 & 0 & 2 & 1 & 1 & 1 & 1 \\ 3 & 2 & 0 & 3 & 2 & 3 & 3 \\ 3 & 2 & 2 & 0 & 3 & 3 & 2 \\ 2 & 2 & 3 & 3 & 0 & 3 & 2 \\ 3 & 2 & 3 & 3 & 2 & 0 & 3 \\ 2 & 2 & 3 & 3 & 2 & 3 & 0 \end{bmatrix}, \quad H_2 : X^2 = \begin{bmatrix} 0 & 0 & 0 & 1 & 0 & 0 & 0 \\ 0 & 0 & 2 & 1 & 0 & 0 & 0 \\ 0 & 2 & 0 & 1 & 0 & 0 & 0 \\ 0 & 1 & 1 & 0 & 1 & 1 & 1 \\ 1 & 1 & 1 & 1 & 0 & 1 & 1 \\ 0 & 1 & 1 & 2 & 1 & 0 & 1 \\ 1 & 1 & 2 & 2 & 1 & 1 & 0 \end{bmatrix},$$

$$H_3 : X^3 = \begin{bmatrix} 0 & 0 & 1 & 2 & 0 & 0 & 0 \\ 2 & 0 & 3 & 3 & 2 & 1 & 1 \\ 3 & 3 & 0 & 3 & 2 & 2 & 2 \\ 3 & 3 & 3 & 0 & 0 & 0 & 0 \\ 1 & 1 & 1 & 0 & 0 & 0 & 0 \\ 3 & 3 & 3 & 3 & 0 & 0 & 0 \\ 1 & 1 & 1 & 0 & 0 & 3 & 0 \end{bmatrix}, \quad H_4 : X^4 = \begin{bmatrix} 0 & 2 & 1 & 3 & 1 & 1 & 0 \\ 1 & 0 & 0 & 1 & 1 & 0 & 0 \\ 1 & 2 & 0 & 0 & 0 & 1 & 0 \\ 3 & 1 & 0 & 0 & 1 & 1 & 0 \\ 2 & 1 & 0 & 1 & 0 & 1 & 0 \\ 0 & 0 & 1 & 1 & 1 & 0 & 0 \\ 0 & 0 & 0 & 0 & 1 & 0 & 0 \end{bmatrix}, \text{與}$$

$$H_5 : X^5 = \begin{bmatrix} 0 & 3 & 3 & 3 & 1 & 3 & 1 \\ 3 & 0 & 3 & 3 & 1 & 3 & 1 \\ 3 & 3 & 0 & 3 & 2 & 2 & 1 \\ 3 & 3 & 2 & 0 & 2 & 2 & 1 \\ 3 & 3 & 3 & 3 & 0 & 1 & 1 \\ 3 & 2 & 3 & 3 & 1 & 0 & 1 \\ 3 & 3 & 3 & 3 & 1 & 1 & 0 \end{bmatrix}, \quad H_6 : X^6 = \begin{bmatrix} 0 & 1 & 2 & 3 & 1 & 2 & 1 \\ 2 & 0 & 2 & 1 & 3 & 1 & 1 \\ 2 & 1 & 1 & 0 & 0 & 0 & 1 \\ 2 & 1 & 1 & 0 & 0 & 0 & 1 \\ 3 & 2 & 1 & 1 & 0 & 0 & 0 \\ 2 & 1 & 1 & 1 & 1 & 0 & 1 \\ 1 & 2 & 2 & 2 & 0 & 1 & 0 \end{bmatrix},$$

$$H_7 : X^7 = \begin{bmatrix} 0 & 1 & 0 & 1 & 1 & 0 & 0 \\ 2 & 0 & 2 & 1 & 0 & 0 & 0 \\ 3 & 2 & 0 & 3 & 0 & 2 & 0 \\ 3 & 2 & 3 & 0 & 0 & 1 & 0 \\ 0 & 2 & 0 & 2 & 0 & 1 & 1 \\ 2 & 1 & 3 & 3 & 0 & 0 & 1 \\ 1 & 2 & 2 & 1 & 0 & 1 & 0 \end{bmatrix}$$

步驟二：建立專家意見之平均矩陣 A (或矩陣 X)

用 Excel 統計七份專家問卷對於七個評選構面直接關係矩陣之算術平均值 (圖 5-5「ch05 DEMATEL 之 EXCEL 範例」)，亦即將相同 row column 位置的七個元素 (因為有七位專家形成七個矩陣) 計算其術平均數，結果如表 5-3。接著將平均數分別鍵入矩陣內，並將對角數值設為 0，以產生直接關係矩陣 A，如下表 5-3 所示。矩陣 A「row 加總」的第一個元素 a_{12} 將等於 $(2+0+0+2+3+1+1)/7=1.2857$，其它的以此類推。其中 a_{ij} 為矩陣 (A) 的元素。

表 5-3 七個供應商評選構面相互評量之算術平均值

	1 價格	2 交貨	3 生產面	4 品質	5 服務	6 技術能力	7 整體組織面	row 加總
1 價格	0.0000	1.2857	1.2857	2.2857	0.8571	1.1429	0.5714	7.4286
2 交貨	1.7143	0.0000	2.0000	1.5714	1.1429	0.8571	0.5714	7.8571
3 生產面	2.1429	2.2857	0.0000	2.2857	1.0000	1.5714	0.8571	**10.1429**
4 品質	2.4286	1.8571	1.7143	0.0000	1.0000	1.1429	0.7143	8.8571
5 服務	1.7143	1.7143	1.2857	1.5714	0.0000	1.0000	0.7143	8.0000
6 技術能力	1.8571	1.4286	2.1429	2.2857	0.8571	0.0000	1.0000	9.5714
7 整體組織面	1.2857	1.5714	1.8571	1.5714	0.7143	1.4286	0.0000	8.4286

$$A=\begin{bmatrix} 0 & 1.2857 & 1.2857 & 2.2857 & 0.8571 & 1.1429 & 0.5714 \\ 1.7143 & 0 & 2 & 1.5714 & 1.1429 & 0.8571 & 0.5714 \\ 2.1429 & 2.2857 & 0 & 2.2857 & 1 & 1.5714 & 1 \\ 2.4286 & 1.8571 & 1.7143 & 0 & 1 & 1.1429 & 0.7143 \\ 1.7143 & 1.7143 & 1.2857 & 1.5714 & 0 & 1 & 0.7143 \\ 1.8571 & 1.4286 & 2.1429 & 2.2857 & 0.8571 & 0 & 1 \\ 1.2857 & 1.5714 & 1.8571 & 1.5714 & 0.7143 & 1.4286 & 0 \end{bmatrix}$$

從表 5-3 得知，七位專家在進行七構面間相互影響程度時，所獲得之平均數未必相互對稱，如「交貨」與「價格 (成本)」相互比較時，所得到之數值為 1.7143，而「價格 (成本)」與「交貨」相互比較時，所得到之數值為 1.2857，主要是因為每個構面依照填卷者所站之角度不同，而有不同之主觀見解，因此，在研究供應商評選構面與次準則間之關聯性時，必須從不同之面向去探討其關係，這就是運用決策實驗室分析法之優勢所在。

另外，從表 5-3 也可發現，數值大小代表不同意義，所獲得數值越大，則表示此一構面影響另一構面之程度越大；反之，所獲得數值越小，則表示此一構面影響另一構面之程度越小。例如，「技術能力」與「品質」相比後，所獲得之數值為 2.2857，顯示「技術能力」對「品質」影響程度非常高；而「品質」與「技術能力」相比後，所獲得之數值為 1.1429，顯示「品質」對「技術能力」影響程度較小。依此類推，可得知平均專家意見矩陣 *A* 中各數值所代表之影響程度。

步驟三：建立正規化直接關係矩陣

Excel 算出矩陣 A 之各列數值之總和 (表 5-3)，算出各列總和最大數出現於第三列，亦即 max{7.4286, 7.8571, 10.1429, 8.8571, 8.0000, 9.5714, 8.4286} = 10.1429，再將矩陣 A 內各數值分別乘以 $S = 1/10.129$ (公式 $S = \dfrac{1}{\underset{1\le i\le 7}{MAX}\sum_{j=1}^{7} a_{ij}}$)，亦即透過 $D = A \times S$，可求得「正規化直接關係矩陣」(D)。

$D = A \times S =$

	價格	交貨	生產	品質	服務	技術	整體
價格	0.0000	0.1268	0.1268	0.2254	0.0845	0.1127	0.0563
交貨	0.1690	0.0000	0.1972	0.1549	0.1127	0.0845	0.0563
生產	0.2113	0.2254	0.0000	0.2254	0.0986	0.1549	0.0845
品質	0.2394	0.1831	0.1690	0.0000	0.0986	0.1127	0.0704
服務	0.1690	0.1690	0.1268	0.1549	0.0000	0.0986	0.0704
技術	0.1831	0.1408	0.2113	0.2254	0.0845	0.0000	0.0986
整體	0.1268	0.1549	0.1831	0.1549	0.0704	0.1408	0.0000

步驟四：建立總影響關係矩陣 *T*

在正規化直接關係矩陣 (D) 後，因為 $\lim_{k\to\infty} D^k = 0$，(0 表示零矩陣)，故經由公式 $T = \lim_{k\to\infty}(D + D^2 + D^3 + \cdots + D^k) = \dfrac{D}{I - D}$ (T 為總影響關係矩陣，D 為正規化直接關係矩陣，I 為單位矩陣)，可求得「總影響關係矩陣」T，如表 5-4所示。

表 5-4 七構面之總影響關係矩陣 T

T=	價格	交貨	生產	品質	服務	技術	整體	row 和
價格	0.7988	0.8273	0.8237	0.9955	0.5037	0.6161	0.3839	4.9490
交貨	0.9806	0.7513	0.9096	0.9839	0.5475	0.6206	0.3998	5.1933
生產	1.2128	1.1156	0.9274	1.2399	0.6440	0.8040	0.5060	6.4497
品質	1.1131	0.9769	0.9624	0.9343	0.5798	0.6948	0.4446	5.7059
服務	0.9809	0.8955	0.8594	0.9837	0.4478	0.6309	0.4118	5.2100
技術	1.1567	1.0222	1.0701	1.2048	0.6121	0.6496	0.5038	6.2192
整體	1.0065	0.9388	0.9586	1.0443	0.5446	0.7059	0.3721	5.5707
column 和	7.2494	6.5276	6.5112	7.3864	3.8795	4.7218	3.0219	總平均 =0.8020

步驟五：總影響關係矩陣之行列運算

將總影響關係矩陣 (T) 內之每一列與每一行加總，可得各列之總和 (d 值) 與各行之總和 (r 值)。並計算 $d+r$ 與 $d-r$ 之值，結果如表 5-5 所示。

表 5-5 七構面總影響關係矩陣 T 之行列運算表

列的和 d		行的和 r		$d+r$ (因加果的強度)		$d-r$ (判斷因或果？)	
問題的順序	值	問題的順序	值	問題的順序	值	問題的順序	值
1 價格	4.9490	1 價格	7.2494	1 價格	12.1984	1 價格	-2.3004
2 交貨	5.1933	2 交貨	6.5276	2 交貨	11.7209	2 交貨	-1.3343
3 生產	6.4497	3 生產	6.5112	3 生產	12.9609	3 生產	-0.0615
4 品質	5.7059	4 品質	7.3864	4 品質	13.0923	4 品質	-1.6805
5 服務	5.2100	5 服務	3.8795	5 服務	9.0895	5 服務	1.3305
6 技術	6.2192	6 技術	4.7218	6 技術	10.941	6 技術	1.4974
7 整體	5.5707	7 整體	3.0219	7整 體	8.5926	7 整體	2.5488

步驟六：結果分析及繪製因果圖

經由表 5-5 之行列和 $(d+r)$ 及行列差 $(d-r)$ 之數值資料，分別以 $(d+r)$ 為

橫軸與 $(d-r)$ 為縱軸之交叉方式，將七評選構面依其座標值繪製於座標圖上，另外，為了呈現較顯著之因果關係，將總影響關係矩陣 (T) 內之值，透過門檻值的設定進行刪除以呈現較顯著的因果關係。其中，門檻值為總影響關係矩陣 (T) 內之值取算術平均數 (0.802)，最後，將大於或等於門檻值的數值依七構面之比較關係繪製於座標圖上，以取得各評選構面間直接關係因果圖，結果如圖 5-6 所示。

為了視覺簡化矩陣 T 之因果關係，假設我們以 t_{ij} 的總平均數 0.802 為門檻值，只保留 $t_{ij} > 0$ 的元素，並將結果整成表 5-6，即可輕易看出「服務」、「技術」、「整體」三者為「因群」，因為它們的 column 元素幾乎都為 0。

表 5-6　視覺簡化矩陣 T 的內容

T > 平均數	價格	交貨	生產	品質	服務	技術	整體
價格	0	0.8273	0.8237	0.9955	0	0	0
交貨	0.9806	0	0.9096	0.9839	0	0	0
生產	1.2128	1.1156	0.9274	1.2399	0	0.8040	0
品質	1.1131	0.9769	0.9624	0.9343	0	0	0
服務	0.9809	0.8955	0.8594	0.9837	0	0	0
技術	1.1567	1.0222	1.0701	1.2048	0	0	0
整體	1.0065	0.9388	0.9586	1.0443	0	0	0

$$\text{視覺簡化矩陣 } T = \begin{bmatrix} & \text{價格} & \text{交貨} & \text{生產} & \text{品質} & \text{服務} & \text{技術} & \text{整體} \\ \text{價格} & 0 & 0.8273 & 0.8237 & 0.9955 & 0 & 0 & 0 \\ \text{交貨} & 0.9806 & 0 & 0.9096 & 0.9839 & 0 & 0 & 0 \\ \text{生產} & 1.2128 & 1.1156 & 0.9274 & 1.2399 & 0 & 0.8040 & 0 \\ \text{品質} & 1.1131 & 0.9769 & 0.9624 & 0.9343 & 0 & 0 & 0 \\ \text{服務} & 0.9809 & 0.8955 & 0.8594 & 0.9837 & 0 & 0 & 0 \\ \text{技術} & 1.1567 & 1.0222 & 1.0701 & 1.2048 & 0 & 0 & 0 \\ \text{整體} & 1.0065 & 0.9388 & 0.9586 & 1.0443 & 0 & 0 & 0 \end{bmatrix}$$

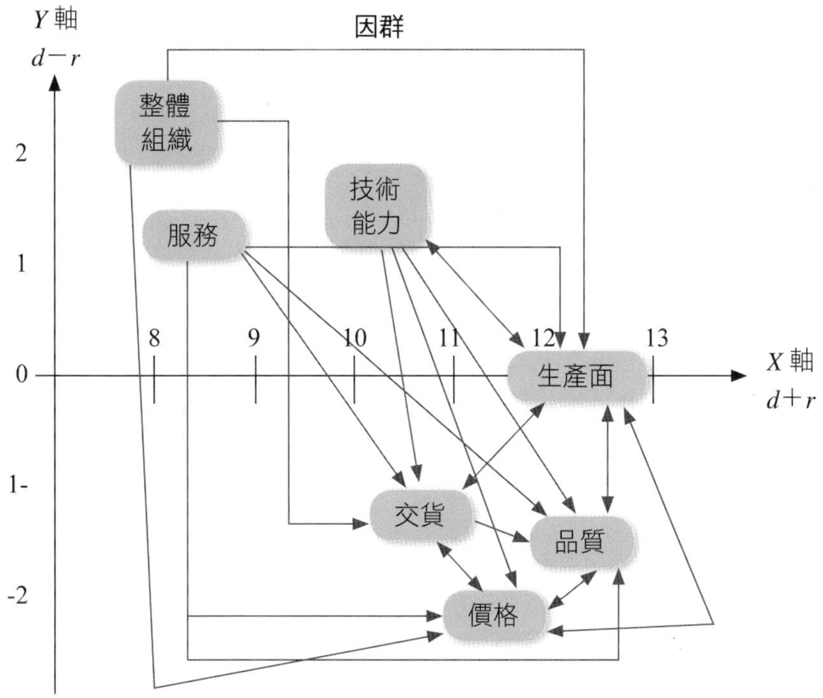

圖 5-6 DEMATE 範例七構面之因果圖

根據圖 5-6 因果圖，可看出七構面間複雜之因果關係。其中，品質、生產面、價格 (成本) 與交貨等四構面之數值，位於因果圖之 $d+r$ (關聯度) 右方之位置，而且這四構面，算出 $d+r$ 值均大於平均數 10.4276，因此可知此四個構面與其它構面相較之下關聯程度較大。另外，生產面、技術能力、服務與整體組織面等構面，因 $d-r$ 值大於0，表示其屬於「導致類」構面，即為因果關係中的「因」；品質、價格 (成本) 與交貨構面，因 $d-r$ 值小於 0，屬於被「影響類」構面，即因果關係中的「果」。

根據七構面因果圖，$d+r$ 為關聯度，若評選構面關聯度越高，代表其在供應商運作流程的重要程度也越高，供應商對於這些構面也有較大的意願改善，因此，從關聯度 ($d+r$) 來看，七構面中供應商可能較願意針對關聯度較高的品質、生產面、價格 (成本) 與交貨等構面進行改善。另外，當 $d-r$ (原因度) 為負，代表對供應商而言其偏向被影響構面，因此供應商對這類型構面較沒有改善的空間；若為正代表此類型構面為導致構面，供應商針對此類構面可調整改善的彈性較大。因此，從原因度 $(d-r)$ 來看，七構面中屬於導致類構面共有四個，分別為生產、技術能力、服務與整體組織面，若配合關聯度來看，供應商可針對生產面進行改善與調整，因其不僅關聯度為次高又屬於導致類元素，從生產面下手不僅僅改變生產面本身，也可能影響到其它構面之改善。

除了透過關聯度與原因度之分析，因果圖中箭頭方向也隱含重要之管理意涵。從七構面因果圖可發現，整體組織面與服務其箭頭方向皆指向其它構面，且無任何箭頭指向此兩個構面，代表所有導致類構面中，整體組織面與服務只會單向影響其它構面，卻不會受到其它構面之影響，因此，若供應商從此兩構面著手，將獲得最大之改善績效。舉例來說，若供應商針對服務構面進行績效改善，會直接影響生產、交貨、品質與價格 (成本) 等構面，而這四個構面受到影響而產生之變化卻不會影響服務構面；相對地，若供應商針對生產面進行改善，雖然會影響價格 (成本)、技術能力、交貨與品質等構面，但生產面本身卻也受到其它六個構面的影響，在雙向影響下可能因此削弱改善之程度。因此，從箭頭方向角度來看，供應商可針對整體組織面與服務進行效率改善。

綜合以上分析，亦即綜合因果圖中的關聯度、原因度與箭頭方向，整體組織面與服務為最值得供應商投入改善之構面，因這兩個構面皆屬於導致類構面，且其箭頭方向僅單向指向其它構面，表示若針對此兩構面進行改善，不僅可有效率的影響其它構面之改善，且不會受到其它構面反向之影響而削弱其改善程度。雖然關聯度 $(d+r)$ 代表構面在整個運作流程中之重要程度，亦即對供應商來說，品質是最重要之構面；服務相對較不重要。但藉由分析七構面之間因果關係，品質屬於因果關係當中的果，且從箭頭方向可發現品質受到其它六個構面之影響，單純針對品質做改善並無法獲得明顯之效果，若要使品質績效提升必須同時改善其它六個構面，如此改善幅度才有可能增加，而此提升之績效因包含雙向影響 (和生產、交貨與價格間為雙向影響) 而難以衡量；相對地，服務屬於因果關係當中的因，且其箭頭方向指向生產、交貨、價格與品質等構面，亦即針對服務做改善，不僅服務本身獲得改善，連帶生產、交貨、價格與品質等也會受到影響而使其績效提升，且此提升之績效，因服務並無受到其它構面之影響而容易被評估達成，因此，供應商若想達到較佳之績效改善，改善服務構面相較於改善品質構面將來的更有效率。最後根據關聯度、原因度與箭頭方向綜合判斷，服務為供應商從事改善之最佳選擇，因其不僅和整體組織面一樣屬於導致類構面，且箭頭方向

也單指向價格 (成本)、交貨、生產面與品質等構面，另外，服務構面關聯度又比整體組織面大，代表其在整體供應商評選流程中之重要程度大於整體組織面。因此，供應商若想達到最有效率之改善效果並使績效有效提升，應著手於服務構面之改善。

Chapter 6

網路分析法 ANP

本章數學符號，仍延用第二章之符號慣例，英文字母大寫代表「矩陣」；小寫代表「變數」。

當研究者運用AHP 進行研究時，常受限於此種方法所帶來的研究限制：假設決策準則 (或稱為變數) 彼此間相互獨立，毫無交互作用情形發生，此點不僅經常為其他研究學者所質疑，也不符合人類決策思考的歷程。

網路分析法 (Analytic Network Process，ANP) 是美國匹茲堡大學的 Saaty 教授於 1996 年提出的一種適應非獨立的「層階式結構」的決策方法，它是建立在層次分析法 (Analytic Hierarchy Process，AHP) 的基礎上，所延伸出來的新決策方法。

Saaty 將相依關係與回饋效果納入 (包括：集群內與集群間的交互作用及回饋效果) ANP。也就是說，ANP 是將 AHP 加上回饋 (feedback) 機制並運用超矩陣 (Supermatrix) 將相互依賴的影響程度運算求出。這些相互依存的特性可分為三種類型 (Weber 等，1990)：

1. 技術上的相互依存：對於某一方案與另一方案間彼此發展是快速或減緩，以及成功或失敗的背後主要因素。
2. 資源上的相互依存：因硬體及軟體之資源被分配於不同方案之間所造成的。亦即，資源若是被用在許多不同的方案而最後可達成二或三個方案的完成，這將要比把全部資源僅用於某一方案的完成所需要使用的資源 (硬體及軟體) 為少；換言之，若是將由某一方案所開發出來的軟體資源運用在另一 (第二) 個方案上，對組織而言，在利益上他們是具有相互依存的 (利益) 關係存在的。

3. 利益上的相互依存。

就組織 (如建設公司或土地開發公司) 而言，其透過此二個具有利益相互依存關係方案的實施，將可增加預期的效用。因此，當我們考慮方案間的相互依存關係此一特性時，它將可提供予一組織相當價值的成本降低以及更大的利潤矣。

總之，ANP「相依關係」不僅更貼近人類的思考模式，更讓原本制式化層級架構變成類似「變形蟲」般的複雜網絡，以利研究人員能夠更貼切地描述問題的特性，甚至去思考「先有雞還是先有蛋」等邏輯性問題。

6.1 網路分析法的由來

在研究多準則決策問題的方法中，傳統 AHP 法中的每一層 (level) 皆由不同之元素 (element) 組成一個節點 (node) 般的群組 (cluster/component)，藉由系統化的矩陣運算來處理眾多質化因子，並將客觀所得的數量化結果提供予決策者之參考依據。加上，近年來許多社會科學的研究方法亦發現，涉及決策的問題，通常不能單純地僅以階層化方式來表達問題內部具高度複雜之關聯性：(1) 問題之上、下層級間具某種程度的相互影響；(2) 位於低層之元素亦與高層之元素存在相互依存的特性。因此，網路分析法乃被提出以解決此類問題 (Jharkharia and Shankar, 2007)。此方法針對方案與準則間所存在的相互回饋 (feedback) 和損益做取捨 (trade-off) 關係，並應用超矩陣 (supermatrix) 的演算法來確認組織目標、準則及各替代方案的優先權。圖 6-1 為典型 ANP 網狀圖，其中，各群組 Cluster (以 C_i 表示，$i = 1, ..., n$) 與其所包含之元素 (群組 i 有 m_i 個元素，以 $e_{i1}, e_{i2}, ..., e_{im_i}$) 依序列於矩陣左側與上方，形成一個超矩陣以說明元素間之關係和強度。在超矩陣中若有空白或 0，則表示群組或元素間彼此相互獨立而無任何交互作用，其最大的好處是可以用來評估外部 (outer) 及內部 (inner) 二種不同的相依性。外部相依為群組與群組間相互影響之關係；內部相依則發生於同一群組內的各元素間。超矩陣是由數個子矩陣所組成，子矩陣則由元素與元素間彼此相互比對後的特徵向量 (eigen vector) 所形成。$\boldsymbol{W}_{n1}, \boldsymbol{W}_{n2} \cdots \boldsymbol{W}_{nn}$ 即為所得之特徵向量值。至於超矩陣中各行之值乃為隨機性的 (stochastic)，且其各行之值的總和為 1。同時此矩陣

$$W_{n\times n}=\begin{array}{cc}
 & \begin{array}{cccc} \overbrace{e_{11}e_{12}\cdots e_{1m_1}}^{C_1} & \overbrace{e_{21}e_{22}\cdots e_{2m_2}}^{C_2} & \cdots & \overbrace{e_{n1}e_{n2}\cdots e_{nm_n}}^{C_n} \end{array} \\
\begin{array}{c} C_1\begin{bmatrix} e_{11} \\ e_{12} \\ \vdots \\ e_{1m_1} \end{bmatrix} \\ C_2\begin{bmatrix} e_{21} \\ e_{22} \\ \vdots \\ e_{2m_2} \end{bmatrix} \\ \vdots \\ C_3\begin{bmatrix} e_{n1} \\ e_{n2} \\ \vdots \\ e_{nm_n} \end{bmatrix} \end{array} &
\begin{bmatrix} W_{11} & W_{12} & \cdots & W_{1n} \\ W_{21} & W_{22} & \cdots & W_{2n} \\ \vdots & \vdots & \ddots & \vdots \\ W_{n1} & W_{n2} & \cdots & W_{nn} \end{bmatrix}
\end{array}$$

圖 6-1 超矩陣 (supermatrix)

亦說明：若矩陣元素彼此相依，則矩陣多次相乘後將會得到一個收斂的極限值 $\lim_{k\to\infty} A^{2k+1}$；且此極值將固定不變，也就是最終求得之權值 (Saaty, 1996)。

ANP 首先將系統元素畫分為兩大部份：第一部份稱為控制因素層，包括問題目標及決策準則。所有的決策準則均被認為是彼此獨立的，且只受目標元素支配。控制因素中可以沒有決策準則，但至少有一個目標。控制層中每個準則的權重均可用 AHP 方法獲得。第二部份為網路層，它是由所有受控制層支配的元素組成的，其內部是互相影響的網路結構，元素之間互相依存、互相支配，元素和層次間內部不獨立，遞階層次結構中的每個準則支配的不是一個簡單的內部獨立的元素，而是一個互相依存，反饋的網路結構。控制層和網路層組成為典型 ANP 層次結構，見圖 6-2。

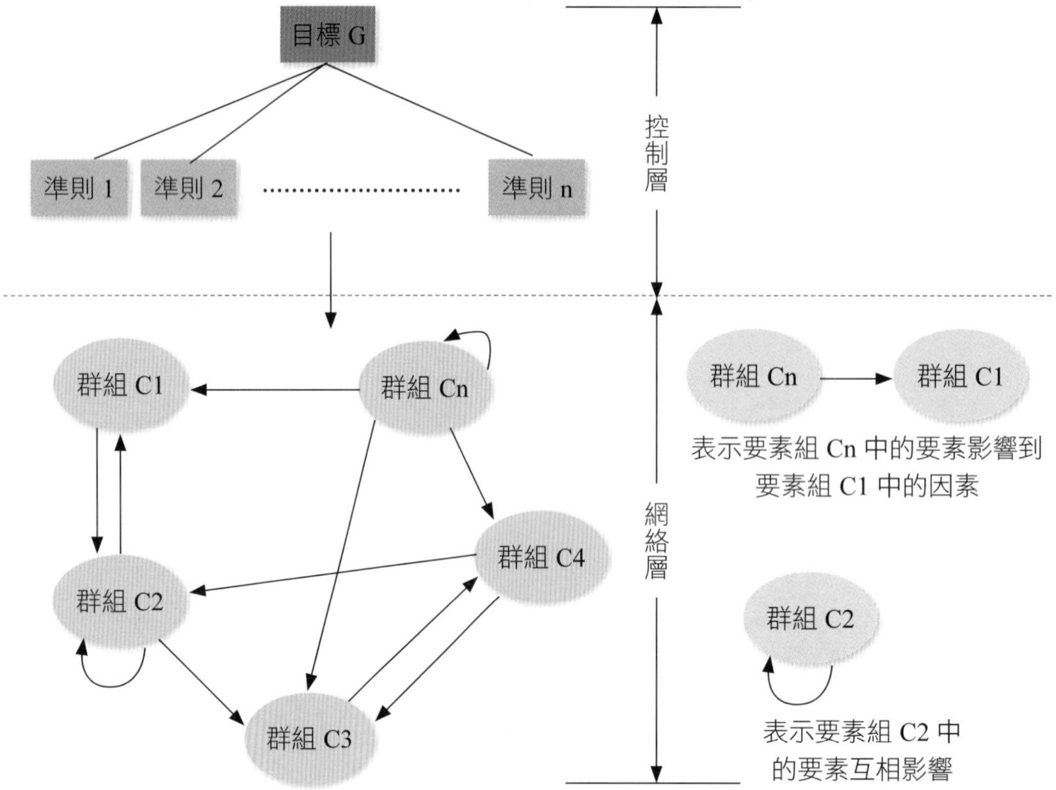

圖 6-2 網絡分析法的典型結構模式

迄今，ANP 法應用領域很廣，包括：

1. 教育/行政：以多準則來建構校務評鑑模式、校長人選之評估模式、結構化之課程設計 (學習路徑之診斷)、教育政策之分析模式。
2. 人管：高階管理才能評鑑模式、人員輪值三班制度對工作品質影響。
3. 土木/建築：邊坡滑動災害預測模式與感知監控系統之設計、溪流域颱洪脆弱度評估、建設公司住宅企劃方案優先順序選擇。
4. 財經：不動產證券化估價技術、台股選擇之多準則決策。
5. 企管：評定行銷資源與能力權重、以顧客關係管理建構內外部顧客滿意度之評估模式、六標準差專案之選擇。

6. 決策科學：多準則決策於生物科技園區區位選擇、液晶電視之生態效益評估。
7. 工業管理：航空貨物集散站經營績效評估、最佳產品設計方案之決策分析模式。
8. 行銷：產品開發關鍵因素之評估模式、影響契約產銷決策之評估。
9. 資訊管理：連鎖早餐店網站建構考量因素。
10. 農業行政：農田水利會會費補助政策分析。
11. 醫務管理：以 ANP 來決定醫院經營。

6.2 層級分析法與網路分析法之差異

AHP 法與 ANP 法主要差別，在於 AHP 法是用以解決當方案或準則間彼此為相互獨立 (independent) 時的相關問題，而ANP 法則被應用於方案或準則間彼此為相互依存 (interdependent) 關係的相關問題。

ANP 法設定各目標之優先權值，以及明確訂定出各目標及準則間的網路形式架構關係和相互依存之階層關係，此乃 ANP 法應用上最重要的功能。圖 6-3 分別描述傳統 AHP 和 ANP 不同的線性、非線性架構及其相應對之超矩陣。而超矩陣 $\boldsymbol{W}_h$ 和 $\boldsymbol{W}_n$ 中各個子矩陣 ($\boldsymbol{W}_{32}$, $\boldsymbol{W}_{22}$, $\boldsymbol{W}_{23}$, …) 各行的特徵向量集，表示每一節點所呈現對於相對應節點的衡量等級 (scale) 或相對優先性 (relative dominance)。直線表示「上、下層級」間具直接影響 (如 $\boldsymbol{w}_{21}$ 和 $\boldsymbol{W}_{32}$)，乃是一外部依存關係；弧線亦可表示「外部依存性」(群組 i 影響群組 j)；而迴路則表示此組群存有「內部相依性」(如 $\boldsymbol{W}_{22}$)；至於箭頭方向，則說明群組間的「單向依存關係」(如「節點 2」層屬依附於「節點 1」) (Saaty & Takizawa，1986)。

層級分析法 (AHP) 與網路分析法 (ANP) 兩者的比較，如表 6-1、表 6-2 歸納。

Saaty 提出群組 (Node, Cluster) 與要素 (element) 兩個詞彙來說明網路分析法的特質，表 6-3 做為對照。其中，要素就是準則或指標，同性質的要素歸納成同一類，可稱為群組或者成份 (component)。

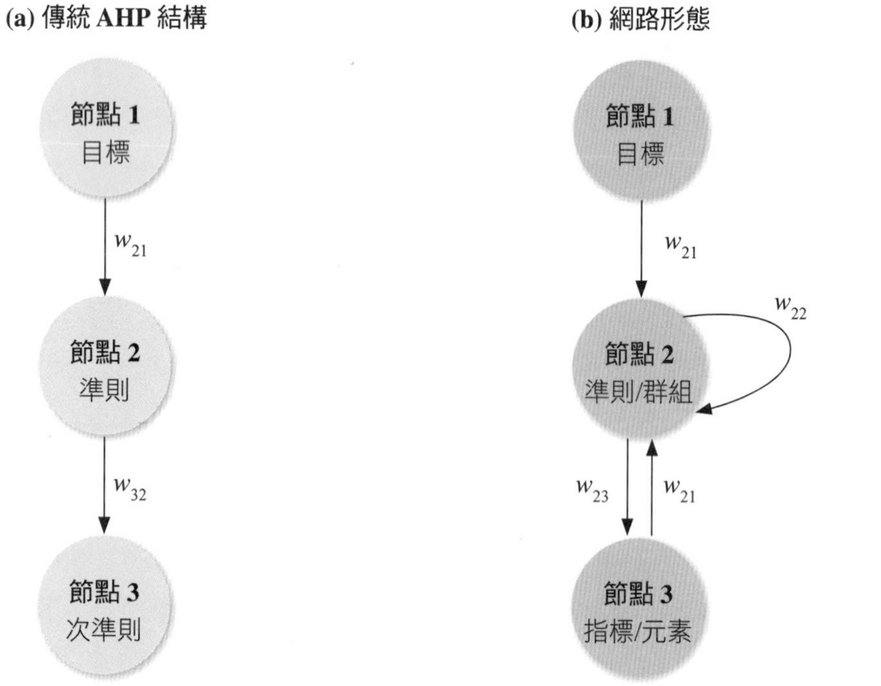

$$\begin{array}{cc} & \begin{array}{ccc}\text{節點 1} & \text{節點 2} & \text{節點 3}\end{array} \\ W_h = \begin{array}{c}\text{節點 1}\\ \text{節點 2}\\ \text{節點 3}\end{array} & \begin{bmatrix} 0 & 0 & 0 \\ w_{21} & 0 & 0 \\ 0 & W_{32} & I \end{bmatrix}\end{array}$$

$$\begin{array}{cc} & \begin{array}{ccc}\text{節點 1} & \text{節點 2} & \text{節點 3}\end{array} \\ W_n = \begin{array}{c}\text{節點 1}\\ \text{節點 2}\\ \text{節點 3}\end{array} & \begin{bmatrix} 0 & 0 & 0 \\ w_{21} & W_{22} & W_{23} \\ 0 & W_{32} & I \end{bmatrix}\end{array}$$

圖 6-3 (a) 線性結構 v.s (b) 非線性結構與其對應之超矩陣

表 6-1 層級分析法與網路分析法之對照表

項目	層級分析法 (AHP)	網路分析法 (ANP)
層級關係	層級的要素間相互獨立	層級及各元素據有回饋關係，內部及外部具有相依性
結構特性	線性階層結構：目標 → 準則 / 構面 → 次準則 → 替選方案	非線性的網路結構：目標 → 群組 (cluster) / 成份 (component) ↔ 要素 (element) → 替選方案
權重計算	成對比較矩陣	超矩陣
分析軟體	Expert Choice、Choice Maker、Excel 等	Super Decision 軟體，Excel 等

表 6-2 層級分析法與網路分析法之架構比較

	層級分析法 (AHP)	網路分析法 (ANP)
問題的架構	包含：主目標 (goal)、次目標 (subgoals)、時間範圍 (timehorizons)、事態 (scenarios)、參與者 (actors) 及利害關係人 (stakeholder) 的目標 (objectives) 及政策 (policies)、準則 (criteria)、次準則 (subcriteria)、貢獻 (attributes) 和選擇方案 (alternatives)。	
假定 (assumption)	1. 各個系統可被分解成許多種類或成份，並形成像簡易層級結構的網路。 2. 層級結構中，每一層的要素均假設具有獨立性。	1. 各個系統可被分解成許多種類或成份，形成網路式層級結構較為複雜。 2. 層級結構中，每一層的要素並不具有獨立性。
元素間關係	相互獨立。只允許同層級元素相關，層與層間元素各自獨立且影響方向為由上層自下層。	相互依賴。 層與層間元素互相依賴。
結構特性	線性結構	非線性結構
回饋關係	無回饋關係	存在著相互回饋關係
權重計算	成對比較矩陣 A	超矩陣
元素比較基礎	以「目標」為元素比較基礎	以「指定評估項目」為元素比較基礎
分析與評估	1. 評價準則數目 4～7 個為佳 2. 推導出比例尺度 3. 綜合、排序方案 4. 同時評分選擇方案 5. 探討利益、機會、成本與風險層級	1. 評價過程受準則影響 2. 分控制 (或系統) 層及網路層 3. 極限超矩陣運算及最佳方案選擇 4. 準則之間具不可縮減、可循環的特性 5. 做超矩陣推演比較群組之間的關係 6. 綜合控制層的利益、成本、機會及風險 7. 計算極限化超矩陣
決策分析	1. 決策過程與人類思考方式接近 2. 決策者可依實際情況作最佳決策 3. 決策結果可進一步做敏感度分析，可瞭解問題中哪些準則的改變對結果影響最大 4. 決策者可修正分析結果並從分析過程中學習解決問題的思考方式	分析原理與類神經網路節點類似。

表 6-3 層級分析法與網路分析法之名詞比較表

	AHP	網路分析法 (ANP)
第一層	最終目標	最終目標 (goal)
第二層	構面	群組 (cluster)、成份 (component)
第三層	準則、指標	要素 (element)
最底層	替選方案	替選方案

從圖 6-4 所示 ANP 圖中，可明顯看到，「群組」(Node) 彼此已經不是相互獨立，各個群組之間存有不同種類的箭頭，所聯繫而成的網路圖，整體來說就是一種相依的關係。常見人們繪製 ANP 圖，有二種方式：一群決策者以共識決「主觀」地建構網路圖；或以詮釋結構模式 (ISM)「客觀」系統化來建構網路圖。

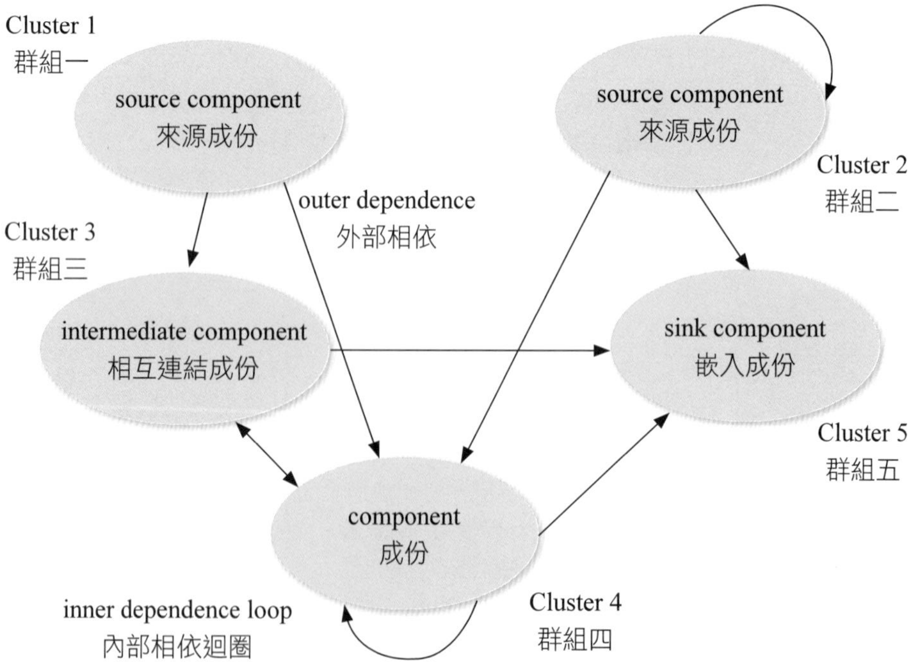

圖 6-4 群組之間的相依系統網路圖 (Saaty，1999)

圖 6-4，提供許多細節的資訊。例如群組一 (以下簡稱 C1，以此類推) 的箭頭指向群組四，這種群組之間的關聯 (或者群組內的要素影響另一個群組的要素)，稱作外部相依 (outer dependence)，C2 和 C4 指向自己的迴圈，表示本身群組內的關聯，即下層的要素仍有相互依存的關係，是為內部相依 (inner dependence)。至於 C1 與 C2，其箭頭皆朝外 (沒有朝內箭頭)，叫做來源成份 (source component)，它單純對其他造成影響，卻沒有任何群組作用到自己；恰好與它相反的是有嵌入成份 (sink component) 特性的群組，只單純地接收別人施加的影響，如同 C5；而同時擁有兩特性 (有朝內及朝外箭頭) 的 C3，則稱作相互連結成份 (intermediate component)。

ANP 計算的過程，類似 AHP 步驟，但並不是所有的要素皆會影響到其他的要素，此時用 0 代表兩者之間的關係。最後，將全部集群的要素分別列於矩陣的左方與上方，形成一個完整的綜合矩陣，稱為「超矩陣」(super matrix)。

超矩陣的數值擺放方式，有三種：(1) 只對影響自己的要素做兩兩重要性比較，而本身數值給予 0；(2) 同樣只對影響自己的要素做兩兩比較，但是本身數值必定給予 1 (如此一來，特徵向量數值之總和會大於 1)；(3) 自己與對其本身造成影響之要素一同進行兩兩比較。眾多學者較常採用最後一種的數值擺放方式，原因在於後續權重的計算上是應用矩陣相乘，該方法能確保計算結果的數值總和為 1。

延用圖 6-4 的相依系統網路來解釋超矩陣，圖中，C 代表群組 (所以共有五個)，e 代表要素，超矩陣是由數個特徵向量 (eigen vectors) 所組成 (w_{nn})，乃要素與要素成對比較的結果。舉例說明，w_{11} 是屬於 C_1 下 e_{11} 要素的特徵向量，由於 C1 並無受到任何群組的影響，所以僅有要素自己的得分，故權重給分上為滿分 1 分，隱含要素之間互相獨立。其他皆毫無關連，數值就是 0 (未填上符號的空格皆為 0)。

再來是 w_{22}，是 C_2 下 e_{22} 要素的特徵向量，同樣地，C_2 也未受到任何群組的影響，然而卻存在內部相依的迴圈，所以在欄與列皆為 C_2 的狀態時，要素之間會有自我成對比較 (這裡可以進一步去觀察整個超矩陣的對角線，圖 6-4 的 C_2 與 C_4 因為都有內部相依，所以在形態上就會跟 C_3 和 C_5 有所不同，前者群組內的要素有自我成對比較，後者只有單純的對角線對應)；若是該要素未受其他要素的影響，其值必為 1，理由同 w_{11} 的說明。最後看到 w_{52}，是 C_5 下 e_{52} 要素的特

		C1				C2				C3				C4				C5			
		e11	e12	…	e1n	e21	e22	…	e2n	e31	e32	…	e3n	e41	e42	…	e4n	e51	e52	…	e5n
C1	e11	1								●				●	●	●	●				
	e12		1								●		●		●						
	:			1						●		●	●								
	e1n				1						●			●							
C2	e21					●			●					●	●	●	●	●	●		●
	e22					●	1	●													●
	:							●	●											●	
	e2n								●						●					●	●
C3	e31									●									●		
	e32										●								●		●
	:											●							●	●	●
	e3n												●								
C4	e41									●	●			●				●			
	e42									●	●		●		●					●	
	:									●			●			●				●	●
	e4n										●	●	●				●	●		●	
C5	e51																	●			
	e52																		●		
	:																			●	
	e5n																				●
		↑					↑				↑				↑				↑		
		w11	w12	…	w1n	w21	w22	…	w2n	w31	w32	…	w3n	w41	w42	…	w4n	w51	w52	…	w5n

圖 6-5 超矩陣 (以圖 6-4 為例)

徵向量，所以除了自己之外，還同時受到 C_2、C_3 的影響。

圖 6-5 的超矩陣是由全部要素的特徵向量所形成的，如果考量到整個階層架構，甚至是網路形式，將會變成圖 6-6a 或圖 6-6b 的矩陣。其中，0 表示之間沒有相互影響；小寫 w_{21} 代表「Node 1」對於各個「Node 2」重要性影響之特徵向量，大寫 W_{32} 則是每個「Node 2」對於底下其「Node 3」重要性之特徵向量矩陣；w_{43} 是代表「Node 3」對每一個「Node 4」的重要性之成對比較矩陣；至於 I 為單位矩陣，也就是對角線為 1，其餘為 0 的矩陣，隱含要素之間彼此獨立。

圖 6-6a 並未使用到圖 6-5 全部要素進行兩兩比較的超矩陣，可是在圖 6-6b 的 W_{33} 就把圖 6-5 的超矩陣 ($W=W_{33}$) 放進來了，W_{22} 代表「Node 2」要素與要素之間有相互關係；W_{23} 則為「Node 3」回頭影響到「Node 2」，回饋意涵即在此。

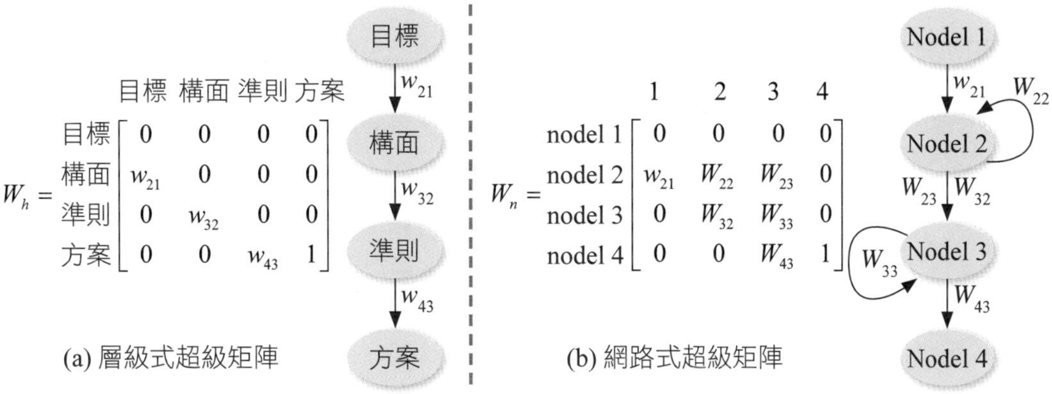

(a) 層級式超級矩陣　(b) 網路式超級矩陣

圖 6-6 兩種結構之超矩陣

整個網路分析法計算過程包含三個超矩陣，分別是原始矩陣 (initial super matrix)、加權矩陣 (weighted super matrix) 和極限矩陣 (limiting global super matrix)，可想而知，複雜程度提高，所以在運算上更須統計軟體 Super Decision (http://www.superdecisions.com) 來輔助。

6.3 ANP 分析流程

一、網路分析法的決策程序

1. 準則比較假設各準則彼此是獨立的兩兩比較得出準則權重。
2. 以各準則為主比較各專案之權重，假設各專案之間彼此獨立。
3. 考量各準則間相互依賴的關係。
4. 就各準則條件下考量各專案間相互依賴的關係。
5. 從步驟 1 到步驟 3，綜合計算各準則相互依賴情況下的權重。
6. 從步驟 2 和步驟 4，綜合計算各準則情況下各專案的權重。
7. 最後，綜合步驟 5 和步驟 6，計算得出各專案的權重。

ANP 分析法有 5 個步驟，如圖 6-7 所示：

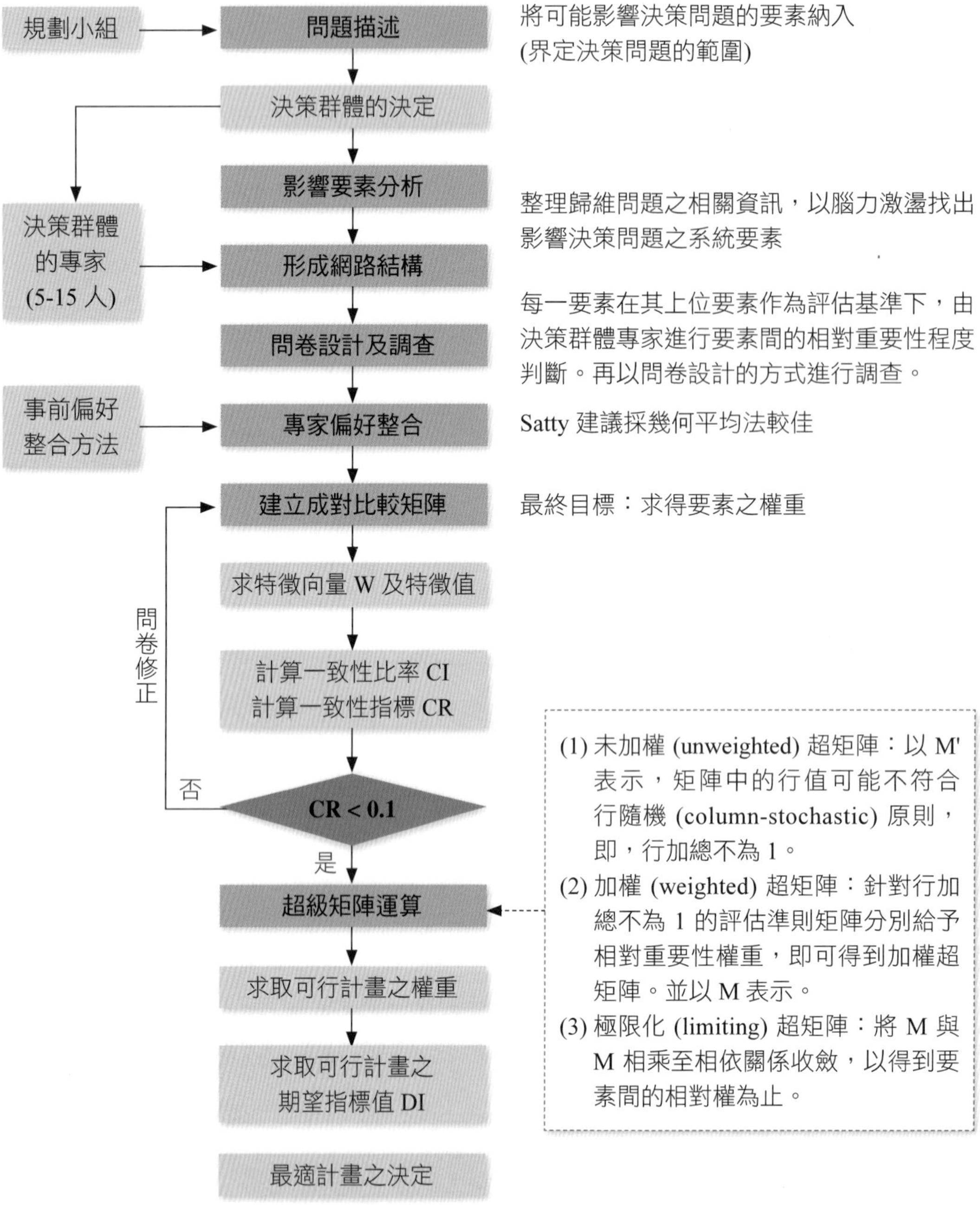
規劃小組
問題描述
將可能影響決策問題的要素納入
(界定決策問題的範圍)
決策群體的決定
影響要素分析
整理歸維問題之相關資訊，以腦力激盪找出
影響決策問題之系統要素
決策群體
的專家
(5-15 人)
形成網路結構
每一要素在其上位要素作為評估基準下，由
決策群體專家進行要素間的相對重要性程度
判斷。再以問卷設計的方式進行調查。
問卷設計及調查
事前偏好
整合方法
專家偏好整合
Satty 建議採幾何平均法較佳
建立成對比較矩陣
最終目標：求得要素之權重
求特徵向量 W 及特徵值
問
卷
修
正
計算一致性比率 CI
計算一致性指標 CR
否
CR < 0.1
是
超級矩陣運算
(1) 未加權 (unweighted) 超矩陣：以 M' 表示，矩陣中的行值可能不符合行隨機 (column-stochastic) 原則，即，行加總不為 1。
(2) 加權 (weighted) 超矩陣：針對行加總不為 1 的評估準則矩陣分別給予相對重要性權重，即可得到加權超矩陣。並以 M 表示。
(3) 極限化 (limiting) 超矩陣：將 M 與 M 相乘至相依關係收斂，以得到要素間的相對權為止。
求取可行計畫之權重
求取可行計畫之
期望指標值 DI
最適計畫之決定

圖 6-7 典型 ANP 分析流程

步驟 1. 形成架構與問題

圖 6-9 ANP 分析為例，該層級型 ANP 的最上層是目標 (Goal)，再來是五個構面 (Clusters，群組)，各個構面下又有相對應的評估指標 (elements，要素)。

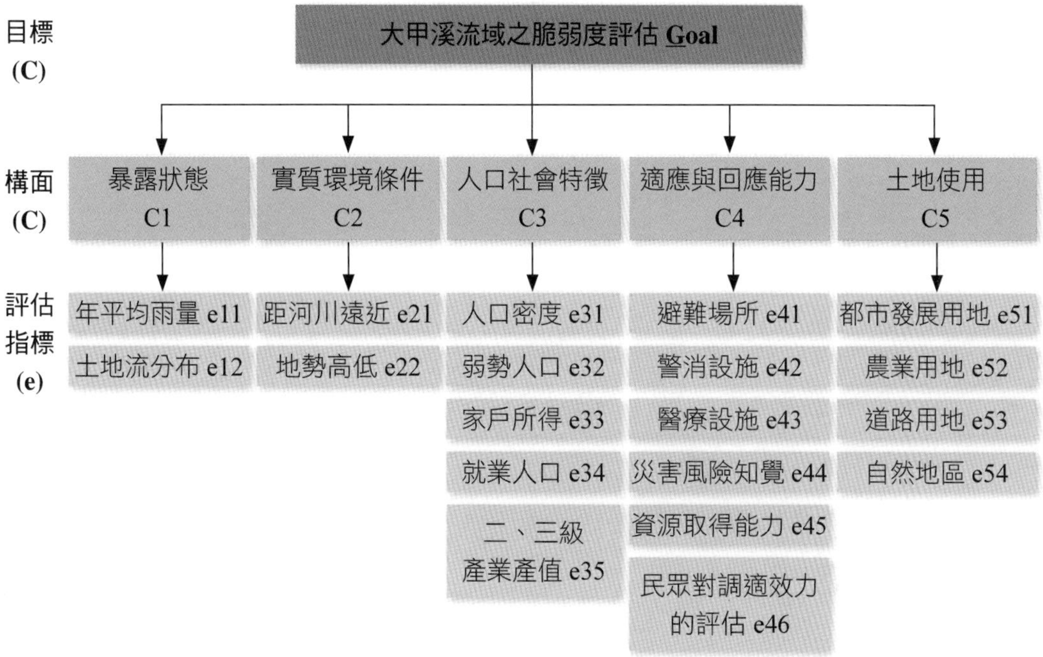

圖 6-8 ANP 分析之層級圖 (陳令韡，2009)

圖 6-9 ANP 架構，其對應的超矩陣，如圖 6-10。在大甲溪脆弱度評估五個構面之間存有相互依存關係。首先是「C1 暴露狀態」，其程度的高低，會影響到當地的「C4 調適與回應能力」和「C5 土地使用」的劃設考量；「C2 實質環境條件」會影響到「C1 暴露狀態」；「C5 土地使用」則會影響此區「C3 人口社會經濟特徵」的發展。此外，除了「C2 實質環境條件」，另外四個構面，其內部的評估指標都存在內部相依 (陳令韡，2009)。

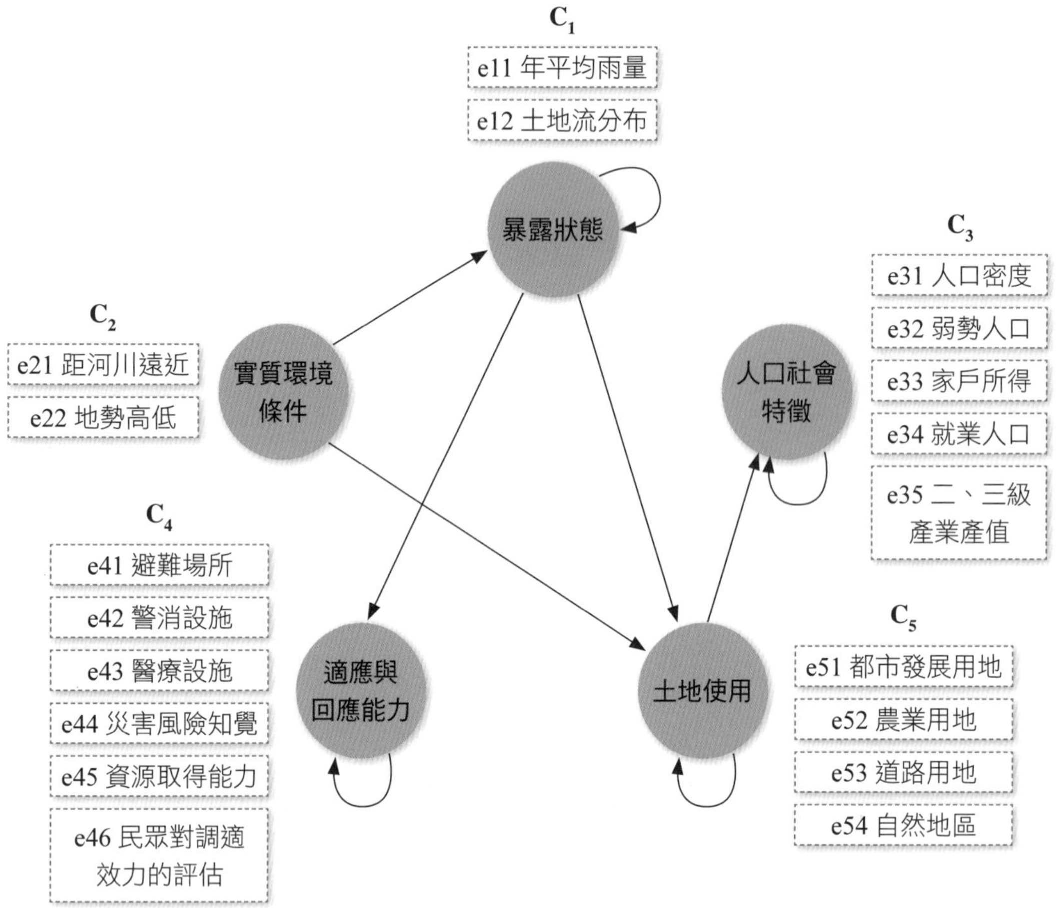

圖 6-9 ANP 之網路結構 (陳令韡，2009)

		C1		C2		C3					C4						C5			
		e11	e12	e21	e22	e31	e32	e33	e34	e35	e41	e42	e43	e44	e45	e46	e51	e52	e53	e54
C1	e11		●											●	●	●	●	●	●	
	e12		●											●	●	●	●	●	●	
C2	e21																●	●	●	
	e22		●														●	●	●	
C3	e31																			
	e32						●	●	●	●										
	e33						●	●												
	e34							●	●	●										
	e35							●		●										
C4	e41														●					
	e42											●	●		●					
	e43											●	●		●					
	e44													●	●	●				
	e45														●	●				
	e46													●	●	●				
C5	e51						●	●	●	●							●	●	●	
	e52						●	●	●	●							●	●	●	
	e53																●	●	●	
	e54														●					
		↑					↑					↑						↑		
		w11	w12	w21	w22	w31	w32	w33	w34	w35	w41	w42	w43	w44	w45	w46	w51	w52	w53	w54

圖 6-10 超矩陣 (以圖 6-9 為例)

步驟 2. 問卷設計

ANP 問卷內容，係以 AHP 為基礎。在此，ANP 專家問卷 (N＝6 人的「共識值」)，可分三部份：

第一部份是「構面與評估指標之相對重要性比較」，對照圖 6-10，就是估計特徵向量 w_1 和矩陣 W_2；第二部份是「構面之間的相依性比較」，亦即獲得矩陣 W_3；第三部份則為「評估指標之間的相依性比較」，可求得矩陣 W_4。

不論在哪個部份，所有填寫的格式皆為兩個要素的成對比較。表 6-6 就是為了估計特徵向量 w_1 所設計的表格，6 名專家意見採「共識值」來回答問卷，首先以 C_1 為評準，分別做 C_1 比 C_2、C_1 比 C_3 等，直到所有的構面皆完成兩兩比較

為止 (共比較 [n (n－1)/2]＝10 次)。

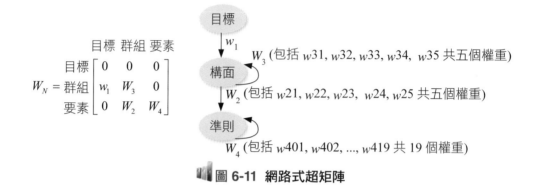

$$W_N = \begin{array}{c} \text{目標} \\ \text{群組} \\ \text{要素} \end{array} \overset{\begin{array}{ccc}\text{目標} & \text{群組} & \text{要素}\end{array}}{\begin{bmatrix} 0 & 0 & 0 \\ w_1 & W_3 & 0 \\ 0 & W_2 & W_4 \end{bmatrix}}$$

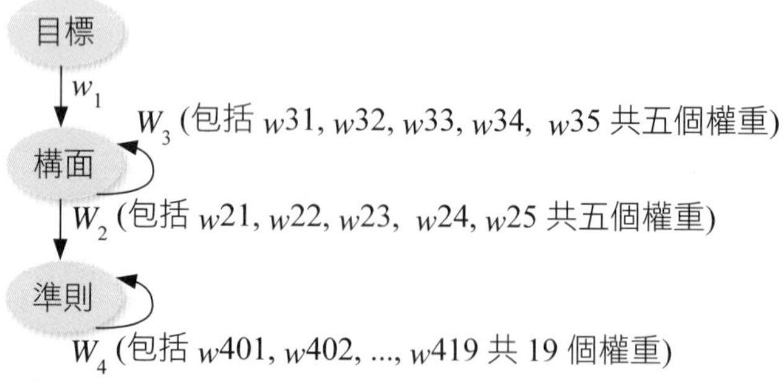

圖 6-11　網路式超矩陣

表 6-4　脆弱度 Goal 的五個群組 C 成對比較之問卷「Q1-1」

(N＝6 人「共識值」，特徵向量 w_1)

構面之間兩兩評比

成對比較值 / 項目	絕對強	極強	頗強	稍強	相等	稍不強	頗不強	極不強	絕對不強	成對比較值 / 項目
	9：1	7：1	5 | 4	3：1	1：1	3 | 4	1：5	1：7	1：9	
C1			✓							C2
C1										C3
C1										C4
C1							✓			C5
C2						✓				C3
C2							✓			C4
C2								✓		C5
C3							✓			C4
C3							✓			C3

步驟 3. 特徵向量 W 及一致性檢定

表 6-5 特徵向量 w_1 的問卷數據

	c1	c2	c3	c4	c5	幾何平均	正規化 w1
c1	1	4	1	1	1/5	0.956	0.135
c2	1/4	1	1/4	1/5	1/7	0.282	0.040
c3	1	4	1	1	1/5	0.956	0.135
c4	1	5	1	1	1/5	1.000	0.141
c5	5	7	5	5	1	3.876	0.548
						7.071	$\sum=1$
$\lambda_{max}=5.161$ C.I.＝0.04						R.I＝1.12	C.R＝0.036

以本例子的問卷作以下計算過程的說明。第一部份是「構面與評估指標之相對重要性比較」，實際上就是以往分析層級分析法的計算過程，將會求得特徵向量 w_1 和矩陣 W_2 (圖 6-11)；至於問卷的二、三部份，是網路分析法另外要考量的。當中計算的基礎。完整問卷對應的矩陣 W_i，如表 6-6。

表 6-6 全部問卷對應的矩陣 *Wi* (陳令韡，2009)

矩陣名稱		問卷說明	題號
		第一部份：構面與評估指標之相對重要性比較	
W1	–	脆弱度 Goal	Q1-1
W2	w21	暴露狀態的評估指標	Q1-2
	w22	實質環境條件的評估指標	Q1-3
	w23	人口社會經濟特徵的評估指標	Q1-4
	w24	調適與回應能力的評估指標	Q1-5
	w25	土地使用的評估指標	Q1-6

表 6-6 全部問卷對應的矩陣 Wi (陳令韡，2009) (續)

矩陣名稱		問卷說明	題號
		第二部份、構面之間的相依性比較	
W3	w31	以暴露條件的構面為基準	Q2-1
	w32	以實質環境條件的構面為基準－	
	w33	以人口社會經濟特徵的構面為基準	Q2-2
	w34	以調適與回應能力的構面為基準	Q2-3
	w35	以土地使用的構面為基準	Q2-4
		第三部份、評估指標之間的相依性比較	
W4	w401	以「暴露條件」當中的「年平均雨量」為基準－	
	w402	以「暴露條件」當中的「土石流分布」為基準	Q3-1
	w403	以「實質環境條件」當中的「距河川遠近」為基準－	
	w404	以「實質環境條件」當中的「地勢高低」為基準－	
	w405	以「人口社會經濟特徵」當中的「人口密度」為基	Q3-2
	w406	以「人口社會經濟特徵」當中的「弱勢人口」為基準	Q3-3
	w407	以「人口社會經濟特徵」當中的「家戶所得」為基準	Q3-4
	w408	以「人口社會經濟特徵」當中的「就業人口」為基準	Q3-5
	w409	以「人口社會經濟特徵」當中的「二、三級產業產值」為基準	Q3-6
	w410	以「調適與回應能力」當中的「避難場所」為基準－	
	w411	以「調適與回應能力」當中的「警消設施」為基準	Q3-7
	w412	以「調適與回應能力」當中的「醫療設施」為基準	Q3-8
	w413	以「調適與回應能力」當中的「災害風險知覺」為基準	Q3-9
	w414	以「調適與回應能力」當中的「資源取得能力」為基準	Q3-10
	w415	以「調適與回應能力」當中的「民眾對調適效力的評估」基準	Q3-11
	w416	以「土地使用」當中的「都市發展用地」為基準	Q3-12
	w417	以「土地使用」當中的「農業用地」為基準	Q3-13
	w418	以「土地使用」當中的「自然地區」為基準	Q3-14
	w419	以「土地使用」當中的「道路用地」為基準	

1. 估計特徵向量 $W w_1$

表 6-4 是其中一部份填寫好的問卷，為構面與構面之間的兩兩重要性比較。首先，當專家在第一列左邊的「4」作標記，代表「暴露狀態比實質環境條件重要 4 倍」，對照表 6-5，可在 C2 欄 C1 列鍵入 4。「暴露狀態」，扣除自己總共會與其他構面比較四次，結果依序填入，而灰色底的儲存格都是透過表 4-65 問收問卷所求得。此外，表 6-4 對角線皆為 1，至於對角線的左邊，是原先數值的倒數 (正倒值矩陣)，那麼 C1 欄 C2 列就是 4 的倒數：1/4。如此類推。

於是，當 C_5 列都進行完兩兩比較的時候，就能算出幾何平均，如式 (2)。緊接著，把每列的幾何平均加總 (3)，將 C_5 列的幾何平均除以幾何平均加總，就能得到 C5 列的特徵值，如式 (4)，也稱正規化幾何平均數 (normalized geometric mean)。C1 到 C5 所有的特徵值，則會形成最後欲知的「特徵向量」w_1。

$$\sqrt[5]{5\times7\times5\times5\times1}=3.876 \tag{2}$$

$$0.956+0.282+0.956+1.000+3.876=7.071 \tag{3}$$

$$\frac{3.876}{7.071}=0.548 \tag{4}$$

$$\text{特徵向量 } w_1=\begin{bmatrix}0.135\\0.040\\0.135\\0.141\\0.548\end{bmatrix}$$

2. 估計特徵向量矩陣 W_2

以下是評估指標之相對重要性比較。由於本例子有五個構面，於是會產生五組的特徵向量，分別給予 w_{21} (「暴露狀態」的評估指標，下頁表 6-7)、w_{22} (「實質環境條件」的評估指標，表 6-8)、w_{23} (「人口社會經濟特徵」的評估指標，表 6-9)、w_{24} (「調適與回應能力」的評估指標，表 6-10)、w_{25} (「土地使用」的評估指標，表 6-11) 的編號。而五個特徵向量形成一個矩陣，亦即是 W_2。

計算步驟仍然與前述相同，而特徵向量隱含專家對於評估指標的權重得分。單以此填答的結果分析，在「年平均雨量」和「土石流分布」的比較上 (w_{21})，前者特徵值為 0.875，後者是 0.125，所以該專家認為「年平均雨量」相對重要許多。再看到 w_{25}，全部特徵值皆為 0.250，代表「土地使用」構面下的所有評估指標同等重要。此外，特徵值總和必為 1。

表 6-7 特徵向量 *w*21 的問卷數據 (陳令韡，2009)

	e11	e12				幾何平均	正規化 w21
e11	1	7				2.646	0.875
e12	1/7	1				0.378	0.125
						3.024	$\sum=1$
$\lambda_{max}=2.000$	C.I.＝0.00					R.I＝0.00	C.R＝0.000

表 6-8 特徵向量 *w*22 的問卷數據

	e21	e22				幾何平均	正規化 w22
e21	1	1/7				0.378	0.125
e22	7	1				2.646	0.875
						3.024	$\sum=1$
$\lambda_{max}=2.000$	C.I.＝0.00					R.I＝0.00	C.R＝0.000

表 6-9 特徵向量 *w*23 的問卷數據

	e31	e32	e33	e34	e35	幾何平均	正規化 w23
e31	1	1/6	1/6	1/3	1	0.392	0.054
e32	6	1	1	4	7	2.787	0.386
e33	6	1	1	4	7	2.787	0.386
e34	3	1/4	1/4	1	3	0.891	0.123
e35	1	1/7	1/7	1/3	1	0.369	0.051
						7.225	$\sum=1$
$\lambda_{max}=5.064$	C.I.＝0.016					R.I＝1.12	C.R＝0.014

表 6-10 特徵向量 $w24$ 的問卷數據

	e41	e42	e43	e44	e45	e46	幾何平均	正規化 w24
e41	1	1	1	1/3	1/9	1/5	0.442	0.042
e42	1	1	14	1/3	1/9	1/5	0.442	0.042
e43	1	1	1	1/3	1/9	1/5	0.442	0.042
e44	3	3	3	1	1/9	1/4	0.953	0.091
e45	9	9	9	9	1	9	6.240	0.596
e46	5	5	5	4	1/9	1	1.953	0.187
							10.471	$\sum=1$
$\lambda_{max}=5.064$ C.I.＝0.91							R.I＝1.24	C.R＝0.073

表 6-11 特徵向量 $w25$ 的問卷數據

	e51	e52	e53	e54		幾何平均	正規化 w25
e51	1	1	1	1		1.000	0.250
e52	1	1	1	1		1.000	0.250
e53	1	1	1	1		1.000	0.250
e54	1	1	1	1		1.000	0.250
						4.000	$\sum=1$
$\lambda_{max}=4.00$ C.I.＝0.00						R.I＝0.90	C.R＝0.000

$$w_{21}=\begin{bmatrix}0.875\\0.125\end{bmatrix}, w_{22}=\begin{bmatrix}0.125\\0.875\end{bmatrix}, w_{23}=\begin{bmatrix}0.054\\0.386\\0.386\\0.123\\0.051\end{bmatrix}, w_{24}=\begin{bmatrix}0.042\\0.042\\0.042\\0.091\\0.596\\0.187\end{bmatrix}, w_{25}=\begin{bmatrix}0.250\\0.250\\0.250\\0.250\end{bmatrix}$$

一致性比率是由一致性指標 (Consistency Index，C.I.) 除以隨機指標 (RandomIndex，R.I.) 得來的，只要結果小於或等於 0.1，皆是可以容許的偏誤範

圍 (1 式)，否則視為無效問卷，或者尋求專家再重填一次。一致性指標為判斷一致性高低的評量標準 (2 式)，當中 λ_{max} 稱作最大特徵值；再經查表 6-12，即可求得對應階數 (要素之個數：n) 的隨機指標。

$$C.R. = \frac{C.I.}{R.I} \leq 0.1 \tag{1}$$

$$C.I. = \frac{\lambda_{max} - n.}{n-1} \tag{2}$$

表 6-12 隨機指標表 (R.I. 表)

階數	1	2	3	4	5	6	7	8	9	10
R.I.	0.00	0.00	0.58	0.90	1.12	1.24	1.32	1.41	1.45	1.49

步驟 4. 層級的一致性比率 (Consistency Ratio of the Hierarchy，C.R.H.) 檢定

由於層級結構中，各個層級間的重要性等級都不一樣 (譬如本例子就有構面、評估指標兩個層級)，所以必須測試整個層級結構是否具有一致性，即層級的一致性比率檢定。其由層級一致性指標 (Consistency Index of the Hierarchy，C.I.H.) 去除以層級隨機指標 (Random Index of the Hierarchy，R.I.H.)，若小於或等於 0.1，則表示整個層級的一致性可接受 (3 式)。

$$C.R.H. = \frac{C.I.H.}{R.I.H} = \frac{\text{各階層一致性指標總和}}{\text{各階層隨機指標總和}} \leq 0.1 \tag{3}$$

本例子來說，構面階層的 C.I. 為 0.040，再去加上評估指標所有的 C.I.，即可求出層級一致性指標 (4 式)，而層級隨機指標同樣加總所有的 R.I. 即可獲得 (5 式)，最後相除求得層級的一致性比率 (6 式)。

$$0.040 + (0.00 + 0.00 + 0.016 + 0.091) = 0.147 = \text{C.I.H.} \tag{4}$$

$$1.12 + (0.00 + 0.00 + 1.12 + 1.24 + 0.90) = 4.380 = \text{R.I.H.} \tag{5}$$

$$\frac{0.147}{4.380} = 0.034 = C.R.H. \tag{6}$$

步驟 5. 超矩陣運算與指標權重之估計

1. 超矩陣運算

超矩陣 (Supermatrix) 係為解決系統中各準則和要素具相依性之方法，超矩陣是由多個子矩陣所組合而成，每一個子矩陣亦包括每個群組本身元素的交互關係與其它群組元素的交互成對比較關係。每一個子矩陣的值，是由成對比較所算出之特徵向量 W_i 做為子矩陣的權重，最後形成一個超矩陣。其運算有三步驟：(1) 由「AW＝λW」公式所求得特徵向量 W 再正規化 (normalization) 所組合而成的原始超矩陣。(2) 原始超矩陣以「直行 (column)」正規化所得之加權超矩陣 (Weighted Supermatirx)。(3) 加權超矩陣連續自我乘冪所得之極限矩陣 (Limiting Supermatrix)。

為了處理評估因子間的相依關係，ANP 在計算權重時，採用一種特殊的矩陣結構，稱為超矩陣。超矩陣是由許多子矩陣所組成，子矩陣為上述計算特徵向量 W 中之成對比較矩陣中所計算的之最大特徵值。若評估因子在問卷中顯現無相關者，則子矩陣的成對比較值為 0。舉例而言， 假設有A 與 B 二個評估因素，當 A 與 B 相互影響時，A 因素與 B 因素呈外部相依關係，且 A 因素與 B 因素各呈內部相依關係時，如圖 6-12 所示，其超矩陣可表示為 T'：

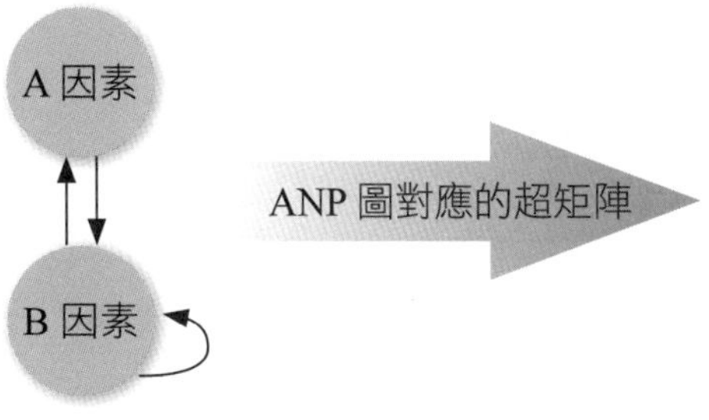

A 群組 B 群組

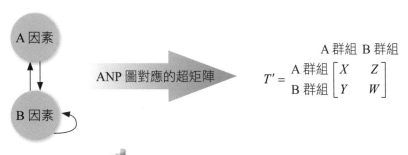

$$T' = \begin{array}{c} \text{A 群組} \\ \text{B 群組} \end{array} \begin{bmatrix} X & Z \\ Y & W \end{bmatrix}$$

圖 6-12 ANP 問題之示範架構

矩陣 X：表示在 A 因素影響下，A 因素內之各評估因子的成對比較矩陣。

矩陣 Y：表示在 A 因素影響下，A 因素之各評估因子與 B 因素之各評估因子的成對比較矩陣。

矩陣 Z：表示在 B 因素影響下，A 因素之各評估因子與 B 因素之各評估因子的成對比較矩陣。

矩陣 W：表示在 B 因素影響下，B 因素內之各評估因子的成對比較矩陣。

分別再乘上評估構面的成對比較矩陣 A 所求得最大特徵值 λ_{max} 進行矩陣運算，即可得到。

其中，T' 為超矩陣，因為矩陣中的行值不符合「加總為 1」原則，所以，必須經過「正規化」轉換成加權超。矩陣 T 再經極限化過程，即將加權超矩陣矩陣 T 多次自我相乘 $\lim_{k\to\infty} T^{2k+1}$ 次後，相依關係將逐漸收斂而得到一個固定的收斂值，且極限值將固定不變，如此將可得到各評估因子之整體相對權重。

以本例子來說，前步驟僅處理問卷的第一部份，僅為構面或評估指標的兩兩重要性比較，而從二、三部份開始，進到網路分析法專有的「相依性」比較，亦即處理「圖 6-9 ANP 之網路結構」大甲溪流域脆弱度評估體系網路結構。表格設計並無太大差異，只是多了一個「基準」概念，依序下列過程，最後可得知所有專家結果的指標權重。

故問卷第二部份，是群組 (構面) 之間的相依性比較。如「圖 6-9 ANP 之網路結構」五個圈圈分別有不同的箭頭指向狀態，除「實質環境條件 c2」外，其餘四者皆會受到其他構面的影響，只要有受影響，就必須進行相依程度的兩兩重要性比對。表 6-13 用另一種方式說明，第五欄的「土地使用 c5」，其下有「暴露狀態 c1」、「實質環境條件 c2」和「土地使用 c5」，代表「土地使用 c5」會受到自己和另外兩個構面的影響，以此類推。

表 6-13 群組 (構面) 之相依關係表

構面＼構面	暴露狀態 c1	實質環境條件 c2	人口社會經濟特徵 c3	適應與回應能力 c4	土地使用
c5					
c1	●			●	●
c2	●				●
c3			●		
c4				●	
c5			●		●

舉例來說，表 6-14 係以土地使用構面為基準所設計的問卷。

填答時隱含「一個原則兩種情境」。第一種情境是：兩兩比較的項目中沒有基準本身。例如第一列，暴露狀態與實質環境條件，哪一個構面會對土地使用造成比較大的影響 (或者對土地使用構面的貢獻程度較大)？假設該專家認為，「暴露狀態 c1」的多寡，會明顯影響該地的「土地使用 c5」劃設與配置，且程度遠高於「實質環境條件 c2」，於是就會在靠近「暴露狀態 c1」這一邊的欄位去打勾。

第二種情境是：兩兩比較的項目中包含基準本身。例如第二列，「暴露狀態 c1」與「土地使用 c5」，哪一個構面會對「土地使用 c5」造成比較大的影響？原則上基準本身仍對自己有較大的影響 (一個原則在此)，只是有些影響是由另外的構面所提供，所以普遍來說，都會在靠近基準這一邊的欄位去打勾。不過在實際的問卷填答上，並未給予任何引導性的說明，單純地由專家自行判斷。構面之相依關係處理後，就會得到矩陣 W_3。

再者，本例子認為各個構面之下，評估指標皆存在相互依存關係。舉例而言，第二欄的「土石流分布 e12」，分別受到「年平均雨量 e11」、「土石流分布 e12」自己和「地勢高低 e22」的影響，以此類推。同樣地，評估指標之相依關係處理後，就會得到矩陣 W_4。

表 6-14 土地使用構面為基準所設計的問卷

基準	強度	絕強		極強		頗強		稍強		等強		稍強		頗強		極強		絕強	
	項目	9	8	7	6	5	4	3	2	1	2	3	4	5	6	7	8	9	項目
土地	c1								✓										c2
使用	c2													✓					c5
C5																✓			c5

相依性比較不用進行一致性檢定。一旦完成所有的特徵向量與矩陣運算，就可以形成「圖 6-11 網路式超矩陣」。首先將「AW＝λW」公式所求得之各個「正規化」w1、W2、W3 和 W4，填入到「最原始」的超級矩陣，即表 6-16 之原始矩陣；拉著，將「最原始」的超級矩陣再一次正規化，使每值欄的值總和為 1，成為加權矩陣 (表 6-17)；最後讓加權矩陣不斷自我乘冪 (7 式)，直到收斂成極限矩陣 (表 6-18)。

$$\lim_{k\to\infty} W^{2k+1} \tag{7}$$

上列公式之加權矩陣不斷自我乘冪，可用 Mircosoft Office Excel 所提供「MMult ( ) 函數」矩陣乘法 (見第 2 章第 1 節的操作說明) 來計算，因此，權重矩陣 (W_N) 」的運算過程，得出來的結果將會與表 6-18 的極限矩陣相同。主要是 W_3 先乘上 w_1，會得到一個考慮相依程度的構面權重矩陣 W_c，同時 W_4 乘上 W_2 亦獲得一個考慮相依程度的評估指標權重矩陣 W_e。最後 W_e 乘以 W_c，就可以得出整個架構下的指標權重 。

考慮相依程度下的構面權重

$$\left.\begin{array}{l} W_3 \times w_1 = W_c \\ W_4 \times W_2 = W_e \end{array}\right\rangle \Rightarrow W_e \times W_c = W_N$$

考慮相依程度下的評估指標權重

圖 6-13 權重矩陣 (W_N) 運算過程

2. 求評估指標權重

經過極限矩陣的運算，亦或是圖 6-13 的矩陣相乘過程，總之所有的評估指標其權重都會收斂成定值。這只是其中 6 名「共識決」的專家問卷。表 6-15 同時呈現了分析網路與階層兩種方法的權重結果，而圖 6-14 是 AHP 與 ANP 兩種分析法的構面權重比較。

表 6-15 AHP 與 ANP 兩種分析法之權重結果 (陳令韡，2009)

網路分析法 (ANP)				分析層級分析法 (AHP)		
權重	評估指標	權重	構面	權重	評估指標	權重
0.198	年平均雨量 e11	0.380	暴露狀態 c1	0.300	年平均雨量 e11	0.206
0.182	土石流分布 e12				土石流分布 e12	0.094
0.142	距河川遠近 e21	0.216	實質環境條件 c2	0.167	距河川遠近 e21	0.131
0.073	地勢高低 e22				地勢高低 e22	0.036
0.012	人口密度 e31	0.090	人口社會經濟特徵 c3	0.145	人口密度e31	0.015

表 6-15 AHP 與 ANP 兩種分析法之權重結果 (陳令韡，2009) (續)

網路分析法 (ANP)				分析層級分析法 (AHP)		
權重	評估指標	權重	構面	權重	評估指標	權重
0.020	弱勢人口 e32				弱勢人口 e32	0.041
0.023	家戶所得 e33				家戶所得 e33	0.037
0.016	就業人口 e34				就業人口 e34	0.026
0.020	二、三級產業產值 e35				二、三級產業產值 e35	0.025
0.009	避難場所 e41	0.097	調適與回應能力 c4	0.109	避難場所e41	0.006
0.010	警消設施 e42				警消設施 e42	0.010
0.010	醫療設施 e43				醫療設施 e43	0.010
0.025	災害風險知覺 e44				災害風險知覺 e44	0.032
0.025	資源取得能力 e45				資源取得能力 e45	0.029
0.018	民眾對調適效力的評估 e46				民眾對調適效力的評估 e46	0.022
0.049	都市發展用地 e51	0.217	土地使用 c5	0.279	都市發展用地 e51	0.063
0.047	農業用地 e52				農業用地 e52	0.051
0.075	自然地區 e53				自然地區 e53	0.097
0.045	道路用地 e54				道路用地 e54	0.069

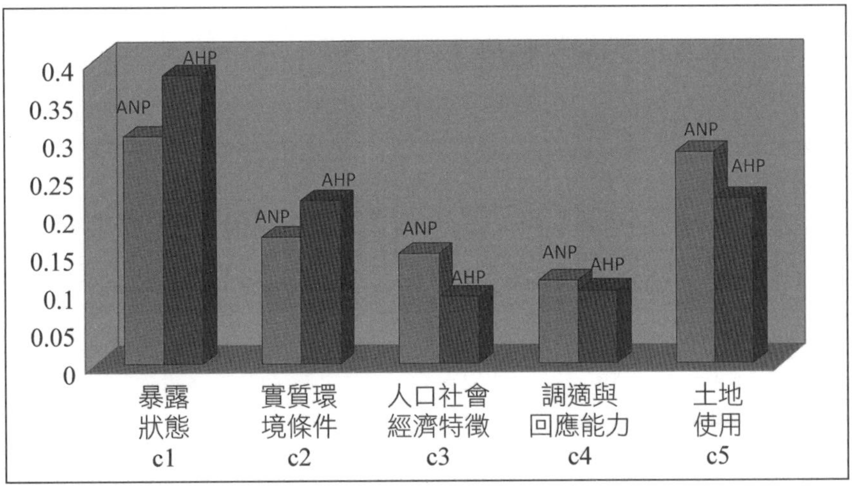

圖 6-14 AHP 與 ANP 兩種分析法的構面權重比較 (陳令韡，2009)

表 6-16 原始矩陣 (即「正規化 W_i」矩陣)

	目標	構面					評估指標																		
	G	C1	C2	C3	C4	C5	e11	e12	e21	e22	e31	e32	e33	e34	e35	e41	e42	e43	e44	e45	e46	e51	e52	e53	e54
G	0	0	0	0	0	0	0	0	0	0	0	0	0	0	0	0	0	0	0	0	0	0	0	0	0
C1	0.135	0.667	0	0	0.500	0.134	0	0	0	0	0	0	0	0	0	0	0	0	0	0	0	0	0	0	0
C2	0.040	0.333	1.000	0	0	0.119	0	0	0	0	0	0	0	0	0	0	0	0	0	0	0	0	0	0	0
C3	0.135	0	0	0.833	0	0	0	0	0	0	0	0	0	0	0	0	0	0	0	0	0	0	0	0	0
C4	0.141	0	0	0	0.500	0	0	0	0	0	0	0	0	0	0	0	0	0	0	0	0	0	0	0	0
C5	0.548	0	0	0.167	0	0.747	0	0	0	0	0	0	0	0	0	0	0	0	0	0	0	0	0	0	0
e11	0	0.875	0	0	0	0	1.000	0.064	0	0	0	0	0	0	0	0	0	0	0.117	0.024	0.045	0.166	0.047	0.035	0
e12	0	0.125	0	0	0	0	0	0.679	0	0	0	0	0	0	0	0	0	0	0.340	0.133	0.122	0.161	0.146	0.183	0
e21	0	0	0.125	0	0	0	0	0	1.000	0	0	0	0	0	0	0	0	0	0	0	0	0.119	0.086	0.109	0
e22	0	0	0.875	0	0	0	0	0.256	0	1.000	0	0	0	0	0	0	0	0	0	0	0	0.048	0.145	0.052	0
e31	0	0	0	0.054	0	0	0	0	0	0	0.552	0	0	0	0	0	0	0	0	0	0	0	0	0	0
e32	0	0	0	0.386	0	0	0	0	0	0	0	0.566	0.033	0.041	0.062	0	0	0	0	0	0	0	0	0	0
e33	0	0	0	0.386	0	0	0	0	0	0	0	0.253	0.389	0	0	0	0	0	0	0	0	0	0	0	0
e34	0	0	0	0.123	0	0	0	0	0	0	0	0	0.156	0.620	0.071	0	0	0	0	0	0	0	0	0	0
e35	0	0	0	0.051	0	0	0	0	0	0	0	0	0.282	0	0.546	0	0	0	0	0	0	0	0	0	0
e41	0	0	0	0	0.042	0	0	0	0	0	0	0	0	0	0	1.000	0	0	0	0.033	0	0	0	0	0
e42	0	0	0	0	0.042	0	0	0	0	0	0	0	0	0	0	0	0.500	0.168	0	0.039	0	0	0	0	0
e43	0	0	0	0	0.042	0	0	0	0	0	0	0	0	0	0	0	0.500	0.833	0	0.04	0	0	0	0	0
e44	0	0	0	0	0.091	0	0	0	0	0	0	0	0	0	0	0	0	0	0.404	0.086	0.137	0	0	0	0
e45	0	0	0	0	0.596	0	0	0	0	0	0	0	0	0	0	0	0	0	0	0.416	0.174	0	0	0	0
e46	0	0	0	0	0.187	0	0	0	0	0	0	0	0	0	0	0	0	0	0.139	0.163	0.523	0	0	0	0
e51	0	0	0	0	0	0.250	0	0	0	0	0.333	0.132	0.097	0.203	0.201	0	0	0	0	0	0	0.285	0.180	0.179	0
e52	0	0	0	0	0	0.250	0	0	0	0	0.115	0.048	0.043	0.137	0.120	0	0	0	0	0	0	0.134	0.297	0.162	0
e53	0	0	0	0	0	0.250	0	0	0	0	0	0	0	0	0	0	0	0	0	0	0	0.086	0.099	0.281	0
e54	0	0	0	0	0	0.250	0	0	0	0	0	0	0	0	0	0	0	0	0	0.067	0	0	0	0	1.000

表 6-17 加權矩陣 (即原始陣再一次「正規化」)

	目標	構面					評估指標																		
	G	C1	C2	C3	C4	C5	e11	e12	e21	e22	e31	e32	e33	e34	e35	e41	e42	e43	e44	e45	e46	e51	e52	e53	e54
G	0	0	0	0	0	0	0	0	0	0	0	0	0	0	0	0	0	0	0	0	0	0	0	0	0
C1	0.135	0.334	0	0	0.250	0.067	0	0	0	0	0	0	0	0	0	0	0	0	0	0	0	0	0	0	0
C2	0.040	0.167	0.500	0	0	0.06	0	0	0	0	0	0	0	0	0	0	0	0	0	0	0	0	0	0	0
C3	0.135	0	0	0.417	0	0	0	0	0	0	0	0	0	0	0	0	0	0	0	0	0	0	0	0	0
C4	0.141	0	0	0	0.250	0	0	0	0	0	0	0	0	0	0	0	0	0	0	0	0	0	0	0	0
C5	0.549	0	0	0.084	0	0.374	0	0	0	0	0	0	0	0	0	0	0	0	0	0	0	0	0	0	0
e11	0	0.438	0	0	0	0	1.000	0.064	0	0	0	0	0	0	0	0	0	0	0.117	0.024	0.045	0.166	0.047	0.035	0
e12	0	0.063	0	0	0	0	0	0.679	0	0	0	0	0	0	0	0	0	0	0.340	0.133	0.122	0.161	0.146	0.183	0
e21	0	0	0.063	0	0	0	0	0	1.000	0	0	0	0	0	0	0	0	0	0	0	0	0.119	0.086	0.109	0
e22	0	0	0.438	0	0	0	0	0.256	0	1.000	0	0	0	0	0	0	0	0	0	0	0	0.048	0.145	0.052	0
e31	0	0	0	0.027	0	0	0	0	0	0	0.552	0	0	0	0	0	0	0	0	0	0	0	0	0	0
e32	0	0	0	0.193	0	0	0	0	0	0	0	0.566	0.033	0.041	0.062	0	0	0	0	0	0	0	0	0	0
e33	0	0	0	0.193	0	0	0	0	0	0	0	0.253	0.389	0	0	0	0	0	0	0	0	0	0	0	0
e34	0	0	0	0.062	0	0	0	0	0	0	0	0	0.156	0.620	0.071	0	0	0	0	0	0	0	0	0	0
e35	0	0	0	0.026	0	0	0	0	0	0	0	0	0.282	0	0.546	0	0	0	0	0	0	0	0	0	0
e41	0	0	0	0	0.021	0	0	0	0	0	0	0	0	0	0	1.000	0	0	0	0.033	0	0	0	0	0
e42	0	0	0	0	0.021	0	0	0	0	0	0	0	0	0	0	0	0.500	0.168	0	0.039	0	0	0	0	0
e43	0	0	0	0	0.021	0	0	0	0	0	0	0	0	0	0	0	0.500	0.833	0	0.040	0	0	0	0	0
e44	0	0	0	0	0.046	0	0	0	0	0	0	0	0	0	0	0	0	0	0.404	0.086	0.137	0	0	0	0
e45	0	0	0	0	0.298	0	0	0	0	0	0	0	0	0	0	0	0	0	0	0.416	0.174	0	0	0	0
e46	0	0	0	0	0.094	0.125	0	0	0	0	0	0	0	0	0	0	0	0	0.139	0.163	0.523	0	0	0	0
e51	0	0	0	0	0	0.125	0	0	0	0	0.333	0.132	0.097	0.203	0.201	0	0	0	0	0	0	0.285	0.180	0.179	0
e52	0	0	0	0	0	0.125	0	0	0	0	0.115	0.048	0.043	0.137	0.120	0	0	0	0	0	0	0.134	0.297	0.162	0
e53	0	0	0	0	0	0.125	0	0	0	0	0	0	0	0	0	0	0	0	0	0	0	0.086	0.099	0.281	0
e54	0	0	0	0	0	0.125	0	0	0	0	0	0	0	0	0	0	0	0	0	0.067	0	0	0	0	1.000

表 6-18 極限矩陣 (正規化加權矩陣之自我乘冪)

	目標	構面					評估指標																		
	G	C1	C2	C3	C4	C5	e11	e12	e21	e22	e31	e32	e33	e34	e35	e41	e42	e43	e44	e45	e46	e51	e52	e53	e54
G	0	0	0	0	0	0	0	0	0	0	0	0	0	0	0	0	0	0	0	0	0	0	0	0	0
C1	0.318	0.318	0.318	0.318	0.318	0.318	0	0	0	0	0	0	0	0	0	0	0	0	0	0	0	0	0	0	0
C2	0.218	0.218	0.218	0.218	0.218	0.218	0	0	0	0	0	0	0	0	0	0	0	0	0	0	0	0	0	0	0
C3	0.089	0.089	0.089	0.089	0.089	0.089	0	0	0	0	0	0	0	0	0	0	0	0	0	0	0	0	0	0	0
C4	0.056	0.056	0.056	0.056	0.056	0.056	0	0	0	0	0	0	0	0	0	0	0	0	0	0	0	0	0	0	0
C5	0.318	0.318	0.318	0.318	0.318	0.318	0	0	0	0	0	0	0	0	0	0	0	0	0	0	0	0	0	0	0
e11	0	0.236	0.236	0.236	0.236	0.236	0.236	0.236	0.236	0.236	0.236	0.236	0.236	0.236	0.236	0.236	0.236	0.236	0.236	0.236	0.236	0.236	0.236	0.236	0.236
e12	0	0.082	0.082	0.082	0.082	0.082	0.082	0.082	0.082	0.082	0.082	0.082	0.082	0.082	0.082	0.082	0.082	0.082	0.082	0.082	0.082	0.082	0.082	0.082	0.082
e21	0	0.053	0.053	0.053	0.053	0.053	0.053	0.053	0.053	0.053	0.053	0.053	0.053	0.053	0.053	0.053	0.053	0.053	0.053	0.053	0.053	0.053	0.053	0.053	0.053
e22	0	0.166	0.166	0.166	0.166	0.166	0.166	0.166	0.166	0.166	0.166	0.166	0.166	0.166	0.166	0.166	0.166	0.166	0.166	0.166	0.166	0.166	0.166	0.166	0.166
e31	0	0.003	0.003	0.003	0.003	0.003	0.003	0.003	0.003	0.003	0.003	0.003	0.003	0.003	0.003	0.003	0.003	0.003	0.003	0.003	0.003	0.003	0.003	0.003	0.003
e32	0	0.027	0.027	0.027	0.027	0.027	0.027	0.027	0.027	0.027	0.027	0.027	0.027	0.027	0.027	0.027	0.027	0.027	0.027	0.027	0.027	0.027	0.027	0.027	0.027
e33	0	0.028	0.028	0.028	0.028	0.028	0.028	0.028	0.028	0.028	0.028	0.028	0.028	0.028	0.028	0.028	0.028	0.028	0.028	0.028	0.028	0.028	0.028	0.028	0.028
e34	0	0.016	0.016	0.016	0.016	0.016	0.016	0.016	0.016	0.016	0.016	0.016	0.016	0.016	0.016	0.016	0.016	0.016	0.016	0.016	0.016	0.016	0.016	0.016	0.016
e35	0	0.015	0.015	0.015	0.015	0.015	0.015	0.015	0.015	0.015	0.015	0.015	0.015	0.015	0.015	0.015	0.015	0.015	0.015	0.015	0.015	0.015	0.015	0.015	0.015
e41	0	0.004	0.004	0.004	0.004	0.004	0.004	0.004	0.004	0.004	0.004	0.004	0.004	0.004	0.004	0.004	0.004	0.004	0.004	0.004	0.004	0.004	0.004	0.004	0.004
e42	0	0.004	0.004	0.004	0.004	0.004	0.004	0.004	0.004	0.004	0.004	0.004	0.004	0.004	0.004	0.004	0.004	0.004	0.004	0.004	0.004	0.004	0.004	0.004	0.004
e43	0	0.006	0.006	0.006	0.006	0.006	0.006	0.006	0.006	0.006	0.006	0.006	0.006	0.006	0.006	0.006	0.006	0.006	0.006	0.006	0.006	0.006	0.006	0.006	0.006
e44	0	0.008	0.008	0.008	0.008	0.008	0.008	0.008	0.008	0.008	0.008	0.008	0.008	0.008	0.008	0.008	0.008	0.008	0.008	0.008	0.008	0.008	0.008	0.008	0.008
e45	0	0.020	0.020	0.020	0.020	0.020	0.020	0.020	0.020	0.020	0.020	0.020	0.020	0.020	0.020	0.020	0.020	0.020	0.020	0.020	0.020	0.020	0.020	0.020	0.020
e46	0	0.015	0.015	0.015	0.015	0.015	0.015	0.015	0.015	0.015	0.015	0.015	0.015	0.015	0.015	0.015	0.015	0.015	0.015	0.015	0.015	0.015	0.015	0.015	0.015
e51	0	0.085	0.085	0.085	0.085	0.085	0.085	0.085	0.085	0.085	0.085	0.085	0.085	0.085	0.085	0.085	0.085	0.085	0.085	0.085	0.085	0.085	0.085	0.085	0.085
e52	0	0.071	0.071	0.071	0.071	0.071	0.071	0.071	0.071	0.071	0.071	0.071	0.071	0.071	0.071	0.071	0.071	0.071	0.071	0.071	0.071	0.071	0.071	0.071	0.071
e53	0	0.050	0.050	0.050	0.050	0.050	0.050	0.050	0.050	0.050	0.050	0.050	0.050	0.050	0.050	0.050	0.050	0.050	0.050	0.050	0.050	0.050	0.050	0.050	0.050
e54	0	0.111	0.111	0.111	0.111	0.111	0.111	0.111	0.111	0.111	0.111	0.111	0.111	0.111	0.111	0.111	0.111	0.111	0.111	0.111	0.111	0.111	0.111	0.111	0.111

參考文獻

大脇康弘 (2003)。学校評価の思想と技術の構築。載於長尾彰夫、和佐真宏、大脇康弘編，学校評価を共に創る (頁 28-42)。東京：學事出版。

文部科學省 (2009a)。進路指導。2009 年 7 月 25 日，取自 http://www.mext.go.jp/a_menu/ikusei/wakamono/index_h17.htm

文部科學省 (2009b)。統計資訊/高等學校卒業者的就業狀況調查。2009 年 7 月 25 日，取自http://www.mext.go.jp/b_menu/houdou/21/05/1269002.htm。

木岡一明 (2003b)。新しい学校評価と組織マネジメント。東京：第一法規。

木岡一明 (2003c)。学校評価の促進条件に関する開発的研究。文科省科學研究費補助金基盤研究。東京：自印。

王元仁 (2000)。以模糊理論建構以技職為導向知之課程單元評估模式。教育研究資訊，8 (3)。1-12。

王文良、黃勝彥 (2005)。應用模糊德菲層級分析法於汽車營業據點區位選擇之研究－以某日產汽車公司為例，2005 台灣行銷研討會，佳作論文。

台灣評鑑協會。2009 年 12 月 20 日，取自：http://www.twaea.org.tw/

永井正武 (1989)。技術系社員階層別教育講座－系統分析手法與設計技法。東京：工學研究社。

永井正武 (1996)。戰略的系統分析。設計技法提案。Pacific Western University 博士論文。

江宗泰、林志民 (1994)。模糊理論應用於教學評鑑工作。中華民國第二屆模糊理論與應用研討會論文集。

江鴻鈞 (1996)。國民小學校長領導能力評鑑指標與權重體系建構之研究，國立台中教育大學教育研究所博士班。

何佳郡、劉春榮 (2008)。教學輔導教師培訓人選遴選指標建構之研究，教育行政與評鑑學刊，第五期，1-28。

何俐安、李信賢、廖芳君 (2009)。數位內容教學設計師專業職能之研究，屏東教育大學學報－教育類第三十二期，295-332。

吳思華 (2001)。知識經濟、知識資本與知識管理，台灣產業研究，第四期，遠流出版公司出版。

吳政達 (1997)。國小教師評鑑架構之研究，政治大學教育系博士論文。

吳政達 (民88)。國民小學教師評鑑指標體系建構之研究－模糊德菲術、模糊層級分析法與模糊綜合評估法之應用。國立政治大學教育系博士論文。

吳柏林 (1994)。模糊統計分析－問卷調查研究之新方向。國立政治大學研究通訊，2，65-80。

吳柏林 (民85)。社會科學研究中的模糊邏輯與模糊統計分析。中國統計通訊，7 (11)。14-30。

吳柏林、楊文山 (1997)。社會科學計量方法發展與應用－模糊統計在社會調查分析的應用。台北市：中央研究院中山人文社會科學研究所。

吳珮菁 (1997)。模糊統計分析在選情預測之應用。國立政治大學統計研究所碩士論文。

吳國瑞 (2000)。網路商店經營績效評估決策系統之研究。大業大學資訊管理學系碩士論文。

李孟訓、劉冠男、丁神梅、林俞君 (1997)。我國生物科技產業關鍵成功因素之研究，東吳商業經濟學報，第五十六期，27-51。

阮亨中、吳柏林 (2000)。模糊數學與統計應用。台北市：俊傑書局股份有限公司。

林水波、張世賢 (1991)。公共政策，台北：五南。

林俐孜 (2004)。大學院校績效衡量指標之建立。載於中華民國品質學會第 40 屆年會。

林建仲、郭興家、詹為淵 (1994)。模糊控制理論應用於班級經營決策支援系統之模式建構。中華民國第二屆模糊理論與應用研討會論文集。

林原宏 (2001)。模糊多準則決策模式－教學評量與教材評選的應用。落實九年一貫課程數理教學及師資培育研討會。彰化市：國立彰化師範大學。

林原宏 (2001)。模糊語意變數量表計分之信度模擬分析。測驗統計年刊，9，193-219。

林原宏、楊慧玲 (2002)。模糊語意變數計分之模擬分析研究，臺中師範學院教育測驗統計研究所。

林敬涵 (1994)。營建業應用工程專案管理資訊系統之評估模式，國立台灣大學土木工程學研究所。

林佩璇 (2001)。學校本位課程評鑑教育研究資訊，9 (4)。

林冠佑 (2006)。烏魚子加工業者之供應商評估準則研究。國立成功大學交通管理科學研究所碩士論文。

胡幼慧主編 (1996)。質性研究：理論、方法及本土女性研究實例。台北：巨流。

徐村和 (2000)。新模糊綜合評判法在廣告媒體選擇之應用。管理與系統，7 (3)。365-378。

徐村和、朱國明、詹惠君 (1997)。廣告業服務接觸與顧客行為意圖關係之研究－模糊語意尺度之應用。東吳經濟商學學報，26，1-25。

財團法人高等教育評鑑中心，2009 http://www.heeact.edu.tw/mp.asp?mp=2

馬松淇 (2007)。軟性飲料業新產品開發成功因素之探討－Fuzzy AHP 之應用，國立中正大學企業管理研究所碩士論文。

馬信行 (1990)。論教育評鑑指標之選擇。現代教育，19，39-54。

張兆旭 (1994)。Fuzzy 淺談。台北市：松崗電腦圖書資料股份有限公司。

張全寶 (1999)。都市道路空氣污染防治策略認知之研究，交通大學交通運輸系碩士論文。

張素蓮 (2009)。臺北市國民小學行銷策略規劃之研究，臺北教育大學教育政策與管理研究所碩士論文。

張寧 (2007)。從複雜到結構：詮釋結構模式法之應用，公共事務評論，第 8 卷，第 1 期。

張紹勳 (2004)。研究方法 (第三版)。台中：滄海。

張鈿富 (1995)。教育政策分析：理論與實務。臺北市：五南圖書出版公司。

張鈿富、孫慶珉 (民 82)。學習成就評量與模糊模式之分析。國立政治大學學報 (社會科學類上冊)，67，57-73。

張嘉育、黃政傑 (2001)。學校本位課程評鑑的規劃與實施，課程與教學季刊，4 (2)，88。

教育部 (1998)。國民教育階段九年一貫課程總綱綱要。台北：教育部。

教育部 (2002)。教學創新九年一貫課程行政績效檢核表。台北：作者。

教育部 (2002)。綜合高中課程綱要。台北市：作者。

教育部 (2003a)。國民中小學九年一貫課程綱要。臺北：作者。

教育部 (2003b)。九年一貫課程與教學深耕計畫。臺北：作者。

教育部 (2004)。普通高級中學課程暫行綱要總綱。2004 年 10 月 20 日取自 http://www.edu.tw/EDU_WEB/EDU_MGT/HIGH-SCHOOL/EDU2359001/temp_class/docs/A00.doc

教育部 (2005)。職業學校群課程暫行綱要。2005 年 3 月 10 日取自 http://www.tve.edu.tw/program/message.asp?Active=%A4%BD%A7G%C4%E6&msgno=251

教育部全球資訊網。2009 年 12 月 20 日，取自：http://www.edu.tw/populace.aspx?populace_sn=3

教育部統計處 (2009)。97 學年度各級學校概況。台北：教育部。2009 年 12 月 9 日，取自 http://www.edu.tw/files/site_content/B0013/98edu_1.pdf

連經宇、陳彥仲 (1997)。模糊語意變數法應用於住宅消費決策行為之初探研究。住宅學報，8，69-90。

郭昭佑 (2001)。教育評鑑指標建構方法探究。國教學報，13。2009 年6 月 20 日，取自 http://www.naer.edu.tw/mediafile/editor_file/215/11.pdf

陳令韡 (2009)。大甲溪流域颱洪脆弱度評估，國立臺北大學不動產與城鄉環境學系碩士論文。

陳怡君 (2005)。國民小學實習輔導教師專業能力指標之建構。國立臺東大學教育研究所，未出版，臺東市。

陳昭宏 (1998)。以 Fuzzy 演算法分析評量用詞對問卷調查之影響。東方工商學報，21，76-82。

陳振東 (1994)。研究發展計劃評選之模糊多準則群體決策模式建構，國立交通大學工業工程研究所博士論文。

陳振東 (1994)。研究發展計劃評選之模糊多準則群體決策模式構建，國立交通大學工業工程研究所博士論文。

陳振東 (2000)。考量決策者樂觀態度傾向的模糊多準則決策方法之研究。管理與系統，7 (3)。379-394。

陳振遠 (2009)。從系所評鑑結果談「教學」與「研究」兼容並蓄。評鑑雙月刊，20。

陳善民 (2008)。定期貨櫃航商策略聯盟夥伴評選，臺灣海洋大學航運管理系碩士論文。

陳銘偉 (2004)。國小學校本位課程評鑑標準建構之研究。臺北市立師範學院國民教育研究所博士論文，未出版，台北市。

彭淑珍 (2004)。以詮釋結構模式規劃高職智能障礙學生職業教育群集課程，淡江大學教育科技學系碩士班。

黃政傑 (1995)。課程設計，台北：師大書苑。

黃國雄 (1996)。律師事務所關鍵成功因素與經營策略之研究，開南大學企業管理學系碩士。

黃國雄 (2007)。律師事務所關鍵成功因素與經營策略之研究,開南大學企業管理研究所在職專班碩士論文。

黃勝彥 (2005)。應用模糊德菲層級分析法於汽車營業據點區位選擇之研究-以某日產汽車公司為例，中華大學資管碩士論文。

黃意文 (2007)。應用分析層級程式法 (AHP) 建立產品設計評價模式之研究－以行動電話為例，國立台灣科技大學設計研究所。

楊瑩 (2008)。臺海兩岸高等教育評鑑制度之比較，載於淡江大學舉辦之高等教育國際化與卓越化國際學術研討會論文集，臺北市。

劉昭宜 (2008)。結合分析網路程序法與詮釋結構模型於農產物流中心選擇模式，國立高雄第一科技大學運籌管理系碩士論文。

潘淑滿 (2003)。質性研究：理論與應用，心理出版社，台北。

蔡秉燁，鍾靜蓉 (2003)。詮釋結構模式用於結構化教學設計之研究。教育研究資訊，11 (2)。1-40。

蔡雅寧 (2009)。結合 AHP 與 DEMATEL 探討供應商評選準則之優先次序與因果關係－以汽車零配件產業為例，國立彰化師範大學企業管理學系碩士論文。

蔡秉燁、永井正武、鍾靜蓉 (2010)。運用 5W1H 法及詮釋結構模式於網路化學習與傳統學習差異要素分析及發展策略研究。http://ksei.bnu.edu.cn:82/english/gccce2002/lunwen/gcccelong/198.doc

衛萬里 (2007)。應用分析網路程序法選擇最佳產品設計方案之決策分析模式，國立臺灣科技大學設計研究所博士學位論文。

鄭日新、于靖、林欽誠、王金龍、陳俊全、李國偉、許順吉、林文偉、劉太平

(1995)。數學學門之規劃，行政院國家科學委員會數學研究推動中心。
鄭勝元 (1998)。模糊統計在社會調查之應用。國立政治大學統計研究所碩士論文。
鄧振源、曾國雄 (1989)。層級分析法 (AHP) 的內涵特性與應用 (下)。中國統計學報，第 27 卷第 7 期，1-20。
鄧振源、曾國雄 (1989)。層級分析法 (AHP) 的內涵特性與應用 (上)。中國統計學報，第 27 卷第 6 期，5-22。
簡茂發、劉湘川 (1992)。模糊綜合評判法及其在教學觀摩評鑑上之應用。測驗年刊，39，269-283。台北市：中國測驗學會。
羅昭強 (2000)。模糊理論在數學科基本學力測驗上的應用。八十九學年度師範學院教育學術論文發表會論文集。新竹市：國立新竹師範學院。
鐘梅菁、江麗莉、陳清溪、陳麗如 (2009)。教育研究與發展期刊，第五卷第三期。
Alkin, M. C. (1990). Curriculum evaluation model, 1n H. J. Walberg & G.D. Haertel (Eds.). The international encyclopedia of educational evaluation in New York; Pergamon Press. 166-168.
Anonymous (2005), Alliance Values, *Trade & Industry Comment*, p.9.
Ansoff, H. I. (1965). *Corporate Strategy*. New York: McGraw-Hill.
Ansoff, H. I. (1979). Strategic management. London: Macmillan.
Bagnoli, C., & Smith, H. C. (1998). The theory of fuzzy logic and its application to real estate valuation. *Journal of Real Estate Research*, 16 (2), 169-199.
Bellman, R. E., & Zadeh, L. A. (1970). Decision-Making in a Fuzzy Environment. *Management Science*, 17 (4), 141-164.
Billmeyer, R. (1994). *A paper presented at ASCD Conference: Atlantic City*, NJ. Retrieved September 30, 2006, from the World Wide Web: http://www.rachelb2.cox.net
Bojadziev, G., & Bojadziev, M. (1995). Fuzzy sets, fuzzy logic, applications. Advances in Fuzzy Systems－Applications and Theory, 5.
Bollen, K. A., & Brab, K. H. (1981). Person's R and Coarsely Categorized Measures. *American Sociological Review*, 46, 232-239.

Bradly, R. A., Katti, S. K., & Coons, I. J. (1962). Optimal Scaling for Ordered Categories. Psychometrika, 27, 355-374.

Brian Slack, Claude Comtois and Robert McCALLA (2002), Strategic alliance in the container shipping industry: a global perspective, *Maritime Policy & Management*, 29 (1), 65-76.

Brouther, Keith. D. (1995), Strategic Alliances: Choose Your Partners, *Long Rang Planning*, 28 (3), 18-25.

Brown, Stephen (1994), Retail Location at the Micro-Scale: Inventory and Prospect, *Journal of The Service Industries* 14 (4), 542~576.

Buckley, J. J. (1985). Fuzzy Hierarchical Analysis. *Fuzzy Sets and Systems*, 17, 233-247.

Buckley, J. J. (1985). Fuzzy hierarchical analysis. Fuzzy Sets and Systems, 17 (3), 233-247.

Buckley, J. J. (1985). Fuzzy Hierarchical Analysis, *Fuzzy Sets and Systems*, 17 (3), 233-247.

Bucklin Louis & Sanjit Sengupta (1993), Organizing Successful Comarketing Alliances, *Journal of Marketing*, 57 (1), 32-46.

Bushnell, David S. (1990). Input, process, output: A model for evaluation training. *Training & Development Journal*, 44 (3), 41-43.

Carlsson, C., & Fuller, R. (2000). Multi-objective linguistic optimization. *Fuzzy Sets and Systems*, 115, 5-10.

Cebi, F., & Bayraktar, D. (2003). An integrated approach for supplier selection. Logistic Information Management, 16 (6), 395-400.

Chao Rong, Katsuhiko Takahshi and Jing Wang (2003), Enterprise waste evaluation using the analytic hierarchy process and fuzzy set theory, *Production Planning & Control*, 14 (1), 90-103

Chen, C. T. (2001). A fuzzy approach to select the select the location of the distribution center. *Fuzzy Sets and Systems*, 118 (1), 65-73.

Chen, S. J., & Hwang, C. L. (1992). Fuzzy Multiple Attribute Decision Making Methods and Applications. Berlin: Springer-Vela.

Chen, S. M. (1996). Evaluating weapon systems using fuzzy arithmetic operations. *Fuzzy Sets and Systems*, 77, 265-276.

Chen, Y. H., Wang, W. J., & Chiu, C. H. (2000). New estimation method for the membership values in fuzzy sets. *Fuzzy Sets and Systems*, 112, 521-525.

Chiu, Y. J., H. C. Chen, J. Z. Shyu, and G. H. Tzeng (2006), Marketing Strategy Based on Customer Behavior for the LCD-TV, *International Journal of Management & Decision Making*, 7 (2-3), 143-165.

Choi, T.Y., & Hartley, J.L. (1996), An Exploration of Supplier Selection Practices Across the Supply Chain, *J. of Operation Management*, 14, 333-343.

Cook, W. D., & Seiford, L. M. (1978). Priority Ranking and Consensus Formation. Management Science, 24 (16), 1721-1732.

Delbecq, A. L., Van de Ven, A.H., & Gustagson, D.H. (1975). Group techniques for program planning: A guide to nominal group and Delphi process. Glenview, IL.:Scott, Foresman and Co.

Devlin, G and M. Bleackley (1988), Strategic Alliances-Guidelines for Success., *Long Range Planning*, 21 (5), 18-23.

Dirk Holtbrugge (2004), Management of International Strategic Business Cooperation: Situational Conditions, Performance Criteria, and Success Factors, *Thunderbird International Business Review*, p.255.

Dodridge, M., & Kassinopoulos, M. (2001). Accreditation of Engineering Programmes – A European Case Study. *Engineering Education and Research-2001, iNEER*, Begell House. 179-187.

Dubois, D., & Prade, H. (1983). Ranking fuzzy number in the setting of possibility theory. Information Science, 30, 183-224.

Dunn, W. N. (1981). Public policy analysis: *An introduction. Englewood Cliffs*. New Jersey: Prentice -Hall.

Dymsza W. A. (1988), *Success and Failures of Joint Ventures in Developing Countries: Lessons from experience*, in Cooperative Strategies in International Business, ed. F. J. Contrator and P. Lorange, (Washington, D.C.: Health and Company).

Eaton, B. C. and R.G. Lipsey (1979), Comparison Shopping and the Clustering of

Homogeneous Firms, *Journal of Regional Science*, 19 (4), 421-435.

Elliott, J. (1998). *The Curriculum Experiment: Meeting the Challenge of Social Change*. Buckingham: Open University Press.

Ellram, Lisa M. (1992), Patterns in International Alliances, *Journal of Business Logistics*, 13 (1), 1-52.

Faulkner, D. O., & Campbell, A. (1995), *The Oxford Handbook of Strategy, Volume 1: A Strategy Overview and Competitive Strategy*., New York: Oxford University Press.

Fong-Gong Wu, Ying-Jye Lee, Ming-Chyuan Lin (2004), Using the fuzzy analytic hierarchy process on optimum spatial allocation, *International Journal of Industrial Ergonomics*, 33, 553–569.

Fontela, E. and A. Gabus (1972), *World Problems, an Invitation to Further Thought within the Framework of DEMATEL*, Switzerland Geneva: Battelle Memorial Institute Geneva Research Centre.

Fontela, E. and A. Gabus (1973), *Perceptions of the World Problem atique: Communication Procedure, Communicating with Those Bearing Collective Responsibility*, Switzerland Geneva: Battelle Memorial Institute Geneva Research Centre.

Fontela, E. and A. Gabus (1974), *DEMATEL, Innovative Methods, Report No. 2 Structural Analysis of the World Problem antique*, Switzerland Geneva: Battelle Memorial Institute Geneva Research Centre.

Fontela, E. and A. Gabus (1976), *The DEMATEL Observer*, Switzerland Geneva: Battelle Memorial Institute Geneva Research Centre.

Freidheim,C.Jr (2000), The Trillion-Dollar Enterprise-How the Alliance Revolution Will Transform Global Business, New York: *Perseus Books*.

Galvin, J. C. (1983). What trainers can learn from educators about evaluating management training, *Training and Development Journal*, 37 (1), 52-57.

Gamal Atallah (2002), Vertical R&D Spillovers, Cooperation, Market Structure, and Innovation, 11 (3) *Economics of Innovation and New Technology*, p.179.

Geringer, J. M., (1991), Strategic Determinants of Partner Selection Criteria in

International Joint Ventures, *Journal of International Business Studies*, 22 (1), 41-62.

Ghosh, A. and C. A. Ingene (1990), *Spatial Analysis in Marketing: Theory Methods and Application*, Greenwich: JAI Press.

Glatthorn, A. A. (1997). The principal as curriculum leader: Shaping what is taught and tested. California: Corwin ress.

Glatthorn, A. A. (2000). The principal as curriculum leader. Thousand Oaks, CA: Corwin Press.

Goddard, S. T. (1983). Ranking in Tournaments and Group Decision making. Management Science, 29 (12), 1384-1392.

Gronroos, Christian (1982). An Applied Service Marketing Theory, *European Journal of Marketing*, 16 (7), 30-41.

Harigan, K. R. (1986), *Managing for Joint Venture Success*, MA, Lexington Books.

Harrigan R. K. (1987), *Managing for Joint Venture Success*, Mass Lexington Books.

Harrigan, W. F (1998), *Laboratory Methods in Food Microbiology*, Academic Press, San Diego

Hartman, A., 1981. Reaching Consensus Using the Delphi Technique. *Education Leadership* 38 (4), 495-97.

Harvey, L. & Newton, J. (2007). Transforming Quality Evaluation: Moving on. In Westerheijden, D. F., Stensaker, B. & Rosa, M. J. (eds.). *Quality Assurance in Higher Education: Trends in Regulation, Translation and Transformation*. (pp. 225-245).Dordrecht: Springer.

Heaver T., Meersman H. and E. Van De Voorde (2001), Co-operation and competition in international container transport: strategies for ports, *Maritime Policy & Management*, 28 (3), 293-305.

Heaver, T. (2000), Do Merges and Alliances Influence European Shipping and Port Competition Asymmetries, *Maritime Policy and Management*, 27 (40), 363-373.

Herrera, F., Herrera-Viedma, E., & Verdegay, J. L. (1996). A Model of Consensus in Group Decision Making under Linguistic Assessments. *Fuzzy Sets and Systems*, 78, 73-87.

Herrera, F., Lopez, E., Mendana, C., & Rodriguez, M. A. (2001). A linguistic decision model for personnel management solved with a linguistic biobjective genetic algorithm. *Fuzzy Sets and Systems*, 118, 47-64.

Hori, S. and Y. Shimizu (1999), Designing Methods of Human Interface for Supervisory Control Systems, *Control Engineering Practice*, 7 (11), 1413-1419.

Hsu, H. M., & Chen, C. T. (1996). Aggeration of fuzzy opinions under group decision making. *Fuzzy Sets and Systems*, 79 (3), 279-285.

Hsu, H. M., & Chen, C. T. (1996). Aggregation of fuzzy opinions under group decision making. Fuzzy Sets and Systems, 79, 279-285.

Hsu, T. H., (1997). Transportation Project Evaluations: A Fuzzy Measure AHP, Proceedings of NSC, Part C, 7 (l), 6-34.

Huberman, A. Muberman, and Matthew B. Miles (1994), *Data Management and Analysis Methods*, in Norman K. Denzin, and Yvonna S. Lincoln, (eds), *Handbook of Qualitative Research*, Thousand Oaks, CA: Sage Publications, Inc.

Ishikawa, A., Amagasa, M., Shiga, T., Tomizawa, G., Tatsuta, R., & Mieno, H. (1993). The max-min Delphi method and fuzzy Delphi method via fuzzy integration. Fuzzy Sets and Systems, 55 (3), 241-253.

James B. G. (1985), Alliances: The New Strategic Focus, *Long Range Planning* 18 (1), 76-81.

Jensen, R. E. (1986). Comparison of Consensus Methods for Priority Ranking Problems Decision Sciences, 17 (2), 195-211.

Jharkharia, S., Shankar, R. (2004). IT enablement of supply chains: modeling the enablers, *International Journal of Productivity and Performance Management*, 53 (8), 700-712.

John W. Medcof (1997), Why Too Many Alliance End in Divorce, *Long Range Planning*, 30 (5), 718-732.

Johnson, W. (1999). An Integrative Taxonomy of Intellectual Capital: Measuring the Stock and Stock and Flow of Intellectual Capital Component in the Firm, Int. *J. Technology Management*, 18 (4), p565.

Jones, Ken. (1993), *Location*、*Location*、*Location,* Nelson Canada.

Kahraman, C., Cebeci, U., & Ruan, D. (2004). Multi-attribute comparison of catering service company using fuzzy AHP: the case of Turkey. International of Production Economics, 87 (2), 171-184.

Kahraman, C., Cebeci, U., & Ulukan, Z. (2003). Multi-criteria supplier selection using fuzzy AHP. Logistic Information Management, 16 (6), 382-94.

Kannan, V. R., & Tan, K. C. (2002). Supplier selection and assessment: their impact on business performance. Journal of Supply Chain Management, 38 (4),11-21.

Kaplan & Norton (1996). Linking the Balanced Scorecard to Strategy, California Management Review, 39 (4)，p.54.

Kaplan ,R. S. & Norton, D. P. (2000). Having trouble with your strategy? Then map it. *Harvard Business Review*, 78 (5), 167-176.

Kaplan, R. S. & Norton, D. P. (1996a). Using the balanced scorecard as a strategic management system. *Harvard Business Review*, 74 (1), 75-85.

Kaplan, R. S. & Norton, D. P. (1996b). Linking the balanced scorecard to strategy. *California Management Review*, 39 (1), 35-79.

Kaplan, R. S. & Norton, D. P. (1992). The balanced scorecard-measures that drive performance. *Harvard Business Review,* 70 (1), 71-79.

Kaufmann, A., & Cupta, M. M. (1988). Fuzzy mathematical models in engineering and management science. New York : North-Holland.

Kay, R. S. (1990). A definition for developing self-reliance. In T. M. Bey (Ed.), *Mentoring: Developing Successful Teacher*. Reston, VA: Association of Teacher Educators.

Kells, H. R. (1983). *Self-study process: A guide for post-secondary institution* (2nd ed.). New York: Macmillan Publishing.

Kirkpatrick, D. L. (1959a). Technique for evaluating training programs. Training and Development Journal, 3 (1), 3-9.

Kirkpatrick, D. L. (1959b). Techniques for evaluating training programs. *Journal of the American Society of Training Director*s, 13, 3-9 (1), 21-26.

Kirkpatrick, D. L. (1959c). Technique for evaluation training program. *Training and Development Journal*, 13 (1), 21-26.

Klir G. J., and Yuan B. (1995), *Fuzzy Sets and Fuzzy Logic–Theory and Application*, Prentice-Hall Inc., New Jersey.

Klir, G. J., & Folger, T. A. (1988). Fuzzy sets, uncertainty and information. NJ: Prentice-Hall.

Klir, G.. J., & Yuan, B. (1995). Fuzzy sets, fuzzy logic, and fuzzy systems. NJ: World Scientic. Publishing Co. Pte. Ltd.

Law. C. K. (1996). Using fuzzy numbers in educational grading system. Fuzzy Sets and Systems, 83, 311-323.

Lee, E.S. and R.L., Li, (1988). Comparison of Fuzzy Numbers Based on the Probability Measure of Fuzzy Events, *Computer and Mathematics with Applications*, 15,. 887-896.

Liang, G. S., & Wang, M. J. (1991). A fuzzy multicriteria decision making method for facility site selection. *International Journal of Production Research*, 29 (11), 2313-2330.

Lorange, P. & J. Roos (1991), "Why Some Strategic Alliances Succeed and Others Fail," *Journal of Business Strategy*, 12 (1), 25-30.

Luo, Y. & S. H. Park, (2001), Strategic Alignment and Performance of Market-Seeking MNCs in China, *Strategic Management Journal*, 22 , 141-155.

Magsaysay, Jet (1989), *Strategic Alliances: Why Compete? Collaborate!*, World Executive's Digest : 30-34.

Matarazzo, B., & Munda, G. (2001). New approaches for the comparison of L-R fuzzy numbers: a theoretical and operational analysis. *Fuzzy Sets and Systems*, 118, 407-418.

Mon, D. L., Cheng, C. H., & Lin, J. C. (1994). Evaluation weapon system using fuzzy analytic hierarchy process based on entropy weight. *Fuzzy Sets and Systems*, 62, 127-134.

Monczka, R. M. and S. J. Trecha (1988) Cost-based supplier performance evaluation. Journal of Purchasing and Materials Management, 24 (1), 2-7.

Murakami, S., Maeda, S. and S., Imamura, (1983). Fuzzy Decision Analysis on the Development of Centralized Regional Energy Control System, *IFAC Symposium on Fuzzy Information, Knowledge Representation Decision Analysis*, 363-368.

Noorderhaben, N. (1995), *Strategic Decision Making*, Addison-Wesley, U. K., 1995.

Olson, J.C. and Jacoby, J. (1972), Cue utilization in the quality perception process，in Venkatesan, M. (Ed), Proceedings of the Third Annual Meeting of Association for Consumer Research, University of Chicago, ACR, Provo , UT , pp.167-179 .

Olsson, U., Drasgow, F., & Dorans, N. J. (1982). The Polyserical Correlation Coefficient. Psychometrika, 47, 337-347.

Osborn, A. F. (1953). *Applied imagination: Principles and procedures of creative problem-solving*. New York: Scribner.

P.J.M van Laarhoven and W. Pedrycz (1983), A fuzzy extension of Saaty’ s priority theory, *Fuzzy Sets and System*, 11, 229-241

Panayides P. M. & Gray R. (1999), An empirical assessment of relational competitive advantage in professional ship management, *Maritime Policy & Management*, 26 (2), 111-125.

Panayides, P.M. (2002), Maritime Logistics and Global Supply Chains: Towards a Research Agenda, *Maritime Economics & Logistics*, 8 (1), 3-18.

Parkay, F. W. (1988). Reflections of a protégé. *Theory into Practice*, 27 (3), 195-200.

Parker, S. (1976). The sociology of leisure, London: George Allen & Unwin. Ltd.

Parkhe, Arvind (1991), Interfirm Diversity, Organizational Learning, and Longevity in Global Strategic Alliances., *Journal of International Business Studies* 22 (4), 579-601.

Photis M. Panayides (2003), Competitive strategies and organizational performance in ship management, *Maritime Policy & Management*, 30, 123-140.

Pi, W-N. and C. Low (2003). Supplier evaluation and selection using Taguchi loss functions. The International Journal of Advanced Manufacturing Technology. (in press).

Porter, M. E. (1985). *Competitive advantage: Creating & sustaining superior performance*. New York, the Free Press.

Porter, M. E. (1990). *The competitive advantage of nations*. New York: Free Press.

Porter, M., (1980), *Competitive Strategic: Techniques for Analyzing Industries and*

Competitor, New York, Free Press.

Porter, M.E. and R. Fuller (1986), *Competition in Global Industries*, Boston, MA: Harvard Business School Press.

Porter, N. E. (1985), Competitive strategy: Techniques for Analyzing Industries and competitors, New York: Free press.

Posner, G. F. (1995). *Analyzing the Curriculum*. N.Y.: McGraw Hill.

Pryor, R. G. L., Hesketh, B., & Gleitzman, M. (1989). Making things clearer by making them fuzzy: counseling illustrations of a fuzzy graphic rating scale. *The career development quarterly*, 38, 136-146.

RAE Research Assessment Exercise. (2008). *Consultation on assessment Panel's draft criteria and working methods*. Retrieved December 15, 2009, from http://www.rae.ac.uk/pubs/2005/04/.

Ravi, V. and Shankar, R. (2005). Analysis of interactions among the barriers of reverse logistics, *Technological Forecasting & Social Change*, 72, 1011-1029.

Renato Midoro & Alessandro Pitto (2000), A critical evaluation of strategic alliance in liner shipping, *Maritime Policy & Management*, 276 (1).

Renato Midoro and Alessandro Pitto (2000), A Critical Evaluation of Strategic Alliances in Liner Shipping, *Maritime Policy & Management*, 27 (1), 31-40.

Rigby, D. K., & Buchanan, W. T. (1994), *Putting more strategy into strategic alliances., Directors & Boards*, 18 (2), 14-19.

Robert Csutora and James J. Buckley (2001), Fuzzy hierarchical analysis: the Lambda-Max method, *Fuzzy sets and System*, 120, 181-195.

Satty, Thomas L. (1980), The Analytic Hierarchy Process, New York: McGraw-Hill.

Simpson, P. M., Siguaw, J. A., & White, S. C. (2002). Measuring the performance of suppliers: an analysis of evaluation process. Journal of Supply Chain Management, 38 (1), 29-41.

Song D-W & Panayides P. M. (2002), A conceptual application of cooperative game theory to liner shipping strategic alliances, *Maritime Policy & Management*, 29, 285-301.

Spekman, R. E., (1988), *Strategic Supplier Selection: Toward An Understanding ofLong-Term Buyer-Seller Relationships, Business Horizons*, 31 (1), 75-81.

Stafford, R.E. (1994), Using Co-operative Strategies To Make Alliances Work, *Long Range Planning*, 27 (3), 64-74.

Swift, C. O. (1995). Preferences for single sourcing and supplier selection criteria. Journal of Business Research, 32 (2), 105-111.

Swift, C.O. (1995), Preferences for Single Sourcing and Supplier Selection Criteria, *Journal of Business Research*, 32 (2), 105-111.

Tamura, H. and K. Akazawa (2005), Structural Modeling and Systems Analysis of Uneasy Factors for Realizing Safe, secure and Reliable Society, *Journal of Telecommunications and Information Technology*, 3, 64-72.

Tamura, H., H. Okanishi, and K. Akazawa (2006), Decision Support for Extracting and Dissolving Consumers' Uneasiness Over Foods Using Stochastic DEMATEL, *Journal of Telecommunications and Information Technology,* 4, 91-95.

Teng J. Y., & Tzeng, G. H. (1993). Transportation investment project selection with fuzzy multiobjectives. Transportation Planning and Technology, 17 (2), 91-112.

Teng J. Y., & Tzeng, G. H. (1998). Transportation investment project selection using fuzzy multiobjective programming. Fuzzy Sets and Systems, 96 (3), 259-280.

Teng, S. G. and Hector Jaramillo (2005), A model for evaluation and selection of suppliers in global textile and apparel supply chains, *International Journal of Physical Distribution & Logistics Management*, p.503.

Thakkar, J., Deshmukh, S. G., Gupta A. D. and Shankar R. (2005). Selection of Third-Party Logistics (3PL): A Hybrid Approach Using Interpretive Structural Modeling (ISM) and Analytic Network Process (ANP), *Supply Chain Forum: An International Journal*, 6 (1), 32-46.

Thakkar, J., Deshmukh, S. G., Gupta, A. D. and Shankar, R. (2007). "Development of a balanced scorecard- An integrated approach of Interpretive Structural Modeling (ISM) and Analytic Network Process (ANP), *International Journal of Productivity and Performance Management*, 56 (1), 25-59.

Thompson, K. N. (1990). Vendor profile analysis. Journal of Purchasing and Materials Management, 26 (4), 11-18.

Timmerman, E. (1986). An approach to vendor performance evaluation. Journal of Purchasing and Materials Management, 22 (4), 2-8.

Tzeng, G. H., C. H. Chiang, and C. W. Li (2007), Evaluating Intertwined Effects in E-learning Programs: A Novel Hybrid MCDM Model Based on Factor Analysis and DEMATEL, *Expert Systems with Applications*, 32 (4), 1028-1044.

Voxman, W. (2001). Canonical representation of discrete fuzzy numbers. *Fuzzy Sets and Systems*, 118, 457-466.

W.B. Lee, Henry Lau and Zhuo-Zhi Liu and Samson Tam (2001), A fuzzy analytic hierarchy process approach in modular product design, *Expert Systems*, 18 (1), 32-42.

Warfield, J. N. (1974). Developing Interconnection Matrices in Structural Modeling.

Warfield, J. N. (1976), *Societal Systems: Planning, Policy and Complexity*, John Wiley & Sons Inc, New York.

Warr, P.,Allan, C. and Birdi, K. (1999). Predicting three levels of training outcome. *Journal of Occupational and Organizational Psychology*, 72 (3), 351-375.

Weber, R., Werners, B. and Zimmerman, H. J. (1990). Planning models for research and development, *European Journal of Operational Research*, 48, 175-188.

Weihrich, H. (1982), The TOWS Matrix-A tool for Situational Analysis, Long.

Weiss, M. (2003). ABET Faculty Workshop --To promote continuous Quality Improvement in Engineering Education. 2nd *International Faculty Workshop for Continuous Program Improvement*, Dec. 9-11, 2003, Singapore.

Whipple J.M. and Frankel , R. (2000), Strategic Alliance Success Factors, *The Journal of Supply Chain Management*, p. 21.

Williamson, Oliver E. (1991), Comparative Economic Organization: The Analysis of Discrete Structural Alternatives, *Administrative Science Quarterly*, 36 (2), 269-296.

Wilson, S. J. (2005). *A study of ideal mentor characteristics as perceived by principals within the selection process*. Unpublished doctoral dissertation, Southern Illinois University Carbondale, Illinois.

Wong, C. C., & Feng, S. M. (1994). *Switching-Type Fuzzy Controller Design*. The

Second National Conference on Fuzzy Theory and Applications, 7-12.

Wu, W. W. and Y. T. Lee (2007), Developing Global Managers' Competencies Using the Fuzzy DEMATEL Method, *Expert Systems with Applications*, 32 (2), 499-507.

Xu, R. N., & Zhai, X. Y. (1992). Extension of the Analytic Hierarchy Process in fuzzy Environment. *Fuzzy Sets and Systems*, 52, 251-257.

Yager R.R. (1980), On a General Class of Fuzzy Connectives, *Fuzzy Sets and Systems*, 4, 235-242.

Yamashita, T. (1997). On a support system for human decision making by the combination of fuzzy reasoning and fuzzy structural modeling. *Fuzzy Sets and Systems*, 87, 257-263.

Yin, R. K. (1993), Application of Case Study Research, Newbury Park, CA: Sage Publications, Inc.

Yoshino M. and Rangan R. (1995), *Strategic Alliances: An entrepreneurial approach to globalization*, Harvard Business School Press.

Youssef, M. A, M. Zairi and B. Mohanty (1996). Supplier selection in an advanced manufacturing technology environment: an optimization model. Benchmarking for Quality Management & Technology, 3 (4), 60-72.

Zimpher, N.L. (1998). A design for the professional development of teacher leaders. *Journal of Teacher Education,* 39 (1), 53-60.

國家圖書館出版品預行編目資料

模糊多準則評估法及統計／張紹勳著. ——初版. ——臺北市：五南圖書出版股份有限公司, 2012. 03
面；　公分
ISBN 978-957-11-6583-7（平裝）
1. 決策管理
494.1　　　101001640

1H74

模糊多準則評估法及統計

作　　者—張紹勳
發 行 人—楊榮川
總 經 理—楊士清
總 編 輯—楊秀麗
主　　編—侯家嵐
責任編輯—侯家嵐
文字編輯—劉禹伶
封面設計—盧盈良
排版設計—張淑貞
出 版 者—五南圖書出版股份有限公司
地　　址：106 台北市大安區和平東路二段 339 號 4 樓
電　　話：(02)2705-5066　傳　　真：(02)2706-6100
網　　址：https://www.wunan.com.tw
電子郵件：wunan@wunan.com.tw
劃撥帳號：01068953
戶　　名：五南圖書出版股份有限公司
法律顧問　林勝安律師
出版日期　2012 年 3 月初版一刷
　　　　　2023 年 4 月初版五刷
定　　價　新臺幣 860 元